Holzfrei

Nr. 25
S. 5445—5676

1954
23. Juni

Chemisches Zentralblatt

Vollständiges Repertorium für alle Zweige der reinen und angewandten Chemie

1830 gegründet. 1897—1945 von der Deutschen Chemischen Gesellschaft fortgeführt.
Im Auftrage der Deutschen Akademie der Wissenschaften zu Berlin, der Chemischen Gesellschaft in der Deutschen Demokratischen Republik, der Akademie der Wissenschaften zu Göttingen und der Gesellschaft Deutscher Chemiker

herausgegeben von Prof. Dr. Maximilian Pflücke

125. Jahrgang

1954

Chefredakteure: Dr. Eugen Klever und Prof. Dr. Maximilian Pflücke

Akademie-Verlag GmbH., Berlin — Verlag Chemie, GmbH., Weinheim/Bergstr.

Inhalt

Namenregister

Chemisches Zentralblatt

1954 Nr. 25 23. Juni

Geschichte. Unterricht.

N. O. Lassen, *Der Nobelpreis in Physik 1951.* Würdigung der Arbeiten der Nobelpreisträger J. D. COCKCROFT u. E. T. S. WALTON auf dem Gebiet der Kernphysik. — Kurze Biographien, Literaturangaben, Bildnisse. (Fysisk Tidsskr. **51.** 1—18. 1953.) GEHLEN-KELLER. 1

H. Remy, *Walter Noddack zu seinem 60. Geburtstage.* Würdigung der Verdienste von W. NODDACK (geb. am 17/8. 1893 in Berlin) bei der Erforschung des Re, das er gemeinsam mit IDA TACKE, mit der er seit 1926 verheiratet ist, entdeckte. Neben der Entdeckung des Re sind seine Unterss., bes. auf dem Gebiet der Seltenen Erden, der Photochemie u. der Geochemie, von wesentlicher Bedeutung. — Bild. (Z. Elektrochem., Ber. Bunsenges. physik. Chem. **57.** 453—54. 1953.) KLEVER. 1

—, *Marston Taylor Bogert.* Nachruf auf den im Alter von 85 Jahren verstorbenen ersten Präsidenten der Internationalen Union für Chemie M. T. BOGERT, dessen Arbeiten auf dem Gebiete der synthet. organ. Chemie u. der synthet. Parfüms von großer Bedeutung sind. (Chem. Engng. News **32.** 1256—57. 29/3. 1954.) KLEVER. 1

Maurice Haycock, *Zum Gedächtnis von Hardy Vincent Ellsworth.* Nachruf auf H. V. ELLSWORTH (geb. 1/9. 1889, gest. 4/10. 1952), seit 1918 Mineraloge beim Geolog. Survey in Canada. — Schriftenverzeichnis. — Bild. (Amer. Mineralogist **38.** 427—31. Mai/Juni 1953. Ottawa, Can.) HILLER. 1

John Read, *Prof. H. E. Fierz-David.* (Geb. am 5/1. 1882 in Zürich, dort gest. am 25/8. 1953.) Sein Wirken als Farben- u. Textilchemiker (Lehrbücher) u. Lehrer der organ. Chemie an der Technischen Hochschule Zürich. (Nature [London] **172.** 523. 19/9. 1953.) BLUMRICH. 1

— *Jakow Iljitsch Frenkel.* Nachruf auf den am 23/1. 1952 im Alter von 58 Jahren verstorbenen russ. Physiker, der sich in mehr als 200 Arbeiten mit fast allen Gebieten der theoret. Physik beschäftigt hatte. (Журнал Технической Физики [J. techn. Physik] **22.** 1905—07. Dez. 1952.) KIRSCHSTEIN. 1

Paul Lebeau, *Nachruf auf Pierre Jolibois.* Würdigung der Arbeiten u. der Persönlichkeit des Akademiemitgliedes P. JOLIBOIS (geb. 23/5. 1884 in Paris, gest. 18/2. 1954 in Paris). Als einer der Führer in der Wissenschaft u. Industrie Frankreichs vertrat er auch sein Land in zahlreichen ausländ. Akademien u. wissenschaftlichen Gesellschaften, u. a. war er Präsident der Anorgan. Sektion der INTERNATIONALEN UNION FÜR REINE U. ANGEWANDTE CHEMIE. (C. R. hebd. Séances Acad. Sci. **238.** 1273—77. 22/3. 1954.) KLEVER. 1

Paul Denis, *Madame Pauline Ramart-Lucas (22. November 1880 bis 13. März 1953).* Lebenslauf der bekannten Organikerin, die an der SORBONNE u. am INSTITUTE PASTEUR tätig war (vgl. nachst. Ref.). (Bull. Soc. chim. France, Mém. [5] **21.** 269—71. März 1954.) KLEVER. 1

Modeste Martynoff, *Das wissenschaftliche Werk von Pauline Ramart-Lucas.* (Vgl. vorst. Ref.) Würdigung der Arbeiten von P. RAMART-LUCAS auf dem Gebiete der organ. Chemie, bes. der Arbeiten zur Aufklärung der Struktur u. Isometrie organ. Moll. durch Absorptionsspektroskopie. — Verzeichnis der Veröffentlichungen. (Bull. Soc. chim. France, Mém. [5] **21.** 272—80. März 1954.) KLEVER. 1

E. N. da C. Andrade, *Robert Hooke, 1635—1703.* Biographie des bekannten engl. Physikers. (Nature [London] **171.** 365—67. 28/2. 1953.) KIRMSE. 1

A. Skrabal, *Zur Geschichte der Entwicklung der klassischen chemischen Kinetik.* (Vgl. C. **1952.** 1941.) Diskussion kinet. Prinzipien (Zeitgesetz von WILHELMY, Rkk. in molekulardisperser Mischphase, Teil-Rkk., Gleichheit der Partialgeschwindigkeiten, „Richtungsdifferenz" u. „Geschwindigkeitsfaktor", Katalyse usw.). (Forsch. u. Fortschr. **27.** 33—36. Aug. 1953. Graz.) BLUMRICH. 2

G. W. Bykow, *Hauptgrundlagen der Theorie der chemischen Struktur von A. M. Butlerow.* Erläuterung der Begriffe der chem. Struktur, der Isomerie, der räumlichen Lage der Atome im Mol., der Beziehungen zwischen chem. Eigg. u. chem. Struktur, der formelmäßigen Darst. der chem. Verbb. u. des gegenseitigen Einfl. der Atome im Mol.

nach der Lehre BUTLEROWS. (Химия в школе [Chem. Schule] **1953**. Nr. 4. 8—19. Juli/Aug.) LEBTAG. 2

W. A. Newski, *Zur Geschichte der russischen Pharmakopöen und der Literatur über Heilpflanzen.* Bibliograph. Korrekturen zur Geschichte der Pharmakopöen in Rußland. (Аптечное Дело [Apotheken] **2.** Nr. 4. 54—57. Juli/Aug. 1953.) v. WILPERT. 2

N. N. Katschalow, *M. W. Lomonossow — der Begründer der Glaswissenschaft.* LOMONOSSOW führte 1749—1752 ca. 4000 Verss. durch u. erzielte die verschiedenartigsten farbigen Gläser, wobei nur 6 färbende Elemente verwendet wurden: *Fe, Cu, Mn, Co, Au* u. *S.* (Природа [Natur] **42.** Nr. 2. 77—83. Febr. 1953.) v. WILPERT. 2

Lawrence B. Robinson und **Edgar M. Cole,** *Ein Versuch zur Bestimmung der Halbwertszeit eines Isotops.* An durch Elektrolyse von $Th(NO_3)_4$ erhaltenen Abscheidungen von *ThB* (β-Strahler) wird die Abnahme der α-Strahlung seiner kurzlebigen Zerfallsprodd. ThC u. ThC′ mit geeigneten Geräten gezählt u. daraus die Halbwertszeit von ThB mit guter Genauigkeit ermittelt. (Amer. J. Physics **21.** **469.** Sept. 1953. Washington, D. C., Howard Univ.) BLUMRICH. 6

Haym Kruglak, *Demonstrationen zum Kirchhoffschen Strahlungsgesetz.* Mit MgO-Staub überzogene Teile erhitzter elektr. Heizkörper (Wicklungen, Silundumstäbe, Heizplatten) strahlen weniger hell als unbehandelte oder geschwärzte. — Mit Al-Lack bestrichene Papierteile verkohlen beim Anstrahlen weniger als unbestrichene u. viel weniger als geschwärzte; umgekehrte Reihenfolge beim Bestrahlen der unbehandelten Rückseite. (Amer. J. Physics **21.** **466.** Sept. 1953. Minneapolis, Minn., Univ. of Minnesota.) BLUMRICH. 6

Harold M. Waage, *Ein Projektionsthermometer für Vorlesungsversuche.* Beschreibung einer Projektionsvorr. für ein bimetall. Zeigerthermometer. (Amer. J. Physics **21.** 465. Sept. 1953. Princeton, N. J., Univ., Palmer Phys. Labor.) BLUMRICH. 6

Karl H. Gayer, Anita Demmler und **Michael J. Elkind,** *Die Untersuchung komplexer Metallionen durch die polarographische Methode.* Für eine Spezialvorlesung wird eine Ableitung der Grundformeln gegeben u. deren Anwendbarkeit an verschied. Beispielen wie $[Pb(OH)_3]^-$, $[Zn(OH)_4]^{2-}$, $Fe[(C_2O_4)_3]^{3-}$ ausführlich behandelt. (J. chem. Educat. **30.** 557—61. Nov. 1953. Detroit, Mich., Wayne Univ.) H. BERG. 6

Marvin Antelman, *Vorlesungsdemonstrationen von „Zündstoffen“.* Beschreibung von Verss. über die Selbstentzündung bzw. Leichtentzündlichkeit von Stoffen u. Gemischen mit u. ohne Mitwrkg. von O_2: Autoxydation; Mischungen von Elementen (S mit Metallen usw.); Gemische mit $KClO_3$ u. $KMnO_4$; Zündungen durch Zugabe von W.; $H_2O_2 + MnO_2$; Zn + NaOH; GOLDSCHMIDT-Rkk. (Thermit usw.); N-Halogenide; beladene A-Kohle; pyrophore Stoffe; Bldg. großer Aschenvoll. ($Hg[SCN]_2$ usw.). (J. chem. Educat. **30.** 134—35. März 1953. New York, N. Y., Yeshiva Univ.) BLUMRICH. 6

Grete Ostwald, Wilhelm Ostwald, mein Vater. Stuttgart: Berliner Union. 1953. (290 S. m. 8 Kunstdrucktaf.) DM 24,—.

A. Allgemeine und physikalische Chemie.

S. B. Nilsson und **K. V. Laurikainen,** *Über die Gravitationseigenenergie von Licht.* Notiz über die Formulierung des Energie–Impuls-Pseudotensors u. des Gravitations–Impulsvektors. (Physic. Rev. [2] **80.** 291—92. 15/10. 1950. Lund, Univ., Inst. Mech. and Math. Phys.) KIRSCHSTEIN. 10

Pierre Baudoux, *Bemerkung über die modernen Systeme elektrischer Einheiten.* Mathemat. Arbeit mit tabellar. Gegenüberstellungen verschied. Maßsysteme. (Acad. roy. Belgique, Cl. Sci., Publ. Fondation Agathon de Potter Nr. **3.** 1—15. 1950. Brüssel, Univ.) H. W. LEVI. 10

Pierre Maurice Marie Duhem, The aim and structure of physical theory. 2nd.ed. Princeton, N. J.: Princeton. (366 S.) $ 6,—.

David Ingersoll Hitchcock, Physical chemistry for students of biology and medicine. 4th ed. Boston: Little, Brown. 1953. (273 S. m. Abb.) $ 5,—.

Elbert Cook Weaver and **Lawrence Standley Foster,** Chemistry for our times. 2nd ed. New York. McGraw-Hill. 1954. (666 S. m. Abb., Diagr.) $ 4,12.

Wilhelm Heinrich Westphal, Physik. Ein Lehrbuch. 16. u. 17. Aufl. Berlin, Göttingen, Heidelberg: Springer. 1953. (XII + 743 S. m. 649 Abb.) DM 33,60.

A_1. Kernphysik und Kernchemie.

M. A. Pomerantz und **G. W. McClure,** *Über die Intensitätszunahme der primären Höhenstrahlung nach Protuberanzen.* (Vgl. C. **1952.** 1117.) (Sitzungsbericht.) Abgesehen von der allg. Verstärkung des prim. Flusses wurden beim Durchgang akt.

Zonen durch den Meridian Ausbrüche der Intensität in Verbindung mit den Charakteristiken der 200 mc-Strahlung beobachtet. (Physic. Rev. [2] **87.** 240. 1/7. 1952. Bartol Res. Found.) WIEDEMANN. 85

Harold K. Ticho, *Der Zusammenstoß-Wirkungsquerschnitt energiereicher primärer Höhenstrahlen.* (Sitzungsbericht.) Die in einem Pb-Block erzeugten Schauer zeigen eine charakterist. Länge für die Schwächung von 125 g/cm² in Luft. Unter der Annahme eines $E^{-1,8}$-Gesetzes für das Primärspektr. ergibt sich hieraus eine Energie $>260 \cdot 10^9$ eV für die Teilchen, die die größten Schauer auslösen. Die Differenz zwischen der beobachteten Schwächungslänge u. der geometr. mittleren Weglänge für Zusammenstöße kann weder durch Rückstoßnucleonen noch durch Pionen erklärt werden. (Physic. Rev. [2] **87.** 241. 1/7. 1952. Los Angeles, Calif., Univ. of California.) WIEDEMANN. 85

R. L. Sen Gupta, K. K. Roy und **T. Roy,** *Erzeugung durchdringender Schauer in Paraffin und Blei.* Die relative Häufigkeit der Teilchenzahlen pro Schauer wird bei durchdringenden Schauern, die in Pb bzw. Paraffin auf Seehöhe erzeugt werden, mit Hilfe einer von Zählrohren gesteuerten Nebelkammer untersucht. Die automat. arbeitende Kammer (Durchmesser 30 cm, Tiefe 8 cm) ist mit drei horizontal liegenden Bleiplatten versehen u. mit Ar gefüllt. Zwischen der Platte, in der die Schauer ausgelöst werden, u. der Kammer befindet sich ein Zählrohr, unter der Kammer drei weitere, die in Vierfachkoinzidenzschaltung die Kammer auslösen. Die Messungen zeigen, daß die relative Häufigkeit der Sekundärteilchenzahl bei Pb u. Paraffin nahezu gleich ist im Widerspruch zu der Theorie von HEITLER u. JANOSSY, aber in Übereinstimmung mit der HEISENBERGschen Theorie, die annimmt, daß alle Teilchen bei einem Nucleon–Nucleon-Stoß entstehen. (Indian J. Physics Proc. Indian Assoc. Cultivat. Sci. **27.** 191—96. April 1953. Calcutta, Presidence Coll., Physic. Labor.) NELKOWSKI. 85

Maurice M. Shapiro und **Bertram Stiller,** *Ionisationsverlust bei relativistischen Geschwindigkeiten in Kernemulsionen.* Ausführliche Wiedergabe der C. **1953.** 7995 referierten Arbeit. (Physic. Rev. [2] **87.** 682—84. 15/8. 1952. Washington, D. C., Naval Res. Labor., Nucl. Div.) EICHHOFF. 85

R. Siegel und **S. De Benedetti,** *Energieerhaltung bei der Dreiquantenvernichtung.* (Sitzungsbericht.) Es wird die Dreiquantenzerstrahlung von in SF_6 gebremsten ^{22}Na-Positronen mit einer Dreifachkoinzidenzanordnung aus drei großen NaJ(Tl)-Scintillationszählern mit $\sim 10^{-7}$ Sek. Verzögerung gemessen u. gezeigt, daß nach dem Energieerhaltungssatz die drei Vernichtungsquanten Energien aufweisen, die durch die jeweilige Winkelstellung der Zähler bedingt sind. Dieses Verh. wird bei verschied. Winkeleinstellungen untersucht. Aus der Analyse der Daten ergibt sich, daß die Energien der Zerstrahlungsquanten den durch den Energie–Impuls-Erhaltungssatz geforderten Werten entsprechen. (Physic. Rev. [2] **87.** 235. 1/7. 1952. Carnegie Inst. of Technol.) WEIGEL. 90

Richard S. Stone, *Eine Untersuchung der Dreiquantenvernichtung des Positrons.* (Sitzungsbericht.) Mittels eines Dreifachkoinzidenz-γ-Spektrometers wird die Dreiphotonenzerstrahlung von Positronen in Messing nachgewiesen u. die Winkelverteilung der 3 γ-Quanten durch Bewegung zweier der Zähler in der Spektrometerebene untersucht. Aus verschied. Meßreihen an ^{64}*Cu* ergibt sich das Verhältnis der Impulszahlen innerhalb u. außerhalb der Spektrometerebene zu 2 : 1, aus einer 24std. Meßreihe wird es zu $\sim$10 : 1 bestimmt. Die Impulszahl außerhalb der Spektrometerebene ändert sich mit der 3. Potenz der Quellenstärke, was auf einen nur geringfügigen Anteil der COMPTON-Streuung schließen läßt. Die Dreiphotonenzerstrahlung erklärt die höhere Impulszahl in der Spektrometerebene. (Physic. Rev. [2] **87.** 235. 1/7. 1952. Rensselaer Polytechnic Inst.) WEIGEL. 90

J. Wheatley und **D. Halliday,** *Unterdrückung der Dreiquantenvernichtung von Positronium durch ein Magnetfeld.* (Sitzungsbericht.) Die Unterdrückung der Dreiquantenzerstrahlung von Positronium wird durch Messung der Zahl von Dreifachkoinzidenzen als Funktion eines angelegten Magnetfeldes bestimmt. Bei der verwendeten App. waren die 3 Scintillationszähler in einer Ebene unter gegenseitigen Winkeln von 120° angeordnet. Die Positronenquelle bestand aus 0,01 mC ^{22}*Na* auf einem Zaponfilmträger in einem mit SF_6 von 300 lbs. sq. in. Druck gefüllten Rohr. Vorläufige Ergebnisse stimmen mit dem Wert von DEUTSCH für die Aufspaltung des Grundzustandes überein; der Anteil der nicht unterdrückten Dreiquantenzerstrahlung nähert sich für starke Magnetfelder dem Wert ½. (Physic. Rev. [2] **87.** 235. 1/7. 1952. Univ. of Pittsburgh.) WEIGEL. 90

Arthur Ashkin und **W. M. Woodward,** *Positron–Elektron-Streuung.* (Sitzungsbericht.) Es wird der differentielle Wirkungsquerschnitt für die Streuung von Positronen an Hüllelektronen als Funktion der Positronenenergie E u. der Energieübertragung v gemessen. Verwendet wurde eine App. ähnlich der von Page (C. **1951.** II. 3547) für Elektron–Elektron-Streuung angegebenen. Ein homogenes Magnetfeld diente zur Festlegung der Energie der einfallenden Positronen aus einer ^{56}Co-Quelle u. zur Analyse der an einem dünnen Kunststoffilm gestreuten Teilchen, die mit zwei in Koinzidenz geschalteten Zählern registriert wurden. Gemessen wird das Verhältnis ($e^+ - e^-$)- zu ($e^- - e^-$)-Streuung bei gleichem E u. v. Für E = 600 keV u. v = ½ beträgt die $e^+ - e^-$-Streuung theoret. 3,07; gemessen wurde 3,09 ± 0,22. (Physic. Rev. [2] **87.** 236. 1/7. 1952. Cornell Univ.) Weigel. 90

C. C. Banerjee, *Die Proton–Proton-Streuung und die pseudoskalare Mesonentheorie.* Es wird für die p–p-Streuung der Wirkungsquerschnitt als Funktion des Streuwinkels mit Hilfe der pseudoskalaren Mesonentheorie unter Benutzung der Bornschen Näherung berechnet. Eine numer. Auswertung erfolgt für die Energien 150, 240 u. 340 MeV. Sowohl bei Zentralkräften als auch bei Tensorkräften erfolgt ein Absinken des Wirkungsquerschnittes mit wachsendem Streuwinkel. Mit steigender Energie der Protonen wird dieses Absinken geringer. Weder diese Theorie noch irgendeine andere mit beliebiger Zusammenwrkg. von Zentral- u. Tensorkräften ist mit den experimentellen Ergebnissen vereinbar, daß bis zu 340 MeV der Wirkungsquerschnitt prakt. unabhängig vom Streuwinkel ist, abgesehen von den Störungen, die die Coulombschen Kräfte bei sehr langsamen Teilchen u. kleinen Streuwinkeln hervorrufen. (Indian J. Physics Proc. Indian Assoc. Cultivat. Sci. **27.** 173—82. April 1953. Calcutta, Dep. of Theoret. Phys.) Nelkowski. 90

Martin O. Stern, *Elastische Streuung von 190 MeV-Deuteronen an Protonen.* (Vgl. C. **1952.** 1276.) (Sitzungsbericht.) Vff. bestimmen die differentiellen Streuquerschnitte zwischen 15 u. 170° im Schwerpunktssystem. Benutzt wurde die Polyäthylen-C-Subtraktionsmeth.; als Zählgeräte dienten Stilbenscintillatoren. Im Bereich von 40—160° wurden die Koinzidenzen zwischen Deuteronen u. ihren Protonenpartnern beobachtet. Die Intervalle 15—45° u. 150—170° wurden mit einem Einkristall u. Al-Absorber abgetastet. Es wurde eine Änderung im H-Effekt bei Variation des Absorbers beobachtet; der elast. Streuquerschnitt zwischen 10 u. 180° beträgt $(29 \pm 3) \cdot 10^{-27}$ cm². Im Bereich von 50—120° besteht sehr gute Übereinstimmung mit der Theorie von Chew. Bei kleineren Winkeln ist der empir. Wert etwa um den Faktor 0,7 kleiner als der theoret., im Auffanggebiet („pick up-region") in der Gegend von 180° findet sich ein Maximum, das etwa um den Faktor 5 unter dem theoret. Erwartungswert liegt. (Physic. Rev. [2] **85.** 752. 15/2. 1952; Bull. Amer. physic. Soc. **26.** Nr. 8. 4. 27/12. 1951. Berkeley, Calif., Univ. of California.) Weigel. 90

Arnold L. Bloom, *Unelastische und totale Streuung von 190 MeV-Deuteronen an Protonen* (Vgl. vorst. Ref.) (Sitzungsbericht.) Es wird der totale u. der differentielle unelast. Streuquerschnitt für d–p-Streuung am 184 in.-Cyclotron gemessen, wobei die Stilbenzählertechnik (vgl. C. **1952.** 1276) verwendet wurde. Die Meth. liefert für σ einen Wert von $(92 \pm 7) \cdot 10^{-27}$ cm², wobei Rutherford-Streuung ausgeschaltet ist. Unelast. Stöße, bei denen beide Protonen große Impulsänderungen erleiden, wurden durch Messung von p–p-Koinzidenzen untersucht. Die Winkel zwischen gestreuten Protonen zeigen im Laborsyst. eine enge Verteilung bei 90°. Der differentielle Querschnitt $\sigma(\Phi)$ für die Streuung eines Protons über den Winkel Φ beträgt ca. $^1/_3$ der entsprechenden p–p-Querschnitte bei vergleichbaren Impulsen. (Physic. Rev. [2] **85.** 752. 15/2. 1952; Bull. Amer. physic. Soc. **26.** Nr. 8. 4. 27/12. 1951.) Weigel. 90

John Levinson, *Nachweis von kernmagnetischer Octopol-Wechselwirkung.* (Sitzungsbericht.) Vf. versucht nach der Meth. von Goodsmith (Physic. Rev. [2] **37.** [1931.] 663) u. der Arbeit von Casimir u. Karreman (Physica **9.** [1940.] 495) bei einer Reihe von Elementen das Verhältnis der Octopol/Dipol-Wechselwrkg. in verschied. n. u. metastabilen Zuständen zu bestimmen. Ein höherer Wert für das Verhältnis derartiger Wechselwirkungen wird erwartet, falls die Elemente 1. großes Z, 2. p-Valenzelektronen u. 3. hohe Kern- u. Elektronendrehimpulsquantenzahlen haben. Nach diesen Kriterien erscheinen Bi u. In als günstig. Verss. von Mann u. Kusch (C. **1952.** 2293) am In verliefen jedoch negativ, was durch das Fehlen eines Octopolmoments in den In-Kernen erklärt werden kann. (Physic. Rev. [2] **87.** 188. 1/7. 1952. Alfred Univ.) Weigel. 95

Dwight A. Hutchison, *Das Atomgewicht von Lithium aus Dichte- und Röntgenstrahlendaten.* Das At.-Gew. von Li wird zu 6,9364 ± 0,0018 (gegenüber 6,940 der Internationalen Tabelle) berechnet. (J. Amer. chem. Soc. **76.** 967—69. 20/2. 1954. Lemont, Ill., Argonne Nat. Labor., Chem. Div.) R. Mattner. 95

Walter H. Johnson jr., *Die Masse von ^{50}V.* Es wird eine Präzisionsbestimmung der massenspektrograph. Dubletts C_4H_2–^{50}V (I), C_4H_2–^{50}Ti (II) u. C_4H_2–^{50}Cr (III) ausgeführt. Folgende Massendifferenzen (in 10^{-4} Masseneinheiten) werden erhalten: I: 683,6 ± 1,2; II: 709,27 ± 0,27; III: 696,34 ± 0,46. Die M. von ^{50}V selbst wird unter Annahme von ^1H = 1,008146 ± 3 u. ^{12}C = 12,003842 ± 4 zu ^{50}V = 49,96330 ± 12 bestimmt. Für die Energiedifferenzen ^{50}V–^{50}Ti u. ^{50}V–^{50}Cr ergeben sich damit die Werte von 2,39 ± 0,12 MeV bzw. 1,18 ± 0,12 MeV. (Physic. Rev. [2] **87.** 166—67. 1/7. 1952. Minneapolis, Minn., Univ. of Minnesota, Dep. of Phys.) Weigel. 95

G. Silvey, W. A. Hardy und **C. H. Townes,** *Die Massen der stabilen Te-Isotope aus dem Mikrowellenspektrum von TeCS.* (Sitzungsbericht.) Vff. stellen TeCS durch Erzeugung eines Lichtbogens zwischen Graphit/Te-Elektroden in CS_2 u. anschließende Dest. bei —78° her u. untersuchen das Mikrowellenspektr. dieser Substanz in den Rotationsübergängen J = 6 → 7 u. J = 7 → 8. Es wurden 7 Isotope nachgewiesen u. aus ihren Absorptionsfrequenzen die Massenverhältnisse berechnet; dabei wurde angenommen, daß die Massen von ^{128}Te u. ^{124}Te durch die Bohr-Wheeler-Formel exakt wiedergegeben werden. Folgende Massenwerte wurden gefunden (in Klammern Absorptionsfrequenz B_{000} in MHz): ^{130}Te = 129,9646 ± 0,0005 (1559,9306), ^{128}Te = 127,9609 (1565,7021), ^{126}Te = 125,9579 ± 0,0005 (1571,6519), ^{125}Te = 124,9585 ± 0,0005 (1574,6908), ^{124}Te = 123,9550 (1577,7904), ^{123}Te = 122,9578 ± 0,0012 (1580,9199) u. ^{122}Te = 121,9538 ± 0,0005 (1584,1216). Die u–g-Massenänderung beträgt ca. $2,5 \cdot 10^{-3}$ Masseneinheiten, der Te=C-Abstand wird zu 1,904, der C=S-Abstand zu 1,557 Å bestimmt. (Physic. Rev. [2] **87.** 236. 1/7. 1952. Columbia Univ.) Weigel. 95

Benjamin G. Hogg und **Henry E. Duckworth,** *Einige Atommassen für Tellur.* Aus Massendifferenzmessungen u. den bekannten Atommassen von ^{61}Ni, ^{62}Ni, ^{64}Ni u. ^{65}Cu berechnen Vff. Absolutwerte für die Massen von ^{122}Te, ^{124}Te, ^{128}Te u. ^{130}Te. In Verbindung mit den von Silvey, Hardy u. Townes (vgl. vorst. Ref.) erhaltenen relativen Massen aller stabilen Te-Isotope wurden außerdem die wahrscheinlichsten Werte für ^{123}Te, ^{125}Te u. ^{126}Te gebildet. Wegen der Ungewißheit bzgl. des genauen Wertes der Bezugsmasse ^{12}C wurden für alle Te-Massen je zwei Werte berechnet, der erste bezogen auf den massenspektroskop. Wert 12,003842 ± 4, der zweite auf den aus Kern-Rkk. erhaltenen Wert 12,003804 ± 17. Die so erhaltenen Massenzahlen lauten (vom zweiten Wert sind jeweils die abweichenden beiden letzten Dezimalen angegeben): ^{122}Te = 121,9395/93 ± 4, ^{124}Te = 123,9397/94 ± 4, ^{128}Te = 127,9443/40 ± 4, ^{130}Te = 129,9479/75 ± 4, ^{123}Te = 122,9426/23 ± 10, ^{125}Te = 124,9431/28 ± 4 u. ^{126}Te, = 125,9424/20 ± 4. (Canad. J. Physics **30.** 628—29. Sept. 1952. Hamilton, Ontario, Can., McMaster Univ., Dep. of Phys.) Conrad. 95

Enos E. Witmer, *Kernmassen und die Elektronenmasse.* (Vgl. C. **1952.** 6484.) (Sitzungsbericht.) Es wird gezeigt, daß sich die M. eines jeden Kerns oder Elementarteilchens als Prod. Mm schreiben läßt, wobei m die Ruhmasse des negativen Elektrons ist. Die Größe M erweist sich dann in vielen Fällen als ganze Zahl oder rationale, durch einen Bruch p/q darstellbare Zahl. Diese Aussage wird durch einige Beispiele belegt; es ergeben sich folgende M-Werte: ^1_0n = 14709/8; ^1_1p = 20197/11, ^{12}C = 21868; ^{16}O = 29148. Für $Z \leq 10$ hat das häufigste Isotop einen nicht mehr als 0,3 von einer ganzen Zahl abweichenden Massenwert, in der Mehrzahl der Fälle ist die Diskrepanz ≤ 0,1; 6 Kerne in diesem Bereich zeigen ein ganzzahliges M; ebenso sind die Massendifferenzen einiger Isotopenpaare ganzzahlig u. die Anregungszustände einer Reihe von Kernen zeigen eine ähnliche Regelmäßigkeit. Aus den Befunden schließt Vf., daß die Elektronenmasse m als natürliche Masseneinheit für Kerne u. Elementarteilchen anzusehen ist. (Physic. Rev. [2] **87.** 237. 1/7. 1952. Univ. of Pennsylvania.) Weigel. 95

Kenneth James Harker, *LSM_LM_S-Eigenfunktionen eines Atoms.* (Sitzungsbericht.) Es wird eine gruppentheoret. Meth. zur Ermittlung der LSM_LM_S-Eigenfunktionen eines Atoms angegeben. Die Transformationseigg. der so ermittelten Eigenfunktionen werden mitgeteilt. Die Meth. kann mit Erfolg zur Ableitung von d^3- u. f^3-Konfigurationen herangezogen werden. (Physic. Rev. [2] **85.** 753. 15/2. 1952; Bull. Amer. physic. Soc. **26.** Nr. 8. 5. 27/12. 1951. Los Angeles, Calif., Univ. of California.) Weigel. 95

R. J. Riddell jr., *Über das Fermi–Thomas-Modell des Kerns.* (Sitzungsbericht.) Es wird versucht, die Sättigungserscheinungen des Kerns halbquantitativ mit Hilfe des Fermi-Thomas-Modells unter Annahme eines Yukawa-Potentials zu erfassen. (Physic. Rev. [2] **87.** 189. 1/7. 1952. Berkeley, Calif., Univ. of California.) Weigel. 95

S. C. Curran, *Radioaktivität und das Schalenmodell.* Die Charakteristika des Kernschalenmodells werden wie folgt zusammengefaßt: 1. Die Spin–Bahn-Kopplung ist stärker für größere *l*-Werte, 2. Niveaupaare innerhalb einer Schale werden im allg. durch Spin–Bahn-Kopplung zusammengebracht, 3. eine ungerade Anzahl ident. Nucleonen im j-Zustand liefert zusammen ein magnet. Moment gleich dem eines einzelnen Teilchens in diesem Zustand, 4. eine ungerade Anzahl ident. Nucleonen in einer Bahn mit Gesamtdrehimpuls j liefert zusammen den Spin Null u. keinen Beitrag zum magnet. Moment u. 5. für einen bestimmten Kern ist die Paarungsenergie der Nucleonen in der gleichen Bahn größer für Bahnen mit höherem j-Wert. Das Schalenmodell zeigt bei der β- u. γ-Spektroskopie Spin u. Parität der Kernniveaus an. Die Beziehung dieser Werte zu den Gamow-Teller-Regeln wird aufgezeigt. Unter die Anwendungen des Schalenmodells fallen bes. die Klassifizierung der β-Übergänge nach dem *ft*-Wert sowie die Erklärung der Diskontinuitäten in der Verteilung isomerer Kerne als eine Funktion der Anzahl ungerader Nucleonen. (Atomics **5.** 46—54. Febr. 1954. Glasgow, Univ.) Gerhard Schmidt. 103

H. Feshbach, C. Porter und **V. F. Weisskopf,** *Über die Theorie von Kernreaktionen.* (Sitzungsbericht.) Die experimentellen Ergebnisse von Barschall u. Mitarbeiter, die sich durch Annahme eines Potentialtopfmodells angenähert deuten lassen, stehen im Widerspruch zur Compoundkerntheorie. Durch eine geeignete Kombination des Potentialtopfmodells mit den Aussagen dieser Theorie gelingt es, die experimentellen Befunde befriedigend zu deuten. Ausgehend vom Potentialtopfmodell, nehmen Vff. eine Wahrscheinlichkeit P für die Bldg. eines Compoundkernes während eines Durchganges an. Bei Annahme eines mittleren P ergeben sich so Werte für den totalen Querschnitt, die gut mit dem Experiment übereinstimmen. (Physic. Rev. [2] **87.** 188. 1/7. 1952. MIT.) Weigel. 103

T. D. Newton, *Über den Prozeß der binären Spaltung.* (Sitzungsbericht.) Es wird ein Modell für die bin. Kernspaltung unter Verwendung der üblichen Kernparameter angegeben, wobei jedoch vorausgesetzt wird, daß in dem der eigentlichen Spaltung unmittelbar vorangehenden Zustand die Eigg. der beiden Spaltprodd. soweit bestimmt sind, daß sie sich durch eine Wellengleichung beschreiben lassen. (Physic. Rev. [2] **87.** 187—88. 1/7. 1952. Chalk River Labors.) Weigel. 103

J. K. Bair, H. B. Willard, C. W. Snyder, T. M. Hahn, J. D. Kington und **F. P. Green,** *Protonenbeschuß von Lithium.* Vff. beschießen Proben von natürlichem Li mit monoenerget. Protonen im Energiebereich von 1,8—5,3 MeV u. weisen die auftretenden Neutronen mit einem langen Zählrohr in 1 m Entfernung vom rotierenden Target nach. Die entstehende γ-Strahlung mit $E_\gamma > \sim 10$ MeV wird in einem NaJ-Kristallzähler registriert. Die Ausbeutekurve der Neutronen in Vorwärtsrichtung zeigt neben den bekannten Maxima bei $\sim$1,9 MeV u. 2,30 MeV ein weiteres, flaches Maximum bei $\sim$4,89 MeV, entsprechend einem ^{8}*Be*-Anregungszustand in der Gegend von 21,5 MeV. Die Ausbeutekurve der γ-Strahlen zeigt einen schwachen, linearen Anstieg mit wachsendem E_p. (Physic. Rev. [2] **85.** 946. 1/3. 1952. Oak Ridge, Tenn., ORNL.) Weigel. 103

P. B. Treacy, *α-Teilchen aus $^{10}B + D$.* Beobachtung der beim Beschuß dünner ^{10}B-Targets mit Deuteronen der Energien 0,59, 0,78 u. 1,07 MeV emittierten α-Teilchen mit einer Differentialionisationskammer. Die beiden auftretenden α-Gruppen entsprechen dem Übergang in den Grundzustand von ^{8}Be mit einem Q-Wert von 17,91 $\pm$ 0,06 MeV u. dem Übergang in ein 2,88 $\pm$ 0,08 MeV-Niveau über dem Grundzustand. Die Form des α-Spektr. für Reichweiten von 2,5—14 cm entspricht nach der Theorie von Wigner u. Eisenbud (C. **1948.** II. 157) am besten einem Spin von 2 für den angeregten Zustand von ^{8}Be. (Philos. Mag. [7] **44.** 325—28. März 1953. Canberra, Australian Nat. Univ., Res. School of Phys. Sci.) Eichhoff. 103

R. K. Sheline und **N. R. Johnson,** *Zerfallsschema von Magnesium 28.* (Vgl. C. **1953.** 7717.) Das γ-Spektr. von ^{28}Mg, das durch Beschuß von Mg-Metall mit 39 MeV-α-Teilchen aus dem Cyclotron gemäß ^{26}Mg(α, 2p)^{28}Mg hergestellt war, wurde mit einem Differential- u. Integraldiskriminator aufgenommen. Folgende γ-Strahlen wurden festgestellt: $\sim$0,03, 0,40 $\pm$ 0,02, 0,95 $\pm$ 0,02, 1,35 $\pm$ 0,02 u. 1,78 $\pm$ 0,02 MeV. Absorptionsmessungen ergaben eine β-Strahlung von ^{28}Mg von 0,40 $\pm$ 0,06 MeV u. eine Halbwertszeit von 1278 Minuten. Auf Grund der Meßergebnisse wird ein Zerfallsschema für ^{28}Mg aufgestellt. ^{28}Mg geht aus dem (0+)-Zustand durch β-Strahlung (0,40 MeV) in ^{28}Al vom (1+)-Zustand über, das unter Aussendung von γ-Strahlung (0,40 + 0,95 bzw. 1,35 MeV) über ein zweifelhaftes Niveau mit 0,03 MeV den Grundzustand (3+) erreicht. Durch weitere β-Strahlung entsteht ^{28}Si (2+) im ersten angeregten Zustand. (Physic. Rev. [2] **90.** 325. 15/4. 1953. Tallahassee, Fla., Florida State Univ., Dep. of Chem.) Conrad. 103

C. E. Anderson, G. W. Wheeler und **W. W. Watson,** *Die Radioaktivität von Argon 39.* (Sitzungsbericht.) Vff. untersuchen die Rk. ^{38}Ar(d, p)^{39}Ar an durch Termodiffusion angereichertem Ar-Gas mit einem Verhältnis ^{36}Ar/^{38}Ar = 2—1. Die ^{39}Ar-

Protonengruppen wurden bei Verwendung von 3,8 MeV-Deuteronen in 100 cm Abstand beobachtet. Die von ZUCKER u. WATSON (C. **1951.** II. 1241) mitgeteilte kurzlebige β-Aktivität von ^{39}Ar konnte nicht bestätigt werden, dagegen wurden bei 30tägiger Bestrahlung von mit 2% ^{38}Ar u. 6% ^{40}Ar angereichertem Ar im Meiler eine langlebige β-Aktivität u. γ-Strahlung niedriger Energie beobachtet. (Physic. Rev. [2] **87.** 195. 1/7. 1952. Yale Univ.) WEIGEL. 103

John W. Jones und **Truman P. Kohman,** *Suche nach der natürlichen Radioaktivität von Calcium 48.* Auf Grund von massenspektroskop. Unterss. an ^{48}Ca, ^{48}*Sc* u. ^{48}*Ti* suchen Vff. die vermutete β^--Aktivität von ^{48}Ca dadurch nachzuweisen, daß sie aus großen Mengen (100 pounds) $Ca(NO_3)_2$ das gemäß $^{48}Ca \xrightarrow{\beta^-} {}^{48}Sc$ gebildete 44 Std.-^{48}Sc anreichern. Die Befunde lassen für den ^{48}Ca—^{48}Sc-Prozeß eine Mindesthalbwertszeit von $2 \cdot 10^{16}$ Jahren zu. Der chem. Anreicherungsprozeß wird beschrieben. (Physic. Rev. [2] **85.** 941. 1/3. 1952. Pittsburgh, Pa., Carnegie Inst. of Technol., Dep. of Chem.) WEIGEL. 103

S. N. Ghoshal und **T. N. Dave,** *Wirkungsquerschnitte der (p, 2n)-, (p, pn)-, (p, 2p)-Reaktionen bei Kupfer, das mit Protonen hoher Energie beschossen wird.* Vff. leiten einen allg. Ausdruck für den Wirkungsquerschnitt bei Kern-Rkk. ab, bei denen dem Beschuß die Emission von n aufeinanderfolgenden Teilchen folgt. Angewendet wird diese Betrachtung auf die Emission von 2 bzw. 3 Teilchen; ein expliziter Ausdruck für die Wirkungsquerschnitte in diesen Fällen wird abgeleitet. Eine numer. Berechnung wird bei ^{63}*Cu* für Protonenenergien bis 22 MeV durchgeführt. Die (p, pn)-Rk. ist viel wahrscheinlicher als die (p, 2n)-Reaktion. Die Möglichkeit der (p, d)-Rk. wird diskutiert, ihre Wahrscheinlichkeit beträgt nur ca. 5% der (p, pn)-Reaktion. (Indian J. Physics Proc. Indian Assoc. Cultivat. Sci. **27.** 213—22. April 1953. Lucknow, Lucknow Univ., Phys. Dep.) NELKOWSKI. 103

Sigvard Thulin, *Der Zerfall von* ^{87}*Kr.* Mit einem magnet. Linsenspektrometer (Auflösung ~6%) wird das β-Spektr. von elektromagnet. abgetrenntem ^{87}Kr gemessen. Das β-Kontinuum ist komplex. Es ergeben sich zwei Komponenten mit den Maximalenergien von $3,63 \pm 0,07$ bzw. $1,27 \pm 0,1$ MeV bei relativen Intensitäten von 75 bzw. 25%. Die log *ft*-Werte betragen 7,3 bzw. 5,9. Das Scintillationsspektr., welches bei 2,6 MeV endet, zeigt ein ausgeprägtes Maximum für eine γ-Strahlung von 405 ± 20 keV u. schwächere Maxima bei 0,89, 1,6 u. 2,1 MeV, welche der Paarlinie einer γ-Strahlung von $1,89 \pm 0,07$ u. deren COMPTON-Quanten sowie COMPTON-Quanten einer γ-Strahlung von ~2,3 MeV zugeordnet werden. Wiedergabe eines vorläufigen Zerfallsschemas. (Physic. Rev. [2] **87.** 684. 15/8. 1952. Stockholm, Nobel Inst. of Phys.) EICHHOFF. 103

A. E. Francis, J. J. G. McCue und **Clark Goodman,** *Unelastische Streuung von Neutronen durch* ^{111}*Cd.* Scheiben aus natürlichem Cd (99,8% rein) wurden mit Neutronen mit einer Energiebreite von ± 40 keV beschossen. Die Ausbeute des neben anderen Prodd. durch unelast. Streuung entstandenen metastabilen ^{111m}-Cd wurde von seinem Schwellenwert bei 396 keV bis 1300 keV mit Langzählern (8 in.) gemessen. Plötzliche Änderungen im Verlauf der Ausbeutekurve werden auf das Einsetzen der (n, n')-Anregung höherer Niveaus zurückgeführt, die bei 720 u. 1150 keV auftreten. Unterhalb 720 keV wird ^{111m}-Cd nur durch direkten Übergang vom Grundzustand angeregt. Bei 720 keV beträgt der Wirkungsquerschnitt für den (n, n')-Prozeß, der die bekannten Energie-, Spin- u. Paritätsänderungen einschließt, ca. 10 mbarn. (Physic. Rev. [2] **89.** 1232—36. 15/3. 1953. Cambridge, Mass., MIT, Labor. for Nucl. Sci.) GERHARD SCHMIDT. 103

V. L. Sailor und **L. B. Borst,** *Resonanzen langsamer Neutronen im* ^{113}*In und* ^{115}*In.* Ausführliche Darst. der C. **1953.** 6411 referierten Arbeit. (Physic. Rev. [2] **87.** 161—62. 1/7. 1952. Upton, N. Y., Brookhaven Nat. Labor.) WEIGEL. 103

N. F. Verster, G. J. Nijgh, R. van Lieshout und **C. J. Bakker,** *Messung der Strahlungen von* ^{131}*J und* ^{131}*Xe mit einem Linsen-β-Spektrometer.* Es wird ein Linsen-β-Spektrometer mit ringförmigem Austrittsspalt beschrieben. Eine experimentelle Justierungsmeth. für den Spalt wird mitgeteilt, die Durchlässigkeit des Gerätes zu 1% bestimmt. Für Quellen von 3, 6 u. 9 mm Durchmesser ergeben sich Linienbreiten von 2, 3 u. 4%. Der Einfl. der Sekundärstrahler-(Radiator-) Dicke auf die Gestalt der Photoelektronenlinien wird untersucht. Das β- u. γ-Spektr. des 8,0 Tage-^{131}J u. das Konversionsspektr. von ^{131}Xe werden gemessen. Gefunden werden an Pb- u. U-Radiatoren erzeugte Photoelektronen, die γ-Gruppen von 80, 284, 364 u. 636,5 keV entsprechen. Die inneren Konversionselektronen dieser γ-Gruppen werden nachgewiesen. In ^{131}J-Quellen, die einige Tage gealtert sind, treten außerdem die Konversionselektronen der 163 keV-γ-Strahlung aus dem 12 Tage-^{131}Xe auf; diese Konversionsstrahlung läßt sich auch in aus ^{131}J-Präpp. extrahiertem Xe-Gas erkennen. Das β-Spektr. des 8,0 Tage-^{131}J zeigt 2 Komponenten mit $E_{\beta_{max}}$ = 606 u. 334 keV, die beide geradlinige KURIE-Diagramme liefern. Weiterhin wird eine 690 keV-Konversionslinie gefunden, die einem 724 keV-γ-Quant entspricht. Eine Spin- u. Paritätszuordnung zu den Einzelniveaus ist möglich. Der 606 keV-Übergang ist trotz seines hohen *ft*-Wertes ($4{,}5 \cdot 10^6$) erlaubt. (Physica **17**. 637—57. Juli 1951. Amsterdam, Inst. for Kernphys. Onderz., Zeeman Labor.) WEIGEL. 103

G. J. Nijgh, N. F. Verster, R. H. Nussbaum, R. van Lieshout und **C. J. Bakker,** *Über den Zerfall von 8,0 Tage-^{131}J.* (Vgl. vorst. Ref.) Berichtigung der l. c. getroffenen Zuordnung der einzelnen Strahlungen von ^{131}J. Es wird bestätigt, daß die Ergebnisse nur mit dem Niveauschema von METZGER u. DEUTSCH (C. **1948**. E. 698) verträglich sind. Die Anwendung der von anderen Autoren vorgeschlagenen Zerfallsschemata steht im Widerspruch zu den Befunden. (Physica **17**. 658—60. Juli 1951.) WEIGEL. 103

S. Bernstein, L. B. Borst, C. P. Stanford, T. E. Stephenson und **J. B. Dial,** *Kristallspektrometrie mit langsamen Neutronen: Die totalen Wirkungsquerschnitte von Co, Er, Hf, ^{58}Ni, ^{60}Ni, Ho und Spaltungs-Sm.* Beschreibung der Meßanordnung u. Arbeitsweise zur Best. des totalen Wirkungsquerschnitts (σ_t) von kleinen Probemengen (bis zu 3 mg) seltener Elemente u. abgetrennter sowie radioakt. Isotope in Abhängigkeit von der Energie therm. Neutronen im Bereich von 0,03—1,5 eV. Die Proben mit einem makroskop. Querschnitt von 0,1—1 mm², die innerhalb der Abschirmung eines Meilers von einem mit einem Graphitkollimator gebündelten Neutronenstrahl durchsetzt werden, dienen als Punktquelle für ein Spektrometer mit gebogenem Quarzkristall u. BF_3-Proportionalzählrohr (angereichert mit ^{10}B) mit Eintrittsspalt, das eine Energieauflösung von $6 \cdot 10^{-4}$ eV erlaubt. Eine Probe Seltener Erden aus der U-Spaltung zeigt eine Resonanz bei 0,1 eV mit einer Breite von 0,03 eV, welche ^{149}Sm zugeordnet werden muß. Die Messungen an Co lassen sich darstellen als σ_t (in barn) = $(5{,}0 \pm 0{,}5) + (6{,}1 \pm 0{,}1)\,E^{1/2}$. Erbium zeigt eine Resonanz bei 0,45 eV mit einem maximalen σ von 1700 barn u. σ_t = 172 barn. Es erscheint möglich, daß mehrere Er-Isotope bei 0,45 eV sich gegenseitig überlagernde Resonanz zeigen. Für Hf mit σ_t = 115 barn wird eine Resonanz bei 1,1 eV nachgewiesen, welche bisher dem *Zr* zugeschrieben worden ist. Durch Unterss. an NiO mit ^{58}Ni u. ^{60}Ni wird festgestellt, daß ^{58}Ni für den anomal hohen Streuquerschnitt von natürlichem Ni verantwortlich ist. ^{58}NiO zeigt im Gegensatz zu ^{60}NiO ausgesprochene Diskontinuitäten in der σ_t/E-Kurve durch kohärente Streuung. Die Messungen an Ho ergeben eine starke Energieabhängigkeit von σ_t, die durch paramagnet. Streuung erklärt werden kann. (Physic. Rev. [2] **87**. 487—93. 1/8. 1952. Oak Ridge, Tenn., Oak Ridge Nat. Labor.) EICHHOFF. 103

K. Sommermeyer, *Die Absorptionskoeffizienten der β-Energie radioaktiver Isotope in luftäquivalenten Substanzen.* Vf. bestimmt die Absorptionskoeffizienten für die β-Strahlung von ^{32}P, ^{204}Tl, ^{131}J u. ^{35}S in der Weise, daß entweder der Abfall der Ionisation mit steigendem Abstand von der ebenen Grenzfläche einer Isotopenlsg. oder die Abnahme der Ionisation in freier Luft als Funktion des Abstandes von einem prakt. punktförmigen Präp. gemessen wird. Die Ergebnisse werden mit theoret. abgeleiteten Absorptionskoeffizienten u. den Messungen von ROSSI u. ELLIS (C. **1951**. I. 3076) verglichen. (Naturwissenschaften **39**. 506—07. Nov. 1952. Freiburg/Br., Univ., Radiolog. Inst.) WEIGEL. 103

Kurt Sommermeyer unter Mitarbeit von **Karl Heinz Waechter,** *Die Absorptionskoeffizienten der β-Energie radioaktiver Isotope für luftäquivalente Substanzen.* Ausführliche Darst. der vorst. referierten Arbeit. (Z. angew. Physik **5**. 242—48. Juli 1953.) WEIGEL. 103

M. B. Neiman, *Anwendung markierter Atome in der Chemie.* Kurze Übersicht über Darst. radioakt. Isotope, Nachw. der künstlichen radioakt. Elemente, deren Abscheidung u. Anreicherung, ferner über die Anwendung der markierten Atome in der anorgan., analyt. u. organ. Chemie sowie in der Industrie. (Химия в Школе [Chem. Schule] **1953**. Nr. 4. 20—32. Juli/Aug.) LEBTAG. 106

J. D. Graves und **Richard I. Condit,** *Lokalisierung vergrabener radioaktiver Quellen.* (Sitzungsbericht.) Es wurden Ausdrücke abgeleitet für die Strahlungsintensität von ^{60}Co-Punktquellen als Funktion der Vergrabungstiefe u. des Horizontalabstandes des Detektors von der Quelle. Die optimalen Nachweisbedingungen lassen sich am besten durch den Winkel zwischen Oberfläche u. Verbindungslinie Detektor–Quelle darstellen. Aus den optimalen Winkeln für verschied. Vergrabungstiefen ergibt sich, daß die maximale Strahlungsintensität bei irgendeinem größeren Horizontalabstand von der Quelle über dem Boden auftritt. Auf die Bedeutung der Meth. für die Suche nach neuen Erzlagerstätten, den Nachw. von Verseuchungen u. die Suche nach radioakt. Tracern wird hingewiesen. (Physic. Rev. [2] **85.** 752—53. 15/2. 1952; Bull. Amer. physic. Soc. **26.** Nr. 8. 4. 27/12. 1951. Burligame, Calif., Broadview Res. and Develop.) WEIGEL. 106

E. W. Titterton, *Atomenergieerzeugung und Verwendung.* 1. Mitt. *Spaltung und ihre Möglichkeiten als eine Energiequelle.* Beschreibung der Grundlagen des Spaltprozesses u. des Kettenreaktionssystems. (Atomics **5.** 23—27. Jan. 1954. Canberra, Austral. Nat. Univ., Dep. of Nucl. Phys.) GERHARD SCHMIDT. 110

E. W. Titterton, *Atomenergieerzeugung und Verwendung.* 2. Mitt. *Die Energiefreigabe in Reaktoren.* (1. vgl. vorst. Ref.) Als Einführung zur Beschreibung der verschied. Reaktorentypen wird der Begriff der krit. Größe eines Reaktorsyst. behandelt. (Atomics **5.** 73—76. März 1954.) GERHARD SCHMIDT. 110

Robert H. Schuler, *Kurzlebige Radioaktivität; Korrektur für lange Zählperioden.* Bei der Teilchenzählung an Präpp. kurzer Lebensdauer muß die in der Zählperiode Δt gezählte Teilchenzahl C_t mit einem Faktor F_m multipliziert werden, der um so größer wird, je größer das Verhältnis $n = \Delta t/T_{1/2}$ ist ($T_{1/2}$ = Halbwertszeit). Der Korrekturfaktor wurde vom Vf. berechnet zu $F_m = 1{,}00000 + 0{,}02002\,n^2 + 0{,}00012\,n^4 + \ldots$. Bei $n \leqq 3$ ergibt die Anwendung des Korrukturfaktors eine Genauigkeit von 10^{-3}, für $n \leqq 1$ eine solche von 10^{-4}, bei $n \leqq 1/2$ kann der Faktor vernachlässigt werden. (Nucleonics **10.** Nr. 11. 96—97. Nov. 1952. Buffalo, N. Y., Canisius Coll., Dep. of Chem.) REUSSE. 112

Sol Davison, Samuel A. Goldblith, Bernard E. Proctor, Marcus Karel, Billy Kan und **Charles J. Bates,** *Dosimetrie einer kiloCurie ^{60}Co-Quelle.* Beschreibung von 4 Dosimetern bei der Aktivitätsmessung der kCurie ^{60}Co-Quelle, u. zwar das Fe(II)–Fe(III)-Dosimeter, das Ce(III)–Ce(IV)-Dosimeter, das Methylenblaudosimeter sowie das adiabat. Calorimeter. Für Routinemessungen mittlerer Genauigkeit wird dem ersten Dosimeter der Vorzug gegeben. (Nucleonics **11.** Nr. 7. 22—26. Juli 1953. Cambridge, Mass., MIT, Dep. of Food Technol.) GERHARD SCHMIDT. 112

K. Firth und **D. R. Chick,** *Die „Abschirmung" neutraler Teilchen in Hochspannungsionenbeschleunigerröhren.* Bei Verwendung einer Radiofrequenzionenquelle in einem elektrostat. Linearbeschleuniger werden die Elektroden des Beschleunigers von einem weit geöffneten Bündel ungeladener Teilchen getroffen. Diese sind einerseits wegen der Auslösung von Sekundärelektronen u. dem damit verbundenen Stromverlust, andererseits wegen der erzeugten Röntgenstrahlung unerwünscht. Ein Blendensyst. zur Ausblendung der neutralen Teilchen wird beschrieben. (J. sci. Instruments **30.** 117—18. April 1953. Aldermaston, Berks., Assoc. Electr. Ind.) LENZ. 112

J. R. Farmakes, *Schlingenartige Greifvorrichtung.* Beschreibung einer Greifvorr. für Ampullen, Kapseln usw. mit radioakt. Inhalt (200 ml) für Arbeiten, bei denen der Benutzer aus Sicherheitsgründen hinter einer Bleiwand von 6 ft. Stärke arbeitet. Die Bedienung erfolgt über einen Hebel, der an einem durch ein Rohr geführten Drahtseil (Bowdenzug) angreift u. durch dieses ein Greiffutter betätigt. Die Durchführung durch die Schutzwand ist mittels eines Kugelgelenks strahlensicher u. bewegbar montiert. (Nucleonics **10.** Nr. 11. 90—91. Nov. 1952. Oak Ridge, Tenn., Oak Ridge Nat. Labor., Radioisotope Develop. Dep.) REUSSE. 112

P. B. Aitken, *Durch Kaltschweißung verschlossene Vakuumbehälter für Bestrahlungszwecke.* Vf. beschreibt eine Meth. zum Einbringen von Bestrahlungsobjekten in einen Reaktor. Das Objekt wird dabei in eine Kapsel aus Reinstaluminium (99,99%) gefüllt, in eine Vorr. eingespannt u. evakuiert bzw. mit einem bestimmten Gas gefüllt. Dann wird in der gleichen Vorr. ein Deckel, ebenfalls aus Al, mit einem Druck von 10 t aufgepreßt u. das auf diese Weise vakuumdicht geschlossene Gefäß im Reaktor bestrahlt. (Nucleonics **10.** Nr. 11. 89—90. Nov. 1952. Chalk River, Ontario, Can., A. E. of Canada Ltd., Chem. Branch.) REUSSE. 112

A_2. Optisches Verhalten der Materie.

P. Jordan, *Das Technetium als Prüfstein kosmologischer Theorien.* Die Entdeckung von Tc in Sternen vom Spektraltyp S wirft schwierige Fragen auf, da das stabilste bekannte Isotop eine Halbwertszeit von nur ca. $3 \cdot 10^5$ Jahren hat. Vf. diskutiert drei Deutungsmöglichkeiten: 1. Auf den Sternen existiert ein unbekanntes stabiles Isotop, was aber der MATTAUCHschen Regel widersprechen würde. 2. In den Sternen findet auch heute noch Neubldg. von Tc statt, was aber zu Schwierigkeiten in der Theorie des Sternaufbaus führen würde. 3. Die Sterne, auf denen Tc gefunden wurde, sind sehr junge Sterne. Im Sinne der vom Vf. entwickelten Theorie der Sternentstehung könnten diese Sterne aus vor kurzen Zeiten lokal neu entstandener Materie bestehen u. enthalten noch Tc von der Elementbldg. her. (Naturwissenschaften **40.** 407—08. Aug. 1953. Hamburg.) GUDZENT. 113

Ralph G. Smith, *Natürliche Radioaktivität in der Luft als Maßstab atmosphärischer Stabilität.* Im Gegensatz zu dem kostspieligen automat. Radiosondenverf. nach COWAN verwendet Vf. eine einfache Meth. mit einem Quarzfadenelektrometer zur Messung der Aktivität von Filterpapierproben. Tagesproben von Filterpapier zur Sammlung des atmosphär. Staubes lassen die unterschiedlichen Aktivitäten über 4—5 Wochen sowie eine Beziehung zur atmosphär. Stabilität erkennen. (Nucleonics **10.** Nr. 10. 71. Okt. 1952. Detroit, Mich., Detroit Dep. of Health, Bur. of Ind. Hyg.) GERHARD SCHMIDT. 113

E. M. Gyorgy und **G. G. Harvey,** *Die Spektroskopie des festen Zustandes: Kupfer und Chrom.* Mit einem registrierenden Vakuumspektrographen werden die M_{23}-Emissionskurven von Cu u. Cr aufgenommen. Die M_3- u. M_2-Banden werden mit graph. Methoden getrennt. Für Cu wird gefunden: Bandenbreite $7{,}1 \pm 0{,}5$ eV, M_2-Emissionskante $75{,}9 \pm 0{,}2$ eV, M_{23}-Abstand $1{,}2 \pm 0{,}1$ eV, Verhältnis der M_3- zur M_2-Intensität $0{,}51 \pm 0{,}03$; für Cr sind die entsprechenden Zahlen: $7{,}2 \pm 1{,}0$ eV, $42{,}1 \pm 0{,}2$ eV, $0{,}45 \pm 0{,}1$ eV, $0{,}52 \pm 0{,}04$. (Physic. Rev. [2] **87.** 861—62. 1/9. 1952. Cambridge, Mass., Massachusetts Inst. of Techn., Res. Labor. of Electronics.) FAESSLER. 116

Curtis J. Humphreys, *Die sechste Serie im Spektrum von atomarem Wasserstoff.* (Vgl. C. **1953.** 8776.) Bei 12,37 μ wird das erste Glied der sechsten Serie (6 h $^2H^0$ — 7 i ^2I) im Spektr. von atomarem H beobachtet. Weitere Linien schließen die 2. Linie der PFUND-Serie u. die 3., 4. u. 5. Linie der BRACKETT-Serie ein. Die benutzte App. u. Meßmeth. ist ähnlich den früheren u. besteht aus einem wassergekühlten Entladungsrohr mit einer KBr-Linse, die auch als Beobachtungsfenster dient. Durch Hinzuführen von Wasserdampf durch ein HOPFIELD-„Leck" u. kontinuierliches Pumpen wird die atomare H-Entladung unterhalten. Außerdem werden Messungen der relativen Intensität durchgeführt. (J. Res. nat. Bur. Standards **50.** 1—6. Jan. 1953. Corona, Calif.) D. HAHN. 118

Horst Greiner, *Zur Lichtemission eines kondensierten Vakuumfunkens hoher Stromdichte.* Eine kondensierte H_2-Entladung in einer Capillare von 3,5 mm Durchmesser wurde im Bereich von λ 3800—6000 Å spektrograph. bei verschied. Stromdichten u. Drucken aufgenommen. Es ergibt sich, daß das Spektr. zwischen $5 \cdot 10^{-3}$ u. 100 Torr vom Druck unabhängig ist u. daß im Gebiet von $15—40 \cdot 10^3$ A/cm² der Übergang vom Linienspektr. zum Kontinuum erfolgt. (Naturwissenschaften **40.** 238—39. April 1953. Berlin, Freie Univ., Phys. Inst.) HEINSOHN. 118

Edward C. Y. Inn und **Yoshio Tanaka,** *Absorptionskoeffizient von Ozon in den ultravioletten und sichtbaren Bereichen.* Die opt. Absorption von O_3 wurde im Gebiet von λ 2000—7000 Å mit Hilfe eines Quarzspektrometers u. mit Sekundärelektronenvervielfachern gemessen. Das O_3-Gas in der Absorptionszelle wurde dabei durch Verdampfen von sehr reinem fl. O_3 erhalten. Es ergeben sich 2 breite Absorptionsbanden mit Feinstrukturen, die sich von λ 2000—3500 Å u. von λ 4000 bis über 7500 Å erstrecken, mit Maxima bei λ 2550 bzw. 6000 Å, u. die gegenüber früheren Messungen anderer Autoren nur geringe Abweichungen des Absolutwertes der Absorption zu kleineren Werten zeigen. (J. opt. Soc. America **43.** 870—73. Okt. 1953. Cambridge, Mass., Air Res. and Develop. Command, Air Force Cambridge Res. Center, Geophys. Res. Directorate.) HEINSOHN. 118

J.-L. De Hauss, *Die Absorptionsspektren einiger Verbindungen des dreiwertigen Phosphors.* Die UV-Absorptionsspektren zwischen 220 u. 320 mμ werden photograph. für die 3 Gruppen von Verbb. des P^{3+} gemessen: a) PCl_3 (gelöst in Ae.) u. $(C_2H_5O)_2PCl$ (in Hexan); b) $(CH_3O)_3P$ (in Methylalkohol) u. $(C_2H_5O)_3P$ (in Hexan) sowie c) $(CH_3O)_2 \cdot POH$, $(C_2H_5O)_2POH$ u. $(C_2H_5O)_2P(O)(C_2H_5)$ (jeweils ohne Lösungsm.). Die Verbb. der Gruppe a) absorbieren kontinuierlich. Die vollständigen Ester der Gruppe b) besitzen eine starke Bande bei 260 mμ. Die Ester mit nur zwei alkoh. Gruppen absorbieren in gleicher Weise selektiv, jedoch viel schwächer. Die Absorptionsverminderung wird auf das Vorhandensein tautomerer Formen zurückgeführt. (Chim. analytique [4] **34.** 248—49. Nov. 1952.) RUDOLPH. 118

I. Kovács, *Über die Berechnung der Rotationskonstanten von zweiatomigen Molekültermen auf Grund von Störungsdaten.* 3. Mitt. (2. vgl. C. **1953.** 3837.) Angabe von 2 Verff. zur Best. der Differenzen der Rotationskonstanten u. Schwingungsniveaus der beiden am Übergang teilnehmenden Mol.-Terme aus den Wellenzahlen der Bandenlinien. Beide Verff. sind zur Auffindung von Störungen anwendbar, wobei das erste Verf. die Rotationskonstante, das zweite die Höhe des Schwingungsniveaus des störenden Termes ergibt unter Verwendung von „überzähligen Linien", die in der Umgebung der Störungsstelle beobachtet werden. Es müssen dabei weder das Element der Störungsmatrix noch die Abweichung des gestörten Niveaus vom ungestörten bekannt sein. Erläuterung der Verff. an den Beispielen *BiH*, *BaO* u. *SrO*. (Acta physica Acad. Sci. hung. **2.** 141—49. 1952. Budapest, Ungar. Akad. der Wiss., Physikal. Zentralforschungsinst., Spektroskop. Abt.) EICHHOFF. 118

I. Deézsi, E. Koczkás und **T. Mátrai,** *Rotationsanalyse einiger blauen Banden des SrO-Moleküls.* In Ergänzung zu den Unterss. der (0,1), (1,1), (0,2), (0,3), (1,4) u. (1,5)-Banden des blauen Bandensyst. des SrO-Mol. von KOVÁCS u. BUDÓ (C. **1953.** 2070) werden die Rotationsanalysen der drei Banden des SrO-Mol. (1,0), (1,6) u. (2,6) durchgeführt. In Tabellen sind die Wellenzahlen der Linien der drei Banden aufgeführt. Weiter sind die Rotationskonstanten B u. D angegeben. B wird aus folgenden Formeln berechnet: $B'_v = 0{,}2937_7 — 0{,}0015_5\ (v' + {}^1/_2)$ u. $B''_v = 0{,}3380_9 — 0{,}0021_3\ (v'' + {}^1/_2)$. Ferner werden die Wellenzahlen der Nullinien u. Bandenköpfe angegeben. (Acta physica Acad. Sci. hung. **3.** 95—103. 1953. Budapest, Ungar. Akad. der Wiss., Physikal. Zentralforschungsinst., Spektroskop. Abt.) D. HAHN. 118

Damien Malé, *Über die Wahl der zur gleichzeitigen Bestimmung der optischen Konstanten und der Dicke dünner, absorbierender Schichten vorzunehmenden Messungen.* Unters. des Geltungsbereiches für die von WOLTER (Z. Physik **105.** [1937.] 269) angegebene Beziehung zwischen den Reflexionsfaktoren in Luft (R) u. Glas (R') u. dem Durchlässigkeitsfaktor (T) dünner, absorbierender Schichten u. Hinweis auf die vom Vf. angegebene Meth. (C. **1951.** II. 1786) zur gleichzeitigen Best. der opt. Konstanten u. der Dicke solcher Schichten aus der Messung von R, R' u. T. (C. R. hebd. Séances Acad. Sci. **235.** 1630—31. 22/12. 1952.) EICHHOFF. 119

J. N. Howard und **R. M. Chapman,** *Absorption in den Gesamtbanden von Kohlendioxyd im nahen Infrarot.* Messung der CO_2-Totalabsorption im Gebiet der 2,7 μ- u. 4,2 μ-Bande bei opt. Längen von 4—16 m u. Partialdrucken P_p von 10—50 Torr u. im Gemisch mit N_2 bei Gesamtdrucken P_t bis 760 Torr. Es gelten für die Absorption der 2,7- bzw. 4,2 μ-Bande die empir. Beziehungen $A = 1 — \exp[—0{,}037\ w^{3/8} \cdot (P_t + P_p)^{1/4}]$ bzw. $A = 1 — \exp[—0{,}184\ w^{3/7} \cdot (P_t + P_p)^{1/4}]$, in denen w die Konz. in at · cm ist. Die Beziehungen sind zusammen mit ähnlichen für Wasserdampf für die Ermittlung der Gesamtdurchlässigkeit der Atmosphäre von Bedeutung. (J. opt. Soc. America **42.** 856. Nov. 1952. Columbus, O., Ohio State Univ., Dep. of Phys. and Astronomy.) RUDOLPH. 120

D. H. Rank und **D. C. Cronemeyer,** *Die Infrarotabsorptionscharakteristiken von thermisch behandeltem Germanium.* Durch Abschrecken von 900° in Luft erhaltenes p-Ge (*Thermium*) zeigt gegenüber unbehandeltem Ge sowie gegenüber längere Zeit bei 500° getempertem Thermium eine stark erhöhte Infrarotabsorption zwischen 2 u. 15 μ. Der Absorptionsquerschnitt der Defektelektronen als Funktion der Photonenenergie ist beim Thermium merklich erhöht gegenüber dem von chem. mit In gedopten Ge (Defektelektronenkonz. in beiden Fällen ca. $1{,}7 \cdot 10^{15}/cm^3$). Es werden zwei gleichzeitig auftretende Mechanismen im Thermium vermutet: Absorption freier Defektelektronen im Valenzband u. für Thermium spezif. Haftstellenionisationserscheinungen. (Physic. Rev. [2] **90.** 202—03. 15/4. 1953.) RUDOLPH. 120

B. F. Burke und **M. W. P. Strandberg,** *Zeeman-Effekt in Rotationsspektren von asymmetrischen Rotormolekülen.* (Sitzungsbericht.) Kurze Wiedergabe der C. **1954.** 2761 referierten Arbeit. (Physic. Rev. [2] **90.** 338—39. 15/4. 1953. M. I. T.) GOTTFRIED. 121

Frank Matossi, *Der Einfluß eines elektrischen Feldes auf einen dauernd erregten Phosphor.* (Vgl. C. **1953.** 6415.) Vf. nimmt eine mathemat. Analyse der Erscheinungen vor, die beim Anlegen eines elektr. Wechselfeldes an einem zum Gleichgewichtsleuchten erregten ZnSCu-Phosphor auftreten. Mit einem Ansatz, in dem neben den Elektronenübergängen zwischen Grundband, Leitfähigkeitsband u. Haftstellen auch das Entleeren der Haftstellen durch das elektr. Feld u. das Absaugen von Elektronen aus dem Leitfähigkeitsband in Oberflächenhaftstellen enthalten sind, werden für die Änderung der Gleichgewichtsleuchtintensität Formeln für einen period. u. einen exponentiellen Anteil gegeben. (Naturwissenschaften **40.** 239—40. April 1953. White Oak, Md., US Naval Ordnance Labor.) HEINSOHN. 125

Shepard Roberts, *Feldstärke- und Temperaturuntersuchungen an elektrolumineszierenden Pulvern in dielektrischen Medien.* Phosphore der Zus. 80% *ZnS*, 20% *ZnSe* mit *Cu* als Aktivator, suspendiert in Polystyrol, Polymethylmethacrylat (Lucite) oder Polyvinylchlorid als dünner Film (100 μ) zwischen Al- u. durchsichtiger Glaselektrode leuchten blaugrün in elektr. Wechselfeldern (60 u. 1000 Hz). Die asymm.

Lichtimpulse doppelter Frequenz, zwischen denen Dunkelpausen liegen, sind je nach Feldpolarität etwas verschieden stark. Die mittlere Intensität J der Elektrolumineszenz hängt nur von der Feldstärke direkt über dem Leuchtstoffkorn E_L ab, unabhängig von der verschied. DK. der Einbettungsmittel, wie eine rechner. Abschätzung von E_L zeigt. J nimmt mit der Frequenz zu. Die Ausbeute bleibt unter 1 lm/Watt. Der Einfl. der Temp. (—100 bis 50°) auf J ist so gering, daß auf eine Unabhängigkeit der Elektrolumineszenz von der therm. Aktivierung in vorliegenden Unterss. geschlossen wird. (J. opt. Soc. America **42.** 850—54. Nov. 1952. Schenectady, N. Y., General Electr. Res. Labor.) RUDOLPH. 125

A_3. Elektrizität. Magnetismus. Elektrochemie.

Burton J. Udelson und **John E. Creedon,** *Vergleich der Elektronendichte in verschiedenen Regionen einer Gleichstrom-Glimmentladung.* Die Elektronendichte in einer Gleichstrom-H-Glimmentladung wird mit Hilfe der Mikrowellentechnik bestimmt. Gemessen werden Resonanzfrequenz u. Leitfähigkeit, die der Elektronendichte proportional sind. Es ergibt sich, daß die Elektronendichte entlang der nichtgestreiften positiven Säule konstant ist u. daß die Elektronendichte im Anschluß an das negative Leuchten um den Faktor 20 größer ist als in der positiven Säule. Ferner zeigt sich, daß der FARADAYsche Dunkelraum ein Übergangsgebiet zwischen dem negativen Leuchten u. der positiven Säule ist. (Physic. Rev. [2] **88.** 145. 1/10. 1952. Washington, D. C., Nat. Bur. of Standards.) H. W. LEVI. 131

N. W. Kotossonow, *Zur Theorie der Messung der Dielektrizitätskonstante im Zentimetergebiet.* Es werden Methoden der Messung der DK. mit Hilfe des Wellenleiters untersucht u. vereinfachte Formeln für die Berechnung aufgestellt. Zwei Meßverff. für dünne fl. u. feste Schichten werden angegeben u. die optimalen Bedingungen zur Steigerung der Empfindlichkeit u. Herabsetzung der Energieverluste im Generator aufgezeigt. (Журнал Технической Физики [J. techn. Physik] **22.** 530—36. März 1952. Saratow, Univ., Wiss. Forschungsinst. für Mechanik u. Physik.) A. KUNZE. 132

W. P. Schesstopalow, *Zur Theorie des Wellenleiters mit einer teilweise mit einem Dielektrikum gefüllten Spirale.* (*Willkürliche dielektrische Permeabilität.*) Die entwickelte Theorie gestattet, die Struktur des elektromagnet. Feldes im Wellenleiter zu untersuchen, die Phasengeschwindigkeit im Wellenleiter zu bestimmen u. Charakter u. Größe der Dispersion festzusetzen. Die ermittelte Verzögerung der Phasengeschwindigkeit bei anomaler Dispersion ist in der Größenordnung von $^1/_{20}$ Lichtgeschwindigkeit. Die Größe des Energiestromes inner- u. außerhalb der Spirale u. im Dielektrikum ist größer als beim einfachen Wellenleiter. Die Verluste in der Spirale u. im Gehäuse des Wellenleiters verringern sich mit wachsender Frequenz. Die Nachteile des Wellenleiters mit Dielektrikum sind die Einbringung eines Dielektrikums mit großer DK., der Aufwand großer Spannung längs der Achse u. beträchtliche Verluste an Energie im Dielektrikum. (Журнал Технической Физики [J. techn. Physik] **22.** 414—25. März 1952. Charkow, Pädagog. Skoworoda-Inst.) A. KUNZE. 132

A. Dias Tavares, *Weitere Experimente zum thermodielektrischen Effekt* (*Costa-Ribeiro-Effekt*). Als thermodielektr. Effekt (COSTA RIBEIRO, An. Acad. brasil. Ci. **17.** [1944.] 2) wird das Auftreten eines Stromes bzw. einer Ladung bei einer Phasenumwandlung einer Substanz bezeichnet, die sich zur Messung so in einem Kondensator befindet, daß die eine Platte mit der fl., die andere mit der festen Phase in Berührung ist. Hierzu werden neue Experimente mitgeteilt. 1. Es wird eine Anordnung angegeben, mit der die Ladung einer auf freier Flüssigkeitsoberfläche erstarrten *Naphthalin*-Schicht gemessen werden kann. Das als einfacher Demonstrationsvers. auszuführende Experiment zeigt, daß die Ladung nur durch die Erstarrung zustande kommt u. es sich keinesfalls um Kontaktpotentiale handelt. Mit wachsender Dicke der erstarrten Schicht wächst die Gesamtladung, es handelt sich also um eine echte Raumladung. 2. Unters. der Natur der im festen Film sitzenden Ladung zeigt, daß während der Erstarrung negative Ladungen aus dem Festkörper in die fl. Phase abgegeben werden. Das feste Naphthalin wird so zu einem Elektret. 3. Die positive Raumladung im Naphthalin kann durch Schmelzen wieder neutralisiert werden. (Vgl. nachst. Ref.) (An. Acad. brasil. Ci. **25.** 53—59. 31/3. 1953. Rio de Janeiro, Fac. Nac. de Filosof.) H. C. WOLF. 132

A. Dias Tavares, *Über eine mögliche Erklärung des Costa-Ribeiro-Effektes.* Es wird ein Vers. zur Erklärung des bisher noch nicht gedeuteten COSTA-RIBEIRO-Effektes gemacht. Es ist anzunehmen, daß es sich um einen elektron. Effekt handelt.

Ferner wird angenommen, daß sich in der fl. Phase Elektronen in einem hohen Energieband befinden, gegebenenfalls dem Leitfähigkeitsband, u. daß dieses Band im Kristall verboten ist. Dann werden beim Kristallisieren Elektronen abgegeben. Eine Abschätzung der Energiedifferenz zwischen oberstem gefülltem Band u. Leitfähigkeitsband nach dieser Theorie u. den experimentellen Ergebnissen des thermodielektr. Effektes ergibt für *Naphthalin* 1,1 eV. Verunreinigungen können als Acceptoren u. Donatoren dienen. Der Durchschlag durch Dielektrika kann als Umkehrung des thermodielektr. Effektes angesehen werden: Durch hohe äußere Felder werden die Energiezustände des fl. Zustandes auch in fester Phase erlaubt, das feste Dielektrikum verhält sich längs des Durchschlages wie die fl. Phase. (An. Acad. brasil. Ci. **25.** 91—97. 31/3. 1953. Rio de Janeiro, Fac. Nac. de Filosof.) H. C. WOLF. 132

N. P. Bogoroditzki und **T. N. Werbitzkaja,** *Elektrische Eigenschaften von seignettekeramischen Substanzen in der Nähe des Curiepunktes.* (Vgl. C. **1953.** 9069.) Beim CURIE-Punkt u. einem gewissen Temperaturbereich darunter nimmt die DK. von seignettekeram. Körpern — untersucht wurden die *Titanate* von *Ba, Sr* u. *Ca* sowie Mischungen daraus — stetig ab, ohne daß jedoch die Lage des CURIE-Punktes u. die Gitterstruktur sich ändern. Diese Alterung kann durch Erhitzen über den CURIE-Punkt oder durch Anlegen eines elektr. Feldes rückgängig gemacht werden, doch verschwindet dieser Effekt beim Abkühlen oder beim Abschalten des Feldes bald wieder, u. die Abnahme der DK. setzt wieder ein. Bei gealterten Stoffen lag das Maximum der reversiblen DK. bei einer höheren Verschiebungsfeldstärke als bei nicht gealterten. Als Erklärung für diese Beobachtungen wird die relative Orientierung der Elementarbereiche angeführt. (Журнал Технической Физики [J. techn. Physik] **22.** 1920—29. Dez. 1952.) KIRSCHSTEIN. 134

Johannes Krumbiegel, *Lichtelektrische Messungen an ZnS-Einkristallen.* An künstlich gezüchteten ZnS-Kristallen mit hexagonalem Gitter wurden Leitfähigkeitsmessungen vorgenommen. Als Elektroden dienten einseitig aufgedampfte Ag-Schichten mit einem wirksamen Spalt von 0,5 mm Breite. Die angelegte Spannung betrug 15 V. Die Bestrahlung mit monochromat. Licht gleicher Energie ergab zwei ausgesprochene Maxima der Leitfähigkeit bei den Wellenlängen 730 u. 1150 mμ. Die Messungen waren über längere Zeiten reproduzierbar u. ergaben bei verschied. Kristallen ähnliche Werte. Die Höhe des ersten Maximums war bei allen Kristallen etwa gleich. (Naturwissenschaften **39.** 447. Okt. 1952. Leipzig, Univ., Physik. Inst.) HAGEMANN. 134

Richard H. Bube, *Über die Oberflächen-Photoleitfähigkeit von Cadmiumsulfid-Kristallen.* Es wird über Unterss. der verringerten Photoleitfähigkeit von CdS bei Ggw. von H_2O-Dampf berichtet. Die CdS-Kristalle wurden in einer Atmosphäre von H_2O-Dampf verschied. Sättigung mit Licht verschied. Wellenlänge bestrahlt u. ihre Oberflächenleitfähigkeit sowie die Halbwertszeit gemessen. Es wurde gefunden, daß beide Werte sinken, wenn die Wellenlänge kleiner ist als die der Absorptionsbande, daß jedoch keine Wrkg. eintritt für Wellenlängen, die größer sind als die der Absorptionsbande. Die Größe der Kristalle betrug $3 \times 2 \times 0,1$ mm. Bei Bestrahlung durch eine 100 W-Glühlampe wurden bei 100% relativer Luftfeuchtigkeit 9000 μA/Lumen, im Vakuum 31000 μA/Lumen gemessen. Die Ergebnisse werden in Form von Kurven mitgeteilt. (J. chem. Physics **21.** 1409—10. Aug. 1953. Princeton, N. J., RCA-Labor.) HAGEMANN. 134

A. G. Goldman und **I. A. Akimow,** *Sensibilisierung der Photoleitfähigkeit von Silberjodid durch organische Farbstoffe. Eosinmethylenblau, Methylrot, Indigocarmin, Orcein, saures Fuchsin, Alizarin, Scharlachrot, Tropeolin, Phenolrot, Methylorange, Carmin, Hämatoxylin, bas. Chrysoidin u. Sudan III* zeigen keine sensibilisierende Wrkg. auf die Photoleitfähigkeit von AgJ. Dagegen tritt bei *Methylgrün* (**I**) (620 mμ Sensibilisierungsmaximum), *Kristallviolett* (**II**) (480—540), *bas. Fuchsin* (**III**) (540), *Methylenblau* (**IV**) (580), *Safranin* (480), *Jodeosin* (**V**) (520), *Fluorescein* (480), *Bismarckbraun* (540), *Kongorot* (540), *Neutralrot* (480—540), *Eosin* (520), *Erythrosin* (**VI**) (500), *Methylengrün* (620), *Eosinnatrium* (520), *Methylviolett* (480—540), *Bromphenolblau* (600) u. *Dimethylamidoazobenzol* (480—540) eine sensibilisierende Wrkg. auf. Bei Bestrahlung mit weißem Licht übertrifft der Sensibilisierungseffekt die lichtelektr. Leitfähigkeit von AgJ selbst verschiedentlich um ein Vielfaches (um etwa das 6fache in den Maxima für **II** u. **IV**). Für das energiegleiche Spektr. (Kurven für **I, II, III, V, VI**) wird der Photostrom im Sensibilisierungsmaximum von **V** nahezu gleich dem des Eigenmaximums von AgJ. (Журнал Физической Химии [J. physik. Chem.] **27.** 355—61. März 1953. Wologda, Pädagog. Molotow-Inst.) AMBERGER. 134

Je. K. Putzeiko, *Einfluß der Adsorption von Gasen und Dämpfen auf den eigenen und den durch Chlorophyll und seine Analoga sensibilisierten Photoeffekt von Zinksulfid.* Während bei Bleioxyd- u. Tl-Halogenid-Schichten keine Verminderung der Photo-EMK. beim Evakuieren auftritt, geht diese bei pulverförmigen ZnO-Schichten auf 10—2% zurück u. erscheint bei erneutem Lufteinlassen nach kurzer Dauer des Vakuums wieder vollständig, nach langer jedoch nur mehr teilweise. Adsorption von *Chinon* (0,02 Torr) an das evakuiert gehaltene ZnO erhöht die Photo-EMK. bis etwas über den ursprünglichen Wert in Luft. Es erfolgt dabei keinerlei Verschiebung der spektralen Empfindlichkeitsverteilung, wohl aber eine Verringerung der Trägheit. Mit Chlorophyll oder *Magnesiumphthalocyanid* (I) sensibilisiertes ZnO verhält sich beim Evakuieren ähnlich wie das unsensibilisierte. Es tritt dabei nur mehr eine teilweise Regeneration der Photo-EMK. nach Wiedereinlassen von Luft ein, wogegen eine schwache Entladung in O_2 (0,02—300 Torr) zu einer Steigerung der Photo-EMK. auf das 1,5—2fache des ursprünglichen Wertes führt. Adsorption von H_2, CO_2, NH_3- u. H_2O-Dampf ist ohne Einfl. auf die erniedrigte Photo-EMK. sowohl des unsensibilisierten, als auch des mit I sensibilisierten ZnO im Vakuum. Vf. vermutet beim Sensibilisierungsvorgang eine die Verweilzeit der Elektronen im Leitfähigkeitsband des ZnO herabsetzende Bldg. zusätzlicher Haftstellenniveaus. (Доклады Академии Наук СССР [Ber. Akad. Wiss. UdSSR] [N. S.] **91.** 1071—74. 11/8. 1953.)
AMBERGER. 134

D. W. Juenker, G. S. Colladay und **E. A. Coomes,** *Oberflächengrenzschichtanalyse für hochtemperaturbeständige Metalle mittels Schottky-Abweichungen.* Ausführliche Darst. der C. **1953.** 9071 referierten Arbeit. (Physic. Rev. [2] **90.** 772—78. 1/6. 1953.)
RUDOLPH. 134

E. W. Webster, R. J. Van de Graaff und **J. G. Trump,** *Sekundärelektronenemission von Metallen durch positiven Ionenbeschuß in hohen Absaugfeldern.* H^+- u. H_2^+-Ionen der Geschwindigkeit 250 kV fielen in einen von dem Entladungsraum durch einen Kanal getrennten Untersuchungsraum auf einen *Stahl*draht. Der Druck in der App. betrug 10^{-5} Torr. Die Feldstärke E in der Umgebung des Drahtes betrug 0—220 kV/cm; E wurde teils durch Änderung der angelegten Spannung, teils durch Änderung des Drahtdurchmessers variiert. Beim Aufprallen der Ionen auf den Draht werden Elektronen frei; gemessen wurde das Verhältnis B = e/i, wo e = Sekundärelektronenstrom, i = Ionenstrom (i = 0,1—0,5 μA). Während B bei H^+ für E = 0—220 konstant ca. 3 betrug, stieg B bei H_2^+ von 3 für E = 0 auf ca. 9 für E = 220 an. Aus den Verss. folgt, daß die Bldg. von Sekundärelektronen durch die Bombardierung von Metallflächen mit positiven Ionen nicht in erster Linie zur Erklärung des beobachteten Zusammenbruches von elektr. Entladungen im Vakuum herangezogen werden kann (vgl. hierzu auch TRUMP u. VAN DE GRAAFF, J. appl. Physics **18.** [1947.] 327). (J. appl. Physics **23.** 264—66. Febr. 1952. Cambridge, Mass., Massachusetts Inst. of Technol.)
FUCHS. 134

Ray C. Hughes und **Patrick P. Coppola,** *Bariumhaltige Wolframkathoden.* (Vgl. C. **1953.** 175.) Eine Kathode, die aus einem 5—10% BaO-enthaltenden porösen W-Körper besteht, entwickelt bei hoher Temp. entsprechend der Rk. 6 BaO + W → Ba_3WO_6 + 3 Ba freies Ba, das durch Diffusion auf die Oberfläche gelangt u. die Austrittsarbeit des W stark herabgesetzt. Die Kathode hat bei einer Austrittsarbeit (gemessen aus der RICHARDSON-Geraden bei Impulsbetrieb) von 1,56 eV mit einer Mengenkonstante A = 0,6 $A/cm^2/{}^0K^2$ u. bei 1100° eine Lebensdauer $>$650 Stunden. Es werden Impulssättigungsströme bis zu Werten größer als 100 A/cm^2 angegeben. Ba-Carbonat, -Nitrat oder -Hydroxyd sind nicht verwendbar, da bei diesen Verbb. die Bldg. von freiem Ba nicht erfolgt, es sei denn bei Ggw. von C. Bei Doppelverbb. von BaO mit Al_2O_3 oder SiO_2 tritt mäßige Freisetzung von Ba auf. (J. appl. Physics **23.** 1261—62. Nov. 1952. Irvington on Hudson, N. Y., Philips Labor. Inc.)
RUDOLPH. 134

Renate S. Bever, *Diffusion von Barium in einer Oxydkathode.* Die Messung der Diffusion von radioakt. Ba in *BaO–SrO*-Kathodenschichten in Abhängigkeit von der Temp. T ergibt für T $>$1280°K eine Aktivierungsenergie von 4,1 ± 0,6 eV, für T $<$1280°K eine solche von 0,4 ± 0,07 eV. Die Abhängigkeit der Diffusion von 1/T ist dem Verh. in Einkristallen ähnlich. Eine Abschätzung des Ba-Haushalts in der Oxydkathode ergibt, daß die Ba-Diffusion ausreichend schnell ist, um die Verteilung des überschüssigen Ba innerhalb des akt. Materials aufrechtzuerhalten, aber nicht ausreichend, um die Verdampfung von der emittierenden Oberfläche zu kompensieren, was im Widerspruch steht zu der BECKER-SEARSschen Theorie des Kathodenmechanismus auf der Grundlage der Adsorption einer polarisierten Ba-Oberflächenschicht. (J. appl. Physics **24.** 1008—10. Aug. 1953. Ithaca, N. Y., Cornell Univ.) RUDOLPH. 134

W. Shockley und **R. C. Prim**, *Raumladungsbegrenzte Emission in Halbleitern.* Vff. zeigen, daß eine der raumladungsbegrenzten Emission ins Vakuum analoge Situation in der Transistorphysik auftritt u. z. B. für einen geschichteten n-i-n-Halbleiter (Überschuß–Eigen–Überschußleitung) für die Stromdichte J eine dem CHILDschen Gesetz ähnliche Beziehung $J = 9 \varkappa \varepsilon_0 \mu V^2/8 W^3$ gilt ($\varkappa$ = relative, ε_0 = absol. DK., μ Beweglichkeit, V Spannung, W Dicke der eigenleitenden Schicht). Die besonderen Bedingungen, die bei Raumladungsmaximum infolge therm. Trägerdiffusion u. Feldabhängigkeit der Beweglichkeit vorherrschen, werden betrachtet. Die Rolle der raumladungsbegrenzten Emission in einer neuen Klasse unipolarer Transistoren (in Analogie zur unipolaren Anordnung der Elektronenröhre) wird kurz diskutiert. (Physic. Rev. [2] **90.** 753—58. 1/6. 1953. Murray Hill, N. J., Bell Telephone Labor.) RUDOLPH. 135

G. C. Dacey, *Raumladungsbegrenzter Löcher-Strom in Germanium.* Die Theorie der raumladungsbegrenzten Emission in Halbleitern von SHOCKLEY u. PRIM (vgl. vorst. Ref.) wird zur Best. der Löcherstromdichte J in einer p–ν–p–Ge-Schichtdiode (ν = schwach überschußleitend) für hohe Felder benutzt, unter der Annahme, daß die Driftgeschwindigkeit $v = \mu \cdot (EE_0)^{1/2}$ (μ = Beweglichkeit bei kleinen Feldstärken, E = Feldstärke, E_0 = „krit. Feld") ist. Für diese Näherung wird entsprechend dem CHILDschen Gesetz $J = (2/3)(5/3)^{3/2} \cdot K \mu E_0^{1/2} Va^{3/2}/w^{5/2}$, wobei Va das Potential über der Schicht ν der Dicke w, u. K die DK. (mkg sec) ist. Messungen an einer raumladungsbegrenzten p–ν–p–Ge-Diode bei 77°K ergeben einen mit der Theorie übereinstimmenden Verlauf von J mit Va. (Physic. Rev. [2] **90.** 759—63. 1/6. 1953. Murray Hill, N. J., Bell Telephone Labor.) RUDOLPH. 135

E. M. Conwell, *Hochfeldbeweglichkeit in Germanium mit vorwiegender Störstellenstreuung.* Ausführliche Darst. der C. **1953.** 4646 referierten Arbeit. (Physic. Rev. [2] **90.** 769—72. 1/6. 1953. Murray Hill, N. J., Bell Telephone Labor.) RUDOLPH. 135

Karl Hauffe, Horst Grunewald und **Ruth Tränckler-Greese**, *Über die elektrische Leitfähigkeit von Titandioxyd mit Fremdoxyden. Über den Einbaumechanismus von Chromoxyd in TiO_2.* Bei der Unters. der Abhängigkeit der elektr. Leitfähigkeit von TiO_2 vom Geh. an höher- u. niederwertigem Fremdoxyd bei 600—900° fanden Vff., daß bei Zusatz von *WO_3* die Leitfähigkeit des TiO_2 stark steigt, dagegen bei Zusatz von *Al_2O_3*, *Ga_2O_3* u. *NiO* wenig sinkt. Vff. untersuchten die Sauerstoffdruckabhängigkeit der elektr. Leitfähigkeit von TiO_2 zwischen 800 u. 1000° u. von TiO_2 mit Zusätzen von 0,7 Mol-% WO_3 (600—900°), 0,7 Mol-% NiO (700—1000°), 1 Mol-% *BeO* (700 bis 1000°), 1 Mol-% Cr_2O_3 (600—1100°) bzw. 0,5 Mol-% Cr_2O_3 (700—1000°). Aus dem Verlauf der elektr. Leitfähigkeit mit steigendem Cr_2O_3-Geh. im Gebiet 500—1100° bei 1 atm. Luftdruck entnahmen Vff., daß Cr_2O_3 in das TiO_2-Gitter bei den tieferen Tempp. (< ca. 900°) als 5- bzw. 6-wertige Chromionen, bei höheren Tempp. (> ca. 900°) als 3-wertige eingebaut werden. Aus den Sauerstoffdruckabhängigkeiten der Leitfähigkeiten von reinem TiO_2 u. von TiO_2 mit 1 Mol-% Cr_2O_3 (700—1000°) ermittelten Vff. die Gleichgewichtskonstante u. die Temperaturabhängigkeit des Fehlordnungsgleichgewichtes $O_{\square}^{\cdot\cdot} + {}^1/_2\, O_2^{(g)} + 2\, Cr\, \bullet'(Ti) \rightleftharpoons 2\, Cr\, \bullet^{\cdot}(Ti) + 2\, \ominus$ sowie die Reaktionsenthalpie zu 26500 cal. (Z. Elektrochem., Ber. Bunsenges. physik. Chem. **56.** 937—44. 1952. Greifswald, Univ., Phys.-chem. Inst.) BARTSCH. 135

T. E. Bradburn und **G. R. Rigby**, *Das elektrische Leitvermögen der Spinelle.* Aus den stöchiometr. Gemischen der betreffenden Oxyde werden durch mehrstd. Glühen in einem elektr. Ofen unter Benutzung einer besonderen spindelpressenähnlichen Einspannvorr. zylindr. Versuchskörper folgender Spinelle hergestellt u. auf ihr elektr. Leitvermögen zwischen 20—1000° geprüft: *$CoO \cdot Al_2O_3$*; *$MgO \cdot Al_2O_3$*; *$NiO \cdot Al_2O_3$*; *$ZnO \cdot Al_2O_3$*; *$CoO \cdot Cr_2O_3$*; *$MgO \cdot Cr_2O_3$*; *$ZnO \cdot Cr_2O_3$*; *$MgO \cdot Fe_2O_3$*; *$NiO \cdot Fe_2O_3$*; *$ZnO \cdot Fe_2O_3$*; *$FeO \cdot Cr_2O_3$* u. *$FeO \cdot Fe_2O_3$*. Es wird die Gitterstruktur der Spinelle u. ihr Leitungsmechanismus für elektr. Strom besprochen, u. aus den Verss. werden folgende Schlüsse gezogen: alle Spinelle gehorchen teilweise dem Exponentialgesetz für die Temperaturabhängigkeit des Leitvermögens, wobei die Aluminate, Zn- u. Co-Chromite, Ni- u. Zn-Ferrite u. Magnetit innerhalb des gesamten Temperaturbereiches dem Gesetz entsprechen. Zwischen den Spinellen von n. u. inversem Typ besteht kein deutlicher Unterschied im Leitungsmechanismus. Nach ihrem Leitvermögen lassen sich die Spinelle vielmehr in vier Gruppen einteilen: a) Aluminate mit niedrigem Leitvermögen, b) Chromite mit mäßigem Leitvermögen, c) Ferrite mit ziemlich hohem Leitvermögen u. d) Magnetit mit fast metall. Leitvermögen. Bei den Aluminaten wird das Leitvermögen durch das 2-wertige Kation, bei den Chromiten u. Ferriten (mit Ausnahme der Fe^{2+}-Verbb.) durch das 3-wertige Kation bestimmt. Die Mg- u. Zn-Aluminate sowie die Ferrite sind Elektronenleiter, während für die Co- u. Ni-Aluminate sowie alle Chromite der Leitungsmechanismus durch positive Löcher im Gitter erfolgt; Magnetit ist ein echter Halbleiter mit Valenzwechsel. (Trans. Brit. ceram. Soc. **52.** 417—35. Aug. 1953.) HENTSCHEL. 135

D. L. Martin und **A. H. Geisler,** *Dauermagneteigenschaften von Kobalt–Platin-Legierungen.* In Zusammenhang mit den von ADAMS, HUBBARD u. SYELES (C. **1954.** 1884) für Bismanol gegebenen Wert der Güteziffer weisen Vff. darauf hin, daß neuerdings im Syst. Co–Pt Werkstoffe für Dauermagnete entwickelt sind, deren Güteziffer die von NEUMANN (Arch. techn. Messen **69.** [1937.] 38) angegebene übertreffen u. je nach der Zus. (42 bzw. 48 At.-% Co) u. der Wärmebehandlung zwischen 5,0 u. 9,0·10^6 Gauß Oe liegen. (J. appl. Physics **24.** 498. April 1953. Schenectady, N. Y., General Electric Res. Labor.) v. HARLEM. 137

A. Ferro und **G. Montalenti,** *Innere Reibung ferromagnetischer Stoffe.* An Guß-Nickel, gehärtetem u. angelassenem Stahl u. an permanent verspanntem Stahl wird unter mechan. Wechselbeanspruchung der Energieverlust durch innere Reibung bestimmt. Nach Trennung des Energieverlustes in einen rein mechan. Anteil (gemessen im Zustand der magnet. Sättigung oder oberhalb des CURIE-Punktes) u. in einen magnetoelast. Anteil wird ein Zusammenhang zwischen letzterem u. einer Wandverschiebung durch mechan. Spannungen gefunden. Das Verhältnis von remanenter zur Sättigungsmagnetisierung (J_r/J_s) ist ein Maß für die Anordnung der BLOCH-Wände zwischen den Elementarbereichen. Die Abhängigkeiten des magnetoelast. Verlustanteils u. des J_r/J_s-Verhältnisses von der Amplitude der äußeren mechan. Spannung sind einander sehr ähnlich. (J. appl. Physics **22.** 565—68. Mai 1951. Torino, Galileo Ferraris National Electrical Inst., Center for Elektrophysics Studies.)
FAHLENBRACH. 137

J. Zernike, *Die magnetischen Susceptibilitäten von reinem und leicht oxydiertem Eisenhydroxyd.* Reines weißes $Fe(OH)_2$, hergestellt nach dem Verf. von WELO u. BAUDISCH (J. biol. Chemistry **64.** [1923.] 753) unter sorgfältigster Vermeidung von O_2-Zutritt, besitzt eine Susceptibilität von 125—130·10^{-6} (pro Mol von ca. 11 200·10^{-6}) bei 28,4°. Eine Oxydation im Sinne einer Fe^{3+}-Bldg. läßt die Susceptibilität erheblich ansteigen, u. zwar auf 158·10^{-6} bei einer grauen Probe (<1% Fe^{3+}) u. auf 590·10^{-6} bei einer grünen Probe (ca. 11% Fe^{3+}). Dieser Anstieg wird einem Übergang zum Ferromagnetismus infolge der Fe^{3+}-Bldg. zugeschrieben u. soll nicht durch die Bldg. von Fe^{2+}-Komplexen zu erklären sein. (Recueil Trav. chim. Pays-Bas **72.** 390—94. Mai 1953. Dacca, Pakistan, Univ., Dep. of Chem.) FAHLENBRACH. 137

Jean Becquerel, *Paramagnetisches Rotationsvermögen des Nickelfluosilicat-Hexahydrats und Aufspaltung des Grundzustandes des Ni^{2+}-Ions.* In einer früheren Mitt. (vgl. C. **1940.** I. 12) hatten Vf. u. OPECHOWSKI Messungen von BECQUEREL u. VAN DEN HANDEL unter der Annahme ausgewertet, daß der Abstand δ zwischen dem Grundzustand u. dem dicht darauffolgenden angeregten Zustand unabhängig von der Temp. ist u. daß ein Austausch zwischen den Ni^{2+}-Ionen nicht besteht. Dies ist jedoch nicht richtig; δ nimmt, wie Messungen der paramagnet. Absorption gezeigt haben, mit fallender Temp. ab. OLLOM u. VAN VLECK (C. **1953.** 3998) haben gezeigt, daß die früher erreichte gute Übereinstimmung mit konstantem δ daher rührt, daß ein geringer Austauscheffekt vorhanden ist. Vf. gibt daher eine eingehende Neuberechnung der Messungen auf dieser Grundlage. (Physica **18.** 183—93. März 1952. Acad. des Sci. de l'Inst. de France.) KLEMM. 137

Ss. P. Shdanow und **A. Ja. Kusnetzow,** *Einfluß der Wärmebehandlung auf die elektrische Leitfähigkeit von Gläsern.* Die Zus. der untersuchten, nach vorhergehendem Erhitzen auf 530° bei 750° 30—60 Min. gehärteten Gläser war: 7 (Mol-%) Na_2O; 23 B_2O_3; 70 SiO_2. Der spezif. Widerstand, der nach $\lg \varrho = a - b/T$ verläuft, betrug bei 400 u. 150° vor bzw. nach der Härtung (im Mittel von 3 Verss.): 3,6·10^6 (1,2·10^6) bzw. 6,3·10^{10}(10^{10}). Die Erhaltung von Form u. Vol., bzw. große Festigkeit des erhaltenen porösen Glases u. Zunahme des Porenraums mit steigendem Geh. an in Lsg. gehendem Na_2O u. B_2O_3 bei Säurebehandlung zeigen, daß keine völlige Aufhebung des vornehmlich aus SiO_2 gebildeten Skeletts eintritt. Als Grund für die Verminderung der elektr. Leitfähigkeit wird die Verminderung des Dispersitätsgrades der Aggregate der lösl. Na_2O–B_2O_3-Bestandteile angesprochen. Porendurchmesser u. Gesamtoberfläche von nur erhitzten u. gehärteten Gläsern 31—50 bzw. 15—18 Å u. 80—100 bzw. 180—200 m²/g. Aus der Leitfähigkeit zeigt sich, daß die Bindung Na—O—B< beständiger ist als Na—O—Si—. Ersichtlich führt die Erhitzung bei 530° zur Bldg. von Verbb. der 1. Bindungsart, während bei höheren Tempp. vornehmlich Verbb.

der 2. Art gebildet werden. (Доклады Академии Наук СССР [Ber. Akad. Wiss. UdSSR] [N. S.] **85.** 587—89. 21/7. 1952.) E. FÖRSTER. 138

S. Kilpi, K. S. Mikkola und **M. K. Valanki,** *Über die Elektrolytwirkung bei Reaktionsgleichgewichten zwischen Ionen gleichen Zeichens und verschiedener Valenz.* Zur Prüfung der Theorie von BRØNSTED, nach der nur die Ionen entgegengesetzten Vorzeichens einen Einfl. auf die Aktivität haben, haben Vff. die Wrkg. von Elektrolyten (*NaCl, KCl, NaBr, $NaClO_4$, Na_2SO_4*) auf die Gleichgewichte $CO_3^{2-} + H_2O \rightleftharpoons HCO_3^- + OH$ u. $2\ HPO_4^{2-} \rightleftharpoons H_2PO_4^- + PO_4^{3-}$ untersucht. Die Gleichgewichtskonstanten werden nach den Gleichungen $\sqrt{K_h c} = P_i/4{,}606\ \{1 - \sqrt{K_h/c} - {}^1/_2 K_h/c\ldots\}$ bzw. $P_i = 4{,}606\ c\sqrt{K_3/K_2}$ auf Grund der gemessenen Pufferkapazität P_i beim Äquivalenzpunkt berechnet. Die erhaltenen Werte zeigen, daß die Elektrolytwrkg. unabhängig vom Anion erfolgt. Die Wrkg. des Na_2SO_4 ist jedoch etwas kleiner. Für die Abhängigkeit der Gleichgewichtskonstanten von der Elektrolytkonz. C_M ergeben sich entsprechend der Theorie von BRØNSTED die Beziehungen $pK_h = pK_{h,0} + (1{,}01\sqrt{C_M}/1 + \alpha\sqrt{C_M}) - BC_M$ u. $p(K_3/K_2) \cdot p(K_3/K_2)_0 - (1{,}01\sqrt{C_M}/1 + \alpha\sqrt{C_M}) + BC_M$. Eine Darst. dieser Abhängigkeit nach DEBYE-HÜCKEL ist nur richtig, wenn für die Parameter der entsprechenden Gleichungen die Ionenstärke als Variable dient. (Suomalaisen Tiedeakatemian Toimituksia [Ann. Acad. Sci. fennicae], Sarja A. II. **1953.** Nr. 52. 1—7.) WOELK. 139

Nihar Kumar Dutt, *Chemie der Seltenen Erden.* 7. Mitt. *Die Dissoziationskonstanten der Thiosulfate Seltener Erden.* (6. vgl. C. **1948.** E. 716.) Vff. bestimmten im Rahmen ihrer Unterss. über die Seltenen Erden die Dissoziationskonstanten K für die Thiosulfate von *La, Ce, Pr, Nd* u. *Sm* mit Hilfe der bereits l. c. beschriebenen Meth. von JOB. Die Messungen wurden bei $32^0 \pm 0{,}05^0$ in einem elektr. regulierten Thermostaten durchgeführt. Die bestimmten Werte für K zeigen, daß die Stabilitäten der Salze der period. Ordnung der Seltenen Erden folgen. (J. Indian chem. Soc. **27.** 191—94. April 1950. Calcutta, Univ. Coll. of Sci., Inorgan. Chem. Labor.) G. HEINRICH. 139

Henri Dormont, *Über die Kontakterscheinungen.* Wenn die Austrittsarbeiten u. die Durchlässigkeiten der Potentialschranken temperaturabhängig sind, ist die Kontaktpotentialdifferenz durch eine Formel gegeben, welche neben der Differenz der beim absol. Nullpunkt gemessenen Austrittsarbeiten noch zwei temperaturabhängige Korrekturglieder enthält, deren eines die Durchlässigkeiten der Potentialschranken u. das andere die Konstanten des RICHARDSONschen Gesetzes enthält. (C. R. hebd. Séances Acad. Sci. **236.** 1238—40. 23/3. 1953.) LENZ. 140

I. S. Fischer, *Über Ladungsschwankungen in Elektrolytlösungen.* Zu der Grenze der Anwendbarkeit der herrschenden Theorie der Ladungsschwankungen in Elektrolytlsgg. u. der Diskrepanz zwischen thermodynam. Theorie u. Experiment in Grenzbereichen wird festgestellt, daß nur eine rein statist. Theorie anwendbar ist. Als Beispiel wird das Syst. *Triisobutylammoniumpikrat* in *Trikresylphosphat* ($T = 298^0$K, $\varepsilon = 7{,}5$) im Konzentrationsintervall $n = 1{,}5 \cdot 10^{14}$ bis $5{,}5 \cdot 10^{18}$ Teilchen/cm³ angeführt, in dem bisher nur im Bereich $n \ll 9{,}4 \cdot 10^{16}$ zufriedenstellende Ergebnisse nach der Theorie vorlagen. Auch für KCl, in Glycerin gelöst, sind Ergebnisse bis zu $n = 5 \cdot 10^{20}$ vorhanden, bisher zufriedenstellend jedoch nur bei $n \ll 1{,}5 \cdot 10^{19}$. (Журнал Физической Химии [J. physik. Chem.] **26.** 1212—14. Aug. 1952. Minsk, Weißruss. Univ.) A. KUNZE. 141

Ss. M. Kotschergin und **N. N. Terpilowski,** *Zur Untersuchung der Elektrokristallisation von Metallen im Ultraschallfeld.* Vff. untersuchen den Einfl. einer Ultrabeschallung (Magnetostriktion, 21 kHz, 5,80 W/cm²) auf die Abscheidung bzw. Stromdichte als Funktion des Kathodenpotentials von 280 g $NiSO_4 \cdot 7H_2O$ mit u. ohne Zusatz von KCl, Na_2SO_4, H_3BO_3; analog $CoSO_4$; 200 g $CuSO_4 \cdot 5H_2O$, 50 g H_2SO_4, 10 cm³ C_2H_5OH; 250 g $(C_6H_4OHSO_3)_2Pb$, 25 g $C_6H_4OHSO_3H$, 0,5 g/Liter Leim; 50 g $SnSO_4$, 100 g H_2SO_4, 20 g Phenol; 75 g Na_2SnO_3, 15 g freie NaOH, 25 g CH_3COONa; 250 g CrO_3, 1,5 g H_2SO_4 (alle Angaben auf 1 Liter W. bezogen). Die vorgenommene Beschallung erweist sich wirksamer als jede andere Meth. zur Beseitigung von Inhomogenitäten der Elektrolytkonzz. an den Elektroden u. zur Entgasung; die Ndd. werden heller, gleichmäßiger u. dichter; bei Ni u. Sn wird die Polarisation kleiner. (Журнал Физической Химии [J. physik. Chem.] **27.** 394—98. März 1953. Kasan, Chem.-Technolog. Kirow-Inst.) AMBERGER. 141

D. N. Gritzan und **N. Ss. Zwetkow,** *Periodische Erscheinungen bei der Elektrofällung von Cadmium in Gegenwart von Zusätzen.* Elektrolyse-Verss. mit *$CdSO_4$* (I) ergaben in Ggw. von *Dextrin* spontane period. Änderungen des Kathodenpotentials, der Stromstärke in der Kette u. der Struktur des elektrolyt. Niederschlages. Die period. Prozesse treten bei einer Stromdichte auf, die dem Grenzstrom gleich ist oder nur wenig davon abweicht. Mit abnehmender I-Konz. werden die period. Potentialschwankungen bei geringeren Stromdichten beobachtet. Bei Zugabe von $Al_2(SO_4)_3$, Na_2SO_4, K_2SO_4 oder $(NH_4)_2SO_4$ wird der Grenzstrom gesenkt. Optimal für den Eintritt der period. Schwankungen ist p_H 1—4. Bei höherer Temp. tritt die period. Änderung des Kathodenpotentials bei größerer Stromdichte ein. Sobald die period. Potentialänderungen sich eingestellt haben, erfolgt die Red. der Cd-Ionen bei 2 sehr verschied. Kathodenpotentialen. Beim positiveren Potential wird dichtes glänzendes Cd abgeschieden, beim negativeren Potential ein dunkler lockerer Niederschlag. Als Ursache der period. Potentialschwankungen in Ggw. eines Zusatzes wird die Bldg. einer dichten Adsorptionsschicht auf der Kathodenoberfläche u. deren period. Zerstörung bei genügend negativem Potential angesehen. (Журнал Физической Химии [J. physik. Chem.] **26.** 1110—16. Aug. 1952. Charkow, Gorki-Univ.) LEBTAG. 141

A. A. Ssutjagina und **A. P. Wagramjan,** *Porosität von elektrolytisch abgeschiedenem Nickel.* Zwei Gruppen von Poren werden unterschieden: 1. große Poren, die auf Fremdstoffeinschlüsse zurückzuführen sind, 2. flache Poren, die durch die Struktur des Nd. (Form, Größe u. Anordnung der Kristallite) bestimmt werden. Zur quantitativen Porenbest. wurde die Abscheidung in einem geschlossenen Gefäß mit Eisenkathode von 2 cm^2 bei 17—20° durchgeführt. Die Poren wurden durch rotes Blutlaugensalz sichtbar gemacht (Bldg. von *Turnbulls Blau* auf unbedeckter Eisenoberfläche). Als günstig erwies sich nach der Entfettung Abreiben mit Soda, das die Fremdstoffe gut entfernt. Bes. schädlich sind Einschlüsse, die die Wasserstoffüberspannung herabsetzen; an ihnen findet eine intensive H_2-Entw. u. geringere Metallabscheidung statt. Sie führen zu kraterartigen Vertiefungen mit durchgehenden Poren in der Mitte. Dauernd aufsteigende H_2-Blasen hinterlassen Furchen. Wie leicht sich die H_2-Bläschen ablösen, hängt von den Oberflächenspannungen an den drei Phasengrenzen ab, die wiederum von der Konz. der oberflächenakt. Substanzen u. vom Potential abhängen. Verbleibt eine H_2-Blase lange an einer Stelle, so bildet sich eine Pore. Je größer die Ni-Kristallite sind, um so größer ist die zur vollkommenen Bedeckung notwendige Ni-Menge. Die Kurve abgeschiedene Menge—Porenzahl besitzt keinen scharfen Knick, der vollständige Bedeckung angibt. Diese wird viel später beobachtet, als sich aus der Berechnung ergibt. Nach vollständiger Bedeckung bleibt die Porenzahl beinahe konstant u. beruht auf Unregelmäßigkeiten der Kathodenoberfläche. Bei 2 A/dm^2 ist die konstante Porenzahl minimal. Bei zu geringer Stromdichte ist die Passivierung schneller als das Kristallwachstum (vgl. WAGRAMJAN, Журнал Физической Химии [J. physik. Chem.] **19.** [1945.] 305), u. das Wachstum findet bes. an den aktivsten Stellen statt; die Bedeckung ist ungleichmäßig. Bei zu großer Stromdichte wird die H_2-Entw. zu intensiv, daher sinkt auch die Stromausbeute. Der Einfl. verschied. oberflächenakt. Verbb. wurde untersucht; die besten Ergebnisse gaben *2.6-* u. *2.7-Naphthalindisulfonsäure* (3 g/Liter): weniger Poren als ohne Zusatz, die optimale Stromdichte beträgt aber nur 1 A/dm^2. Einige oberflächenakt. Verbb. (*Formaldehyd* u. *Aceton*) werden bei größeren Stromdichten red. u. verursachen größere Porosität. (Журнал Прикладной Химии [J. angew. Chem.] **24.** 945—50. Sept. 1951.) LANDSBERG. 141

A. I. Krassilschtschikow und **W. A. Andrejewa,** *Kinetik der Sauerstoffionisation.* Vff. untersuchen die O_2-Red. u. Ionisation an der *Ni*-Kathode in 1nKOH-Lsg. bei $t = 20°$ u. $p_{O_2} = 31$ at sowie an der glatten *Pt*-Kathode in 1n H_2SO_4- u. 1nKOH- (sowie abgepufferten) Lsgg. bei 1 at. Die O_2-Red. an der Ni-Elektrode erfolgt in dem Potentialgebiet, in dem die Elektrode mit einer $Ni(OH)_2$-Schicht bedeckt ist. An der Pt-Elektrode ist der Koeff. des Logarithmus der Stromdichte 0,05—0,06 V, d. h. annähernd gleich RT/F. Die Überspannung der O_2-Red. ist hier prakt. vom p_H unabhängig. Das Verh. der Pt-Elektrode ist stark von Verunreinigungen abhängig. Vff. vergleichen die Reduktionskinetik von O_2 an Pt u. *Ag* u. betrachten den Einfl. der sich bildenden Radikale. (Журнал Физической Химии [J. physik. Chem.] **27.** 389—93. März 1953.) AMBERGER. 142

Elena Fornasari, Maria Scarpa und **Pietro Lanza,** *Über das polarographische Verhalten einiger Derivate des positiven Jods.* 2. Mitt. (1. vgl. C. **1954.** 1184.) *Jodosobenzol* (**I**), nach WILLGERODT hergestellt, wird trotz der geringen Löslichkeit in W. von ca. 10^{-4} mol. u. seiner schnellen Disproportionierung am besten in wss. Lsg. unmittelbar nach der Herst. u. durch schnell ausgeführte Messungen untersucht. Man beobachtet 2 polarograph. Stufen, deren 1. der Reduzierbarkeit bei 0 V entspricht, während das Halbwellenpotential der 2. in 0,1nKCl-Basislsg. bei —1,62 V liegt. Diese 2. Stufe ebenso wie die 2. der Red. des *Jodobenzols* (II) entsprechen der schon mehrfach beobachteten Rk. C_6H_5J (III) + $H^+ + 2e \rightarrow C_6H_6 + J^-$. Für die 1. Stufe der Red. des II ist eine 4wertige Rk. anzunehmen: II + $4H^+ + 4e \rightarrow$ III + $2H_2O$. Das Polarogramm liefert zwar keine Klarheit, wohl aber coulometr. Messungen unter polarograph. Bedingungen, wobei sich zu Beginn der Elektrolyse 2-Wertigkeit der Rkk., aber mit raschem Übergang zu 4-Wertigkeit zeigt. Als 1. Stufe der I-Red. ist gemäß der gleichen Höhe beider Stufen auch 2-Wertigkeit, also die Rk. I + $2H^+ + 2e \rightarrow$ III + H_2O anzunehmen. Doch dürfen die Rkk. der 1. Stufen der Red. beider Substanzen nur als Summen verschied. gleichzeitig ablaufender Vorgänge angesehen werden, darunter wahrscheinlich intermediäre I-Bldg. bei der II-Red. u. Rkk. des stark oxydierenden, oberflächenakt. I, vielleicht auch mit Hg, so daß die Reversibilität des Redoxsyst. II + $2H^+ + 2e \rightleftharpoons$ I + H_2O gestört wird u. der prim. Vorgang sich nicht aus dem Polarogramm entnehmen läßt. Es besteht eine Ähnlichkeit des II-I-Syst. mit dem $C_6H_5NO_2$-C_6H_5NO-Syst. u. anderen, bei denen die weniger oxydierte Substanz höheres Oxydationsvermögen als die andere besitzt. (Atti Accad. naz. Lincei, Rend., Cl. Sci. fisiche, mat. natur. [8] **14.** 272—75. Febr. 1953.) METZENER. 142

A. D. McElroy und **H. A. Laitinen,** *Polarographie in flüssigem Ammoniak.* 5. Mitt. *Die Polarographie von Blei-, Cadmium-, Zink-, Nickel-, Kobalt-, Chrom- und Aluminiumionen.* (4. vgl. C. **1951.** II. 642.) Von den genannten Metallionen wurde für Pb u. Cd eine reversible Red. gefunden, bei der Red. von Cr^{3+} nur für die erste Stufe. Die Elektroden-Rk. von Ni^{2+} war klar irreversibel, während die von Zn^{2+} weniger von einem reversiblen Verh. abwich. Das Co^{3+}/Co^{2+}-Syst. war irreversibel. Die zweite Stufe der Red. von Co^{3+} u. Cr^{3+} konnte nicht genau bestimmt werden. Al^{3+} konnte an der Hg-Tropfelektrode nicht bei positiveren Potentialen red. werden, wie sie für eine Elektronentrennung erforderlich ist. Verss., durch chem. Red. von Al^{3+} oder durch anod. Oxydation von metall. Al stabile Al^+ oder Al^{2+} zu erhalten, waren ohne Erfolg. Ebensowenig konnten diese Ionen mit Hilfe der Hg-Tropfelektrode festgestellt werden. (J. physic. Chem. **57.** 564—67. Juni 1953. Urbana, Ill., Univ. of Illinois.) J. FISCHER. 142

David C. Grahame, *Theorie der diffusen Doppelschicht für Elektrolyte unsymmetrischen Valenz-Typs.* Vf. leitet aus seiner Theorie der diffusen Doppelschicht für Elektrolyte symm. Valenztyps (C. **1948.** I. 978) Gleichungen ab für die Änderung des Potentials mit dem Abstand u. für die Ladungskomponenten u. die Kapazität in der diffusen Doppelschicht bei ebener Grenzfläche von Elektrolyten der Valenztypen 1:2 u. 2:1 u. zeigt, daß dies in ebenso vollständiger Weise wie für die Elektrolyte des Typs z—z möglich ist. Außerdem werden zum erstenmal gewisse andere Eigg. der diffusen Doppelschicht abgeleitet u. Gleichungen für einige ausgewählte Eigg. der Doppelschicht von Elektrolyten komplizierteren Valenztyps angegeben. (J. chem. Physics **21.** 1054—60. Juni 1953. Amherst, Mass., Amherst Coll., Dep. of Chem.) NIEMITZ. 143

Klaus J. Vetter, *Zur Reaktionsüberspannung.* Vf. definiert den Begriff des „potentialbestimmenden Schrittes" („Durchtritts-Rk.") u. der Reaktionsüberspannung u. gibt die Gesamtüberspannung als Summe von Durchtritts-, Diffusions-, Reaktions- u. Widerstandsüberspannung an. Vf. gibt eine Zusammenfassung der Formeln für die Reaktionsüberspannung, die Reaktionsgrenzstromdichte u. den Reaktionswiderstand bei vorgelagerten, gehemmten homogenen u. heterogenen Rkk. u. berechnet untere Grenzen für die Konzz. der an der Durchtritts-Rk. beteiligten Stoffe, bei denen gerade noch eine reversible Potentialeinstellung möglich ist. Für die drei möglichen Rkk. bei einer Reaktionsgrenzstromdichte von 10^{-8} A/cm² gilt: 1. $S_0 + S_0 \rightarrow$ Dimeres, Disproportionierungsprodd.; 2. $S_0 + S_i \rightarrow$ Anlagerungs-, Austauschverbb.; 3. $S_0 \rightarrow S_0 + S_i$ oder $S_i + S_j$ (Dissoziation). Für den Fall homogener Rkk. (1—3) beträgt der untere Grenzwert: $c_1 > 5 \cdot 10^{-10}$ Mol/Liter; $c_2 > 10^{-13}$ Mol/Liter; $c_3 > 10^{-14}$ Mol/Liter. Für den Fall heterogener Rkk. (1—3) beträgt der untere Grenzwert: $c_1 > 3 \cdot 10^{-7} \cdot \exp.(-2A/RT)$ Mol/Liter; $c_2 > 10^{-13} \cdot \exp.(-(A + A_i)/RT)$ Mol/Liter; $c_3 > 10^{-15} \cdot \exp.(-A/RT)$ Mol/Liter. (Z. Elektrochem., Ber. Bunsenges. physik. Chem. **56.** 931—37. 1952. Berlin-Dahlem, KWI für Phys. Chem. u. Elektrochem.) BARTSCH. 143

Pierre van Rysselberghe, *Wasserstoffüberspannung und atomare Wasserstoffelektroden.* In Fortführung der C. **1950.** II. 2891 u. **1953.** 3681 referierten Arbeiten werden die thermodynam. u. kinet. Grundgleichungen der Wasserstoffüberspannung in exakterer Form als bisher angegeben. Für den Übergangskoeff. wird eine genaue Definition gegeben. Die Bedeutung der freien Energie der Aktivierung wird diskutiert. Für die Deutung der Wasserstoffüberspannung als eine Folge der Bldg. reversibler mit H-Atomen beladener Elektroden werden weitere theoret. Beweise angeführt. (J. chem. Physics **20.** 1522—23. Okt. 1952. Eugene, Ore., Univ., Dep. of Chem.) FUCHS. 143

A$_4$. Thermodynamik. Thermochemie.

Jacques Duclaux, *Gastheorie.* 16. Mitt. *Grundkurve und abgeleitete Kurven. Zustand des Gases bei erhöhten Temperaturen.* (15. vgl. C. **1954.** 4552.) Als Isotherme für reale Gase wird eine Grundkurve aufgestellt, deren Abscisse dem log(V—b) u. deren Ordinate dem Wert P(V—b)/RT entspricht; diese Ausdrücke sind der VAN DER WAALSschen Zustandsgleichung entnommen. Willkürlich wurde als Einheit des Vol. das von 1000 Moll. u. außerdem die Konstante K des Massenwirkungsgesetzes = 10^7 gesetzt. Für bestimmte Gase u. andere Tempp. muß die Grundkurve durch Multiplikation der Abscisse mit dem Faktor F u. durch eine Translation Δ umgerechnet werden. F wird auf die Temp. durch eine Funktion von T_c/T (T_c = krit. Temp.) bezogen u. erreicht bei hohen Tempp. den Wert 1, während Δ = ca. 0,5 wird. Daher fällt bei hohen Tempp. die Isotherme mit der Grundkurve zusammen. Abhängigkeit von F von der Temp. wird für *Ar, Ne,* N_2, O_2, von Δ für Ar u. N_2 in Kurven gezeigt. (J. Physique Radium **14.** 497—501. Okt. 1953.) MIETHING. 149

J. Jach und **F. Sebba,** *Das Schmelzen von Gallium.* Vff. finden durch therm. Differentialanalyse unter Anwendung einer sehr geringen Heizgeschwindigkeit, daß Ga keinen scharfen F. hat, sondern innerhalb eines Temperaturintervalls schmilzt. Beim Anheizen steigt die Temp. des Ga diskontinuierlich, woraus hervorgeht, daß das Schmelzen stufenweise u. demnach offenbar in verschied. kristallograph. Richtungen erfolgt. Wenn geschmolzenes Ga mit Eis–NaCl-Mischung plötzlich abgekühlt wird, ist der Temperaturanstieg während des Schmelzens jedoch kontinuierlich. (Trans. Faraday Soc. **50.** 226—31. März 1954. Cape Town, Univ., Dep. of Chem.) R. MATTNER. 150

Roald K. Wangsness, *Über die Anomalie der Wärmekapazität von Mangan(II)-oxyd.* Für sehr reines MnO nimmt im Temperaturgebiet von 100—122° K die spezif. Wärme von ca. 7 cal/(Mol·Grad) bis zu einem Maximum von 76,7 zu u. fällt dann steil auf 7,5 ab, die gesamte absorbierte Wärmemenge beträgt 246 cal/Mol. Die mittlere spezif. Wärme nach DEBYE beträgt 7, so daß 7 · 22 = 145 cal/Mol durch Gitterschwingungen absorbiert werden. Die mit dem Verschwinden der spontanen Magnetisierung verbundene zusätzliche spezif. Wärme läßt sich zu R berechnen, so daß die ganze diesem Effekt zuzuschreibende Wärmemenge 44 cal/Mol beträgt. Insgesamt bleiben q = 48 cal/Mol (oder 20% der Gesamtsumme) übrig, welche nicht dem üblichen Mechanismus zugeschrieben werden können. Vf. weist nun darauf hin, daß beim MnO bei T = 122° K neben der antiferromagnet. Umwandlung auch Ordnungsumwandlungen zweiter u. dritter Art auftreten. Die Durchrechnung der hierfür nötigen Wärmemengen ergibt q = 43 cal/Mol, steht also in guter Übereinstimmung mit dem oben angeführten Wert von 48 cal/Mol. (Science [Washington] **116.** 537. 14/11. 1952. White Oak, Md., U. S. Naval Ordnance Labor.) v. HARLEM. 151

T. G. Owe Berg, *Struktur und Dampfdruck wässeriger Lösungen von Säuren.* Aus in der Literatur verfügbaren experimentellen Daten berechnet Vf. die Verdampfungswärmen u. die relativen Partialdampfdrucke folgender wss. Lsgg. von Säuren: HNO_3, 20—90 Gew.-%, 0°—50°; H_2SO_4, 10—70 Gew.-%, 25°; H_2SeO_4, 24—93,5 Gew.-%, 25°; $HClO_4$, 0,1—16 Mol pro 1000 g W., 25° u. *HCl*, 2—42 Gew.-%, 20°. Zwischen den berechneten Größen u. der mol. Zus. sowie der Struktur der Lsgg. werden empir. Relationen abgeleitet u. auf Grund von für Lsgg. mit Gitterstruktur abgeleiteten statist. Methoden diskutiert. Infolge des Fehlens von Strukturbestimmungen in wss. Lsgg. beschränkt sich diese Diskussion nur auf die Anzahl der nächstliegenden Wasser-Moll., die Bindungen mit dem Säuremol. eingehen können u. deren Zahl aus der Verdampfungswärme des W. sich zu 28 für H_2SO_4, H_2SeO_4 u. $HClO_4$, 15 für HNO_3 u. 10 für HCl ergibt. Die gefundenen Beziehungen werden mit den nach voneinander unabhängigen Methoden bestimmten Dissoziationsgraden der Säuren verglichen. (Acta chem. scand. **7.** 1045—66. 1953. Avesta, Jernverks AB.) NIEMITZ. 155

Cecil E. Vanderzee und **Donald E. Rhodes,** *Thermodynamische Daten über die Zinn(II)-chlorid-Komplexe aus Messungen elektromotorischer Kräfte.* Aus EMK.-Messungen an Ketten des Typus Hg(Sn) | $Sn(ClO_4)_2$ (x), $HClO_4$ (y), $NaClO_4$ (3-x-y-z), NaCl (z) || $Sn(ClO_4)_2$ (x), $HClO_4$ (y), $NaClO_4$ (3-x-y) | (Sn)Hg bestimmten die Vff. bei den Aciditäten 0,1 u. 0,5n u. für die Tempp. 0°, 25°, 35° u. 45° bei der konstanten Ionenstärke 3 die Gleichgewichtskonstanten β_n für die Gleichgewichte $Sn^{2+} + nCl^- \rightleftharpoons SnCl_n^{+2-n}$, die Hydrolysenkonstanten h des Sn-Ions für die Rk. $Sn^{2+} + H_2O \rightleftharpoons SnOH^+ + H^+$, die Gleichgewichtskonstanten δ_n für die Dissoziation der bas. Chloride nach $SnOH^+ + nCl^- \rightleftharpoons Sn(OH)Cl_n^{+1-n}$ u. für die Bldg. der Sn-Chloro-Komplexe die freien Energien ΔF, die Wärmen ΔH u. die Entropien ΔS. Bei 25° erhielten die Vff. die Werte: h = 0,020, δ_1 = 11, β_1 = 14, β_2 = 50, β_3 = 48; $\Delta F_{SnCl^+} = -1570 \pm 15$, $\Delta F_{SnCl_2} = -2330 \pm 30$, $\Delta F_{SnCl_3^-} = -2310 \pm 60$, $\Delta H_{SnCl^+} = 2600 \pm 400$, $\Delta H_{SnCl_2} = 3200$

± 800, $\Delta H_{SnCl_3^-} = 5600 \pm 1500$ cal/Mol, $\Delta S_{SnCl^+} = 14 \pm 1{,}4$, $\Delta S_{SnCl_2} = 18{,}5 \pm 2{,}6$, $\Delta S_{SnCl_3^-} = 26{,}5 \pm 5{,}2$ cal/Grad·Mol. (J. Amer. chem. Soc. **74.** 3552—55. 20/7. 1952. Lincoln, Nebr., Univ., Avery Labor.) BARTSCH. 156

H. Behrens, *Flammenfortpflanzung in Rohrstrecken.* 1. Mitt. (Vgl. C. **1951.** II. 2424.) Es wird die Flammengeschwindigkeit von Gemischen von H_2, CH_4 u. *Äthan* mit O_2 u. den Inertgasen N_2 u. CO_2 in Abhängigkeit von der Gemischzus. in Rohren von 12 m Länge u. verschied. Durchmessern (3,8; 7,3; 11,5 mm) gemessen. Bei höheren O_2-Konzz. werden größere Geschwindigkeiten als bei den entsprechenden stationären BUNSEN-Brennerflammen gefunden. Diese Erhöhung der Geschwindigkeit wird auf Turbulenz zurückgeführt. Aus den Verss. ergibt sich, daß sich oberhalb eines krit. Rohrdurchmessers bei Steigerung des O_2-Geh. das Geschwindigkeitsmaximum, meist sprunghaft, zur stöchiometr. Gemischzus. verlagert, womit gleichzeitig das Auftreten eines anderen Kurventyps mit scharf ausgeprägter Spitze an Stelle eines (flachen) Maximums verbunden ist, wenn die Flammengeschwindigkeit in Abhängigkeit von der Gemischzus. aufgetragen wird. Ist eine Verlagerung des Maximums eingetreten, so nimmt die Flammengeschwindigkeit mit dem O_2-Geh. meist erheblich stärker als linear zu. Vf. diskutiert den Einfl. der Bldg. u. Thermodiffusion von Ruß innerhalb der Brennzone für die Auslöschung von Flammen. (Z. Elektrochem. angew. physik. Chem. **55.** 330—35. Mai 1951. Weil/Rh.) FREIWALD. 157

H. Behrens, *Flammenfortpflanzung in Rohrstrecken.* 2. Mitt. (1. vgl. vorst. Ref.) Vf. bestimmt die Flammengeschwindigkeiten von *n-Heptan–Luft-*, C_2H_4–O_2–CO_2- u. C_2H_2–O_2–CO_2-Gemischen. Es wird hier eine sprunghafte Erhöhung der Geschwindigkeiten beim Überschreiten bestimmter Zuss. im fetten Gemischbereich gefunden. Diese Erhöhung wird auf die intermediäre Bldg. von Rußteilchen u. eine Erhöhung der Wärmeleitung zurückgeführt, die dadurch zustande kommt, daß Radikale an den Rußteilchen unter Freiwerden der Dissoziationsenergie rekombinieren. (Z. Elektrochem. angew. physik. Chem. **55.** 695—96. Dez. 1951.) FREIWALD. 157

Yasuo Fujisaki und **Hitoshi Yamamura,** *Die für die Flammenfortpflanzung maßgeblichen Grenzen der Gaszusammensetzung.* 2. Mitt. (1. vgl. J. Sci. Hiroshima Univ., Ser. A. **14.** [1949.] 73.) Vff. untersuchten die Zündgrenzen hinsichtlich der Gaszus. von H_2—O_2-Gemischen (I) mit u. ohne Zusatz von inerten Gasen, wie N_2 u. CO_2, die durch Stoßwellen (hervorgerufen durch die Detonation des Gemisches $2H_2 + O_2$ bzw. $C_2H_2 + 3O_2$) zur Entzündung gelangten. Wird I eine bestimmte Menge Fremdgas zugesetzt, tritt eine retardierende Wrkg. auf die Flammenfortpflanzung auf, u. zwar deutlicher in Mischungen, die näher der oberen Grenze (d. h. bei H_2-Überschuß) als der unteren liegen, CO_2 ist wirksamer als N_2. Wird die Gefäßwand mit KCl bedeckt, so wird vor allem die Flammenfortpflanzung an der oberen Grenze von I gestört. In ähnlicher Weise untersuchten Vff. die Zündgrenzen von C_2H_2-O_2-Gemischen (II) bei Drucken von 200 mm Hg. Für I wird folgender Radikalkettenmechanismus abgeleitet: 1. $H_2 = 2H$, 2. $H + O_2 = OH + O$, 3. $O + H_2 = OH + H$, 4. $M + H + O_2 = M + HO_2$, 5. HO_2 wird an Wand desaktiviert, 6. $HO_2 + H_2 = H_2O + OH$. Der bei II festgestellte schmale Zündbereich wird auf stärkere Wrkg. von Wandeffekten zurückgeführt (untere Grenze: 15% C_2H_2, obere 25% C_2H_2). (J. Sci. Hiroshima Univ., Ser. A. **14.** 159—63. März 1950.) ROEDER. 157

H. Bömmel und **J. L. Olsen,** *Schallgeschwindigkeit in supraleitendem Blei und Zinn.* Aus der Theorie der Supraleitfähigkeit von Metallen folgt eine Änderung der Schallgeschwindigkeit beim Übergang zur Supraleitung. Der experimentelle Nachw. setzt wegen der zu erwartenden geringen Effekte eine sehr hohe Meßgenauigkeit voraus. Untersucht wurde die Schallgeschwindigkeit in supraleitendem Pb u. Sn durch Ultraschall von 1 MHz Frequenz. Als Indicator diente ein Piezokristall. Die Genauigkeit der Messung war so groß, daß Änderungen der Schallgeschwindigkeit von 1:20000 beobachtet werden konnten. Bei Tempp. von 3,2—1,3° K wurde keine Änderung der Schallgeschwindigkeit festgestellt. Der theoret. zu erwartende Effekt ist daher sicher kleiner als 1:20000. (Physic. Rev. [2] **91.** 1017—18. 15/8. 1953. Zürich, ETH, Inst. für Kältetechnik.) HAGEMANN. 159

R. T. Lagemann, L. W. Gilley und **E. G. McLeroy,** *Schallgeschwindigkeit, Dichte und Kompressibilität von unterkühltem H_2O und D_2O.* (Vgl. C. **1954.** 21.) Wegen des anomalen Verh. von H_2O u. D_2O bzgl. D. u. Schallgeschwindigkeit (Maximum von H_2O bei 73° u. von D_2O bei 79°) werden die Messungen bis unter den E. fortgesetzt. Eine Unterkühlung ließ sich bei beiden Fll. unschwer erreichen. Zur Messung der Schallgeschwindigkeit diente ein Quarzsender mit einer Frequenz von 500 kHz, die Genauigkeit der Messung betrug $\pm 1{,}0$ m/sec. Die sorgfältig durchgeführten Messungen ergaben, daß beim E. keinerlei Unstetigkeit auftritt, weder bei der Schallgeschwindigkeit noch bei der D. oder der Kompressibilität. Die Schallgeschwindigkeit liegt bei H_2O ca. 7,5% höher als bei D_2O. Die maximalen Dichten liegen bei 3,98° bzw. 11,23° für D_2O. Der Verlauf ihrer Kurven ist für beide Stoffe im beobachteten Temperaturbereich annähernd kongruent. (J. chem. Physics **21**. 819—21. Mai 1953. Nashville, Tenn., Vanderbilt Univ., u. Emory Univ., Ga.) HAGEMANN. 159

A_5. Kolloidchemie. Grenzschichtforschung.

J. Pryce-Jones, *Untersuchungen über Thixotropie.* Die von FREUNDLICH u. PETERFI ursprünglich aufgestellte Definition der Thixotropie als einer reversiblen, isothermen Gel–Sol–Gel-Umwandlung ist auch heute noch zutreffend. Nach Erklärung der verschied. Viscositäten wird gezeigt, daß das Kriterium für ein Gel das Vorhandensein einer „Fließfestigkeit" ist. Es ist bemerkenswert, daß die meisten der FREUNDLICHschen thixotropen Systeme nicht dieser Definition entsprechen, denn sie werden beim Scheren nur weniger viscos, aber keine wahren Sole. Solche Systeme werden als „Schleimkörper" (False-body) bezeichnet. Zur quantitativen Unters. derartiger Systeme werden drei verschied. Viscosimeter beschrieben u. ihre Anwendbarkeit bei einigen ausgewählten Systemen, wie verschied. *Honig*-Sorten, *Rahm*, *Standölfarben* u. *Bentonit*-Suspensionen erläutert: Ein „konstant" anzeigendes Viscosimeter, das eine bequeme Prüfung NEWTONscher u. Nicht-NEWTONscher Fll. ermöglicht u. ein modifiziertes COUETTE-Viscosimeter mit drei verschied. Längen des Torsionsdrahtes darstellt, das elektromagnet. Thixotrometer u. das „Zwillings-COUETTE-Viscosimeter" mit zwei übereinander angeordneten Zylindern, die sich in entgegengesetzter Richtung drehen, für die Prüf- u. Vergleichsflüssigkeit. Mit diesen Geräten läßt sich der Einfl. der Schergeschwindigkeit untersuchen u. die Fließfestigkeit mit ihrer Konzentrationsabhängigkeit messen u. die elast. Nachwrkg. zur Unters. der Strukturviscosität benutzen. Es werden Beispiele (Kurven) für die verschied. rheolog. Zustände gegeben, die durch Dispergierung feiner Teilchen in NEWTONsche u. Nicht-NEWTONsche Fll. entstehen. Eine Reihe von Kurven erläutert die Unterschiede der Zeiteffekte bei den verschied. Typen koll. Systeme, u. es wird gezeigt, wie solche Kurven zur Voraussage des Verh. derartiger Systeme über längere Zeiträume verwendet werden können. Ferner wird in einem verallgemeinerten Kreisdiagramm gezeigt, wie der Dispersitätsgrad aus dem rheolog. Zustand eines koll. Syst. bestimmt werden kann u. daß die Dispersion in dem Maße zunimmt, wie die rheolog. Zustände: Strukturviscosität–Schleimkörper–Thixotropie–Dilatanz–NEWTONsches Fließen durchlaufen werden. (Kolloid-Z. **129**. 96—122. Dez. 1952. Hull, Reckitt's Colours Ltd., Labor.) HENTSCHEL. 163

John C. Slonczewski und **Ralph Heller,** *Bestimmung des Koeffizienten der Oberflächenspannung nach der Blasenlängen-Methode.* Es werden Bemerkungen gemacht über die Anwendbarkeit u. Genauigkeit der von EUVERARD u. HURLEY (Analytic. Chem. **21**. [1949.] 1177) vorgeschlagenen Meßmeth. zur Best. der Oberflächenspannung von Fll. aus der Länge von Luftblasen mit gegebenem Vol. in einem horizontal gelagerten Rohr mit bekanntem innerem Durchmesser, das mit der zu untersuchenden Fl. gefüllt ist. (Amer. J. Physics **21**. 313—14. April 1953. Worcester, Mass., Worcester Polytechn. Inst.) v. HARLEM. 166

R. Wolff und **F. Hartmann,** *Über die Abweichungen des osmotischen Drucks vom idealen Verhalten und ihre rechnerische Erfassung.* Entsprechend der Zustandsgleichung für reale Gase geben Vff. für den osmot. Druck π die „reale" Gleichung an: $\pi = m \cdot RT + a_1 \cdot \pi + a_2 \cdot \pi^2 + \cdots$ (m = Konz.; $a_1, a_2, \cdots$ Virialkoeffizienten). Die Reihe kann schon nach dem Glied mit π^2 abgebrochen werden. Aus den Messungen der osmot. Drucke π_1 u. π_2 für die Konzz. m_1 u. m_2 berechnet sich leicht a_1 u. a_2. Es wird gezeigt, daß auch π von tern. Systemen in der gleichen rechner. einfachen Weise erfaßt wird u. auch der primitiven Mischungsregel folgt. Vff. zeigen an den Beispielen der klass. Messungen des osmot. Drucks wss. *Rohrzucker*r-Lsgg. von MORSE u. FRAZER sowie auch von Lsgg. von *Bluteiweiß*-Körpern, daß die berechneten Werte mit den Messungen sehr gut übereinstimmen. (Angew. Chem. **63**. 311—12. 7/7. 1951. Kirchheimbolanden u. Göttingen, Med. Universitätsklinik.) FREIWALD. 169

Richard H. Graham und **Theresa P. Radermacher,** *Der Einfluß der Dialysatorkonstruktion auf die Wanderungsgeschwindigkeit.* Die Dialysierungsgeschwindigkeit einer 20%ig. *Glucose*-Lsg. gegen eine isoton. *$MgSO_4$*-Lsg. durch *Cellophan*-Schläuche wird an drei verschied. Dialysatortypen untersucht. Bei dem ersten befindet sich die Zuckerlsg. in einem vertikal herabhängenden Schlauch, der von einem weiteren Glasrohrmantel mit der Außen-Fl. umgeben ist; Rührung erfolgt durch Hindurchleiten von Luft. Der zweite Dialysator ist ein flacher Plattendialysator nach KOLFF (New ways of treating uremia, London, 1947) mit zwischen den aus Kunststoff bestehenden hohlziegelartigen Teilen ausgespannten horizontal angeordneten Schläuchen u. durch eine Pumpe im Gegenstrom bewegter Außenflüssigkeit. Beim dritten Dialysator ist der Schlauch mit der ebenfalls umgepumpten Zuckerlsg. spiralig auf eine rotierende Walze aufgewickelt u. taucht dabei mit der unteren Hälfte in eine Wanne mit der Außen-Fl. („künstliche Niere"). Zum Vgl. werden auch einige Verss. mit *Rohrzucker*-Lsg. ausgeführt. Auf die gleiche Fläche Dialysiermembran bezogen, ist der 2. Dialysator am wirksamsten, während für das größte Vol. innerhalb einer bestimmten Zeit dialysierter Fl. der 3. Dialysator bes. geeignet ist. Innerhalb des angewandten Überdrucks (bis zu 200 mm Hg) in den Schläuchen ließ sich keine Erhöhung der Dialysiergeschwindigkeit feststellen. Für eine hinreichend rasche Dialyse sind keine übermäßig großen Voll. an Außen-Fl. erforderlich. Beim 2. Dialysator ist die Wanderungsgeschwindigkeit der gesamten Dialysierfläche proportional. Unter Benutzung empir. erhaltener Wanderungskoeff. kann man den Massentransport während der Dialyse berechnen. (J. Lab. clin. Med. **40.** 271—83. Aug. 1952. Milwaukee, Wis.) HENTSCHEL. 170

Herbert S. Harned und **Francesco M. Polestra,** *Der differentielle Diffusionskoeffizient von Strontiumchlorid in verdünnter wässeriger Lösung bei 25°.* (Vgl. C. **1954.** 4334.) Vff. bestimmten mittels der Leitfähigkeitsmeth. die Diffusionskoeffizienten von $SrCl_2$ bei Konzz. von 0,001—0,008 mol. bei 25°. Die Meßergebnisse stimmten gut mit den von NERNST, ONSAGER u. FUOSS aufgestellten theoret. Gleichungen überein. Dagegen zeigt die Diffusionscharakteristik des $CaCl_2$ größere Abweichungen von den theoret. erwarteten Werten, u. zwar eine Abweichung von 1% bei einer Konz. 0,001 mol. u. 4% bei 0,005 mol. (J. Amer. chem. Soc. **75.** 4168—69. 5/9. 1953. New Haven, Conn., Yale Univ., Dep. of Chem.) WASSERROTH. 171

F. H. Müller, *Zur Turbulenzentstehung.* Ausgehend von der MAXWELLschen Beziehung für die Viscosität, $\eta = G \cdot \tau$, wird gezeigt, daß das in der Form $-s/\tau$ gewählte Relaxationsglied nur im Bereich kleiner Verformungsgeschwindigkeiten gilt u. daß die daraus gefolgerten Vorstellungen ausreichen, um das Umklappen laminarer in turbulente Strömung zu erklären. Das Phänomen der Turbulenz ist dann verständlich, wenn man die hydrodynam. Bewegungsgleichungen mit Viscositätsgliedern ergänzt, in denen der Viscositätskoeff. vom Strömungsgefälle abhängig ist. (Kolloid-Z. **129.** 146—47. Dez. 1952. Marburg, Univ., Physikal.-chem. Inst.) HENTSCHEL. 172

P. G. W. Hawksley, *Die Physik der Teilchengrößenmessung.* 2. Mitt. *Optische Verfahren und Lichtzerstreuung.* (1. vgl. C. **1954.** 3407.) Zusammenfassender ausführlicher Bericht auf Grund von ca. 218 Literaturstellen. Lichtzerstreuung. Opt. Verff. der Größenmessung. Theorie der Lichtzerstreuung. Theoret. Werte der Auslöschung u. Totalstreuung. Theoret. Ausdrücke für Streuungswinkel. Anwendung auf die Größenmessung. (Brit. Coal Utilisat. Res. Assoc., monthly Bull. **16.** 117—47. April. 181—209. Mai 1952.) PAULI. 175

W. M. Lukjanowitsch und **L. W. Raduschkewitsch,** *Elektronenmikroskopische Untersuchung der Form der Übergangsporen aktiver Zuckerkohlen.* Auf der elektronenmkr. Aufnahme erscheinen die Übergangsporen mit Dimensionen von 100—200 Å über die ganze M. der Kohle gleichmäßig verteilt. Ihr Querschnitt ist meist rund oder leicht oval; längliche Kanäle fehlen prakt. vollständig, es ist aber anzunehmen, daß die einzelnen Poren durch feine Kanäle miteinander verbunden sind u. kugelförmige Höhlungen darstellen, die sich im wesentlichen während des Carbonisierungsprozesses ausbilden u. bei der Aktivierung keine nennenswerte Änderung erleiden. In einer schemat. Darst. der wahrscheinlichen Struktur sind die Kugeln ähnlich wie beim Kugelkühler aneinandergereiht. (Доклады Академии Наук СССР [Ber. Akad. Wiss. UdSSR] [N. S.] **91.** 585—87. 21/7. 1953. Inst. für physik. Chem. der Akad. der Wiss. der UdSSR.) R. K. MÜLLER. 176

M. H. Polley, W. D. Schaeffer und **W. R. Smith,** *Ausbildung stufenweiser Isothermen an Rußoberflächen.* In den Adsorptionsisothermen für Ar, O_2 u. N_2 an einigen Rußsorten bei —195° gibt sich die Veränderung in der kristallograph. Struktur im Verlauf der Glühbehandlung dieser Rußsorten zu erkennen. Dieselben wurden dabei bis zu Tempp. von 2700° verschieden stark graphitisiert. Wie aus Beugungsaufnahmen mit Röntgenstrahlen hervorgeht, wird durch diese Hochtemperaturbehandlung die Struktur des Kohlenstoffs verändert. Auch Unterss. im Elektronenmikroskop lassen einen Übergang von fast kugeligen Teilchen zu unregelmäßigen Polyedern bei den graphitisierten Proben erkennen. Die ursprünglichen C-Proben ergaben die üblichen S-förmigen Adsorptionsisothermen, während bei den zunehmend graphitisierten bis zu drei Adsorptionsstufen entsprechend $P/P_3 = 0{,}35$ bzw. 0,63 u. 0,86 auftreten. Diese Ergebnisse stehen qualitativ in Übereinstimmung mit den theoret. Gleichungen von HALSEY für die Mehrschicht-Adsorption an homogenen Oberflächen, u. es wird angenommen, daß diese Isothermen den Übergang der Adsorption von heterogener zu homogener Oberfläche erkennen lassen. (J. physic. Chem. **57.** 469—71. April 1953. Cambridge, Mass., Godfrey L. Cabot, Inc.) Hentschel. 176

E. U. Franck und **H. Biedermann,** *Zur Oberflächenentwicklung platinierten Platins.* Da die bisher veröffentlichten Ergebnisse über die wahre Oberfläche von platiniertem Pt sehr große Unterschiede zeigen, werden von den Vff. eigene Verss. angestellt: zunächst wurde die Polarisationskapazität nach Bowden u. Rideal an blanken u. anschließend platinierten Pt-Zylindern gemessen. Dann wurden die Adsorptionsisothermen für *Ar* bei —183° aufgenommen u. aus ihnen nach B. E. T. die spezif. Oberfläche ausgewertet; schließlich wurde eine Isotherme der Adsorption von *Methylenblau* aus wss. Lsg. aufgenommen. Als wahrscheinlichster Wert für die wahre Oberfläche elektrolyt. erzeugten Pt-Schwarzes wird der aus der Ar-Adsorption ermittelte Wert von ca. 200 m^2/g angesehen. Ein ähnlicher Wert ergibt sich auf Grund der Polarisationskapazität, während die Methylenblauadsorption (wegen der zu großen Moll. des Adsorptivs) zu niedrige Werte liefert. (Kolloid-Z. **129.** 137—40. Dez. 1952. Göttingen, Univ., Inst. für Physikal. Chem.) Hentschel. 176

A$_6$. Strukturforschung.

François Bertein, *Über eine Korrespondenz zwischen Elektronenlinsen und elektrischen Vierpolen.* Da im achsennahen Bereich die Lage u. Richtung der Ausfallsasymptote einer Elektronenbahn aus einer Elektronenlinse lineare Funktionen von Einfallslage u. -richtung sind, kann man die Eigg. einer solchen Linse (oder eines Syst. solcher Linsen) in Analogie zu denen eines elektr. Vierpols setzen, dessen Ausgangsstrom u. -spannung lineare Funktionen von Eingangsstrom u. -spannung sind. (C. R. hebd. Séances Acad. Sci. **236.** 2047—49. 27/5. 1953.) Lenz. 181

François Bertein, *Über eine Darstellung von lichtoptischen oder Elektronenlinsen durch Vierpole aus Ohmschen Widerständen.* Erweiterung der in einer vorhergehenden Arbeit (vgl. vorst. Ref.) für Wechselströme u. -spannungen angestellten Überlegungen auf Vierpole, die mit Gleichstrom betrieben werden u. nur Ohmsche Widerstände enthalten. (C. R. hebd. Séances Acad. Sci. **236.** 2494—96. 29/6. 1953.) Lenz. 181

Paul D. Coleman und **Murray D. Sirkis,** *Verfahren zur Sichtbarmachung kurzer Impulse mit Hilfe gekreuzter Elektronenstrahlen.* Beschreibung einer mit zwei gekreuzten Elektronenstrahlen arbeitenden Anordnung, welche die Messung der zur Erzeugung von Submillimeterwellen wichtigen dicht räumlich gebündelten energiereichen Elektronenstrahlen erlauben soll. Ein Versuchsmodell, bei welchem der zu messende Strahl 8 kV Strahlspannung u. 2 μsec Impulsdauer besitzt, beweist die grundsätzliche Anwendbarkeit des Verf., bei welchem der Sondenstrahl durch den zu messenden Strahl elektrostat. abgelenkt u. dann auf einem Leuchtschirm registriert wird. Das Verf. soll zur Messung von energiereichen Elektronenbündeln (1—5 MeV) u. extrem kurzer Impulsdauer (<1 $\mu\mu$sec) ausgebaut werden. (J. appl. Physics **24.** 952—53. Juli 1953. Urbana, Ill., Univ. of Illinois, Electr. Engng. Dep.) Lenz. 181

F. Huerta und **I. Asensio,** *Eine direkte graphische Methode zur Deutung der Kristallpulverdiagramme.* Für die Unters. von Kristallen mit Parameter p, Wellenlänge λ u. γ mm Abstand von den Strahlen zur Diagramm-Mitte wird die Kurve der Gleichung $P = \log p = \log(\lambda/2) - \log\sin(\gamma/2)$ konstruiert, aus der sich in Verb. mit einer drehbaren durchsichtigen Platte (darauf aufgetragen Radien für FeK_α, FeK_{β_1}, NiK_{α_1}, CuK_{α_1}, NiK_β u. CuK_β) die Abstände direkt ablesen lassen (Abb.); umgekehrt können die Parameter u. Strahlenindices aus dem gegebenen Diagramm berechnet werden u. lassen sich für das kub. Syst. direkt, für die anderen Systeme durch Schätzung lösen. (An. Real Soc. españ. Física Quím., Ser. A **49.** 263—68. Sept./Okt. 1953. Madrid, Inst. de Física Alonso de Santa Cruz.) R. K. Müller. 181

Fausto G. Fumi, *Die „direct-inspection"-Methode in Systemen mit einer Hauptsymmetrieachse.* Mathemat. Untersuchung. (Acta crystallogr. [Copenhagen] **5.** 691—94. 10/9. 1952. Mailand, Univ., Inst. für Theoret. Physik.) H. W. Levi. 181

Hans Wondratschek, *Bemerkungen zum Problem der Tensorsymmetrien.* Vf. bringt einige Ergänzungen zu den von Fumi (vorst. Ref.) gebrachten Berechnungen der Tensorsymmetrien in den einzelnen Kristallklassen. (Acta crystallogr. [Copenhagen] **6.** 107. 10/1. 1953. Bonn, Univ., Mineralog. Inst.) Gottfried. 181

Wolfgang Kost, *Über die Kristallisationsgeschwindigkeit und Phasengrenztemperatur des Wassers.* Anlaß zur Unters. gab das Problem der Gefrierzeitberechnung bei Eiserzeugern. Die Frage der Phasengrenztemp. ist noch wenig untersucht. Es wird an W. zunächst qualitativ gezeigt, daß hier die Phasengrenze unterkühlt ist. Der

Effekt wurde quantitativ in Abhängigkeit von der Erstarrungsgeschwindigkeit (EG) an einer ebenen, senkrechten Eis–W.-Grenzfläche mit Thermoelementen untersucht. Die Dicke der Eisschicht konnte laufend gemessen werden, sie gab die makroskop. EG. Danach variiert die Unterkühlung der Phasengrenzfläche zwischen —0,01 u. —0,12° bei einer Variation der makroskop. EG von 0,1—2,2 mm/Minute. Für höhere EG wurde eine andere Anordnung verwendet: W. wurde in Glasröhrchen unterkühlt u. durch Impfung zum Erstarren gebracht. Die lineare EG (ca. 10 mm/Min.) in Abhängigkeit von der Unterkühlung gibt ähnliche Ergebnisse, wie sie TAMMANN erhielt. Es werden zwei unterschiedliche Typen des Kristallwachstums in W. in Abhängigkeit von Unterkühlung u. Rohrdurchmesser beobachtet. Der mögliche Temperaturverlauf an der Phasengrenzfläche wird diskutiert. (Z. Elektrochem., Ber. Bunsenges. physik. Chem. **57.** 431—38. 1953. Karlsruhe, TH, Kältetechn. Inst.) H. C. WOLF. 190

W. A. Mokijewski, *Über die Verzerrungen im Habitus natürlicher Kristalle.* Unterss. über das Wachstum von *Epsomit* u. *K–Al-Alaun* in der unbewegten Lsg. ergaben, daß die asymm. Entw. der Kristallflächen sich darin äußert, daß die zu einer einfachen Form gehörenden geneigten Flächen ein stärkeres Wachstum nach oben zeigen, verursacht durch die Konzentrationsströmungen. Die Ursachen für die Kristallverzerrungen werden erörtert. (Записки Всесоюзного Минералогического Общества [Schr. Allunions mineralog. Ges.] [2] **82.** 173—84. 1953. Leningrad, Berginst., Lehrstuhl für Kristallographie.) LEBTAG. 190

Elizabeth A. Wood, Walter J. Merz und **Bernd T. Matthias,** *Polymorphie von $ND_4D_2PO_4$.* Die Polymorphie des $ND_4D_2PO_4$ wird opt. u. röntgenograph. untersucht. Der Umwandlungspunkt liegt bei —30°, große Kristalle zerbrechen bei der Umwandlung. Die Tieftemperaturform zeigt eine niedrigere Doppelbrechung als die Hochtemperaturform. Opt. Interferenzfiguren werden untersucht. Die Raumgruppe der Hochtemperaturform ist D_{2d}^{12} — $\bar{I}$ 4 2 d, die der Tieftemperaturform wahrscheinlich D_2^4 — P 2_1 2_1 2_1. Die röntgenograph. Unterss. u. elektr. Messungen deuten auf die Existenz einer antiferroelektr. a- oder b-Achse. Die Gitterkonstanten sind bei —53 ± 8° a = 7,48 ± 0,02; b = 7,48 ± 0,02; c = 7,53 ± 0,02 Å. Die auf Grund opt. Beobachtungen vorhandene orthorhomb. Abweichung von der tetragonalen Symmetrie ließ sich röntgenograph. nicht nachweisen. Die Brechungsindizes betragen bei 20° 1,479 ± 0,003 u. 1,518 ± 0,003. (Physic. Rev. [2] **87.** **544.** 1/8. 1952. Murray Hill, N. J., Bell Telephone Labor.) H. W. LEVI. 190

F. J. Bradshaw, G. Hoyle und **K. Speight,** *Diffusion von Silicium in Ferrit.* Die Diffusion von Si in Ferrit wird bei 1435 ± 5° untersucht u. die Probe spektrograph. analysiert. Der Diffusionskoeff. wurde unter Verwendung des FICKschen Gesetzes zu $D_\gamma = 1{,}1 \cdot 10^{-7}$ cm²/sec ± 20% gefunden. Die Temperaturabhängigkeit von D wurde nach der ZENERschen Theorie (C. **1953.** 3526) bestimmt zu D_γ = 16 exp. (—64000/RT) im Vakuum bzw. 310 exp (—74000/RT) cm²/sec bei Ringdiffusion. (Nature [London] **171.** 488. 14/3. 1953. London, Royal School of Mines, Brit. Iron and Steel Res. Ass., Metall. Gen. Div. Labor.) BRAASCH. 190

Lloyd D. Fosdick und **Hubert M. James,** *Eine neue Näherungsmethode für Ordnungs-Unordnungs-Probleme.* (Vgl. C. **1954.** 1651.) Ausführliche Erörterung einer Näherungsmeth. für die Behandlung der zweidimensionalen dreieckigen, quadrat. u. hexagonalen sowie des einfachen kub. ISING-Gitters. Bes. werden die Verhältnisse in der Nähe des CURIE-Punktes untersucht. (Physic. Rev. [2] **91.** 1131—41. 1/9. 1953. West Lafayette, Ind., Purdue Univ.) R. STEIN. 195

Floriana Bertinotti und **Alfonso M. Liquori,** *Über eine trikline Modifikation der Molekülverbindung $CaBr_2 \cdot 10\,H_2O \cdot 2\,(CH_2)_6N_4$ und die Isomorphie mit der Molekülverbindung $MgCl_2 \cdot 10\,H_2O \cdot 2\,(CH_2)_6N_4$.* Aus einer Lsg., die $MgCl_2$ u. Hexamethylentetramin enthält, scheiden sich sowohl in der Kälte als auch in der Wärme trikline Kristalle der Zus. $MgCl_2 \cdot 10\,H_2O \cdot 2\,(CH_2)_6N_4$ (I) ab. Diese u. die von ILLUMINATI (nicht veröffentlicht) gefundene, ebenfalls trikline Mol.-Verb. $CaCl_2 \cdot 10\,H_2O \cdot 2\,(CH_2)_6 \cdot N_4$ (II) wurde von Vff. röntgenograph. untersucht. Die Elementarzellen beider Verbb. sind sehr ähnlich: Raumgruppe C_i^1; **I**: a = 9,39; b = 9,77; c = 9,82 Å; α = 60° 20′; β = 101° 40′; γ = 99° 40′; **II**: a = 9,31; b = 9,65; c = 9,67 Å; α = 58° 30′; β = 104° 30′; γ = 100° 40′. Die Zellen enthalten nur ein einziges Mol. mit dem Erdalkaliatom im Symmetriezentrum u. den anderen Atomen in x y z u. $\bar{x}\,\bar{y}\,\bar{z}$. (Ricerca sci. **23.** 1823—24. Okt. 1953. Roma, Univ., Ist. di chim. farm.) M. SCHENK. 195

S. García-Blanco, *Anwendung der Minimalfunktion von Buerger auf die Struktur des Bariumdithionatdihydrats.* (Vgl. C. **1954.** 3875.) Unter Benutzung der PATTERSON-Projektion nach [0 1 0] wird das Verf. von BUERGER (C. **1952.** 3128; **1953.** 4982) auf die Struktur von $BaS_2O_6 \cdot 2\,H_2O$ angewandt, wobei sich gute Übereinstimmung mit der aus der Elektronendichte ermittelten Struktur ergibt. (An. Real Soc. españ. Física Quím., Ser. A **49.** 185—86. Mai/Juni 1953. Madrid, Inst. Alonso de Santa Cruz, Secc. de Rayos X.) R. K. MÜLLER. 195

Vladimiro Scatturin und **Maria Tornati,** *Unvollkommenheiten im Gitter der Thalliumoxyde.* Durch Oxydation von Tl_2SO_4 mit H_2O_2 erhaltenes *Tl_2O_3* ($D.^0_4$ 10,038) wurde röntgenograph. untersucht. Aus der Gitterkonstante a = 10,05403 Å ergibt sich ein Mol.-Gew., das um 3% niedriger ist als das chem. Mol.-Gewicht. Im Gitter des Tl_2O_3 befindet sich eine entsprechende Anzahl von Leerstellen, vergleichbar denen anomaler Mischkristalle. Sie werden hervorgerufen durch Ggw. von Tl^+ im kation. Teilgitter bei entsprechendem O-Mangel im anion. Teilgitter. (Ricerca sci. **23.** 1805—13. Okt. 1953. Padova, Univ., Ist. di chim. gen. ed inorg.) M. SCHENK. 195

Arne Magnéli, *Untersuchungen über die hexagonalen Wolframbronzen von Kalium, Rubidium und Cäsium.* Die bei der Red. von WO_3 mit K-, Rb- u. Cs-Wolframat auftretenden blauen Wolframbronzen haben nach den Unterss. des Vf. die allg. Formel Me_xWO_3, wobei x variabel ist, theoret. obere Grenze x = 1/3. Die Kristallstrukturen der drei Bronzen wurden untersucht. Aus Pulverdiagrammen ergab sich für $K_{0,27}WO_3$: a = 7,40, c = 7,56 Å; $K_{0,31}WO_3$: a = 7,37, c = 7,54 Å; $Rb_{0,27}WO_3$: a = 7,39, c = 7,54 Å; $Rb_{0,29}WO_3$: a = 7,38, c = 7,56 Å; $Cs_{0,30}WO_3$: a = 7,38, c = 7,59 Å; $Cs_{0,32}WO_3$: a = 7,42, c = 7,63 Å. Aus Drehkristall- u. WEISSENBERG-Aufnahmen von $Rb_{0,27}WO_3$ wurde Z = 6 Me_xWO_3 gefunden, Raumgruppe D^3_{6h} — C 6/m c m; 6 x Rb in 2 (b): 0 0 0; 0 0 $^1/_2$. 6 W in 6 (g): x 0 $^1/_4$; 0 x $^1/_4$; $\bar{x}$ $\bar{x}$ $^1/_4$; $\bar{x}$ 0 3/4; 0 $\bar{x}$ $^3/_4$; x x $^3/_4$ (x = 0,48). 6 O in 6 (f): $^1/_2$ 0 0; 0 $^1/_2$ 0; $^1/_2$ $^1/_2$ 0; $^1/_2$ 0 $^1/_2$; 0 $^1/_2$ $^1/_2$; $^1/_2$ $^1/_2$ $^1/_2$. 12 O in 12 (j): x y $^1/_4$; $\bar{y}$, x — y, $^1/_4$; y — x, x, $^1/_4$; $\bar{x}$ $\bar{y}$ $^3/_4$; y, y — x, $^3/_4$; x — y, x, $^3/_4$; y x $^1/_4$; $\bar{x}$, y — x, $^1/_4$; x — y, $\bar{y}$, $^1/_4$; $\bar{y}$ $\bar{x}$ $^3/_4$, x, x — y, $^3/_4$; y — x, y, $^3/_4$. x ≈ 0,42; y ≈ 0,22. Das hexagonale Gitter besteht aus Schichten von WO_3-Oktaedern, die zu 3- u. 6-gliedrigen Ringen zusammengefaßt sind. Die Alkaliatome liegen in den größeren Lücken zwischen den Schichten. Farbe u. elektr. Leitfähigkeit der Präpp. sind in guter Übereinstimmung mit den früheren Unterss. über Alkaliwolframate. (Acta chem. scand. **7.** 315—24. 1953. Uppsala, Univ., Inst. of Chem.) SIEWERT. 195

Luigi Cavalca und **Ivano W. Bassi,** *Kristallchemische Untersuchungen über die Kobaltcarbonyle.* 1. Mitt. *Das Kobalttetracarbonyl.* Die durch Röntgenunters. ermittelten Gitterkonstanten von Co-Carbonyl sind: a = 11,26 ± 0,05 (Å), b = 15,45 ± 0,01, c = 6,56 ± 0,01 (fast ident. mit Fe-Enneacarbonyl 11,17; 6,45; 15,98); β = 90° 22′ ± 14′; Raumgruppe C_{2h} (2) oder C_2 (2); Zahl der Moll. in der Elementarzelle **4**; D. theoret. 1,99, experimentell 1,87. Die zweidimensionale PATTERSON-Projektion ergibt für den Abstand Co—Co 2,53 ± 0,04 Å (parallel der [0 1 0]-Achse). Die Co-Atome müssen durch eine CO-Brücke verbunden sein, wie schon aus magnet. Eigg. u. der chem. Analogie mit der Fe-Verb. geschlossen wurde (EWENS, Nature [London] **161.** [1948.] 530). Der Annahme eines Aufbaues des Mol. aus 2 Bipyramiden mit einer gemeinsamen kurzen Kante entsprechen 2 verschied. Mol.-Strukturen (mit u. ohne Symmetrieebene), zwischen denen keine Entscheidung getroffen wird. (Ricerca sci. **23.** 1377—88. Aug. 1953. Parma, Univ., Ist. di Chim. gen.) R. K. MÜLLER. 195

H. Nowotny, H. Schroth, R. Kieffer und **F. Benesovsky,** *Der Aufbau einiger Silicidsysteme von Übergangsmetallen.* (Vgl. C. **1954.** 3876.) Röntgenograph. Unters. der pseudobin. Silicidsysteme *$TiSi_2$–$CrSi_2$*, *$CrSi_2$–$TaSi_2$* u. *Cr_3Si–Mo_3Si*. Beim Syst. $TiSi_2$–$CrSi_2$ besteht bei 1300° nur ein schmaler heterogener Bereich zwischen 4,8 u. 10,5 Mol-% $CrSi_2$. $TiSi_2$ nimmt also nur geringe Mengen $CrSi_2$ in sein Gitter auf, während das Stabilitätsgebiet der C 40-Struktur des $CrSi_2$ bis fast 90 Mol-% $TiSi_2$ reicht. Bei den isotypen Disiliciden $CrSi_2$–$TaSi_2$ besteht merkwürdigerweise eine breite Mischungslücke von 11—60 Mol-% $TaSi_2$ bei 1300°, die anscheinend auch bei einer Temp. knapp unterhalb des E. (ca. 1500°) nicht geschlossen ist. Die Gründe werden diskutiert. Die isotypen Phasen Cr_3Si u. Mo_3Si (A 15-Typ) bilden bereits bei 1300° analog den reinen Metallen Cr-Mo eine vollkommene Mischkristallreihe. (Mh. Chem. **84.** 579—84. 15/6. 1953. Wien, TH, Inst. für physikal. Chem.; Reutte, Tirol, Metallwerk Plansee G. m. b. H., Versuchsanstalt.) UMLAND. 195

Edward N. Clarke und **H. E. Farnsworth,** *Beobachtungen über die photoelektrischen Arbeitsfunktionen und die Beugung langsamer Elektronen an dünnen Silberfilmen auf der (1 0 0)-Fläche von Silbereinkristallen.* Es wird eine App. erläutert, in der doppelt dest. Ag aufgedampft, die Kristalltemp. gemessen, der Kristall entgast u. der Restgasdruck variiert werden kann. Die App. gestattet Messungen der Arbeitsfunktion φ nach der FOWLER-Meth. u. Unterss. der Oberflächenstruktur durch Beugung langsamer Elektronen. Während der Verss. wird der für Oberflächenveränderungen empfindlichste

Beugungsreflex (1 1 0) beobachtet. Es wird gefunden, daß Gitterstruktur u. Orientierung des Films die gleichen sind wie beim Trägerkristall u. daß die Niederschlagung von Ag bei Tempp. unter 65° eine Abnahme von φ bewirkt. Die Abnahme von φ hängt in gewissen Grenzen nicht von der Menge des niedergeschlagenen Ag ab. Wenn nach der Aufdampfung auf 80—200° erhitzt wird, steigt φ wieder auf den ursprünglichen Wert. Wenn φ vor der Aufdampfung infolge von adsorbierten Gasen klein ist, ist auch $\Delta\,\varphi$ klein u. umgekehrt; durch Erhitzen des Kristalls bis in die Nähe der Rotglut kann φ stark vergrößert werden (bis zu 4,76 eV). Wenn nur kurze Zeit erhitzt wird, wächst damit auch die Elektronenbeugungsintensität. Die Beugungsintensität wird auch stark erhöht durch Aufdampfen von Ag im Hochvakuum. Aus den Ergebnissen werden einige Gesetzmäßigkeiten, auch hinsichtlich der Beugungsintensitäten, abgeleitet. (Physic. Rev. [2] **85.** 484—85. 1/2. 1952. Providence, R. I., Brown Univ., Barus Res. Labor.) H. W. LEVI. 196

Chung Fu Ying und **H. E. Farnsworth,** *Änderungen der Arbeitsfunktionen von im Vakuum aufgedampften Goldfilmen.* (Vgl. vorst. Ref.) Au-Filme wurden unter saubersten Versuchsbedingungen auf entgastes polykristallines Au aufgedampft u. die Arbeitsfunktionen in Abhängigkeit von der Dicke u. der therm. Vorgeschichte der Filme gemessen. φ in Abhängigkeit von der Filmdicke wird in einer Kurve dargestellt. Für die verschied. Au-Filme sind die φ-Werte immer niedriger als für reines entgastes polykristallines Au. Wenn die Filme auf weniger als 100° erhitzt werden, fällt φ zunächst langsam ab, um dann beim weiteren Erhitzen ebenso langsam wieder auf etwa den alten Wert anzusteigen. Beim stärkeren Erhitzen (nicht über 450°) nimmt φ schnell ziemlich stark zu. Auf geschmolzenes SiO_2 aufgedampftes Au verhält sich ähnlich wie auf Au aufgedampfte Filme. Die Unterss. zeigen im wesentlichen, daß Au-Filme auf Au ähnlich wie Ag-Filme auf Ag φ herabsetzen u. daß durch ausreichendes Erhitzen der ursprüngliche Wert wieder hergestellt werden kann. Vff. treten der Hypothese entgegen, daß adsorbierte Gase der einzige Grund für die φ-herabsetzende Wrkg. der Metallfilme seien, sie sind der Ansicht, daß strukturelle Besonderheiten dieser Filme im Vgl. zu den kompakten Metallen hierfür verantwortlich zu machen sind. (Physic. Rev. [2] **85.** 485—86. 1/2. 1952.) H. W. LEVI. 196

Tsch. M. Brisskina, *Gewinnung großer Einkristalle von Aluminium.* Die Herst. von Al-Einkristallen erfordert Erhitzen eines Al-Drahtes im Verlauf von vielen Tagen von 450 auf 550°. Durch Erhitzen von Al-Drahtstücken im Lauf von 9 Std. in einem langsam (einige cm/Std.) sich fortbewegenden Röhrenofen von 450—640° gelang es, bei der optimalen Temp. von 550° 2,5% Einkristalle über fast die ganze Länge des Drahtes zu gewinnen. (Природа [Natur] **42.** Nr. 2. 74—76. Febr. 1953. Inst. für angewandte Physik der Akad. der Wiss. der Chines. Volksrepublik.) v. WILPERT. 197

Werner Dickenscheid und **Hugo Josef Seemann,** *Zur Korngrößenverteilung bei der Rekristallisation von Reinstaluminium.* Die Verss. wurden an gewalztem Reinst-Al durchgeführt. Zur Ausmessung des Gefüges wurde das von DEDERICHS u. KOSTRON entwickelte Rechteckverf. benutzt. Statt der einfachen Häufigkeit wurde die mittels eines nach dem GAUSSschen Fehlerintegral geteilten Maßstabes bestimmte Summenhäufigkeit gewählt, so daß sich über eine logarithm. Abszissenteilung beim Vorliegen GAUSSscher Normalverteilungen gerade Linien ergaben. Man kann dadurch das Verh. der Korngrößenverteilung bei der Rekristallisation als Funktion der Zeit (isotherm) wie auch als Funktion der Temp. (isochron) quantitativ verfolgen. Bemerkenswert ist, daß die Kornvergrößerung mit konstanter Verteilungsbreite abläuft u. das Häufigkeitsverhältnis der globularen u. gestreckten Körner keine wesentlichen Veränderungen erfährt. (Z. Metallkunde **44.** 211—16. Mai 1953. Saarbrücken, Inst. für Metallforsch.) APEL. 197

J. R. Neighbours, F. W. Bratten und **Charles S. Smith,** *Die elastischen Konstanten von Nickel.* Die elast. Konstanten von Ni wurden mit der Ultraschallimpulsmeth. bestimmt. Wellengeschwindigkeitsmessungen an vier magnet. gesätt. Ni-Einkristallen verschied. Orientierung, kombiniert mit der Näherungsmeth., ergaben folgende Werte: $C_{11} = 2{,}53$, $C_{12} = 1{,}52$ u. $C_{44} = 1{,}24 \cdot 10^{12} cm^{-2} \cdot dyn$. (J. appl. Physics **23.** 389—93. April 1952. Cleveland, O., Case Inst. of Technol.) BLUTH. 200

Otto Vaupel, *Bestimmung elastischer Spannungen und plastischer Verformungen mit dem Röntgenrückstrahlverfahren.* Während die bekannten mechan. Verff. nur Spannungsänderungen zu messen erlauben, ist die absol., an einem Punkt vorhandene Spannung bei durchsichtigen Körpern auf opt. Wege u. bei kristallinen Stoffen mittels des Röntgenrückstrahlverf. meßbar. Dieses Verf. ist auf die Best. des zweiachsigen, in der Oberfläche herrschenden Spannungszustandes beschränkt; dieser kann an einem beliebig kleinen Punkt nach Größe u. Richtung aus dem Reflexionswinkel der eingestrahlten Röntgenstrahlung ermittelt werden, bei photograph. Aufnahme aus der Lage der Interferenzlinie; die Genauigkeit ist durch die Schärfe dieser Linie gegeben. Wegen seiner Kostspieligkeit ist das Verf. nur bei grundsätzlichen Unterss. tragbar. An Stellen überelast. Beanspruchung des Materials befinden sich benachbarte Kristallite in verschied. Spannungszustand u. die Reflexionswinkel streuen dann um einen Mittelwert. Bei photograph. Aufnahmen ist daher die Breite der Interferenzlinien ein Maß für den Grad der plast. Verformung an der Aufnahmestelle. Diese Meth. ist wirtschaftlicher u. mit gutem Erfolg durchführbar. (Kolloid-Z. **129.** 92—96. Dez. 1952. Berlin-Dahlem, Materialprüfungsamt.) HENTSCHEL. 200

H. J. McSkimin, *Messung elastischer Konstanten bei tiefen Temperaturen mittels Ultraschallwellen. Werte für Silicium- und Germaniumeinkristalle und für geschmolzenes Siliciumdioxyd.* Nach Anregung von longitudinalen u. transversalen Ultraschallwellen der Frequenzen von 10—30 MHz werden die Geschwindigkeiten der Dilatations- u. der Scherungswellen sowie die elast. Konstanten mittels Reflexionsmessungen ermittelt. Wegen der zahlreich mitgeteilten Meßergebnisse muß auf die Originalarbeit verwiesen werden. Der Temperaturbereich der Messungen betrug bei Ge u. Si 78 bis 300° K u. bei SiO_2 1,6—300° K. (J. appl. Physics **24.** 988—97. Aug. 1953. Berkeley, Calif., Univ., Electronics Res. Labor.) H. JACOB. 200

A₇. Gleichgewichte. Kinetik.

M. Je. Posin und **A. M. Ginstling,** *Über die philosophischen Grundlagen der „klassischen" Theorie der „Festphasen"-Prozesse. Zur Kritik der Lehren von Tammann-Hedvall.* Der Annahme von TAMMANN u. HEDVALL, daß die Rkk. zwischen festen Stoffen sich ohne jede Beteiligung von Fl. oder Gas abspielen, widerspricht die Tatsache, daß bei der Mehrzahl dieser Rkk. das Maximum der Umsetzung bei einer Temp. erreicht wird, die oberhalb der Temp. der maximalen elektr. Leitfähigkeit des Syst. liegt. Daraus wird geschlossen, daß schon vor der maximalen Umsetzung eine teilweise Dissoziation, Sublimation oder Verflüssigung eintritt. Es handelt sich demnach im Sinne des dialekt. Materialismus nicht um ein „entweder-oder", sondern um ein „sowohl-als-auch". (Журнал Прикладной Химии [J. angew. Chem.] **26.** 561 bis 568. Juni 1953.) R. K. MÜLLER. 221

Louis Gordon, Carl C. Reimer und **Harry Teicher,** *Mitfällung aus homogener Lösung.* Vff. teilen vorläufige Ergebnisse mit, die sie bei Mitfällungsverss. von Mn^{2+} bei der Fällung von *bas. Zinnsulfaten* mit der Harnstoffmeth. (vgl. C. **1953.** 424) u. von $SrSO_4$ bei der Fällung von $BaSO_4$ mit Dimethylsulfat u. Sulfanilsäure erhalten haben. (Analytic. Chem. **25.** 838. Mai 1953. Syracuse, N. Y., Univ., Dep. of Chem.) MOSLÉ. 221

A. H. Ewald, *Die Löslichkeit von Festkörpern in Gasen.* Steht ein reiner fester Stoff im Gleichgewicht mit einem nicht reagierenden komprimierten Gas, so kann die mol. Konz. x_2 der festen Komponente in der Gasphase durch die Gleichung $nl\ x_2/x_2^0 = V_{Fest} \cdot P/RT - 2\ B_{12}/V_m - 3\ C_{112}/2\ V_m^2 - 4\ P_{1112}/3\ V_m^3$ wiedergegeben werden. Hierin ist x_2^0 die Konz., die dem n. Dampfdruck des Festkörpers entspricht. Der erste Ausdruck gibt den Druckeffekt wieder, während die anderen Ausdrücke der Wechselwrkg. der gelösten Moll. mit den Gasmoll. entsprechen. Der gemischte Virialkoeff. B_{12} kann aus den Eigg. der reinen Komponenten nach dem Prinzip der korrespondierenden Zustände berechnet werden; für die höheren Koeffizienten ergibt sich dabei nur eine 1. Näherung. Die gemessenen Löslichkeiten in Abhängigkeit vom Druck können zur Best. von B_{12} dienen. Mit Hilfe radioakt. Indicatoren wurde die Löslichkeit von *p-Chlorjodbenzol* in komprimiertem *Äthylen* bestimmt. Die berechneten Werte stimmen gut mit den experimentell gefundenen überein. (Physic. Rev. [2] **91.** 215. 1/7. 1953.) SIEWERT. 224

Swarup Narain Tewari und **Satyeshwar Ghosh,** *Untersuchungen über die Natur des hydratisierten Chromoxydes.* 4. Mitt. *Die Löslichkeit verschiedener Proben wässerigen Oxydes in Schwefelsäure.* (3. vgl. C. **1954.** 3871.) Vff. führten Unterss. über die Löslichkeit hydratisierter Chromoxyde in H_2SO_4 an drei verschied. Proben (Probe A 10% Alkaliüberschuß, B äquivalentes Alkali u. C 10% Alkaliunterschuß) u. unter wechselnden Bedingungen (Fällung der Oxyde bei 25 u. 50° u. verschied. H-Ionenkonzz., in denen die Proben gehalten wurden; p_H 4, 6, 7 u. 8) durch. Es wurde festgestellt, daß die Löslichkeit mit steigender H-Ionenkonz. des Mediums zunimmt. Mit steigender Alterung (gemessen nach 5, 11 u. 40 Tagen) vermindert sich die Löslichkeit stark, bes. bei p_H 8 im Medium. Die bei 25° hergestellten Proben altern schneller als die bei 50° gefällten. Probe B hat eine größere Löslichkeit als die Proben C u. A; dies wird durch die röntgenolog. nachgewiesene amorphe Natur der Probe B erklärt. (Kolloid-Z. **130.** 169—72. März 1953. Allahabad, Indien, Univ., Chem. Labor., u. Agra, Chem. Prüflabor.) G. HEINRICH. 224

P. G. Ashmore, *Explosionen in Gemischen von Wasserstoff, Chlor und Stickstofftrichlorid.* Vff. untersuchten die Druckabhängigkeit der Explosion eines H_2–Cl_2–NCl_3-Gemisches im Dunkeln u. zum Vgl. das Verh. des nichtexplosiven Gemisches H_2–N_2–NCl_3 unter gleichen Bedingungen. Es zeigte sich, daß unterhalb einer „oberen Druckgrenze" nach einer gewissen Induktionszeit im ersten Gemisch eine heftige Explosion unter Zerfall von NCl_3 u. Bldg. von HCl ausgelöst wird, während im zweiten nur das NCl_3 explosiv zerfällt. Die „obere Druckgrenze" erwies sich von der prozentualen Konz. des NCl_3 als unabhängig, ist aber mit der Temp. veränderlich. Spuren von *NOCl* verhindern die Explosionen in beiden Gemischen. Einige Verss. mit CH_4 zeigten, daß CH_4 unterhalb der „oberen Druckgrenze" sehr schnell chloriert wird. Vff. erklären diese Ergebnisse mit einer Ketten-Rk. mit verzweigter Kette, deren Reaktionsschema angegeben wird. Für die „obere Druckgrenze" P_U ergibt sich daraus der Ausdruck $P_U (k_T' f' + k_T'' f'' + \cdots) = k_B k_2/k_3$ (k_T' u. k_T'' = Geschwindigkeitskonstanten der Kettenabbruchs-Rkk.; k_2, k_3 u. k_B = Geschwindigkeitskonstanten der Zwischen- bzw. Verzweigungs-Rkk.; f' u. f'' = mol. Anteile der Gase in den einzelnen Gemischen). (Nature [London] **172.** 449—50. 5/9. 1953. Cambridge, Univ. of Cambridge, Dep. of Phys. Chem.) KARUTZ. 225

Ss. Ss. Wassiljew, *Kinetische Analyse von Kettenreaktionen.* 2. Mitt. *Kinetik der Kettenreaktionen, die unter Beteiligung einiger Arten von aktiven Zwischenteilchen verlaufen.*(1. vgl. C. **1953.** 1452.) Es wird gezeigt, daß die von SSEMENENOW (Журнал Физической Химии [J. physik. Chem.] **17.** [1943.] 187) vorgeschlagenen Gleichungen für die Kinetik der Ketten-Rkk. unter Teilnahme mehrerer Arten von akt. Teilchen nur dann Gültigkeit haben, wenn zwischen den kinet. Konstanten der Teilprozesse u. den Konzz. der akt. Teilchen ein bestimmtes Verhältnis besteht. Auf Grund der Vorstellungen von AKULOW (Доклады Академии Наук СССР [Ber. Akad. Wiss. UdSSR] [N. S.] **48.** [1945.] 674) werden die Gesetzmäßigkeiten der Ketten-Rkk. für die Fälle behandelt, daß die Konstante φ ohne Annahme vereinfachender Begrenzungen bestimmt wird. Aus der abgeleiteten Differentialgleichung u. den verallgemeinerten kinet. Konstanten kann die mathemat. zu erwartende Regeneration der akt. Teilchen berechnet werden. (Журнал Физической Химии [J. physik. Chem.] **26.** 1198—1211. Aug. 1952. Moskau, Technol. Kaganowitsch-Inst. für Leichtind.) LEBTAG. 225

E. Abel, *Zur Kinetik der Oxydation von Mn^{II} zu Mn^{VII} durch Perjodat.* Vf. diskutiert die Kinetik der Rk. $2 Mn^{2+} + 5 JO_4^- + 3 H_2O \rightarrow 2 MnO_4^- + 5 JO_3^- + 6 H^+$ (vgl. STRICKLAND u. SPICER, C. **1950.** I. 942, sowie WATERBURY, HAYES u. MARTIN JR., C. **1952.** 4270). Die in Bruttofassung ihrer wesentlichen Komponenten heptamol. Rk. wird in Teil-Rkk. zergliedert. Als maßgebliche, sich auf stationäres Niveau einstellende Zwischenverb. wird Mn(IV)-Ion angenommen. Zur Bldg. von Mn(IV)-Ion führen 2 Reaktionswege: 1. Oxydation von Mn(II) durch JO_4^- u. 2. Oxydation von Mn(II) durch MnO_4^-. Verbrauch von Mn(IV)-Ion erfolgt durch Oxydation mittels JO_4^- zu MnO_4^-. Geschwindigkeitsbestimmend sind die Rkk., die zur Bldg. von Mn(IV)-Ionen führen. Auch diese sind zusammengesetzte Reaktionen. So wird bei der Bldg. von Mn(IV)-Ionen als Zwischenstufe Mn(III)-Ion angenommen. Die Reaktionsgeschwindigkeit der Gesamt-Rk. weist ein Maximum auf. (Mh. Chem. **84.** 442—52. 15/6. 1953. London.) J. MATTNER. 225

William Taylor und **Joseph Weiss,** *Die Geschwindigkeitskonstante der Reaktion zwischen Wasserstoffperoxyd und Eisen(II)-Ion.* Die Geschwindigkeitskonstante der schnellen Rk. $Fe^{2+} + H_2O_2 = Fe^{3+} + OH^- + OH$, die ein Teilschritt der Rk. $2 Fe^{2+} + H_2O_2 = 2 Fe^{3+} + 2 OH^-$ ist, wird aufs neue in verd. schwefelsaurer Lsg. gemessen. Die Best. wird durch Verfolgen des Reaktionsverlaufs durch Messung der Lichtabsorption des entstandenen Fe(III)-Salzes bei $\lambda = 304$ mμ in einer SiO_2-Absorptionszelle, die gleichzeitig als Reaktionsgefäß diente, durchgeführt. Die Geschwindigkeitskonstante k_1 ($Mol^{-1} \cdot sec^{-1}$) betrug bei $15{,}1 \pm 0{,}15^0$ $19{,}3 \pm 0{,}5$, bei $20{,}0 \pm 0{,}1^0$ $26{,}6 \pm 0{,}5$, bei $25{,}1 \pm 0{,}1^0$ $35{,}7 \pm 0{,}5$, bei $35{,}5 \pm 0{,}15^0$ $67{,}2 \pm 1{,}0$, bei $41{,}0 \pm 0{,}2^0$ $96{,}5 \pm 1{,}5$. k_1 wurde zu $3{,}9 \cdot 10^9 \cdot \exp(-11000/R\,T)$ berechnet. (J. chem. Physics **21.** 1419—20. Aug. 1953. Newcastle upon Tyne, Univ. of Durham, King's Coll.) J. MATTNER. 225

Leonid Andrussow, *Über die katalytische Ammoniakoxydation und schnellverlaufende katalytische Prozesse.* 15. Mitt. *Berechnung des Umsatzes in gasdurchströmten Rohren und Netzen.* (14. vgl. C. **1952.** 654.) Strömen Gase mit reaktionsfähigen Bestandteilen durch Rohre, an deren Wandungen der Prozeß katalysiert wird, so sind für schnell verlaufende Rkk. Diffusionsvorgänge innerhalb des Gases geschwindigkeitsbestimmend. Es werden Gleichungen angegeben, die den Umsatz in Abhängigkeit von der Strömungsgeschwindigkeit, dem Diffusionskoeff. des im Unterschuß vorhandenen Reaktionsteilnehmers u. den Ausmaßen des durchströmten Rohres darstellen. Die gefundenen Gesetzmäßigkeiten werden auf Gas-Rkk. übertragen, die beim Strömen durch Siebe u. hintereinanderliegende Netze katalysiert werden. (Angew. Chem. **63.** 350—55. 7/8. 1951. Paris.) Gerhard Günther. 227

Leonid Andrussow, *Theorie sehr schnell verlaufender Prozesse und katalytische Ammoniakoxydation.* 16. Mitt. *Einfluß von Druck und Vakuum.* (15. vgl. vorst.Ref.) Die Bedingungen der katalyt. NH_3-Oxydation im Übergangsgebiet zum Hochvakuum (10^{-3} mm Hg) werden mit Hilfe der l. c. aufgestellten Gleichungen diskutiert. Bei der hohen Reaktionstemp. (1250°), die lokal durch die Reaktionswärme am Katalysator noch wesentlich erhöht wird, ist Pt bereits merkbar flüchtig. Das Auftreten von *Hydroxylamin* bei der im Vakuum durchgeführten NH_3-Oxydation wird zurückgeführt auf katalyt. Red. an dem auf diese Weise entstandenen, sehr fein verteilten Pt. Die Ausbeute an NH_2OH zeigt sich abhängig von der Menge des sublimierten Pt, aber ohne strenge Proportionalität. Auf den Einfl. von Diffusion u. Konvektion wird hingewiesen. Die im Vakuum erhaltenen Ergebnisse lassen sich mit dem vorgeschlagenen Mechanismus deuten. — Beschreibung der Versuchsanordnung. (Bull. Soc. chim. France, Mém. [5] **18.** 981—83. Nov./Dez. 1951.) Sarry. 227

E. Abel, *Über Katalyse durch Wasserstoffion. Eine Hypothese.* (*Kurze Mitteilung.*) Den Mechanismus, daß ein Metallkoll. bei der katalyt. Zers. schwach alkal. H_2O_2-Lsgg. (vgl. C. **1953.** 661) u. auch bei anderen Katalysen (vgl. C. **1954.** 4801) als Elektronenüberträger wirkt, wobei im Falle des H_2O_2 das Ion HO_2^- ein Elektron an das Metallkoll. abgibt u. dieses dann ein Elektron an die Gruppe OH des H_2O_2-Mol. weiterleitet, überträgt Vf. auf das H^+-Ion. Die Annahme, daß das H^+-Ion die Übertragung eines Elektrons bewirke, könne gegebenenfalls die generelle Funktion des H^+-Ions als Katalysator deuten. (Mh. Chem. **84.** 644—45. 15/6. 1953. London.) J. Mattner. 227

Ellison H. Taylor und **John A. Wethington jr.,** *Die Wirkung ionisierender Strahlung auf heterogene Katalysatoren. Zinkoxyd als Katalysator für die Hydrierung von Äthylen.* Einw. von γ-Strahlen auf ZnO vermindert dessen katalyt. Aktivität bzgl. Hydrierung von Äthylen. Es spricht manches dafür, daß diese Erscheinung auf eine Änderung der Elektronenstruktur des ZnO durch die Bestrahlung zurückzuführen ist. (J. Amer. chem. Soc. **76.** 971—73. 20/2. 1954. Oak Ridge, Tenn., Oak Ridge Nat. Labor., Chem. Div.) R. Mattner. 227

J. Rooley, C. S. Rohrer und **O. W. Brown,** *Die katalytische Aktivität von reduziertem Nickelmolybdat und reduziertem Nickelchromat.* Vff. untersuchten die Hydrierung von gasförmigem *1-Nitropropan* (I) mit H_2 unter Verwendung von red. *Ni-Molybdat* [II, hergestellt aus $Ni(NO_3)_2$ u. Na_2MoO_4, Waschen des Nd. mit W. u. Reduzieren mit H_2 bei 405°] bzw. von red. *Ni-Chromat* [III, hergestellt aus $Ni(NO_3)_2$ u. Na_2CrO_4 u. Reduzieren des gewaschenen Nd. mit H_2 bei 500°] als Katalysatoren. Die Ausbeute an *Propylamin* (IV) bei der Red. von I mit II beträgt bei den in ( ) genannten Reaktionstempp. unter sonst gleichen Bedingungen 85% (135°), 93 (140), 95 (145), 93 (150) u. 86 (180). Ähnliche Ergebnisse wurden mit red. *Ni-Wolframat* an Stelle von II erhalten. Auch mit III wird IV erhalten, dessen Ausbeute durch ein bei einer Reaktionstemp. von 170° liegendes Maximum (70,6%) geht; daneben entsteht mit III aus I auch *Propionamid* (V), dessen Ausbeute mit wachsender Reaktionstemp. ansteigt (z. B. 3% V bei 170°, 7,7% bei 240°). Wird III unter- oder oberhalb 500° hergestellt, so fällt seine Wirksamkeit (ausgedrückt durch die Menge an entstandenem IV) ab. (J. physic. Chem. **56.** 1082—84. Dez. 1952. Bloomington, Ind., Univ., Dep. of Chem.) Fuchs. 227

B. Anorganische Chemie.

John R. Ferraro und **George Gibson,** *Reaktion einiger Metalloxyde mit flüssigem Distickstofftetroxyd. Oxyde der ersten und zweiten Gruppe des Periodischen Systems und Bleioxyd.* Von den mit N_2O_4 zur Rk. gebrachten Oxyden wurden wesentliche Umsetzungen nur bei *ZnO, MgO, CuO, Cu_2O, HgO* u. *Hg_2O* festgestellt. Die erhaltenen Prodd. waren entweder die Nitrate oder deren NO_2-Additionsverbb. der Zuss. *$Mg(NO_3)_2 \cdot NO_2$, $Zn(NO_3)_2 \cdot 2{,}6$—$3{,}3\ NO_2$, $Cu(NO_3)_2 \cdot 2\ NO_2$* u. *$Hg(NO_3)_2 \cdot 2\ NO_2$*. Bei Tempp. von 90—140° u. einem Druck von 10^{-5} Torr ließen sich diese Verbb. zu den wasserfreien Nitraten zersetzen. Bei $Mg(NO_3)_2$ läuft dem wahrscheinlich die Zers. des Nitrats parallel. — Die Rkk. mit den einzelnen Oxyden werden näher beschrieben. (J. Amer. chem. Soc. **75.** 5747—48. 20/11. 1953. Chicago, Ill., Illinois Inst. of Technol., Dep. of Chem.) SIEWERT. 243

André Péneloux, *Thermodynamik und Kinetik des Zerfalls der Alkali- und Erdalkalinitrite.* Die langsame therm. Zers. der Nitrite (Tempp. oberhalb 300°) von Na, K, Ba verläuft nach $3\,NaNO_2 \rightarrow NaNO_3 + Na_2O + 2\,NO$ u. $5\,NaNO_2 \rightarrow 3\,NaNO_3 + Na_2O + N_2$. Bei genügend langer Reaktionsdauer wird ein stationärer NO-Druck (nicht Gleichgewichtsdruck!) erreicht. Bei rascher Zers. entsteht stets auch NO_2; bei der langsamen Zers. kann durch Zusatz von Nitrat u. Oxyd zum Nitrit die Bldg. des NO verhindert werden. (C. R. hebd. Séances Acad. Sci. **237.** 1082—84. 2/11. 1953.) M. SCHENK. 243

Margot Goehring und **Heinz Hohenschutz,** *Heptaschwefelamidosulfonsäure.* Beim Überleiten von stark mit N_2 verd. gasförmigem SO_3 über *Heptaschwefelimid,* S_7NH, bei 0° entsteht innerhalb von 2 Std. *Heptaschwefelamidosulfonsäure* (I), S_7NSO_3H, als dunkelrote, feste Substanz. Überschüssiges SO_3 bildet zuerst ein carminrotes Addukt u. verflüssigt dann I, kann aber bei 25° u. 15 Torr wieder entfernt werden. I ist sehr reaktionsfähig, mit NH_3 entsteht sofort unter Ammonolyse S_7NH u. *Ammoniumamidosulfonat,* $H_2NSO_3NH_4$. W. hydrolysiert zu 60% nach S_7NH u. H_2SO_4, zu 40% nach NH_2SO_3H, S u. SO_2. (Naturwissenschaften **40.** 291—92. Mai 1953. Heidelberg, Univ., Chem. Inst.) WANNAGAT. 253

Ethel M. Zaiser, *Die Säurezersetzung von verdünntem Natriumthiosulfat.* Zur Widerlegung der von KERKER (C. **1952.** 5058) geäußerten Ansicht, bei der Säurezers. von $Na_2S_2O_3$-Lsgg. entstünden Polythionate, die zur opt. Dichte der Lsgg. beitrügen, werden eine Reihe anderer Arbeiten über dieses Problem erörtert. (J. chem. Physics **20.** 538. März 1952. Cambridge, Mass., Massachusetts Inst. of Technol.) H. W. LEVI. 253

R. C. Croft, *Neue Molekülverbindungen von Graphit.* Flockig-krist. Graphit ergab beim Erhitzen mit einem Überschuß einer Reihe von Substanzen in einem verschlossenen Rohr eine Anzahl neuer mol. Einlagerungsverbb. in Ausbeuten von 15—83%. Zu den erfolgreich umgesetzten Substanzen gehörten vor allem Chloride von Kationen in der jeweils höchsten Oxydationsstufe. Es konnten Beziehungen zwischen Paramagnetismus u. Einlagerungsfähigkeit aufgefunden werden. Einige der eingelagerten Substanzen (*) wurden an Ort u. Stelle hydrolysiert. Einige normalerweise instabile Chloride (×) bildeten stabile Graphiteinlagerungsverbindungen. Unter Einbeziehung schon bekannter Einlagerungsverbb. (+) konnten bisher die folgenden Verbb. erfolgreich mit Graphit umgesetzt werden: BCl_3, $AlCl_3$ (+*), $AlBr_3$, $GaCl_3$ (*), $InCl_3$ (*), $TlCl_3$ (*), $SbCl_5$, Sb_2O_5, Sb_2S_5, $BiCl_4$, JCl (+), JCl_3; $CuCl_2$, $CuBr_2$, CuS, $AuCl_3$, YCl_3 (*), $SmCl_3$, $GdCl_3$, $YbCl_3$, $DyCl_3$, $EuCl_3$, $ZrCl_4$ (*), $HfCl_4$, $TaCl_5$, V_2S_5, $CrCl_3$, CrO_2Cl_2 (+), CrO_2F_2 (+), $MoCl_5$, MoO_3, WCl_6, UCl_4, UO_2Cl_2, $ReCl_4$, $FeCl_3$ (+), FeS_2, $CoCl_3$ (×), $RuCl_3$, $RhCl_3$, $PdCl_4$ (×), $PtCl_4$. Dagegen verliefen Verss. mit $BeCl_2$, $MgCl_2$, $CaCl_2$, $BaCl_2$, CCl_4, $SiCl_4$, $GeCl_4$, $SnCl_2$, $SnCl_4$, $PbCl_2$, $PbCl_4$, PCl_3, PCl_5, $AsCl_3$, $SbCl_3$, $BiCl_3$, SO_2Cl_2, $SOCl_2$, $SeOCl_2$, $TeCl_4$, Cu_2Cl_2, $ZnCl_2$, $CdCl_2$, CdJ_2, Hg_2Cl_2, $HgCl_2$, $LaCl_3$, $CeCl_3$, $PrCl_3$, $NdCl_3$, $ErCl_3$, $ScCl_3$, $TiCl_4$, $ThCl_4$, ThJ_4, VCl_4, $MnCl_2$, $CoCl_2$, $NiCl_2$, $PdCl_2$, $PtCl_2$ negativ. (Nature [London] **172.** 725—26. 17/10. 1953. Melbourne, Commonwealth Sci. and Ind. Res. Org., Div. of Ind. Chem.) WANNAGAT. 260

Alarich Weiss und **Armin Weiss,** *Siliciumchalkogenide.* 4. Mitt. *Zur Kenntnis von Siliciumditellurid.* (3. vgl. C. **1954.** 3417.) Ein feinstgepulvertes stöchiometr. Gemenge von Si u. Te wird im Hochvakuum auf 1050—1070° erhitzt. Das gebildete $SiTe_2$ besteht aus roten Plättchen, die sich an der Luft unter Entw. von H_2Te zersetzen. Das $SiTe_2$ zers. sich ferner mit W., verd., konz. HNO_3 u. konz. H_2SO_4. Konz. Alkalien zers. unter Rotfärbung der Lsg., die an der Luft wegen Oxydation des gebildeten Polytellurids wieder verschwindet. Das plättchenförmige $SiTe_2$ verflüchtigt sich, ohne zu schm., unter teilweiser Zers. bei 1220 ± 20° im Vakuum. Die abgeschiedenen Sublimate bestehen aus Si, Te, $SiTe_2$ u. grauweißem *Siliciummonotellurid.* Neben dem plättchenförmigen $SiTe_2$ scheint noch eine faserige Modifikation zu bestehen, die sich bei der Darst. des plättchenförmigen $SiTe_2$ als faserige, grauweiße M. bildet. Sie ist noch luftempfindlicher als die rote Modifikation. Ihre Reindarst. ist noch nicht gelungen. Die pyknometr. D. beträgt 4,39 (+0,02, —0,08). Die Pulveraufnahmen lassen sich hexagonal indizieren mit $a = 4,28 \pm 0,01$ Å; $c = 6,71 \pm 0,01$ Å; $Z = 1$. Drehkristall- u. WEISSENBERG-Aufnahmen zeigen, daß $SiTe_2$ im CdJ_2-Typ (Raumgruppe D_{3d}^{3} — $C\,\bar{3}m$) kristallisiert. Der z-Parameter wird mit $0,265 \pm 0,005$ abgeleitet. Der kürzeste Si—Te-Abstand beträgt 3,04 Å. Er ist viel größer als die Summe der GOLDSCHMIDTschen Ionenradien u. entspricht eher dem Abstand für metall. Bindung. Der Te—Te-Abstand zweier benachbarter Te-Atome aufeinanderfolgender

Tellurschichten beträgt 4,33 Å. (Z. anorg. allg. Chem. **273**. 124—28. Aug. 1953. Darmstadt, TH, Eduard-Zintl-Inst. für anorgan. u. physikal. Chem.) SACKMANN. 261

Erich Thilo, Günther Schulz und **Eva-Maria Wichmann,** *Zur Chemie der kondensierten Phosphate und Arsenate.* 9. Mitt. *Die Konstitution des Grahamschen und Kurrolschen Salzes* $(NaPO_3)_x$. (8. vgl. C. **1954**. 4111.) Vff. beschreiben die Hydrolyse des GRAHAMschen, KURROLschen (I) u. MADDRELLschen (II) Salzes, sowie die des Metaarsenatophosphats in neutraler Lösung. Danach haben alle Verbb. gleichen Bau. Sie sind lange unverzweigte Ketten von PO_4-Tetraedern u. unterscheiden sich wahrscheinlich nur in ihrer durchschnittlichen Kettenlänge. Die Voraussetzung für die Bldg. von Trimetaphosphat bei der Hydrolyse der kondensierten Phosphate ist eine Mindestlänge der Anionenketten. Es wird eine genaue Vorschrift zur Darst. des **I** gegeben. Von **I** existieren 2 Modifikationen, die direkt aus der Schmelze entstehende Form A, die in Platten krist., u. die faserige Form B. Von letzterer werden die chem. Eigg. beschrieben. Durch mechan. Behandlung oder in Ggw. von Feuchtigkeit findet die Umwandlung **I**-A → **I**-B statt. Bis 380° sind beide Formen, **I**-A nur in trockener Atmosphäre, beständig. Oberhalb dieser Temp. geht **I**-A schnell u. vollständig in die Hochtemperaturform des **II**, reines **I**-B in Trimetaphosphat über. Bei längerem Erhitzen von **I**-A auf Tempp. oberhalb 380° geht dieses ebenfalls in das Trimetaphosphat über. (Z. anorg. allg. Chem. **272**. 182—200. Febr. 1953. Berlin, Humboldt-Univ., I. Chem. Inst.) PLUST. 264

Erich Thilo und **Martin Wallis,** *Zur Chemie der kondensierten Phosphate und Arsenate.* 10. Mitt. *Der Mechanismus der Wasserabgabe aus Hydraten des Natriumtrimetaphosphates.* (9. vgl. vorst. Ref.) Nach Unterss. der Vff. existieren jetzt folgende Hydrate des Natriumtrimetaphosphates: Ein 6-Hydrat, ein 1,5-Hydrat, zwei 1-Hydrate (**I** u. **II**) u. vielleicht ein 0,5-Hydrat. Von diesen geben nur das 6- u. das 1,5-Hydrat beim Verwittern oder Erwärmen ihr Kristallwasser ab, ohne daß dabei Hydrolyse- oder Kondensationsvorgänge im Anion ablaufen. Vff. untersuchten den Entwässerungsverlauf von **I** u. **II**. Reine Kristallwasserabgabe erfolgt bei **I** zwischen 80 u. 110°, bei **II** zwischen 50 u. 100°. Bei weiterer Steigerung der Temp. bis 200° wird bei **I** u. **II** ein Teil des Kristallwassers in Konstitutionswasser umgewandelt, wobei nebeneinander Hydrolyse- u. Kondensations-Rkk. ablaufen. Zwischen 200 u. 300° erfolgt dann nur noch Abgabe des Konstitutionswassers. Beim Einsetzen der Hydrolyse treten als erste Prodd. Mono- u. Triphosphatanionen auf. Diphosphat tritt nicht auf. Mögliche Kondensations- u. Hydrolysemechanismen werden von Vff. diskutiert. Bei 100° treten bei **I** nur die Hydrolysenprodd. auf. Diese Hydrolyse ist nach 60 Std. beendet. Die Unters. ergab, daß bis dahin 15% **I** hydrolysiert sind, während 35% des Kristallwassers ohne Wrkg. auf das Anion abgegeben wurden. Bei 165° werden im Verlauf von 6 Std. 16% **I** zu Mono-, Di- u. Triphosphat aufgespalten u. ca. 50% des Kristallwassers ohne Wrkg. abgegeben. (Chem. Ber. **86**. 1213—22. 9/10. 1953.) PLUST. 264

P. P. Budnikow und **Ss. G. Tresswjatski** (unter Mitarbeit von **W. A. Balakin**), *Schmelzdiagramm des Systems $CaO–CaF_2$.* Feinstgemahlenes (Sieb mit 1600 Maschen/cm²) chem. reines CaO u. CaF_2 wurden in verschied. Mischungsverhältnis zu Kegeln gepreßt, diese bei 1000—1300° gebrannt u. dann die Schmelzkurve durch Feststellung der Deformation sowie auch thermograph. (Eintauchen des Pt/PtRh-Elementes unmittelbar in das Gemisch) bis zum F. bestimmt. — Es wurde ein Eutektikum mit F. 1360° bei der Zus. 23,5 Mol-% CaO u. 76,5 Mol-% CaF_2 gefunden, sowie die Liquiduslinie von der Zus. 69 Mol-% CaO u. 31 Mol-% CaF_2 bestimmt. (Доклады Академии Наук СССР [Ber. Akad. Wiss. UdSSR] [N. S.] **89**. 479—82. 21/3. 1953.) v. WILPERT. 283

Ss. I. Skljarenko, I. W. Smirnow und **M. G. Shukowa,** *Elektrische Leitfähigkeit, Viscosität und Dichte von Cadmiumjodidlösungen in Methylalkohol bei Raumtemperatur und tiefen Temperaturen.* Bei —15; —7; 0; 10; 20; 30° wurden spezif. elektr. Leitfähigkeit $\varkappa$, mol. Leitfähigkeit λ, Viscosität η u. D. von CdJ_2 (I)-Lsgg. in *Methylalkohol* (**II**) untersucht; ferner wurde das Verh. der Lsgg. beim Aufbewahren u. Eindampfen beobachtet. Die $\varkappa$-Isothermen für —7 u. —15° wiesen deutliche Minima auf. Auf den lg η-Isothermen für 20, 30 u. 40°, entsprechend 11,5 Mol-% **I**, wurden Knickpunkte beobachtet. Hieraus wird geschlossen, daß im Syst. **I–II** die Verb. $CdJ_2 \cdot 8CH_3OH$ entsteht, die beim Eindampfen der Lsg. mit 10,9 Mol-% **I** unterhalb 0° als krist. Nd. erhalten wird. Unterhalb 0° gehört demnach das Syst. **I–II** zu den irrationalen. Sein Übergang in ein rationales Syst. ist begleitet von einer Änderung der Temperaturabhängigkeit von $\varkappa$ u. η, sowie vom Auftreten von Knickpunkten auf den Kurven lg λ —1/T u. lg η —1/T bei 0°. Die korrigierte mol. Elektroleitfähigkeit zeigt eine unklare Abhängigkeit von Temp. u. Zus.; sie kennzeichnet schlechter als λ u. η den Zustand des Systems. (Журнал Физической Химии [J. physik. Chem.] **26.** 1125—30. Aug. 1952. Moskau, Energet. Molotow-Inst.) LEBTAG. 289

H. J. V. Tyrrell und **J. Richards,** *Das ternäre System $BaBr_2$–$HgBr_2$–H_2O bei 25, 10,4 und 4,5°.* Während bei 25° in gesätt. wss. Lsgg. von $HgBr_2$ u. $BaBr_2$ außer den Komponenten keine weiteren Bodenkörper auftreten, wurde bei 10,4° eine weitere Phase gefunden, die alle 3 Komponenten enthält u. nur in Ggw. eines sehr schmalen Lösungsgebietes stabil ist. Bei 4,5° ist das Existenzgebiet dieser neuen Phase größer, sie besteht wahrscheinlich aus einer festen Lsg. von $BaBr_2 \cdot 2HgBr_2 \cdot 7H_2O$ in $BaBr_2 \cdot 3HgBr_2 \cdot 8H_2O$. (J. chem. Soc. [London] **1953.** 3812—15. Dez. Sheffield, Univ.)
SIEWERT. 290

Della M. Roy, Rustum Roy und **E. F. Osborn,** *Das System MgO–Al_2O_3–H_2O und Einfluß von Carbonat- und Nitrationen auf die Phasengleichgewichte.* (Vgl. C. **1953.** 24.) Vff. untersuchen die Systeme MgO–Al_2O_3–H_2O, MgO–Al_2O_3–H_2O–CO_2 u. MgO–Al_2O_3–H_2O–N_2O_5. Im bin. Teilsyst. MgO–Al_2O_3 zeigt sich dabei, daß das Gebiet der festen Lsgg. von Al_2O_3 im Spinell $MgAl_2O_4$ mit fallender Temp. kleiner wird u. unterhalb 800° sehr klein ist. Die Gitterkonstante des Spinells hängt von seiner Darst. ab, sie ist bei hydrothermaler Darst. etwas größer als beim durch Schmelzen oder Sintern gewonnenen Präparat. Für das Teilsyst. MgO–H_2O ist die Rk. MgO (*Periklas*) + $H_2O \rightarrow Mg(OH)_2$ (*Brucit*) charakterist., bei 670° tritt die Umwandlung bei einem H_2O-Druck von 20000 lbs./sq.in. ein, bei niedrigeren Drucken fällt die Umwandlungstemperatur. — Im tern. Syst. MgO–Al_2O_3–H_2O wurden entsprechende Verhältnisse gefunden, bei H_2O-Überschuß ist der Spinell nur über 365° stabil, darunter existiert Brucit + *Diaspor,* unter 275° Brucit + *Böhmit.* Tritt CO_2 zum Syst. MgO–Al_2O_3–H_2O, so entstehen die Mineralien *Magnesit* ($MgCO_3$), *Hydromagnesit* [$3\,MgCO_3 \cdot Mg(OH)_2 \cdot 3H_2O$] u. *Hydrotalkit* ($6\,MgO \cdot Al_2O_3 \cdot CO_2 \cdot 12H_2O$). Tritt N_2O_5 an die Stelle des CO_2, so zeigt sich, daß statt des Hydrotalkits, der unter 325° stabil ist, eine entsprechende Nitratphase entsteht, die unterhalb 425° existiert. (Amer. J. Sci. **251.** 337—61. Mai 1953. State College, Pa., Pennsylvania State Coll., School of Min. Ind.)
SIEWERT. 294

J. Arvid Hedvall, Alf Björkengren und **Bengt Råhs,** *Untersuchungen am System MgO–Al_2O_3–SiO_2 mit BaO als Zusatzmittel.* Vff. bestimmen in den Systemen BaO–MgO-Metakaolin u. BaO–Talk–Metakaolin die F.-Isothermen bei 1250 u. 1300° durch Beobachtung der Kegelschmelzpunkte, sowie für Zuss. an den Isothermen die Sintertempp. u. die Scherbendichten. Die Ergebnisse werden in Dreiecksdiagrammen wiedergegeben. Geringe Zusätze (5—10%) von MgO hatten in allen Fällen einen großen Unterschied zwischen Schmelz- u. Sintertemp. zur Folge. Im Syst. BaO–Talk–Metakaolin wirkt außer MgO auch die Kieselsäure des Talks als Flußmittel, was sich im Auftreten von zwei 1300°-Isothermen äußert. Techn. ist die 1300°-Isotherme des Syst. BaO–Talk–Metakaolin von Interesse, da die hohen MgO- u. Metakaolin- u. die niedrigen BaO-Gehh. diese Zus. für die Herst. von Elektroporzellan geeignet machen. Die Schwierigkeit, daß die Dichtepunkte den FF. sehr nahe liegen, dürfte durch Verlängerung der Sinterzeiten ausgeglichen werden können. (Acta chem. scand. **7.** 849—57. 1953. Göteborg, Chalmers TH, Inst. für Silicatforsch.)
SIEWERT. 294

Georg Brauer und **Heinz Haag,** *Über Darstellung und Kristallstruktur der Disilicide von einigen Metallen der Seltenen Erden.* (Vgl. C. **1953.** 8531.) Für Silicide solcher Metalle, die in reiner elementarer Form nur schwierig zu beschaffen sind, wird ein Darstellungsverf. angegeben. In einseitig geschlossenem Sintertonerderohr, das an eine Hg-Diffusionspumpe angeschlossen ist, wird eine Mischung des Metalloxyds mit elementarem Si (1: 7) bei 10^{-3} Torr auf 1450—1550° erhitzt; durch die Rkk. $MeO_2 + Si = SiO_2 + Me$; $Me + 2Si = MeSi_2$; $SiO_2 + Si = 2SiO$ entsteht das flüchtige SiO u. eine legierungsähnliche Mischung von $MeSi_2$ mit überschüssigem Si, aus der $MeSi_2$ mittels verd. Alkalilauge isoliert wird. Hergestellt werden *$LaSi_2$, $CeSi_2$, $PrSi_2$, $NdSi_2$, $SmSi_2$* u. *YSi_2*, sowie Silicide von *Yb* u. *Sc*, deren Zus. nicht voll geklärt werden konnte. Die Röntgenanalyse ergab in tetragonaler Indizierung für $LaSi_2$ bis $NdSi_2$ den $ThSi_2$-Typ; die Gitterkonstanten ändern sich innerhalb der isotypen Reihen ein wenig in dem Sinne, wie es der Lanthanidenkontraktion entspricht. $SmSi_2$ u. YSi_2 scheinen mit $ThSi_2$ nicht mehr streng isotyp zu sein; ihr Gitter weist vielleicht rhomb. Symmetrie auf. (Z. anorg. allg. Chem. **267.** 198—212. Jan. 1952. Freiburg/Br., Univ., Chem. Labor., Anorg. Abt.) W. FABER. 303

G. A. Mejersson und **O. Je. Krein,** *Untersuchung des Bildungsmechanismus von Titancarbid im Vakuum.* Bei der Rk. $TiO_2 + 3C \rightleftharpoons TiC + 2CO$ ist TiO (I) als Zwischenprod. anzunehmen, das entweder mit 2 C direkt zu TiC (II) red. wird (Rk. 1) oder zuerst mit C zu Ti (Rk. 2a), das dann mit einem weiteren C-Atom in **II** übergeht (Rk. 2b). Es entstehen feste Lsgg. **I–II**, **I–II**-Ti oder Ti–**II**. Verminderung des CO-Druckes führt bei Drucken über 100 mm Hg zunächst zu Rk. 1 (CO als Oxydationsmittel), bei weiterer Druckverminderung folgt Rk. 2a unter Bldg. der festen Lsg. **I–II**-Ti. Bei CO-Drucken unter 10 mm Hg u. Tempp. über 1300° tritt völlige Desoxydation ein, u. Druckverminderung führt zu den Rkk. $TiC + CO_2 = Ti + 2 CO$ (Rk. 3a) u. $TiC \rightleftarrows Ti + C$ (Rk. 3b); CO wirkt hier aufkohlend. Auch Temperatursteigerung bewirkt in allen Fällen Aufkohlung. Für die einzelnen Teil-Rkk. lassen sich die Gleichgewichtskonstanten nach Näherungsgleichungen berechnen u. aus ihnen die optimalen Bedingungen ableiten. Bei 1600—1700° u. $p_{CO} = 1$ mm erhält man **II** mit 19,9% gebundenem C. (Журнал Прикладной Химии [J. angew. Chem.] **25.** 134—47. Febr. 1952.) R. K. Müller. 321

G. B. Alexander, *Die Reaktion von niedermolekularen Kieselsäuren mit Molybdänsäure.* Vff. untersucht die Rk. zwischen Kieselsäure u. Molybdänsäure an Kieselsäuren, die aus Na-Silicaten mit verschied. SiO_2–Na_2O-Verhältnis durch Säurebehandlung so dargestellt wurden, daß die Polymerisationsgeschwindigkeit vernachlässigbar ist. In den so erhaltenen Polykieselsäuren ist die Zahl der Si-Atome im Mol Polykieselsäure 1,5—1,8mal so groß wie das SiO_2–Na_2O-Verhältnis des verwendeten Silicats. Es ergeben sich Reaktionsgeschwindigkeiten zwischen Mono-, Di- u. niederen Polykieselsäuren u. Molybdänsäure, die quantitativ reproduzierbar sind; sie sind umgekehrt proportional dem Polymerisationsgrad der Kieselsäure. (J. Amer. chem. Soc. **75.** 5655—57. 20/11. 1953. Wilmington, Del., E. I. du Pont de Nemours & Co., Inc., Grasselli Chem. Dep., Exp. Stat.) Siewert. 336

Alan W. Searcy und **Robert J. Peavler,** *Die Darstellung und Eigenschaften von Molybdän–Germanium-Verbindungen.* Vff. erhalten durch Erhitzen von Mo–Ge-Pulvergemischen im Vakuum auf 1350° außer der bekannten Verb. Mo_3Ge die Verbb. Mo_3Ge_2, Mo_2Ge_3, α-$MoGe_2$ u. β-$MoGe_2$, die röntgenograph. identifiziert wurden. Die Hochtemperaturmodifikation des $MoGe_2$, das β-$MoGe_2$, ist tetragonal mit a = 3,313 ± 0,003 Å u. c = 8,195 ± 0,005 Å; Raumgruppe D_{4h}^{17} — I 4/m m m. Die Reaktionsfähigkeit der erhaltenen Verbb. gegenüber den gebräuchlichen Reagenzien wird angegeben, mit nichtoxydierenden Säuren u. Alkalien tritt eine Rk. auch in konz. Lsgg. erst nach längerer Zeit ein, oxydierende Säuren lösen schnell. (J. Amer. chem. Soc. **75.** 5657—59. 20/11. 1953. West Lafayette, Ind., Purdue Univ., Dep. of Chem.) Siewert. 336

Armin Weiss und **Ulrich Hofmann,** *Reaktionen im Innern des Schichtgitters von Uranglimmern.* In den Schichtgittern der Uranglimmer wechseln Wasserschichten mit austauschfähigen Kationen u. Uranglimmerschichten der Formel UO_2XO_4 (X = P, As, V) miteinander ab. Das W. kann reversibel abgegeben werden, allerdings kann die Fähigkeit der Wiederaufnahme bei schärferem Trocknen verloren gehen. Untersucht wurde *Uranylvanadat,* dessen Zus. u. Kationenaustauschvermögen etwa den theoret. Erwartungen entsprach. Als Schichtabstand wurde nach dem Ersatz der austauschfähigen Kationen durch Na^+ gefunden: Nach dem Trocknen bei 130° 6,5 Å, unter W. 9,0 Å, unter Glycerin 8,3 Å, unter Äthylenglykol 7,9 Å. Es war möglich, stark bas. Aminosäuren in das Gitter einzulagern, wobei das Schrumpfungsvermögen durch Trocknung stark zurückging. Durch Kationenaustausch eingelagerte Mg- bzw. Ni-Ionen ließen sich im Gitter durch Chinalizarin bzw. Dimethylglyoxim ausfällen, wodurch ebenfalls das Schrumpfungsvermögen verringert wurde. Eine Fällung des Ni mit α-Benzildioxim war nicht möglich. Zwischen die Schichten eingelagerte aromat. Amine reagierten häufig unter Farbstoffbldg. weiter. Entsprechende Verss. wurden mit Diphenylamin u. p-Phenyldiamin gemacht. Zum Vgl. wird jeweils das Verh. von *Batavit* u. *Montmorilloniten* herangezogen. (Z. Naturforsch. **7b.** 362—63. Juni 1952. Darmstadt, TH, Eduard-Zintl-Inst.) H. W. Levi. 339

W. E. Garner und **L. W. Reeves,** *Die thermische Zersetzung von Silberoxyd.* Bei der Unters. der therm. Zers. von Ag_2O bei 200—330° in O_2 bei Drucken, die oberhalb des Dissoziationsdruckes liegen, zeigt sich, daß der Zersetzungsdruck des Ag_2O der Gleichung $K t = p^{1/3} + C$ gehorcht. Die Aktivierungsenergie für die Oberflächen-Rk. zwischen metall. Ag u. rekrist. Ag_2O wurde zu 45,5—46 kcal/Mol gemessen. Das Oxyd ist im Temperaturbereich von 20—200° ein Halbleiter mit einer Aktivierungsenergie von 15—15,5 kcal/Mol für den Leitungsvorgang. Die Halbleitfähigkeit wird im Anfangsstadium der Rk. nicht wahrnehmbar durch den Ablauf der Rk. erhöht. (Trans. Faraday Soc. **50.** 254—60. März 1954. Bristol, Univ., Dep. of Chem.) R. Mattner. 359

Leopold Gmelins Handbuch der anorganischen Chemie. Hrsg. vom Gmelin-Inst. in Clausthal-Zellerfeld. Hauptred. **Erich Pietsch.** 8. Aufl. Unveränd photomechan. Nachdr. System-Nr. 68. Weinheim/Bergstr. u. Berlin: Verl. Chemie. 1953.

68. Platin: A. Lfg 1—4. 1. Geschichtliches. Vorkommen. II + 144 S. DM 24,—. 2. Vorkommen. (Abschluß). IV S. 145—310. DM 27,50. 3. Darstellung der Platinmetalle. VI S., S. 311—430. DM 21,—. 4. Nachweis u. Bestimmung der Platinmetalle. IX S., S. 431—532. DM 18,50. B. Lfg 1 bis 4. 1. Physikalische Eigenschaften d. Metalls (bis thermische Eigenschaften). II + 72 S. DM 12,50. 2. Physikalische Eigenschaften d. Metalls (bis elektrische Eigenschaften). III S., S. 73—180. DM 18,50. 3. Elektrochemisches Verhalten d. Metalls (Überspannungserscheinungen). VI S., S. 181—262. DM 14,50. 4. Elektrochemisches (Abschluß) u. chemisches Verhalten. XXVIII S., S. 263—338. DM 14,—. C. Lfg 1—3. 1. Verbindungen bis Platin u. Wismut. IV + 140 S. DM 23,50. 2. Verbindungen bis Platin u. Cäsium. VIII S., S. 141—260. DM 21,—. 3. Verbindungen bis Platin u. Iridium. XVI S., S. 261—352. DM 16,—.

C. Mineralogische und geologische Chemie.

K. Fritze und **F. Strassmann,** *Zur geologischen Altersbestimmung nach der Kalium-Argon-Methode.* Es wird die Altersbest. eines Mikroklins aus Varuträsk nach der K–Ar-Meth. unter Benutzung der von SMITS u. GENTNER entwickelten App. beschrieben. Etwa 10g Untersuchungsmaterial werden mit einem vorher bei ca. 1000° geglühten u. noch warm gepulverten $CaCl_2$/CaO-Gemisch im Verhältnis von 3 Teilen Aufschlußgemisch zu 1 Teil Mineral vermischt u. in einem Porzellanrohr mit angesetztem Glasschliff nach dem Abpumpen auf 800—900° erhitzt. Das dabei entwickelte Ar wird nach Reinigung von Nichtedelgasen über erhitztem Ca u. Abtrennung von He u. Ne durch Adsorption/Desorption an Holzkohle in einem MCLEOD-Manometer bestimmt. Gefunden wird ein Ar-Geh. von $0{,}92 \pm 0{,}03$ mm³ Ar/g Mikroklin bei einem K-Geh. von $(10{,}6 \pm 0{,}1)$ %. Wird der ^{40}K-Geh. im Mischelement zu 0,0119**%** angenommen, so ergibt sich ein Verhältnis von $0{,}164 \cdot 10^{-5}$ g Ar:$1{,}262 \cdot 10^{-5}$ g ^{40}K, das unter Berücksichtigung vorliegender Daten anderer Autoren für Gesamthalbwertszeit u. Verzweigungsverhältnis ein Alter von $1{,}88 \cdot 10^9$ Jahren bzw. ein solches von $2{,}29 \cdot 10^9$ Jahren ergibt. (Naturwissenschaften **39.** 522—23. Nov. 1952. Mainz, Max-Planck-Inst. für Chemie.) WEIGEL. 378

G. R. Rik und **G. W. Awdseiko,** *Zur Frage der Variation der Isotopenzusammensetzung des Bleies aus Erzen.* Analysen des Isotopenbestandes einer Anzahl von Pb-Proben ergaben, daß zwar die Proben einen mit ihrer Jugend ständig anwachsenden Geh. an allen 3 Isotopen aufwiesen (vom Archaikum bis zum Tertiär stieg der mittlere Geh. an Pb 206/204 von 15,33—18,42, an 207/204 von 15,08—15,76, an 208/204 von 34,61—38,76), jedoch zeigten gewisse Proben von *Galenit,* die nach einem bestimmten geolog. Kennzeichen ausgewählt waren ($300 \cdot 10^6$ Jahre), eine anomale Zus. (22,5 bis 23,0 an 206/204; 15,9—17,3 an 207/204; 37,75—41,9 an 208/204). Das meiste Erz-Pb ist anscheinend radiogenen Ursprungs. (Доклады Академии Наук СССР [Ber. Akad. Wiss. UdSSR] [N. S.] **90.** 829—31. 11/6. 1953. Radiuminst. der Akad. der Wiss. der UdSSR.) v. WILPERT. 378

A. P. Pereljajew, *Über die Zusammensetzung und Struktur von gediegenem Gold.* Aus der vergleichenden Unters. von natürlichem Au u. synthet. Au-Legierungen wird geschlossen, daß das natürliche Au keine wahre feste Lsg. von Au u. Ag darstellt u. daß bei weniger als 90% Au ein Zweiphasensyst. vorliegt: Ein schwer ätzbares Au u. eine leicht ätzbare Au-arme Phase. Die Mischbarkeit des aus hydrothermalen Lsgg. ausfallenden Au u. Ag ist begrenzt. Die physikal.-chem. Werte für die Au–Ag-Legierungen können nicht auf gediegenes Au bezogen werden. Jedes Au-Korn besteht aus Einzelkörnern mit einer Submikrostruktur, die bei weniger als 90% Au inhomogen ist. In der Oxydationszone behält das gediegene Au im wesentlichen seine prim. Struktur. Durch geringe Veränderungen entstehen sek. Adern zwischen den Körnern u. Ränder mit höherem Au-Geh., die in den gegenwärtigen Goldgruben ausgeprägter sind als in der Oxydationszone. In den mesozoischen Ablagerungen werden die feinen Körner völlig verändert. Nur im Innern der größeren Körner finden sich Reste der prim. Struktur. Die Ränder bestehen aus Neubildungen mit höherem Au-Gehalt. (Записки Всесоюзного Минералогического Общества [Schr. Allunions mineralog. Ges.] [2] **82.** 196—206. 1953.) LEBTAG. 380

Jiří Konta, *Hydrothermaler Analcim der kupferhaltigen Schichtenfolge des Perms aus dem Vorland des Riesengebirges (Horní Kalná) und seine Bedeutung für die Herkunft des Kupfers.* Hydrothermale Bildungen von Analcim kommen mit erhöhten Cu-Gehh. (*Kupferglanz,* sek. *Covellin, Malachit* u. *Lasur*) im schwach dolomit. Mergelkalk vor. Das Cu stammt aus postmagmat. hydrothermalen Melaphyrergüssen. Die syngenet. Cu-Erze entstanden durch Eindringen der hydrothermalen Lsgg. in die Wässer des Permmeeres unter Fällung des Cu. Der Analcim u. seine Kupferglanzäderchen sind epigenetisch. (Geologie **2.** 237—52. 1953. Prag.) ENSSLIN. 380

E. W. Nuffield, *Benjaminit.* Originalmaterial von Benjaminit wurde neu untersucht, wobei sich röntgenograph. zeigte, daß Benjaminit ident. mit *Aikinit* ist. Neben diesem Mineral wurde aber in kleinen Mengen ein neues Mineral gefunden, das offensichtlich den Silbergeh. liefert, der zur Aufstellung des Benjaminits als neuer Mineralart geführt hatte. Nach einer WEISSENBERG-Aufnahme an einem kleinen Splitter hat dieses neue Mineral eine monokline Pseudozelle mit a = 13,34, b = 4,06, c = 20,25 Å, $\beta = 104^0$. Physikal. u. chem. Angaben konnten wegen fehlenden Materials noch nicht gemacht werden. Der Name Benjaminit soll dem neuen Mineral vorbehalten bleiben. (Amer. Mineralogist **38.** 550—52. Mai/Juni 1953. Toronto, Can., Univ. of Toronto.) HILLER. 380

A. R. Graham, R. M. Thompson und **L. G. Berry,** *Untersuchungen über Sulfosalzmineralien.* 17. Mitt. *Cannizzarit.* Cannizzarit von der Insel Vulcano wurde röntgenograph. untersucht. Es sind monokline dünnblättrige Kristalle, von denen die Unters. ergab, daß sie aus 2 Gittern bestehen, die die b-Achse gemeinsam haben, ebenso die Richtung der a-Achse, sich aber in den Identitätsperioden unterscheiden. Raumgruppe u. Gitterkonstanten sind: (Gitter A, B) P 2/m, C 2/m, a = 4,09, 7,00; b = 4,06, 4,06; c = 15,39, 15,39 Å, $\beta = 99^0 00'$, $99^0 00'$. Cannizzarit wurde auch hydrothermal synthet. hergestellt, u. das Prod. war dem natürlichen sehr ähnlich, es ergab 1% höhere Gitterkonstanten. (Amer. Mineralogist **38.** 536—44. Mai/Juni 1953. Toronto, Can., Univ. of Toronto; Vancouver, Univ. of Brit. Columbia, u. Kingston, Ontario, Can., Queen's Univ.) HILLER. 380

L. D. Oshiganowa, *Gaylussitkristalle aus der Kulunda-Steppe.* Erstmalig wurde der *Gaylussit* (I) in der Sowjetunion in den Ablagerungen der Michailowski-Seen (1946) gefunden. Habitusflächen sind: (1 1 0) u. (1 1 2) beim I aus den Sandablagerungen u. m($\bar{1}$ 1 0), r(1 1 2) u. a(1 0 0) für I aus den Schlammablagerungen. Der untersuchte I ist verschieden von dem Newada- u. Kolumbien-I mit den Habitusflächen (1 1 0) u. (0 1 1) bzw. (1 1 0) u. (0 0 1). Die Funde aus der Sandablagerung besitzen 5 kristallograph. Formen mit der Fläche (2 0 1), die bisher nicht beobachtet wurde. Die Kristalle aus den Sand-, Lehm- u. Schlammablagerungen unterscheiden sich voneinander nur im Habitus. Vollkommene Spaltbarkeit nach (1 1 0), unvollkommene Spaltbarkeit nach (0 0 1); $n_g = 1{,}523 + 0{,}01$; $n_m = 1{,}516 + 0{,}001$; $n_p = 1{,}444 + 0{,}001$; opt. Achsenwinkel 35^0. (Записки Всесоюзного Минералогического Общества [Schr. Allunions mineralog. Ges.] [2] **82.** 220—24. 1953. Leningrad, Shdanow-Univ., Lehrstuhl für Kristallographie.) LEBTAG. 380

G. N. Wertuschkow, *Geschnittener Quarz aus dem Kotschkarsk-Gebiet im Ural.* Der bei der Ortsbevölkerung unter dem Namen „Resunetz" bekannte Quarz vom Kotschkarsk-Gegiet ist eine glasartige M., die durch ein Syst. von Rissen verschied. Vollkommenheit gekennzeichnet ist. Am vollkommensten sind die Risse nach (1 0 1 0), es folgen (0001) u. (1011). Der Riß (0001) wurde bisher nicht beobachtet. Die Rißbldg. im Kotschkarsk-Quarz muß unterhalb 200^0 ohne Beteiligung von Lsgg. erfolgt sein. (Записки Всесоюзного Минералогического Общества [Schr. Allunions mineralog. Ges.] [2] **82.** 217—19. 1953. Swerdlowsk, Wachruschew-Berginst., Lehrstuhl für Mineralogie.) LEBTAG. 380

R. W. Boyle, *Über die Farbe von schwarzem und grauem Quarz von Yellowknife, Northwest Territories, Canada.* Die in *Grünsteinen* u. Sedimenten der Goldlagerstätte von Yellowknife vorkommenden schwarzen u. grauen Quarze werden therm., chem. u. röntgenograph. untersucht. Es zeigt sich, daß die Farbe in erster Linie durch fein verteilten *Kohlenstoff* u. *Graphit* hervorgerufen wird. Daneben werden auch fein verteilte Sulfide u. andere Dunkelminerale angetroffen, die ebenfalls zur Färbung des Quarzes beitragen können. Dieser Effekt ist jedoch sekundär. Der Name *Rauchquarz* soll nicht für derartig gefärbte Kristalle benutzt werden, sondern nur für die durch Radioaktivität oder Elektroneneinflüsse verfärbten. (Amer. Mineralogist **38.** 528—35. Mai/Juni 1953. Ottawa, Can., Geolog. Survey of Canada.) HILLER. 380

H. R. Steacy, *Ein Vorkommen von Uraninit in Schwarzsand.* In einem radioakt. Schwarzsand aus Britisch-Columbien fand sich Uraninit, der durch Röntgenaufnahmen, Fluorescenzanalyse u. chem. Analyse identifiziert wurde. Uraninit war als Verwitterungsmineral sonst nicht bekannt. Der Sand enthielt außerdem: ca. 60% *Magnetit, Hämatit, Granat, Pyrit, Pyroxen, Epidot, Monazit, Scheelit, gediegenes Platin, Zinnober* u. *gediegenes Gold.* (Amer. Mineralogist **38.** 549—50. Mai/Juni 1953. Ottawa, Can., Geolog. Survey of Canada.) HILLER. 380

E. W. Nuffield und **I. H. Milne,** *Untersuchungen über radioaktive Verbindungen.* 6. Mitt. *Metauranocircit.* (5. vgl. GORMAN, C. **1953.** 1778.) Die Struktur von Metauranocircit von Falkenstein in Sachsen wird untersucht. Er ist tetragonal mit a = 6,96, c = 16,90 Å, Raumgruppe P4/nmm, Z = 2, Formel $Ba(UO_2)_2(PO_4)_2 \cdot 8H_2O$. Ein 2. synthet. Präp. mit wahrscheinlich $10H_2O$ ist ebenfalls tetragonal mit a = 6,96 u. c = 17,57 Å u. der Raumgruppe $P4_22$. Es ist nicht mit *Autunit* isostrukturell. Eine

Probe von Madagaskar zeigt opt. u. strukturelle Eigg., die zwischen Metauranocircit u. *Metaautunit* schwanken. Es wird daher eine isomorphe Reihe zwischen beiden angenommen. Vgll. mit *Sabugalit, Saleit, Navacekit, Autunit, Torbernit, Zeunerit* u. *Uranospinit* werden angestellt. Die Abnahme von c bei zunehmendem Radius des Kations in den Metaphosphaten wird als Funktion des Hydratwassers angesehen. Die Zunahme von c bei wachsendem Kationenradius in den vollhydratisierten Phosphaten macht es wahrscheinlich, daß die Kationen eher in den (b)- als in den (a)-Lagen der Struktur von Beintema liegen. Die Stabilität der vollhydratisierten Struktur wächst mit Abnahme des Kationenradius. (Amer. Mineralogist **38.** 476—88. Mai/Juni 1953. Toronto, Can., Univ. of Toronto, u. Pittsburgh, Pa., Gulf Res. and Develop. Co.)
Hiller. 380

J. E. Hawley und **Y. Rimsaite,** *Platinmetalle in einigen kanadischen Uran- und Sulfiderzen.* Es wird eine spektrograph. Meth. zur Best. des Geh. an Platinmetallen in Uran- u. Sulfiderzen beschrieben. Den Proben wird Au als Sammler beigefügt, u. sie werden in Blei eingebettet. Es zeigt sich, daß das U-Erz von einem Fundort am Athabasca-See beachtliche Konzz. an Platinmetallen enthält, die in einem ungefähren Verhältnis zum Au-Geh. stehen. Das Verhältnis von *Pd*:*Pt*:*Rh* ist 6:1:0,01, während *Ru, Ir* u. *Os* in einem ungefähr gleichen Verhältnis vorhanden sind. Dieser steigt an bis zu 0,3 p. p. m., während der Pt-Geh. 0,02—0,73 beträgt. U-Erz vom Großen Bärensee zeigt drei- bis vierhundertstel p.p.m. Pd u. Rh. Ferner wurden untersucht nichtnickelhaltige *Kupfersulfide* von präkambr. u. postpräkambr. Alter. Es werden Vgll. angestellt über die Verteilung der Platinoide in verschied. Metallmineralien. (Amer. Mineralogist **38.** 463—75. Mai/Juni 1953. Kingston, Ontario, Can., Queen's Univ.)
Hiller. 380

R. M. Thompson, *Mineralvorkommen in West-Canada.* Es wird eine Liste noch nicht in der Literatur beschriebener Mineralvorkommen von West-Canada gegeben. Es handelt sich um: *Argyrodit, Enargit, Fergusonit, Gersdorffit, Matildit, Owyheeit, Stannit, Tellurobismutit, Tetradymit, Quecksilber, Fahlerz* u. *Wehrlit.* (Amer. Mineralogist **38.** 545—49. Mai/Juni 1953. Vancouver, Can., Univ. of Brit. Columbia.)
Hiller. 380

L. C. Coleman, *Mineralogie des Yellowknife Bay Bezirkes, N. W. T.* Die Au-Erzvorkk. von Yellowknife Bay sind von den meisten anderen Au-Vorkk. unterschieden durch die enge Vergesellschaftung von Au mit Sb bei fast völligem Fehlen von Te. Die Erzmineralien der Lagerstätte werden erzmkr. untersucht. Für die Entstehung der Erze werden 3 Perioden angenommen, in denen die Klüfte gefüllt wurden u. außerdem metasomat. Verdrängungen stattfanden. Die erste Lsg., die Metallgeh. brachte, war reich an *Fe, As* u. *S.* Die zweite Mineralisation wurde von Lsgg., reich an S, *Cu, Zn,* wahrscheinlich Fe u. untergeordnet *Sn,* gebracht. Während der Goldgeh. in der 3. Phase aus Lsgg., reich an S, Au, Ag, Pb u. vor allem Sb, zugeführt wurde. Dabei wurden viele Elemente der beiden ersten Perioden verdrängt. An Mineralien wurden beobachtet: *Gold, Blei, Antimon, Pyrit, Markasit, Magnetkies, Arsenopyrit, Gutmundit, Zinkblende, Kupferkies, Zinnkies, Bleiglanz, Antimonit, Aurostibit, Zinckenit, Semseyit, Boulangerit, Meneghinit, Berthierit, Chalcostibit, Jamesonit, Mineral Q, Bournonit, Fahlerz* u. *Zinnstein.* Auf Aurostibit u. das noch nicht näher definierte Mineral Q wird ausführlicher eingegangen. (Amer. Mineralogist **38.** 506—27. Mai/Juni 1953. Princeton, N. J., Univ.)
Hiller. 380

W. H. Mathews und **K. D. Watson,** *Sphärolithische alkalische Rhyolitgänge im Atsutla-Range, Nord-Britisch-Columbien.* Es werden mehrere Alkali–Rhyolit-Gänge beschrieben, die in den Randgebieten gut ausgebildete, dunkle, faserige Sphärolithe bis zu 6 mm Durchmesser aufweisen. Der Mineralbestand zeigt Quarz- u. Feldspateinsprenglinge u. in der Grundmasse *Quarz, Kalifeldspat, Plagioklas, Riebeckit, Akmit, Zirkon, Goethit, Hämatit* u. *Sericit.* Die Ursache für das lokale Auftreten der Sphärolithe ist nicht klar. Wo neben dunklen Mineralien auch helle das radiale Wachstum zeigen, kommen die beiden Sphärolitharten sowohl getrennt als auch nebeneinander vor. Akmit krist. vor Riebeckit in einem Teil eines Ganges. Andererseits wurde im selben Gange Riebeckit durch Akmit pseudomorphorisiert. Kleine Schwankungen in Druck u. Temp. mögen dies verursacht haben. Analysen zweier Gänge zeigen einen Zr-Geh. bis 0,4%. Zirkon kommt neben schwarzen opaken Körnern, Goethit u. Hämatit vor, die nach Riebeckit pseudomorph sind, aber nicht neben unverändertem Riebeckit. Es wird daher angenommen, daß der Riebeckit Zr-haltig ist. (Amer. Mineralogist **38.** 432—47. Mai/Juni 1953. Vancouver, Can., Univ.; Los Angeles, Calif., Univ.)
Hiller. 385

Gerald M. Friedman, *Der Olivinamphibolit der Blackrock Insel, Ontario, Canada.* Das Gestein besteht aus *Cummingtonit, Olivin* u. *Serpentin* mit geringen Mengen *Spinell,*

Magnetit u. *Chlorit*. Nach der chem. Zus. handelt es sich um einen *Pikrit*. (Amer. J. Sci. **251.** 661—73. Sept. 1953. Cincinnati, O., Univ.) ENSSLIN. 385

F. G. Smith, *Charakteristische Dekrepitation einiger hochmetamorpher Gesteine*. Von 17 verschied. Fundorten wurden die charakterist. Dekrepitationstempp. hochmetamorpher Gesteine bestimmt. Es handelt sich dabei um *Granitgneis, Paragneis, Chloritschiefer, Amphibolit, Granathornblendeschiefer, Marmor*, Kalksilicatgesteine u. a. mehr. Die Tempp. lagen zwischen 565 u. 710° mit einem Durchschnittswert bei 633°. Die Dekrepitation wird erklärt durch das Platzen der Hohlräume mit Lsgg. in den Hauptmineralien, wenn sie über ihre Kristallisationstemp. erhitzt werden. (Amer. Mineralogist **38.** 448—62. Mai/Juni 1953. Toronto, Ontario, Can., Univ.) HILLER. 385

Friedrich Klockmann, Lehrbuch der Mineralogie. Neu hersg. von Paul Ramdohr, 14. umgearb. Aufl. Stuttgart: Enke. 1954. (I + 669 S. m. 687 Textabb. u. Tab.) DM 69,—.

D. Organische Chemie.

D_1. Allgemeine und theoretische organische Chemie.

Klaus Ruedenberg und **Charles W. Scherr,** *Freies Elektronen-Netzwerkmodell für konjugierte Systeme.* 1. Mitt. *Theorie*. Vff. entwickeln ein Freies-Elektronen-Modell für konjugierte Systeme als Grenzfall einer dreidimensionalen quantenmechan. Behandlung der π-Elektronen in solchen Systemen. Knotenbedingungen (für Verzweigungspunkte) u. Grenzbedingungen (für freie Endpunkte) werden abgeleitet. Es wird eine Matrixformulierung der Theorie aufgestellt, die die Anwendbarkeit auf große Systeme ermöglicht u. gleichzeitig zu einer engen Analogie zum LCAO-Modell (LCAO-Mol.-Behandlung, die nur nächste Nachbareinw. betrachtet) führt. Größen-analog q (Ladungen in einer Atombahn) u. p (Bindungsordnung) werden definiert, besondere Aufmerksamkeit erfahren alternierend konjugierte Systeme, für die ein Besetzungstheorem analog dem in der LCAO-Theorie aufgestellt wird. (J. chem. Physics **21.** 1565—81. Sept. 1953. Erratum **22.** 151. Jan. 1954. Chicago, Ill., Univ., Physic. Dep., Labor. of Mol. Structure and Spectra.) G. WINKLER. D 10

Charles W. Scherr, *Freies Elektronen-Netzwerkmodell für konjugierte Systeme.* 2. Mitt. *Numerische Berechnungen.* (1. vgl. vorst. Ref.) Vf. führt für *Bzl., Naphthalin, Anthracen, Naphthacen, Pentacen, Diphenyl, Stilben, Styrol, Fulven, Difulven, 3-Methylenpentadien-(1.4), Pentalen, Azulen, Phenanthren, Pyren, Perylen, Triphenylen, Coronen* u. *Ovalen* mittels vorst. beschriebener Meth. numer. Berechnungen durch. Es werden tabellar. angegeben die vollständigen π-Elektronenwellenfunktionen, die Wellenlängen der vier ersten Elektronenübergänge, Bindungsdichten u. Bindungsordnungen, freie Valenzindices, Reaktivitäten u. Dipolmomente. Zur Best. von Bindungslängen wird eine empir. Meth. beschrieben (Fehler 0,016 Å). Wo möglich, werden Vgll. angestellt mit experimentellen Ergebnissen u. Werten der LCAO-Theorie (berechnet nach der Näherung von COULSON u. LONGUET-HIGGINS). Die Ergebnisse sind im allg. mindestens so gut wie die der LCAO-Berechnungen. (J. chem. Physics **21.** 1582—96. Sept. 1953.) G. WINKLER. D 10

John R. Platt, *Freies Elektronen-Netzwerkmodell für konjugierte Systeme.* 3. Mitt. *Ein Demonstrationsmodell für Bindungsordnung und „freie Valenz" in konjugierten Kohlenwasserstoffen.* (2. vgl. vorst. Ref.) Vf. beschreibt ein mechan. Modell für konjugierte KW-stoffe auf der Basis des Theorems von RUEDENBERG u. SCHERR („freie Elektronendichte"; vgl. vorvorst. Ref.). Es wird starker Draht in Form des Kohlenstoffgerüstes an Pflöcken über einem Grundbett befestigt; die Höhe des Drahtes über dem Brett an jedem C-Atom ist festgelegt entsprechend den konstanten theoret. Werten. Wenn einfache Grenzbedingungen an den Verzweigungspunkten u. endständigen Atomen eingehalten werden, ist die Höhe in den Bindungszentren ein direktes Maß für die Elektronendichte, Bindungsordnung u. „freie Valenz". Die gemessenen Höhen können benutzt werden zur Berechnung von Bindungslängen u. Substitutionsstellungen, auch für große oder asymm. Moll., die schwer theoret. zu berechnen sind. Vf. weist auf die besonderen Anwendungsmöglichkeiten des Modells für Demonstrationszwecke hin. (J. chem. Physics **21.** 1597—1600. Sept. 1953.) G. WINKLER. D 10

Charles W. Scherr, *Freies Elektronen-Netzwerkmodell für konjugierte Systeme.* 4. Mitt. (3. vgl. vorst. Ref.) Vf. gibt eine theoret. Ableitung der in der 2. Mitt. empir. gefundenen Beziehung zwischen Bindungslängen u. Bindungsdichten (total mobile bond density). Die beiden Gleichungen stimmen ausgezeichnet überein. — Die Delokalisierungsenergien (DE in kcal) für nachfolgende Verbb. werden (a) aus den in der 2. Mitt. tabellierten Eigenfunktionen u. (b) nach der einfachen Beziehung

DE = 7,2 N (wobei N = Anzahl der Bindungen in dem konjugierten Syst.) berechnet u. experimentell bestimmten Werten (c) gegenübergestellt. Die Übereinstimmung zwischen (a) u. (c) ist nur in wenigen Fällen gegeben, was jedoch nach Ansicht des Vf. keine ernsthafte Kritik an der Theorie bedeutet. Die Werte aus (b) stimmen für die kondensierten Moll. innerhalb einiger kcal mit (c) überein, so daß jede theoret. Größe, die mit zunehmender Bindungszahl linear zunimmt, zur Voraussage von DE-Werten dienen kann. — *Butadien*, DE (a) 21,4 kcal; (b) —; (c) 3,5 kcal (für alle folgenden Verbb. in gleicher Anordnung). — *Hexatrien*, 45,9; —; 6,7 —. *Bzl.*, 99,7; 43,2; 41. — *Azulen*, 103,4; —; 46. — *Naphthalin*, 122,0; 79,2; 77. — *Anthracen*, 140,6; 115,2; 116. — *Phenanthren*, 152,9; 115,2; 130. — *Pyren*, 146,6; 129,6; 152. — *Naphthacen*, 158,5; 144; ~155. — *Triphenylen* 189,8; 151,2; ~158. — *Perylen*, 177,4; 172,8; ~180. — *Styrol*, 88,2; 56,7; 51. — *Diphenyl*, 158,4; 93,8; 91. — *Stilben*, 177,9; 108,0; 101. — Für die nachst. nichtexistierenden Verbb. nur (a)-Werte: *Cyclobutadien*, —24,9. — *Fulven*, 36,5. — *Pentalen*, 56,2. — *Difulven*, 75,8. (J. chem. Physics **21**. 1413—14. Aug. 1953.) G. Winkler. D 10

C. Reid, *Inter- und intramolekulare Energieübertragungsprozesse.* 1. Mitt. *Nitroverbindungen und Kohlenwasserstoffe.* Komplexverbb. von *Trinitrobenzol* (**I**) mit *Anthracen* (**II**), *Chrysen, 1.2;5.6-Dibenzanthracen, Pyren, Phenanthren, 1.2-Benzanthracen, 9.10-Dimethyl-1.2-benzanthracen, Fluoren, trans-Stilben, Acenaphthen* bzw. *Acridin* werden in einem Ae.–Isopentan-Gemisch (1:5), das bei tiefer Temp. ein durchsichtiges Glas bildet, gelöst u. die spektrale Verteilung der durch 3650 Å angeregten Fluorescenz sowie deren langwellige Absorptionsausläufer gemessen. Die Emissionsspektren zeigen auffällige Ähnlichkeit mit den bekannten langlebigen Triplex–Singulett-Emissionen der reinen KW-stoffe, jedoch mit leichter Verschiebung der verbreiterten Banden. Die Absorptionsspektren zeigen keine Schwingungsstruktur. Absorption bewirkt Dissoziation der Komplexe in KW-stoffe im Triplettzustand u. in nichtangeregte **I**-Moleküle. Die Emission der festen Lsg. von **I**–**II** erstreckt sich mit 5 Banden von ca. 500 bis 850 mμ zum Unterschied der sehr schmalen Triplettemission des reinen **II** bei 680 mμ. Möglicherweise befindet sich das **II** im Komplex bereits im niedrigsten Triplettzustand u. wird zum zweiten Triplettniveau angeregt, so daß die beobachtete Emission einer Triplett–Triplett-Emission entspricht. (J. chem. Physics **20**. 1212—13. Aug. 1952. Vancouver, Brit. Columbia, Univ.) Rudolph. D 118

C. Reid, *Die niedrigsten Triplettniveaus aromatischer Kohlenwasserstoffe.* (Vgl. vorst. Ref.) Die Fluorescenzbanden von *Anthracen* (**I**)- u. *Naphthacen* (**II**)–*Nitrobenzol*-Komplexen in fester Lsg. bei —180° werden eingehender untersucht. Der **II**-Komplex zeigt neben einer Emission vom Singulettzustand bei 21000 cm^{-1} während der Anregung eine Nachleuchtemission (ca. 2 Sek.) von einem langlebigen Triplettzustand bei 19650 cm^{-1}. Die Diskussion der Emissionsbanden aller gemessenen Polyacene läßt vermuten, daß die Triplettniveaus der Reihe ^3L_b zugehören. (J. chem. Physics **20**. 1214—15. Aug. 1952. Vancouver, Brit. Columbia, Univ.) Rudolph. D 118

Otto Neunhoeffer und **Dietrich Rosahl,** *Über die Fluorescenz organischer Verbindungen bei der Anregung durch Röntgenstrahlen.* Die Fluorescenzhelligkeit bei Röntgenstrahlanregung wird als Funktion der Intensität u. Wellenlänge (Feinstrukturröhren mit verschieden gefilterter Cr-, Cu- bzw. Ni-Strahlung) mittels CdS-Vakuumzelle für folgende chromatograph. gereinigte Pyrazolinderivv. gemessen: *1.3-Diphenylpyrazolin; 1.3.5-Triphenylpyrazolin; 1.5-Diphenyl-3-styrylpyrazolin; 1.5-Diphenyl-3-[phenylbutadienyl]-pyrazolin; 1.3-Diphenyl-5-[p-chlorphenyl]-pyrazolin; 1.5-Diphenyl-3-[p-chlorphenyl]-pyrazolin; 1.5-Diphenyl-3-[p-jodphenyl]-pyrazolin; 1.3-Diphenyl-5-[p-jodphenyl]-pyrazolin; 1-Phenyl-3.5-bis-[p-chlorphenyl]-pyrazolin; 1-Phenyl-5-[p-chlorphenyl]-3-[p-chlorstyryl]-pyrazolin; 1.3-Diphenyl-5-[p-bromphenyl]-pyrazolin; 1.5-Diphenyl-3-[p-bromphenyl]-pyrazolin; 5-Phenyl-3-styryl-1-[p-bromphenyl]-pyrazolin; 1-Phenyl-3.5-bis-[p-jodphenyl]-pyrazolin; 1-Phenyl-5-[p-jodphenyl]-3-[p-jodstyryl]-pyrazolin; 1-Phenyl-3.5-bis-[p-bromphenyl]-pyrazolin; 1-[p-Bromphenyl]-5-[p-chlorphenyl]-3-[p-chlorstyryl]-pyrazolin; 1-Phenyl-5-[p-bromphenyl]-3-[p-bromstyryl]-pyrazolin.* Die Helligkeit, die in dieser Reihenfolge der Derivv. wächst, wird also durch Einbau von Halogen, in steigendem Maße durch Cl, J, Br u. ebenfalls — wenn auch weniger — durch Einführung der Styryl- bzw. Butadienylgruppe verstärkt. Es zeigt sich eine ausgesprochene Abhängigkeit der Fluorescenzintensität von der Anregungswellenlänge. Die Quantenausbeute aller Derivv. ist für Cr-Strahlung wesentlich kleiner als für Cu-Strahlung; die Energieausbeute beträgt bestenfalls 10%. Vergleichswerte der Helligkeit bei UV-Anregung werden mitgeteilt. — Die Synth. der substituierten Pyrazoline erfolgte grundsätzlich durch Kondensation eines Ketons (bzw. seiner Halogensubstitutionsprodd.) mit einem Aldehyd zu einem ungesätt. Keton, von dem mit Hilfe eines monosubstituierten Hydrazins ein Hydrazon dargestellt u. zum Pyrazolin umgelagert wurde. Experimentelle Daten darüber sind nicht angegeben. (Z. Elektrochem., Ber. Bunsenges. physik. Chem. **57**. 81–87. 1953. Berlin-Buch, Dtsch. Akad. der Wiss., Inst. für Festkörperforsch.) RUDOLPH. D 118

Pierre Barchewitz und **Robert Chabbal**, *Die CH-Absorptionsfrequenzen und ihre Veränderungen*. 1. Mitt. *Experimentelle Untersuchung*. Ausgehend von den charakterist. CH-Valenzschwingungen der $-CH_3$-Gruppe (2890 u. 2970 cm^{-1}), $>CH_2$-Gruppe (2865 u. 2940) u. der $\rightarrow$CH-Gruppe (2905) in Paraffinen, werden Störungen erster u. zweiter Ordnung für diese Schwingungen untersucht. Störungen 1. Ordnung werden durch Doppel- u. Dreifachbindungen hervorgerufen, die bei $=CH_2$, $=CH-$ bzw. $\equiv CH$ charakterist. Erhöhungen der Frequenzen bedingen, die auch in aromat. Systemen beobachtet werden. Störungen 2. Ordnung werden durch negative Substituenten (Halogene, Nitrogruppe) am Kohlenstoffatom der CH-Bindung u. durch Ringspannung ausgelöst. Auch sie verursachen meistens eine Frequenzerhöhung, abhängig in ihrer Größe von der Art u. von der Zahl der Substituenten. (J. Physique Radium **12**. 637–41. Juni 1951. Paris, P. C. B., Labor. de Phys.) GOUBEAU. D 120

J. Charette und **C. Manneback**, *Potentialfunktionen des Äthylens*. Es werden die Potentialfunktionen des *Äthylens* (I) mittels der Ergebnisse, die durch RAMAN- u. ultrarotspektroskop. Unterss. an I u. tetradeuteriertem I erhalten wurden, neu berechnet. Die neuen Funktionswerte stimmen mit den experimentell gefundenen gut überein. Ebenso gelingt eine einwandfreie Zuordnung der gefundenen Frequenzen mittels der neuen Koeffizienten. (Ann. Soc. sci. Bruxelles, Sér. I **66**. 178–93. 31/12. 1952. Louvain, Belgien, Univ., Inst. de Phys.) ZIMMER. D 120

Robert Filler, *Spektroskopische Eigenschaften von fluorhaltigen konjugierten Estern*. Die ultrarote Carbonylbande ist in den Verbb. *Hexen-(2)-säureäthylester* (I), *Hexen-(2)-säure-β.β.β-trifluoräthylester* (II), *4.4.5.5.6.6.6-Heptafluorhexen-(2)-säureäthylester* (III) u. *4.4.5.5.6.6.6-Heptafluorhexen-(2)-säure-β.β.β-trifluoräthylester* (IV) im Vgl. zu den entsprechenden Buttersäureestern (vgl. RAPPAPORT, HAUPTSCHEIN, O'BRIEN u. FILLER, C. **1953**. 6843) nach längeren Wellenlängen verschoben. Diese Verschiebung ist ein Effekt der Konjugation von C=C-Bindung u. Ester-C=O-Bindung. Bei den Estern **III** u. **IV** kommt der entgegengesetzt gerichtete induktive Effekt der Perfluorpropylgruppe in einer geringeren Verschiebung der C=O-Bande zum Ausdruck. Die UV-Spektren von **I**, **II** u. **III** zeigen die auch bei unfluorierten Estern dieses Typs beobachteten Maxima im Gebiet von 208–210 mμ. — **II** u. **IV** wurden aus den Säurechloriden u. Trifluoräthylalkohol, **III** durch Dehydratisierung von 3-Oxy-4.4.5.5.6.6.6.-heptafluorhexansäureäthylester gewonnen; letzterer wurde durch REFORMATSKI-Rk. aus Perfluorbutyraldehyd u. Bromessigsäureäthylester erhalten.

Versuche: *Hexen-(2)-säure-β.β.β-trifluoräthylester* (**II**), $C_8H_{11}O_2F_3$, $Kp._{20}$ 65 bis 66°, $D.^{25}{}_4$ 1,111, n_D^{25} 1,3870; durch Eintropfen von 22,0 g Hexen-(2)-säurechlorid (Kp. 118–122°) im Laufe von 15 Min. in 15 g sd. Trifluoräthylalkohol 5 std. Kochen u. Dest.; 71,4% (Ausbeute). — *4.4.5.5.6.6.6.-Heptafluorhexen-(2)-säurechlorid*, Kp. 65 bis 73°; durch Kochen von 18 g Heptafluorhexen-(2)-säure (erhalten durch Verseifung von **III**) mit 25 g Benzoylchlorid; 73,7%. — *4.4.5.5.6.6.6-Heptafluorhexen-(2)-säure-β.β.β-trifluoräthylester* (**IV**), $C_8H_4O_2F_{10}$, Kp. 132°, n_D^{25} 1,3258; durch Eintropfen von 14 g des vorst. Säurechlorids in 5,0 g sd. Trifluoräthylalkohol u. 12 std. Kochen; 37,3%. (J. Amer. chem. Soc. **76**. 1376–77. 5/3. 1954. Wright-Patterson Air Force Base, O., Wright Air Dev. Center, Materials Labor.) FORCHE. D 120

Jacques Chouteau, *Einfluß der Ionisierung auf die Reaktionsfähigkeit von Peptidbindungen gegenüber Metallhydroxyden*. Das Infrarotspektr. kurzer Peptide, wie *Glycylglycin*, *Di-* u. *Triglycylglycin*, erfährt durch NaOH allein die gleichen spektralen Änderungen wie in Ggw. von $Cu(OH)_2$, $Ca(OH)_2$ u. $Mg(OH)_2$ bei p_H 12–13, ähnlich den Diketopiperazinen (vgl. LENORMANT, Ann. Chimie [12] **5**. [1950] 459). Am *Acetylglycylglycyl-N-äthylamid* (I) treten erst bei Ggw. dieser Metallhydroxyde, wie früher vom Vf. an Peptiden u. Proteinen gezeigt, Veränderungen des Infrarotspektr. auf (vgl. Vf. u. LENORMANT, C. **1954**. 2584 u. J. de Physiol. **41**. [1949.] 203). Zum Vgl. wurde *Acetylglycylglycylglycin* (II), F. 204° (aus Acetylchlorid u. Diglycylglycin in alkal. Medium bei −5°, viel geringere Ausbeute als bei der entsprechenden Chloracetylierung von Diglycin), in wss. Lsg. mit NaOH, $Cu(OH)_2$, $Ca(OH)_2$ u. $Mg(OH)_2$ versetzt (p_H 12–13) u. in trockener Schicht nach Eindunsten auf einer Flußspatplatte untersucht. Bei **I** u. **II** treten in Ggw. von 2 wertigen Ionen ähnliche spektrale Veränderungen auf: Verschwinden der 6 μ-Bande u. Erscheinen von Banden bei 6,20–6,50, 6,80 u. 7,26 μ Mit NaOH allein zeigt **II** die gleichen Änderungen im Gegensatz zu **I**. Stöchiometr.

Neutralisation läßt nur die Bande 5,70 μ der nichtionisierten COOH-Gruppe verschwinden u. die Banden 6,0 u. 6,50 μ (Neutralisation der COOH-Gruppe) erscheinen. Vf. versucht, den Einfl. der Neutralisation auf das Spektr. der Peptidbindung durch verschied. mol. Assoziation oder den Einfl. der ionisierten, endständigen COOH-Gruppe zu erklären. (C. R. hebd. Séances Acad. Sci. **232.** 2314—15. 18/6. 1951.) JUTZ. D 120

Roger Newman und **Richard M. Badger,** *Die Ultrarotspektren von N-Acetylglycin und Diketopiperazin in polarisierter Strahlung bei 25° und bei —185°.* (Vgl. C. **1953.** 1938.) Es wird über die Ultrarotabsorptionsspektren an Einkristallen von N-Acetylglycin (**I**) u. Diketopiperazin (**II**) bei Zimmertemp. u. bei —185° mit polarisierter Strahlung berichtet. Das Spektr. von **I** zeigt eine auffallende Änderung mit der Temperatur. In beiden Fällen werden bei Abkühlung die breiten Banden, die durch die Schwingungen von H-Atomen in starken H-Bindungen entstehen, schmaler. Die 2 Spektren zeigen Beispiele der NH-Absorption, einer bes. schwachen u. einer sehr starken H-Brücke. Für **II** werden zwei mögliche Erklärungen für die Dublettstruktur in der NH-Valenzbande dargelegt. (J. chem. Physics **19.** 1147—53. Sept. 1951. Erratum **20.** 527. März 1952. Pasadena, Calif., California Inst. of Technol., Gates and Crellin Labor. of Chem.) SWINNE. D 120

Marie-Louise Josien, Nelson Fuson und **Donald E. Pearson,** *Die C = O-Valenzschwingung und die Hammett-Konstante in einer Serie von Benzophenonderivaten.* Die Substanzen werden in CCl_4 gelöst u. ihr Redoxpotential polarograph. gemessen. Trägt man die Infrarotfrequenz der einzelnen Verbb. gegen ihr Redoxpotential auf, so erhält man eine Gerade, die Proportionalität zwischen Redoxpotential u. Infrarotfrequenz mit Ausnahme des *4-Aminobenzophenons* (**I**) aufzeigt. In gleicher Weise wird auch eine Proportionalität zwischen HAMMETT-Konstante u. Frequenz aufgezeigt. Untersucht wurden: *Benzophenon,* **I,** *4.4'-Dimethoxy-, 4.4'-Dimethyl-, 4-Methoxy-, 4-tert.-Butyl-, 4-Chlor-4'-methyl-, 4-Chlor-, 4-Brom-, 4.4'-Dichlor-, 3-Brom-* u. *3.3'-Dibrombenzophenon.* (C. R. hebd. Séances Acad. Sci. **235.** 1206—08. 17/11. 1952.) W. KAUFMANN. D 120

C. E. Dalgliesh, *Die Konfiguration von Noradrenalin und Adrenalin.* Vf. gibt eine Zusammenstellung von Literaturhinweisen, die den chem. Beweis für die Konfiguration des natürlichen (—)-*Noradrenalins* (**I**) liefern. Obwohl keine direkte chem. Beziehung zwischen den Konfigurationen von **I** u. (—)-*Adrenalin* (**II**) besteht, wird vom Vf. aus Analogiegründen für **II** die gleiche Konfiguration wie für **I** angenommen. — 24 Literaturhinweise. (J. chem. Soc. [London] **1953.** 3323—24. Okt. London, Postgrad. Med. School.) G. WINKLER. D 123

R. H. Sahasrabudhey, S. M. Deshpande und **R. V. Gopal Rao,** *Oxydation von Äthanol durch stille elektrische Entladung.* Alkoholdampf–Luft-Mischungen werden in einem SIEMENSschen Ozonisator bei Spannungen von 5,85—7,41 kV u. Frequenzen von 50 u. 500 Hz für 4 Std. der Einw. stiller elektr. Entladungen ausgesetzt. Als Reaktionsprodd. treten *Formaldehyd* (**I**), *Acetaldehyd* (**II**), *Ameisensäure* (**III**) u. *Essigsäure* (**IV**) auf. Die Bldg. von **I** erreicht bei 6,24 kV ein Maximum, während die Bldg. von **II, III** u. **IV** durchweg durch steigende Spannung begünstigt wird. Bei **50** Hz sind die Ausbeuten an **II, III** u. **IV** sehr gering, bei 7,41 kV u. 500 Hz wird der höchste Alkoholumsatz mit 34% erreicht. Der Mechanismus der Rk. wird diskutiert, für die Bldg. von **I** wird eine Oxydation freier Methylradikale angenommen. (Proc. Indian Acad. Sci., Sect. A **36.** 258—66. Okt. 1952. Benares, Hindu Univ.) GABRIELE GÜNTHER. D 131

A. P. Altshuller, *Die Dielektrizitätskonstante von Wasser–Äthylacetat-Gemischen.* (Vgl. C. **1954.** 1898.) Zur Best. der Aktivitätskoeffizienten von Nichtelektrolyten in elektrolyt. Lsg. werden die Werte der DK. des nichtelektrolyt. Lösungsm. benötigt. Vf. bestimmt daher mit Hilfe einer Resonanzmeth. die DK. gesätt. W.–Äthylacetat-Gemische bei einer Frequenz von 40 kHz für Tempp. von 20—40°. Der Wert der gesätt. Mischung ergibt sich durch Interpolieren, da die Kapazität des Meßkondensators als linear abhängig von der Konz. der untersuchten Mischung gefunden wird. Die DK.-Werte sind: 75,2 (20°), 73,5 (25°), 71,8 (30°), 70,3 (35°) u. 68,8 (40°). Durch Auswerten der Formel von DEBYE-MACAULAY ergibt sich eine Zunahme des Aktivitätskoeff. mit wachsender Temperatur. (J. chem. Physics **21.** 562. März 1953. Cincinnati, O., Univ., Dep. of Chem.) H. JACOB. D 132

C. M. French und **I. G. Roe,** *Die Leitfähigkeit von Pikrinsäure in organischen Lösungsmitteln.* 1. Mitt. *Die Leitfähigkeit von Lösungen in Ketonen und Nitrilen.* Bei Konzz. 0,04—100 $\cdot 10^{-3}$ g·Äquivalent/Liter u. bei 15, 25 u. 40° wurde die Leitfähigkeit von Pikrinsäure in *Acetonitril, Benzonitril, α-Naphthonitril, Aceton* u. *Acetophenon* gemessen. Die $\log_{10} \lambda$–$\log_{10} c$-Kurven sind linear mit einer Neigung von —0,7; die Λ–$c^{1/2}$-Kurven zeigen keine Übereinstimmung mit der von SCHEDLOVSKY modifizierten

DEBYE-HÜCKEL-ONSAGER-Gleichung für schwache Elektrolyte, schließlich sind die $\Lambda \cdot c^{1/2}$–c-Kurven nichtlinear mit einer negativer werdenden Neigung bei abnehmenden Konzentrationen. Die Ergebnisse lassen sich qualitativ u. quantitativ deuten, wenn man die vorzugsweise Bldg. eines einzigen Typs von Tripelionen annimmt. (Trans. Faraday Soc. **49.** 314–23. März 1953. London, Queen Mary Coll., Dep. of Chem.)
GABRIELE GÜNTHER. D 138

Hans Brockmann und **Ernst Meyer,** *Über den Säurecharakter aromatischer Nitroverbindungen.* Vff. erklären den bei der potentiometr. Titration von *Pikrinsäure* (**I**; aus A., F. 122°), *2.4.6-Trinitro-m-kresol* (**II**) u. *-phenetol* mit Na-Colaminat in Äthylendiamin (**III**; vgl. BROCKMANN u. MEYER, Naturwissenschaften **40.** [1953.] 242) erst nach Zugabe von 3 Äquivalenten Base auftretenden Potentialsprung mit der Fähigkeit vorst. Verbb. zwei Alkoholatanionen anzulagern. Bereits zwei Nitrogruppen genügen, um in **III** den Benzolring zur Anlagerung von Alkoholatanionen zu befähigen. Wie aus der Titrationskurve von ***m-Dinitrobenzol*** (aus A., F. 89,5°) hervorgeht, reagiert dies wie eine zweibas. Säure. ***Nitrobenzol*** läßt sich in **III** nicht mehr als Säure titrieren; die bei starkem Basenüberschuß auftretende Gelbfärbung deutet jedoch auf gewisse Antibaseneigg. hin. Alle diese nucleophilen Anlagerungs-Rkk. sind umkehrbar. Durch Säuren (CO_2, W.) werden die Reaktionsprodd. sofort unter Rückbldg. der ursprünglichen Nitroverb. gespalten. Vff. verweisen auf den Unterschied zwischen aliphat. Nitroverbb. (BROENSTEDT-Säuren) u. aromat. Nitroverbb. (LEWIS-Säuren = Antibasen) u. diskutieren die Resonanzstrukturen der aromat. Nitroverbb., die im Verlauf der Titration charakterist. Farbumschläge geben. Vorst. Verbb., bes. **I** u. **II**, lassen sich als Indicatoren für die Alkalimetrie in nichtwss. Lösungsmitteln verwenden (potentiometr. Titrationskurven angegeben für die Titration von Phenol mit **I** u. von Salicylsäure mit **II** als Indicator in **III**). (Chem. Ber. **87.** 81–86. 1954. Göttingen, Univ., Organ.-chem. Inst.)
G. WINKLER. D 139

Helen S. Dunsmore und **J. C. Speakman,** *Dissoziationskonstanten in gemischten Lösungsmitteln.* 1. Mitt. *Benzoesäure in Dioxan–Wasser.* Vff. bestimmen bei 25° die thermodynam. Dissoziationskonstanten von Benzoesäure in reinem W. u. in Mischungen von Dioxan u. W. mit 20, 30, 40 u. 50% Dioxan. Zur Anwendung kamen 1. Leitfähigkeitsmessungen, 2. EMK.-Messungen u. 3. p_H-Messungen mit der Glaselektrode. Nach den Methoden 1. u. 2. wurden übereinstimmende Werte erhalten. Für die angegebenen Lösungsmittelmischungen betrugen die p_K-Werte 4,202, 4,869, 5,282, 5,794 u. 6,38. Nach Meth. 3. wurde nur bei reinem W. der richtige p_K-Wert erhalten, während mit steigendem Prozentsatz an Dioxan die Abweichung davon immer größer wurde. Der Zusammenhang zwischen p_K u. Zus. des Lösungsm. wird diskutiert. Die Löslichkeiten S u. die relativen Aktivitätskoeffizienten S^0/S von undissoziierter Benzoesäure in W.–Dioxan werden angegeben. S beträgt für die oben angegebenen Lösungsmittelmischungen, ausgedrückt in Mol/1000 g Lösungsm., 0,0276; 0,1304; 0,407; 1,068 u. 2,018. (Trans. Faraday Soc. **50.** 236–49. März 1954. Glasgow, Univ., Chem. Dep.)
R. MATTNER. D 139

H. Z. Friedlander, Sherlock Swann jr. und **C. S. Marvel,** *Versuche zur elektrolytischen Initiierung der Polymerisation.* 4 kathod. u. 4 anod. Rkk., die freie Radikale erzeugen, wurden in Ggw. von monomeren Vinylverbb. unter verschied. Reaktionsbedingungen durchgeführt. Die kathod. Rkk. waren die Red. von *Acetophenon* u. der Zerfall von *Methyl-, Benzylchinolinium-* u. *p-Brombenzoldiazoniumionen.* Die Rkk. der folgenden Anionen wurden untersucht: (*K*)*-Laurat,* (*Na*)*-p-Benzylphenolat,* (*Na*)*-Hydroxyl* u. *Tricarbäthoxymethyl.* Verschied. Typen von Emulgatoren wurden verwendet, so kation., anion., neutral-ion. u. nicht-ionische. Bei der Red. von Acetophenon in saurer Lsg. ohne die Ggw. von Monomeren trat neben dem entsprechenden *Pinakol* ein harzartiges Prod. auf (vgl. SWANN JR. u. NELSON, Trans. Electrochem. Soc. **67.** [1935.] 201), das ein freies Radikal $Ar\dot{C}(OH)CH_3$ annehmen läßt. Dabei wurden verschied. Metalle (Al, Cd, Bi u. Sn) als Kathodenmaterial untersucht; die hier unerwünschte Pinakolbldg. war bei Verwendung von Bi-Kathoden am geringsten. Die Bldg. von Bis-[α-methylbenzyl]-äther (l. c.) konnte nicht bestätigt werden. Die Verss. mit Zusatz von monomerem Styrol bzw. Acrylonitril führten zu keiner nennenswerten Polymerisation. Auch die anderen oben angegebenen Rkk. verliefen trotz der Ggw. von monomeren Vinylverbb. n., es wird deshalb angenommen, daß gebildete freie Radikale entweder nicht die Oberfläche der Elektrode verlassen, um monomere Verbb. zu treffen, oder daß ein enger Kontakt zwischen Radikal u. Monomerem an der Elektrodenoberfläche nie stattfindet. Die Verss. wurden wie folgt durchgeführt: In ungeteilter Zelle: Elektrolyt = Suspension der monomeren Vinylverb. bzw. Acrylonitril, Emulgator u. radikal-liefernder Verbindung. — In geteilter Zelle: Katholyt wie oben, jedoch mit H_2SO_4 u. gegebenenfalls A.; Anolyt = 10% wss. H_2SO_4. — Stromstärke ca. 0,3 A; Dauer 3—20 Std.; Abwesenheit von O_2. — Elektroden: Anode in allen Verss. Pb oder Pt; Kathode = Pt bei Benzylchinoliniumchlorid, p-Brombenzoldiazoniumfluoborat u. Methyljodid; Bi bei Acetophenon bzw. Al, Cd, Bi, Sn bei Verss. von Acetophenon ohne Zusatz von Monomeren. (J. electrochem. Soc. **100.** 408—10. Sept. 1953. Urbana, Ill., Univ. of Illinois, Chem. Labors.)

MINSINGER. D 141

R. C. Kaye und **H. I. Stonehill,** *Die polarographische Reduktion am Kristallviolett, Brilliantgrün, Malachitgrün und Auramin.* Alle vier Farbstoffe sind in wss. Lsg. an der Hg-Tropfelektrode reduzierbar; *Kristallviolett* nur zwischen p_H 0—11, *Brilliantgrün* zwischen p_H 2—9 u. *Auramin* von p_H 0—14. Störungen, die durch Adsorption am Hg auftreten, können durch Zusatz von 50% Alkohol u. 0,01—0,02% Methylcellosolve beseitigt werden. In allen Fällen erhält man zwei gut zu trennende Einelektronenreduktionsstufen; die erste Stufe entspricht der Bldg. eines Semichinonradikals von großer Stabilität. Am p_H 7 ist das Halbstufenpotential des ersten Reduktionsschrittes p_H-unabhängig; die Semichinonbldg. erfolgt also nicht unter Aufnahme eines Protons. Für die weitere p_H-Abhängigkeit der Reduktionspotentiale werden Gleichungen abgeleitet, die in qualitativer Übereinstimmung mit dem Experiment stehen. (J. chem. Soc. [London] **1952.** 3231—39. Aug. Bradford, Techn. Coll., Dep. of Pharm.; Gillingham, Medway Techn. Coll., Dep. of Sci.)

GABRIELE GÜNTHER. D 142

R. C. Kaye und **H. I. Stonehill,** *Die polarographische Reduktion einiger natürlicher und künstlicher Wasserstoffträger in bakteriellen Enzymsystemen. Cozymase* (**I**), *Riboflavin, Methylenblau* (**II**), *Capriblau* u. *Kresylblau* in wss. Lsg. bei p_H 7,38 u. *Nilblau* in 50% ig. A. bei p_H 8,29 unterliegen der polarograph. Red. in zwei sich überlappenden Einelektronenschritten unter intermediärer Bldg. von Semichinonen, deren Stabilität gering ist im Vgl. mit der von Semichinonen verschied. bakterieid wirkender Aminoacridine u. Di- bzw. Triphenylmethanfarbstoffe. Die polarograph. Ergebnisse an **I** u. **II** stehen in Übereinstimmung mit früheren potentiometr. Messungen. Die Ergebnisse lassen es als wahrscheinlich ansehen, daß Substanzen, die als Wasserstoffträger oder Atmungskatalysatoren in bakteriellen Enzymsystemen auftreten, durch die Bldg. von labilen Semichinonen in Radikalketten-Rkk. wirken, während die baktericid wirkenden Substanzen durch die Bldg. von stabilen Semichinonen diese Radikalketten abbrechen. (J. chem. Soc. [London] **1952.** 3244—47. Aug. Bradford, Techn. Coll., Dep. of Pharm.; Gillingham, Medway Techn. Coll., Dep. of Sci.)

GABRIELE GÜNTHER. D 142

A. G. Posdejewa und **Je. M. Gepstein,** *Reduktion von Pyridin und seinen Homologen an der Quecksilbertropfelektrode.* Die polarograph. Unters. von *Pyridin* (**I**), *β*-(**II**) u. *γ-Picolin* (**III**) u. *α.α'-Lutidin* (**IV**) erfolgte mit der Hg-Tropfelektrode bei 25° in 50% ig. A.; Elektrolytlsg. 0,1 n LiCl in 50% ig. Alkohol. Es wurden gut ausgebildete Diffusionsströme erhalten. Am schwersten wurde **III**, am leichtesten **II** reduziert. Die Halbwellenpotentiale von **I, II, III** u. **IV** sind —1,73, —1,72, —1,83 u. —1,78 V (in bezug auf die gesätt. Kalomelelektrode). — In Anlehnung an Patentangaben werden die Verff. zur Isolierung von **II**—**IV** aus der „*β*-Picolinfraktion" des Steinkohlenteers präzisiert. Zur Gewinnung von **IV** dient die krist. Verb. mit Harnstoff; im Filtrat wird **III** als krist. Verb. mit $CaCl_2$ abgeschieden; **II** läßt sich von den durch diese Behandlung nicht beseitigten Anteilen an **III** u. **IV** durch Kochen mit S + $ZnCl_2$ (Polymerisation von **III** u. **IV**), anschließend durch Erhitzen mit Phthalsäureanhydrid + Acetanhydrid auf dem Wasserbad (Bldg. der Phthalonderivv. von **III** u. **IV**) befreien. **I** wird durch Rektifikation mit Kolonne aus der Pyridinfraktion erhalten. — *Pyridin* (**I**), F. —41°; Kp. 115,3°; $D.^{25}$ 0,9780; n^{20} 1,5010. *β-Picolin* (**II**), F. —19,4°; Kp. 144°; $D.^{20}$ 0,9510; n^{20} 1,5050. *γ-Picolin* (**III**), F. 2,6°; Kp. 144,9° (an anderer Stelle 143,5°); $D.^{20}$ 0,9572; n^{20} 1,5050. *α.α'-Lutidin* (**IV**), F. —6,5°; Kp. 144,4°; $D.^{15}$ 0,9241; n^{16} 1,5000. (Журнал Общей Химии [J. allg. Chem.] **22** (**84**). 2065—70. Nov. 1952. Sswerdlowsk, Östl. Wiss. Forschungsinst. für Kohlechem.)

R. KNOBLOCH. D 142

Howard H. Cady und **George H. Cady,** *Gefrierpunkte des Systems Wasser—Trifluoressigsäure.* Das Gefrierpunktsdiagramm des Syst. Trifluoressigsäure—W. zeigt folgende charakterist. Punkte: F. von $CF_3COOH \cdot 4H_2O$ bei —16,06°; F. von $CF_3COOH \cdot H_2O$ bei —43,73°; F. der reinen CF_3COOH bei —15,36° u. drei Eutektika bei —21,55, —45,51 u. —49,56°. (J. Amer. chem. Soc. **76.** 915—16. 5/2. 1954. Seattle, Wash., Univ. of Washington, Dep. of Chem.) FORCHE. D 150

N. A. Pušin (unter Mitarbeit von **I. I. Rikowski,** A. RADOJTSCHIN, M. SMILJANOVIĆ und SH. STOJANOVIĆ), *Schmelzpunktdiagramme binärer Systeme aus Wasser und* *einigen organischen Verbindungen.* Es wurden 5 bin. Systeme mit H_2O therm. untersucht u. aus den Schmelzdiagrammen folgendes ermittelt: *W.* + *Äthylendiamin* bilden $C_2H_4(NH_2)_2 \cdot H_2O$, F. 10,5°, sowie 2 eutekt. Punkte bei −35 u. +0,5° mit 15 u. 78 Mol-% Äthylendiamin. *Orcin* bildet $CH_3C_6H_3(OH)_2 \cdot H_2O$, Übergangspunkt bei 57,5° u. 40 Mol-% Orcin. *Piperidin* bildet $(C_5H_{11}N)_2 \cdot H_2O$, F. −11,5°, ferner 2 eutekt. Punkte bei −32 u. −16,5° (45 u. 89 Mol-% Piperidin). *Guajacol* bildet 2 Schichten in der fl. Phase mit dem oberen krit. Punkt 184,5° u. 48 Gew.-% Guajacol. *Trichloressigsäure* bildet keine Verbb., nur mechan. Gemische; der eutekt. Punkt liegt bei −40° u. 33 Mol-% Trichloressigsäure. (Гласник Хемиског Друштва Београд [Ber. chem. Ges. Belgrad] **15.** 9—16. 1950. Belgrad, Univ., Techn. Fak., Inst. für physikal. Chem. u. Elektrochem.) v. WILPERT. D 150

Donald Jordan, J. A. Gerster, A. P. Colburn und **Kurt Wohl,** *Flüssigkeit–Dampf-Gleichgewicht von Mischungen aus C_4-Kohlenwasserstoff–Furfurol–Wasser. Experimentelle und theoretische Methoden für Drei- und Vierkomponentensysteme.* Vff. messen am Syst. *Isobutan–Buten-(1)–Furfurol–W.* sowie an den tern. Systemen *Isobutan–Furfurol–W.* bzw. *Buten-(1)–Furfurol–W.* bei Tempp. von 37,8, 65,6 bzw. 93,3° u. bei Drucken bis zu 7,03 at die Zus. von Fl. u. Dampf. Die Daten werden zu dem Nachw. benutzt, daß die von WOHL (Trans. Amer. Inst. chem. Engr. **42.** [1946.] 215) angegebenen Gleichungen zur Berechnung von Aktivitätskoeffizienten bei Mehrstoffsystemen die Experimente gut wiedergeben. Es werden hierbei nur die Daten für die betreffenden bin. u. tern. Systeme benutzt u. ferner vorausgesetzt, daß die bin. Systeme sich durch die drei Konstanten enthaltenden MARGULESschen Lsgg. der GIBBS-DUHEMschen Gleichung darstellen lassen. — Weiter wird eine Vereinfachung des Berechnungsverf. angegeben, die darauf beruht, daß ein quaternäres Syst. sich für den Fall des konstanten Verhältnisses der Molbrüche zweier Komponenten als pseudo-tern. Syst. auffassen läßt. (Chem. Engng. Progr. **46.** 601—13. Dez. 1950. Newark, Del., Univ.) WERNER SCHULZE. D 150

A. Bellemans, *Thermodynamische Untersuchung am System Wasser–Triäthylamin nahe dem unteren kritischen Punkt.* In einem Mischungscalorimeter mißt Vf. die Mischungswärme (h_e) von Triäthylamin–W. bei 16°. Mit Hilfe anderweitig gemessener Dampfdrucke (ROBERTS u. MEYER, J. chem. Physics **9.** [1941.] 852) werden die freie Exzeßenthalpie (g_e) u. die Exzeßentropie (s_e) berechnet. h_e u. s_e sind negativ u. gehorchen den Ansätzen $h_e = K_h x_A x_B$ u. $s_e = K_s x_A x_B$ (K = Konstanten, x = Molenbrüche der Komponenten). Der untere krit. Punkt liegt bei 18,4° u. x = 0,15 (Molenbruch des Triäthylamins). (J. chem. Physics **21.** 368—69. Febr. 1953. Bruxelles, Univ., Fac. de Sci.) v. HAAREN. D 155

André Lacam, *Geschwindigkeit von Ultraschallwellen in Methan bis zu Drucken von etwa 950 Atmosphären.* Vf. berichtet über Messungen der Schallgeschwindigkeit (v) an sorgfältig gereinigtem Methan bei 900 kHz, 25 u. 50° u. Drucken bis zu 900 at mittels der Meth. von LUCAS u. BIQUARD (C. R. hebd. Séances Acad. Sci. **194.** [1932.] 2132). Er findet starke Zunahme von v mit wachsendem Druck. Der Vgl. der beiden Kurven für verschied. Temp. zeigt bis ca. 220 at Zunahme mit wachsender Temp. u. oberhalb Abnahme mit steigender Temperatur. (J. Physique Radium **14.** 426—27. Juni 1953. Bellevue, Labor. des Hautes Pressions.) H. JACOB. D 159

Joseph J. Jasper und **Philomena G. Grodzka,** *Der Einfluß der Temperatur auf die Dichte und Oberflächenspannung von Monofluoressigsäure.* Vff. bestimmten die Oberflächenspannung u. D. von geschmolzener *Monofluoressigsäure* (**I**) bei 36, 40, 50, 60, 70, 80 u. 95°. Die Temperaturabhängigkeit dieser beiden Größen läßt sich durch die Beziehungen $d = 1{,}4173 - 0{,}00133\ t$ bzw. $\gamma = 42{,}220 - 0{,}11145\ t$ wiedergeben. — Zur Reindarst. von I wurden 300 g Na-Monofluoracetat in 800 cm³ W. eingetragen, langsam eine Lsg. von 294 g H_2SO_4 in 800 cm³ W. eingerührt, das Gemisch filtriert, das Filtrat viermal mit je 50 cm³ Ae. extrahiert, der Ae. abgedampft u. das feste Prod. mehrmals, zuletzt im Hochvakuum, fraktioniert; F. 35,3°. (J. Amer. chem. Soc. **76.** 1453—54. 5/3. 1954. Detroit, Mich., Wayne Univ., Dep. of Chem.) FORCHE. D 166

Simone Odiot und **Monique Roux,** *Einfluß der Wechselwirkung nichtbenachbarter Atome auf das polare Moment von Pyridin.* Berechnung des Einfl. von Austausch- u. Überlappungsintegralen zwischen nichtbenachbarten Atomen nach der molecular-orbital-Meth. auf das Moment von Pyridin. Vgl. mit Literaturwerten, Vgl. des Ladungsdiagramms des Pyridinmol. mit u. ohne Berücksichtigung dieser Wechselwirkung. (J. Chim. physique Physico-Chim. biol. **50.** 141—45. März 1953.) K. L. WOLF. D 182

John H. Bryden, *Die Elementarkörperdimensionen und Raumgruppen einiger Tetrazolverbindungen.* Es wurden röntgenograph. die folgenden Verbb. untersucht: *5-Aminotetrazolmonohydrat* (**I**), *Guanidinsalz von 5-Aminotetrazol* (**II**), *5-[Methylamino]-*

tetrazol (III), *5-[Nitramino]-tetrazol* (IV), *5-[Dimethylamino]-tetrazol* (V) u. *1-Methyl-5-[methylamino]-tetrazol*(VI). Ergebnisse: I monoklin; a = 6,39 Å; b = 7,28 Å; c = 9,80 Å; β = 90° 15′; Raumgruppe (R. G.) P 2_1/c; Z = 4; II rhomb.; a = 11,94 Å; b = 7,05 Å; c = 7,05 Å; R.Gr. P b a; Z = 4; III monoklin; a = 9,70 Å; b = 13,70 Å; c = 7,09 Å; β = 109°45′; R.Gr. C 2/c oder C c; Z = 8; IV monoklin; a = 9,40 Å; b = 5,56 Å; c = 9,36 Å; β = 105°0′; R.Gr. P 2_1/c; Z = 4; V rhomb.; a = 13,78 Å; b = 9,90 Å; c = 7,88 Å; R.Gr. P b c a; Z = 8; VI rhomb.; a = 14,24 Å; b = 10,01 Å; c = 7,77 Å; R.Gr. P b c a; Z = 8. (Acta crystallogr. [Copenhagen] **6.** 669—70. 10/7. 1953. China Lake, Calif., U. S. Naval Ordnance Test Stat., Chem. Div., Phys. Chem. Branch.) Gottfried. D 195

Bruce R. Penfold, *Die Elektronenverteilung in kristallinem α-Pyridon.* α-Pyridon (F. 104—105°) krist. rhomb. mit den Elementarkörperdimensionen a = 13,63 Å; b = 5,89 Å; c = 5,67 Å. Raumgruppe ist P 2_1 2_1 2_1; Z = 4. Die Struktur wurde zunächst mit Hilfe von Patterson-Projektionen festgelegt; hierauf wurde sie mittels verschied. Methoden verfeinert. Die folgenden Parameter werden angegeben: C_1 (x =) 1,522 (Å); (y =) 1,742; (z =) 1,621; C_2 2,454; 0,647; 1,760; C_3 2,568; —0,312; 0,840; C_4 1,768; —0,333; —0,334; C_5 0,910; 0,724; —0,496; N 0,795; 1,684; 0,425; O 1,344; 2,653; 2,437; H_1 3,04; 0,69; 2,50; H_2 3,46; —1,08; 0,85; H_3 1,70; —1,08; —1,01; H_4 0,38; 0,69; —1,32; H_5 0,00; 2,31; 0,38. Die intramol. Abstände u. Valenzwinkel sind schemat., die intermol. Abstände tabellar. angegeben. Obwohl der Pyridinring beträchtlich von der regulären hexagonalen Form abweicht, ist er trotzdem innerhalb der Fehlergrenzen planar. Durch H-Bindungen werden die Moll. in Form endloser Schranken im Gitter zusammengehalten. Kurz diskutiert werden an Hand des intermol. N—O-Abstandes die verschied. tautomeren Formen des α-Pyridons. (Acta crystallogr. [Copenhagen] **6.** 591—600. 10/7. 1953. Cambridge, Cavendish Labor., Crystallographic Labor.) Gottfried. D 195

A. Van Hulle, S. Amelinckx und **W. Dekeyser,** *Elementarzelle und Raumgruppe von Papaverin, Papaverinhydrochlorid und Papaverinhydrobromid.* Goniometr. u. röntgenograph. werden *Papaverin* (I), *Papaverinhydrochlorid* (II) u. *Papaverinhydrobromid* (III) untersucht. I bildet nadelförmige rhomb. Kristalle u. krist. in der Kristallklasse 2 2 2. Die Elementarzelle hat die Dimensionen a = 9,50 Å; b = 29,22 Å; c = 6,35 Å; Raumgruppe ist P 2_1 2_1 2_1; Z = 4. II bildet prismat. Kristalle, ist monoklin u. krist. in der Kristallklasse 2/m. Seine Elementarkörperdimensionen sind a = 13,10 Å; b = 15,80 Å; c = 9,22 Å; β = 92°36′; Raumgruppe ist P 2_1/c; Z = 4. III ist isomorph mit II; die Elementarzelle hat a = 13,82 Å; b = 15,94 Å; c = 9,28 Å; β = 92°36′; Raumgruppe P 2_1/c; Z = 4. (Acta crystallogr. [Copenhagen] **6.** 664—65. 10/7. 1953. Gent, Univ., Geolog. Inst., Afd. Kristalkunde.) Gottfried. D 195

W. M. Krawtschenko, *Prognose und thermodynamische Berechnung des Siebenstoffsystems Benzol–Toluol–Äthylbenzol–o-Xylol–m-Xylol–p-Xylol–Naphthalin.* Zur Erklärung der Tatsache, daß früher untersuchte Systeme mit Bzl. vom eutekt. Typ sind, zieht Vf. die Molekülgröße heran u. findet, daß in bin. Systemen aromat. KW-stoffe ein Eutektikum auftritt, wenn die Projektionsflächen der Moll. der beiden Komponenten um wenigstens 13% unterscheiden. Da auch bei 8 tern. Systemen u. 1 quaternärem Syst. Eutektika gefunden wurden, schließt Vf., daß alle tern. u. quaternären Systeme sowie (durch Induktion geschlossen) alle Systeme mit 5 oder mehr Komponenten, die sich aus Bzl., Toluol, Äthylbenzol, o-, m- u. p-Xylol sowie Naphthalin bilden lassen, vom eutekt. Typ sind. — Zur Lösung der Gleichungen der Löslichkeitsisobaren wird vorausgesetzt, daß vielkomponentige Systeme mit Eutektikum dann als ideal gelten können, wenn die Komponenten gänzlich unabhängig voneinander kristallisieren, jedoch dem Raoultschen Gesetz unterworfen bleiben. Nach der Meth. der schrittweisen Näherung werden dann zunächst für die 21 bin. Systeme aus den genannten Stoffen die Konzz. der Komponenten im Eutektikum sowie die eutekt. Temp. berechnet; die Übereinstimmung mit den beobachteten Werten ist im allg. gut. Für sämtliche Systeme mit 3 oder mehr Komponenten werden die eutekt. Daten in analoger Weise berechnet u. tabellar. zusammengestellt. Bei den 8 experimentell untersuchten tern. Systemen waren die Abweichungen von den berechneten Werten zum Teil beträchtlich. (Журнал Физической Химии [J. physik. Chem.] **24.** 1033—56. Sept. 1950. Charkow.) Kirschstein. D 221

John D. Roberts und **Clare M. Regan,** *Der elektrische Effekt der Trimethylsilylgruppe.* 2. Mitt. (1. vgl. C. **1950.** I. 2213.) Die Trimethylsilylgruppe [$(CH_3)_3Si$—] als Substituent in der Benzoesäure beeinflußt die Acidität der Carboxylgruppe in der Art eines Elektronendonators. Die Unters. der Ionisationskonstanten von *m-* u. *p-Trimethylsilylbenzoesäure* (1,00 bzw. 1,59), der Reaktionsgeschwindigkeitskonstanten für die Rk. der Säuren mit Diphenyldiazomethan bei 30° (1,15 bzw. 1,10 [Liter/cal·Min.]) u. für die alkal. Verseifung ihrer Äthylester ergibt höhere HAMMETTsche σ-Werte für die m-Substitution (−0,080 bzw. −0,008). Für die beträchtlichen Schwankungen von σ in verschied. Reaktionsmedien werden ster. Effekte als Ursache angesehen. (J. Amer. chem. Soc. **75.** 4102–03. 20/8. 1953. Cambridge, Mass., Inst. of Technol., Dep. of Chem., Labor. for Nucl. Sci. and Engng.) H. BERG. D 225

Pierre Yvan, *Theoretische Betrachtungen über die Eliminierungsreaktionen disubstituierter dihydroaromatischer Moleküle.* Die Substitutionsregelmäßigkeiten am Benzolkern können gedeutet werden durch die Annahme, daß nach prim. X_2-Addition zu Dihydroderivv. **HX**-Eliminierung vorzugsweise in einer Richtung erfolgt. Mittels der L.C.A.O-M.O.-Meth. berechnet nun Vf. die Struktur der dabei möglichen Endprodd. — disubstituierte Benzole — für die Fälle, daß Erst- u. Zweitsubstituent gleich sind (X) u. je ein bzw. zwei π-Elektronen besitzen. Wie groß auch der Wert des COULOMB-Terms des Substituenten gewählt wird ($\alpha_x = 0$, β, 2β), die Ergebnisse sind charakterist. für die beiden Arten von X: Wenn dieses nach m dirigiert (ein π-Elektron), so haben die o- u. p-Derivv. die größte Stabilität, wenn es nach o u. p dirigiert (2π Elektronen), so haben die m-Derivv. die größte Stabilität. Da die experimentellen Befunde der Theorie nicht entsprechen, muß angenommen werden, daß der Mechanismus dieser Rkk. von Faktoren bestimmt wird, die nicht direkt mit der Struktur der Endprodd. zusammenhängen. (C. R. hebd. Séances Acad. Sci. **233.** 1198–1200. 12/11. 1951.) DU MONT. D 225

Klaus Clusius und **Hans Hürzeler,** *Reaktionen mit* ^{15}N. 11. Mitt. *Zur Bildung von Phenylazid aus Phenyldiazoniumperbromid und Ammoniak.* (10. vgl. C. **1954.** 4342 u. 6. C. **1953.** 4506.) Da die Bldg. von *Phenylazid* (**I**) nach dem früher benutzten Verf. (l. c.) nicht auf einem einheitlichen Reaktionswege erfolgte, wurde **I** jetzt eindeutig durch Umsatz von Phenyldiazoniumperbromid mit wss. NH_3 (verbesserte Meth. nach GRIESS [1866]) dargestellt, dies Verf. liefert bei Verwendung von ^{15}N isotopenreine Produkte. Reines $C_6H_5{}^{15}NNN$ bzw. $C_6H_5N^{15}NN$ wurde wie früher zu Anilin u. NH_3 abgebaut u. eine bandenspektroskop. Isotopenanalyse durchgeführt. Mit den Ergebnissen ist nur die Annahme einer linearen Struktur des **I** verträglich. (Helv. chim. Acta **37.** 383–88. 1/2. 1954. Zürich, Univ., Physikal.-chem. Inst.) GNAUCK. D 225

Raymond Daudel, *Über die Reaktivität der Dinaphthyläthylene.* Vff. diskutieren die Ergebnisse von COULSON (J. chem. Soc. [London] **1950.** 2252) u. BADGER (C. **1951.** I. 1859) sowie eigene Resultate (VROELANT u. DAUDEL, C. **1950.** I. 154 sowie C. R. hebd. Séances Acad. Sci. **228.** [1949.] 399), die rechner. über die relative Reaktivität der H-Atome in den Naphthylgruppen der *Dinaphthyläthylene* erhalten worden sind, u. betonen nochmals, daß diese in der Reihenfolge $\beta\beta > \alpha\beta > \alpha\alpha$ abnimmt. (C. R. hebd. Séances Acad. Sci. **231.** 908–09. 30/10. 1950.) ZIMMER. D 225

L. I. Awramenko und **R. W. Kolessnikowa,** *Elementarreaktionen des atomaren Sauerstoffs mit Methan.* Die Rk. von O (aus Entladung in Wasserdampf oder in O_2) mit CH_4 wird bei Tempp. um 115, 200 u. 280° u. Drucken von 2,1–8 mm Hg untersucht. Als Prodd. werden *Formaldehyd* (**I**), *Methanol, CO* u. *CO_2* gefunden. Bei Zusatz von O_2 in der Reaktionszone (bei O aus Wasserdampf) erhöht sich die **I**-Ausbeute, maximal 0,34% **I**. Es werden folgende Rkk. angenommen: $O + CH_4 \rightarrow HCHO + H_2 + 70$ kcal/Mol (weniger wahrscheinlich: $HCHO + 2H - 30$ kcal/Mol); $O + CH_3 \cdot OH \rightarrow HCHO + H_2O + 95$ kcal/Mol; $CH_3 + O_2 \rightarrow HCHO + OH$; $CH_2 + O_2 \rightarrow HCHO + O$; $O + HCHO \rightarrow CO + H_2O$; $O + CO + M \rightarrow CO_2 + M$ (bzgl. M vgl. Журнал Физической Химии [J. physik. Chem.] **23.** [1949.] 790.) (Доклады Академии Наук СССР [Ber. Akad. Wiss. UdSSR] [N. S.] **91.** 107–09. 1/7. 1953.) R. K. MÜLLER. D 225

M. Wesley Rigg und **Henry Gisser,** *Autoxydation gesättigter aliphatischer Diester.* Vff. berichten über die therm. Autoxydation (Ao.) *gesätt. Adipinsäure* (**I**)*-ester* bei 100 u. 110° u. beschreiben Darst. u. physikal. Eigg. der Ester mit C_5- u. C_6-Alkoholen. Die Oxydation erfolgte durch Blasen mit Luft (Best. der gebildeten Peroxyde u. freien Säuren) oder in einer App., mit der die Menge des aufgenommenen O_2 gemessen werden kann. Es wurde gefunden, daß die Oxydationsgeschwindigkeit (G.) deutlich beeinflußt wird vom Abstand zwischen einer Estergruppe u. einem tert. (in gewissem Umfang auch einem sek.) C-Atom, u. zwar wird G. mit wachsendem Abstand größer. Dieser Effekt wird der Resonanz der Estergruppe zugeschrieben, die einen induktiven Einfl. auf die C-Kette ausübt, indem die Elektronen an demjenigen C-Atom aufgelockert werden, an dem die Oxydation stattfindet. Beim Blasen mit trockener Luft (Strömungsgeschwindigkeit $8{,}0 \pm 0{,}5$ Liter/Std. durch 150 g Ester, 100°) nimmt die Peroxyd (**II**)-Konz. zunächst langsam zu bis zur Erreichung eines Maximums, dann langsam wieder ab, wobei ein nahezu konstanter Wert sich einstellt. Die beobachtete

II-Konz. ist die Differenz zwischen der Menge des entstandenen u. des zerfallenden II u. somit ein Maß sowohl für G. wie für die Beständigkeit der Hydroperoxyde bei der Oxydationstemperatur. Die Konz. der gebildeten Säure nimmt anfangs langsam, später rasch zu. Bei Estern, deren Seitenkette (tert. C-Atom) in γ-Stellung zur Estergruppe sitzt, folgt die Säurebldg. ca. 200 Std. annähernd der II-Bldg., dann beginnt die Geschwindigkeit der II-Bldg. abzunehmen. Bei den Estern verzweigtkettiger Alkohole ist G. allg. größer als bei denen der n-Alkohole. Die Kinetik der Ao. wurde beim I-Bis-([methylbutyl]-ester in I-Diäthylesterlsg. untersucht. Zu Beginn der Rk. (vor Eintritt einer merklichen Zers. von Hydroperoxyden) ist die Geschwindigkeit der O_2-Aufnahme pro Mol Ester proportional dem Quadrat der Esterkonzentration. Im weiteren Verlauf der Oxydation steigt G. an, bis sie schließlich einen konstanten Wert erreicht u. dann proportional der Quadratwurzel der Esterkonz. wird, vorausgesetzt, daß letztere noch nicht wesentlich verschieden von der Ausgangskonz. (nicht unter 95%) ist. Vermutlich werden während der Oxydation durch Zers. von II verzweigte Ketten gebildet, was mit den beobachteten Werten übereinstimmt. Die II-Konz. ist unabhängig von der Esterkonzentration.

Versuche: Adipinsäure (I)-diester (I–R_2): **R** = C_2H_5:$C_{10}H_{18}O_4$ (aus 10 Mol I in 30 Std. 81,8% Ausbeute), Kp.$_{1,4}$ 99°, F. —18,0°, n_D^{20} 1,42776, $D.^{25}_4$ 1,0016. — **R** = n-C_4H_9, $C_{14}H_{26}O_4$, Kp.$_{2,2}$ 149,5°, F. —23,2°, 1,43520, 0,9563. — **R** = n-C_5H_{11}, $C_{16}H_{30}O_4$ (6 Mol I, 6 Std., 74,2%), Kp.$_3$ 155°, F. —14,0°, 1,43892, 0,9433. — **R** = 1-(CH_3)C_4H_8, $C_{16}H_{30}O_4$ (5 Mol I, 24 Std., 84,9%), Kp.$_1$ 125°, F. —45,0°, 1,43350, 0,9335. — **R** = 1-(C_2H_5)C_3H_6 (6 Mol I, 24 Std., 84,1%), Kp.$_{2,5}$ 145,2°, F. —23,1°, 1,43463, 0,9371. — **R** = 2-(CH_3)C_4H_8 (4 Mol I, 6 Std., 78,7%), Kp.$_{0,7}$ 143°, F. —21,1°, 1,43797, 0,9420. — **R** = 3-(CH_3)C_4H_8 (6 Mol I, 8 Std., 85,0%), Kp.$_{0,2}$ 122°, F. —45,0, 1,43730, 0,9394. — **R** = n-C_6H_{13}, $C_{18}H_{34}O_4$ (4 Mol I, 16 Std., 72,1%), Kp.$_3$ 164,5°, F. —13,8°, 1,44059, 0,9323. — **R** = 1.3-$(CH_3)_2C_4H_7$ (4 Mol I, 6 Std., 81,4%), Kp.$_{1,3}$ 155°, F. —7,1°, 1,43457, 0,9184. — **R** = 2-(C_2H_5)C_4H_8 (6 Mol I, 6 Std., 80,5%), Kp.$_1$ 166,5°, F. —25,3°, 1,44378, 0,9400. — **R** = 2-(CH_3)C_5H_{10} (5 Mol I, 6 Std., 81,7%), Kp.$_{2,0}$ 161°, F. —27,0, 1,44092, 0,9321. — *Azelainsäurediäthylester* [III-$(C_2H_5)_2$], $C_{12}H_{22}O_4$ (3,2 Mol III, 30 Std., 72,4%), Kp.$_{1,0}$ 134,5°, F. —15,8°, 1,43474, 0,9673. (J. Amer. chem. Soc. **75.** 1415—20. 20/3. 1953. Philadelphia, Pa., Temple Univ., Chem. Labors., u. Frankford Arsenal, Pitman-Dunn Labors.) SCHILDKNECHT. D 225

R. P. Bell und **R. G. Pearson,** *Ionisationsgeschwindigkeiten von O—H- und =N—H-Bindungen.* Im Gegensatz zu BRANCH u. JAXON-DEELMAN (J. Amer. chem. Soc. **49.** [1927.] 1765) fanden Vff. mittels der therm. Meth. (vgl. BELL u. CLUNIE, Proc. Roy. Soc. [London], Ser. A **212.** [1952.] 16) zur Best. von großen Reaktionsgeschwindkeiten v sowie der Strömungsmeth. nach CALDIN u. TROWSE, bei der der p_H-Wert von Lsgg. spektrophotometr. bestimmt wird, daß die Anionen von *p-Nitro-* u. *2.6-Dinitrophenol* mit HCl-Lsgg. oder mit Pufferlsgg. aus Essig- oder Dichloressigsäure in weniger als $^1/_{1000}$ Sek. vollständig reagieren. Die Verss. wurden bei 0 u. 25° in W. sowie in 50%ig wss. Methanol bei der Konz. von ca. 0,01 Mol/Liter durchgeführt. Vff. untersuchten ferner die Rk. von 0,02 Mol *Äthylendinitramin* (I) mit wss. 0,03 mol. NH_3 bei n. Temp. mittels der Strömungsmethode. Der Wechsel des p_H um 0,21 Einheiten wurde nach 0,7—4 mSek. beobachtet. Das entspricht der 2. Stufe der Rk., wobei als geschwindigkeitsbestimmender Schritt angenommen wird entweder: (I = AH_2) a) $AH^- + NH_3 \rightarrow A^{2-} + NH_4^+$ oder b) $HA^- + OH^- \rightarrow A^{2-} + H_2O$; als Reaktionsgeschwindigkeitskonstante k wurde erhalten: $1{,}5 \cdot 10^5$ Liter/Mol·Sek. (für a) bzw. 10^8 Liter/Mol·Sek. (für b). Da letzterer Wert sehr hoch für eine Rk. zwischen gleichsinnig geladenen Ionen ist, wird Rk. a) für wahrscheinlicher gehalten. Da die kleine v dieser Rk. der geringen Aktivität von I als saurer Katalysator parallel laufen sollte, wurde die Dehydratation von *Acetaldehydhydrat* (vgl. BELL u. HIGGINSON, C. **1950.** II. 750) mit I (0,0099 bis 0,0224 mol) als Katalysator bei 25° verfolgt u. gefunden, daß sich I den Nitroparaffinen u. anderen Pseudosäuren ähnlich verhält. Vff. schließen, daß die Protonenübertragungen auf oder von O- oder N-Atomen für eine direkte Beobachtung zu schnell verlaufen. (J. chem. Soc. [London] **1953.** 3443—45. Nov. 1953. Oxford, Phys. Chem. Labor.) GNAUCK. D 225

Jean Vène, Jean Tirouflet und **Claude Pinel,** *Aktivierungsenergie und Entropiefaktor bei der Hydrolyse substituierter Phthalide; Vergleich mit Benzoesäureestern.* (Vgl. C. **1953.** 7055.) Um den Einfl. von Substituenten auf die Aktivierungsenergie E u. den Stoßzahlfaktor PZ der ARRHENIUS-Gleichung festzustellen, untersuchten Vff. die Hydrolyse folgender Verbb. (Konz. $^1/_{110}$ mol.) mit Soda in 75,4%ig. A. zwischen 0 u. 45° unter Anwendung einer verbesserten Versuchstechnik; in (): $k_{25°} \cdot 10^3$ [Liter·Mol^{-1}·Sek.$^{-1}$]; E[cal]; $^{10}\log$ PZ. *Phthalid* (I; 36,3; 16990; 11,02); *5-Aminophthalid* (II; 0,433; 20380; 11,58);

5-Methoxyphthalid (5,83; 18050; 10,99); *5-Chlorphthalid* (167; 16360; 11,22); *5-Bromphthalid* (190; 16460; 11,34); *6-Aminophthalid* (III; 11,8; 17370; 10,82); *6-Chlorphthalid* (262; 15980; 11,13); *6-Bromphthalid* (270; 15830; 11,04). Die Änderungen in E sind denen vergleichbar, die bei der Hydrolyse der entsprechenden Benzoesäureester beobachtet wurden; die k-Werte sind bei den Phthaliden erheblich größer. Vff. nehmen bei den Phthaliden einen vergrößerten + E-Effekt der Substituenten an, was sie durch Stabilisierung der Grenzform infolge der Anwesenheit des Lactonringes erklären. Ferner wurden die $k_{35^0} \cdot 10^3$-Werte [Liter · Mol^{-1} · Sek.$^{-1}$] folgender Verbb. ermittelt: I (92,5); *4-Aminophthalid* (27,8); II (1,33); III (30,5); *7-Aminophthalid* (2,81); *4-Acetaminophthalid* (124,5); *5-Acetaminophthalid* (32); *6-Acetaminophthalid* (131); *7-Acetaminophthalid* (258); *5-Benzaminophthalid* (50,3); *6-Benzaminophthalid* (150); *7-Benzaminophthalid* (245). Diese Werte zeigen, daß der +E-Effekt der Aminogruppe in 5-Stellung durch die Acylierung erheblich herabgesetzt wird; im Vgl. dazu wird der —I-Effekt in meta u. ortho vergrößert. (C. R. hebd. Séances Acad. Sci. **236.** 1675—77. 27/4. 1953.) J. ROTHE. D 225

M. T. Jaquiss und **M. Szwarc,** *Reaktionen von Phenylradikalen in Lösung und in der Gasphase.* Während Phenylradikale mit Aromaten im fl. Zustand unter Addition reagieren (Ph · + $C_6H_5X \rightarrow PhC_6H_4X$ + H ·), finden Vff. bei der Rk. mit *Toluol* im Gaszustand bei höheren Tempp. die Primär-Rk. $C_6H_5CH_3$ + Ph · → $C_6H_5CH_2$ · + PhH, die wegen der geringeren Bindungsenergie des H im aliphat. Rest gegenüber der am aromat. Kern zu erwarten ist. Das Verh. wird gedeutet auf Grund einer starken π—π-Bindung zwischen Phenyl u. dem aromat. Molekül. Der durch die Betätigung dieser Bindung entstehende „heiße" Komplex zerfällt in der Gasphase; in der fl. Phase wird er desaktiviert u. bleibt bestehen, bis ein weiteres Ph · das nun überzählige H-Atom bindet. Nach Einzelergebnissen der Vff. entstehen C_6H_5-Radikale bei der therm. Dissoziation von *Jodbenzol* (600°), *Brombenzol, Quecksilberdiphenyl, Benzylbenzoat* (I), *Benzoylbromid* u. *Benzil* (II) nach früher beschriebenem Verf. (SZWARC, C. **1950.** I. 961), die Zers. von **I** u. **II** bei ~650 bis 700° wird eingehend untersucht. (Nature [London] **170.** 312—14. 23/8. 1952. Manchester, Univ., Dep. of Chem.) THEILE. D 225

B. B. Corson, W. J. Heintzelman, H. E. Tiefenthal und **J. E. Nickels,** *Zersetzung von 1-Phenoxypropanol-(2) über aktivierter Tonerde.* Leitet man *1-Phenoxypropanol-(2)* (I, Kp.$_4$ 127—129°, *Phenylurethan,* F. 90—91°) bei 400° über aktiviertes Al_2O_3, so entstehen aus einem Mol I folgende Prodd.: *Propylen* u. *Äthylen,* 0,01 Mol. — *Propionaldehyd,* 0,1 Mol, Kp.$_{740}$ 47,5—49°, n_D^{20} 1,3610, Methonderiv., F. 157—158°, *p-Nitrophenylhydrazon,* F. 123,5—124,5°). — *Aceton,* 0,53 Mol (Kp.$_{740}$ 55,8—56,2°, *p-Nitrophenylhydrazon,* F. 148—149°). — *n-Propanol,* 0,12 Mol (*Azeotrop* mit W., Kp.$_{740}$ 85 bis 86,5°, *3.5-Dinitrobenzoat,* F. 73,5—74,5°). — *W., Phenol,* 0,7 Mol (**VI,** *Phenoxyessigsäure,* F. 99—100,5°). — *2-Methyldihydrobenzofuran,* 0,03 Mol, u. *2-Methylbenzofuran,* 0,03 Mol (beide Kp.$_{740}$ 176—177°, Kp.$_{20}$ 85,5—86,5°; D^{25}_4 1,0411; n_D^{25} 1,5426; identifiziert durch Vgl. der Infrarotspektren). — *o-Allylphenol,* 0,05 Mol (**II**). — *Phenoxyaceton,* 0,04 Mol (**III,** Kp.$_{20}$ 123—124°, *Phenoxyacetonsemicarbazon,* F. 173 bis 173,5°), ferner hochsd. Produkte. — *o-Allylphenoxyessigsäure,* $C_{11}H_{12}O_3$, F. 148,5 bis 150° (W.), durch Rk. von **II** in alkal. Lsg. mit Chloressigsäure. — *1-Phenoxypropanol-(2)-phenylurethan,* $C_{16}H_{17}O_3N$, F. 90—91° (n-Heptan), durch Hydrierung von **III** u. Rk. des Prod. mit Phenylisocyanat. (J. org. Chemistry **17.** 971—74. Juli 1952. Pittsburgh, Pa., Mellon Inst. Monomer Fellowship, Inc., Koppers Co.) J. MATTNER. D 225

C. F. H. Tipper, *Die Zersetzung von Dekalinperoxyd. Eine kinetische Studie.* Die Zers. von Dekalinperoxyd in Lsg. wurde unter verschied. Bedingungen untersucht. Die Rk. verlief bei niedrigen Konzz. nach 1. Ordnung u. ihre Geschwindigkeitskonstante hing nicht von der Anfangskonz. ab. Die Zers. wurde durch das Lösungsm. stark beeinflußt. Bei neutralen Lösungsmitteln mit niedriger DK. (*Dekalin, o-Dichlorbenzol, Äthylenglykol*) zeigte sich eine Spaltung der Peroxydmoll. in freie Radikale, die dann mit den Moll. des Lösungsm. eine Ketten-Rk. einleiteten. Es waren Aktivierungsenergien von 32—33 kcal erforderlich. Nach dem von Vff. vorgeschlagenem Reaktionsmechanismus ist die Zers. 1. Ordnung bzgl. der Peroxydkonzentration. In *Nitrobenzol* scheint eine Dissoziation der Ketten-Rk. überlagert zu sein. In *Essigsäure* wuchs die Zersetzungsgeschwindigkeit mit dem Wassergeh. der Säure bis zu einem Maximum bei 60 Mol-% Wasser. Die Aktivierungsenergie stieg von 16,7 auf 22,1 kcal. Nach Ansicht der Vff. bewirkt W. das Auftreten von Ionenradikalen. (J. chem. Soc. [London] **1953.** 1675—80. Juni. Edinburgh 9, King's Build., Chem. Dep.) KLAFFKE. D 225

P. Pratesi, L. Arpesella und **A. La Manná,** *Über mögliche Beziehungen zwischen der Konfiguration von optisch-aktiven Basen und den Decarboxylierungsgeschwindigkeiten von d- und l-Camphocarbonsäuren in deren Gegenwart.* In nichtionisierenden Lösungsmitteln wird Camphocarbonsäure in Rk. 1. Ordnung zu Campher u. CO_2 gespalten. In Ggw. organ. Basen wird die Decarboxylierungsgeschwindigkeit erhöht. Bei Anwesenheit von opt.-akt. Basen ist die Decarboxylierungsgeschwindigkeit von d- (I) u. l-Camphocarbonsäure (II) verschieden. Es wird gezeigt, daß opt.-akt. Basen gleicher Konfiguration die Decarboxylierungsgeschwindigkeit von I bzw. II in gleicher Weise beeinflussen. Die Unterss. wurden mit Aminosäureäthylestern, deren Menge äquivalent zur eingewogenen Menge von I u. II war, in Nitrobenzol bei 60° durchgeführt, gemessen wurde CO_2. In einigen Fällen, nachdem mindestens 70% von I bzw. II decarboxyliert war, hörte die Rk. auf, 1. Ordnung zu sein. Geschwindigkeitskonstanten ($k \cdot 10^{-5}$): in reinem Nitrobenzol I 8,5. l-Alanin: I 92,4; II 77,8; Racemat (III) 85,6. l-Leucin: 1. I 94,6; II 85,7. 2. I 93,4; II 85,7. l-Phenylalanin: I 101,0; II 84,3; III 93,3. l-Tyrosin: I 106,3; II 73,7; III 81,8. l-Asparaginsäure: I 110,8; II 82,1. l-Prolin: I 149; II 143,2. Bei 55° I 80; II 75,2. — Mit den Antipoden von threo-l-p-Nitrophenyl-2-amino-1.3-propandiol (IV). (—)IV: 1. I 712; II 645. 2. I 713; II 643. (+)IV: I 655; II 717. Basen mit 2 asymm. C-Atomen: threo-β-Phenylserinäthylester: I 71,5; II 92,1. (+)ψ-Ephedrin bei 80°: I 511,2; II 476,5. (—)-Ephedrin 80: I 228,3; II 228,1. (—)-Norephedrin 80°: I 227,0; II 223,4. (J. Amer. chem. Soc. **75.** 5476—78. 20/11. 1953. Pavia, Univ., Inst. de Chim. Farm.) Ulrichs. D 225

G. A. Rasuwajew und **Ju. A. Oldekop,** *Photoreaktionen metallorganischer Verbindungen des Quecksilbers in Lösungen.* 8. Mitt. *Reaktionen in Lösungsmittelgemischen.* (7. vgl. C. **1952.** 5552.) Bei der Bestrahlung (4 Std.) von Diphenylquecksilber (I) mit UV-Licht in CCl_4 + CH_3OH entstehen *Phenylmercurichlorid* (II), *Bzl.*, C_2Cl_6 + *HCHO*; die sich in der Photo-Rk. bildenden Radikale reagieren demnach so, daß aus $C_6H_5Hg\cdot$ mit $Cl\cdot$ (aus CCl_4) II entsteht, während $C_6H_5\cdot$ mit $H\cdot$ (aus CH_3OH) Bzl. bildet. Variierung der Mengen von CH_3OH u. CCl_4 im Gemisch ändert am Reaktionsverlauf nichts. Analoge Resultate werden mit I in CCl_4 + Äthylcellosolve (5 Std.), C_2Cl_6 + CH_3OH (18 Std.) u. Perchloräthylen + CH_3OH (8 Std.) erhalten. Bei 18std. Bestrahlung von I in C_2H_5Br + CH_3OH wird die Bldg. von *Phenylmercuribromid*, *Bzl.* u. *HCHO* festgestellt. — Beispiel: 2 g I in 10 ml CH_3OH + 10 ml CCl_4 werden 4 Std. belichtet; aus der Lsg. scheidet sich II (F. 257°) aus; bei der Dest. der Lsg. wird das im Destillat vorhandene *Bzl.* durch Nitrieren zu *m-Dinitrobenzol* (F. 89°), *HCHO* durch den Silberspiegel nachgewiesen; durch Dest. mit Wasserdampf wird C_2Cl_6 isoliert; im Rückstand befindet sich noch etwas II; insgesamt werden 97% II erhalten. (Журнал Общей Химии [J. allg. Chem.] **21** (**83**). 2197—99. Dez. 1951. Gorki, Univ.)
R. Knobloch. D 226

Ju. A. Oldekop und **N. N. Solotarewa,** *Photoreaktionen metallorganischer Verbindungen des Quecksilbers in Lösungen.* 9. Mitt. *Reaktionen von Di-p-anisylquecksilber.* (8. vgl. vorst. Ref.) Die Photo-Rkk. von Di-p-anisylquecksilber (I) verlaufen langsam, wahrscheinlich wegen seiner Schwerlöslichkeit in organ. Lösungsmitteln. Von den in Chlf. entstehenden Reaktionsprodd. wurden *p-Anisylmercurichlorid* u. *Anisol* (II) identifiziert, die aus den bei der Bestrahlung von I gebildeten Radikalen $p\text{-}CH_3OC_6H_4\cdot$ u. $p\text{-}CH_3OC_6H_4Hg\cdot$ durch Entnahme von $Cl\cdot$ bzw. $H\cdot$ aus dem Lösungsm. entstehen. In CCl_4 werden II, *HgCl* u. harzige Prodd. erhalten. Diese Rk. verläuft demnach anders als mit den früher untersuchten Verbb. Ar_2Hg (Ar = Phenyl u. Tolyl): $p\text{-}CH_3OC_6H_4\cdot$ reagiert nicht mit dem $Cl\cdot$ des Lösungsm., sondern verbindet sich mit $H\cdot$ aus der CH_3O-Gruppe eines 2. Radikals (nicht mit $H\cdot$ des Benzolringes, das fester gebunden ist). In CH_3OH bilden sich II, *Hg* u. *HCHO*; diese Prodd. sind auf Grund der früher untersuchten Rkk. von Ar_2Hg in CH_3OH zu erwarten. Als Ergebnis wird festgestellt, daß die polare CH_3O-Gruppe die Rkk. nicht wesentlich beeinflußt, was mit ihrem Radikalcharakter im Einklang steht; läge ein Zerfall in Ionen zugrunde, so müßte sich der Einfl. von CH_3O stärker auswirken.

Versuche: Angewendet wurden stets 1,5 g I; die Bestrahlungsdauer mit UV-Licht betrug in CCl_4 200, in Chlf. 17, in CH_3OH 540 Std.; von Zeit zu Zeit wurde stark geschüttelt, um neue Mengen I in Lsg. zu bringen; trotzdem blieb ein mehr oder weniger großer Teil unverändert. (Журнал Общей Химии [J. allg. Chem.] **22** (**84**). 478—80. März 1952.) R. Knobloch. D 226

G. A. Rasuwajew, Ju. A. Oldekop und **S. N. Mantschinowa,** *Photoreaktionen metallorganischer Verbindungen des Quecksilbers in Lösungen.* 10. Mitt. *Reaktionen von Dimethylquecksilber.* (9. vgl. vorst. Ref.) Beim Bestrahlen von Dimethylquecksilber (I) mit UV-Licht entstehen die Radikale $CH_3Hg\cdot$ u. $CH_3\cdot$. Ersteres reagiert mit den

Lösungsmitteln CCl_4, Chlf. u. CH_3J unter Bldg. von *Methylmercurichlorid* (II) u. *Methylmercurijodid* (III); ist das Lösungsm. keine Halogenverb., so zerfällt es weiter in Hg u. CH_3·. Das Verh. des Methylradikals ist verschieden, je nach dem Lösungsmittel. In CH_3OH u. Chlf. entnimmt es diesen H · u. bildet *CH_4*, wobei aus CH_3OH bzw. Chlf. *HCHO* u. *C_2Cl_6* entstehen. Auch in CH_3J liefert es unter Bindung von H · das Lösungsm. *CH_4*; es könnte auch C_2H_6 entstehen, da die eingangs angegebene Bldg. von CH_3HgJ gleichzeitig 2 CH_3· freiwerden läßt: $(CH_3)_2Hg = CH_3Hg\cdot + CH_3\cdot$; $CH_3J = J\cdot + CH_3\cdot$; dies ist aber nicht der Fall. Beim Bestrahlen von I in CCl_4 reagiert CH_3· unter Bldg. von *CH_3Cl*. Bei den Photo-Rkk. von I in Bzl. oder 2.2.4-Trimethylpentan entnimmt CH_3· nicht H aus den Lösungsmitteln; die Rk. verläuft schwerer u. liefert *Hg* u. *C_2H_6*. Wird I im Gemisch von CH_3OH u. CCl_4 bestrahlt, so reagiert CH_3Hg· selektiv mit CCl_4, CH_3· selektiv mit CH_3OH, so daß II, *C_2Cl_6*, *CH_4* u. *HCHO* entstehen, ein Hinweis darauf, daß die Methylradikale einige Zeit in der Lsg. bestehen.

V e r s u c h e : Bei allen Verss. wurde 1,5 g I angewendet. I u. CH_3OH: Bestrahlungsdauer 40 Std.; entwickelt wurden 215 ml *CH_4*, abgeschieden 1 g *Hg*; HCHO wurde durch das Dimedonderiv. (F. 189°) identifiziert. — I u. 2.2.4-Trimethylpentan: 30std. Bestrahlung; erhalten 63 ml *C_2H_6* u. 0,55 g *Hg*. — I u. Bzl.: 40 Std.; erhalten 37 ml *C_2H_6* u. 0,4 g *Hg*. — I u. Chlf.: 60 Std.; erhalten 1,35 g II (F. 170°), 120 ml *CH_4* u. *C_2Cl_6* (F. 184°, im geschlossenen Röhrchen). — I u. CH_3J: 50 Std.; erhalten 1,9 g III (F. 145°) u. 132 ml *CH_4*. — I u. CCl_4: 50 Std.; erhalten 1,3 g II, 8 ml *CH_3Cl* u. *C_2Cl_6*. — I u. CH_3OH + CCl_4: 40 Std.; erhalten 0,8 g II, 80 ml *CH_4*, *C_2Cl_6* u. *HCHO*. (Журнал Общей Химии [J. allg. Chem.] **22** (**84**). 480—84. März 1952.) R. KNOBLOCH. D 226

Ju. A. Oldekop, *Photoreaktionen metallorganischer Verbindungen des Quecksilbers in Lösungen.* 11. Mitt. *Reaktionen von β.β-Dinaphthylquecksilber.* (10. vgl. vorst. Ref.) Beim Bestrahlen mit UV-Licht bilden sich aus β.β-Dinaphthylquecksilber (I) in CCl_4 *Naphthalin* (II), *C_2Cl_6*, *HgCl* u. etwas Harz. In Chlf. entstehen II, *HgCl* u. *C_2Cl_6*, in 1.2-Dichloräthan II u. *HgCl*. In allen Fällen ist die Bldg. von HgCl wahrscheinlich auf nachträglichen Photozerfall von β-Naphthylmercurichlorid zurückzuführen. In Äthylcellosolve entstehen aus I *Hg* u. II. Die schlechte Löslichkeit von I in organ. Lösungsmitteln verlangsamt die Rkk. im Vgl. mit den früher (vgl. C. **1952.** 350) untersuchten Photo-Rkk. von α.α-Dinaphthylquecksilber; prinzipielle Unterschiede im Verh. der sich bildenden α- u. β-Naphthylradikale sind nicht vorhanden. — Die Bestrahlungsdauer betrug 120—180 Std., im Vers. mit Äthylcellosolve 400 Stunden. Angewendet wurden stets 0,5 g I. Die Ausbeute an II war bei den Verss. in Chlf. u. 1.2-Dichloräthan je 0,1 g, im Vers. mit Äthylcellosolve 0,15 g; HgCl entstand quantitativ, Hg zu 82%. (Журнал Общей Химии [J. allg. Chem.] **22** (**84**). 2063—64. Nov. 1952.) R. KNOBLOCH. D 226

N. S. Schuikin, Ch. M. Minatschew und **L. M. Feofanowa,** *Über die Eignung einiger Nickelkontakte für die Hydrierung des Benzolrings bzw. die Dehydrierung gesättigter Kohlenwasserstoffe.* Ident. mit der C. **1953.** 5002 referierten Arbeit. (Chem. Techn. **5.** 391. Juli 1953.) G. FROELICH. D 227

Richard Baltzly, *Darstellung und Eigenschaften eines platinierten Aktivkohlekatalysators mit einigen Beobachtungen über das Verhalten von Inhibitoren.* Ein platinierter Aktivkohlekatalysator (I) wurde hergestellt u. auf seine Brauchbarkeit bei der Hydrierung verschied. Verbb. geprüft. Die Verss. wurden in CH_3OH bei Zimmertemp. ausgeführt, die Geschwindigkeit der H_2-Absorption gemessen. *Cyclohexen* wurde sehr schnell hydriert, daher wurde es nach Verss., bei denen keine Hydrierung stattgefunden hatte, zugesetzt, u. dann an der H_2-Absorptionsgeschwindigkeit festgestellt, ob Vergiftung bzw. Inhibitorwrkg. vorlag. I ist bei der Red. aromat. Verbb. weniger wirksam als ADAMS-Katalysator, ganz inakt. bei Dehalogenierungen (mit Ausnahme von *Allyl-* u. *Benzylchlorid*), n. wirksam gegen N-Funktionen außer Nitrilen, aber fast unbrauchbar für Debenzylierungen. *Dibenzyläther, Carbobenzoxyglycin* u. *Benzylmethylanilinhydrochlorid,* die an Pd-Kohle (II) gespalten werden, blieben unverändert, während *Benzylalkohol* langsam hydriert wurde. Aliphat. Carbonylverbb. wurden nicht oder nur langsam red., höhere aromat. Ketone ebenfalls nicht; einige wirkten als Inhibitoren (*Benzophenon, Desoxybenzoin, Benzanisoin*). Einfachere arom. Carbonylverbb. absorbierten langsam oder mäßig schnell ein Mol H_2. *α-Vanillyliden-* u. *α-Veratrylidenacetessigester* nahmen je nur ein Mol H_2 auf unter Bldg. von *α-[4-Oxy-3-methoxybenzyl]-* bzw. *α-[3.4-Dimethoxybenzyl]-acetessigester.* Durch Basen wird die Wrkg. von I wie von II gehemmt, kann jedoch durch Zusatz von Säure wieder hergestellt werden. Jodionen in 0,2—0,4 n Lsg. scheinen als Gift zu wirken. Vf. nimmt die Theorie von MAXTED u. EVANS (J. chem. Soc. [London] **1938.** 2071) an, nach der die bas. N-haltigen Gifte durch die Anziehung ihrer freien Elektronenpaare vom Katalysator adsorbiert werden. Daher wurde die reduzierende Wrkg. von **I** u. **II** in Ggw. von CH_3O^-, $C_6H_5O^-$-, J^-- u. CN^--Ionen sowie NH_3, Benzyldimethylamin u. p-Toluidin (**III**) auf Cyclohexen (bzw. Benzylalkohol) untersucht u. die Halbinhibitionskonzz. bestimmt. Bei den Basen steigt die hemmende Wrkg. mit der Basizität, nucleophile Ionen (bes. J') sind noch wirksamer. Die gemessenen Halbinhibitionskonzz. scheinen jedoch nur für solche Verbb. zu gelten, die keine Gruppe mit hoher Elektronendichte besitzen, denn *Nitrobenzol* wurde in CH_3OH in Ggw. von **I** u. 0,019 mol. NaOH (oder $NaOCH_3$) schnell zu Anilin reduziert. *Azobenzol* nahm unter diesen Bedingungen jedoch nur 1 Mol H_2 auf (Bldg. von Hydrazobenzol), in neutraler Lsg. wurde langsam, in saurer schneller, auch ein 2. Mol H_2 aufgenommen. Dieser Wechsel der Geschwindigkeit der H_2-Absorption wurde bei der Hydrierung von *Phenylacetylen* auch in Ggw. von 0,01 mol. **III** bzw. $NaOCH_3$ nicht beobachtet. Dasselbe gilt für die Red. des *Acetylendicarbonsäurediäthylesters* in neutraler Lsg. sowie in Ggw. von 0,03 mol. **III**. Inhibitoren lassen sich also nicht immer für selektive Redd. verwenden. — Außer den bereits erwähnten wurden Hydrierverss. an **I** noch mit folgenden Verbb. ausgeführt: *p*- u. *o-Chloranilin, m-Bromtoluol* u. *o-Brombenzoesäureäthylester* blieben unverändert (Inhibitoren). *o-Bromanisol* reagierte sehr langsam (Inhibitor). *p-Chlor-p'-nitrodiphenyläther* gab sehr schnell *p-Chlor-p'-aminodiphenyläther. 2.6-Dimethyl-4-oxy-5-benzolazopyrimidin* (mit HCl) gab schnell *2.6-Dimethyl-4-oxy-5-aminopyrimidin. Benzalmethylamin* gab schnell *Benzylmethylamin. Anisyliden-α-phenetylamin* (mit CH_3COOH) gab schnell *p-Methoxybenzyl-α-phenetylamin* (isoliert als *Hydrochlorid*, $C_{16}H_{20}ONCl$, F. 149—150°). *2.5-Dimethoxy-α-isonitrosopropiophenon* (mit HCl) gab mäßig schnell *2.5-Dimethoxy-α-aminopropiophenonhydrochlorid. Benzonitril* (mit HCl), *Benzylcyanid* (mit HCl) u. *Desoxybenzoinoxim* blieben unverändert (Inhibitoren). *Acetaldehyd* reagierte sehr langsam, in Ggw. von Morpholin mäßig schnell. *Cyclohexanon* u. *Aceton* reagierten nicht, Aceton in Ggw. von Cyclohexylamin sehr langsam, *Anisaldehyd* mäßig schnell. Anisaldehyd in Ggw. von n-Butylamin gab langsam *p-Methoxybenzylbutylamin*, $Kp._{20}$ 150°, $Kp._1$ 120°; 75% (Ausbeute); *Hydrochlorid*, $C_{12}H_{20}ONCl$, F. 195—196°; an **II** das gleiche Ergebnis. *p-Oxyacetophenon* gab langsam ein polymeres Produkt. *Zimtaldehyd* reagierte mäßig schnell, *Acetessigester* nicht (auch an **II** nicht). *Benzoylessigsäureäthylester* gab langsam *β-Phenylmilchsäureäthylester. Bzl.* in Eisessig reagierte langsam, *Naphthalin* in Eisessig bei 25° nicht. — Zur Darst. von **I** bzw. **II** wurde 1 g Aktivkohle in einem Reduziergefäß mit 30—50 cm³ W. versetzt, Lsgg. von H_2PtCl_6 bzw. $PdCl_2$ (mit 100 mg Pt bzw. 0,2 mg Pd) zugefügt, das Gefäß mit H_2 gefüllt u. 15—20 Min. geschüttelt. (J. Amer. chem. Soc. **74**. 4586—89. 20/9. 1952. Tuckahoe, N. Y., Wellcome Res. Labor.) CLEVE. D 227

D₂. Präparative organische Chemie. Naturstoffe.

Vukić M. Mićović und **Mihailo Lj. Mihailović**, *Die Reduktion von Säureamiden mit Lithiumaluminiumhydrid.* Vff. untersuchen das Verh. von mono- u. disubstituierten Säureamiden gegenüber $LiAlH_4$ (**I**). Bei Einhaltung geeigneter Reaktionsbedingungen (Verhältnis der Reaktionspartner, Erhitzungsdauer, Isolierung der Reaktionsprodd.) werden die entsprechenden Amine in 84—93%ig. Ausbeute erhalten. N-Acylierte heterocycl. Verbb. mit aromat. Charakter (Pyrrole, Indole u. Carbazole) werden unter n. Bedingungen unter Zers. des Mol. zu Alkoholen reduziert. Unter bestimmten Bedingungen geben diese Verbb. dagegen mit guten Ausbeuten die entsprechenden Aldehyde. Der Reaktionsmechanismus wird diskutiert; bes. wird nach Vff. die Bldg. von Alkoholen u. Aldehyden begünstigt durch ster. Hinderung am N-Atom, die die Bldg. einer Al—N-Bindung verhindert.

V e r s u c h e: Allg. wurde die Red. der Amide wie folgt durchgeführt: Zu einer gerührten Suspension von 0,5 Mol + 30% Überschuß **I** in absol. Ae. wird 1 Mol Amid in Ae. so zugegeben, daß der Ae. im Sieden gehalten wird, danach wird 1 Std. weitergerührt u. erwärmt (für monosubstituierte Amide Erhitzungsdauer von Fall zu Fall verschieden), die Zers. erfolgt durch sukzessive Zugabe von n g W., n cm³ 15%ig. NaOH u. 3n cm³ W. (auf n g **I**) u. 20 Min. heftiges Rühren. — *N-Benzylpiperidin*, $Kp._{15}$ 122°, aus 0,05 Mol N-Benzoylpiperidin (**II**) u. 1,25 g **I**; 93,3% (Ausbeute). *Hydrochlorid*, F. 178—179°. *Pikrat*, F. 178,5—179°. — *N-Äthylpiperidin*, Kp. 126 bis 128°, aus 0,075 Mol N-Acetylpiperidin u. 1,9 g **I**; 92,3%. *Pikrat*, F. 168—169°. — *N-Äthyl-1.2.3.4-tetrahydrochinolin*, $Kp._{15}$ 130—132°, aus 0,05 Mol N-Acetyl-1.2.3.4-tetrahydrochinolin ($Kp._{13,5}$ 162—163°) u. 1,25 g **I**; 90,6%. *Pikrat*, F. 117—118°. — *N.N-Diäthylbenzylamin*, $Kp._{12}$ 84—85°, aus 0,05 Mol N.N-Diäthylbenzamid u. 1,25 g **I**; 91,9%. *Pikrat*, F. 120°. — *3-Diäthylaminomethylpyridin* (**III**), $Kp._{14}$ 108—109°, aus

0,05 Mol N.N-Diäthylnicotinamid (**IV**, Kp.$_{11}$ 156—158°) u. 1,25 g **I**; 84,1%. *Dihydrochlorid*, $C_{10}H_{18}N_2Cl_2$, F. 184—185° (A./Ae. absol.). — *N-Benzyl-1.2.3.4-tetrahydrochinolin*, $C_{16}H_{17}N$, Kp.$_{0,8}$ 160°, F. 36,5—37°, aus 0,036 Mol N-Benzoyl-1.2.3 4-tetrahydrochinolin (**V**) mit 0,9 g **I**, Nadeln aus 96% ig A.; 38,3%; daneben *Benzylalkohol* (**VI**, Kp $_{12}$ 92—92,5°; 52,9%; *Phenylurethan*, F. 78°) u. *1.2.3.4-Tetrahydrochinolin* (**VII**, Kp.$_{12}$ 121—122°; 45,9%; *Hydrochlorid*, F. 180—181°). — *N-Äthylanilin*, Kp.$_{17}$ 93 bis 94°, aus 0,044 Mol Acetanilid u. 2,5 g **I** durch 5std. Erhitzen; 92,9%. *Pikrat*, F. 137,5—138°. — *N-Butylanilin*, Kp.$_{14,5}$ 118,5—119,5°, aus 0,04 Mol Butyranilid u. 2,3 g **I** durch 7std. Erhitzen; 92,1%. *Hydrochlorid*, F. 114—115°. — *N-Äthylcyclohexylamin*, Kp. 159—162°, aus 0,042 Mol N-Cyclohexylacetamid u. 2,4 g **I** durch 36std. Erhitzen; 88%. *Phenylharnstoffderiv.*, F. 124—125°. — *N-Cyclohexylbenzylamin*, Kp.$_{13}$ 143—144°, aus 0,03 Mol N-Cyclohexylbenzamid (**VIII**) in 2 g **I**, wegen der geringen Löslichkeit von **VIII** in Ae. 34std. Kochen unter Verwendung eines SOXHLET-Extraktionsapp.; 89,5%. *Phenylharnstoffderiv.*, F. 121—122°. — *Pyrrol* (**IX**), Kp. 126 bis 131°, aus 0,05 Mol N-Benzoylpyrrol (**X**) u. 1,66 g **I** durch 1std. Erhitzen; 85,6%, daneben 80% **VI**, ferner aus 0,07 Mol N-Acetylpyrrol u. 2,3 g **I**; 82,9%; identifiziert als K-Verbindung. — *Indol*, Kp.$_5$ 122,5—124°, F. 51°, aus 0,05 Mol N-Benzoylindol (**XI**) u. 1,33 g **I**; 89,5%, daneben 92,5% **VI**, aus 0,05 Mol N-Acetylindol u. 1,66 g **I**; 93,1%. — *Carbazol* (**XII**), F. 237—239° (A.), aus 0,018 Mol N-Benzoylcarbazol (**XIII**) u. 0,6 g **I** durch 1std. Erhitzen; 90%, daneben **VI**; 80,4%. — *Zimtalkohol*, Kp.$_{13}$ 140—143°, aus 0,05 Mol N.N-Diäthylzimtsäureamid u. 1,66 g **I** durch 1std. Erhitzen; 29,8%. *Phenylurethan*, F. 90—90,5°. — *Benzaldehyd* (**XIV**), Kp. 175—178°, durch Zugabe (15 Min.) einer Lsg. von 0,34 g **I** in Ae. zu N.N-Diäthylbenzamid (Kp.$_{19}$ 152—153°) in Ae. bei —15° u. weitere 30 Min. Rühren bei —15°, 1 Std. bei Zimmertemp.; 36,6%, daneben 11,6% **VI** u. 28,2% nichtumgesetztes Ausgangsprod. zurück. — Aus 0,036 Mol **II** wie vorst.; 47,1% **XIV**, daneben 17,9% **VI** u. 20,5% **II** zurück. — Aus 0,036 Mol **V** wie vorst.; 49% **XIV**, daneben 13,7% **VI**. — Aus 0,018 Mol **XIII** u. 0,17 g **I** wie vorst.; 60% **XIV**, daneben 83,3% **XII**. — Aus 0,04 Mol **X** durch Zugabe zu 0,38 g **I** bei —10° wie vorst.; 54,1% **XIV**, daneben 82,1% **IX**. — Aus 0,04 Mol **XI** wie bei der Red. von **X**; 55,5% **XIV** [*Semicarbazon*, F. 222°; *Phenylhydrazon*, F. 157—158° (A.)]. — *Nicotinaldehyd*, Kp.$_{11}$ 83—87°, aus 0,036 Mol **IV** wie vorst.; 12,9%, daneben 5,1% **III**, 28% *3-Pyridinmethanol* (Kp.$_{11}$ 138—143°; *Pikrat*, F. 158°) u. 24,9% **IV** zurück. *Thiosemicarbazon*, F. 213—214° (Zers.). — *N-Cinnamoylcarbazol*, $C_{21}H_{15}ON$, F. 96,5 bis 97° (A.), durch 1std. Erhitzen von 0,1 Mol **XII** u. 0,105 Mol Cinnamoylchlorid auf 185—195° unter gelegentlichem Schütteln. — *Zimtaldehyd*, durch Red. von 0,02 Mol vorst. Verb. mit 0,19 g **I** bei —10° wie bei **XIV**; 45,2%, daneben 89,8% **XII**. *Phenylhydrazon*, F. 166—167°. Die Ausbeuten an den vorst. genannten Aldehyden sind auf die Phenylhydrazone bezogen. (J. org. Chemistry **18**. 1190—1200. Sept. 1953. Belgrad, Serbian Acad. of Sci., Inst. of Chem.; Fac. of Sci., Inst. of Chem.)

G. WINKLER. 460

Chittaranjan Raha, *Kondensation ketonischer Carbonylverbindungen mit Cyanessigestern in Gegenwart von Piperazindiacetat.* Als Katalysator der KNÖVENAGELschen Kondensation keton. Carbonylverbb. mit Cyanessigester erwies sich Piperazindiacetat (**I**) in einigen Fällen dem gebräuchlichen NH_4-Acetat u. Piperazin (**III**) überlegen, da bei gleichen oder besseren Ausbeuten keine Neben-Rkk. abliefen. **I** katalysierte dagegen nicht die Kondensation von Malonestern mit Ketonen, sowie Cyanessigester mit behinderten Ketonen, wie Campher. Beschreibung einer App. für das fortlaufende Abziehen des Reaktionswassers.

V e r s u c h e: *Kondensationsprod. aus Äthyl-β-acetopropionat u. Äthylcyanacetat* (**II**), a) in Bzl. in Ggw. von Piperazin (**III**) unter Rückfluß, Kp.$_{5,5}$ 160°; 35% (Ausbeute); b) in Toluol in Ggw. von **III** + Essigsäure, Kp.$_{1,5}$ 98°; 85%. — *Kondensationsprod. aus β-Acetoglutarsäurediäthylester u.* **II** in Ggw. von **III** + Essigsäure in Toluol unter Rückfluß, $C_{16}H_{23}O_6N$, Kp.$_1$ 125—126°; 60%. — Analoge Kondensation mit Campher blieb erfolglos, desgl. die von Methyläthylketon mit Diäthylmalonat. — *Kondensationsprod. aus Acetondicarbonsäurediäthylester u.* **II** in Toluol in Ggw. von **I** unter Rückfluß, $C_{14}H_{19}O_6N$, Kp.$_6$ 155°; 30%. — *Kondensationsprod. aus Mesityloxyd u.* **II** in Toluol in Ggw. von **I** unter Rückfluß, Kp.$_4$ 100°; 55%. (J. Indian chem. Soc. **30**. 129—32. Febr. 1953. Calcutta, Bose-Inst.) LEHWALD. 470

W. A. Cowdrey und **D. S. Davies**, *Die Sandmeyer- und verwandte Reaktionen.* Es wird eine eingehende Übersicht der SANDMEYER- u. verwandter Rkk. gegeben. Im einzelnen werden besprochen: Die Bldg. einer C—Hal-Bindung, die Bldg. von C—O- u. C—S-Bindungen, die Bldg. von C—N-, C—As-, C—Sb- u. C—Bi-Bindungen, die nichtreduktive Bldg. einer C—C-Bindung (z. B. Benzonitril); reduktive Rkk., wie Synthesen von symm. Azoverbb. von symm. Diarylen, von KW-stoffen oder von metallorgan. Verbb. mit Hg, Sn, As u. Sb als Metallen, sowie von S-, Se- u. Te-organ. Verbindungen. Außerdem werden der Reaktionsmechanismus u. die Rolle der verschied. Katalysatoren der SANDMEYERschen Rk. diskutiert. — 93 Literaturangaben. (Quart. Rev. [chem. Soc., London] **6**. 358—79. 1952. Manchester, Imp. Chem. Ind. Ltd., Dyestuffs Div., Res. Dep.) ZIMMER. 470

Antoine Lacassagne, Ng.-Ph. Buu-Hoï, Antonio Chamorro, Nguyên Dat-Xuong und **Nguyên Hoan,** *Chemische Darstellung und biologische Aktivität einer östrogenen, mit Deuterium markierten Substanz: 2.5-Dideutero-3.4-bis-[p-oxyphenyl]-hexan.* Auf folgendem Wege synthetisierten Vff. *2.5-Dideutero-3.4-bis-[p-oxyphenyl]-hexan* (**I**; F. 186°, feine Nadeln aus Bzl.): $D_2O + SOCl_2 \rightarrow DCl$; Addition bei niedriger Temp. an Anethol → *p-$CH_3O-C_6H_4-CHCl-CHD-CH_3$*, Entchlorierung mit Fe-Pulver bei 90—100° in wss. Suspension → [*p-$CH_3O-C_6H_4-CH(CHD-CH_3)$*]$_2$ [Gemisch von *cis-* u. *meso*-Form (**II**)]; aus **II** (F. 146°, prismat. Nadeln aus A.) durch Erhitzen mit Pyridin-Hydrochlorid **I**. **I** zeigt biol. Wirkungen, die von dem nicht deuterierten Prod. nicht sehr verschieden sind; der östrogene Einfl., untersucht an Ratten u. Mäusen ist etwas geringer. (C. R. hebd. Séances Acad. Sci. **231**. 1384—86. 18/12. 1950.) J. ROTHE. 480

Albert L. Henne und **Dorothy W. Kraus,** *Die Richtung der Anlagerung freier Radikale an $CF_2{=}CFCl$.* Vff. erkennen, daß die durch Anlagerung von CF_3J u. CCl_3Br an $CF_2{=}CFCl$ entstehenden Verbb. C_3F_6ClJ bzw. $C_3F_3Cl_4Br$ nicht, wie anfangs anfangs angenommen (vgl. C. **1952**. **662**), $CF_3{-}CFCl{-}CF_2J$ (**I**) bzw. $CCl_3{-}CFCl{-}CF_2 \cdot Br$ (**II**) sind, sondern *$CF_3-CF_2-CFClJ$* bzw. *$CCl_3-CF_2-CFClBr$* (**III**). Seinerzeit hatten sich Vff. für die Konstitutionen **I** u. **II** entschieden, weil die Dehalogenierung mit Zn in A. kein Fluor abspaltete. Jetzt fanden sie, daß bei dem neuen Dehalogenierungsverf. (vgl. C. **1954**. 2371) aus der Verb. $C_3F_3Cl_4Br$ in Essigsäureanhydridlsg. mit Zn in Ggw. von Methylenchlorid die bei 40° schm. Verb. *$CCl_3-CF_2-CFCl-CF_2-CCl_3$* entsteht, die sich mit Zn in A. erst oberhalb 110° zu dem Monoolefin *$C_6F_6Cl_6$* umsetzt. — Versuche: *$CCl_3-CF_2-CFCl-CFCl-CF_2-CCl_3$*, F. ca. 40°; durch 6 std. Rühren von 86 g **III**, 17,7 g Zn, 3 Voll. CH_2Cl_2 u. 2 Voll. Essigsäureanhydrid; 60 g (81,5% Ausbeute) neben 8,1 g nichtumgesetztem **III**. — *$C_6F_6Cl_6$*, $D.^{28}{}_4$, n_D^{28} 1,4501, Mol.-Refr. 59,1, Atom-Refr.$_F$ 1,2; durch 6 std. Schütteln von 43 g der vorst. Verb. mit 6 g Zn u. 200 cm³ A. bei 110°; 19 g (52%). (J. Amer. chem. Soc. **76**. 1175—76. 20/2. 1954. Columbus, O., Ohio State Univ., Dep. of Chem.) FORCHE. 510

J. D. Park, Buck Stricklin und **J. R. Lacher,** *Eine Untersuchung der Chlorierung von fluorierten aliphatischen Äthern.* Die photochem. Chlorierung von *$CH_3-O-CF_2-CHClF$* (**I**) u. *$CH_3-CH_2-O-CF_2-CHClF$* (**II**) in fl. Phase greift zuerst an der halogenfreien Alkylgruppe an; das H-Atom der CHClF-Gruppe wird erst zuletzt durch Cl ersetzt. Aus **I** entsteht in erster Stufe leicht *$CCl_3-O-CF_2-CHClF$* u. dann etwas träger *$CCl_3-O-CF_2-CCl_2F$* (**III**). Aus **II** bilden sich in erster Stufe die beiden Monochlorierungsprodd. *$CH_3-CHCl-O-CF_2-CHClF$* u. *$CH_2Cl-CH_2-O-CF_2-CHClF$* im Verhältnis 3 : 1. Die weitere Chlorierung dieser beiden Verbb. liefert nacheinander *$CH_2Cl-CHCl-O-CF_2-CHClF$* u. *$CHCl_2-CHCl-O-CF_2-CHClF$*. Die fortgesetzte Chlorierung führt zu einem Gemisch höherchlorierter Prodd. mit $Kp._{10}$ 65 bis 94° u. schließlich zu *$CCl_3-CCl_2-O-CF_2-CCl_2F$* (**IV**). Die Behandlung von **IV** mit Zn in A. ergibt *$CCl_2{=}CCl-O-CF_2-CCl_2F$*. — Die chlorierten Äther sind stabile Verbb. u. geben nicht die üblichen Rkk. der Alkyl- u. Chloralkyläther. Sie werden von H_2SO_4 nicht zu Estern hydrolysiert. Von $AlCl_3$ oder $AlBr_3$ werden sie zu einem Gemisch von Alkylhalogeniden u. Acylhalogeniden gespalten. So entstehen bei der Behandlung von **I** mit $AlCl_3$ Methylchlorid, Methylfluorid, CHClF—COF u. CHClF—COCl; die Säurehalogenide lassen sich als *N-Phenyl-α-chlor-α-fluoracetamid* (**V**), C_8H_7ONClF, F. 86—87°, charakterisieren. Da die Umsetzung mit $AlCl_3$ um so schwieriger verläuft, je höher chloriert der Äther ist, bietet sie eine Möglichkeit zur Verfolgung des Chlorierungsgrades. **V** erhält man aus allen chlorierten Äthern mit Ausnahme von **III** u. **IV**, welche *Dichlorfluoracetamid*, F. 125°, ergeben.

Versuche: *$CH_2Cl-O-CF_2-CHClF$*, $Kp._{624}$ 104,5°, $D.^{20}{}_4$ 1,5269, n_D^{20} 1,3768, Mol.-Refr. ([MR]) 27,52, Atom-Refr.$_F$ ([AR]$_F$) 1,12. — *$CHCl_2-O-CF_2-CHClF$*, $Kp._{626}$ 112,5°, $D.^{20}{}_4$ 1,5620, n_D^{20} 1,3883, [MR] 32,40, [AR]$_F$ 1,13. — *$CCl_3-O-CF_2-CHClF$*, $Kp._{629}$ 131°, $D.^{20}{}_4$ 1,6631, n_D^{20} 1,4090, [MR] 37,39, [AR]$_F$ 1,17. — *$CCl_3-O-CF_2-CCl_2F$* (**III**), $Kp._{626}$ 142°, $D.^{20}{}_4$ 1,7141, n_D^{20} 1,4187, [MR] 42,11, [AR$_F$] 1,13. — *$CH_2Cl-CH_2-O-CF_2-CHClF$*, $Kp._{100}$ 84°, $D.^{20}{}_4$ 1,4620, n_D^{20} 1,3935, [MR] 32,44, [AR]$_F$ 1,23. — *$CH_3-CHCl-O-CF_2-CHClF$*, $Kp._{100}$ 63°, $D.^{20}{}_4$ 1,4020, n_D^{20} 1,3755, [MR] 32,17, [AR]$_F$ 1,14. — *$CH_2Cl-CHCl-O-CF_2-CHClF$*, $Kp._{100}$ 97°, $D.^{20}{}_4$ 1,5426, n_D^{20} 1,4080, [MR] 37,02, [AR]$_F$ 1,13. — *$CHCl_2-CHCl-O-CF_2-CHClF$*, $Kp._{23}$ 85°, $D.^{20}{}_4$ 1,6438, n_D^{20} 1,4291, [MR] 41,66, [AR]$_F$ 1,06. — *$CCl_3-CCl_2-O-CF_2-CCl_2F$* (**IV**),

$Kp._{10}$ 94°, $D.^{20}_4$ 1,7819, n_D^{20} 1,4575, [MR] 56,00, $[AR]_F$ 0,973. — *$CCl_2{=}CCl{-}O{-}CF_2{-}CCl_2F$*, $Kp._{40}$ 89°, $D.^{20}_4$ 1,7054, n_D^{20} 1,4440, [MR] 45,97, $[AR]_F$ 1,14; durch langsames Einrühren von 128 g **IV** in 27 g Zn-Pulver in A. unter Kühlung u. 1 std. Kochen am Rückflußkühler. (J. Amer. chem. Soc. **76**. 1387—88. 5/3. 1954. Boulder, Col., Univ. of Colorado, Dep. of Chem.) FORCHE. 560

Horst Böhme und **Paul Heller**, *Über β- und γ-Ketosulfoniumsalze und ihren Zerfall in wässeriger Lösung.* Analog Dimethylphenacylsulfoniumhydroxyd reagiert Dimethylacetonylsulfoniumhydroxyd (I) beim Erhitzen mit 1 Äquivalent Alkali unter Wasserabspaltung u. intramol. Umlagerung zu *3-Methylmercaptobutanon-(2)*. Mit überschüssigem Alkali zerfällt **I** in *Essigsäure* u. *Trimethylsulfoniumhydroxyd*. Beide Rkk. verlaufen bei Sulfoniumverbb. mit aliphat. Substituenten langsamer als bei solchen mit aromat. Substituenten. — *γ-Ketosulfoniumverbb.* werden dargestellt aus Methylbromid u. γ-Ketosulfiden (erhältlich durch Anlagerung von Mercaptanen an Alkylvinylketone in Ggw. von K_2CO_3 oder $ZnCl_2$ oder aus Alkalimercaptiden u. Alkyl-β-chloräthylketonen; sie bilden nur zum Teil Oxime u. sind mit Persäuren zu Sulfonen oxydierbar). Von den dargestellten γ-Ketosulfoniumsalzen sind die aromat. beständiger als die alicycl., diese beständiger als die aliphat.; *Dimethyl-[β-benzoyläthyl]-sulfoniumbromid* (**VI**) zerfällt in wss., außerordentlich schnell in alkal. Lsg. in *Phenylvinylketon, Dimethylsulfid* u. *HBr.* Dieser Zerfall dürfte für alle γ-Ketosulfoniumsalze charakterist. sein.

Versuche: *Dimethylacetonylsulfoniumhydroxyd* (**I**), aus Chloraceton u. Dimethylsulfid (vgl. SMILES, C. **1905**. I. 1217). — *Reineckat*, $C_9H_{17}ON_6S_5Cr$, Zers. bei 128—129°. — *3-Methylmercaptobutanon-(2)*, $C_5H_{10}OS$, $Kp._{12}$ 36—38°, (a) aus Dimethylacetonylsulfoniumchlorid (**II**) durch 10 std. Erhitzen mit 0,5 n NaOH; die Geschwindigkeit der Umlagerung wurde durch Rücktitration des NaOH-Überschusses bestimmt; (b) aus 3-Brombutanon-(2), Methylmercaptan u. Na in A. bei —15° u. anschließendes ½ std. Erwärmen (50—60°); 84% (Ausbeute). — *3-Methylsulfonylbutanon-(2)*, $C_5H_{10}O_3S$, Kp. **179°**, aus vorst. Verb. mit 30%ig. H_2O_2 in Eisessig; 61%. — Die Spaltung von **II** mit starken Laugen wurde acidimetr. nach Abzug des gebildeten HCl (Abdest. u. Best. des Cl^- nach VOLHARD) bestimmt; präparativ wurde die gebildete *Essigsäure* als $C_2H_3O_2Ag$, das gebildete *Trimethylsulfoniumhydroxyd* als *Reineckat* ($C_7H_{15}N_6S_5Cr$, F. 294°; 82%) nachgewiesen. — *4-Methylmercaptobutanon-(2)* (**III**), $C_5H_{10}OS$, $Kp._{20}$ 75 bis 76°, aus CH_3SH u. Methylvinylketon in Ggw. von K_2CO_3 (77% roh) oder Methyl-β-chloräthylketon (61%) unter Eis-Kochsalz-Kühlung; 1 g löst sich in 17 cm³ W. bei Zimmertemperatur. — *Methyl-[butanon-(2)-yl-(4)]-sulfon*, $C_5H_{10}O_3S$, F. 88—89°, aus **III** u. Phthalmonopersäure in Ae. bei —15°, Nadeln aus Isopropanol; 92%. *Oxim*, $C_5H_{11}O_3NS$, F. 107—108°, Nadeln aus Isopropanol; 76%. — *Dimethyl-[β-acetyläthyl]-sulfoniumreineckat*, $C_{10}H_{19}ON_6S_5Cr$, F. 126° (Zers.; aus Aceton-W.); aus **III** u. CH_3Br (Kältemischung), dann Zusatz von REINECKE-Salz-Lsg. bei Zimmertemp.; 28%. — *4-Äthylmercaptobutanon-(2)*, $C_6H_{12}OS$, $Kp._{20}$ 90—91°; aus C_2H_5SH u. Methylvinylketon wie **III**; 1 g löst sich in 35 cm³ W. bei Zimmertemp.; 74% (roh). — *Äthyl-[butanon-(2)-yl-(4)]-sulfon*, $C_6H_{12}O_3S$, F. 69—70°, analog Vorst., Nadeln aus Isopropanol; 83%. *Oxim*, $C_6H_{13}O_3NS$, F. 76—77° (Isopropanol); 70%. — *Methyl-[cyclohexanonyl-(2)-methyl]-sulfid* (**IV**), $C_8H_{14}OS$, $Kp._1$ 83—84°; aus 10,8 g 2-Oxymethylcyclohexanon u. 5,5 g CH_3SH durch 1 std. Erhitzen im Rohr (100°, K_2CO_3); 7,7 g (roh). *Oxim*, $C_8H_{15}ONS$, F. 75—76° (Methanol-W.); 45%. — *Dimethyl-[cyclohexanon-(2)-ylmethyl]-sulfoniumbromid*, $C_9H_{17}OBrS$, F. 99—100° (Aceton); aus **IV** u. CH_3Br (Eis-Kochsalz, 12 Std.); zers. sich im Verlauf einer Woche unter Braunfärbung; 25% — *Äthyl-[cyclohexanonyl-(2)-methyl]-sulfid*, $C_9H_{16}OS$, $Kp._2$ 97—99°; wie **IV** aus C_2H_5SH; 42%. *Oxim*, $C_9H_{17}ONS$, F. 62—63° (Methanol-W.); 73%. — *Methyläthyl-[cyclohexanon-(2)-ylmethyl]-sulfoniumbromid*, $C_{10}H_{19}OBrS$, F. 83—84° (Zers.; Aceton); aus dem Sulfid u. CH_3Br wie oben; zers. sich nach 1—2 Tagen unter Braunfärbung; 60%. — *β-Methylmercaptopropiophenon* (**V**), $C_{10}H_{12}OS$, F. 35—36° (PAe. oder Methanol), $Kp._{15}$ 153—155°; aus β-Chlorpropiophenon, CH_3SH u. Na in A. (Eis-Kochsalz-Kühlung, dann 20 Min. kochen, dann 3 Std. stehenlassen); 64%. *Oxim*, $C_{10}H_{13}ONS$, F. 53—54° (Methanol + W.); 81%. — *β-Methansulfonylpropiophenon*, $C_{10}H_{12}O_3S$, F. 117—118° (W.); aus dem Sulfid u. Phthalmonopersäure in Ae. (88%) oder 30%ig. H_2O_2 in Eisessig (26%). — *Dimethyl-β-benzoyläthylsulfoniumbromid* (**VI**), $C_{11}H_{15}OBrS$, F. 114—115° (Isopropanol); aus vorst. Sulfon u. CH_3Br in Aceton (im Rohr, 2 Wochen); 53%. — *β-Äthylmercaptopropiophenon*, $C_{11}H_{14}OS$, F. 45—46° (Methanol), $Kp._2$ 145°; analog **V** mit C_2H_5SH; 70%. — *β-Äthansulfonylpropiophenon*, $C_{11}H_{14}O_3S$, F. 111—112° (W.); aus vorst. Verb. mit 30%ig. H_2O_2 in Eisessig (2 Tage); 74%. *Oxim*, $C_{11}H_{15}O_3NS$, F. 95—96°, Nadeln aus W.; 62%. — *β-Benzylmercaptopropiophenon*, $C_{16}H_{16}OS$, F. 36—37°, analog **V** mit $C_6H_5CH_2SH$; 80%. — Die Spaltung von **VI** mit Alkali wurde durch acidimetr. u. gravimetr. (AgBr) Best. des gebildeten HBr verfolgt; die übrigen Spaltprodd. (*Phenylvinylketon, Dimethylsulfid*) wurden nach Extraktion mit CCl_4 mit Br_2 als *Bromdimethylsulfoniumbromid*, $C_2H_6Br_2S$ (F. 84°; 71%) bzw. *α.β-Dibromäthylphenylketon* (F. 53—54° [A.]; 96%; Trennung von vorst. Verb. mit CCl_4) oder durch Erhitzen im N_2-Strom (60°) u. Oxydation des flüchtigen $(CH_3)_2S$ mit H_2O_2 in Eisessig zu *Dimethylsulfon*, F. 108—109° (A.) nachgewiesen. (Chem. Ber. **86**. 443—50. 1953. Marburg/Lahn, Univ., Pharmazeut.-chem. Inst.) J. ROTHE. 600

F. D. Gunstone, *Neuere Entwicklung in der Darstellung von natürlichen und synthetischen geradkettigen Fettsäuren.* Übersicht an Hand der Literatur bis 1953 (147 Literaturangaben). (Quart. Rev. [chem. Soc., London] **7**. 175—97. 1953. Glasgow, Univ.) TÄUFEL. 810

Gordon S. Myers, *Octadecen-(2)-säure.* 1. Mitt. *Darstellung und einige Reaktionen der cis- und trans-Isomeren.* Vf. untersuchte die Konfigurationsverhältnisse der Octadecen-(2)-säure (**I**), wobei er auf Grund bisheriger Literaturdaten davon ausging, daß die Verb. vom F. 58,5° (**Ia**) vermutlich die trans-Form darstellt. — Durch Einführung von OH-Gruppen in **Ia** entstand mittels alkal. $KMnO_4$ bzw. OsO_4 u. Peressigsäure zu 17 bzw. 8% *2.3-Dioxystearinsäure* (F. 126°, **IIa**), während mit Peressigsäure in Ggw. von H_2SO_4 nach Verseifung zu 37% die isomere Verb. **IIb** (F. 107°) gefunden wurde. Die geringen Ausbeuten dürften auf die Nähe der C=C-Bindung zur COOH-Gruppe zurückzuführen sein. So reagierte **Ia** nicht mit Perameisensäure. — **Ia** lieferte mit Br_2 eine *2.3-Dibromstearinsäure* (F. 71°, **IIIa**), die sich leicht zu reiner **Ia** zurückverwandeln ließ. Bei der Behandlung von **IIa** mit HBr in Essigsäure konnte eine *2.3(3.2)-Bromacetoxystearinsäure* (F. 57°, **IVa**) isoliert werden; hingegen lieferte **IIb** unter gleichen Bedingungen ein Gemisch zweier *2.3(3.2)-Bromacetoxystearinsäuren* (F. 49°, **IVb** u. F. 84,5°, **IVc**). **IVa** bildete mit Zn in guter Ausbeute relativ reine **Ia** zurück. Bei gleicher Behandlung entstand dagegen aus **IVb** nach chromatograph. Trennung 63% **Ia** u. zu 16% eine *Octadecen-(2)-säure* (F. 50,5°, **Ib**), der vermutlich die cis-Konfiguration zukommt. **Ib** oxydierte sich mit aceton. $KMnO_4$ zu *Palmitinsäure*, mit alkal. $KMnO_4$ entstand **IIb**, mit Peressigsäure **IIa**, die Hydrierung lieferte *Stearinsäure* (**V**) u. die Bromierung eine *2.3-Dibromstearinsäure* (F. 57°, **IIIb**). — **Ib** ließ sich in sd. 25%ig. alkoh. KOH in 38%ig. Ausbeute zu **Ia** isomerisieren, wobei jedoch keine **Ib** zurückgewonnen werden konnte. Dies ist durch eine Umwandlung von **Ia** unter diesen Bedingungen zu erklären. Vermutlich entsteht Octadecen-(3)-säure. **Ia** u. **Ib** waren jedoch relativ stabil gegen verd. heiße Lauge. Diese Eig. wurde zu einem verbesserten Verf. zur Darst. von **Ia** ausgenutzt. Danach konnte HJ durch kurzes Kochen von 2-Jodstearinsäure (**VI**) mit 10%ig. alkoh. KOH abgespalten werden. — Die den beiden isomeren **Ia** u. **Ib** zugewiesene Konfiguration wird durch die Lage der C=C-Dehnungsfrequenz in Infrarotspektr. gestützt. Die UV-Spektren beider Verbb. wurden gemessen. Auch die Betrachtung der anderen physikal. u. chem. Eigg. bestätigt die angenommene Konfiguration von **Ia** u. **Ib**.

Versuche: *trans-Octadecen-(2)-säure* (**Ia**), F. 58—58,5° (PAe. u. A.), a) aus **VI** durch 1 std. Kochen mit alkoh. KOH (0,143 Mol in 100 cm³), mit W. verdünnen, mit Ae. extrahieren u. den Rückstand mit PAe. behandeln; 43% (Ausbeute), daneben 13% *2-Oxystearinsäure* (**VII**), F. 80—88°; b) für größere Mengen: **V** mit PCl_3 zum Schmelzen erhitzen, zweimal mit Br_2 versetzen u. insgesamt 26 Std. auf dem Dampfbad erhitzen, mit W. verdünnen, mit Na_2SO_3 versetzen u. zur rohen *2-Bromstearinsäure* (F. 52—56°) aufarbeiten, diese durch 6 std. Kochen mit KJ in A. in **VI** umwandeln u. analog weiter behandeln; 25% (bezogen auf **V**), daneben 21% rohe **VII**; c) durch 8 std. Kochen von **IVa** mit Zn-Staub in Aceton; 79%; d) durch Isomerisierung von **Ib** mit alkoh. KOH (1 g in 4 cm³) in 3 std. Sieden, Reinigung durch Chromatographieren an SiO_2/Celit (4 : 1); 38%. — *2.3-Dioxystearinsäure* (**IIa**), F. 125,5—126° (A.), a) wss.-alkal. Lsg. von **Ia** mit wss. $KMnO_4$ 1 Std. in der Kälte rühren; 17%; b) **Ia** u. wenig OsO_4 in Essigsäure unter portionsweiser Zugabe von 30%ig. H_2O_2 innerhalb von 3 Std. auf dem Dampfbad erhitzen; 7%; c) **Ib** in Essigsäure in Ggw. eines Tropfens konz. H_2SO_4 analog mit 30%ig. H_2O_2 innerhalb von 6 Std. auf dem Dampfbad behandeln; 55%. — *2.3-Dioxystearinsäure* (**IIb**), $C_{18}H_{36}O_4$, F. 106—107° (A.), a) **Ia** in Essigsäure + wenig konz. H_2SO_4 bei 100° mit 30%ig. H_2O_2 5 Std. behandeln; 28—37%; b) **Ib** in 1%ig. wss. KOH 5 Min. mit $KMnO_4$ behandeln; 5%. — *2.3(3.2)-Bromacetoxystearinsäure* (**IVa**), $C_{20}H_{37}O_4Br$, F. 57 oder 46,5—47° je nach Kristallform (Aceton u. PAe.), aus **IIa** durch 5 std. Behandeln mit 48%ig. HBr in Essigsäureanhydrid; durch Umkristallisieren aus PAe. entstand ein Prod. vom F. 53—55°; 49%, dessen weitere Umkristallisation die vorst. genannten Formen ergab, die Form vom F. 46,5—47° ließ sich durch Erhitzen über den F. u. langsames Verfestigen in die Form vom F. 57° umwandeln. — *2.3(3.2)-Bromacetoxystearinsäure* (**IVb**), $C_{20}H_{37}O_4Br$, F. 49° (PAe.), **IIb** wie **IIa** 6 Std. bei 80° behandeln; 51%. — *2.3(3.2)-Bromacetoxystearinsäure* (**IVc**), $C_{20}H_{37}O_4Br$, F. 84,5—85° (Aceton–PAe.), bei der Darst. von **IVb**; 7%. — *cis-Octadecen-(2)-säure* (**Ib**), $C_{18}H_{34}O_2$, F. 50,5—51° (PAe.), **IVb** in Aceton innerhalb von 30 Min. mit Zn-Staub versetzen u. 16 Std. unter Rückfluß kochen; aus dem Rohprod. (97%) durch Umkristallisation aus PAe. u. aus A. **Ia** (64%) abscheiden u. die Mutterlauge durch zweimaliges Chromatographieren an SiO_2/Celit (4 : 1) in weitere 10% **Ia** u. 18% **Ib** trennen. — *Palmitinsäure*, F. 60—61° (Aceton u. A.), **Ib** in Aceton mit $KMnO_4$ in der Siedehitze oxydieren; 28%. — *Stearinsäure* (**V**), F. 68—69°, **Ia** oder **Ib** in Methanol in Ggw. von Pt nach ADAMS hydrieren. — *2.3-Dibromstearinsäure* (**IIIa**), F. 71—72° (PAe.), **Ia** zur kalten Lsg. von Br_2 in Chlf. geben, Lsg. mehrere Std. bei Zimmertemp. u. 12 Std. bei 50° halten; 78%. — *2.3-Dibromstearinsäure* (**IIIb**), $C_{18}H_{34}O_2Br_2$, F. 57—57,2° (PAe.), analog **IIIa** aus **Ib** nach 3tägigem Stehen; 61%. (J. Amer. chem. Soc. **73.** 2100—04. Mai 1951. Kingston, Can., Queen's Univ., Dep. of Biochem.)

L. FISCHER. 810

Murray Hauptschein, E. A. Nodiff und **A. J. Saggiomo,** *Trifluormethylderivate von Oxybenzoesäuren und verwandten Verbindungen. 4-Trifluormethylsalicylsäure* (**II**) läßt sich sowohl durch Umsetzung von m-Trifluormethylphenol (**I**) mit K_2CO_3 u. CO_2 unter Druck bei 220° als auch aus den Na- u. K-Trifluormethylphenolaten nach der KOLBE-SCHMIDT-Rk. darstellen. Das p-Isomere, *2-Trifluormethyl-4-oxybenzoesäure* (**VI**), tritt bei keiner dieser Rkk. auf. Ebenso entsteht aus m-Kresol mit K_2CO_3 u. CO_2 die *4-Methylsalicylsäure* u. kein p-Isomeres. **II** wurde ferner dargestellt durch Diazotierung von 4-Trifluormethyl-2-nitroanilin (**III**) u. SANDMEYER-Rk. mit K–Ni-Cyanid zu *4-Trifluormethyl-2-nitrobenzonitril*, Hydrolyse mit 55%ig. H_2SO_4 bei 165° zu *4-Trifluormethyl-2-nitrobenzoesäure*, Red. mit Fe u. NH_4Cl zu *2-Amino-4-trifluormethylbenzoesäure* (**IV**), deren Diazotierung u. Verkochen. Auf analoge Weise wurde aus 2-Trifluormethyl-4-nitroanilin **VI** synthetisiert. **II** liefert bei der Behandlung mit konz. H_2SO_4 *2-Oxyterephthalsäure* in 85%ig. Ausbeute. — *3-Trifluormethyl-5-oxybenzoesäure* wurde durch Nitrierung von m-Trifluormethylbenzoesäure (**V**) zu *3-Trifluormethyl-5-nitrobenzoesäure*, Red. zu *3-Amino-5-trifluormethylbenzoesäure*, Diazotierung u. Hydrolyse gewonnen. — *2-Trifluormethyl-4-oxybenzonitril* (**IX**) wurde einerseits aus 4-Amino-3-trifluormethylphenol (**VII**) durch Diazotierung u. Umsetzung mit K–Ni-Cyanid u. andererseits aus 4-Chlor-2-trifluormethylanilin (**VIII**) über *4-Chlor-2-trifluormethylbenzonitril* u. *4-Cyan-3-trifluormethylanilin* dargestellt. **IX** läßt sich nicht in **VI** überführen.

Versuche: *4-Trifluormethylsalicylsäure* (**II**), $C_8H_5O_3F_3$, F. 178—178,5°; durch langsames Erhitzen von 48,6 g **I**, 124,4 g wasserfreiem K_2CO_3 u. 21 at CO_2 in einer Cu-Bombe im Laufe von 10 Tagen von Zimmertemp. auf 220°, Auflösen der harten M. in heißem W. u. Ansäuern der ausgeätherten u. mit Holzkohle entfärbten Lsg. mit konz. HCl; aus A. u. W. Nadeln; 88% (Ausbeute); oder durch Diazotierung von 0,205 g **IV** in 0,5 cm³ konz. H_2SO_4 + 10 cm³ W. bei 4° mit 0,07 g $NaNO_2$ in 2 cm³ W. u. 20 Min. langes Kochen, Lösen der beim Erkalten ausgeschiedenen Substanz (78%) in K_2CO_3-Lsg. u. Fällen mit konz. HCl. *Acetylderiv.*, $C_{10}H_7O_4F_3$, F. 110—112°; durch Acetylieren von 1,5 g **II** mit 5 cm³ Essigsäureanhydrid u. 2 Tropfen konz. H_2SO_4; aus PAe. Nadeln; nahezu 100%. *Methylester*, $C_9H_7O_3F_3$, Kp.$_{760}$ 223°, Kp.$_{14}$ 87°, F. ca. 21°; durch 6std. Kochen von 20,6 g **II** mit 35 cm³ Methanol u. 3,5 cm³ konz. H_2SO_4; 80%. — *2-Oxyterephthalsäure*, F. 327° (A. u. W.); durch Erhitzen von 0,80 g **II** mit 6 cm³ konz. H_2SO_4; 85%. *Dimethylester*, F. 93—94° (A.). — *4-Methylsalicylsäure*, F. 176,5—177,5° (Bzl.); aus m-Kresol, K_2CO_3 u. CO_2; 88%. *Äthylester*, F. 253—254°. — *4-Trifluormethyl-2-nitrobenzonitril*, $C_8H_3O_2N_2F_3$, F. 44,5—45,5° (wss. A.); durch Auflösen von 61,8 g **III** in 665 cm³ W. + 133 cm³ konz. H_2SO_4 unter Erwärmen, Abkühlen auf 0°, Zugabe von 21,5 g $NaNO_2$ in 40 cm³ W. im Laufe von 30 Min. u. mehrstd. Erwärmen auf 5—10°, Einrühren der filtrierten Lsg. in eine kalte K–Ni-Cyanidlsg. (aus 105 g KCN in 450 cm³ W., 90 g $NiSO_4$ in 150 cm³ W. u. 450 g Na_2CO_3 in 900 cm³ W.), ½std. Erwärmen auf 30—35°, Stehenlassen über Nacht, ½std. Erhitzen auf 70° u. Wasserdampfdest.; 48%. — *4-Trifluormethyl-2-nitrobenzoesäure*, $C_8H_4O_4NF_3$, F. 140—140,5° (W.); durch ½std. Erhitzen von 1,64 g der vorst. Verb. in 30 cm³ 55%ig. H_2SO_4 auf 165°, Gießen auf Eis, Auflösen des Nd. in 10%ig. NaOH u. Fällen mit konz. HCl; 74%. Wenn die Hydrolyse mit 70%ig. H_2SO_4 bei 190° durchgeführt wird, entsteht *2-Nitroterephthalsäure*, F. 261—263°. — *2-Amino-4-trifluormethylbenzoesäure* (**IV**), $C_8H_6O_2NF_3$, F. 175—177° (A.); durch Einrühren von 0,73 g der vorst. Verb. in ein Gemisch aus 1 g Fe-Pulver u. 0,5 g NH_4Cl in 15 cm³ W. bei 50°, 1std. Kochen, Behandlung mit 10%ig. NaOH, Neutralisation mit konz. HCl u. Ausäthern; 80%. — *α.α.α-Trifluor-4-jod-3-nitrotoluol*, $C_7H_3O_2NJF_3$, F. 32,5—33,5°; durch Diazotierung von **III** u. Umsetzung mit KJ; aus A. hellgelbe Kristalle; 92%. — *3-Trifluormethyl-5-nitrobenzoesäure*, $C_8H_4O_4NF_3$, F. 128—129° (W.); durch Einrühren von 125 g HNO_3 (D. 1,5) in ein Gemisch aus 81 g **V** u. 500 g rauchender H_2SO_4 bei unterhalb 70° u. 4—5std. Erwärmen auf dem Wasserbad; 90%. — *3-Amino-5-trifluormethylbenzoesäure*, $C_8H_6O_2NF_3$, F. 141—142,5°; aus vorst. Verb. u. Fe-Pulver u. NH_4Cl-Lsg.; 55%. — *3-Trifluormethyl-5-oxybenzoesäure*, $C_8H_5O_3F_3$, F. 191,5—192,5° (W.); durch Diazotierung der vorst. Verb. in H_2SO_4 u. Hydrolyse; 60%. — *2-Trifluormethyl-4-nitroanilin*, F. 90—92°; aus α.α.α-Trifluor-2-chlor-5-nitrotoluol u. fl. NH_3 bei 140°; 76%. — *2-Trifluormethyl-4-nitrobenzonitril*, $C_8H_3O_2N_2F_3$, F. 48—49,5° (20%ig. A.); aus vorst. Verb. durch SANDMEYER-Rk. mit K–Ni-Cyanid; 32,5%. — *2-Trifluormethyl-4-nitrobenzoesäure*, $C_8H_4O_4NF_3$, F. 138,5—140°; durch Hydrolyse der vorst. Verb. mit 63%ig. H_2SO_4 bei 182°; aus W. Tafeln; 92%. — *4-Amino-2-trifluormethylbenzoesäure*, $C_8H_6 \cdot O_2NF_3$, F. 185,5—187°; durch Red. der vorst. Verb. mit Fe-Pulver u. NH_4Cl; 75%. — *2-Trifluormethyl-4-oxybenzoesäure* (**VI**), $C_8H_5O_3F_3$, F. 152,5—154° (Bzl.); aus vorst. Verb. durch Diazotierung u. Hydrolyse; 61%. — *4-Chlor-2-trifluormethylbenzonitril*, $C_8H_3NClF_3$, Kp.$_{10}$ 109°, n_D^{26} 1,4902; durch Diazotierung von 78,2 g **VIII** in 133 cm³ konz. H_2SO_4 mit 27,6 g $NaNO_2$ in 20%ig. Lsg. u. Zugabe der Mischung zu K–Ni-Cyanid; 42%. — *4-Cyan-3-trifluormethylanilin*, $C_8H_5N_2F_3$, F. 142° (W.); aus vorst. Verb. u. fl. NH_3 bei 130°; ca. 50%. — *2-Trifluormethyl-4-oxybenzonitril* (**IX**), $C_8H_4 \cdot ONF_3$, F. 119—120° (W.); durch Diazotierung der vorst. Verb. u. Hydrolyse mit H_2SO_4; 64%, oder durch Diazotierung von **VII** u. Behandlung mit K–Ni-Cyanid; 30%. (J. Amer. chem. Soc. **76**. 1051—54. 20/2. 1954. Philadelphia, Pa., Temple Univ., Res. Inst.) FORCHE. 850

S. Berlingozzi, G. Serchi, P. Michi und **G. Rapi**, *Untersuchungen an optisch aktiven Aminosäuren. 13. Mitt. Papierchromatographie von Aminosäuren und ihren künstlichen Gemischen*. (12. vgl. Sperimentale, Sez. chim. biol. **2**. [1951.] 89.) Nach einem zusammenfassenden Überblick über den Stand der chromatograph. Trennung von Aminosäuren u. ihre techn. Ausführung werden Verss. über die Prüfung auf Reinheit u. über die Trennung einer Anzahl von biol. wichtigen Aminosäuren nach dem Verf. der Papierchromatographie auf Rundfiltern beschrieben; durch zahlreiche Abbildungen wird die Trennschärfe für künstliche Gemische veranschaulicht. Es besteht ein Zusammenhang zwischen den R_F-Werten u. dem Mol.-Gew. der Aminosäuren nur insoweit, wie man Aminosäuren mit unverzweigten C-Ketten vergleicht. Im einzelnen wurden untersucht: *Glykokoll*, L-α- u. *L-β-Alanin*, *L-Histidin*, *L-Prolin*, *L-Methionin*, *L-Tryptophan*, *L-Asparaginsäure*, *L-Asparagin*, *L-Leucin*, *L-Arginin-HCl*, *L-Tyrosin*, *L-Phenylglycin*, *L-Glutaminsäure*, *L-Cystin*, *Kreatin*, *Kreatinin*, *DL-Phenylalanin*, *DL-Serin*, *DL-Threonin*, *DL-Allothreonin*, *L-Lysin-HCl*, *L-α-Aminobuttersäure*, *p-Aminobenzoesäure*, *p-Aminosalicylsäure*, *Histamin* u. ihre Gemische. — 207 Literaturhinweise. (Sperimentale, Sez. chim. biol. **3**. 45—95. 15/10. 1952. Florenz, Univ.) HENTSCHEL. 950

Norman Rabjohn und **P. D. Strickler**, *Substituierte Alkyltrimethylammoniumbromide*. Vff. kondensierten ω-Phenoxybromide mit Acetessigsäureäthylester u. erhielten durch Hydrolyse der entstandenen substituierten Acetessigester die gewünschten Methylketone, die sie nach der Meth. von ALEXANDER u. COPE (C. **1945**. II. 1163) in *α-Cyan-β-methyl-ω-phenoxyester* überführten. Durch HBr/Essigsäure werden diese gespalten, hydrolysiert u. decarboxyliert u. die entstandenen *ω-Brom-β-methylcarbonsäuren* nach Veresterung mit Trimethylamin zu *substituierten Alkyltrimethylammoniumbromiden* umgesetzt, die als *Hydrazide* isoliert wurden.

Versuche: α-[*γ-Phenoxypropyl*]-*acetessigsäureäthylester* (**I**), aus 322 g γ-Phenoxypropylbromid u. 195 g Acetessigsäureäthylester in Ggw. von Na in A.; 300 g roh (Ausbeute). — α-[*δ-Phenoxybutyl*]-*acetessigsäureäthylester* (**II**), $C_{16}H_{22}O_4$, Kp.$_1$ 153—155°, ebenso aus δ-Phenoxybutyljodid; hellgelbe Fl.; n_D^{20} 1,4984; 67%. — α-[*ε-Phenoxyamyl*]-*acetessigsäureäthylester* (**III**), $C_{17}H_{24}O_4$, Kp.$_1$ 208—210°, aus ε-Phenoxyamylbromid; n_D^{20} 1,4970; 32%. — *Methyl-ω-phenoxyalkylketone* wurden nach dem Verf. von JOHNSON u. HAGER (Org. Syntheses, Coll. Vol. I [1941.] 351) dargestellt: *Methyl-δ-phenoxybutylketon* (**IV**), Kp.$_1$ 137—142°, aus rohem **I**; 77%. — *Methyl-ε-phenoxyamylketon* (**V**), $C_{13}H_{18}O_2$, Kp.$_1$ 142—144°, aus **II** u. 5%ig. NaOH unter Rühren (12 Std.); hellgelbe Fl.; n_D^{20} 1,5068; 87%. *2.4-Dinitrophenylhydrazon*, $C_{19}H_{22}O_5N_4$, F. 91—92°, aus A. gelbe Tafeln. — *Methyl-ε-phenoxyhexylketon* (**VI**), $C_{14}H_{20}O_2$, Kp.$_1$ 162—163°, aus **III** beim Kochen (12 Std.) mit 5%ig. NaOH; n_D^{20} 1,5033; 71%. *2.4-Dinitrophenylhydrazon*, $C_{20}H_{24}O_5N_4$, F. 98—99°, aus A. gelbe Nadeln. — *α-Cyan-β-methyl-ω-phenoxyheptansäureäthylester* (**VII**), $C_{17}H_{23}O_3N$, Kp.$_1$ 193—195°, F. 39—41°, aus **IV** u. Cyanessigsäureäthylester; n_D^{22} 1,4981; 66%. — *α-Cyan-β-methyl-ω-phenoxycaprylsäureäthylester*, $C_{18}H_{25}O_3N$, Kp.$_1$ 218—220°, ebenso aus **V**; n_D^{20} 1,5096; 42%. — *α-Cyan-*

β-methyl-ω-phenoxypelargonsäureäthylester (IX), $C_{19}H_{27}O_3N$, Kp.$_{0,5}$ 210—212°, aus VI; n_D^{20} 1,5008; 48%. — *ω-Brom-β-methylheptansäure* (X), $C_8H_{15}O_2Br$, Kp.$_1$ 130—133°, aus VII u. 80%ig. Essigsäure, die 1,5 Mol HBr enthält, durch 60std. Kochen; n_D^{20} 1,4781; 38%. — *Äthylester* (XI), $C_{10}H_{19}O_2Br$, Kp.$_1$ 95—96°, aus X beim Erhitzen mit einer 7%ig. Lsg. von HBr in A.; n_D^{20} 1,4614; 83%. — *ω-Brom-β-methylpelargonsäure*; $C_{10}H_{19}O_2Br$, Kp.$_1$ 157—160°, aus IX, 48%ig. HBr u. Eisessig; gelbes Öl; n_D^{20} 1,4750, 31%. — *Äthylester* (XIII), $C_{12}H_{23}O_2Br$, Kp.$_1$ 120—122°; n_D^{20} 1,4600; 73%. — *Trimethyl-[5-methyl-6-carbäthoxyhexyl]-ammoniumbromid* (XII), aus XI u. 16%ig. Trimethylamin in absol. Bzl. nach 48 Stunden. — *Trimethyl-[7-methyl-8-carbäthoxy-octyl]-ammoniumbromid* (VIII), ebenso aus XIII. — *Hydrazid des Trimethyl-[5-methyl-6-carboxyhexyl]-ammoniumbromids*, $C_{11}H_{26}ON_3Br$, F. 118—122°, aus rohem XII u. Hydrazinhydrat u. A. durch 2$^1/_4$std. Erhitzen; 26%. — *Hydrazid des Trimethyl-[7-methyl-8-carboxyoctyl]-ammoniumbromids*, $C_{13}H_{30}ON_3Br$, F. 136—139, ebenso aus VIII; hygroskop.; 23%. (J. Amer. chem. Soc. **75**. 3852—54. 5/8. 1953. Columbia, Mo., Univ., Dep. of Chem.) SEIDE. 950

B. A. Arbusow und **N. P. Bogonosszewa**, *Einwirkung von Phosphortrichlorid auf Orthopropion- und Orthokieselsäureäthylester*. Bei der Einw. von PCl_3 (1 Mol) auf Orthopropionsäuretriäthylester (I) (1, 2 oder 3 Mol) wurden, je nach dem mol. Verhältnis, außer *Äthylpropionat* (II) *Phosphorigsäureäthylesterdichlorid* (III), *Phosphorigsäurediäthylesterchlorid* (IV) u. *Triäthylphosphit* (V) erhalten; außerdem entstand in letzterem Falle das *Diäthylketal* (VI) von *Propionylphosphonsäurediäthylester* (VII). Partielle Verseifung von VI lieferte VII. Zur Bestätigung der Konst. wurde VII aus V u. Propionylchlorid synthetisiert. Bei der Bldg. von VI aus I u. PCl_3 wird angenommen, daß zunächst 1 Mol I mit 1 Mol PCl_3 nach der Gleichung $C_2H_5C(OC_2H_5)_3 + PCl_3 = C_2H_5 \cdot CCl(OC_2H_5)_2 + C_2H_5OPCl_2$ reagiert, worauf weitere Umsetzung mit V nach $C_2H_5CCl \cdot (OC_2H_5)_2 + P(OC_2H_5)_3 = C_2H_5C(OC_2H_5)_2P(:O)(OC_2H_5)_2 + C_2H_5Cl$ erfolgt. — Die Rk. von Orthokieselsäuretetraäthylester (3 Mol) mit PCl_3 (4 Mol) lieferte *Triäthoxychlorsilan*, *Diäthoxydichlorsilan*, außerdem III u. andere nicht näher untersuchte Produkte.

Versuche: Rk. von I mit PCl_3. a) 3 : 1 Mol. Man läßt zu 40 g I 10,6 g PCl_3 zufließen, beendigt die Rk. durch 2std. Erhitzen auf dem Wasserbad u. fraktioniert im Vakuum; erhalten werden 10,1 g II, 9,8 g V u. 9,9 g VI. b) 2 : 1 Mol. Aus 40 g I u. 15,7 g PCl_3 werden analog Vorst. 21,5 g II u. 5,5 g IV erhalten. c) 1 : 1 Mol. 50 g I u. 39,17 g PCl_3 geben 34 g (unreines) II u. 12 g III. — *Äthylpropionat* (II), Kp. 98,5 bis 99,5°, Kp.$_{16}$ 22—25°; $D.^{20}_{20}$ 0,8938; $n_D^{20,1}$ 1,3860. — *Triäthylphosphit* (V), Kp.$_{13}$ 52 bis 55°; $D.^{20}_{20}$ 0,9677; n_D^{20} 1,4101. *Verb.* mit *Kupfer(I)-jodid*, $P(OC_2H_5)_3 \cdot CuJ$, F. 109 bis 110°. — *Phosphorigsäurediäthylesterchlorid* (IV), $C_4H_{10}O_2ClP$, Kp.$_{25}$ 52—54°; $D.^{20}_{20}$ 1,0871; n_D^{20} 1,4344. — *Phosphorigsäureäthylesterdichlorid* (III), $C_2H_5OCl_2P$, Kp. 116 bis 118°; $D.^{20}_{20}$ 1,2373; n_D^{20} 1,4750. — *Propionylphosphonsäurediäthylester* (VII), $C_7H_{15}O_4P$, Kp.$_8$ 100,5—102,5°; a) durch Verseifen von VI mit verd. HCl (1 ml W. + 3 Tropfen konz. HCl), 2 Wochen bei Zimmertemp.; 0,4 g aus 1 g VI; b) aus 28 g V u. 15,5 g tropfenweise zugesetztem Propionylchlorid; HCl wird im Vakuum abgesaugt u. der Rückstand fraktioniert; 14,5 g. VII ist bei 8 mm nur unter teilweiser Zers. destillierbar; $D.^{20}_{20}$ 1,080; n_D^{20} 1,4201. *Semicarbazon*, F. 160—162°. *Diäthylketal* (VI), $C_{11}H_{25}O_5P$, Kp.$_{14}$ 140—142°; $D.^{20}_{20}$ 1,0353; n_D^{20} 1,4324. — Bei 4std. Erhitzen von 50 g $Si(OC_2H_5)_4$ mit 44,1 g PCl_3 auf dem Wasserbad u. Fraktionieren im Vakuum, dann bei gewöhnlichem Druck, werden außer nicht identifizierten Prodd. 27,5 g III u. nachst. Verbb. erhalten: *Diäthoxydichlorsilan*, $C_4H_{10}O_2Cl_2Si$, Kp. 137—138°; 14 g (durch P-Verbb. verunreinigt). *Triäthoxychlorsilan*, $C_6H_{15}O_3ClSi$, Kp. 154—156,5°; $D.^{20}_0$ 1,0460; 13,1 g. (Известия Академии Наук СССР, Отделение Химических Наук [Nachr. Akad. Wiss. UdSSR, Abt. chem. Wiss.] **1953**. 484—89. Mai/Juni. Kasan, Uljanow-Lenin-Univ., Wiss. Chem. Butlerow-Forschungsinst.)

R. KNOBLOCH. 980

A. H. Herz und **D. S. Tarbell**, *Eine neue Methode zur Darstellung substituierter Thiophenole*. Infolge des Widerstandes von Thiophenolen gegen elektrophile Substitution können nach den üblichen Methoden Derivv. nicht dargestellt werden. Diphenyldisulfid (I) u. Formaldehyddiphenylmercaptal (II) lassen sich zwar bromieren (BOURGEOIS u. ABRAHAM, C. **1912**. I. 797; VAN HOVE, C. **1928**. I. 2710), aber nicht nach FRIEDEL-CRAFTS acetylieren. Hierbei entsteht *Phenylthiolacetat* (III). Die aus Thiophenolen u. α.β-ungesätt. Ketonen erhaltenen Additionsprodd. können dagegen im Thiophenolring substituiert u. anschließend mit bas. Pb-Acetat in das Ausgangsketon u. das substituierte Thiophenol gespalten werden. Nach dieser Meth., die allg. anwendbar ist, erhalten Vff. aus *β-[3-Nitrophenyl]-β-[phenylmercapto]-propiophenon* (IV) u. Acetylchlorid *β-[3-Nitrophenyl]-β-[4-acetylphenylmercapto]-propiophenon* (IVa), das über das Pb-Mercaptid *4-Acetylthiophenol* liefert. Analog erhalten sie aus dem entsprechenden Bromderiv. — Bromierung ist nur in Ggw. von $AlBr_3$ möglich — *4-Bromthiophenol* (**VI**). Nach dieser allg. Rk. wurden ferner *2-Nitro-4-methyl-* u. *4-Acetyl-3-methoxythiophenol* dargestellt.

Versuche: *Phenylthiolacetat* (**III**), Kp.$_{1,5}$ 66°, F. 18—19,5°, n_D^{20} 1,5700, a) aus 8 g **I**, 6 g Acetylchlorid u. 19,6 g $AlBr_3$ in CS_2, Zers. mit Eis, Ausäthern, Waschen u. Trocknen; 8 g (Ausbeute); b) aus 10 g **II** in CS_2, die bei —10° zu 10 g Acetylchlorid u. 23 g $AlBr_3$ in CS_2 getropft werden; 7,4 g; gibt durch alkal. Verseifung u. Oxydation mit Hypojodit quantitativ **I**; aus dem Destillationsrückstand von **III** *p-Bromphenylthiolacetat*, F. 51—52° (Methanol); 1 g. Ersatz von $AlBr_3$ durch BF_3 in Essigsäure ergab 80% unverändertes Ausgangsmaterial. — *β-[3-Nitrophenyl]-β-[phenylmercapto]-propiophenon* (**IV**), $C_{21}H_{17}O_3NS$, F. 105—106° (A.), aus 3-Nitrobenzalacetophenon (**V**), Thiophenol in wenig Bzl. u. Piperidin, danach Zugabe von Essigsäure u. Methanol; 96%. — *β-[3-Nitrophenyl]-β-[4-acetylphenylmercapto]-propiophenon* (**IVa**), $C_{23}H_{19}O_4NS$, F. 96—97° (A.), aus 10 g **IV** u. 60 cm³ Acetylchlorid in CS_2 in Ggw. von 25 g $AlBr_3$ bei —10°; 9,5 g, oder aus 4-Acetylthiophenol u. **V** in Ggw. von Piperidin. — *4-Acetylthiophenol*, F. 27—28,5°, aus 12 g der vorst. Verb. in A. + Chlf. u. 175 cm³ 20%ig. Bleiacetattrihydratlsg. in 50%ig. A. u. Zugabe von 10%ig. NaOH bei p_H 8—10, Abfiltrieren des Pb-Mercaptids, Zugabe von HCl u. Extraktion mit Chlf. (4,2 g); aus dem Filtrat in nahezu quantitativer Ausbeute **V**. — *Bis-[4-acetylphenyl]-disulfid*, aus vorst. Verb. mit $FeCl_3$ in Essigsäure, F. 99—100°, oder aus dem Pb-Mercaptid mit heißer $FeCl_3$-Lsg. in Eisessig. — *β-[3-Nitrophenyl]-β-[4-bromphenylmercapto]-propiophenon*, $C_{21}H_{16}O_3NBrS$, F. 130—131° (Methanol/A.), aus 2 g **IV** in Chlf. u. 0,88 g Brom in Chlf. bei 0° u. Eintragen von 4,4 g $AlCl_3$ in CS_2 bei —5°; 1,6 g; oder aus dem folgenden Thiophenol **VI** u. **V**; 86%. *4-Bromthiophenol* (**VI**), F. 74—75° (Methanol), aus 0,7 g der vorst. Verb. über das Pb-Mercaptid; 0,28 g. — *β-[3-Nitrophenyl]-β-[4-methylphenylmercapto]-propiophenon*, $C_{22}H_{19}O_3NS$, aus p-Thiokresol u. **V**, F. 103—104°. — *Bis-[4-methyl-2-nitrophenyl]-disulfid*, F. 174—175°, aus 4 g der vorst. Verb. mit HNO_3 (1,42 g) in Essigsäureanhydrid bei 0°, Eingießen in 10%ig. NaOH u. Abfiltrieren von **V**. Aus dem Filtrat über das Pb-Mercaptid 0,2 g *4-Methyl-2-nitrothiophenol*, F. 55—58°; hieraus durch Oxydation mit Hypojodit das Disulfid. — *β-[3-Nitrophenyl]-β-[3-methoxyphenylmercapto]-propiophenon*, F. 72—75°, aus 3-Methoxythiophenol u. **V** in Ggw. von Piperidin; 35%. *β-[3-Nitrophenyl]-β-[4-acetyl-3-methoxyphenylmercapto]-propiophenon*, $C_{24}H_{21}O_5NS$, F. 120—121°, aus 3,3 g der vorst. Verb. analog **IVa** bei Acetylierung; 2,6 g. — *Bis-[4-acetyl-3-methoxyphenyl]-disulfid*, $C_{18}H_{18}O_4S_2$, F. 179—180°, aus *4-Acetyl-3-methoxythiophenol* (aus vorst. Verb. über das Pb-Mercaptid) durch Oxydation mit $FeCl_3$ in Eisessig. (J. Amer. chem. Soc. **75**. 4657—60. 5/10. 1953. Rochester, N. Y., Univ., Dep. of Chem.) W. LORENZ. 1090

William D. Emmons und **Arthur F. Ferris**, *Doppelte Umsetzungen von Silbersalzen in Lösung*. 2. Mitt. *Die Synthese von Alkylsulfonaten*. (1. vgl. C. **1953**. 3229.) Vff. arbeiten bei der Darst. von *Alkylsulfonaten* aus den Ag-Salzen der Methansulfonsäure, p-Toluolsulfonsäure u. Benzolsulfonsäure u. dem entsprechenden prim. Alkylhalogenid in Acetonitril, in dem die genannten Ag-Salze gut lösl. sind; nahezu quantitative Ausbeuten wurden erreicht. Sek. u. tert. Halogenverbb. liefern keine Sulfonate, vielmehr tritt Dehydrohalogenierung ein; so wurde bei Rk. von tert.-Butylbromid mit Ag-Tosylat nur *p-Toluolsulfonsäure* isoliert.

Versuche: Die *Ag-Salze* wurden aus den Sulfonsäuren in CH_3CN durch Zugabe von Ag_2O in geringem Überschuß u. Eindampfen in guter Ausbeute u. Reinheit gewonnen. — *Allylmesylat*, $C_4H_8O_3S$, Kp.$_{0,05}$ 45—47°: Zur Lsg. von Ag-Methansulfonat (**I**) in CH_3CN wird Allylbromid gegeben; n_D^{20} 1,4435; 96% (Ausbeute). — *Methylen-bis-mesylat*, $C_3H_8O_6S_2$, F. 75—76° (A.): Zur heißen Lsg. von **I** in CH_3CN wird Methylenjodid gegeben, 20 Std. unter Rühren erhitzt, abdest., in warmem Äthylendichlorid aufgenommen u. dest.; 72%. — *Methallylmesylat*, $C_5H_{10}O_3S$, Kp.$_{0,02}$ 54—56°, aus **I** u. Methallylchlorid in CH_3CN durch 1 std. Erhitzen; n_D^{20} 1,4468; 81%. — *Benzylmesylat*, $C_8H_{10}O_3S$, aus **I** u. Benzylbromid; zers. sich beim Destillieren; n_D^{20} 1,5199 (roh); 92%. — *Methylen-bis-tosylat*, $C_{15}H_{16}O_6S_2$, F. 116—117° (absol. A.): Ag-p-Toluolsulfonat u. Methylenjodid werden in CH_3CN 24 Std. erhitzt; 87%. — Analog vorst. Verbb. wurden gewonnen: *Methylmesylat*, aus Methyljodid; 97%. — *Äthylmesylat*, aus Äthyljodid; 94%. — *Butylmesylat*, aus Butyljodid; 97%. — *Methyltosylat*, aus CH_3J; 77%. — *Äthyltosylat*, aus C_2H_5J; 76%. — *Äthylen-bis-tosylat*, aus Äthylenbromid; 65%. — *Benzyltosylat*, aus Benzylchlorid; 52%. — *Methylbenzolsulfonat*, aus Ag-Benzolsulfonat u. CH_3J; 69%. (J. Amer. chem. Soc. **75**. 2257. 5/5. 1953. Huntsville, Ala., Rohm u. Haas Co., Redstone Arsenal Res. Div., Josiah Gorgas Labor.) H. ULRICH. 1090

T. I. Temnikowa und **Je. N. Kropatschewa**, *Untersuchung auf dem Gebiet der cyclischen Acetale von Oxycarbonylverbindungen*. 3. Mitt. *Umwandlungen des Methyllactolids* *von Methylbenzoylcarbinol bei der Einwirkung von sauren und alkalischen Reagentien.* (2. vgl. C. **1952.** 1982; vgl. auch C. **1949.** E. 537; **1952.** 1983.) Bei der Rk. des Methyllactolids (I) von Methylbenzoylcarbinol (II) (1-Methoxy-1-phenylpropen-(1)-oxyd) mit CH_3ONa in CH_3OH wird das *Dimethylketal* von II erhalten; wird CH_3ONa in Ae. oder ohne Lösungsm. bei höherer Temp. angewendet, so erfolgt keine Reaktion. Wirkt CH_3OH allein auf I ein, so entsteht durch Dimerisation *2.5-Dimethoxy-3.6-dimethyl-2.5-diphenyl-1.4-dioxan* (*Cyclodimethyldilactolid* von II); den gleichen Effekt hat HCl-Gas in Bzl. oder ohne Lösungsm.; vgl. dagegen die Einw. von CH_3OH + HCl (l. c.). Mit wss. Lsgg. von HCl oder Oxalsäure reagiert I unter Bldg. von II. Isomerisation zu *Phenylacetylcarbinolmethyläther* tritt ein, wenn Oxalsäure oder Dichloressigsäure in Bzl. auf I einwirken; dagegen führt Behandeln mit Benzoesäure in Bzl. zu II-*Benzoat.* II, Phenylacetylcarbinol u. ihre Derivv. werden durch ihre UV-Absorptionsspektren charakterisiert.

Versuche: *Cyclodimethyldilactolid* von II, F. 244—245°; 6 g I werden tropfenweise zu 25 ml absol. CH_3OH hinzugefügt; aus CH_3OH Kristalle; 4 g (Ausbeute) neben ca. 0,58 g *Acetylbenzoyl* (Kp.₂ 78—82°; *Disemicarbazon,* F. 226—228°). — *Dimethylketal* von II, $C_{11}H_{16}O_3$, $Kp._2$ 76—76,5°; aus 7 g I u. CH_3ONa-Lsg. (5 g Na; 100 ml CH_3OH) bei 3std. Erhitzen auf dem Wasserbad; Öl; $D.^{20}_4$ 1,090; n_D^{20} 1,5127; Mol.-Refr. ($[MR]_D$) 54,08; 3,12 g. Geht beim Aufbewahren in vorst. Verb. (F. 244—245°) über. Hydrolyse mit 5%ig. H_2SO_4 auf dem Wasserbad liefert II. — *Phenylacetylcarbinolmethyläther,* $Kp._1$ 78—79°; beim Behandeln von 9 g I mit 0,5 g Oxalsäure in 130 ml Bzl.; nach einigen Tagen wird die Lsg. mit Na_2CO_3-Lsg. gewaschen u. getrocknet; die Fraktionierung im Vakuum gibt 2,11 g (*Semicarbazon,* F. 156—157°) neben einem fl. *Dimeren* von I, $C_{20}H_{24}O_4$, $Kp._1$ 240—242°; 4,2 g. — *Methylbenzoylcarbinolmethyläther,* $C_{10}H_{12}O_2$, $Kp._1$ 79—80°; durch 10std. Erwärmen von 5 g II mit 32 g CH_3J + 15,7 g Ag_2O in absol. Ae.; hellgelbe, bewegliche Fl.; $D.^{20}_4$ 1,0704; n_D^{20} 1,5225; $[MR]_D$ 46,77; 4,5 g. *Semicarbazon,* $C_{11}H_{15}O_2N_3$, F. 159—160°; aus A. Kristalle. — *Methylbenzoylcarbinolbenzoat,* F. 107—108°; aus 2 g I u. 2 g Benzoesäure in 50 ml Bzl., 12 Std. bei Zimmertemp.; 2 g. (Журнал Общей Химии [J. allg. Chem.] **22** (**84**). 1150—59. Juli 1952. Leningrad, Shdanow-Univ., Faworski-Labor.) R. KNOBLOCH. 1180

T. Temnikowa und **N. Almaschi,** *Untersuchung auf dem Gebiet der cyclischen Acetale von Oxycarbonylverbindungen.* 4. Mitt. *Methyllactolid von Dimethylbenzoylcarbinol und seine Umwandlungen.* (3. vgl. vorst. Ref.) Bei der Einw. von CH_3ONa auf α-Bromisopropylphenylketon (I) in absol. Ae. erhält man das *Methyllactolid* (II) von *Dimethylbenzoylcarbinol* (III) (*1-Methoxy-1-phenyl-2.2-dimethyläthylenoxyd*). II polymerisiert nicht beim Aufbewahren, wird jedoch in saurer Lsg. leicht unter Bldg. von III hydrolysiert. Die UV-Spektren von II u. III wurden verglichen. Die Beobachtung, daß II im Gebiet von 270—290 mμ kein Absorptionsmaximum aufweist, wird als Strukturbeweis (Fehlen einer Carbonylgruppe) angesehen. III dagegen besitzt Maxima bei 287 u. 320 mμ. Bei der Einw. von Semicarbazid bzw. 2.4-Dinitrophenylhydrazin auf II entstehen die entsprechenden Derivv. von III. Die hieraus hervorgehende leichte Hydrolysierbarkeit von II veranlaßte ASTON u. Mitarbeiter (J. Amer. chem. Soc. **64.** [1942.] 300) dieser Verb. die falsche Formulierung von III-Methyläther zuzuschreiben. Durch Umsetzung von II mit Methanol entsteht das *Dimethylketal* von III, dessen Struktur durch Hydrolyse zu III bewiesen wird. Bei der Einw. von 1%ig. absol. methanol. oder benzol. HCl auf II entsteht die von FAWORSKI u. MANDRYKA (vgl. C. **1913.** I. 1010) erhaltene Verb. nicht ermittelter Konst. von F. 184—185°, die auf Grund des in vorliegender Unters. ermittelten Absorptionsspektr. den Dioxanring enthält u. vielleicht *2.5-Oxido-3.3.6.6-tetramethyl-2.5-diphenyl-1.4-dioxan* ist. Mit Benzoesäure u. wasserfreier Oxalsäure liefert II unter Aufspaltung des Oxidoringes die *Ester* von III mit den betreffenden Säuren. Läßt man Magnesiumbromidätherat auf II einwirken, so entsteht unter Isomerisierung der *Methyläther* des *Methylphenylacetylcarbinols,* dessen Struktur durch Hypobromitoxydation zu *Methoxymethylphenylessigsäure* bewiesen wird.

Versuche: *Methyllactolid* (II) von III, $C_{11}H_{14}O_2$, $Kp._{9,5}$ 85—85,5°, $Kp._5$ 75—75,5°, aus I u. CH_3ONa in absol. Ae., 7—10 Std. bei Zimmertemp.; $D.^{17}_4$ 1,0124; n_α^{17} 1,49259; n_D^{17} 1,49583; n_β^{17} 1,50633; $[MR]_\alpha$ 51,09; $[MR]_\beta$ 52,29 (Mol.-Refr.); ca. 95% (Ausbeute). — *Derivv.* des *Dimethylbenzoylcarbinols* (III): *Semicarbazon,* F. 181—182°. *2.4-Dinitrophenylhydrazon,* $C_{16}H_{16}O_5N_4$, F. 139—140°; aus Ligroin. *Oxalsäureester,* $C_{22}H_{22}O_6$, F. 136°. *Benzoesäureester,* $C_{17}H_{16}O_3$, F. 61,5—62,5°. — *Dimethylketal* von III, $C_{12}H_{18}O_3$, F. 54—55°; aus II mit Methanol in 2 Tagen; aus PAe. Kristalle; 1 g aus 5 g II neben anderen nicht untersuchten Produkten. — *2.5-Oxido-3.3.6.6-tetramethyl-2.5-diphenyl-1.4-dioxan* (?), $C_{20}H_{22}O_3$, F. 185—186°; aus II in

1%ig. benzol. oder methanol. HCl bei 12std. Einw.; aus A. + Bzl. Kristalle; Nebenprod. ist **III**. — *Methylphenylacetylcarbinolmethyläther*, $C_{11}H_{14}O_2$, Kp.$_3$ 86—86,5°; aus **II** u. Magnesiumbromidätherat in Ae., 5 Std. bei Zimmertemp.; $D.^{15}{}_4$ 1,037; $n\alpha^{15}$ 1,49694; $[MR]_\alpha$ 50,34; ca. 2 g aus 5 g **II**. *Semicarbazon*, $C_{12}H_{17}O_2N_3$, F. 154°; aus A. Kristalle. (Журнал Общей Химии [J. allg. Chem.] **23** (**85**). 1338—44. Aug. 1953.)

HENSEL. 1180

Friedrich Nerdel und **Karl-Heinz Pawlowski**, *Untersuchungen in der Reihe der Hydratropasäure*. 3. Mitt. *Die Synthese der m- und p-Nitrohomohydratropasäure*. (2. vgl. C. **1953**. **1796**.) *p-Nitrohomohydratropasäure* (**I**) wurde analog der p-Nitrohydratropasäure (vgl. 1. Mitt. C. **1953**. **1796**) durch ARNDT-EISTERT-Synth. aus p-Nitrophenylacetylchlorid (**III**) u. Diazoäthan (**IV**) u. Umlagerung sowie durch Kondensation von p-Nitrobenzylchlorid mit Na-α-Cyanpropionester (**II**) (Na-Methylmalonester war weniger geeignet), Verseifung u. Decarboxylierung dargestellt. *m-Nitrohomohydratropasäure* wurde analog **I** aus m-Nitrobenzylbromid u. **II** erhalten.

Versuche: *1-[p-Nitrophenyl]-3-diazobutanon-(2)*, F. 99—100°, aus **III** u. **IV** in Ae. bei —20°; ein Teil des Prod. fiel beim Einengen im Vakuum als feste Substanz aus, ein weiterer als Öl; 62,7% (Gesamtausbeute). — *p-Nitrohomohydratropasäureglykolester*, durch Eintragen von 3,5 g vorst. Verb. in ein Gemisch von Glykol u. Chinolin bei 170°, 8 Min. Erhitzen auf 180° u. Extraktion mit Ae.; 6 g (roh). — *p-Nitrohomohydratropasäure* (**I**), $C_{10}H_{11}O_4N$, F. 122,5—123,5° (wss. A., Bzl.), durch 20std. Erhitzen vorst. Rohesters mit Eisessig u. konz. HCl, Verdünnen mit W., Extraktion mit Ae. u. daraus mit 5%ig. NaOH u. Ansäuern; 30% (bezogen auf **IV**). — *m-Nitro-ω-diazoacetophenon*, F. 130,5—134° (Zers.), durch Zutropfen von CH_2N_2 in Ae. zu Triäthylamin bei —17° u. dann von m-Nitrobenzoylchlorid in Ae. u. 1½std. Schütteln des gelben Nd. mit kaltem W., wobei sich $(CH_3)_3N \cdot HCl$ löst; 58,6%. — *m-Nitrophenylessigsäure*, F. 115—117°, analog **I**; 50%. — *α-[p-Nitrobenzyl]-α-cyanpropionsäureäthylester*, $C_{13}H_{14}O_4N_2$, F. 81,5—83°, durch Überführung von α-Cyanpropionester mit Na in A. in die Na-Verb. (**II**), Zufügen von p-Nitrobenzylchlorid in A. u. 2½std. Erwärmen auf dem Wasserbad; aus PAe. (Kp. 80—100°) feine blaßgelbe Nadeln; 90%. *Freie Säure*, $C_{11}H_{10}O_4N_2$, F. 139—140° (Bzl.), durch 3std. Erwärmen des Esters mit konz. HCl auf dem Wasserbad; 51,5%; gab durch 4½std. Kochen mit konz. HCl, Lösen in 5%ig. NaOH u. Ansäuern **I**; 67%. — *α-[m-Nitrobenzyl]-α-cyanpropionsäureäthylester*, $C_{13}H_{14}O_4N_2$, F. 44—46°, aus m-Nitrobenzylbromid u. **II**; aus PAe. blaßgelbe feine Prismen; 48%. *Freie Säure*, $C_{11}H_{10}O_4N_2$, F. 129—130°, durch Verseifung des rohen Esters mit 8%ig. NaOH; aus Bzl. kleine gelbe Prismen; 12,8%. — *m-Nitrohomohydratropasäure*, $C_{10}H_{11}O_4N$, F. 97—98°, aus wss. CH_3OH feine Nadeln; 32,7%. (Chem. Ber. **87**. 215—17. 1954. Berlin-Charlottenburg, Techn. Univ., Organ.-Chem. Inst.)

SPAETH. 1210

Friedrich Nerdel und **Lothar Fischer**, *Untersuchungen in der Reihe der Hydratropasäure*. 4. Mitt. *Notiz über optisch-aktive p-substituierte Hydratropasäuren*. (3. vgl. vorst. Ref.) Zur Darst. der in der 1. Mitt. (C. **1953**. 1796) beschriebenen *p-Nitrohydratropasäure* (**I**) eignet sich auch der von TRINIUS [1885] beschriebene Weg; die von TRINIUS gleichfalls bereits durchgeführte Red. von **I** zu *p-Aminohydratropasäure* (**II**) (mit Zn u. HCl) wird besser durch katalyt. Hydrierung bewirkt, die zwar mit RANEY-Ni langsam u. unter Bldg. von Nebenprodd., mit PtO_2 aber schnell verläuft, wobei **II** in sehr reiner Form anfällt. Durch Diazotierung von **II** u. Verkochen wurde *p-Oxyhydratropasäure* (**III**), nach SANDMEYER *p-Chlorhydratropasäure* (**IV**) dargestellt. Die opt. Spaltung von **I** wurde mit (+)-Bornylamin durchgeführt, wobei (+)-**I** mit einer wesentlich höheren Enddrehung, als von MÜLLER u. ILLGEN (Liebigs Ann. Chem. **521**. [1936.] 76) angegeben, erhalten wurde. Mit (+)-**I** von 75%ig. opt. Reinheit wurden dieselben Rkk. wie mit rac. **I** durchgeführt; Red. von diazotierter (+)-**II** mit Cu-Wasserstoff lieferte (+)-*Hydratropasäure*.

Versuche: *p-Aminohydratropasäure* (**II**), F. 134—135° (Chlf.), durch Hydrierung von **I**; Isolierung als *Hydrochlorid*; 83% (Ausbeute). — *p-Acetamidohydratropasäure* (**IIa**), $C_{11}H_{13}O_3N$, F. 171,5—172° (A.). — *p-Oxyhydratropasäure* (**III**), F. 127 bis 127,5°, durch Diazotierung von **II**·HCl in schwach salzsaurer Lsg. bei 0°, Zers. bei 40—50° u. kurzes Aufkochen; 30%. — *p-Chlorhydratropasäure* (**IV**), $C_9H_9O_2Cl$, F. 58 bis 58,5° (W.), durch Diazotierung von **II**·HCl wie vorst. u. Zugabe von Cu_2Cl_2 in konz. HCl bei 5° (Erwärmung auf 20°); 44%. — (+)-**I**, $C_9H_9O_4N$, F. 95,5—96,5° (35%ig. CH_3COOH), $[\alpha]_D^{19}$ +39,4° (0,2176 g in 25 cm³ CH_3OH), aus dem bis zur Konstanz der spezif. Drehung aus Chlf. umkrist. (+)-*Bornylammoniumsalz* ($[\alpha]_D^{20}$ 0°). — (+)-**II**, $C_9H_{11}O_2N$, F. 164—165° (Chlf. + CH_3OH). — (+)-**IIa**, F. 168—170°. — (+)-**III**, $C_9H_{10}O_3$, F. 126—128° (Chlf.); 79,8%. — (+)-**IV**, F. 57—58° (W.); 82%. — (+)-*Hydratropasäure*, F. 150—153°, durch Hydrierung von (+)-**I** (zu 27,7% opt. rein),

Diazotierung der erhaltenen (+)-**II** u. Red. mit Cu-Wasserstoff; $[\alpha]_D^{20}$ +20,4° (CH_3OH); 38%. — Die mol. Rotationsdispersionen für (+)-**II**, vorst. Verb., (+)-**I**, (+)-**IV**, (+)-**IIa** u. (+)-**III** werden angegeben. (Chem. Ber. **87**. 217—20. 1954.)

SPAETH. 1210

A. W. Johnson, A. Langemann und **J. Murray**, *Die Bildung von Phenoxyessigsäuren aus Alkoxybenzolen und Diazoessigester.* Der Bldg. von Phenoxyessigsäuren aus Alkoxybenzolen u. Diazoessigester (**I**) bei 150° ohne Lösungsm. (vgl. BARTELS-KEITH u. Mitarbeiter, C. **1953**. 7076) scheint ein Radikalmechanismus zugrunde zu liegen, zumal Fumarsäureester häufig aus dem Reaktionsprod. isoliert werden konnte u. außerdem Phenoxyessigsäure (**II**) aus Ansiol u. **I** durch UV-Bestrahlung erhalten wird. Aus dem Alkoxybenzol wird ein Alkylradikal abgespalten u. durch die Carbäthoxymethylgruppe ersetzt. Die Rk. wird an einer Anzahl cycl. Äther geprüft. Bei Verwendung von Methylendioxybenzol entstand als Hauptprod. *Benzodioxencarbonsäure-(2)* (**VII**), ident. mit dem Kondensationsprod. aus Brenzcatechin u. α.β-Dibrompropionsäureester. Red. von **VII** mit $LiAlH_4$ lieferte hieraus den entsprechenden *Alkohol.* Demgegenüber entstand aus Chroman u. **I** als Hauptprod. eine *Dihydropyranocycloheptatriencarbonsäure* (im Orig. *Chromanocycloheptatriencarbonsäure*) nicht näher bestimmter Struktur.

Versuche: Nachst. Rkk. von **I** mit Alkoxybenzolen erfolgten durch 5—6std. Einw. der Komponenten bei 150°, Rektifikation, Hydrolyse mit methanol. KOH u. Ansäuern: *Phenoxyessigsäure* (**II**), aus Anisol oder Phenetol zu 4—7 bzw. 20% (Ausbeute). — *o-Methoxy-* (**IV**), F. 120—121°, aus o-Dimethoxybenzol u. **I**; 38%; *m-Methoxy-*, F. 116°, analog; 14%; u. *p-Methoxyphenoxyessigsäure*, F. 112°; 40%. Bei 5std. Kochen von 2 g der Esterfraktion aus dem letzten Vers. mit 2nHCl u. Essigsäure u. Verdünnen mit W. fallen aus den sauren Bestandteilen ferner 5 mg einer *Säure* vom F. 48°, Nadeln aus Cyclohexan, an, sowie ein gelbes phenol. Öl. Die phenol. Hauptfraktion liefert *Äthyl-p-oxyphenoxyacetat*, F. 120° (wss. A.) u. eine *Verb.* $C_{10}H_{12}O_4$, Kp.$_{0,1}$ 140° (Bad), F. 0°. Bromierung der neutralen Bestandteile (*Äthyl-p-methoxyphenoxyacetat* [**V**]) ergab *Äthyl-2.5-dibrom-4-methoxyphenoxyacetat* (**VI**), $C_{11}H_{12}O_4Br_2$, F. 76° (CH_3OH); fällt bisweilen auch in einer anderen Modifikation vom F. 95° an, die durch Kochen in CH_3OH in die erstere verwandelt werden kann; λ_{max} 297 u. 229 mμ (log ε = 3,70 u. 4,07 in A.). *Freie Säure*, $C_9H_8O_4Br_2$, F. 181°, Prismen aus Essigsäure; λ_{max} 298 mμ (log ε = 3,70; A.), Inflexion 223—229 mμ (log ε = 4,13). — *2.4-Dimethoxyphenoxyessigsäure* (**III**), $C_{10}H_{12}O_5$, F. 106—108°, aus 1.2.4-Trimethoxybenzol u. **I**, Prismen nach Sublimation; besteht ebenfalls in einer Modifikation vom F. 120°, die die stabilere ist u. aus der niedrigerschm. durch Erhitzen auf 130° dargestellt werden kann. *Äthylester*, $C_{12}H_{16}O_5$, F. 49—50° (wss. A.). — *Benzodioxencarbonsäure-(2)* (**VII**), $C_9H_8O_4$, F. 116—117°, aus Methylendioxybenzol u. **I**, Hydrolysieren der Fraktion von Kp.$_{0,2}$ 101—110°, Ansäuern, Ausäthern u. Extraktion des äther. Abdampfrückstandes mit sd. Cyclohexan oder Sublimation, Nadeln; oder durch 1,5std. Autoklavieren von 22 g Brenzcatechin u. 50 g α.β-Dibrompropionsäureäthylester in ca. 25%ig. wss. KOH bei 145°, Ansäuern, Ausäthern u. Ausziehen des Extraktes mit $NaHCO_3$-Lsg.; 24,1 g; λ_{max} 282 u. 276 mμ (log ε = 3,33 u. 3,38 in CH_3OH), λ_{min} 280 u. 243 mμ (log ε = 3,31 u. 1,54); Infrarotspektr. vgl. Original; entfärbt Br_2 in CCl_4 u. $KMnO_4$ in Aceton; gibt keine Färbung mit konz. H_2SO_4 u. keinen Farbtest auf Methylendioxygruppen mit Gallussäure u. H_2SO_4. — „*Chromanocycloheptatriencarbonsäure*", $C_{11}H_{12}O_3$, F. 165—166° (Cyclohexan), aus Chroman u. **I**; 16%; λ_{max} 325 u. 227 mμ (log ε = 4,03 u. 4,07 in A.); H_2SO_4-Lsg. gelb; entfärbt Br_2 in Chlf. u. $KMnO_4$ in Aceton. — Bei 3wöchiger Bestrahlung von Anisol u. **I** mit UV-Licht u. Abdampfen im Vakuum entstanden durch Rektifikation 4,4 g gelbes Öl vom Kp.$_{0,01}$ 79—87° (H_2SO_4-Lsg. rot), 1,1 g dunkelgelbes Öl vom Kp.$_{0,01}$ 93—120° u. 5,2 g harzartiger Rückstand. Aus der 1. Fraktion durch alkal. Verseifung 167 mg **II** (F. 99°). — *2-Oxymethylbenzodioxen*, $C_9H_{10}O_3$, F. 89—90°, durch Hydrieren von **VII** in Ae. mit $LiAlH_4$, 2,5std. Kochen, Zers. mit wss. Ae., W. u. dann $4nH_2SO_4$; aus der äther. Lsg., Nadeln aus Ae. + PAe.; 88%; Infrarotspektr. vgl. Original. — *2.4-Dimethoxyphenol*, Kp.$_{15}$ 140°, aus dem Dimethyläther von Resacetophenon u. Peressigsäure; bildet bei Rk. mit Chloressigsäure **III**. — *2.5-Dimethoxyphenoxyessigsäure*, F. 128—129°, aus Chinacetophenon wie vorst., Nadeln. — *o-Äthoxyphenoxyessigsäure*, $C_{10}H_{12}O_4 \cdot H_2O$, F. 70°, durch Äthylierung von o-Oxyphenoxyessigsäure mit $C_2H_4N_2$ u. Hydrolyse mit Na_2CO_3, Nadeln aus wss. Aceton. — *Äthyl-5-brom-2-methoxyphenoxyacetat*, $C_{11}H_{13}O_4Br$, Kp.$_{0,01}$ 90° (Bad), aus **IV** u. Br_2 in $CHCl_3$. *Freie Säure*, $C_9H_9O_4Br$, F. 134°, Nadeln nach Sublimation. — *Äthyl-3(?).5-dibrom-2-methoxyphenoxyacetat*, $C_{11}H_{12}O_4Br_2$, F. 94—95°, aus **IV** u. überschüssigem Br_2 in Chlf., Prismen. — *3(?)-Brom-4-methoxyphenoxyacetat*, $C_{11}H_{13}O_4Br$, F. 44° (CH_3OH), aus 2 g **V** u. 0,58 cm³ Br_2 in Chlf. u. 15 Min. langes Kochen; aus den neutralen Bestandteilen, Prismen. *Freie Säure*, F. 139—140°, Nadeln aus wss. Aceton. Weiterbromierung vorst. Esters ergab **VI** u. bei Hydrolyse die freie Säure, aus der durch Decarboxylierung mit Natronkalk *2.5-Dibrom-1.4-dimethoxybenzol*, F. 144°, entstand. (J. chem. Soc. [London] **1953.** 2136—40. Juli. Cambridge, Univ., Chem. Labor.) LEHWALD. 1250

C. Musante und **L. Fabbrini**, *Über einige neue Derivate des Thiosemicarbazids.* 2. Mitt. (1. vgl. Farmaco [Pavia] **6.** [1951.] 22.) In Fortsetzung ihrer Unterss. synthetisierten Vff. einige neue *Thiosemicarbazone*, die wasserlösl. Salze zu bilden vermögen u. die möglicherweise für eine Chemotherapie der Tuberkulose in Frage kommen.

Versuche: *4-Formylphenoxyessigsäurethiosemicarbazon*, $C_{10}H_{11}O_3N_3S$, F. 208 bis 210°, aus 4-Formylphenoxyessigsäure (II) u. Thiosemicarbazid (I) in warmem H_2O. *Methylester*, $C_{11}H_{13}O_3N_3S$, F. 206—207° (A.), aus II-Methylester (mit CH_2N_2) u. I. — *p-Acetylaminophenylglyoxalthiosemicarbazon*, $C_{11}H_{12}O_2N_4S$, F. 292—293°, aus p-Acetylaminophenylglyoxal u. I in warmem W.; prakt. unlösl. in den üblichen organ. Lösungsmitteln. — *N-[p-Formylphenyl]-phthalamidsäure* (III), $C_{15}H_{11}O_4N$, F. 160° (unter teilweiser Zers. u. Wiedererstarren; verd. A.), aus p-Aminobenzaldehyd u. Phthalsäureanhydrid (IV) in Dioxan (3—4std. Erwärmen). *p-Nitrophenylhydrazon*, $C_{21}H_{16}O_5N_4$, F. 280—282° (verd. A.). *Semicarbazon*, $C_{16}H_{14}O_4N_4$, F. 323—325° (nach Erweichen bei 212°; CH_3COOH). *Thiosemicarbazon*, $C_{16}H_{14}O_3N_4S$, F. 320—325° (schm. teilweise bei 220° u. erstarrt dann wieder), aus III u. I oder aus p-Aminobenzaldehydthiosemicarbazon u. IV. *Thiosemicarbazonmethylester*, $C_{17}H_{16}O_3N_4S$, F. 102—105° (verd. A.). — *N-[p-Acetylphenyl]-phthalamidsäure* (V), $C_{16}H_{13}O_4N$, F. 240° (bei 210° teilweise Zers. u. Wiedererstarren in A.), analog III aus p-Aminoacetophenon u. IV *p-Nitrophenylhydrazon*, $C_{22}H_{18}O_5N_4$, F. 235—236° (A.). *Thiosemicarbazon*, $C_{17}H_{16}O_3N_4S$, F. 290° (nach Erweichen bei 210° u. Wiedererstarren; A.), aus V u. I oder aus p-Aminoacetophenonthiosemicarbazon u. IV. *Thiosemicarbazonmethylester*, $C_{18}H_{18}O_3N_4S$, F. 120—125° (A.). — *N-[p-Formylphenyl]-phthalimid*, $C_{15}H_9O_3N$, F. 204—205° (A.), durch Erhitzen von III auf 180°. *p-Nitrophenylhydrazon*, $C_{21}H_{14}O_4N_4$, F. 296—298° (CH_3COOH). *Thiosemicarbazon*, $C_{16}H_{12}O_2N_4S$, F. 320—325° (A.). — *N-[p-Acetylphenyl]-phthalimid*, $C_{16}H_{11}O_3N$, F. 240° (A.), aus V bei 210°. *Phenylhydrazon*, $C_{22}H_{17}O_2N_3$, F. 229° (A. + Dioxan). *p-Nitrophenylhydrazon*, $C_{22}H_{16}O_4N_4$, F. 306—308° (Dioxan). (Farmaco [Pavia] **6.** 337—45. Mai/Juni 1951. Firenze, Univ., Ist. di Chim. Organ.) IPPEN. 1280

Friedrich Nerdel und **Horst Liebig**, *Notiz über die Synthese und optische Antipodenspaltung des α-[m-Nitrophenyl]-äthylamins.* Die Darst. von *α-[m-Nitrophenyl]-äthylamin* (I) nach INGERSOLL u. Mitarbeitern (J. Amer. chem. Soc. **58.** [1936.] 1808) wurde verbessert u. I mit Hilfe von Camphersulfonsäure in die opt. Antipoden gespalten.

Versuche: *α-[m-Nitrophenyl]-äthylamin* (I)-*Hydrochlorid*, F. 218—219°, durch Erhitzen von $(NH_4)_2CO_3$ u. 85%ig. HCOOH bis zur Innentemp. von 165° (Abdest. von W.), weiteres 8—9std. Erhitzen mit m-Nitroacetophenon auf 190°, wobei jeweils bei beginnender Sublimation von $(NH_4)_2CO_3$ oder bei Verfärbung HCOOH zugesetzt wurde, Extraktion mit Ae. nach Überschichten mit W., Verseifen des aus der Ae.-Lsg. erhaltenen Öls mit konz. HCl, Verdünnen mit W. u. Einengen; 61% (Ausbeute). — *N-Acetyl-I* (Ia), $C_{10}H_{12}O_3N_2$, F. 109°. — *opt.-akt.* I·HCl, F. 218°, durch fraktionierte Kristallisation des (+)-*Camphersulfonats* ($C_{18}H_{26}O_6N_2S$, aus W., F. der Spitzenfraktion 220°, F. des Antipodensalzes 178°), Zers. mit K_2CO_3-Lsg., Aufnehmen in Ae. u. Fällung mit HCl. opt.-akt. I·HCl zeigt in W. u. in A. entgegengesetzten Drehsinn; *d-weinsaures Salz*, F. 191—192° (A.). — *opt.-akt.* Ia, F. 103°, $[\alpha]_D^{20}$ —111,5° (c = 5,2224 in A.). — Die mol. Rotationsdispersionen von akt. I·HCl in W. u. in A. u. von akt. Ia in A. werden angegeben. (Chem. Ber. **87.** 221—22. 1954. Berlin-Charlottenburg, Techn. Univ., Organ.-Chem. Inst.) SPAETH. 1310

Robert Irving Walter, *4.4'.4''-Trinitrotriphenylamin.* Vf. stellte aus p-Nitrochlorbenzol u. p-Nitroanilin in Ggw. von Cu *4.4'.4''-Trinitrotriphenylamin* dar. Die Verb. ist ident. mit der, die nach dem Verf. von HERZ [1890] aus Triphenylamin u. rauchender HNO_3 entsteht u. für die keine Konstitutionsformel angegeben war; daß HERZ einen um 100° niedrigeren F. angab, führt Vf. darauf zurück, daß die Verb. vielleicht in mehreren polymeren Formen existiert.

Versuche: *4.4'.4''-Trinitrotriphenylamin*, $C_{18}H_{12}O_6N_4$, F. 382—383° (Nitromethan), a) aus Triphenylamin nach HERZ (l. c.); 75—80% (Ausbeute); b) aus p-Nitroanilin u. p-Nitrochlorbenzol in Ggw. von wasserfreiem K_2CO_3 u. Cu-Pulver in Nitrobenzol durch 17std. Kochen, Dampfdest. u. 2std. Extraktion mit Aceton; 48%. Die Verb. kann auch aus CH_3NO_2–A. oder Aceton umkrist. werden u. sublimiert ab 270—280°. (J. Amer. chem. Soc. **75.** 2771—72. 5/6. 1953. New Brunswick, N. J., Rutgers Univ., School of Chem.) SEIDE. 1310

R. W. Upson, *Diäthylvinylphosphat, Divinylbenzolphosphonat und ihre Polymeren. Diäthylvinylphosphat* (I) u. *Divinylbenzolphosphonat* (II) wurden durch Dehydrohalogenierung der entsprechenden 2-Chloräthylester (**III** bzw. **IV**) erhalten; diese wurden durch Rk. von Diäthylchlorphosphat bzw. Benzolphosphonyldichlorid mit Äthylenoxyd erhalten. Von I wurden Copolymerisate mit Styrol, Methylmethacrylat u. Acrylnitril hergestellt; mit Vinylacetat wird kein Copolymeres gebildet. I gibt keine Homopolymeren, II bildet ein Homopolymeres als viscose Fl. beim Behandeln mit Benzoylperoxyd bei 80°.

Versuche: *Diäthyl-2-chloräthylphosphat* (III), $C_6H_{14}O_4ClP$, Kp.$_5$ 115—117°, n_D^{25} 1,4281; zu einer gerührten Lsg. aus Diäthylchlorphosphat u. $AlCl_3$ wurde Äthylenoxyd innerhalb 8 Std. gegeben u. dest.; 82,5% (Ausbeute). — *Diäthylvinylphosphat* (I), $C_6H_{13}O_4P$, Kp.$_{2,5}$ 67°, n_D^{25} 1,4040: Eine Lsg. aus KOH, A. u. III wurde 11 Std. gekocht, vom KCl abfiltriert u. dest.; 49%. I wird durch 1%ig. HCl auch bei 3—6std. Kochen nicht verändert. Die Copolymeren von I mit Styrol, Methylmethacrylat u. CH_2=CHCN wurden durch 42std. Erhitzen der Komponenten mit Benzoylperoxyd auf 80° unter N_2 u. Fällen mit CH_3OH erhalten. — I polymerisiert nicht, wenn es 42 bis 70 Std. in Ggw. von 2—5% α.α'-Azodiisobutyronitril oder $(C_6H_5CO)_2O_2$ auf 80° oder mit Di-tert.-butylperoxyd auf 125° erhitzt oder bei —30° in fl. NH_3 mit 2—4% Na behandelt wird. — *Bis-[2-chloräthyl]-benzolphosphonat* (IV), $C_{10}H_{13}O_3Cl_2P$, Kp.$_{0,8}$ 160°, n_D^{25} 1,5235, analog III aus Benzolphosphonyldichlorid. — *Divinylbenzolphosphonat* (II), $C_{10}H_{11}O_3P$, Kp.$_3$ 174°, n_D^{25} 1,5258, aus IV in Ggw. von Soda hergestellt; es wurde $1^1/_2$ Std. auf 105°, 2 Std. auf 155° u. 3 Std. auf 200° erhitzt, vom NaCl abfiltriert u. dest.; 61,5%. Daneben 23,1% nichtflüchtiges II-Polymeres. (J. Amer. chem. Soc. **75**. 1763—64. 5/4. 1953. Wilmington, Del., E. I. du Pont de Nemours & Co., Exp. Stat., Chem. Dep.) ZIMMER. 1380

D. Bryce-Smith und **E. E. Turner,** *Organometallverbindungen der Alkalimetalle.* 2. Mitt. *Die Metallierung und Dimetallierung von Benzol.* (1. vgl. C. **1951**. II. 209.) Ausgehend von den Beobachtungen von GILMAN u. YOUNG (J. org. Chemistry **1**. [1936.] 315) versuchten Vff. die Darst. von Alkyl-K-Verbb. durch Umsetzen einer Na–K-Legierung mit Lsgg. von Alkyl–Li-Verbb. in Paraffinkohlenwasserstoffen. Hierbei trat prakt. keine Rk. ein, wohl aber in guter Ausbeute in Ggw. von aromat. KW-stoffen unter Bldg. von Aryl–K-Verbb., die mittels CO_2 nahezu quantitativ in die K-Salze der entsprechenden Arylcarbonsäuren übergeführt werden konnten. Da weder metall. K noch Alkyl–Li in dieser Weise reagieren, dürfte die Rk. nach einer vereinfachenden Formulierung über die Stufen RLi + K → RK + Li; RK + C_6H_6 → RH + C_6H_5K; RK + C_6H_5K → $C_6H_4K_2$ + RH verlaufen. Bei 65° lieferten verschied. Alkyl–Li-Verbb. in geringen Mengen Alkylbenzole nach der Gleichung: RK + C_6H_6 → C_6H_5R + KH. Äthyl–Na bildet mit in geringem Überschuß angewendetem Bzl. bei 15—20° ein Prod., das nach dem Carbonisieren außer Benzoesäure auch Tere- u. Isophthalsäure liefert. Ähnliche Ergebnisse wurden mit Äthyl–K erzielt. — Nach MORTON (vgl. C. **1945**. I. 388; **1946**. I. 31) erfolgt die Dimetallierung von Bzl. durch das unlösl. n-Amyl–Na normalerweise in p- u. bei sehr kräftigem Rühren in m-Stellung. Um diesen Durchmischungseinfl. auszuschalten, setzten Vff. Phenyl–Li mit n-Butyl–Li in einem Einphasengemisch um u. erhielten hierbei ebenfalls hauptsächlich eine p-Metallierung. Allg. zeigte sich, daß die Dimetallierung bevorzugt in m- u. p-, selten in o-Stellung erfolgt. Das Verhältnis m/p hängt etwas von der Natur des Alkyls ab.

Versuche: *Alkyl–Li-Verbb.*, durch Zufügen von 0,12 Mol Alkylhalogenid (C_2H_5Br, n-C_3H_7Cl, n-C_4H_9Cl, sek.-C_4H_9Cl bzw. n-$C_5H_{11}Cl$) in 40 cm³ n-Pentan zu 0,29 g Atom-Li-Draht in 40 cm³ Pentan während 3—4 Std. unter kräftigem Rühren u. Erwärmen zu schwachem Rückfluß, 1 Std. weiter unter diesen Bedingungen lassen; 93—98% (Ausbeute). Löslichkeit von C_2H_5Li in n-Pentan bei 20° 7,6 g/Liter. *tert.-Butyl–Li* wurde nach dieser Meth. nur zu 5%, nach der von TYLER, SOMMER u. WHITMORE (vgl. J. Amer. chem. Soc. **70**. [1948.] 2876) zu 22% erhalten. — Zur Metallierung durch die Alkyl–K-Verbb. werden die Li-Verbb. mit Bzl. u. K (bei Rkk. bei 20° Na–K-Legierung, 1 : 4) unter kräftigem Rühren in Pentan umgesetzt. Aus dem Reaktionsprod. entstehen die Arylcarbonsäuren durch Eingießen in ein Gemisch von festem CO_2 u. Ae. u. Entfernen des vorhandenen Alkalimetalls durch vorsichtiges Zugeben von 20% tert.-Butanol enthaltendem Wasser. Aufarbeiten liefert Benzoesäure u. ein Gemisch der Phthalsäuren, das durch fraktionierte Kristallisation der Methylester getrennt wird. Die Trennung über die Ba-Salze (vgl. SMITH, J. Amer. chem. Soc. **43**. [1921.] 1920) gelang nur unvollständig. Reaktionsprodd. der Einw. von Alkyl–K auf Bzl. nach anschließender Carbonisierung: aus *Äthyl–K* bei 20°, 52 Std.: *Benzoesäure* (I) 25%, *Phthalsäuregemisch* (II) 0,3%, ca. 2,5 (Verhältnis para/meta); aus *n-Propyl-K* bei 65°, 4,5 Std.: **I** 53 %, **II** 7,5%, 0,55, n-Propylbenzol (?), Kp. 155—165°, <1%; aus *n-Butyl-K* a) bei 20°, 60 Std.: **I** 60%, **II** 5%, 1,5, *n-Valeriansäure*, Kp. 184—186°, 13%; b) bei 65°, 4 Std.: **I** 65%, **II** 7,5%, 1,5, *n-Butylbenzol* (?), Kp. 160—180°, <1%; aus *sek.-Butyl-K* a) bei 20°, 30 Std.: **I** 48% bzw. 57%, **II** 3 bzw. 9%, 0,7, Spuren o-Verb.; b) bei 65°, 1,5 Std.: **I** 56%, **II** 8%, 1,2, *sek.-Butylbenzol*, $C_{10}H_{14}$, $Kp._{754}$ 170—173°, n_D^{20} 1,4897, 4,5% (p-Sulfonamid, $C_{10}H_{15} \cdot O_2NS$, F. 78—79°); wurde vor dem Carbonisieren 1,5 Std. auf 65° erwärmt, so änderte sich das Verhältnis p/m nicht, es hat also keine Isomerisierung der Di-K-Verb. stattgefunden; aus *tert.-Butyl-K* bei 20°, 126 Std.: **I** 46%, **II** 3%, ca. 2; aus *n-Amyl-K* bei 65°, 4 Std.: **I** 86%, **II** 4,5%, 1,2, *n-Amylbenzol* (?), Kp. 178—210°, <1%. — *Äthyl-Na*, durch Zufügen von 1,5 g Na-Draht zu 4,8 g $(C_2H_5)_2Hg$ in Pentan während 15 Min. u. weiteres Rühren während 130 Min. bei 15—20°. Das Reaktionsprod. wurde 6 Tage mit 4,5 g Bzl. bei 15—20° gerührt: **I**, F. 121°, 23%; **II** lieferte 31,9 mg *Terephthalsäuredimethylester* (**III**) u. 9,2 mg *Isophthalsäuredimethylester* (**IV**). — Bei der Metallierung von 0,085 Mol Phenyl-Li in 45 cm³ Bzl. durch Zugeben von 0,041 Mol n-Butyl-Li in Pentan bei 78° (nach Abdest. des Niedrigsiedenden) während 30 Std. u. Carbonisieren wurden erhalten: **I**, 32%, *Triphenylcarbinol*, 0,7 g, u. **II**, 5%. **II** lieferte **III**, F. 140°, u. **IV**, F. 60—62°, im Verhältnis von ca. 2 : 1. — *Sek.-Butylbenzol*, Kp. 173—175°, durch Zutropfen von sek.-Butylchlorid zu K in Bzl. während 30 Min. unter Rühren bei 65°, tiefe Blaufärbung, 3%. (J. chem. Soc. [London] **1953**. 861—67. März. London, King's Coll. u. Bedford Coll.) PETTERS. 1380

Richard Kuhn und **H. A. Staab**, *Synthese des Sorbophenons und Sorbicillins.* In Erweiterung der REFORMATSKI-Synth. wurden ω-Chlor- bzw. ω-Bromacetophenon (**I**) mit ungesätt. Aldehyden in Ggw. von Zn in Bzl. zu *Polyenylphenylketonen*, $C_6H_5CO \cdot (CH{=}CH)_n \cdot CH_3$, mit n > 1 umgesetzt. — *Sorbophenon*, F. 47—48°, aus **I** u. Crotonaldehyd (**II**); aus Bzl. gelbliche Prismen; λ_{max} 297 mμ ($\varepsilon = 19500$; in A.); katalyt. Hydrierung → *n-Caprophenon* (*n-Amylphenylketon*). — *1-Phenyloctatrienon-(1)*, F. 94—95°, aus **I** u. Hexadienal; λ_{max} 337 mμ ($\varepsilon = 23400$; in A.). — *2-Oxy-4-methoxysorbophenon*, F. 111—112°, aus 2-Oxy-4-methoxy-ω-chloracetophenon u. **II**; λ_{max} 312 mμ ($\varepsilon = 23000$; in A.); daraus über eine Reihe bisher unbekannter Zwischenprodd. *2-Oxy-4-methoxy-3.5-dimethylsorbophenon* (*Sorbicillinmethyläther*). — Die Umsetzung von 2.4-Dioxy-3.5-dimethyl-ω-chloracetophenon mit **II** u. Zn führte infolge des Einfl. der nicht chelatisierten 4-OH-Gruppe zur Red. zu *Clavatol* (*2.4-Dioxy-3.5-dimethylacetophenon*), daneben konnte in geringer Menge *Sorbicillin* (*2.4-Dioxy-3.5-dimethylsorbophenon*), $C_{14}H_{16}O_3$, isoliert werden, ident. mit dem von CRAM (J. Amer. chem. Soc. **70**. [1948.] 4240) aus rohem Penicillin abgetrennten Produkt. (Angew. Chem. **65**. 371. 21/7. 1953. Heidelberg, MPI für Med. Forsch., Inst. für Chem.) SPAETH. 1560

Jean Colonge und **Jacques Dreux**, *Synthese von Polyalkylcyclohexenonen.* (Vorl. Mitt.) Bei dem Vers. der Darst. von 2-Methylbuten-(1)-on-(3) (**I**) aus Trioxymethylen (**IV**) u. Methyläthylketon (**II**) haben Vff. eine sehr exotherme Sekundärreaktion beobachtet, die bei Verdoppelung der Menge des Kondensationsmittels (methylalkoh. KOH) zur Hauptreaktion wird u. zu *1.4.6-Trimethylcyclohexen-(1)-on-(3)* (**III**) führt (52% Ausbeute). **III**, dessen Struktur durch Hydrierung zu den bekannten Verbb. *1.4.6-Trimethylcyclohexanon-(3)* bzw. *1.4.6-Trimethylcyclohexanol-(3)* bewiesen wird, entsteht auch durch Kondensation von **II** mit **I** (49%) bzw. mit 2-Methylbutanol-(1)-on-(3) (43%). Vff. nehmen an, daß die Rk. über das Diketon $(CH_3{-}CH{-}CO{-}CH_3)_2{=}CH_2$ verläuft, aus welchem durch intramol. Kondensation **III** gebildet wird. Durch Kondensation von anderen aliphat. Ketonen mit **IV** bzw. **I** entstehen in geringerer Ausbeute homologe ungesätt. Ringketone.

V e r s u c h e: *1.4.6-Trimethylcyclohexen-(1)-on-(3)* (**III**), $C_9H_{14}O$, $Kp._{745}$ 212°, gereinigt über das *Semicarbazon* (F. 192°); $D.^{17}_4$ 0,943; n_D^{17} 1,488. — *1.4.6-Trimethylcyclohexanon-(3)*, $C_9H_{16}O$, $Kp._{747}$ 194°, durch katalyt. Hydrierung. — *1.4.6-Trimethylcyclohexanol-(3)*, $C_9H_{18}O$, $Kp._{743}$ 197°, aus **III** durch Red. mit Na in Alkohol. *Saurer Phthalester*, F. 94°. — *1.4-Dimethylcyclohexen-(1)-on-(3)*, $C_8H_{12}O$, $Kp._{22}$ 98°, gereinigt über das *Semicarbazon* (F. 186°), aus **I** u. Aceton; $D.^{22}_4$ 0,947; n_D^{22} 1,4850; 22%. — Daraus *1.4-Dimethylcyclohexanon-(3)*, $C_8H_{14}O$, $Kp._{749}$ 173°; $D.^{22}_4$ 0,905; n_D^{22} 1,4445; *Semicarbazon*, F. 171°. — *1-Methyl-4.6-diäthylcyclohexen-(1)-on-(3)*, $C_{11}H_{18}O$, $Kp._{21}$ 130—131°, aus Methylpropylketon u. **IV** bzw. 2-Äthylbutanol-(1)-on-(3); $D.^{17,5}_4$ 0,930; $n_D^{17,5}$ 1,4850; 20 bzw. 23%. — *1-Methyl-4.6-diäthylcyclohexanon*, $C_{11}H_{20}O$. *Semicarbazon*, F. 202—204°. — *1-Methyl-4.6-di-n-amylcyclohexen-(1)-on-(3)*, $C_{17}H_{30}O$, $Kp._{2,8}$ 139 bis 140°, aus **IV** u. Octanon-(2); $D.^{21,5}_5$ 0,893; $n_D^{21,5}$ 1,4760; 33%. — *1-Methyl-4.6-di-n-amylcyclohexanon*, $C_{17}H_{32}O$, $Kp._{3,5}$ 138—140°; $D.^{19}_4$ 0,8865; n_D^{19} 1,4652. (C. R. hebd. Séances Acad. Sci. **231**. 1504—06. 18/12. 1950.) J. ROTHE. 1960

Ss. I. Chromow und **Je. Ss. Balenkowa,** *Kontaktumwandlungen von Phenylcycloheptan.* Aus Phenylcycloheptan (I) entstanden bei dehydrierender Katalyse an platinierter Kohle bei 320° 60% *Diphenyl* (II), 6% *Fluoren* (III), 7% *1-Methyl-1-phenylcyclohexan* (IV), 5% *o-Methyl-* (V), 14% *m-Methyl-* (VI) u. 8% *p-Methyldiphenyl* (VII). II entstand wahrscheinlich durch Abspaltung von CH_4 aus IV, während III durch sek. katalyt. Umwandlung über Diphenylmethan oder aus V gebildet sein kann. Die Angabe von PINES (J. Amer. chem. Soc. **67.** [1945.] 2193), daß I an platiniertem Al_2O_3 bei 380° hauptsächlich in III übergeht, wurde bestätigt. An 10%ig. platinierter Kohle bei 380° wurde II als Hauptprod. erhalten.

Versuche: *Phenylcycloheptan* (I), $C_{13}H_{18}$, Kp.$_{10}$ 114,5°. Aus Suberon u. C_6H_5·MgBr wird 1-Phenylcycloheptanol-(1) hergestellt, das in Ggw. von Jod zu 1-Phenylcyclohepten-(1) dehydratisiert wird; Hydrierung (Pt/Kohle) bei Zimmertemp. führte zu I; D.$^{20}_4$ 0,9487; n_D^{20} 1,5302; Mol.-Refr. 56,66. — 25 g I werden bei 320° mit einer Volumengeschwindigkeit von 0,2 durch ein mit 100 cm³ 10%ig. platinierter Kohle gefülltes Rohr geleitet; die gasförmigen Prodd. der Katalyse bestehen aus CH_4 (16,3%) u. H_2 (83,5%). Aus dem bei —40° krist. Anteil des Katalysats werden durch fraktionierte Dest. u. Kristallisation aus CH_3OH 11,3 g *Diphenyl* (II), F. 70,5°, u. 1,1 g *Fluoren*(III), F. 113°, erhalten; das fl. Katalysat liefert *1-Methyl-1-phenylcyclohexan*(IV), $C_{13}H_{18}$, Kp.$_6$ 95—97°; D.$^{20}_4$ 0,9396; n_D^{20} 1,5230; 1,3 g; bei 60std. Erhitzen von 4 g des höher sd., V, VI u. VII enthaltenden Anteils (insgesamt 5,5 g) des fl. Katalysats mit 2%ig. wss. $KMnO_4$-Lsg. werden *p-Phenylbenzoesäure*, F. 222—223°; aus 60%ig. A. Nadeln; 0,67 g, *o-Phenylbenzoesäure*, F. 112—113°; 0,43 g, u. *m-Phenylbenzoesäure*, F. 163—165°; 1,2 g, gewonnen. — Katalyse von 5 g I an platinierter Kohle bei 380° lieferte 3,9 g II. — Katalyse von 5 g I an 10%ig. platiniertem Al_2O_3 bei 380° ergibt 3,2 g III. (Доклады Академии Наук СССР [Ber. Akad. Wiss. UdSSR] [N. S.] **89.** 1025—28. 21/4. 1953. Moskau, Lomonossow-Univ., Zelinsky-Labor. für organ. Chem.) WÖRFFEL. 2210

Yvon Perron, *Über die Oxydation von 1.1.1-Trichlor-2.2-bis-[p-tolyl]-äthan.* Kondensation von Toluol mit Chloralhydrat in Ggw. von konz. H_2SO_4 lieferte *1.1.1-Trichlor-2.2-bis-[p-tolyl]-äthan* (I). I ergab bei Oxydation mit $K_2Cr_2O_7$ in verd. H_2SO_4 in der Wärme *1.1-Dichlor-2.2-bis-[p-carboxyphenyl]-äthylen* (II) (nachgewiesen durch Oxydation zu *4.4'-Dicarboxybenzophenon*) u. nicht *1.1.1-Trichlor-2.2-bis-[p-carboxyphenyl]-äthan* (III), wie HASKELBERG u. LAVIE (J. org. Chemistry **14.** [1949.] 498) annahmen. III entsteht aber bei Oxydation von I unter milderen Bedingungen mit CrO_3 in Acetanhydrid u. Eisessig in der Kälte, sie wird durch Kochen in methanol. NaOH in II übergeführt.

Versuche: *1.1.1-Trichlor-2.2-bis-[p-tolyl]-äthan* (I), F. 89°, durch Zutropfen von konz. H_2SO_4 bei 5° zu Chloralhydrat u. Toluol unter Rühren, Gießen auf Eis u. Digerieren des abfiltrierten Nd. mit A.; Platten aus A.; 58% (Ausbeute). — *1.1-Dichlor-2.2-bis-[p-carboxyphenyl]-äthylen* (II), $C_{16}H_{10}O_4Cl_2$, F. 287° (Zers.), durch Zutropfen von H_2SO_4 zu einer zunächst kalten, später sd. Lsg. von $K_2Cr_2O_7$ u. I in W., Gießen in W., Auflösen des Nd. in verd. Alkali u. Ansäuern; aus 50%ig. A. Nadeln. — *1.1.1-Trichlor-2.2-bis-[p-carboxyphenyl]-äthan* (III), $C_{16}H_{11}O_4Cl_3$, F. 283° (Zers.), durch langsames Zufügen von CrO_3 zu I in Acetanhydrid + Eisessig + H_2SO_4 unterhalb 20°, Gießen auf Eis, Aufnehmen des abfiltrierten Nd. in 2%ig. NaOH, Filtrieren u. Ansäuern des Filtrats mit 10%ig. H_2SO_4; Kristalle aus 75%ig. wss. Dioxan oder 50%ig. A.; 75%; liefert bei 10std. Kochen in einer 7%ig. methanol. Lsg. von NaOH, Abdampfen, Aufnehmen in W. u. Ansäuern II. — *4.4'-Dicarboxybenzophenon*, $C_{15}H_{10}O_5$, F. 360° (Zers.), aus II u. CrO_3 durch 2std. Kochen in Eisessig u. Gießen in W.; Nadeln aus A.; 50%. — *1.1.1-Trichlor-2.2-bis-[p-carbamylphenyl]-äthan*, $C_{16}H_{13}O_2N_2Cl_3$, F. 261—262° (Zers.), aus III durch Behandeln mit $SOCl_2$; aus dem gebildeten *Bissäurechlorid* in Ae. mit konz. NH_3; Platten aus CH_3OH; 90%. — *1.1-Dichlor-2.2-bis-[p-carbamylphenyl]-äthylen*, $C_{16}H_{12}O_2N_2Cl_2$, F. 256—257°, aus II analog vorst. Verb.; Platten aus CH_3OH; 95%. (Canad. J. Chem. **31.** 4—8. Jan. 1953. Montreal, Que., Univ., Dep. of Chem.) LEHWALD. 2420

Friedrich Nerdel und **Gottfried Bankwitz,** *Notiz über die Umsetzung von p-Nitrobenzylcyanid mit Säurechloriden.* Das *Na-Salz* des *p-Nitrobenzylcyanids* (I) läßt sich bequem aus I u. konz. $NaOCH_3$-Lsg. in absol. Bzl. darstellen. Die Angaben von LIFSCHITZ u. JENNER [1915], daß sich I-Na mit CH_3J zu einem aci-Nitroester umsetze, der sich beim Stehen in m-Methyl-p-nitrobenzylcyanid umlagere, konnten nicht bestätigt werden, ebensowenig gelangen analoge Verss. mit Äthyljodid, Benzyljodid, Benzylbromid u. Allylbromid; die bei diesen Rkk. in geringem Umfang entstehenden, nicht kristallisierenden Reaktionsprodd. geben mit hydroxylhaltigen Lösungsmitteln auffallende Farbeffekte, deren Natur bisher nicht geklärt werden konnte. Die Umlagerung in das m-Methylderiv., das heißt in o-Stellung zu NO_2-Gruppe, ist auch außerordentlich unwahrscheinlich, da sowohl durch induktive als auch durch mesomere Effekte der NO_2- u. der CN-Gruppe nicht die zur NO_2-Gruppe o-ständigen, sondern die m-ständigen H-Atome aktiviert sein müssen. — **I**-Na reagiert mit Benzoylchlorid unter Ersatz beider H-Atome der Methylengruppe zu *[p-Nitrophenyl]-dibenzoylcyanmethan* (**II**), das bei der $KMnO_4$-Oxydation *Benzoesäure* u. *p-Nitrobenzoesäure* u. bei der Verseifung unter Abspaltung der CN-Gruppen u. eines Benzoylrestes *Phenyl-[p-nitrobenzyl]-keton* liefert. Katalyt. Hydrierung von **II** ergab das entsprechende *Amin.* Mit p-Nitrobenzoylchlorid entsteht aus **I**-Na analog *[p-Nitrophenyl]-bis-[p-nitrobenzoyl]-cyanmethan.*

V e r s u c h e : **I**-*Na-Salz*, durch Zugabe von $NaOCH_3$ in CH_3OH zur heiß gesätt. Lsg. von **I** in Bzl. unter Wasserausschluß, Kühlung mit Eiswasser u. Waschen mit Ae.; >90% (Ausbeute). — *[p-Nitrophenyl]-dibenzoylcyanmethan* (**II**), $C_{22}H_{14}O_4N_2$, F. 192—193° (A.–Dioxan 2 : 1), durch Zutropfen von C_6H_5COCl zu vorst. Na-Salz in Bzl., 10 Min. Kochen, Einengen u. Versetzen der noch warmen Lsg. mit absol. CH_3OH; 44,5%. — *[p-Aminophenyl]-dibenzoylcyanmethan*, $C_{22}H_{16}O_2N_2$, F. 138—138,5°, durch Hydrierung von **II** in A. + Dioxan (1 : 1) in Ggw. von RANEY-Ni bei Raumtemp.; aus Chlf.–PAe. (1 : 5) gelbes Kristallmehl. *Acetylderiv.*, $C_{24}H_{18}O_3N_2$, F. 224—225° (A., Bzl.). — *Phenyl-[p-nitrobenzyl]-keton*, $C_{14}H_{11}O_3N$, F. 142—142,5°, a) durch 4std. Kochen von **II** mit 50%ig. H_2SO_4 (*Benzoesäure* sublimiert in den Kühler), Gießen auf Eis, Erwärmen des Nd. mit Sodalsg. u. Kristallisation des Rückstands aus Bzl., derbe, schwachgrünliche Kristalle; b) aus p-Nitrophenylessigsäurechlorid u. Bzl. nach FRIEDEL-CRAFTS. — *[p-Nitrophenyl]-bis-[p-nitrobenzoyl]-cyanmethan*, $C_{22}H_{12}\cdot O_8H_4$, F. 156—158°, analog **II** aus **I**-Na u. p-Nitrobenzoylchlorid (50 Min. Kochen); ockergelbes Kristallpulver, verpufft beim Erhitzen. (Chem. Ber. **87**. 330—32. 1954. Berlin-Charlottenburg, TU, Organ.-Chem. Inst.) SPAETH. 2470

Philippos E. Papadakis, Joseph Scigliano und **Sebastian Pirruccello,** *Acylierung von 5-[p-Acetoxyphenyl]-4.6-dicarbäthoxycyclohexandion-(1.3).* Es wird die O- u. C-Acylierung von 5-[p-Acetoxyphenyl]-4.6-dicarbäthoxycyclohexandion-(1.3) (**I**) nach den Verff. von CLAISEN u. HAASE [1900] sowie von DIECKMANN u. STEIN [1904] beschrieben. Die O-Acetylderivv. von **I** ließen sich mit Acetanhydrid/Na-Acetat bzw. Säureanhydrid/Pyridin in die C-Acylverbb. überführen. Die O- u. C-Alkylderivv. unterscheiden sich durch ihre Löslichkeiten (die O-Derivv. sind in Ae. u. Bzl. löslicher als die C-Derivv.) u. durch die Farb-Rkk. mit alkoh. $FeCl_3$ (O-Derivv. purpurrot, C-Derivv. gelb). Die Strukturen der einzelnen Verbb. wurden nicht näher bestimmt, es wurden erhalten: Aus **I** u. Acetanhydrid *C-Acetylderivv.* $C_{22}H_{24}O_9$, F. 116° (**A**), F. 148° u. F. 162°; *O-Acetylderivv.* $C_{22}H_{24}O_9$, F. 145° (**B**) u. F. 115°. — Aus **I** u. Propionsäureanhydrid *C-Acylderivv.* $C_{23}H_{26}O_9$, F. 129° u. F. 163°; *O-Acylderivv.* $C_{23}H_{26}O_9$, F. 102° u. F. 115°. — Aus **I**, KJ u. β-Jodpropionylchlorid *C-Acylderiv.* $C_{23}H_{25}O_9J$, F. 145°. — Aus **I** u. β-Chlorpropionylchlorid *C-Acylderiv.* $C_{23}H_{25}O_9Cl$, F. 150°. — Aus **I** u. Bernsteinsäuremonochloridmethylester *C-Acylderiv.* $C_{25}H_{28}O_{11}$, F. 133°. — Aus 5-[p-Methoxyphenyl]-4.6-dicarbäthoxycyclohexandion-(1.3) u. Cinnamoylchlorid *C-Acylderiv.* $C_{28}\cdot H_{28}O_8$, F. 140°. — Aus **I** u. p-Acetamidobenzolsulfonylchlorid (**II**) *C-Acylderiv.* $C_{28}\cdot H_{29}O_{11}NS$, F. 203°. — Aus dem m-Methoxyderiv. von **I** u. **II** *Verb.* $C_{27}H_{29}O_{11}NS$ (? Der Referent), F. 175°. — *5-[p-Oxyphenyl]-cyclohexandion-(1.3)*, durch 24std. Stehen von **B** in Sodalsg., 12std. Kochen u. weiteres 7std. Kochen nach Ansäuern. *5-[p-Acetoxyphenyl]-2-acetylcyclohexandion-(1.3)* (F. 117°; **A**?), behält bei gleicher Behandlung die C-Acetylgruppe (*Verb.* $C_{14}H_{14}O_4$, F. 179°). (J. Amer. chem. Soc. **75**. 5436—37. 5/11. 1953. Ohama, Neb., Creighton Univ., Dep. of Chem.) GOMPPER. 2470

Philippos E. Papadakis und **Joseph Scigliano,** *5-[p-Oxyphenyl]-4.6-dicarboxy-2-[3-diäthylamino-1-oxypropyl]-cyclohexandion-(1.3) und ein Derivat.* (Vgl. vorst. Ref.) Zur Unters. auf Antimalariawirksamkeit wurden folgende Verbb. dargestellt: *5-[p-Acetoxyphenyl]-4.6-dicarbäthoxy-2-[β-chlorpropionyl]-cyclohexandion-(1.3)* (**I**), $C_{23}H_{25}O_9Cl$, F. 149°, aus dem Na-Salz von 5-[p-Acetoxyphenyl]-4.6-dicarbäthoxycyclohexandion-(1.3) u. β-Chlorpropionylchlorid in Ae.; 95% (Ausbeute). — *5-[p-Acetoxyphenyl]-4.6-dicarbäthoxy-2-[β-jodpropionyl]-cyclohexandion-(1.3)*, $C_{23}H_{25}O_9J$, F. 145°, wie **I** mit mit Zusatz von KJ; fast 100%. — *5-[p-Acetoxyphenyl]-4.6-dicarbäthoxy-2-[β-diäthylaminopropionyl]-cyclohexandion-(1.3)*, $C_{27}H_{35}O_9N$, F. 201—202°, aus **I** u. Diäthylamin in Ae.; 87%. — *5-[p-Oxyphenyl]-4.6-dicarboxy-2-[3-diäthylamino-1-oxypropyl]-cyclohexandion-(1.3)*, $C_{21}H_{27}O_8N$, F. 193°, aus vorst. Verb. durch Red. nach MEERWEIN-PONNDORF-VERLEY neben einer *Verb.* $C_{21}H_{25}O_7N$, F. 209°, der die Struktur eines Lactons zugeschrieben wird. (J. Amer. chem. Soc. **75**. 5437—38. 5/11. 1953.) GOMPPER. 2550

Frederick C. Novello und **Marcia E. Christy**, *Darstellung von 3-[6-Methoxynaphthyl-(2)]-cyclohexen-(2)-on-(1) und verwandten Verbindungen.* Zur Prüfung auf östrogene Wrkg. wurden *3-Arylcyclohexen-(2)-one-(1)* durch Kondensation von Aryl-β-dialkylaminoketonen mit Acetessigester u. ähnlichen Verbb., die eine akt. Methylengruppe enthalten, dargestellt. Das *3-[6-Oxynaphthyl-(2)]-cyclohexen-(2)-on-(1)* (I) war die aktivste Verb. dieser Reihe.

V e r s u c h e: *2-[β-Dimethylaminopropionyl]-6-methoxynaphthalinhydrochlorid*, $C_{16}H_{20}O_2NCl$, F. 184—184,5°, durch 48std. Erhitzen von 2-Acetyl-6-methoxynaphthalin, Dimethylaminhydrochlorid, Paraformaldehyd u. etwas konz. HCl in A.; gelbe Nadeln aus A.; 70% (Ausbeute). *Freie Base*, $C_{16}H_{19}O_2N$, F. 77—79°; aus Ae.-PAe. Plättchen. — *3-[6-Methoxynaphthyl-(2)]-cyclohexen-(2)-on-(1)* (II), $C_{17}H_{16}O_2$, F. 142,3 bis 143,3°, aus vorst. Verb. u. Acetessigsäuremethylester mit KOH in Isopropanol; gelbe Nadeln aus Aceton; 70%. *Oxim*, $C_{17}H_{17}O_2N$, F. 171,2—172,5°; aus A. blaßgelbe Plättchen. — *3-[6-Oxynaphthyl-(2)]-cyclohexen-(2)-on-(1)* (I), $C_{16}H_{14}O_2$, F. 215,1—217,4°, aus II mit $AlCl_3$ in Xylol; blaßgelbe Plättchen aus A.; 63,5%. *Oxim*, $C_{16}H_{15}O_2N$, F. 234,7—238,4°; blaßgelbe Nadeln aus A.-Hexan. — *3-[6-Methoxynaphthyl-(2)]-cyclohexanon*, $C_{17}H_{18}O_2$, F. 124—125°, aus II durch Hydrierung mit Pd-Kohle in Dioxan; Nadeln aus A.; 60%. *Oxim*, $C_{17}H_{19}O_2N$, F. 152,5—154°; aus A. Nadeln. — *3-[6-Methoxynaphthyl-(2)]-cyclohexanol*, $C_{17}H_{20}O_2$, F. 127,6—129,2°, aus 1 g II durch Hydrierung mit Pt in A.; Plättchen aus A.-W.; 0,55 g. — *3-[6-Oxynaphthyl-(2)]-cyclohexanon*, $C_{16}H_{16}O_2$, F. 142,6—145,3°, aus 0,5 g I durch Hydrierung mit Pd-Schwarz in Eisessig; blaßgelbe Nadeln aus Bzl.-Hexan; 0,2 g. — *3-[6-Oxynaphthyl-(2)]-cyclohexanol*, $C_{16}H_{18}O_2$, F. 217,1—218,4°, aus 1 g I durch Hydrierung mit WF-7 Ni in A.; Nadeln aus A.-W.; 0,25 g. — *2-Oxy-6-[3-oxycyclohexyl]-tetralin*, $C_{16}H_{22}O_2$, aus 2 g I durch Hydrierung mit RANEY-Ni in A. u. NaOH bei 130°; nach Dest. bei 0,5 mm glasartig; 1,6 g. (J. Amer. chem. Soc. **75.** 5431—32. 5/11. 1953. West Point, Pa., Merck & Co., Inc., Sharp and Dohme Div., Dep. of organ. Chem.) GOMPPER. 2700

Dorothy V. Nightingale, William S. Wagner und **Robert H. Wise**, *Reaktionen einiger mehrkerniger Aroylchloride mit Organocadmiumverbindungen.* 8-Benzoylnaphthoylchlorid-(1) (I) (vgl. FRENCH u. KIRCHER, J. Amer. chem. Soc. **66.** [1944.] 298) reagiert mit Diphenylcadmium unter Bldg. eines Gemisches aus *3.3-Diphenylnaphthalid* u. *1.8-Dibenzoylnaphthalin*; in ähnlicher Weise reagiert 8-p-Toluylnaphthoylchlorid-(1) mit Di-p-tolylcadmium. Aus I u. Dialkylcadmium entstehen nur die *3-Alkyl-3-phenylnaphthalide*, wobei die Naphthalide aus I u. Dimethyl- bzw. Di-n-heptylcadmium nur als Öle erhalten werden konnten. Ähnliche Isomerisationserscheinungen wurden beim 2-[3.4-Dimethylbenzoyl]-diphenylcarbonsäurechlorid-(2′) (II) beobachtet; mit $(C_2H_5)_2Cd$ u. $(n\text{-}C_4H_9)_2Cd$ entstanden die entsprechenden *7-Alkyl-7-[3.4-dimethylphenyl]-diphenide*. Diese werden im Gegensatz zu den stabilen Naphthaliden langsam durch Sodalsg., schnell durch starke Basen hydrolysiert. 2-Mesitoylbiphenylcarbonsäurechlorid-(2′) (III) liefert unter diesen Bedingungen die entsprechenden *2-Mesitoyl-2′-acylbiphenyle*, die nicht hydrolysiert werden konnten. Während bei der Umsetzung von Diphenoylchlorid (IV) mit $(C_6H_5)_2Cd$ *2.2′-Dibenzoylbiphenyl* entstand, bildete sich mit $(C_2H_5)_2Cd$ ein nicht rein zu erhaltendes Öl. — Die Darst. von *8-Benzoylnaphthoesäure-(1)* (V) aus Naphthalsäureanhydrid (VI) wurde verbessert.

V e r s u c h e: *8-Benzoylnaphthoesäure-(1)* (V), F. 128—129°, a) durch Umsetzen von Phenyl-MgBr mit $CdCl_2$ in Ae., Abdest. des Ae. unter Ersatz durch Toluol, Zugabe von VI unter Kühlen mit Eis, Erwärmen auf 60—70° (2,25 Std.) u. Zers. mit verd. HCl; 85% (Ausbeute); b) durch Zugabe von C_6H_5MgBr in Ae. zu VI in Toluol bei Raumtemp.; 95%. — *8-Benzoylnaphthoylchlorid-(1)* (I), F. 127—128°, mit $SOCl_2$. — *8-Propionylnaphthoesäure-(1)*, $C_{14}H_{12}O_3$, F. 147,5—148,5° (Toluol), analog V nach a) mit Diäthylcadmium; 57%. — *8-[p-Toluyl]-naphthoesäure-(1)*, F. 134—136° (A.), analog V nach b) aus VI u. p-Tolyl-MgBr; 61%. *Chlorid*, F. 144—145°, wie I. — *3-Äthyl-3-phenylnaphthalid*, $C_{20}H_{16}O_2$, F. 128—129° (Essigester), aus I u. Diäthylcadmium wie V nach a); Nadeln; 95%; λ_{max} 241, 314 u. 328 mμ, λ_{min} 233, 268 u. 326 mμ. — *3-n-Butyl-3-phenylnaphthalid*, $C_{22}H_{20}O_2$, F. 148—149°, analog; 99%; λ_{max} 242, 314 u. 328 mμ, λ_{min} 233, 268 u. 326 mμ. — Gemisch von *3.3-Diphenylnaphthalid* u. *1.8-Dibenzoylnaphthalin*, $C_{24}H_{16}O_2$, F. 160—167°, aus I u. Diphenylcadmium; 60%. — *3.3-Bis-[p-tolyl]-naphthalid*, F. 234—236° (A.), analog u. Dest. des rohen Reaktionsprod. bei 1 mm; hellgelbe Kristalle; λ_{max} 243, 274, 315 u. 329 mμ, λ_{min} 236, 271, 277 u. 326 mμ; daneben ein nicht identifiziertes Öl. — *2-[3.4-Dimethylbenzoyl]-biphenylcarbonsäure-(2′)*, F. 119—120° (Toluol), aus Diphensäureanhydrid in symm.-Tetrachloräthan u. $AlCl_3$ mit o-Xylol bei 0°, später bei Zimmertemp. (11 Std.), Zers. mit verd. HCl u. Wasserdampfdest., aus dem Rückstand durch Reinigen über das Na-Salz; 62,5%. *Chlorid* (II), $C_{22}H_{17}O_2Cl$, F. 101,5—102,5° (aus Bzl. mit Bzn.), aus der Säure mit $SOCl_2$ bei Zimmertemp. (3 Std.), bei 40° (1 Std.), Abdampfen des $SOCl_2$ bei 35° im Vakuum, Lösen in Bzl. u. Abdampfen; 85%. *Amid*, $C_{22}H_{19}O_2N$, F. 184—186° (Aceton). — *2-Mesitoylbiphenylcarbonsäure-(2')*, F. 225—226°, analog vorst. Säure mit Mesitylen bei 0—5°; 80%. *Chlorid* (**III**), $C_{23}H_{19}O_2Cl$, F. 117—118°; 87%. *Amid*, $C_{23}H_{21}O_2N$, F. 209—213°. — *2-Naphthoylbiphenylcarbonsäure-(2')*, $C_{24}H_{16}O_3$, F. 180—182°; 18%. — *2-[3.4-Dimethylbenzoyl]-2'-[p-toluyl]-biphenyl*, $C_{29}H_{24}O_2$, F. 161 bis 163° (Aceton u. A.), aus **II** u. Di-p-tolylcadmium in Bzl. bei Zimmertemp. (10 Min.) u. 35—40° (3 Std.); 38%. — *7-Äthyl-7-[3.4-dimethylphenyl]-diphenid*, $C_{24}H_{22}O_2$, aus **II** u. Diäthylcadmium in Bzl. bei 75—80°, später bei 60—70° (2 Std.) u. Zers. mit verd. HCl u. Eis; aus der benzol. Lsg. durch Extrahieren mit wss. Soda als blau fluorescierendes Glas, das auch nach der Vakuumsublimation keinen definierten F. zeigt. — *7-n-Butyl-7-[3.4-dimethylphenyl]-diphenid*, $C_{26}H_{26}O_2$, analog in Toluol; Glas; 82,5%. — *2-Mesitoyl-2'-propionylbiphenyl*, $C_{25}H_{24}O_2$, F. 149,5—151,5°, aus **III** u. Diäthylcadmium in Bzl.; 51%. — *2-Mesitoyl-2'-n-valeroylbiphenyl*, $C_{27}H_{28}O_2$, F. 90 bis 91°, analog; 85%. — *2.2'-Dibenzoylbiphenyl*, F. 165—166°, aus **IV** u. Diphenylcadmium in Toluol; 83%. — *2-Benzoylbiphenylcarbonsäure-(2')*, $C_{20}H_{14}O_3$, F. 179 bis 180° (Toluol), aus Diphensäureanhydrid u. Diphenylcadmium in Toluol u. Reinigen durch Kristallisation des Na-Salzes aus W.; 87%. — *3-Methyl-3-phenylnaphthalid* (λ_{max} 241, 314 u. 328 mμ, λ_{min} 234, 271 u. 326 mμ) u. *3-n-Heptyl-3-phenylnaphthalid* (λ_{max} 240, 314 u. 328 mμ, λ_{min} 236, 271 u. 326 mμ) konnten nicht rein erhalten werden. (J. Amer. chem. Soc. **75.** 4701—03. 5/10. 1953. Columbia, Mo., Univ., Dep. of Chem.)

GOLD. 2700

Heinrich Hopff, Julius Fuchs und **Karl Heinz Eisenmann,** *Zur Kenntnis der Amino- und Diaminoanthrachinondicarbonsäuren.* Vff. synthetisierten eine Reihe von *Amino-* u. *Diaminoanthrachinondicarbonsäuren*, welche für die Herst. von Anthrachinonacridonen u. Anthrachinonoxazolen Bedeutung haben. Ausgehend von 1-Amino-2.4-dibromanthrachinon (**I**) erhielten Vff. durch Umsetzung mit CuCN u. Verseifung *1-Aminoanthrachinon-2.4-dicarbonsäure*, durch SANDMEYER-Rk. (→ *1-Cyan-2.4-dibromanthrachinon* [**III**]), nachfolgende Umsetzung mit CuCN, Verseifung u. Aminierung *2-Aminoanthrachinon-1.4-dicarbonsäure*. **III** lieferte durch Rk. mit p-Toluolsulfamid (**VIII**), Hydrolyse, Umsetzung mit CuCN unter gleichzeitiger Decarboxylierung u. anschließende Verseifung *1-Aminoanthrachinon-3-carbonsäure*. Aus 2-Amino-1.3-dibromanthrachinon entstand mit CuCN in Pyridin ein ockerfarbiger Stoff (*2-Amino-1.3-dicyananthrachinon?*), der bei der alkal. Verseifung jedoch nur sehr wenig alkalilösl. Substanz ergab. *1.2-Diaminoanthrachinon-4-carbonsäure* wurde aus *1-Amino-2-bromanthrachinon-4-carbonsäure* (**X**) mit wss. NH_3 bei höherer Temp. neben einem rotbraunen *Anthrimid* (wahrscheinlich **IX**) erhalten, nicht dagegen mit **VIII** (in W. bzw. Nitrobenzol); der Äthylester von **X** reagierte weder mit **VIII** noch mit Phthalimidkalium. *1.5-Diaminoanthrachinon-2.6-dicarbonsäure* entstand durch energ. Oxydation von *1.5-Dinitro-2-6-dimethylanthrachinon* (**IV**) u. nachfolgende Red. der gebildeten *Dinitrosäure* (**V**). Analog wurde *1.8-Diaminoanthrachinon-2.7-dicarbonsäure* hergestellt. Auf folgendem Wege erhielten Vff. *1.5-Diaminoanthrachinon-3.7-dicarbonsäure*: 1.5-Diamino-2.4.6.8-tetrabromanthrachinon (vgl. SCHOLL u. Mitarbeiter, Liebigs Ann. Chem. **494.** [1932.] 221) wurde desaminiert; mittels **VIII** wurden die beiden α-ständigen reaktionsfähigeren Br-Atome substituiert, dann wurde wie oben verseift, mit CuCN umgesetzt u. zur Säure hydrolysiert. Auf ähnliche Weise wurde, ausgehend von *1.8-Diamino-2.4.5.7-tetrabromanthrachinon*, *1.8-Diaminoanthrachinon-3.6-dicarbonsäure* gewonnen. Aus den bei vorst. Reaktionsfolgen entstehenden *1.3.5.7-* (**VI**) bzw. *1.3.6.8-Tetrabromanthrachinonen* (**VII**) wurden durch partielle Rk. mit CuCN, Verseifung u. Umsetzung mit NH_3 *3.7-Diaminoanthrachinon-1.5-dicarbonsäure* bzw. *3.6-Diaminoanthrachinon-1.8-dicarbonsäure* erhalten. Bei Verss., 2.3-Dimethylanthrachinon zu nitrieren, wurden keine einheitlichen Prodd. erhalten; ebenfalls gelang es nicht, 1.4-Diamino-2.3-dimethylanthrachinon mit O_2 unter Druck in alkal. Lsg. in die entsprechende Dicarbonsäure zu überführen.

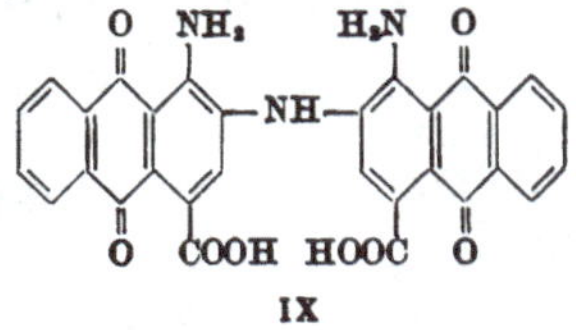

IX

Versuche: *1-Amino-2-brom-4-cyananthrachinon* (**II**), $C_{15}H_7O_2N_2Br$, F. 271 bis 273° (rotbraune Nadeln aus Nitrobenzol), durch 10std. Kochen von **I** mit CuCN in absol. Pyridin (Py.); 85% (Ausbeute). — *1-Amino-2.4-dicyananthrachinon*, $C_{16}H_7O_2N_3$, ab 325° Dunkelfärbung, F. >350° (orangefarbene Nadeln aus Nitrobenzol), durch 20std. Erhitzen (190—200°) von **II** mit CuCN in absol. Py. im Autoklaven; Reinigung durch Sublimation (10 mm); 33,5%. — *1-Aminoanthrachinon-2.4-dicarbonsäure*, $C_{16}H_9O_6N$, F. 323—325° (rotorangefarbene Nadeln aus Nitrobenzol), durch 12std. Erhitzen (100—110°) vorst. Verb. mit 80%ig. H_2SO_4; 79%. — *1-Cyan-2.4-dibromanthrachinon* (III), $C_{15}H_5O_2NBr_2$, F. 267—269° (gelbe Nadeln aus CH_3COOH), aus diazotiertem I u. $CuSO_4$–KCN-Lsg. bei p_H 6—7; 49%. — *2.4-Dibromanthrachinon-1-carbonsäureamid*, $C_{15}H_7O_3NBr_2$, F. 296—298° (Zers.; grünlichgelbe Nadeln aus o-Dichlorbenzol), aus den Mutterlaugen von III; 1,5 g (aus 38,1 g I). — Bei $p_H > 7$ außerdem *1-Cyan-2-brom-4-oxyanthrachinon*, $C_{15}H_6O_3NBr$, F. 312° (Zers.; gelbe Nadeln aus CH_3COOH); 1—2 g. — *1.4-Dicyan-2-bromanthrachinon*, $C_{16}H_5O_2N_2Br$, F. >350° (gelbe Nadeln aus konz. HNO_3 oder Trichlorbenzol), aus 30 g III u. 7,5 g CuCN in Benzylcyanid (5 Std. bei 125—130°); 25,7 g. — *2-Bromanthrachinon-1.4-dicarbonsäure*, $C_{16}H_7O_6Br$, F. ca. 300° (schwach gelbgefärbte Nadeln aus konz. HNO_3), durch Hydrolyse vorst. Verb. mit 80%ig. H_2SO_4 (zum Sieden erhitzen); 78%. — *2-Aminoanthrachinon-1.4-dicarbonsäure*, $C_{16}H_9O_6N \cdot {}^1/_2H_2O$, verwittert beim Trocknen bei 100—110° (orangefarbene Nadeln, umgefällt mit NaOH/HCl), aus vorst. Verb. mit konz. wss. NH_3 u. $CuSO_4$ (6 Std. bei 120—130° im Autoklaven); 88%. — *1-Cyan-2-bromanthrachinon-4-carbonsäure*, $C_{16}H_6O_4NBr$, F. 300—302° (hellgelbe Blättchen aus CH_3COOH), aus 1-Amino-2-bromanthrachinon-4-carbonsäure analog III; 55%. — *1-Cyan-2-brom-4-p-toluolsulfamidoanthrachinon*, $C_{22}H_{13}O_4N_2BrS$, F. 290—292° (citronengelbe Nadeln aus o-Dichlorbenzol), aus III u. VIII in absol. Isoamylalkohol ($1^1/_2$ Std. Kochen; Zusatz von wasserfreiem K-Acetat u. Cu-Acetat); 90%. — *4-Amino-2-bromanthrachinon-1-carbonsäureamid*, $C_{15}H_9O_3N_2Br$, rotorangefarbene, glänzende Nadeln aus Benzonitril; Dunkelfärbung ab 300°, aus 20 g vorst. Verb. u. konz. H_2SO_4 (10 Min. bei 50°); 14,3 g. — *4-Amino-2-bromanthrachinon-1-carbonsäure*, $C_{15}H_8O_4NBr$, F. >350° (ab 300° Dunkelfärbung; rotorangefarbene, breite Nadeln aus Nitrobenzol), durch Erhitzen vorst. Amids mit 80%ig. H_2SO_4 (10 Std. bei 100—110°); 91%. — *1-Amino-3-cyananthrachinon*, $C_{15}H_8 \cdot O_2N_2$, F. 263—264° (rote Nadeln aus Toluol), durch 20std. Erhitzen (190—200°) vorst. Säure (→ 30,8%) oder von 1-Amino-3-bromanthrachinon (→ 41,5%) mit CuCN u. absol. Py. im Autoklaven. — *1-Aminoanthrachinon-3-carbonsäure*, $C_{15}H_9O_4N$, F. 338 bis 340° (rote Nadeln aus CH_3COOH), quantitativ aus vorst. Verb. durch 10std. Erhitzen mit 80%ig. H_2SO_4 auf 100—110°. — *1-Amino-2-bromanthrachinon-4-carbonsäure* (X), $C_{15}H_8O_4NBr$, F. 264° (Zers.; glänzende rotbraune Nadeln aus CH_3COOH), aus II u. 80%ig. H_2SO_4 (12 Std. bei 100—110°); 83%. *Äthylester*, $C_{17}H_{12}O_4NBr$, F. 197 bis 198° (rotorangefarbene Nadeln aus A.), aus X, A. u. konz. H_2SO_4 (24 Std. Kochen); 96%. — *1.2-Diaminoanthrachinon-4-carbonsäure*, $C_{15}H_{10}O_4N_2$, F. nicht erkennbar (tiefviolette Nadeln, umgefällt mit verd. NaOH/HCOOH), aus X u. konz. wss. NH_3 (15 Std. bei 150—160° im Autoklaven, Zusatz von $CuSO_4$); 61%. — *1.5-Dinitroanthrachinon-2.6-dicarbonsäure* (V), $C_{16}H_6O_{10}N_2$, F. >350° (gelbe Nadeln aus Dimethylformamid), aus IV (dieses aus 2.6-Dimethylanthracen, vgl. MORGAN u. COULSON, J. chem. Soc. [London] **1929**. 2203, durch Nitrierung in H_2SO_4 mit KNO_3, vgl. SEER, Nature [London] **32**. [1911.] 143), 98—100%ig. HNO_3 u. CrO_3 bei 55—60° ($2^1/_2$ Std.): 95%. — *1.5-Dinitro-2-methylanthrachinon-6-carbonsäure*, $C_{16}H_8O_8N_2$, F. >350° (Dunkelfärbung ab 300°; Umfällung aus NaOH/HCl), wie vorst. aus IV, aber nur Verwendung von 50% des dort eingesetzten CrO_3; 70%. — *1.5-Diaminoanthrachinon-2.6-dicarbonsäure*, $C_{16}H_{10}O_6N_2$, F. >350° (rote Flocken, mit HCl aus der alkal. Küpe gefällt), aus V mit $Na_2S_2O_4$ in 2nNaOH u. anschließend Oxydieren durch Luftstrom (30 Min.); 100%. — *1.8-Dinitroanthrachinon-2.7-dicarbonsäure*, $C_{16}H_6O_{10}N_2$, F. >350° (gelbe Nadeln aus Dimethylformamid), aus 1.8-Dinitro-2.7-dimethylanthrachinon (dieses wie IV, Nitrierung nach MAYER u. GÜNTHER, Ber. dtsch. chem. Ges. **63**. [1930.] 1455) wie V; 89%. — *1.8-Diaminoanthrachinon-2.7-dicarbonsäure*, $C_{16}H_{10}O_6N_2$, F. >350°; aus vorst. Säure wie oben; 100%. — *1.3.5.7-Tetrabromanthrachinon* (VI), $C_{14}H_4O_2Br_4$, F. 273 bis 275° (gelbe Nadeln aus o-Dichlorbenzol); durch Red. von diazotiertem 1.5-Diamino-2.4.6.8-tetrabromanthrachinon mit Cu_2O in A.; 87%. — *1.5-Bis-[p-toluolsulfamido]-3.7-dibromanthrachinon*, $C_{28}H_{20}O_6N_2Br_2S_2$, F. >350° (goldgelbe Nadeln aus Nitrobenzol), durch 3std. Kochen von VI mit VIII in absol. Amylalkohol (Zusatz von K-Acetat u. Cu-Acetat); 96%. — *1.5-Diamino-3.7-dibromanthrachinon*, $C_{14}H_8O_2N_2Br_2$, F. >350° (rotbraune Nadeln aus Nitrobenzol), aus vorst. Sulfamid u. konz. H_2SO_4 (4—5 Std. Erwärmen); 98%. — *1.5-Diamino-3.7-dicyananthrachinon*, $C_{16}H_8O_2N_4$, F. >350° (rotbraune Nädelchen aus Benzonitril), Sublimation bei 300° (12 mm), aus vorst. Verb. mit CuCN in absol. Py. (20 Std. bei 190—200° im Autoklaven); 35,7%. — *1.5-Diaminoanthrachinon-3.7-dicarbonsäure*, $C_{16}H_{10}O_6N_2$, F. >350° (rotbraune Nadeln aus wss. Dimethylformamid), durch 12std. Erhitzen vorst. Verb. mit 80%ig. H_2SO_4 (100°); 100%. — *1.8-Diamino-2.4.5.7-tetrabromanthrachinon*, $C_{14}H_6O_2N_2Br_4$, F. 322 bis 323° (rote Nädelchen aus Nitrobenzol), durch Bromierung von 1.8-Diaminoanthrachinon in 10%ig. H_2SO_4; 70%. — *1.3.6.8-Tetrabromanthrachinon* (VII), $C_{14}H_4O_2Br_4$, F. 293—295° (gelbe Nadeln oder Blättchen aus o-Dichlorbenzol), aus vorst. Verb. wie

VI; 91%. — *1.8-Bis-[p-toluolsulfamido]-3.6-dibromanthrachinon*, $C_{28}H_{20}O_6N_2Br_2S_2$, F. 268—270° (orangefarbene Blättchen aus o-Dichlorbenzol), wie oben aus **VII**; 98%. — *1.8-Diamino-3.6-dibromanthrachinon*, $C_{14}H_8O_2N_2Br_2$, F. 320—322° (braunrote Nadeln aus Nitrobenzol), aus vorst. Sulfamid u. konz. H_2SO_4 (1/2std. Erhitzen); 98%. — *1.8-Diamino-3.6-dicyananthrachinon*, $C_{16}H_8O_2N_4$, F. >350° (rotbraune Nadeln aus Benzonitril); 41%. — *1.8-Diaminoanthrachinon-3.6-dicarbonsäure*, $C_{16}H_{10}O_6N_2$, F. >350° (rotbraune Nädelchen aus Nitrobenzol); 100%. — *3.7-Dibrom-1.5-dicyan-anthrachinon*, $C_{16}H_4O_2N_2Br_2$, F. >350° (gelbe Nadeln aus Trichlorbenzol oder 68%ig. HNO_3), aus **VI** u. CuCN in Benzylcyanid (5 Std. bei 125—130°); 91%. — *3.7-Dibrom-anthrachinon-1.5-dicarbonsäure*, $C_{16}H_6O_6Br_2$, F. >350° (hellgelbe Nädelchen, umgefällt aus NaOH mit HCl), aus vorst. Verb. mit 110 cm³ konz. H_2SO_4 u. 66 cm³ W. (1/2std. Kochen); 80%. — *3.7-Diaminoanthrachinon-1.5-dicarbonsäure*, $C_{16}H_{10}O_6N_2$, F. >350° (braunrote Nädelchen, umgefällt mit HCOOH), aus vorst. Verb. mit 25%ig. NH_3 u. etwas $CuSO_4$ (5 Std. bei 200—210° im Autoklaven); 70%. — *3.6-Dibrom-1.8-dicyan-anthrachinon*, $C_{16}H_4O_2N_2Br_2$, F. 353—355° (gelbe Blättchen aus Trichlorbenzol oder 68%ig. HNO_3), aus **VII**; 87%. — Daraus *3.6-Dibromanthrachinon-1.8-dicarbonsäure*, $C_{16}H_6O_6Br_2$; 64%. — Daraus *3.6-Diaminoanthrachinon-1.8-dicarbonsäure*, $C_{16}H_{10}O_6N_2 \cdot 1/2 H_2O$, rotbraune Nädelchen, umgefällt mit HCOOH; 65—70%. (Liebigs Ann. Chem. **585**. 161—82. 1954. Mainz, Univ., Organ.-chem. Labor.) J. ROTHE. 2800

E. D. Bergmann und **J. Szmuszkovicz**, *Synthesen in der Reihe der Dibenzofluorene.* *2-[Naphthyl-(2')-methyl]-tetralon-(1)* (I), das durch Kondensation von 2-Brommethyl-naphthalin mit Tetralon-(1) erhalten wurde, u. das aus **I** durch Red. gewonnene *2-[Naphthyl-(2')-methyl]-tetralol-(1)* (**II**) liefern beim Cyclisieren mit P_2O_5 KW-stoffe, die beim Dehydrieren nicht in 3.4; 5.6-Dibenzofluoren übergehen. Die Behandlung von **I** mit $AlCl_3$ führte zu einem amorphen Prod., das beim Dehydrieren im wesentlichen *2.3; 5.6-Dibenzofluoren* (**III**) lieferte. Aus der Mutterlauge wurde ein mit **III** isomerer KW-stoff isoliert, dessen Struktur nicht ermittelt werden konnte. Die Behandlung von **I** mit Polyphosphorsäure ergab einen KW-stoff, der beim Dehydrieren *1.2; 5.6-Dibenzofluoren* (**IV**) lieferte, u. der daher vermutlich *3.4-* oder *7.8-Dihydro-1.2; 5.6-dibenzofluoren* ist. **IV** entstand auch aus *2-[Naphthyl-(2')-methylen]-tetralon-(1)* (**V**) mit P_2O_5 in sd. Xylol.

Versuche: *β-Naphthylcarbinol*, F. 79—80°, aus β-Naphthoesäure mit $LiAlH_4$ in Ae.; 100% (Ausbeute). — *2-Brommethylnaphthalin*, $Kp._{0,8}$ 133—136°, F. 56—57°, aus vorst. Verb. mit PBr_3 in Bzl. (+ wenig Pyridin) bei 50° (2 Std.) u. Zers. mit Eis; 93%. — *2-[Naphthyl-(2')-methyl]-tetralon-(1)* (**I**), $C_{21}H_{18}O$, Kp. 225°, F. 56—58° (Methanol, PAe.), durch Behandeln von Tetralon-(1) mit $NaNH_2$ in sd. Toluol (5 Std.), Zugabe vorst. Verb. in Toluol u. anschließendes Kochen (6 Std.); 63%. Konnte mit H_2SO_4 nicht cyclisiert werden. *Semicarbazon*, $C_{22}H_{21}ON_3$, F. 198—199° (A.). — *2-[Naphthyl-(2')-methyl]-tetralol-(1)* (**II**), $C_{21}H_{20}O$, F. 124—125° (Bzl. + PAe.), aus **I** mit $LiAlH_4$ in sd. Ae. (3 Std.) zunächst als Stereoisomerengemisch vom F. 85—110°; 100%. — *KW-stoff $C_{21}H_{18}$*, F. 159—160° (A.), aus 6 g **II** mit P_2O_5 bei 135—140°/0,3 mm unter N_2 (20 Min.) als bei 190—195° destillierendes Öl; 0,32 g. Liefert mit Pd bei 300—310° ein öliges Produkt. — *2-[Naphthyl-(2')-methylen]-tetralon-(1)* (**V**), $C_{21}H_{16}O$, F. 134,5 bis 135,5° (A.), aus Tetralon-(1) u. β-Naphthaldehyd in A. mit methanol. KOH; gelbe Nadeln; 92%. Konnte mit H_2SO_4 nicht cyclisiert werden. — *KW-stoff vom $Kp._{0,5}$ 191 bis 205°*, aus **I** u. P_2O_5 bei 140° (1 Std.), Zers. mit W. u. Extrahieren mit Benzol. *Pikrate*, F. 184—185° u. F. 101—102,5°. — *2.3; 5.6-Dibenzofluoren* (**III**), F. 202—203°, aus 5,72 g **I** u. $AlCl_3$ in sd. Bzn. (Kp. 90°) (12 Std.), Zers. mit 25%ig. H_2SO_4 u. Eis, Dehydrieren des amorphen *KW-stoffs vom $Kp._5$ 220—250°* mit S bei 210—265°, Dest. des Dehydrierungsprod. in Ggw. von Cu im Vakuum u. Reinigen über das Pikrat; nach dem Chromatographieren der benzol. Lsg. Nadeln mit violetter Fluorescenz; 0,2 g. *Pikrat*, F. 165—168° (A. u. Bzl.), orangefarbene Prismen. — *KW-stoff vom F. 145 bis 147°* (A. u. Bzl.), aus der Mutterlauge des vorst. Pikrats als *Pikrat* [F. 153—155° (A. + Bzl.) rote Kristalle]; nach Zers. u. Chromatographieren Prismen; 0,01 g. — *Dihydro-1.2; 5.6-dibenzofluoren*, $C_{21}H_{16}$, F. 119,5—120,5° (Methanol, A. u. Bzl.), aus **I** mit Polyphosphorsäure bei 100° (8 Std.) u. Zers. mit Eis; hellgelbe Tafeln; 43%. *Pikrat*, F. 169—171°, violette Nadeln. — *1.2; 5.6-Dibenzofluoren* (**IV**), F. 174—175° (Eisessig), a) aus vorst. Verb. mit S bei 220—250°; 100%; b) aus 5 g **V** mit P_2O_5 in sd. Xylol (12 Std.) u. Reinigen über das *Pikrat* [F. 150—170° (Bzl.)]; 0,3 g. (Bull. Soc. chim. France, Mém. [5] **20**. 566—68. Juni 1953. Ministère Israélien de la Défense, Dep. Scientif.) GOLD. 2950

Nelson R. Easton, Samuel J. Nelson, Velmer B. Fish und **Paul N. Craig**, *Zersetzung quaternärer Ammoniumsalze.* Vff. erhielten beim Erhitzen des *6-Dimethylamino-4.4-diphenylheptanon-(3)-methojodids* (*Methadon-Methojodids*) *3.3-Diphenyl-2-äthyliden-5-me-*

thyltetrahydrofuran (III), das bei der Ozonisation *2.2-Diphenyl-4-pentanolacton* u. *Acetaldehyd* lieferte u. auf unabhängigem Wege synthetisiert wurde. Unter den gleichen Bedingungen entstand aus *6-Dimethylamino-4.4-diphenylhexanon-(3)-methojodid* u. dem entsprechenden *Hydroxyd 3.3-Diphenyl-2-äthylidentetrahydrofuran* (I). I u. III bilden *Monobromderivv.* u. reagieren mit Ketonreagentien, wobei Addukte entstehen, die im Falle von III wahrscheinlich die Ketonderivv. des *4.4-Diphenyl-6-oxyheptanons-(3)* sind. Aus I u. konz. HCl bildet sich beim Kochen *6-Chlor-4.4-diphenylhexanon-(3)*.

Versuche: *2-Äthyliden-3.3-diphenyltetrahydrofuran* (I), $C_{18}H_{18}O$, F. 104,5 bis 105,5° (A.), a) aus 3,7 g 6-Dimethylamino-4.4-diphenylhexanon-(3)-methojodid beim Erhitzen im Vakuum (15 mm); 2 g (Ausbeute); b) ähnlich aus 6-Trimethylammonium-4.4-diphenylhexanon-(3)-hydroxyd. Die Oxydation von I in Essigsäure mit CrO_3 liefert *Benzophenon*; *Semicarbazon*, F. 161—164°. — I-*Monobromderiv.*, $C_{18}H_{17}OBr$, F. 175 bis 177° (A.). — *4.4-Diphenylhepten-(6)-on-(3)* (II), $C_{19}H_{20}O$, Kp.$_{4-5}$ 162—172°, aus 2.2-Diphenylpenten-(4)-oylchlorid in Bzl. u. Diäthylcadmium in Ae.; 85%. — *2-Äthyliden-3.3-diphenyl-5-methyltetrahydrofuran* (III), $C_{19}H_{20}O$, F. 79—80° (A.), a) aus 6-Dimethylamino-4.4-diphenylheptanon-(3)-methojodid wie bei I; b) aus 25,8 g II in absol. Ae. u. Chlf. durch Einleiten von HBr bei 0° in Ggw. von Br_2 + Fe als Katalysator; 21 g. *Monobromderiv.*, $C_{19}H_{18}OBr$, F. 189—190°. — *6-Chlor-4.4-diphenylhexanon-(3)*, $C_{18}H_{19}\cdot OCl$, F. 76,5—77° (PAe.), aus I beim Kochen mit einer alkoh. Lsg. von konz. HCl. — *Verb.* $C_{19}H_{23}O_2N$, F. 190—192° (A., dann CH_3OH), aus III u. Hydroxylaminhydrochlorid beim 2std. Kochen in Pyridin u. C_2H_5OH. — *Verb.* $C_{18}H_{21}O_2N$, F. 160—161°, (CH_3OH), aus I u. Hydroxylaminhydrochlorid. — *Verb.* $C_{24}H_{23}O_5N_4$, F. 163—165°, aus I u. 2.4-Dinitrophenylhydrazin beim Kochen (1$^1/_2$ Std.) in A. + HCl. (J. Amer. chem. Soc. **75**. 3751—53. 5/8. 1953. Bethlehem, Pa., Lehigh Univ., Wm. H. Chandler Chem. Labor., u. Smith, Kline u. French Labors., Res. and Development Div.) SEIDE. 3061

Friedrich Nerdel, Wolfgang Kleeberg und **Günther Schönewald**, *Die Synthese von Mandelsäure-Analogen.* 1. Mitt. *Die Darstellung der α-Furylglykolsäure und Versuche zur Darstellung der α-Chinolylglykolsäure.* Die Cyanhydrinsynth. mit Furfurol (III), über die sich in der Literatur einander widersprechende Angaben finden, liefert in guter Ausbeute *dl-α-[Furyl-(2)]-glykolsäurenitril* (I), das gegen Säuren u. Laugen sehr empfindlich ist u. sich nur ab 0,1 Torr unzers. dest. läßt. I zeigt auch bei tiefen Tempp. keine Neigung zur Kristallisation. Das *Benzoat* von I (II) wurde sowohl aus I als auch besser nach ALOY u. RABAUT [1913] durch gleichzeitige Einw. von C_6H_5COCl u. KCN auf III dargestellt, es ließ sich in das *Amid, Thioamid*, den *Methyl-, Äthyl-* u. *Isopropylester* der *dl-α-[Furyl-(2)]-benzoylglykolsäure* (IV) verwandeln. Amid u. Thioamid ließen sich nicht verseifen, wohl aber die Ester unter gleichzeitiger Hydrolyse beider Estergruppen; mit $NaOCH_3$ gab IV-Methylester den *Methylester* der *dl-α-[Furyl-(2)]-glykolsäure* (V). Die *freie Säure* V ist im unreinen Zustand sehr zersetzlich, sie läßt sich gut über das Anilinsalz reinigen. Verss., die gleiche Reaktionsfolge mit 5-Brom- u. 5-Nitrofurfurol durchzuführen, führten bestenfalls bis zum benzoylierten Ester, auch ausgehend vom Chinolinaldehyd-(2) (VI) wurde nur *dl-α-[Chinolyl-(2)]-benzoylglykolsäureamid* erhalten, Verseifungsverss. ergaben Chinaldoin oder dessen Umwandlungsprodukte.

Versuche: *dl-α-[Furyl-(2)]-glykolsäurenitril* (I), $C_6H_5O_2N$, Kp.$_{0,1}$ 90—92°, durch Zutropfen von wss. KCN-Lsg. zu III in Ae. u. verd. CH_3COOH unter Kühlung u. Rühren, 3—4std. weiteres Rühren im Eisbad u. Isolierung aus der Ätherschicht, dickfl. schwach gelbliches Öl; 81% (Ausbeute). — *dl-α-[Furyl-(2)]-benzoylglykolsäurenitril* (II), F. 49° (PAe.), a) durch Benzoylierung von I nach SCHOTTEN-BAUMANN; b) durch Versetzen von III u. C_6H_5COCl mit wss. KCN-Lsg. unter starker Kühlung; 99% (roh). — *dl-α-[Furyl-(2)]-benzoylglykolsäure* (IV)-*Methylester*, $C_{14}H_{12}O_5$, F. 101°, durch Einleiten von HCl unter Kühlung in die Lsg. von II in 95%ig. CH_3OH bis zur Braunfärbung u. Stehen im Eisbad; aus wss. CH_3OH Oktaeder; 96% (roh). — IV-*Äthylester*, $C_{15}H_{14}O_5$, F. 92°, analog; 90%. — IV-*Isopropylester*, F. 70—72° (Bzl.); 75%. — *dl-α-[Furyl-(2)]-benzoylglykolsäureamid*, $C_{13}H_{11}O_4N$, F. 138°, durch Einleiten von HCl in die Lsg. von 11,4 g II in feuchtem Ae. unter starker Kühlung u. Stehen über Nacht im Eisbad; aus W. oder PAe. feine verfilzte Nadeln; 6,5 g (roh). — *dl-α-[Furyl-(2)]-benzoylglykolsäurethioamid*, $C_{13}H_{11}O_3NS$, F. 116° (Zers., nach Verfärbung u. Sintern), durch Einleiten von H_2S in eine Lsg. von II u. wss. NH_4OH in CH_3OH unter Kühlung u. Stehen über Nacht im Eisbad; läßt sich nicht unzers. umkristallisieren; 64% (roh). — *dl-α-[Furyl-(2)]-glykolsäure* (V), F. 114° (Zers.), durch 2$^1/_2$std. Erwärmen von IV-Methylester mit n-KOH auf 60—70°, Ausfällung von C_6H_5COOH mit 50%ig. H_2SO_4 bei —5° u. Extraktion mit Ae.; aus Di-n-butyläther + Ligroin Kristalle; läßt sich im Dunkeln unter N_2 aufbewahren. *Anilinsalz*, sehr feine Kristalle. — *dl-α-[Furyl-(2)]-acetyl-*

glykolsäure, $C_8H_8O_5$, F. 74—75°, aus **V** mit Acetanhydrid in Pyridin; aus Ae. oder Di-n-butyläther + Ligroin Nadeln. — **IV**, $C_{13}H_{10}O_5$, F. 96—97° (Di-n-butyläther). — **V**-*Methylester*, $C_7H_8O_4$, F. 31,5° (A.-PAe.), durch 6std. Kochen von **IV**-Methylester in CH_3OH mit $NaOCH_3$ u. Fraktionierung; Kp.$_{0,15}$ 69—71°, n_D^{23} 1,4864 (unterkühlte Schmelze); 60%. — *α-[5-Bromfuryl-(2)]-benzoylglykolsäuremethylester*, $C_{14}H_{11}O_5Br$, F. 86° (A.), durch Bromierung von **IV**-Methylester in CS_2 bei —10 bis —5° in Ggw. von $BaCO_3$; Verseifung führte zu vollständiger Zersetzung. — *α-[5-Nitrofuryl-(2)]-benzoylglykolsäuremethylester*, $C_{14}H_{11}O_7N$, F. 131° (CH_3OH), a) durch Zutropfen von wss. KCN-Lsg. zu 7 g 5-Nitrofurfurol u. C_6H_5COCl in Ae. unter Luftausschluß u. Rühren, Lösen des erhaltenen rotbraunen Öls in CH_3OH + W., Einleiten von HCl bis zur Dunkelfärbung u. Stehen über Nacht bei 0—5°; 0,8 g; b) durch Eintragen von **IV**-Methylester in HNO_3 (D. 1,52) + Acetanhydrid <—10°, Abkühlen auf —30°, Gießen auf Eis u. Extraktion mit Ae.; 45%; ließ sich nicht unzers. verseifen. — *dl-α-[Chinolyl-(2)]-glykolsäurenitril* (*Chinolinaldehyd-(2)-cyanhydrin*), $C_{11}H_8ON_2$, zers. sich bei 133—136° unter Bldg. eines braunen klebrigen Stoffs, der erst >200° unter Zers. schm.; durch Zutropfen von wss. KCN-Lsg. zu **VI** in Ae. + Eisessig bei —12 bis —18° unter Rühren u. weiteres 3½std. Rühren unter Kühlung; 73,5% (roh). — *dl-α-[Chinolyl-(2)]-benzoylglykolsäurenitril*, $C_{18}H_{12}O_2N_2$, F. 115—116,5° (A., PAe.), durch Zutropfen von wss. NaCN-Lsg. zu einer mit Ae. überschichteten Mischung von **VI** u. C_6H_5COCl bei —15° unter Rühren u. Einleiten von N_2 u. 2std. Stehen bei —12°; 91% (roh). — *dl-α-[Chinolyl-(2)]-benzoylglykolsäureamid*, $C_{18}H_{14}O_3N_2$, F. 214,5—216° (A., Bzl.), durch Eintragen vorst. Verb. in konz. H_2SO_4 bei —8°, 15std. Stehen bei —8°, Gießen auf Eis u. Neutralisieren mit KOH u. K_2CO_3 unter Kühlung; 76,5% (roh). (Chem. Ber. **87**. 276—82. 1954. Berlin-Charlottenburg, TU, Organ.-Chem. Inst.) SPAETH. 3061

C. G. Overberger, Ramon A. Gadea, Jane Ann Smith und **Irving C. Kogon**, *Cyclische Sulfone*. 5. Mitt. *Darstellung von 2.5-Bis-[halophenyl]-3.4-dioxythiophendioxyden-(1)*. (4. vgl. C. **1952**. 2504.) Durch Kondensation von Oxalester mit halogenierten Dibenzylsulfonen erhielten Vff. 4 neue *2.5-Bis-[halophenyl]-3.4-dioxythiophendioxyde-(1)*, die eine positive $FeCl_3$-Rk. geben u. durch ihre Dibenzoate u. Chinoxaline (abgeleitet von der Ketoform) charakterisiert wurden. Die Kondensation mit Bis-[o-chlorbenzyl]-sulfon gab geringere Ausbeuten (ster. Hinderung!). Ferner wurden *Bis-[n-octyl]-thiodiacetat*, *Bis-[n-octyl]-sulfonyldiacetat* u. auf einem neuen Wege *Diäthylsulfonyldiacetat* (**I**) dargestellt; es gelang weder mit sauren noch mit bas. Katalysatoren, die letztgenannten Verbb. mit Benzil zu kondensieren. Ebenfalls waren Kondensationsverss. von Malonester bzw. Diäthylmalonester mit **I** bzw. Dibenzylsulfon erfolglos.

Versuche (FF. korr.): *Bis-[2.4-dichlorbenzyl]-sulfid*, $C_{14}H_{10}Cl_4S$, F. 36—37° (A.), aus 2.4-Dichlorbenzylchlorid nach SHRINER u. Mitarbeitern (J. Amer. chem. Soc. **52**. [1930.] 2060; vgl. auch OVERBERGER u. Mitarbeiter, C. **1951**. II. 2875); 95,6% (Ausbeute). *Bis-[2.4-dichlorbenzyl]-sulfoxyd*, $C_{14}H_{10}OCl_4S$, F. 155—155,4° (A.), aus vorst. Verb. mit 30%ig. H_2O_2 in Eisessig bei Raumtemp.; 87,2%. — *Bis-[2.4-dichlorbenzyl]-sulfon*, $C_{14}H_{10}O_2Cl_4S$, F. 196—197° (Dioxan), aus vorvorst. Verb. mit 30%ig. H_2O_2 (doppelte Menge wie vorst.) in Eisessig; 90,6%. — *2.5-Bis-[2.4-dichlorphenyl]-3.4-dioxythiophendioxyd-(1)*, $C_{16}H_8O_4Cl_4S$, F. 239—240° (Chlorbenzol), aus vorst. Verb. mit Na u. Oxalester in A. (20std. Kochen, dann 1 Woche Stehen bei Raumtemp.); 42,5%, gibt mit Na_2CO_3 oder NaOH gelbe Lsgg., die sich beim Stehen zersetzen; mit $FeCl_3$ grüne bis grünrote Färbung. *Chinoxalinderiv.*, $C_{22}H_{12}O_2N_2Cl_4S$, F. 243° (Zers., grüne Nadeln), wird bei 216° dunkel, gibt mit konz. H_2SO_4 rotviolette Färbung; 86%. *Dibenzoat*, $C_{30}H_{16}O_6Cl_4S$, F. 233—234° (Chlorbenzol), 47,7%. — *Bis-[2.4.5-trichlorbenzyl]-sulfid*, $C_{14}H_8Cl_6S$, F. 98,5—99° (Bzn.), durch 15 Min. Kochen von 2.4.5-Trichlorbenzylchlorid u. Na_2S in wss. A., 84,4%. — Daraus mit H_2O_2 wie oben das *Sulfoxyd*, $C_{14}H_8 \cdot OCl_6S$, F. 199—200°; 96%; bzw. das *Sulfon*, $C_{14}H_8O_2Cl_6S$, F. 259—259,5° (Dioxan); 97,3%. — *2.5-Bis-[2.4.5-trichlorphenyl]-3.4-dioxythiophendioxyd-(1)*, $C_{16}H_6O_4Cl_6S$, F. 291—292° (absol. A.), aus 13,6 g vorst. Sulfons wie oben, aber 22std. Kochen; 11,6%; daneben 8 g Sulfon zurück. *Chinoxalinderiv.*, $C_{22}H_{10}O_2N_2Cl_6S$, F. 247° (Zers., grünlich), gibt mit konz. H_2SO_4 Rotfärbung; 16%. *Dibenzoat*, $C_{30}H_{14}O_6Cl_6S$, F. 275—276° (Chlorbenzol). — *Bis-[o-chlorbenzyl]-sulfid*, $C_{14}H_{12}Cl_2S$, F. 51,5—52° (Bzn.); 88,3%. *Sulfoxyd*, $C_{14}H_{12}OCl_2S$, F. 127—128° (absol. A.); 90,4%. *Sulfon*, $C_{14}H_{12}O_2Cl_2S$, F. 188,5—189° (absol. A.); 93%. — *2.5-Bis-[o-chlorphenyl]-3.4-dioxythiophendioxyd-(1)*, $C_{16}H_{10}O_4Cl_2S$, F. 158—159,5° (Toluol); 27,1% (daneben 1,5 von 4,9 g eingesetzten Sulfons zurück); gibt mit $FeCl_3$ grüne Färbung. *Chinoxalinderiv.*, $C_{22}H_{14}O_2N_2Cl_2S$, F. 236° (Zers.; orange), wird bei 227° dunkel. *Dibenzoat*, $C_{30}H_{18}O_6Cl_2S$, F. 214—215° (A.-Toluol 1:2). — *Bis-[p-brombenzyl]-sulfid*, F. 59—60° (95%ig. A.); 77%. *Sulfon*, $C_{14}H_{12}O_2Br_2S$, F. 261 bis 262° (Dioxan), aus dem Sulfid u. 30%ig. H_2O_2 in Eisessig (2½std. Kochen); 92%. —

2.5-Bis-[p-bromphenyl]-3.4-dioxythiophendioxyd-(1), $C_{16}H_{10}O_4Br_2S$, F. 249—250° (wss. A.), wie oben, aber nur 3std. Kochen; 89%. *Chinoxalinderiv.*, $C_{22}H_{14}O_2N_2Br_2S$, F. 245° (Zers.; hellgelbe Kristalle aus Toluol); 28%. *Dibenzoat*, $C_{30}H_{18}O_6Br_2S$, F. 205—206° (gelbe Kristalle aus 95%ig. A.). — *Diäthylthiodiacetat*, aus Na_2S u. Chloressigester in Aceton unterhalb 30° (so 10% höhere Ausbeute als bei OVERBERGER u. Mitarbeiter, C. **1951.** II. 3458). — *Diäthylsulfonyldiacetat* (I), $C_8H_{14}O_6S$, F. 33—34°, Kp.$_2$ 154°, aus vorst. Verb. u. $KMnO_4$ in wss. CH_3COOH (30°); 90%. *Diamid*, $C_4H_8O_4N_2S$, F. 222,5—223,5° (Zers.; färbt sich bei 200° braun), aus I u. konz. NH_3. — *Bis-[n-octyl]-thiodiacetat*, $C_{20}H_{38}O_4S$, Kp.$_{0,2}$ 178—180°, Kp.$_{2,5}$ 197—202°, durch 3std. Kochen von Thiodiessigsäure, n-Octanol u. konz. H_2SO_4; n_D^{24} 1,4620, $D^{25}{}_4$ 0,9739; 83,2%. — *Bis-[n-octyl]-sulfonyldiacetat*, $C_{20}H_{38}O_6S$, Kp.$_{0,01}$ 185°, aus vorst. Verb. u. $KMnO_4$ wie I; n_D^{25} 1,4573, $D^{25}{}_4$ 1,0327; 92,1%. (J. Amer. chem. Soc. **75.** 2075—77. 5/5. 1953. Brooklyn, N. Y., Polytechn. Inst., Inst. of Polymer Res., Dep. of Chem.) J. ROTHE. 3071

Eugene Sawicki und **H. S. Greene,** *Einige stickstoffhaltige Derivate des Dibenzothiophens.* Vff. synthetisierten eine Reihe von N-substituierten Derivv. des *3-* u. des *2-Aminodibenzothiophens* (I) (Zählung: S = 5); diese Verbb. sind wegen ihrer eventuellen cancerogenen Wrkg. auf Ratten interessant.

V e r s u c h e: *2-Benzolsulfonylaminodibenzothiophen*, $C_{18}H_{13}O_2NS_2$, F. 171—172° (CH_3COOH), aus I (vgl. GILMAN u. NOBIS, C. **1949.** II. 1296) u. $C_6H_5SO_2Cl$ (1 Std. Kochen in Pyridin); 76% (Ausbeute). — *3-Benzolsulfonylaminodibenzothiophen*, $C_{18}H_{13}O_2NS_2$, F. 198—199° (Nadeln aus A.); analog aus 3-Aminodibenzothiophen (F. 124—125°; vgl. BROWN u. Mitarbeiter, C. **1949.** II. 532); 71%. — *3-[N⁴-Acetylsulfanilamido]-dibenzothiophen* (II), $C_{20}H_{16}O_3N_2S_2$, F. 269—270° (wss. CH_3COOH); analog mit p-Acetylaminobenzolsulfochlorid; 78%. — *2-[N⁴-Acetylsulfanilamido]-dibenzothiophen*, $C_{20}H_{16}O_3N_2S_2$, F. 215—216° (CH_3COOH); 58%. — *2-Sulfanilamidodibenzothiophen*, $C_{18}H_{14}O_2N_2S_2$, F. 175—176° (Methanol), aus vorst. Verb. mit HCl über das *Hydrochlorid* (F. 252° [Zers.]); 90%. — *3-Sulfanilamidodibenzothiophen*, $C_{18}H_{14}O_2N_2S_2$, F. 254—255° (Zers.), wie vorst. aus II; 90%. — *N-[Dibenzothienyl-(2)]-carbaminsäure-n-propylester*, $C_{16}H_{15}O_2NS$, F. 117,5—119° (glitzernde Nadeln aus Heptan), durch Zutropfen von Chlorameisensäure-n-propylester zu einer Lsg. von I in Pyridin (0°); 51%. — Analog *N-[Dibenzothienyl-(3)]-carbaminsäure-n-propylester*, $C_{16}H_{15}O_2NS$, F, 103—104° (Heptan); 84%. — *2-[o-Carboxybenzoylamino]-dibenzothiophen*, $C_{20}H_{13}O_3NS$, F. 208—210° (Zers; Methanol), aus I u. Phthalsäureanhydrid in Xylol (½ Std. Erwärmen); 48%. — Analog *3-[o-Carboxybenzoylamino]-dibenzothiophen*, $C_{20}H_{13}O_3NS$, F. 286—289° (Zers.; Methanol); 57%. — *2-Benzalaminodibenzothiophen*, $C_{19}H_{13}NS$, F. 121—122° (Platten aus wss. Methanol), aus I u. Benzaldehyd; 80%. — *3-Benzalaminodibenzothiophen*, $C_{19}H_{13}NS$, F. 160° (gelbe Nadeln aus Hexan); 90%. — *3-[4'-Dimethylaminobenzalamino]-dibenzothiophen*, $C_{21}H_{18}N_2S$, F. 195—196° (gelbe Kristalle aus Methylcellosolve), mit p-Dimethylaminobenzaldehyd; 80%. (J. Amer. chem. Soc. **75.** 1752—53. 5/4 1953. Cincinnati, O., Univ. of Cincinnati, Chem. Dep.) J. ROTHE. 3071

Percy L. Julian und **Helen C. Printy,** *Untersuchungen in der Indolreihe.* 13. Mitt. *Oxindol-3-propionsäure.* (12. vgl. J. Amer. chem. Soc. **71.** [1949.] 3207.) Im Gegensatz zu den Angaben von HORNER (Liebigs Ann. Chem. **548.** [1941.] 117) u. von BEHRINGER u. WEISSAUER (C. **1953.** 4370) läßt sich Oxindol (**II**) mit Malonsäurediäthylester (**III**) leicht zu *β-Isatyliden-β-oxypropionsäureäthylester* (**IV**) kondensieren. Durch dessen Red. in A. in Ggw. von Pd-Kohle wird *β-Oxy-β-[oxindolyl-(3)]-propionsäureäthylester* (**V**) gebildet; in Eisessig mit etwas H_2SO_4, verliert **V** H_2O, u. es entsteht *β-Isatylidenpropionsäureäthylester*, dessen UV-Absorptionsspektr. dem von Isatin ähnlich ist. Wird die Hydrierung von **IV** in Eisessig mit etwas H_2SO_4 durchgeführt, so entsteht *Oxindol-3-propionsäure* (**I**)-*Äthylester*; bei analoger Red. des Kondensationsprod. aus **II** u. Malonsäuredibenzylester entsteht direkt. **I.** Bei den früher als **I** beschriebenen Verbb. handelt es sich lediglich bei der Verb. von KENDALL u. Mitarbeitern (J. Amer. chem. Soc. **48.** [1926.] 1384) um **I**; ein von SCHOELLER u. SCHMIDT (D. R. P. 451 957) als **I** beschriebenes Prod. mit F. 208° erwies sich als Oxindolaldehyd (Ausgangsprod., das sich infolge starker Enolisierung in wss. $NaHCO_3$ löst), eine von HORNER (l. c.) dargestellte u. als Oxindol-1.3-dipropionsäure bezeichnete Verb. ist in Wirklichkeit *Oxindol-3.3-dipropionsäure.*

V e r s u c h e: *1-Methyloxindol-3.3-dipropionsäure* (**VI**), $C_{15}H_{17}O_5N$, F. 169—170°, aus 1-Methyloxindol in absol. A. mit Na u. Acrylsäuremethylester, unter N_2 6 Std. kochen, dann Na in 90%ig. A. zugeben u. unter N_2 weitere 1½ Std. kochen, im Vakuum abdampfen, Rückstand in W. lösen u. mit Chlf. extrahieren, wss. Phase mit 10%ig. HCl ansäuern; 92,5% (Ausbeute); Nadeln aus Aceton/Xylol; aus hydroxylhaltigen Lösungsmitteln krist. **VI** solvatisiert. *Di-p-phenetidid*, $C_{31}H_{35}O_5N_3$, F. 197,5 bis 198,5°, aus dem Säurechlorid; aus A./W. Nadeln. **VI** wurde auch nach HORNER (l. c.) aus **II** u. Acrylester, dann Umsetzung mit $(CH_3O)_2SO_2$/NaOH u. anschließende alkal. Verseifung erhalten. — Aus **VI** durch Abbau nach CURTIUS ein *Diphthalimid*, $C_{29}H_{23}O_5N_3$, F. 209°, Nadeln (A./W.). — *Oxindol-3-propionsäure* (**I**)-*Methylester*, $C_{12}H_{13}O_3N$, F. 79—80°, Prismen aus PAe., aus **I** [nach KENDALL (l. c.), F. 169—170°, aus W. Nadeln] über das Säurechlorid; 90%. — *Oxindol-3.3-dipropionsäure*, F. 150 bis 155°, aus **I**-Methylester mit Acrylsäuremethylester beim Kochen in A. mit $NaOC_2H_5$; die Verb. ist ident. mit der von HORNER (l. c.) beschriebenen Säure. — *β-Isatyliden-β-oxypropionsäureäthylester* (**IV**), $C_{13}H_{13}O_4N$, F. 155—156°, durch Zugabe von **III** zu Na in absol. A., dann innerhalb von 2 Std. **II** in A. zutropfen unter Rühren, 6 Std. unter N_2 kochen u. dabei A. abdest., das bräunliche Prod. (Na-Salz) in Eiswasser lösen, mit Ae. ausschütteln u. **IV** aus der wss. Phase mit kalter konz. HCl ausfällen; sahnefarbene Nadeln aus Ae., dann Bzl.; 90%. — Daraus mit Pd-Kohle in A. bei 3—4 at H_2 *β-Oxy-β-[oxindolyl-(3)]-propionsäureäthylester* (**V**), $C_{13}H_{15}O_4N$, F. 147—148°, aus A. Nadeln; 83%. — Daraus (2,0 g) in Eisessig mit etwas konz. H_2SO_4 (15 Std. bei ca. 20°), dann W. zugeben, *β-Isatylidenpropionsäureäthylester*, $C_{13}H_{13}O_3N$, F. 144 bis 145°, aus CH_2Cl_2/Hexan gelbe Prismen; 1,16 g. — Daraus (1,16 g) in A. mit Pd-Kohle/1 Mol H_2 **I**-*Äthylester*, $C_{13}H_{15}O_3N$, F. 73—74°, Nadeln aus Ae./PAe.; 1,0 g. Oder aus **IV** in Eisessig mit etwas konz. H_2SO_4 mit Pd-Kohle/H_2; 72%. — *Oxindol-3-propionsäure* (**I**), F. 164—168°, aus **IV** durch Schütteln mit Pd-Kohle/H_2 in Eisessig mit konz. H_2SO_4 bis zur Aufnahme von 2 Mol H_2, Katalysator entfernen u. mit Wasserzusatz 1 Std. kochen, mit Darco G 60 behandeln, filtrieren u. abkühlen; Kristalle; 83%. — *β-Isatyliden-β-oxypropionsäurebenzylester*, $C_{18}H_{15}O_4N$, F. 137 bis 138°, aus 28,4 g Malonsäuredibenzylester in Bzl. mit gepulvertem Na u. 4,43 g **II**; 5 Std. bei 20° rühren, schmierigen Nd. in Eiswasser lösen, ausäthern, wss. Phase mit kalter konz. HCl ansäuern u. öliges Prod. mit Ae./CH_2Cl_2 extrahieren; Nadeln aus Ae., dann Aceton; 6,2 g. — Daraus mit H_2/Pd-Kohle in Eisessig/H_2SO_4 (1 Mol H_2) **I**; 82%. (J. Amer. chem. Soc. **75**. 5301—05. 5/11. 1953. Chicago, Ill., Glidden Co., Res. Labors., Soya Prod. Div.) GOEBEL. 3081

Percy L. Julian, Helen C. Printy, Roger Ketcham und **Robert Doone,** *Untersuchungen in der Indolreihe*. 14. Mitt. *Oxindol-3-essigsäure*. (13. vgl. vorst. Ref.) Vff. berichten über die Darst. von *Oxindol-3-essigsäure* (**I**), deren Synth. schon oft versucht wurde; alle bisherigen Darstellungsverss. führten jedoch zur Bldg. von *2-Oxo-1.2.3.4-tetrahydrochinolincarbonsäure-(4)* (**IX**). Zunächst wurde durch Kondensation von Oxindol (**VI**) u. Acetamidoacrylsäure, die in ihrer tautomeren Iminoform reagiert, *α-Isatyliden-α-methylessigsäure* (**II**) dargestellt. **II** besitzt ein isatinähnliches UV-Absorptionsspektr., das verschieden ist von dem von *2-Oxo-3-methyl-1.2-dihydrochinolincarbonsäure-(4)* (**III**); bei milder Ozonisierung entsteht aus **II**-Methylester (**IIa**) Isatin; katalyt. Hydrierung ergibt *α-Oxindolyl-(3)-α-methylessigsäure* (**IV**). Bei saurer Hydrolyse bildet sich aus **II III**, aus **IV** entsteht ebenso *2-Oxo-3-methyl-1.2.3.4-tetrahydrochinolincarbonsäure-(4)*. Aus **VI** u. Dibenzyloxalat wurde *Isatylidenoxyessigsäurebenzylester* erhalten, der bei katalyt. Red. in Eisessig/H_2SO_4 **I** lieferte.

Versuche: *α-Isatyliden-α-methylessigsäure* (**II**), $C_{11}H_9O_3N$, F. 203° (Zers.), a) aus **VI** in absol. A. mit Na u. Acetamidoacrylsäure durch 6std. Kochen unter N_2; gelbes *Na-Salz* [97% Ausbeute] abtrennen, in Eisessig lösen u. mit 5% ig. HCl versetzen; orangefarbene Prismen aus A./Essigester; b) aus **VI** u. Brenztraubensäure durch 6std. Kochen in absol. A. mit Na; 87% Na-Salz. *Methylester* (**IIa**), $C_{12}H_{11}O_3N$, F. 178—180°. —Aus **IIa** durch Ozonisation in Chlf. *Isatin*, F. 197—200°. — *α-Oxindolyl-(3)-α-methylessigsäure* (**IV**), $C_{11}H_{11}O_3N$, F. 163—164°, aus 2,76 g **II** in Methanol mit Pd-Kohle/1 Mol H_2, dann mit W. fällen; Prismen aus Ae./PAe.; 2,70 g. Aus **IIa** analog der *Methylester*, $C_{12}H_{13}O_3N$, F. 81—82°, aus Ae./PAe. feine Prismen. — *2-Oxo-3-methyl-1.2-dihydrochinolincarbonsäure-(4)* (**III**), F. 315—317°, aus **II** durch 36std. Kochen mit 6% ig. HCl oder durch alkal. Isomerisierung in geringerer Ausbeute; aus W. Nadeln. — Daraus mit Na-Amalgam nach AESCHLIMANN (J. chem. Soc. [London] **1926**. 2902) *2-Oxo-3-methyl-1.2.3.4-tetrahydrochinolincarbonsäure-(4)*, F. 212—214°, ident. mit dem durch Säureumlagerung aus **IV** erhaltenen Produkt. — *α-[Oxindolyl-(3)]-α-oxyessigsäureäthylester* (**V**), $C_{12}H_{13}O_4N$, F. 183—184° (Zers.), aus 4,66 g Isatylidenoxyessigsäureäthylester (**VIII**; nach HORNER, Liebigs Ann. Chem. **548**. [1941.] 117) durch Red. mit Pd-Kohle/H_2 in A.; Nadeln aus Bzl./Aceton; 2,35 g. Aus der Mutterlauge 1,58 g **VII**. — *Isatylidenessigsäureäthylester* (**VII**), $C_{12}H_{11}O_3N$, F. 169—170°, aus 0,5 g **V** in Eisessig mit etwas H_2SO_4 bei 25° (15 Std.), dann mit W. fällen; orangefarbene Nadeln aus Aceton; 0,4 g. — Daraus durch 1std. Kochen mit 6% ig. HCl *2-Oxo-1.2-dihydrochinolincarbonsäure-(4)*, F. 340°. — *Oxindol-3-essigsäure* (**I**)-*äthylester*,

F. 94—96°, aus **VII** in A. mit Pd–Kohle/1 Mol H_2; 72% ; oder aus **VIII** mit Pd–Kohle/2 Mol H_2 in Eisessig/H_2SO_4, dann Gemisch mit Na-Acetat versetzen u. im Vakuum einengen, Rückstand mit Ae./W. extrahieren, Ae. einengen u. mit PAe. fällen; 87%. Mit HCl entsteht *2-Oxo-1.2.3.4-tetrahydrochinolincarbonsäure-(4* (**IX**), F. 218°. — *Isatylidenoxyessigsäurebenzylester*, $C_{17}H_{13}O_4N$, F. 205—206° (Zers.), aus 6,65 g **VI** u. 200 g Oxalsäuredibenzylester in absol. Bzl. (in A. entstand **VIII**; 85%) mit Na-Pulver, 3 Std. unter N_2 rühren, mit Eiswasser versetzen, ausäthern u. wss. Phase mit kalter konz. HCl ansäuern; tiefgelbe Nadeln aus Aceton; 10 g. — Daraus in Eisessig mit etwas H_2SO_4 mit Pd–Kohle/3 Mol H_2, Zugabe von Na-Acetat, Lösungsm. im Vakuum abdampfen, Sirup mit Ae./W. schütteln, Ae. trocknen, einengen u. mit PAe. versetzen. *Oxindol-3-essigsäure* (**I**), $C_{10}H_9O_3N$, F. 147° (sintert bei 142°), feine Nadeln aus Bzl./Aceton (aus W. hydratisiertes **I**); 70%. Lagert sich nicht um bei pH 1 (30°; 15 Std.); Umlagerung bei 30 Min. Kochen mit 6% ig. HCl zu **IX**. (J. Amer. chem. Soc. **75**. 5305 bis 5309. 5/11. 1953.) GOEBEL. 3081

Roger E. Koeppe und **John L. Wood**, *Synthesen einiger 2-Thiocyanimidazole.* Aus 2-Mercaptoimidazolen u. CNBr wurden einige *2-Thiocyanimidazole* dargestellt, u. zwar am besten durch Vermischen der festen Ausgangsstoffe ohne Lösungsm. u. ohne Alkali. Analog wurde *Benzylthiocyanat* aus Benzylmercaptan erhalten. Die 2-Thiocyanimidazole sind in fester Form ziemlich instabil, in Chlf. jedoch monatelang haltbar. Mit diazotierter Sulfanilsäure entstehen ähnliche Färbungen wie mit den 2-Mercaptoimidazolen; diese Rk. wurde für den papierchromatograph. Nachw. benutzt. Im Gegensatz zu den 2-Mercapto- geben die 2-Thiocyanimidazole mit $AuCl_3$ in CH_3OH keine Orangefärbung, die Grünfärbung mit GROTEs Reagens (J. biol. Chemistry **93**. [1931.] 25) erfolgt langsamer. Durch Behandlung mit Zn u. HCl werden die 2-Thiocyanimidazole unter Bldg. der 2-Mercaptoverbb. u. Cyanid zersetzt. Sie absorbieren ziemlich stark im UV mit einem Maximum bei 235—248 mμ. Verss. zur direkten Einführung der SCN-Gruppe in den Imidazolkern mit $(SCN)_2$ blieben ohne Erfolg. Die Verbb. zeigen antithyreoide Wirksamkeit.

Versuche (FF. korr.): *2-Thiocyanimidazol*, $C_4H_3N_3S$, F. 119—120° (Zers.; Chlf.), a) durch Zutropfen von CNBr in Dioxan zu 2-Mercaptoimidazol (**I**) u. gepulvertem NaOH in Dioxan bei 8—10°, Erwärmen auf 65°, mehrtägiges Stehen, Einengen u. Versetzen mit PAe.; 36% (Ausbeute); b) aus **I** u. CNBr durch Vermischen unter Selbsterwärmung, ½—1 std. Erwärmen auf 45—55°, Lösen in W. u. Neutralisation mit 10% ig. Sodalsg.; 24%. *Hydrochlorid*, F. 195—196° (Zers.). — *4(5)-Methyl-2-thiocyanimidazol*, $C_5H_5N_3S$, F. 118,5—119° (Zers.), aus 4(5)-Methyl-2-mercaptoimidazol (**II**) wie vorst. b); mkr. Plättchen aus Chlf.; 59%. — *$ZnCl_2$-Verb. von* **II**, F. 223° (Zers.), aus vorst. Verb. mit Zn u. HCl oder aus **II** mit $ZnCl_2$ u. HCl. — *1-Methyl-2-thiocyanimidazol*, $C_5H_5N_3S$, F. 64—65°, aus 1-Methyl-2-mercaptoimidazol nach b); mkr. Plättchen aus Ae.; 43%. — *Imidazolsulfat*, $2\ C_3H_4N_2 \cdot H_2SO_4$, F. 84—85°, aus Imidazol (**III**) in Pyridin u. Rhodan in Nitromethan; Kristalle aus A.; 56%. Dieselbe Verb. aus **III** u. H_2SO_4 in Alkohol. — *Histaminsulfat*, $C_5H_9N_3 \cdot H_2SO_4$, F. 254° (Zers. 254—255°), wie vorst. aus Histamindihydrochlorid; Nadeln aus A.–W.; 39%. (J. Amer. chem. Soc. **75**. 4655—57. 5/10. 1953. Memphis, Tenn., Univ., Dep. of Biochem.) GOMPPER. 3122

W. J. Croxall, Chien-Pen Lo und **Elwood Y. Shropshire**, *3-Trichlormethansulfenyloxazolidin- und -thiazolidindione-(2.4).* Aus den Na- oder K-Salzen von Oxazolidindionen-(2.4) u. Thiazolidindionen-(2.4) wurden mit Trichlormethansulfenylchlorid (Perchlormethylmercaptan) die Verbb. **I** u. **II** erhalten.

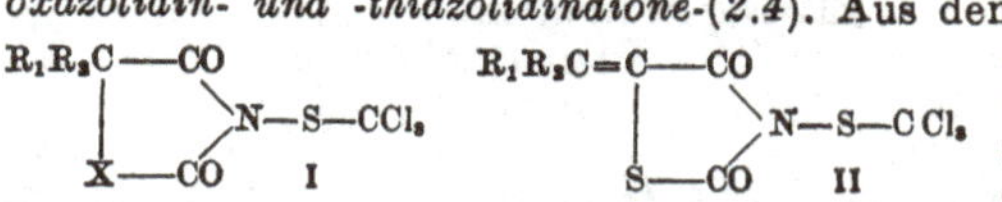

Die Darst. von 5-Alkylidenthiazolidindionen-(2.4) wird beschrieben.

Versuche: *5-Isobutylidenthiazolidindion-(2.4)*, $C_7H_9O_2NS$, F. 69—71°, aus Thiazolidindion-(2.4) (**III**) u. Isobutyraldehyd; 19% (Ausbeute). — *5-[3.5.5-Trimethylhexyliden]-thiazolidindion-(2.4)*, $C_{12}H_{19}O_2NS$, F. 69—72°, aus **III** u. 3.5.5-Trimethylhexaldehyd; 16,2%. — *Thiazolidindion-(2.4)* (**III**), F. 121—123°, aus Rhodanin u. Chloressigsäure (**IV**) in W.; 49%. — *5-Isopropylidenthiazolidindion-(2.4)*, F. 160 bis 162°, aus 5-Isopropylidenrhodanin u. **IV**; 77%. — *5-sek.-Butylidenthiazolidindion-(2.4)*, $C_7H_9O_2NS$, F. 141—145°, aus 5-sek.-Butylidenrhodanin u. **IV**; 38%. — *5-Cyclohexylidenthiazolidindion-(2.4)*, F. 139—142°, aus 5-Cyclohexylidenrhodanin u. **IV**; 69%. — Folgende Verbb. der Formel **I** wurden dargestellt: $R_1 = R_2 = H$, $X = O$, $C_4H_2O_3NCl_3S$, F. 119—120° (A.); 40%. — $R_1 = CH_3$, $R_2 = H$, $X = O$, $C_5H_4O_3NCl_3S$; Öl; 70%. — $R_1 = R_2 = CH_3$, $X = O$, $C_6H_6O_3NCl_3S$, F. 91—93° (Methanol); 57,5%. — $R_1 = C_2H_5$, $R_2 = CH_3$, $X = O$, $C_7H_8O_3NCl_3S$, F. 86—88° (Methanol); 55%. — $R_1 = R_2 = H$, $X = S$, $C_4H_2O_2NCl_3S_2$, F. 117—118° (Aceton–PAe.); 72,5%. — $R_1 = CH_3$, $R_2 = H$,

$X = S$, $C_5H_4O_2NCl_3S_2$, Öl; 76%. — $R_1 = R_2 = CH_3$, $X = S$, $C_6H_6O_2NCl_3S_2$, F. 70—71° (PAe.); 86%. — Folgende Verbb. der Formel **II** wurden dargestellt: $R_1 = (CH_3)_2CH$, $R_2 = H$, $C_8H_8O_2NCl_3S_2$, F. 54—56° (A.); 56%. — $R_1 = (CH_3)_3CCH_2CH(CH_3)CH_2$, $R_2 = H$, $C_{13}H_{18}O_2NCl_3S_2$, F. 52—53,5° (Methanol); 42%. — $R_1 = OCH{=}CHCH{=}C$, $R_2 = H$, $C_9H_4O_3NCl_3S_2$, F. 149—150° (Aceton–Methanol); 62%. — $R_1 = C_6H_5$, $R_2 = H$, $C_{11}H_6O_2NCl_3S_2$, F. 159—161° (Aceton–Methanol) 72%. — $R_1 = 2\text{-}ClC_6H_4$, $R_2 = H$, $C_{11}H_5O_2NCl_4S_2$, F. 141—143° (Chlf.–Aceton); 55%. — $R_1 = 4\text{-}ClC_6H_4$, $R_2 = H$, $C_{11}H_5O_2NCl_4S_2$, F. 170—172° (Chlf.); 41,5%. — $R_1 = 3\text{-}NO_2C_6H_4$, $R_2 = H$, $C_{11}H_5O_4 \cdot N_2Cl_3S_2$, F. 148—150° (Chlf.); 50%. — $R_1 = 4\text{-}CH_3OC_6H_4$, $R_2 = H$, $C_{12}H_8O_3NCl_3S_2$, F. 189—190° (Aceton–Methanol); 57%. — $R_1 = 3.4\text{-}(OCH_2O)C_6H_3$, $R_2 = H$, $C_{12}H_6 \cdot O_4NCl_3S_2$, F. 178—179° (Chlf.); 65%. — $R_1 = C_6H_5CH{=}CH$, $R_2 = H$, $C_{13}H_8O_2NCl_3S_2$, F. 173—174° (Chlf.–Aceton); 60%. — $R_1 = R_2 = CH_3$, $C_7H_6O_2NCl_3S_2$, F. 114—115° (Methanol); 50%. — $R_1 + R_2 = (CH_2)_5$, $C_{10}H_{10}O_2NCl_3S_2$, F. 169—171° (CCl_4–PAe.); 67%. (J. Amer. chem. Soc. **75.** 5419—21. 5/11. 1953. Philadelphia, Pa., Rohm and Haas Co., Res. Labors.) Gompper. 3132

Ralph A. Zingaro, Frank C. Bennett und **G. W. Hammar,** *Einige Selenoharnstoffe, Selenazolone und Selenazole.* Durch Addition von H_2Se an substituierte Cyanamide bzw. Carbodiimide wurden einige substituierte *Selenoharnstoffe* dargestellt, die bei der Kondensation mit α-Halogencarbonsäuren *2-Aminoselenazolone-(4)*, mit α-Halogenketonen *2-Aminoselenazole* liefern. N.N-Diäthyl (**II**)- u. N.N-Dimethylselenoharnstoff (**I**) geben mit β-Brompropionsäure *β-Se-[N.N-Diäthyl-* (bzw. *Dimethyl*)*-isoselenoureido*]*-propionsäurehydrobromid.* — Das bei Se-organ. Rkk. auftretende rote koll. Se läßt sich aus den Prodd. mit Bzl., in dem es lösl. ist, entfernen.

Versuche: *N.N-Dimethylselenoharnstoff* (**I**), $C_3H_8N_2Se$, F. 169—170° (Zers.; Bzl.), durch Einleiten von H_2Se in eine Lsg. von Dimethylcyanamid in NH_4OH bei Raumtemp. unter häufigem Umschütteln während 4—5 Std.; 75% (Ausbeute). — *N.N-Diäthylselenoharnstoff* (**II**), $C_5H_{12}N_2Se$, F. 80°, Zers. bei 121—124°, aus H_2Se u. Diäthylcyanamid in A. + NH_4OH bei 60° (5 Std.); aus Bzl. Rhomboide; 60 bis 85%. — *N.N'-Diäthylselenoharnstoff*, $C_5H_{12}N_2Se$, F. 88—90°, aus *Diäthylcarbodiimid* (aus N.N'-Diäthylthioharnstoff durch 18std. Schütteln mit $CaSO_4$ u. HgO in Ae.) in NH_4OH u. H_2Se (3 Std.); aus Bzl. Blättchen; 30—60%. — *Phenylselenoharnstoff* (**III**), F. 176—178° (Zers.), aus *Phenylcyanamid* (aus Phenylthioharnstoff in A. mit PbO, HgO u. $CaSO_4$ durch 24std. Schütteln) in A. + NH_4OH durch 2½std. Einleiten von H_2Se bei 50°; aus W. rosafarbene Nadeln; 40—60%. — *2-Dimethylaminoselenazolon-(4)-hydrochlorid*, F. 229—231° (Zers.), durch 1std. Kochen von Chloressigsäure u. **I** in A. u. Filtration in der Wärme; 100%. Analog nachst. Selenazolone-(4): *2-Dimethylamino-5-methyl-, Hydrochlorid*, F. 211—212°. — *2-Dimethylamino-5-äthyl-, Hydrobromid*, F. 201—205° (Zers.). — *2-Diäthylamino-, Hydrochlorid*, F. 204—206° (Zers.). — *2-Diäthylamino-5-methyl-, Hydrochlorid*, F. 203—205°. — *2-Phenylamino-4-methylselenazol*, durch 1std. Kochen von **III** mit Chloraceton in A., Heißfiltration u. Zugabe von Ae.; schweres Öl; *Pikrat*, F. 204—206° (Zers.). — Analog nachst. Selenazole: *2-Dimethylamino-4-methyl-, Hydrochlorid*, F. 121—124°; *Pikrat*, F. 176—178° (Zers.). — *2-Diäthylamino-4-methyl-*, Öl; *Pikrat*, F. 166—167°. — *β-Se-[N.N-dimethylisoselenoureido]-propionsäurehydrobromid*, $C_6H_{13}O_2N_2BrSe$, Zers. bei 185—187°, durch 45 Min. Kochen von **I** u. β-Brompropionsäure in A., Heißfiltration u. Zugabe von Äther. — *β-Se-[N.N-diäthylisoselenoureido]-propionsäurehydrobromid*, $C_8H_{17}O_2N_2BrSe$, F. 129—131°, wie vorst. aus **II**. (J. org. Chemistry **18.** 292—96. März 1953. Rochester, N. Y., Eastman Kodak Co., Camera Works Div.) Spaeth. 3142

Robert G. Charles und **Henry Freiser,** *Synthese von 2-[o-Oxyphenyl]-benzothiazol und von 2-[o-Oxyphenyl]-benzothiazolin.* Bei der Kondensation von o-Aminobenzolthiol (**I**) mit Salicylaldehyd entsteht im Gegensatz zu den Angaben von Hofmann [1880] u. Bogert u. Corbitt (J. Amer. chem. Soc. **48.** [1926.] 783) nicht *2-[o-Oxyphenyl]-benzothiazol* (**II**), sondern *2-[o-Oxyphenyl]-benzothiazolin* (**III**), **II** entsteht dagegen bei der Kondensation von **I** mit Salicylamid. Die Verschiedenheit von **II** u. **III** ergab sich aus dem Misch-F., dem Verh. gegenüber Metallionen u. dem UV-Spektr., das mit dem von *2-[o-Oxyphenyl]-benzoxazol* verglichen wird; ferner zeigt **III**, aber nicht **II**, im Infrarotspektr. eine scharfe Bande bei 3,12 μ, die der N—H-Schwingung entspricht.

Versuche: *2-[o-Oxyphenyl]-benzothiazolin* (**III**), $C_{13}H_{11}ONS$, F. 136—137° (korr.; auf 130° vorgeheizt), durch Vermischen von **I** mit Salicylaldehyd unter Selbsterwärmung; aus A.–W. gelbliche Nadeln; roh ~100% (Ausbeute); p_{K_a} $6{,}0 \cdot 10^{-11}$ [25°; Dioxan–W. (1:1)]. — *2-[o-Oxyphenyl]-benzothiazol* (**II**), $C_{13}H_9ONS$, F. 132 bis 133° (korr.; A.–W.), durch 5std. Erhitzen von **I** mit Salicylamid auf 240—250° (ab

220° Entw. von NH_3 u. W.); Kp.₃ 190—193°; 72%; p_{K_a} 4,3·10^{-11} [25°; Dioxan–W. (1:1)]. (J. org. Chemistry **18.** 422—25. April 1953. Pittsburgh, Pa., Univ., Dep. of Chem.) SPAETH. 3142

Robert C. Elderfield und **Franklin W. Short,** *Synthese und Reaktionen gewisser Benzothiazole.* Es wurde ohne Erfolg versucht, zum 2-Methoxy-4-[3-diäthylamino-propylamino]-benzthiazol zu gelangen, das als S-Isosteres des gegen Poliomyelitis wirksamen 2-Methoxy-8-[3-diäthylaminopropylamino]-chinolins von Interesse ist. — *2-Amino-4-nitrobenzthiazol,* dargestellt aus o-Nitranilin (**I**) über *o-Nitrophenylisothiocyanat* (**II**) u. *o-Nitrophenylthioharnstoff,* ließ sich nicht diazotieren. Oxydation von *Methyl-o-nitrophenylthioncarbamat* (**III**) ergab **I**; mit Br_2 entstand das mit **III** isomere *Methyl-o-nitrophenylthiolcarbamat* (**IV**). *2-Brom-4-chlorbenzothiazol* (**V**) wurde nach CRAIG (J. Amer. chem. Soc. **56.** [1934.] 232) aus 2-Amino-4-chlorbenzothiazol (**VI**) in besserer Ausbeute als durch Diazotierung dargestellt. Mit Na-Methylat ergab **V** *2-Methoxy-4-chlorbenzothiazol,* bei dessen Umsetzung mit 3-Diäthylaminopropylamin *4-Chlor-2-[3-diäthylaminopropylamino]-benzothiazol* entstand. Nitrierung von 2.6-Dibrombenzothiazol (**VIII**) lieferte ein Gemisch der 3 möglichen Isomeren, hauptsächlich *2.6-Dibrom-7-nitrobenzothiazol* (**IX**). *6-Brom-2-methoxy-7-nitrobenzothiazol* (**X**) entstand aus **IX** mit Na-Methylat. Durch katalyt. Red. wurde **X** entweder in *7-Amino-6-brom-2-methoxybenzothiazol* oder in *7-Amino-2-methoxybenzothiazol* (**VII**) übergeführt. Nach SANDMEYER entstand aus **VII** *7-Chlor-2-oxybenzothiazol.*

Versuche (FF. korr.): *o-Nitrophenylisothiocyanat* (**II**), F. 75—76°, aus **I** u. Thiophosgen in HCl; gelbe Nadeln aus Aceton–W.; 86% (Ausbeute). — *o-Nitrophenylthioharnstoff,* F. 136—137°, aus **II** u. NH_4OH in A.; feine gelbe Nadeln oder glänzende Plättchen; 53,5%. — *2-Amino-4-nitrobenzthiazol,* F. 248°, aus vorst. Verb. mit Br_2 in Chlf.; 98%. — *Methyl-o-nitrophenylthioncarbamat* (**III**), $C_8H_8O_3N_2S$, F. 67—68°, aus **II** u. Methanol in 17 Std.; gelbe Stäbchen aus Methanol; 93%. — *Methyl-o-nitrophenylthiolcarbamat* (**IV**), F. 153,5—154° (Zers.), aus **III** u. Br_2 in Eisessig; gelbliche Blättchen aus Bzl.; 75%. Ansäuern der orangefarbenen Lsg. von **IV** in NaOH ergab **I**, F. 69—71°; mit NH_4OH entstand *o-Nitrophenylharnstoff,* F. 183—185°. — *o-Chlorphenylthioharnstoff,* F. 143,5—144,5°, aus o-Chloranilin u. NH_4SCN in verd. HCl oder mit NaSCN in Chlorbenzol mit Zusatz konz. H_2SO_4; glänzende Blättchen aus Bzl.; 27,6 bzw. 51,3%. — *2-Amino-4-chlorbenzothiazol* (**VI**), F. 208—209°; 72,3%. — *2-Brom-4-chlorbenzothiazol* (**V**), $C_7H_3NClBrS$, F. 107—108°, aus **VI,** Br_2 u. $NaNO_2$ in 48%ig. HBr; gelbe Nadeln aus A.; 72,3%. — *4-Chlor-2-methoxybenzothiazol,* $C_8H_6ON\cdot ClS$, F. 57—59°, aus **V** u. Na-Methylat; Plättchen; 95%. — *4-Chlor-2-[3-diäthylaminopropylamino]-benzothiazoloxalat,* $C_{16}H_{22}O_4N_3ClS$, F. 173—175° (Zers.), aus 5 g vorst. Verb., 3,25 g 3-Diäthylaminopropylamin u. 4,1 g Na-Acetat bei 180—200° in 11 Std.; Plättchen aus A.–Essigester; 0,3 g. — *2.6-Dibrombenzothiazol* (**VIII**), $C_7H_3NBr_2S$, F. 119 bis 121°, aus *2-Amino-6-brombenzothiazol* (dargestellt aus p-Bromanilin) analog **V**; feine Nadeln aus A.; 78,5%. Ist die verwendete HBr nicht farblos, so entsteht eine orangefarbene Substanz, F. 264°. — *6-Brom-2-oxybenzothiazol,* F. 226—228°, aus **VIII** durch Kochen mit 5%ig. NaOH; feine Nadeln aus Bzl.; 46%. — *2.6-Dibrom-7-nitrobenzothiazol* (**IX**), $C_7H_2O_2N_2Br_2S$, F. 142—143°, aus **VIII** (7,85 g) mit H_2SO_4 u. KNO_3 <40°; gelbe Nadeln aus A.; 71%. Aus der Mutterlauge insgesamt 2,1 g *2.6-Dibrom-4-nitro-* u. *2.6-Dibrom-5-nitrobenzothiazol,* F. 125—126° (hellorangefarbene Nadeln) bzw. F. 176—178° (orangefarbene Blättchen). — *6-Brom-2-methoxy-7-nitrobenzothiazol* (**X**), $C_8H_5O_3N_2BrS$, F. 128—128,5°, aus **IX** u. Na-Methylat in Methanol–Pyridin; feine gelbe Nadeln aus Methanol; 34,2%. Daneben *6-Brom-2-oxy-7-nitrobenzothiazol,* $C_7H_3O_3N_2BrS$, F. 283° (Zers.), goldfarbene Nadeln aus A.; dieselbe Verb. aus **IX** u. NaOH. — *7-Amino-6-brom-2-methoxybenzothiazol,* $C_8H_7ON_2BrS$, F. 125—127°, aus **X** in A. durch Hydrierung mit $Pd/CaCO_3$ in 22 Std.; feine Nadeln aus Hexan; 100%. — *7-Amino-2-methoxybenzthiazol* (**VII**), $C_8H_8ON_2S$, F. 73—75°, wie vorst. Verb. in Methanol u. Zusatz von Na-Acetat in 76½ Std.; Stäbchen aus PAe.; 60%. — *7-Chlor-2-oxybenzthiazol,* C_7H_4ONClS, F. 203—205°, aus **VII** nach SANDMEYER; Kristalle aus Bzl.; 78%. — *4-Chlor-2-oxybenzothiazol,* F. 202—203°, aus **V** mit NaOH; Nadeln aus Bzl.; 77%. (J. org. Chemistry **18.** 1092—1103. Sept. 1953. New York, N. Y., Columbia Univ., Dep. of Chem.) GOMPPER. 3142

William G. Finnegan, Ronald A. Henry und **Eugene Lieber,** *Darstellung und Isomerisation der 5-Alkylaminotetrazole.* Vff. stellten durch Cyclisierung der entsprechenden Guanylazide *5-Cyclohexylamino-*(**I**), *5-Benzylamino-* u. *5-Methylaminotetrazol* (**II**) dar, die als schwache Säuren reagieren; als Hauptprodd. dieser Rk. entstanden jedoch die isomeren, in *1-Stellung substituierten 5-Aminotetrazole,* welche schwach bas. reagieren. **II** ließ sich in sehr geringer Ausbeute auch aus HN_3 u. CH_3CN synthetisieren. Bei der katalyt. Debenzylierung von *5-Benzylmethylamino* (**III**)- bzw. *5-Benzyläthyl-*

aminotetrazol wurden **II** bzw. *5-Äthylaminotetrazol* isoliert; ebenso wurden andere Benzylderivv. debenzyliert. Beim Vers. der Debenzylierung von *5-Benzylphenylaminotetrazol* zu *5-Anilinotetrazol* (**IV**) wurde nur **I** erhalten. 5-Alkylaminotetrazole isomerisieren sich beim Erhitzen auf 180—190° zu den *1-Alkyl-5-aminotetrazolen.* — *1-Phenyl-5-aminotetrazol* (**VII**) u. *1-Phenyl-5-alkylaminotetrazol* gehen bei der gleichen Temp. in **IV** bzw. *1-Alkyl-5-anilinotetrazol* über; diese Isomerisation wird eine Gleichgewichts-Rk. sein, denn *1-Methyl-5-benzylaminotetrazol* konnte nur teilweise zum *1-Benzyl-5-methylaminotetrazol* umgelagert werden, u. das Mengenverhältnis der Isomeren ist dann das gleiche, wie es bei der Cyclisation des Azidoguanidins entsteht. Der Primärschritt der Isomerisierung wird eine Ringöffnung u. Bldg. des entsprechenden Guanylazides sein. — Vff. halten es für wahrscheinlich, daß die von HERBST u. Mitarbeitern (C. **1953.** 3077) beschriebenen, durch Alkylierung von 1-substituierten 5-Aminotetrazolen erhaltenen Verbb. keine 1-substituierten 5-Alkylaminotetrazole sind (wie von den Autoren angegeben), da die physikal. Eigg. verschieden sind von den von Vff. festgestellten u. die Alkylierungsbedingungen recht energ. waren.

Versuche (FF. in Capillaren bestimmt u. korr.): *1-Methyl-1-benzylthioharnstoff*, $C_9H_{12}N_2S$, F. 147,5—148,5° (W.–A., 1:2) aus Benzylmethylamin in W. durch Neutralisieren mit konz. HCl, Zugabe von NaSCN in W., Eindampfen, Ausziehen des Methylbenzylammoniumthiocyanats mit sd. A., Eindampfen, 3std. Erhitzen des trockenen Salzes auf 150—160° u. Gießen in W.; 70,9% (Ausbeute). — Ebenso *1-Äthyl-1-benzylthioharnstoff*, $C_{10}H_{14}N_2S$, F. 122,5—123,5° (50% ig. A.); 41,4%. — *1-Cyclohexyl-3-benzylthioharnstoff*, $C_{14}H_{20}N_2S$, F. 93—94° (60% ig. A.), aus Cyclohexylisothiocyanat u. Benzylamin; flache Nadeln. — Folgende *S-Methylisothioharnstoffhydrojodide* $R_1R_2NC(SCH_3)NR_3 \cdot HJ$ wurden aus dem entsprechenden substituierten Thioharnstoff u. Methyljodid in absol. A. in fast quantitativer Ausbeute gewonnen; sie wurden aus absol. A. oder absol. A. + Ae. krist.: $R_1{=}CH_2 = CHCH_2$, $R_2{=}R_3 = H$, F. 68,5—69,5°. — $R_1 = C_6H_{11}$, $R_2 = R_3 = H$, F. 143—144°. — $R_1 = C_6H_5$, $R_2{=}R_3 = H$, F. 145—146°. — $R_1 = p\text{-}CH_3OC_6H_4$, $R_2{=}R_3 = H$, F. 162—163°. — $R_1 = CH_3$, $R_2 = C_6H_5CH_2$, $R_3 = H$, F. 123—125°. — $R_1 = CH_3$, $R_2 = H$, $R_3 = C_6H_5$, F. 156,5—157,5°. — $R_1 = CH_3$, $R_2 = H$, $R_3 = C_6H_5CH_2$, F. 109,5—110,5°. — $R_1{=}R_3 = C_2H_5$, $R_2 = H$, F. 75,5—76,5°. — $R_1 = C_6H_{11}$, $R_2 = H$, $R_3 = C_6H_5CH_2$, F. 172,5—173,5°. — $R_1 = C_6H_{11}$, $R_2 = H$, $R_3 = C_6H_5$, F. 185—187°. — $R_1 = R_2 = CH_3$, $R_3 = C_6H_5$, F. 132—133,5°. — Nachst. *substituierte Aminoguanidine* $R_1R_2NC \cdot (NR_3)NHNH_2$ wurden als *Hydrojodide* aus der entsprechenden vorst. Verb. durch Kochen mit 95% ig. Hydrazin u. absol. A. bis zur Beendigung der CH_3SH-Entw. u. Eindampfen in fast 100% ig. Ausbeute gewonnen; sie wurden aus absol. A. oder absol. A. + Ae. umkrist.; in einigen Fällen mußten sie als andere feste Derivv. identifiziert werden. Die angegebenen, mit $AgNO_3$ in W. erhaltenen *Nitrate* wurden aus absol. A., die *Pikrate* aus W., A. oder wss. A. krist.; die *Pikrate des Benzalhydrazons* wurden mit C_6H_5CHO in heißem wss. A. bei anschließender Rk. mit Pikrinsäure gewonnen u. aus wss. CH_3OH oder A. krist.: $R_1{=}CH_2 = CHCH_2$, $R_2{=}R_3 = H$, *Pikrat*, $C_{10}H_{13}O_7N_7$, F. 114—115°. *Pikrat des Benzalhydrazons*, $C_{17}H_{17}O_7N_7$, F. 206—207°. $R_1 = C_6H_{11}$, $R_2{=}R_3 = H$, *Pikrat*, $C_{13}H_{19}O_7N_7$, F. 149—150°. — $R_1 = C_6H_5CH_2$, $R_2{=}R_3 = H$, *Hydrojodid*, $C_8H_{13}N_4J$, F. 127—128°. *Pikrat*, $C_{14}H_{15}O_7N_7$, F. 148,5—149,5°. *Pikrat des Benzalhydrazons*, $C_{21}H_{19}O_7N_7$, F. 215—216° (Zers.). — $R_1 = C_6H_5$, $R_2{=}R_3 = H$, *Nitrat*, $C_7H_{11}O_3N_5$, F. 121—122°. *Pikrat*, $C_{13}H_{13}O_7N_7$, F. 165,5—166,5°. *Pikrat des Benzalhydrazons*, $C_{20}H_{17}O_7N_7$, F. 225—227°. — $R_1 = 4\text{-}CH_3OC_6H_4$, $R_2{=}R_3 = H$, *Hydrojodid*, $C_8H_{13}ON_4J$, F. 150—151°. — $R_1 = 2\text{-}CH_3C_6H_4$, $R_2{=}R_3 = H$, *Hydrojodid*, $C_8H_{13}N_4J$, F. 153—154°. — $R_1{=}R_2 = CH_3$, $R_3 = H$, *Hydrojodid*, $C_3H_{11}N_4J$, F. 188—189°. *Pikrat*, $C_9H_{13}O_7N_7$, F. 162—163°. *Hydrojodid des Benzalhydrazons*, $C_{10}H_{15}N_4J$, F. 245—247° (Zers.). *Pikrat des Benzalhydrazons*, $C_{16}H_{17}O_7N_7$, F. 207 bis 208,5° (Zers.). — $R_1 = CH_3$, $R_2 = H$, $R_3 = C_6H_5CH_2$, *Hydrojodid*, $C_9H_{15}N_4J$, F. 121 bis 122°. *Pikrat*, $C_{15}H_{17}O_7N_7$, F. 132—133°. *Pikrat des Benzalhydrazons*, $C_{22}H_{21}O_7N_7$, F. 147,5—148,5°. — $R_1 = CH_3$, $R_2 = H$, $R_3 = C_6H_5$, *Hydrojodid*, $C_8H_{13}N_4J$, F. 139,5 bis 140°. *Pikrat*, $C_{14}H_{15}O_7N_7$, F. 126—127°. *Pikrat des Benzalhydrazons*, $C_{21}H_{19}O_7N_7$, F. 177—178°. — $R_1{=}R_3 = C_2H_5$, $R_2 = H$, *Hydrojodid*, $C_5H_{15}N_4J$, F. 85,5—86,5°. *Pikrat des Benzalhydrazons*, $C_{18}H_{21}O_7N_7$, F. 158—159°. — $R_1 = C_6H_{11}$, $R_2 = H$, $R_3 = C_6H_5CH_2$, *Hydrojodid*, $C_{14}H_{23}N_4J$, F. 139,5—140,5°. — $R_1{=}R_2{=}R_3 = CH_3$, *Pikrat*, $C_{10}H_{15}O_7N_7$, F. 155—156°. *Hydrojodid des Benzalhydrazons*, $C_{11}H_{17}N_4J$, F. 165 bis 166°. *Pikrat des Benzalhydrazons*, $C_{17}H_{19}O_7N_7$, F. 154—155°. — *5-Methylbenzylaminotetrazol* (**III**), F. 136—137° (Bzl.–A., 10:1), aus 1-Methyl-1-benzyl-2-aminoguanidiniumjodid in W. durch Zugabe von HNO_3 bei 50°, dann von $AgNO_3$ in W., Ausfällen von überschüssigem Ag-Ion durch HCl, Zugabe von konz. HCl zum Filtrat, dann von $NaNO_2$ in W. bei höchstens 10° u. schließlich von Soda; das ausfallende

1-Methyl-1-benzyl-2-azidoguanidin cyclisiert spontan; 86,8%. — Ebenso *1-Cyclohexyl-5-aminotetrazol* (**VI**), F. 221—222°, aus 1-Cyclohexyl-2-aminoguanidiniumjodid; nach Diazotierung u. Neutralisation wurde auf 50° erwärmt; lange flache Nadeln aus 87%ig. Isopropanol; 76,8%. Kochen des Filtrats, Ansäuern mit konz. HCl bis p_H 3, Zugabe von gesätt. Cu-Acetatlsg., Suspendieren des Nd. in sd. W. u. Rk. mit H_2S liefert *5-Cyclohexylaminotetrazol* (**I**), F. 193—194° (W.), dann Wiedererstarren u. F. 217—220°; 2%. — Ebenso wurden *5-Benzylaminotetrazol*, F. 180,5—181,5° (W.), 2,6%, u. *5-Methylaminotetrazol* (**II**), $C_2H_5N_5$, F. 185—187° (A.), 11%, gewonnen. — *1-Benzyl-5-methylaminotetrazol*, F. 117—118°, aus 1-Benzyl-2-methyl-3-aminoguanidiniumjodid wie vorst. u. fraktionierte Kristallisation aus A.; Nadeln; ca. 27%; daneben *1-Methyl-5-benzylaminotetrazol*; Prismen, F. 99°; ca. 57%. — **II** entsteht auch aus **III** in Eisessig durch Hydrierung mit PdO bei 50 lbs./sq.in. Anfangsdruck; 100%; p_{K_a} 6,7, in 50%ig. A. durch potentiometr. Titration bestimmt; ferner wird **II** aus Acetonitril u. HN_3 nach dem Verf. von HERBST u. Mitarbeitern (l. c.) erhalten; nach Neutralisation der schwefelsauren Schicht mit 50%ig. NaOH, Eindampfen, Ausziehen mit heißem A., Eindampfen der Filtrate, Lösen in W., Zugabe von wss. Cu-Acetatlsg. u. Einleiten von H_2S in die Suspension des Nd. in W. entstehen 0,61%. — *1-Methyl-5-aminotetrazol* (**V**), F. 228° (W.), aus **II** durch 3 minütiges Erhitzen auf 180—190°; ca. 100%. — *5-Anilinotetrazol* (**IV**), F. 211—212° (W.), ebenso aus **VII**; 100%; p_{K_a} 6,3, in W. potentiometr. bestimmt. — Folgende *Tetrazole* wurden nach vorst. Verff. gewonnen (**A** = durch Diazotierung des Aminoguanidins u. Cyclisation des Azids; **B** = durch katalyt. Debenzylierung; **C** = durch Hitzeisomerisierung): **V**, **A** 65,5%. — *1-Äthyl-5-amino-*, F. 68,5° (W.); **A** 68,5%, **C** ca. 100%. — *1-Allyl-5-amino-*, F. 129,5—130,5° (W.); **A** 72,8%. — **VI**, **C** 100%. — *1-Benzyl-5-amino-*, F. 191—192° (CH_3OH); **A** 58,5%, **C** ca. 100%. — *1-Phenyl-5-amino-* (**VII**)-, F. 160,5—161,5° (W.); **A** 95,2%. — *1-[p-Anisyl]-5-amino-*, F. 209—210° (A.); **A** 81,8%; gibt nach 10 minütigem Erhitzen auf 200° *5-[p-Anisylamino]-tetrazol*, das jedoch aus dem Gemisch nicht isoliert werden konnte; 26—27%, bestimmt durch Titration. — *1-[o-Tolyl]-5-amino-*, F. 191—192° (A.); **A** 87%; gibt bei der Isomerisierung ähnliche Ergebnisse wie die vorst. Verbindung. — *5-Äthylamino-*, F. 174—175° (CH_3CN); **B** ca. 100%. — **I**, nach **B** ca. 100%. — *5-Dimethylamino-*, F. 244—246° (W.); **A** 79,6%. — *5-Äthylbenzylamino-*, F. 134—136° (Bzl.); **A** 38%. — *5-Benzylphenylamino-*, F. 145—147° (Bzl.), aus Benzylphenylcyanamid u. HN_3; 46,9%. — *1-Methyl-5-methylamino-*, F. 172—173° (A.); **A** 100%. *Pikrat*, $C_9H_{10}O_7N_8$, aus A.–Ae. (1:4) gelbe Nadeln, F. 119—120°. — *1-Methyl-5-äthylamino-*, F. 87—88° (Bzl.–Ligroin, 7:2); **B** ca. 100%. — *1-Äthyl-5-äthylamino-*, F. 96 bis 97° (Bzl.–Ligroin, 1:1); **A** 86,5%. — *1-Methyl-5-anilino-*, F. 185,5—186,5° (A.); **C** ca. 100%. — *1-Phenyl-5-methylamino-*, F. 133,5—136,5° (A.); **A** ca. 100%. — *1-Äthyl-5-anilino-*, F. 164,5—165,5° (Bzl.); **C** ca. 100%. — *1-Phenyl-5-äthylamino-*, F. 118,5 bis 119,5° (Bzl.); **B** ca. 100%. — *1-Cyclohexyl-5-benzylamino-*, F. 197—198° (A.); **A**. — *1-Cyclohexyl-5-anilino-*, F. 223,5—224,5° (Bzl.–A., 4:1); **C** ca. 100%. — *1-Phenyl-5-cyclohexylamino-*, F. 120,5—121,5° (65%ig. A.); **A** 80%. — *1-Methyl-5-dimethylamino-*, F. 43—44° (Bzl.–Ligroin, 2:3); **A** 54,2%. *Hydrochlorid*, $C_4H_{10}N_5Cl$, F. 150,5 bis 151,5° (A. u. Ae.). *Pikrat*, $C_{10}H_{12}O_7N_8$, F. 97—97,5° (A.). — *1-Phenyl-5-dimethylamino-*, F. 110—111° (CH_3OH); **A** 68,6°. *Hydrochlorid*, $C_9H_{12}N_5Cl$, Zers. bei 157,5 bis 159,5° (CH_3OH u. Ae.). — *1-Methyl-5-äthylbenzylamino-*, Kp.$_{ca.3}$ 207—207,5°; **A** 80%. *Hydrochlorid*, $C_{11}H_{16}N_5Cl$, F. 74—77° (Isopropanol u. Ae.). — *1-Phenyl-5-äthylbenzylamino-*, F. 81—82° (Isopropanol–Ae.); **A** 78,5%. — *2-Hydrazino-4.5-dihydroimidazolhydrojodid*, $C_3H_9N_4J$, F. 142—143° (A.), aus 2-Methylmercapto-4.5-dihydroimidazolhydrojodid durch Hydrazinolyse; 94,7%. *Pikrat*, $C_9H_{11}O_7N_7$, F. 182 bis 182,5°, aus A. orangefarbene Nadeln. *Hydrojodid des Benzalhydrazons*, $C_{10}H_{13}N_4J$, F. 194—195° (W.). *Pikrat des Benzalhydrazons*, $C_{16}H_{15}O_7N_7$, F. 256—257° unter Zers. (unkorr.), aus A. Nadeln. — *5.6-Dihydro-7-imidazo-[1.2]-tetrazol*, $C_3H_5N_5$, F. 163 bis 164° (Zers.) (W. oder absol. A.), aus vorst. Verb. über das Nitrat durch Diazotieren u. Cyclisieren des entstandenen Azids; 74,5%. *Pikrat*, $C_9H_8O_7N_8$, F. 122—123° unter Zers. (absol. A.–Ae., 1:1). (J. org. Chemistry **18**. 779—91. Juli 1953. China Lake, Calif., U. S. Naval Ordnance Test. Stat., Res.Dep., Chem. Div., Inorgan. Chem. Branch.)

SEIDE. 3184

Olivier Riobé, *Über einige Eigenschaften des 2.3.3-Trichlortetrahydropyrans.* 3-Chlor-5.6-dihydro-γ-pyran (**I**) addiert in trockenem Ae. ein Mol Cl_2 zu *2.3.3-Trichlortetrahydropyran* (**II**; F. 32°, Kp.$_{13}$ 88°). **II** gibt bei der Dest. in Ggw. von trockenem HCl ein höher kondensiertes Prod. (Kp.$_{24}$ 185°) unbekannter Konst., das bei der Dest. über KOH eine fl. Form von **II** (**IIa**; $C_5H_7OCl_3$, Kp.$_{10}$ 84°, D.$^{18}_{4}$ 1,437, n_D^{18} 1,5080) liefert. **II** u. **IIa** geben bei der Hydrolyse in der Wärme dasselbe *2-Oxy-3.3-dichlortetrahydropyran* (**III**; *Hemihydrat*, $C_5H_8O_2Cl_2 \cdot \frac{1}{2} H_2O$, F. 83,5°), das auch durch Addi-

tion von HOCl an **I** entsteht. **III** reagiert in wss. Lsg. wahrscheinlich in Form des linearen *5-Oxy-2.2-dichlorpentanals* u. gibt mit Carbonylreagentien unter Hydrolyse Derivv. des *5-Oxypentanon-(2)-als* (*Bis-semicarbazon*, $C_7H_{14}O_3N_6$, F. 258°; *Bis-2.4-dinitrophenylhydrazon*, F. 216°; *Bis-oxim*, Fl.). **II** reagiert mit GRIGNARD-Verbb. im allg. unter Cl_2-Abspaltung zu **I**; bei —10° konnte aber aus **II** u. C_2H_5MgBr in 15% ig. Ausbeute *2-Äthyl-3.3-dichlortetrahydropyran* ($C_7H_{12}OCl_2$, Kp.$_{28}$ 124°, D.$^{26}_4$ 1,152, n_D^{26} 1,4721) erhalten werden. (C. R. hebd. Séances Acad. Sci. **236**. 2152—54. 1/6. 1953.)
SPAETH. 3211

Olivier Riobé, *Synthese von 2-Alkinyl-3-chlortetrahydropyranen: Anwendung zur Darstellung von primären Eninalkoholen.* 2.3-Dichlortetrahydropyran (**II**) reagiert mit den GRIGNARD-Verbb. von Hexin-(1), Heptin-(1), Phenyläthin bzw. 3-Methoxypropin-(1) zu *2-Alkinyl-3-chlortetrahydropyranen,* von denen von den beiden möglichen cis–trans-Isomeren jeweils nur eine Form isoliert werden konnte. Die Spaltung mit Na während 48 Std. lieferte *prim. Eninalkohole* in ~50% ig. Ausbeute. — *2-[Hexin-(1)-yl]-3-chlortetrahydropyran,* $C_{11}H_{17}OCl$, Kp.$_{13}$ 134°, D.$^{10}_4$ 1,038, n_D^{10} 1,4887; 60 [% Ausbeute, bezogen auf 2.3-Dihydropyran (**I**)]. — *2-[Heptin-(1)-yl]-3-chlortetrahydropyran,* $C_{12}H_{19}OCl$, Kp.$_{14}$ 150°, D.$^{11}_4$ 1,010, $n_D^{11}$$_4$ 1,4865; 50%. — *2-[Phenyläthinyl]-3-chlortetrahydropyran,* $C_{13}H_{13}OCl$, Kp.$_4$ 146°, D.$^9_4$ 1,150, n_D^9 1,5775; 70%. — *2-[3-Methoxypropin-(1)-yl]-3-chlortetrahydropyran,* $C_9H_{13}O_2Cl$, Kp.$_{17}$ 140°, D.$^{18}_4$ 1,144, n_D^{18} 1,4929; 40%. — *2-Propinoxytetrahydropyran,* Kp.$_{23}$ 84°, durch Kondensation von **I** mit Propargylalkohol; D.$^{16}_4$ 1,013; n_D^{16} 1,4600. — *2-[ω-Oxypropinyl]-3-chlortetrahydropyran,* $C_8H_{11}O_2Cl$, Kp.$_6$ 148°, aus der GRIGNARD-Verb. vorst. Verb. u. **II** u. Hydrolyse mit verd. HCl; D.$^{16}_4$ 1,215; n_D^{16} 1,5143; 30%. — *Undecin-(6)-en-(4)-ol-(1),* $C_{11}H_{18}O$, Kp.$_{16}$ 137°, n_D^{13} 1,4932, D.$^{13}_4$ 0,914. — *Dodecin-(6)-en-(4)-ol-(1),* $C_{12}H_{20}O$, Kp.$_{12}$ 147°, n_D^{13} 1,4940, D.$^{13}_4$ 0,906. — *7-Phenylheptin-(6)-en-(4)-ol-(1),* $C_{13}H_{14}O$, Kp.$_{17}$ 177°, n_D^7 1,5947, D.$^7_4$ 1,038. (C. R. hebd. Séances Acad. Sci. **236**. 2073—74. 27/5. 1953.)
SPAETH. 3211

G. R. Ramage und **C. V. Stead,** *Vom Hydrochinon abgeleitete Furanochromone.* Ausgehend vom Hydrochinondimethyläther wurde durch Umsetzung mit Chloracetylchlorid *2-Oxy-5-methoxyphenacylchlorid* hergestellt, welches bei der Cyclisierung *5-Methoxycumaranon-(3)* (**I**) gibt. Durch Hydrierung mit RANEY-Ni bei 50 at wurde *5-Methoxycumaran* (**II**) (bei 1 at *5-Methoxycumaron*) erhalten, welches mit Acetylchlorid *6-Acetyl-5-oxycumaran* (**III**) u. nach Kondensation mit Äthylacetat u. Umkristallisation des erhaltenen Prod. aus heißem W. direkt *4′.5′-Dihydro-2-methylfurano-[2′.3′:6.7]-chromon* ergab u. nicht das erwartete Diketon; Vff. nehmen an, daß sich das Diketon beim Umkristallisieren cyclisiert. Bei der Kondensation von **III** mit Äthyloxalat entstand zunächst der Diketoester, durch Ringschluß *4′.5′-Dihydrofurano-[2′.3′:6.7]-chromon-2-carbonsäure* u. durch Decarboxylierung *4′.5′-Dihydrofurano[2′.3′:6.7]-chromon.* Dehydrierung von **III** ergab *6-Acetyl-5-oxycumaron* (**V**), aus welchem mit Äthylacetat *2-Methylfurano-[2′.3′:6.7]-chromon* u. mit Äthyloxalat über den Diketoester *Furano-[2′.3′:6.7]-chromon-2-carbonsäure* u. *Furano-[2′.3′:6.7]-chromon* hergestellt wurden. — Die Orientierung der Acetylgruppe in **III** basiert auf der Acetylierung des strukturell ähnlichen *Äthylhydrochinondimethyläthers* (**IV**). Unter gleichen Bedingungen entstand hieraus *4-Äthyl-2-oxy-5-methoxyacetophenon* (**VI**), welches auf folgendem Wege identifiziert wurde: Das aus m-Äthylphenylacetat durch FRIESsche Verschiebung erhaltene *4-Äthyl-2-oxyacetophenon* gab durch Kernoxydation mit Ammoniumpersulfat *4-Äthyl-2.5-dioxyacetophenon,* dessen Monomethyläther mit **VI** ident. ist.

Versuche: *5-Methoxycumaron,* $C_9H_8O_2$, F. 31,5°, aus **I** durch 4std. Hydrierung mit RANEY-Ni bei 60° in A. u. Fraktionierung; Kp.$_{60}$ 156—160°; aus wss. A. u. nach Sublimation bei 50°/10^{-2} mm Nadeln; 60% (Ausbeute). — *5-Methoxycumaran* (**II**), $C_9H_{10}O_2$, Kp.$_{20}$ 134°, aus **I** wie zuvor, aber bei 50 at/80°; durch Fraktionierung Öl; 92%. — *5-Methoxy-4.6-dinitrocumaran,* $C_9H_8O_6N_2$, F. 107°, aus **II** mit HNO_3 (D. 1,5) in Eisessig; aus Methanol blaßgelbe Nadeln. — *6-Acetyl-5-oxycumaran* (**III**), $C_{10}H_{10}O_3$, F. 109—111°, u. *6-Acetyl-5-methoxycumaran* (**IIIa**), $C_{11}H_{12}O_3$, F. 82°, Kp.$_{20}$ 153 bis 158°; a) durch Zufügen von $AlCl_3$ zu **II** in CS_2, dann Zugabe von Acetylchlorid in CS_2, 20std. Kochen, Abdest. des Lösungsm. u. Zers. des gepulverten Rückstandes mit Eis unter Zusatz von konz. HCl; Emulsion mit Ae. extrahiert, äther. Schicht mit NaOH-Lsg. ausgeschüttelt; der Alkaliextrakt gibt durch Ansäuern **III**, aus Ligroin gelbe Nadeln; 20%; der Ae.-Rückstand liefert nach Fraktionierung **IIIa**; b) durch Zufügen von **II** zu einer Mischung von $AlCl_3$ u. Ae., Zugabe von Acetylchlorid u. Kochen über Nacht; Aufarbeitung wie zuvor; 33% **III** u. 21% **IIIa**. **III**-*2.4-Dinitrophenylhydrazon,* $C_{16}H_{14}O_6N_4$, F. 240°, rote Nadeln aus 2-Äthoxyäthanol. — **III**, auch aus **IIIa** durch Entmethylierung mit $AlCl_3$ in Ae., 20 Min. Kochen; 36%. — *Äthyl-*

hydrochinondimethyläther (**IV**), $C_{10}H_{14}O_2$, Kp. 232°, aus Äthylhydrochinon durch Zufügen von 33%ig. KOH-Lsg. u. Dimethylsulfat innerhalb 15 Min. unter Schütteln u. Kühlen, weitere 15 Min. Schütteln u. 1std. Kochen, Isolierung durch Wasserdampfdest. u. Extraktion mit CCl_4; 70%. — *4-Äthyl-2-oxy-5-methoxyacetophenon* (**VI**), $C_{11}H_{14}O_3$, F. 60°, aus **IV** durch Zugabe zu $AlCl_3$ u. Ae., dann Zufügen von Acetylchlorid u. Kochen über Nacht, Zers. mit Eis–HCl, Aufnehmen in Ae., Extraktion mit 20%ig. KOH u. Ansäuern; blaß citronengelbe Nadeln aus Methanol; 27%; *2.4-Dinitrophenylhydrazon,* $C_{17}H_{18}O_6N_4$, F. 229°, rote Nadeln aus Äthylacetat. — *m-Äthylphenylacetat,* Kp. 234°, aus m-Äthylphenol u. Acetylchlorid durch 1std. Kochen; 89%.— *2-Oxy-4-äthylacetophenon,* $C_{10}H_{12}O_2$, Kp.$_{20}$ 142°, aus vorst. Verb. u. $AlCl_3$, nach Aufhören der HCl-Entw. auf 120° erhitzt u. weitere 15 Min. auf 165°; hellgelbes Öl; 81%; die Fraktion Kp.$_{20}$ 195—200° ergab *2-Äthyl-4-oxyacetophenon,* F. 102°, Blättchen aus CCl_4. — *4-Äthyl-2.5-dioxyacetophenon,* $C_{10}H_{12}O_3$, F. 100°, aus vorst. Verb. durch Lösen in 10%ig. KOH unter Zugabe von Pyridin u. Zutropfen einer Ammoniumpersulfatlsg. innerhalb 4 Std. unter Rühren u. Kühlen, Stehen über Nacht, Ansäuern mit konz. HCl (Kongo), Extrahieren des Ausgangsprod. mit Chlf., mit HCl stark ansäuern u. 30 Min. Kochen; aus PAe. gelbe Plättchen; gibt mit $FeCl_3$ eine vorübergehende grüne Färbung, dann braune Fällung. — **VI**, F. 58°, aus vorst. Verb. durch 5std. Erhitzen mit Dimethylsulfat u. K_2CO_3 in Aceton u. Ansäuern mit konz. HCl; aus Methanol blaßgelbe Nadeln; 47%. — *4'.5'-Dihydro-2-methylfurano-[2'.3':6.7]-chromon,* $C_{12}H_{10}O_3$, F. 139°, aus **III** durch Kondensation mit Äthylacetat (3std. Kochen); aus W. Nadeln; 44%. — *6-[β-Äthoxycarbonyl-β-oxopropionyl]-5-oxycumaran,* $C_{14}H_{14}O_6$, F. 133—134°, aus **III** u. Äthyloxalat, Behandlung der dunkelroten M. mit Bzl. u. Zers. des unlösl. Na-Salzes mit Essigsäure; aus A. Nadeln; 74%. — *4'.5'-Dihydrofurano-[2'.3':6.7]-chromon-2-carbonsäure,* $C_{12}H_8O_5$, F. 307° (Zers.), aus vorst. Ester durch 1½std. Erhitzen mit konz. HCl in Eisessig; Nadeln aus Eisessig; 72%. — *4'.5'-Dihydro-[2'.3':6.7]-chromon,* $C_{11}H_8O_3$, F. 170°, aus vorst. Säure durch Erhitzen unter Glaswolle bei 4 mm u. Resublimation bei 150°/10^{-4} mm; Nadeln; 83%. — *6-Acetyl-5-oxycumaron* (**V**), $C_{10}H_8O_3$, F. 89°, durch Sublimation von **III** bei 100—150° über Pd-Norit bei 10^{-4} mm; Nadeln aus Ligroin; 98%. — *2-Methylfurano-[2'.3':6.7]-chromon,* $C_{12}H_8O_3$, F. 169°, aus **V** durch Kondensation mit Äthylacetat; Nadeln aus W., dann Sublimation bei 140°/10^{-4} mm; 44%. — *6-[β-Äthoxycarbonyl-β-oxopropionyl]-5-oxycumaron,* F. 145°, durch Kondensation von **V** mit Äthyloxalat; hellbraune Substanz; 89%. — *Furano-[2'.3':6.7]-chromon-2-carbonsäure,* $C_{12}H_6O_5$, F. 341° (Zers.), aus vorst. rohem Diketoester durch Kochen mit HCl in Eisessig; Rosetten aus Eisessig; 66%. — *Furano-[2'.3':6.7]-chromon,* $C_{11}H_6O_3$, F. 149°, aus vorst. Säure durch Decarboxylierung u. Resublimation bei 100°/10^{-4} mm; Nadeln; 83%. (J. chem. Soc. [London] **1953.** 3602—06. Nov. Huddersfield, Techn. Coll.) HANSCHKE. 3211

L. Villemey, *Untersuchung der Beziehungen zwischen der Fluorescenz und der Natur der Substituenten am Acridonmolekül. 1. Mitt. Darstellung von Acridonderivaten.* Um die Beziehungen zwischen Fluorescenz u. chem. Konst. zu untersuchen, synthetisierten Vff. eine Reihe von Acridonderivv., die sich für diesen Zweck bes. gut eignen. o-Chlorbenzoesäure (I) wurde mit verschied. kernsubstituierten Anilinderivv. zu den entsprechenden *N-Phenylanthranilsäuren* umgesetzt; daraus entstanden durch Erhitzen mit H_2SO_4 die Acridone. Zur Vermeidung von Neben-Rkk. wurde bei der Darst.von Oxyacridonen die OH-Gruppe durch Verätherung geschützt.

Versuche (FF. in MAQUENNE- oder BERL-Block, korr.; zum Umkristallisieren der Acridone wurde jeweils etwa die 200—1000fache Menge Lösungsm. verwendet): *N-Phenylanthranilsäure,* F. 185° (Flitter aus Bzl.), durch 4std. Kochen von I (K-Salz) mit Anilin in Amylalkohol (Zusatz von Cu-Pulver); Ausbeute 90% (roh) bzw. 20% (rein). — *Acridon,* F. 355° (Zers.; gelbe Kristalle aus Amylacetat oder CH_3COOH), durch 35 Min. Erhitzen (97°) vorst. Verb. mit konz. H_2SO_4; fast 100%. — *N-[p-Tolyl]-anthranilsäure,* F. 196° (Bzl.), aus p-Toluidin wie oben; 90%. — *2-Methylacridon,* F. 335—337° (Nitrobenzol oder Amylacetat), wie oben (60 Min.); 97%. — *N-[o-Tolyl]-anthranilsäure,* F. 186,5° (Bzl. oder 50%ig. A.); 92%. — *4-Methylacridon,* F. 347° (Amylacetat, schlechter Triacetin), 60 Minuten. — *p-Fluoranilin,* Kp.$_{740}$ 185°, aus p-Nitrofluorbenzol mit Sn u. HCl. — *4'-Fluor-2-carboxydiphenylamin,* F. 200° (Flitter aus Bzl.), wie oben, außerdem Zusatz von Na_2CO_3; 81%. — *2-Fluoracridon,* F. 364° (hellgelb, Amylacetat), sublimiert bei 360—362°, 60 Minuten. — *4'-Chlor-2-carboxydiphenylamin,* F. 177° (Bzl. oder 60%ig. A.); 76%. — *2-Chloracridon,* F. >360° (Nitrobenzol), 50 Min.; fast 100%. — *2'-Chlor-2-carboxydiphenylamin,* F. 192° (Bzl.); 70%. — *4-Chloracridon* (Amylacetat), 60 Min.; 98%. — *4'-Brom-2-carboxydiphenylamin,* F. 186° (Bzl.); 60%. — *2-Bromacridon,* F. >360° (hellgelb, Amylacetat), 60 Minuten. — *p-Phenetidin,* Kp.$_{12}$ 160°. — *4'-Äthoxy-2-carboxydiphenylamin,* F. 211°

(50%ig. CH_3COOH), 30 Min. Kochen, sonst wie oben; 92% (roh). — *2-Oxyacridon*, F. ca. 340° (Zers.; goldgelb, Triacetin), aus vorst. Verb. durch 3std. Erhitzen (98°) mit konz. H_2SO_4; 76%. — *2-Methoxyacridon*, F. 290—292° (Amylacetat), aus vorst. Verb. mit $(CH_3)_2SO_4$. — *o-Anisidin*, Kp.$_{13}$ 136°. — *2'-Methoxy-2-carboxydiphenylamin*, F. 175° (Flitter aus Bzl.), 25 Min.; 75% (roh). — *4-Methoxyacridon*, F. 295—296° (Amylacetat), 4 Std.; 65%. — *4-Oxyacridon*, F. ca. 300° (Zers.; hellgelb, Amylacetat), durch Erhitzen (1¹/₂ Std. 110°, dann 5 Min. 150°) vorst. Verb. mit $AlCl_3$ in absol. Xylol, fluoresciert in alkal. Lsg. nicht (ebenso das 2-Isomere; vgl. dagegen ULLMANN [1907]); 74%. — *2.2'-Dicarboxydiphenylamin*, F. 295° (gereinigt über das Na-Salz [W.]), wie oben, aber in Cyclohexanol (Zusatz von Na_2CO_3); 76% (roh). — *4-Carboxyacridon*, zers. sich bei ca. 320° (hellgelb, CH_3COOH); 92%. — *p-Phenylendiamin*, Kp.$_{12}$ 165°. — *4'-Amino-2-carboxydiphenylamin*, F. 202° (hellblau, Amylacetat); 50%. — *2-Aminoacridon*, F. 300—302° (gelb, Nitrobenzol–Amylalkohol 1:1), 60 Min.; 66%; in festem Zustand stabil, in alkoh. Lsg. oder als *Hydrochlorid* (gelb) leicht oxydierbar, bes. unter Einw. von Licht. — *2-Acetylaminoacridon*, F. $>$350° (Triacetin); fast 100%. — *p-Aminodimethylanilin*, Kp.$_{11}$ 159°, F. 41°. — *4'-Dimethylamino-2-carboxydiphenylamin*, F. 217° (Chlorbenzol), 1¹/₄ Std.; 60%. — *2-Dimethylaminoacridon*, F. 292° (orange, Amylacetat), 1¹/₂ Std.; 62%. (Ann. Chimie [12] **5.** 570—93. Juli/Aug. 1950. Mulhouse, École Sup. de Chim., Labor. de Chim. Organ. Spéc.) J. ROTHE. 3231

H. Harry Szmant und **James Dixon**, *Die Oxydationsprodukte von 2.5-Diphenyl-1.4-dithiadien.* Oxydation von 2.5-Diphenyl-1.4-dithiadien (**I**) mit äquimol. Mengen H_2O_2 liefert ein *Prod.* $C_{32}H_{24}S_3$, für das die Struktur **II** angenommen wird. Weitere Oxydation von **II** mit H_2O_2 sowie Behandlung von **I** mit H_2O_2 im Überschuß gibt das *Disulfon* von **I**, daneben entstehen Benzoesäure u. SO_4^{2-}.

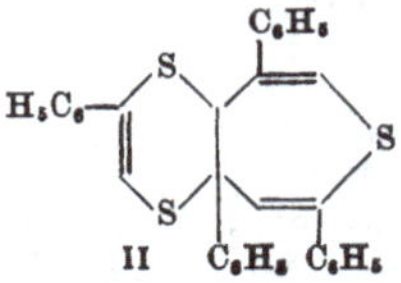

II

V e r s u c h e: **II**, $C_{32}H_{24}S_3$, F. 128°, durch 1std. Erwärmen äquimol. Mengen **I** u. H_2O_2 in Eisessig u. Gießen auf Eis; aus Isopropylalkohol gelbe Kristalle. — *2.5-Diphenyl-1.4-dithiadien-1.4-tetroxyd*, $C_{16}H_{12}O_4S_2$, F. 232°, a) durch Erhitzen von **I** u. überschüssigem H_2O_2 in Eisessig bis zum Verblassen der gelben Färbung; 50,5% (Ausbeute); b) ebenso aus **II**; 34%. (J. Amer. chem. Soc. **75.** 4354. 5/9. 1953. Pittsburgh, Pa., Duquesne Univ., Dep. of Chem.) SPAETH. 3262

Kurt Rehnelt, *Über Salze des 2.4.6-Triaminotriazins-(1.3.5)* (*Melamins*). Vf. stellte folgende *Salze des Melamins* (**I**) dar: mit *Orthophosphorsäure*, 3 $C_3H_6N_6 \cdot 2\, H_3PO_4 + H_2O$, Zers. bei 360°, federartige Kristallbüschel. — *Perchlorsäure*, $C_3H_6N_6 \cdot HClO_4 + H_2O$, sublimiert; Nadelbüschel. — *Monochloressigsäure*, $C_3H_6N_6 \cdot C_2H_3O_2Cl$; lange seidige Nadeln. — *Dichloressigsäure*, $C_3H_6N_6 \cdot C_2H_2O_2Cl_2 + H_2O$; Nadeln in Doppelfächern. — *β-Naphthalinsulfonsäure*, $C_3H_6N_6 \cdot C_{10}H_8O_3S$; lange sechsseitige Blättchen. — *α-Naphthalinsulfonsäure*, $C_3H_6N_6 \cdot C_{10}H_8O_3S + H_2O$, Zers. bei 320°; kurze sechsseitige Blättchen. — *p-Anilinsulfonsäure*, $C_3H_6N_6 \cdot C_6H_7O_3NS + H_2O$; kurze, achtseitige Blättchen. — *p-Toluolsulfonsäure*, $C_3H_6N_6 \cdot C_7H_8O_3S + H_2O$, Zers. bei 320°; lange Nadeln, welche bei Spaltung noch Blättchenform erkennen lassen. — *p-Thymolsulfonsäure*, $C_3H_6N_6 \cdot C_{10}H_{14}O_4S + 2\, H_2O$; Nadeln oder zu Nadeln ausgeartete sechsseitige Blättchen. — *[p-Methyl-o.o'-dicarboxyphenoxy-(1)]-essigsäure*, $C_3H_6N_6 \cdot C_{11}H_{10}O_7 + H_2O$, Zers. bei 260°; Nadeln. — *o-Bromthymol-p-sulfonsäure*, $C_3H_6N_6 \cdot C_{10}H_{13}O_4BrS + 2\, H_2O$, Zers. bei 300°; zu Büscheln vereinigte Nadeln, welche schräg abgeschnitten sind. — *Chromsäure*, 2 $C_3H_6N_6 \cdot H_2CrO_4$; bäumchenförmig verzweigte, lange, orangegelbe Nadeln. — Gegen aromat. Sulfonsäuren verhält sich **I** also wie eine einsäurige Base, gegen H_3PO_4 2wertig. In wss. Lsg. werden die Verbb. durch NaOH oder KOH vollkommen gespalten. Unter der Quarzlampe mit Licht der Wellenlänge von 366 mμ gab das *Salz des [Benzolsulfonsäure-(1)]-⟨4-azo-1⟩-naphthols-(2)* keine, der *α-Naphthalinsulfonsäure* eine intensiv hellblaue, der *Monochloressigsäure* hellblaue, der *p-Anilinsulfonsäure* u. *p-Thymolsulfonsäure* schwach orange, der *o-Bromthymol-p-sulfonsäure* keine Fluorescenzfarbe. Das *Ba-Salz der o-Bromthymol-p-sulfonsäure* gab eine schwach orange Färbung. — Die bakteriostat. Wrkg. der Salze gegenüber *Staph. aureus, Bact. coli, Proteus, Mycobact. phlei* u. *Mycobact. lacticola* wird tabellar. angegeben.

V e r s u c h e: Sie wurden alle in wss. Lsg. durchgeführt. — *Melamin-[naphthol-(2)]-⟨1-azo-4⟩-benzolsulfonat*, $C_{19}H_{18}O_4N_8S$; hellorangefarbene, rhomb., auch sechsseitige, teilweise gerundete Blättchen. — *Dimelaminhydrosulfat-dihydrat*, $C_6H_{18}O_6 \cdot N_{12}S$. — *Melamindihydroxalat*, $C_3H_6N_6 \cdot 2\, C_2H_2O_4$. (Mh. Chem. **84.** 257—62. 1953. Düsseldorf, Henkel & Cie. GmbH., Klebstoffwerk, Labor.) SEIDE. 3313

M. G. J. Beets und **H. v. d. Dool**, *Pentadecanolid. Pentadecanolid* (**I**), $C_{15}H_{28}O_2$, konnte bisher nicht, wie in der Literatur angegeben, aus der Wurzel der Archangelica officinalis rein dargestellt, sondern lediglich synthet. gewonnen werden. Vff. geben einen Überblick über die bisherigen Synthesemethoden, sie geben die Eigg. von bes. gereinigtem I an: F. 36,15—36,25°; Kp.$_{0,69}$ 113°, n_D^{20} 1,4718, $D.^{20}_4$ 0,9545. Bei Zimmertemp. sind die Kristalle durchscheinend u. elastisch. I hat eine hohe kryoskop. Konstante, geringe Verunreinigungen mit isomeren Lactonen rufen eine starke Gefrierpunktserniedrigung hervor. Der Brechungsindex, die Dichten u. die Mol.-Refr. zwischen 20 u. 50° werden angegeben. Der kub. Ausdehnungskoeff. ist $\beta = 79 \cdot 10^{-5}$. Vff. untersuchen weiter die Löslichkeit in W.-A.-Gemischen. Für die Alkalihydrolyse wird die Reaktionsgeschwindigkeitskonstante zu $6{,}0 \cdot 10^{-3}$ C/Mol.·Min. bestimmt. UV- u. sichtbares Spektr. von I sind nicht charakterist., das Infrarot-Spektr. ist angegeben. Charakterisiert wird I am besten als *15-Oxypentadecansäure*, F. 86,0—86,2° (korr.), pk in 80 %ig. A. bei 20° 7,31; oder als der *4-Nitrobenzylester*, $C_{22}H_{35}O_5N$, F. 71,0° (korr.). — *4-Oxapentadecanolid*, F. 17,0°, n_D^{20} 1,4665, $D.^{20}_4$ 0,9912. (Perfum. essent. Oil Rec. **43.** 270—74. 30/8. 1952. Polak & Schwarz, Holland, Res. and Analyt. Dep.) V. SCHIESZL. 3390

Horace S. Isbell und **Harriet L. Frush**, *Chemie der Kohlenhydrate.* Übersichtsbericht (bis Dez. 1952). Methoden zur Trennung von *Kohlenhydraten* (I) u. I-*Derivv.*; ^{14}C-Tracermethoden, Transglykosidierung, *Dextran*, Reaktionsmechanismen (Mutarotation, Anomerisierung von Zuckeracetaten [II] u. Glykosiden [III], Acetolyse von III, Mutarotation von *N*-III, Rk. von II u. sek. Aminen). — 162 Literaturangaben. (Annu. Rev. Biochem. **22.** 107—24. 1953. Washington, D. C., Nat. Bureau of Standards.) K. MAIER. 3400

Heinz Ohle, Günter Henseke und **Alfred Czyzewski**, *Über Osonhydrazone.* 1. Mitt. *Die Darstellung des Fructosonmethylphenylhydrazons. Fructosonmethylphenylhydrazon* (I) läßt sich durch Umsetzung von *Methylphenylfructosazon* (II) mit nur 2 Mol HNO_2 erhalten, aber auch schon infolge der besonders leichten Hydrolysierbarkeit von II mit der äquimol. Menge von HCl u. Essigsäure. Die Darst. von I gelingt ferner aus dem *Phenylmethylphenylfructosazon* (III) mit verd. HCl u. Nitrit oder besser mit Hydrazinhydrat, aus Fructose u. Methylphenylhydrazin (V) bei längerer Reaktionsdauer als der zur Darst. von II nötigen (vgl. NEUBERG bzw. OFNER, Ber. dtsch. chem. Ges. **35.** [1902.] 959 u. 2626 bzw. **37.** [1904.] 3362), mit relativ schlechter Ausbeute aus Glucose über das p-Tolyl-d-isoglucosamin u. am besten durch Aufspaltung von Phenylglucosazon (IV) mit verd. HCl u. Nitrit zum Glucoson u. Zusatz von weniger als 1 Mol V. — Nach dem Verf. von OFNER wurde bei genauer Einhaltung der Vorschrift nur II erhalten, bei längerer Ausdehnung der Rk. aber I, was durch die Bldg. des Tetraacetates bewiesen wurde. Diese Tatsache legt nahe, daß das von PERCIVAL u. PERCIVAL (J. chem. Soc. [London] **1937.** 1320) beschriebene „β-Fructosemethylphenylhydrazon" als solches nicht existiert, sondern mit I ident. ist. I reagiert erst in Ggw. von Essigsäure mit Hydrazinen, so mit V zu II u. mit Phenylhydrazin zu III. Auf Grund der Drehungswerte von I u. seinem Tetraacetat dürfte sich der Hydrazinrest am $C_{(2)}$ von I befinden. I zeigt keine Mutarotation, red. FEHLINGsche Lsg., reagiert aber nicht mit fuchsinschwefliger Säure. Das Acetat von I leitet sich wegen seiner von der von I stark abweichenden Drehung vermutlich von einer tautomeren, bei der katalyt. Alkoholyse nicht isolierbaren Form von I ab.

Versuche: *Fructosonmethylphenylhydrazon* (I), $C_{13}H_{18}O_5N_2$, F. 169—170°, Zers.; (verd. A.), durch Lösen von 20 mMol IV in 40 ml W. + 80 ml 96%ig. A. + 8 ml 7,67nHCl unter Zutropfen von 8 ml 5,02 mol. $NaNO_2$-Lsg. bei 40—45° in 1 Std., Entfernen vom A. u. Phenylazid u. Zugabe von 15—16 mMol V; $[\alpha]_D^{19}$ —268° (c = 1,0 in Pyridin); bis zu 50% (Ausbeute). Setzt man statt V Phenylhydrazin zum Reaktionsgemisch zu, so entsteht in bis zu 65%ig. Ausbeute wieder IV. — *Fructosonmethylphenylhydrazontetraacetat*, $C_{21}H_{26}O_9N_2$, F. 119°, durch 36std. Acetylieren von I in Pyridin bei 20°; $[\alpha]_D^{20}$ +82° (c = 1,0 in Chlf.), +99° (c = 1,02 in Methanol); große viereckige Platten aus verd. Methanol, gibt durch katalyt. Verseifung mit Na-Methylat bei 0° in $^1/_2$ Std. mit 75% Ausbeute I. — I ferner durch langsamen Zusatz von 2 Äquivalenten $NaNO_2$ zu einer wss.-alkoh. 2,5 Äquivalente HCl enthaltenden Lsg. von II bei 30°; 70% (Ausbeute); oder durch 10minütiges Erhitzen von 2 g Fructose mit 2,5 ml V in 10 ml W., 10 ml A. u. 1,2 ml Eisessig auf dem sd. Wasserbad; ca. 50%. In absol. A. liefert die Rk. weder I noch II. — *Phenylmethylphenylfructosazon* (III), $C_{19}H_{24}O_4N_4$, F. 191—193° (Zers.), aus 5,66 g I, 2,2 g Phenylhydrazin u. 1,2 ml Eisessig in W. 2 Std. auf dem sd. Wasserbad; $[\alpha]_D^{20}$ —60° → + 7° (c = 1,0 in Pyridin; nach 66 Std. konstant); ca. 100%. — *Tetraacetylphenylmethylphenylfructosazon*, $C_{27}H_{32}O_8N_4$, F. u. Misch-F. 133°, aus III mit Essigsäureanhydrid u. Pyridin 2 Tage bei 20°, derbe gelbe Prismen aus Methanol; $[\alpha]_D^{18}$ —59° (c = 1,0 in Chlf.); oder aus 40 g Glucosehydrat mit 22 ml Phenylhydrazin in mit HCl angesäuerter

A.-haltiger wss. Lsg. 20 Min. auf dem Wasserbad, Zugabe von 50 ml **V**, 10 ml Hydrazinhydrat, 8,48 ml Eisessig u. 50 ml A. u. 30 Min. Erhitzen; ca. 60%; rohes **III** gibt in wss. alkoh. Suspension in Ggw. von 2 Äquivalenten HCl u. 1 Äquivalent $NaNO_2$-Lsg. bei 40—45° **I**; 60—70%. (Chem. Ber. **86.** 316—21. 1953. Berlin, Univ., Chem. Inst., u. Greifswald, Univ., Chem. Inst.) WILLENBERG. 3400

Ingvald Augestad, Endre Berner und **Else Weigner,** *Chromatographische Trennung anomerer Glykoside.* (1. Mitt.) (Vgl. HOUGH u. Mitarbeiter, C. **1951.** I. 2634.) Durch 12minütige Behandlung von Fructose in 3%ig. Lsg. mit 0,5n methanol. HCl bei Zimmertemp. u. nachfolgendes Neutralisieren mit Ag_2CO_3 wurde ein die vier Methylfructoside u. 4% Fructose enthaltender Sirup erhalten. Eine konz. Lsg. davon wurde auf eine Säule von gepulverter Cellulose gegeben u. mit einer Mischung von Essigester, techn. Pyridin, W. u. Bzl. (5 : 3 : 3 : 1) eluiert, die Eluate fraktioniert aufgefangen u. von den Lösungsmitteln befreit. Es wurden folgende Mengen im Sirup gefunden: *α-Methylfructofuranosid,* krist. spontan, sehr wenig; *α-Methylfructopyranosid,* krist. beim Impfen, 41%; *β-Methylfructopyranosid,* krist. beim Impfen, 45%; u. *β-Methylfructofuranosid,* Sirup, [α] —46,9° in W., 10%, Halbwertszeit der Hydrolyse in n-H_2SO_4 bei Zimmertemp. ca. 39 Minuten. Reines Pyridin ist für das Verf. weniger günstig als technisches. — Entsprechend chromatographiert wurde ein durch 6std. Kochen einer 2,5%ig. Lsg. von *Galaktose* (**I**) in 0,0037n-methanol. HCl erhaltener Sirup mit weniger als 1% freier **I** u. [α] ca. —25°. Elution mit Essigester/Propanol-(1)/W. (5 : 3 : 2) ergab in folgender Reihenfolge: *β-Methylgalaktofuranosid,* F. 69° (Essigester); $[\alpha]_D$ —112° in W., etwas über 50%; *α-Methylgalaktofuranosid,* F. 91—92° (Essigester); $[\alpha]_D$ +104° in W., ca. 15%; *α-Methylgalaktopyranosid,* krist., ca. 20%, wird mit n-H_2SO_4 bei Zimmertemp. schnell hydrolysiert. — *β-Methylgalaktopyranosid* war nur papierchromatograph. in sehr kleiner Menge festzustellen. (Chem. and Ind. **1953.** 376—77. 18/4. Blindern, Oslo, Univ., kjemiske institutt.) WILLENBERG. 3400

T. R. Govindachari und **N. S. Narasimhan,** *Die Konstitution von Carpain.* Die Dehydrierung von *10-Oxy-10-[pyrrolidinyl-(2')]-decansäureäthylester* (**I**) ergibt ein Pyrrolderiv., die Dehydrierung von *Carpaminsäureäthylester* (**II**) dagegen *Carpyrinsäureäthylester,* der an Hand seiner Absorptionsspektren als *8-[3* (oder *5*)*-Oxy-6-methylpyridyl-(2')]-octansäureäthylester* erkannt wird. Daher muß *Carpain* ein Alkaloid der Piperidinreihe sein, das die in einer Lactongruppierung befindliche OH-Gruppe in 3- oder 5-Stellung des Ringes trägt.

Versuche: *10-Oxy-10-[pyrrolidinyl-(2')]-decansäureäthylester* (**I**), $C_{16}H_{31}O_3N$, F. 69,5—70,5° (PAe.), durch Red. von 1,3 g 2-ω-Carbäthoxynonanoylpyrrol [F. 28° (PAe.), Darst. vgl. BARGER u. Mitarbeiter, J. chem. Soc. (London) **1937.** 715] in Essigsäure mit H_2/PtO_2 bei 4 at, Verdünnen mit W. u. Ausschütteln mit Ae., Versetzen der wss. Phase mit Na_2CO_3 u. Extraktion mit Ae.; 0,42 g (Ausbeute). — *10-Oxy-10-[pyrrolidinyl-(2')]-decansäurehydrochlorid,* $C_{14}H_{28}O_3NCl$, F. 124,5—126,5°, durch Hydrolyse von **I** mit alkoh. 0,5nKOH. — *10-Oxy-10-[pyrryl-(2')]-decansäure,* F. 76 bis 78° (60%ig. A.), durch $6^1/_2$std. Erhitzen von 0,5 g **I** in p-Cymol mit 5%ig. Pd-Kohle in einem CO_2-Strom, Extraktion des Filtrates mit n-Essigsäure, Eindampfen im Vakuum auf 25 cm^3, 9std. Kochen mit 50 cm^3 alkoh. n-KOH-Lsg. u. Verdampfen des Lösungsm. im Vakuum, Rückstand mit W. behandeln, ausäthern, kongosauer machen u. mit Ae. extrahieren; Sublimation bei 165—175°/0,5 mm; 0,3 g (allmähliches Rosawerden). — *Carpyrinsäureäthylester,* $C_{16}H_{25}O_3N$, F. 78—80° (absol. Ae.), Behandlung von 1 g **II** mit 5%ig. Pd-Kohle in p-Cymol wie oben beschrieben, Essigsäureextrakt mit Na_2CO_3 versetzen u. ausäthern; 0,9 g; mit $FeCl_3$ kirschrot, mit FOLIN-DENIS-Reagens blau; λ_{max} 223, 247 u. 287 mμ (log ε = 3,91, 2,75 u. 378 in A.). — *Carpyrinsäurehydrochlorid,* $C_{14}H_{22}O_3NCl$, F. 85—86,5° (wasserfreies Aceton), durch Hydrolyse vorst. Verb. mit 0,5n-alkoh. KOH; lösl. in $CHCl_3$. — *Verb.* $C_{14}H_{29}O_2N$, F. 76—78°, durch 4std. Kochen von 1 g *Carpain* mit $LiAlH_4$ in Ae. unter Rühren, Hinzufügen von W. u. Extraktion mit Ae.; aus absol. Ae. Nadeln; 0,97 g. *Tribenzoylderiv.,* $C_{35}H_{41}O_5N$, F. 76—78° (verd. A.). (J. chem. Soc. [London] **1953.** 2635—37. Sept. Madras, Presidency Coll., Chem. Labor.) E. FRANCK. 3500

V. N. Ipatieff, H. R. Appell und **Herman Pines,** *Studien in der Terpenreihe.* 9. Mitt. *Isomerisierung bei der Cycloalkylierung von Benzol.* (8. bzw. 10. vgl. C. **1949.** II. 422 bzw. C. **1952.** 2346.) Vff. untersuchen die Rk. folgender disubstituierter Cyclohexene bzw. Cyclohexanole mit Bzl. in Ggw. von H_2F_2: Dihydrolimonen (1-Methyl-4-isopropylcyclohexen; **I**), Menthol (**II**), Dihydroterpineol (Dimethyl-[4-methylcyclohexyl]-carbinol; **III**), p-Menthen-(x) (**IV**), 1-Äthyl-4-methylcyclohexanol (**V**) u. -cyclohexen (**VI**), 1-Methyl-4-äthyl- (**VII**), 1-Äthyl-4-isopropyl- (**VIII**) u. 1-Isopropyl-4-äthylcyclohexanol (**IX**) sowie x-Isopropylcyclohexen (**X**). Dabei wird aus **I, II, III** u. **IV** *1-Methyl-1-phenyl-4-isopropylcyclohexan* (**XI**; $C_{16}H_{24}$, $Kp._{2,6-3,2}$ 107—116°; n_D^{20} 1,5128 bis 1,5151) in 60—77%ig. Ausbeute erhalten, aus **V**, **VI** u. **VII** ein Gemisch, $Kp._{2,6-4,0}$ 103—115°; n_D^{20} 1,5171—1,5181, aus 40 bzw. 40 bzw. 20% *1-Äthyl-1-phenyl-4-methylcyclohexan* (**XII**) u. entsprechend 60 bzw. 60 bzw. 80% *1-Methyl-1-phenyl-4-äthylcyclohexan* (**XIII**) in 68—70%ig. Gesamtausbeute, aus **VIII** u. **IX** ein Gemisch, $Kp._{3,5-4,5}$ 118—137°; n_D^{20} 1,5129—1,5145, aus *1-Äthyl-1-phenyl-4-isopropylcyclohexan* (**XIV**) u. *1-Isopropyl-1-phenyl-4-äthylcyclohexan* (**XV**) in 57—80%ig. Gesamtausbeute u. aus **X** *1-Isopropyl-1-phenylcyclohexan* (**XVI**; $Kp._{16}$ 150°; n_D^{20} 1,5211) in 70%ig. Ausbeute. Die Struktur der erhaltenen Reaktionsprodd. wird durch Dehydrierung bestimmt, wobei die am quartären C-Atom gebundene Alkylgruppe abgespalten wird. So geben: **XI** → *4-Isopropylbiphenyl* (**XIX**); **XII** u. **XIII** → *4-Methyl-* (**XVII**) bzw. *4-Äthylbiphenyl* (**XVIII**); **XIV** u. **XV** → **XIX** bzw. **XVIII** neben H_2, CH_4, C_2H_6 u. C_3H_8 (wobei diese Prodd. mit den Dehydrierungsprodd. von 1-Methyl-1-phenylcyclohexan bzw. 1-Äthyl-1-[x-tolyl]-cyclohexan sowie deren Gemisch [1 : 1] verglichen werden). Aus **XVI** wurde ein nicht näher untersuchtes Gemisch erhalten. Die Analyse der gasförmigen Prodd. erfolgte durch Massenspektroskopie.

Versuche: *1-Methyl-4-isopropylcyclohexen* (**I**), aus d-Limonen durch Hydrierung am Ni–Kieselgur-Kontakt bei 30° u. 50 at H_2-Anfangsdruck; 93% (Ausbeute); Kp. 170°; n_D^{20} 1,4540. — *Menthol* (**II**), aus Thymol analog (115° u. 100 at); $Kp._{41}$ 140°; 91%. — *Dimethyl-[4-methylcyclohexyl]-carbinol* (**III**), aus α-Terpineol (50° u. 100 at) $Kp._{14}$ 97°; n_D^{20} 1,4663. — *p-Menthen-(x)* (**IV**), durch Dehydratisierung von **II** an 100 cm³ HARSHAW-Al_2O_3-Pillen bei 450° u. einem std. Durchsatz von 0,75 cm³; Kp. 170°; n_D^{20} 1,4552; 90%. — *1-Äthyl-4-methylcyclohexen* (**VI**), aus **V** wie vorst. (350°); Kp. 149°; n_D^{20} 1,4526; 89%. — Die Darst. der nachst. Verbb. erfolgte aus den entsprechenden Ketonen u. Alkylmagnesiumhalid nach GRIGNARD: *1-Äthyl-4-methylcyclohexanol* (**V**), Kp. 186—190°; $D.^{20}$ 0,9064; n_D^{20} 1,4598; 73%. — *1-Methyl-4-äthylcyclohexanol* (**VII**), $Kp._{14}$ 58—59°; $D.^{20}$ 0,9037; n_D^{20} 1,4582; 80%. — *1-Äthyl-4-isopropylcyclohexanol* (**VIII**), $Kp._{96}$ 165°; $D.^{20}$ 0,9055; n_D^{20} 1,4654; 50%. — *1-Isopropyl-4-äthylcyclohexanol* (**IX**), $Kp._{103}$ 163°; $D.^{20}$ 0,9087; n_D^{20} 1,4667; 10%. — Die Cycloalkylierung der Verbb. **I**—**X** erfolgte durch Einw. von 2 Mol Bzl. auf 0,1—0,5 Mol der KW-stoffe in Ggw. von 10 Mol H_2F_2, Abdest. des überschüssigen Bzl. u. danach Dest. des Rückstands im Vakuum. Bei der Cycloalkylierung von **IV** oder den entsprechenden Alkoholen konnte aus den Destillationsrückständen nach Rekristallisation aus A.–Chlf. (1 : 1) *p-Bis-[1-methyl-4-isopropylcyclohexyl]-benzol*, $C_{26}H_{42}$, Nadeln, F. 143—144°; 5—8%, isoliert werden. Die Hydrierung von 20 g dieser Verb. an 4 g Ni–Kieselgur-Kontakt bei 120° u. 100 at gab *1.4-Bis-[1-methyl-4-isopropylcyclohexyl]-cyclohexan*, $C_{26}H_{48}$, F. 81—85°. — Die Dehydrierung der Verbb. **XI**—**XV** erfolgte an durch CeO_2 u. K_2O aktiviertem Cr_2O_3–Al_2O_3-Kontakt (vgl. ARCHIBALD u. GREENSFELDER, C. **1947**. 1618) bei 435° u. einem Durchsatz von 0,03 cm³/Std., die Reinigung der erhaltenen fl. Prodd. durch Chromatographie einer 10%ig. Pentanlsg. an Silicagel (DAVISON 200), Eluieren der Biphenylderivv. mit A. u. Dest. im Vakuum. Isoliert wurden diese Verbb. als 2.4-Dinitrophenylhydrazone ihrer Acetylierungsprodukte. Gemische mit mehr als einem isomeren Cycloalkylierungsprod. wurden vorher an aktiviertem Al_2O_3 (80—200 Maschen) chromatographiert, mit Bzl. eluiert u. das mittlere von 3 Eluaten acetyliert. — *2.4-Dinitrophenylhydrazone der Acetylierungsprodd. von*: **XI**, $C_{24}H_{30}O_4N_4$, F. 202—203°. **XVII**, $C_{21}H_{18}O_4N_4$, F. 230—232°. **XVIII**, $C_{22}H_{20}O_4N_4$, F. 227—229° (Misch-F. der letzten beiden keine Depression). **XIX**, $C_{23}H_{22}O_4N_4$, F. 156—157°. — Durch Oxydation der Dehydrierungsprodd. mit CrO_3 in 50%ig. CH_3COOH entsteht *p-Phenylbenzoesäure*, F. (nach Resublimation) u. Misch-F. 220—222°. *Methylester*, F. 114—115°. (J. Amer. chem. Soc. **72**. 4260—62. Sept. 1950. Evanston, Ill., Northwestern Univ., Dep. of Chem., Ipatieff High Pressure and Catalytic Labor.) KLASZKE. 3600

R. Schwyzer, H. G. Biswas und P. Karrer, *Über Andrographolid. Andrographolid* (**I**), ein Bitterstoff aus *Andrographis paniculata* Nees, hat die Zus. $C_{20}H_{30}O_5$ u. ist wahrscheinlich ein bicycl. Diterpenoidlacton. **I** besitzt zwei Doppelbindungen, die sich katalyt. hydrieren lassen [→ *Tetrahydroandrographolid* (**II**)], von denen sich eine in α.β-Stellung zur Lactongruppierung befindet, wie aus dem Spektr., dem positiven LEGAL-Test u. der Rk. mit Diazomethan zu einem *Pyrazolinkörper* der Teilformel **A** hervorgeht. Durch Benzopersäure wird **I** zu zwei isomeren Oxyden $C_{20}H_{30}O_6$ oxydiert, die als *α- u. β-Andrographolidoxyd* bezeichnet werden u. wahrscheinlich geometr. Isomere sind, entstanden durch Oxydation der isolierten Doppelbindung, da sie beide noch die α.β-ungesätt. Lactongruppierung enthalten. Die isolierte Doppelbindung liegt wahrscheinlich in Form einer Methylengruppierung vor, da bei der Ozonspaltung ca. 25% CH_2O erhalten wurden. Die außer den beiden O-Atomen der Lactongruppierung verbleibenden 3 O-Atome in **I** liegen als Hydroxylgruppen vor, die sich mit Acetanhydrid + $ZnCl_2$ acetylieren lassen [→ *Triacetylandrographolid* (**III**)] u. von denen eine tert. u. zwei sek. Natur sind, da die CrO_3-Oxydation von **II** ein *Diketon* $C_{20}H_{30}O_5$ mit noch einer OH-Gruppe liefert. Die Dehydrierung von **I** mit Se ergab ein als „*Andrographen*" bezeichnetes KW-stoffgemisch $C_{14}H_{16}$, aus dem sich in geringer Menge *1.2.5.6-Tetramethylnaphthalin* abtrennen ließ; demnach besitzt **I** wahrscheinlich eine gem. Dimethylgruppe an $C_{(1)}$ u. eine sek. OH-Gruppe an $C_{(2)}$ (Retropinakolinumlagerung bei der Dehydrierung) u. damit die mögliche Teilstruktur **B**. Verss., **I** durch Behandlung mit sd. HCOOH zu einer tricycl. Verb. zu isomerisieren, führten nur zur Verharzung u. zur Bldg. von

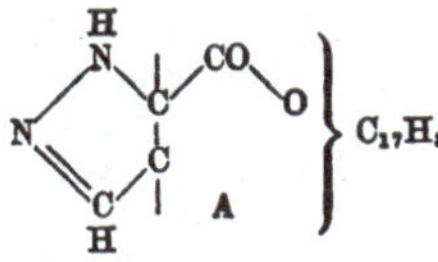

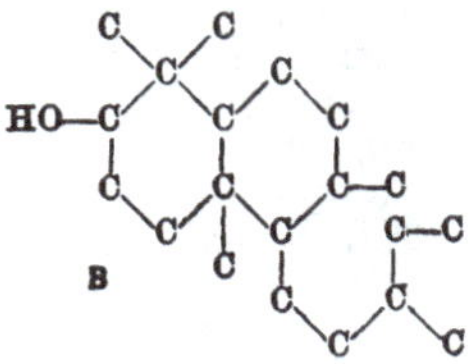

Triformylandrographolid, mit HCl entstand zwar ein Isomeres von **I**, *Isoandrographolid* (**IV**), das aber wie **I** noch zwei hydrierbare Doppelbindungen besitzt u. demnach kein Ringschlußprod. sein kann. — Wenn die Acetylierung von **I** mit Acetanhydrid u. Pyridin vorgenommen wird, so entsteht nicht **III**, sondern unter Wasserabspaltung *Diacetylanhydroandrographolid* (**V**), analog bildet sich aus **II** *Diacetylanhydrotetrahydroandrographolid* (**VI**), das auch aus **II** mit Acetanhydrid + $ZnCl_2$ entsteht. Aus **III** läßt sich die tert. Acetoxygruppe leicht reduktiv entfernen unter Bldg. von *Diacetyldesoxyandrographolid* (**VII**; vgl. GORTER [1911], [1914]), das alkal. zu *Desoxyandrographolid* (**VIII**) verseift wurde. Bei der Wasserabspaltung aus **I** unter Acetylierung zu **V** tritt eine starke Rotverschiebung im Spektr. auf, die nur dem Einfl. einer verstärkten Konjugation zugeschrieben werden kann. Wahrscheinlich findet hierbei ein Übergang in eine Verb. von der Art der Octatriensäure statt, was dann möglich ist, wenn die isolierte Doppelbindung 2 C-Atome von der $\alpha.\beta$-Doppelbindung entfernt steht u. die tert. OH-Gruppe an einem dieser beiden trennenden C-Atome haftet, also in Allylstellung zur $\alpha.\beta$- oder zur isolierten Doppelbindung. **I** zeigt mit alkoh. Lauge eine charakterist. Rotfärbung, die wahrscheinlich durch die tert. OH-Gruppe u. deren besondere Stellung in bezug auf das Doppelbindungssyst. bedingt ist, da die Färbung bei denjenigen Derivv. von **I** ausbleibt, bei denen die Doppelbindungen hydriert sind (**II**) oder bei denen die tert. OH-Gruppe entfernt ist (**VIII, V**), auch **IV** färbt methanol. KOH nicht rot. — Bei der milden Oxydation von **III** mit $KMnO_4$ u. Veresterung mit CH_2N_2 entstand das *Diacetylderiv.* (**IX**) *des Methylesters einer Dioxyketosäure* $C_{14}H_{22}O_5$, die das hydrierte Naphthalinskelett u. die beiden sek. OH-Gruppen von **I** enthält. Die Ketogruppe ist in einem Ring eingebaut, wie das Ergebnis der SCHMIDT-Rk. u. Verseifungsverss. am entstandenen *Amid* zeigten, sie steht wahrscheinlich nicht in β-Stellung zur Carboxylgruppe, da die freie Säure stabil ist u. keine Färbung mit $FeCl_3$ liefert. Dieselbe Ketosäure entsteht auch bei der $KMnO_4$-Oxydation von **VII**. Die Se-Dehydrierung von **IX** ergab *1.5-Dimethyl-6-oxynaphthalin*, aus der KW-stofffraktion wurde *1.5-Dimethylnaphthalin* isoliert. — Über die Größe u. den Bau des Lactonringes in **I** u. seinen Derivv. ist noch nichts bekannt. Mit wss. NaOH lassen sich **I, II, VIII** u. *Anhydrotetrahydroandrographolid* leicht zu den zugehörigen Säuren aufspalten, von denen die Verbb. mit noch vorhandener tert. OH-Gruppe schwerer als die ohne tert. OH-Gruppe lactonisierbar sind; die *Desoxyandrographolsäure* (aus **VII**) konnte in Substanz überhaupt nicht gefaßt werden, da sie bei der Neutralisation der wss. Lsg. ihres Na-Salzes spontan in **VIII** überging.

V e r s u c h e : *Andrographolid* (**I**), $C_{20}H_{30}O_5$, F. 227,5° (unter Aufschäumen), aus A. derbe, viereckige Platten. — *Pyrazolinderiv.* **A**, $C_{21}H_{32}O_5N_2$, F. 228—230° (Zers.), durch 15std. Behandlung von **I** in Dioxan u. Ae. mit CH_2N_2 bei Raumtemp.; aus A. derbe Kristallnadeln. — „*Andrographen*", $C_{14}H_{16}$, $Kp._{0,01}$ 90°, durch Erhitzen von **I** mit Se im Rohr während 4 Std. auf 300° u. 5 Std. auf 310—320°, Aufnehmen in Ae., Ausziehen des Ae.-Rückstandes mit Hexan u. Filtration durch Al_2O_3; 30% (Ausbeute). *Pikrat*, $C_{20}H_{19}O_7N_3$, F. 130—130,5° (korr.), aus A. lange rote Nadeln. *Trinitrobenzolat*, $C_{20}H_{19}O_6N_3$, F. 134° (Zers.; korr.), haarfeine, lange gelbe Nadeln. Chromatographie an Al_2O_3 u. Elution mit PAe. lieferte *1.2.5.6-Tetramethylnaphthalin*, F. 112—114°, flache Nadeln; *Trinitrobenzolat*, F. 180°. Oxydation von „Andrographen" mit $K_3[Fe(CN)_6]$ in wss. KOH während 10 Tagen bei 60—70° gab eine *Naphthalintetracarbonsäure* (*1.2.5.6?*), $C_{14}H_8O_8$, aus W., sublimiert ab 250°, F. 355° (Zers.) → *Dianhydrid*, $C_{14}H_4O_6$. — 3std. Erhitzen von **I** mit 85%ig. HCOOH, 8std. Dehydrierung des Reaktionsprod. mit Se bei 310°, Chromatographie an Al_2O_3, Elution mit PAe. u. fraktionierte Dest. lieferte ebenfalls „Andrographen" sowie zwei Homologe davon, $C_{15}H_{18}$ [*Pikrat*, $C_{21}H_{21}O_7N_3$, F. 140—142° (korr.; A.)] u. $C_{17}H_{22}$ [*Pikrat*, $C_{23}H_{25}$·O_7N_3, F. 144—146° (korr.)], aber kein Phenanthrenderivat. — *Triformylandrographolid*, $C_{23}H_{30}O_8$, F. 214—215° (viel A.), aus I u. sd. HCOOH während 5 Min.; daneben ein in A. leichter lösl. glasartiges Harz. — *Isoandrographolid* (**IV**), $C_{20}H_{30}O_5$, F. 198 bis 198,5°, durch 24 std. Stehen von **I** in konz. HCl bei Raumtemp., Verdunsten der Säure im Exsiccator über NaOH u. Verreiben mit CH_3OH; aus Essigester prismenförmige, durchsichtige Kristalle. — *Tetrahydroandrographolid* (**II**), $C_{20}H_{34}O_5$, F. 188° (unscharf, nach Sintern bei 180°), durch Hydrierung von **I** (A., Pt); aus Ae., dann Essigester–Bzl. lange Nadeln. Partielle Hydrierung von **I** zu einem Dihydroderiv. gelang nicht. — *Tetrahydroandrographolsäure*, $C_{20}H_{36}O_6$, F. 141° (Erweichen bei 138°), 4 std. Stehen vom **II** in 2 n NaOH u. Ansäuern mit 2 n H_2SO_4 unter Kühlung; aus Essigester kleine Nadeln; gibt durch 2 std. Erwärmen in A. mit konz. H_2SO_4 wieder **II**. — *Andrographolidoxyd*, $C_{20}H_{30}O_6$, durch Oxydation von **I** mit Benzopersäure in sd. Chlf.; der Chloroformrückstand wurde in heißem Essigester aufgenommen, beim Erkalten krist. das *α-Isomere* aus, F. 177°, Würfel u. Prismen, $[\alpha]_D^{16}$ —102,1° (c = 0,78 in Pyridin); aus den Mutterlaugen das *β-Isomere*, F. 164°, Nadeln u. Sterne, $[\alpha]_D^{16}$ —90,6° (c = 0,569 in Pyridin). — *Triacetylandrographolid* (**III**), $C_{26}H_{36}O_8$, F. 126 bis 126,5°, durch 30 std. Stehen von 20 mg **I** in Acetanhydrid + $ZnCl_2$; aus Ae. u. 50%ig. A. dünne Kristallnadeln; 27 mg. — *Diacetylanhydroandrographolid* (**V**), $C_{24}H_{32}O_6$, F. 162—163°, aus **I** in Pyridin durch Zufügen von Acetanhydrid unter Kühlung, Verdünnen nach 16 Std. mit Chlf., Eindampfen, Aufnehmen in heißem A., Aufnehmen der beim Abkühlen ausgeschiedenen Kristalle in Bzl. u. Filtration durch Al_2O_3; aus A. Nadeln. — CrO_3-Oxydation von 840 mg **II** in Eisessig während 30 Std. bei Raumtemp., 1 std. Erwärmen auf 40° u. Lösen der in Aceton leichtlösl. Substanz in heißem A. ergab 80 mg eines *Diketons* $C_{20}H_{30}O_5$ mit einer tert. OH-Gruppe, F. 192,5 bis 194,5° (leichte Zers.). — *Diacetylanhydrotetrahydroandrographolid* (**VI**), $C_{24}H_{36}O_6$, Kp.$_{0,005}$ 175—180° (Blocktemp.), analog **V** aus **II**; zähes, nicht kristallisierendes Öl. — *Anhydrotetrahydroandrographolid*, $C_{20}H_{32}O_4$, F. 154°, aus **VI** in 2 n NaOH u. A. während 18 Std. bei Raumtemp. u. 1 Std. bei 80° u. Ansäuern mit 2 n H_2SO_4, wobei sich zunächst die bei 85—90° schm. *Anhydrotetrahydroandrographolsäure* abschied, die beim Umkristallisieren aus 30%ig. A. das Lacton bildete; aus Bzl.–Ae. flache Nadeln. — *Desoxyandrographolid* (**VIII**), $C_{20}H_{30}O_4$, F. 169,5—170°, durch Lösen von **VII** in n-NaOH + A. unter Schütteln u. Erwärmen u. Neutralisation mit verd. H_2SO_4 unter Kühlung; aus Essigester kleine Nadelbüschel, die sich bei 160°/0,01 mm sublimieren lassen. — *Diacetylderiv.* $C_{19}H_{28}O_7$ (**IX**) *des Methylesters einer Dioxyketosäure* $C_{14}H_{22}O_5$, F. 119,5—120°, $[\alpha]_D^{16}$ +41,6° (c = 0,639 in Chlf.), a) durch Ozonisierung von **III** in CCl_4 bei 0°, Zers. des Ozonids mit W., Wasserdampfdest. (→ CH_2O), Ansäuern des Rückstands mit HCl, Ausäthern (aus der wss. Lsg. Oxalsäure), Vereinigen der sauren Rückstände der äther. u. der wss. Lsg., Veresterung mit CH_2N_2 (mit PAe. wurde Oxalsäuredimethylester ausgezogen), Acetylieren des in PAe. unlösl. Estergemisches, Chromatographie aus Bzl. an Al_2O_3 u. Elution mit Bzl.; b) durch Oxydation von **III** in Aceton mit $KMnO_4$ u. Veresterung mit CH_2N_2; c) aus **VII** wie bei b). Die *freie Säure* $C_{14}H_{22}O_5$ konnte nicht krist. erhalten werden, wohl aber ihr *2.4-Dinitrophenylhydrazon*, $C_{20}H_{26}O_8N_4$, F. 263° (Zers.), aus W.–A. orangegelbe Nadeln. — *Amid* $C_{19}H_{29}O_7N$, F. 165° (Bzl.–PAe.; W.), durch Zutropfen von konz. H_2SO_4 zu **IX** u. 0,44 n HN_3 in Bzl. < 5°, Zers. mit Eis u. Ausziehen der sauren Lsg. mit Essigester; 98%; ließ sich nicht ohne Zers. verseifen. — Se-Dehydrierung von **IX** während 15 Std. bei 325° im Rohr ergab nach Chromatographie aus den nichtphenol. Anteilen *1.5-Dimethylnaphthalin*, F. 80°, u. aus den phenol. Anteilen *1.5-Dimethyl-6-oxynaphthalin*, F. 161,5—162°. (Helv. chim. Acta **34**. 652—77. 15/3. 1951. Zürich, Univ., Chem. Inst.)

SPAETH. 3600

J. W. Cornforth, Irene Youhotsky und **G. Popják**, *Absolute Konfiguration von Cholesterin.* (Vorl. Mitt.) Vff. erhielten aus Δ^{14}-Cholesten-3β-ol durch Ozonolyse u. Pyrolyse bei 210—220° den *Aldehyd* $(CH_3)_2CH(CH_2)_3\overset{*}{C}H(CH_3)CH{=}CHCHO$, der als asymm. Zentrum das $C_{(20)}$-Atom des Cholesterins (**I**) enthält u. als *Semicarbazon* (**II**; F. 133°, $[\alpha]_D^{20}$ —24,5° [c = 1 in Dioxan]) isoliert wurde. **II** konnte auch aus (+)-Citronellal (**III**) mit Dichloressigester u. Mg-Amalgam u. nachfolgende Verseifung u. Abspaltung von HCl, Hydrierung, HBr-Anlagerung, oxydativen Abbau mit Pb-Tetraacetat, HBr-Abspaltung, Acetalisierung u. Rk. mit Semicarbazid gewonnen werden (F. 133—135°, $[\alpha]_D^{20}$ —22° [c = 1 in Dioxan]). Die Identität beider Prodd. ergab sich aus dem Misch-F. sowie Vgl. der Infrarotspektren (in KBr) u. durch Röntgenbeugungsaufnahmen von Einzelkristallen. Da die Konfiguration von **III** durch Abbau zu D-(+)-Methylbernsteinsäure bewiesen ist, ist durch die obigen Verss. auch die absol.

Konfiguration von I im Sinne der konventionellen Schreibweise festgelegt. (Nature [London] **173.** 536. 20/3. 1954. London, Nat. Inst. for Med. Res.) J. ROTHE. 3700

Bruno Visintin, *Adrenalin aus Adrenalon durch katalytische Reduktion mit Raney-Nickel.* Durch Umkristallisieren seines Hydrochlorids gereinigtes *Adrenalon* (**I**; F. 224° [Zers.]) wird in verd. NaOH gelöst u. mit RANEY-Ni/H_2 bei Raumtemp. in einigen Std. zu *Adrenalin* (F. 198—200°) mit 98% Ausbeute reduziert. In saurer Lsg. läßt sich **I** nicht reduzieren. (Ann. Chimica **41.** 711—15. Sept./Okt. 1951. Rom, Ist. sup. di Sanità, Labor. di Chim.) K. FABER. 3750

M. Finkelstein, J. v. Euw und **T. Reichstein,** *Steroide.* 7. Mitt. *Isolierung von 3α.17.20α-trioxypregnanon-(11) aus pathologischem menschlichem Harn.* (6. vgl. C. **1952.** 1497.) Vff. beschreiben die Isolierung von *3α.17.20α-Trioxypregnanon-(11)* (**VI**) aus dem Harn von zwei weiblichen Pseudohermaphroditen. Der Harn wurde nach ZONDEK u. FINKELSTEIN (C. **1952.** 7869 u. Acta Endocrinol. **11.** [1952.] 297) hydrolysiert u. extrahiert. Aus dem Konzentrat wurde durch einfache Krist. eine Substanz gewonnen, die sich auf Grund des Infrarotspektr. als ident. mit *Δ^5-Androsten-3β.16α.17β-triol* (**I**) erwies. Die Mutterlaugen wurden nach Acetylierung chromatographiert, wobei sich das eine der gewonnenen zwei Acetate als *11β-Oxyandrosteronmonoacetat* (**II**) u. das andere als das *Diacetat des 3.17.20-Trioxypregnanons-(11)* (**III**) erwiesen. Zum näheren Konstitutionsbeweis wurde **VI** a) mit CrO_3 zum *Ätiocholantrion-(3.11.17)* (**IV**) u. b) mit HJO_4 zu *3α-Oxyätiocholandion-(11.17)* (**V**) u. Acetaldehyd oxydiert. Zur Unterscheidung zwischen *3α.17.20α-* u. *3α.17.20β-Trioxypregnanon-(11)* (**VI** u. **VII**) stellten Vff. nach SARETT (C. **1950.** I. 1360) aus 3α.17-Dioxypregnandion-(11.20) (**VIII**) **VI** u. **VII** her u. fanden, daß das aus dem Harn isolierte Prod. mit **VI** ident. war.

Versuche (FF. auf KOFLER-Block): Von dem nach ZONDEK u. FINKELSTEIN (l. c.) aus 100 Liter Harn von 2 weiblichen Pseudohermaphroditen erhaltenen Extrakt (2,005 g) wurde nach Vorverss. aus 1,61 g in Methanol–Ae. (1 : 1) *Δ^5-Androsten-3β.16α.17β-triol* (**I**), $C_{19}H_{30}O_3$, F. 261—264°, $[\alpha]_D^{16}$ —74° ± 4° (c = 0,595; Dioxan) gewonnen. Die Mutterlaugen wurden acetyliert (2,4 g) u. an Al_2O_3 chromatographiert. Die mit PAe.–Bzl. u. Ae. eluierten Fraktionen 2—10 gaben aus Aceton–Ae. (1 : 10) 290 mg *Acetat A,* F. 220—223°, die mit Ae. u. Methanol–Chlf.–Essigester (1 : 1 : 1) eluierten Anteile waren amorph. Von den Mutterlaugen (1,03 g) der Fraktionen 2—10 wurden bei $Kp._{0,01}$ 145° 240 mg u. zwischen 145—180° 750 mg gewonnen. Letztere gaben aus Ae.–PAe. 10 mg vom F. 210—220°, die mit 200 mg Mutterlaugen aus Fraktion 2—10 vereinigt u. an Al_2O_3 chromatograhiert wurden. Fraktionen 2—5 mit PAe.–Bzl. eluiert gaben *Acetat A,* die mit PAe.–Bzl. eluierten Fraktionen 6—9 aus Aceton–Ae. (1 : 2) *Acetat B,* F. 238—240°. Gesamtausbeute aus 100 Liter Harn: 20 mg **I**, 261 mg *Acetat A* u. 54 mg *Acetat B.* — *11β-Oxyandrosteronmonoacetat* (**II**; *Acetat B*), $C_{21}H_{32}O_4$, F. 236—240° (aus Aceton–Ae. flache Nadeln), $[\alpha]_D^{15}$ + 90,4° ± 2° (c = 1,2171; Aceton). — *11β-Oxyandrosteron,* F. 195 → 199° (unter teilweiser Umwandlung), durch Verseifung vorst. Verb.; $[\alpha]_D^{17}$ + 90° ± 3° (c = 0,6342). — *3α.20α-Diacetoxy-17-oxypregnanon-(11)* (**III**; *Acetat A*), F. 225—226° (aus Aceton–Ae. Blättchen oder Nadeln); $[\alpha]_D^{15}$ + 18,6° ± 1,5° (c = 1,6979; Aceton); λ_{max} 300 mμ (log ε = 2,12). Verseifung mit methanol. KOH gab aus Methanol–Ae. *3α.17.20α-Trioxypregnanon-(11)* (**VI**), $C_{21}H_{34}O_4$, Doppel-F. 191—193°/208—210°, $[\alpha]_D^{16}$ + 19,0° ± 2° (c = 1,0271; Aceton). — *Ätiocholantrion-(3.11.17)* (**IV**), $C_{19}H_{26}O_3$, F. u. Misch-F. 133—134° (aus Ae.–PAe. quadrat. Kristalle). 45 mg **VI** in Eisessig wurden mit 1,25 cm³ 2%ig. CrO_3–Eisessig-Lsg. 5 Std. bei 18° stehengelassen u. das nach üblicher Aufarbeitung erhaltene Rohprod. bei $Kp._{0,01}$ 140—155° (Badtemp.) dest., an Al_2O_3 chromatographiert u. mit Bzl.–Ae. u. Ae. eluiert; 13 mg; $[\alpha]_D^{16}$ + 146,8° ± 2° (c = 0,9674; Aceton). — *3α-Oxyätiocholandion-(11.17)* (**V**), F. u. Misch-F. 184 → 188—189° (Aceton–Ae.). 19 mg **VI** wurden in Dioxan mit 30 mg HJO_4 versetzt u. der bei 25° durchgeleitete CO_2-Strom in eine wss. Lsg. von p-Nitrophenylhydrazinhydrochlorid geleitet; das ausgefallene Hydrazon war ident. mit *Acetaldehyd-p-nitrophenylhydrazon* (**Va**), F. 123—115°. Die mit K_2CO_3 neutralisierte Dioxanlsg. wurde eingeengt u. mit Chlf.–Ae. (1 : 3) ausgeschüttelt; 10 mg; $[\alpha]_D^{22}$ + 141,4° ± 2° (c = 0,9754; A.). *Acetat,* F. 162—164°. — Das nach SARETT (l. c.) aus **VIII** erhaltene Acetat wurde in Eisessig in Ggw. von PtO_2 hydriert u. in Pyridin mit Essigsäureanhydrid acetyliert, Kristalle aus Aceton von reinem *3α.20β-Diacetoxy-17-oxypregnanon-(11)* (**VIIa**), $C_{25}H_{38}O_6$, F. 244—246°, $[\alpha]_D^{24}$ + 71,9° ± 2° (c = 1,0563; Chlf.); die Mutterlauge gab aus Aceton–Ae. **III**, $C_{25}H_{38}O_6$, das nach Chromatographieren der verbleibenden Mutterlaugen mit eluiertem **III** vereint u. rechromatographiert aus Aceton–Ae. bei F. 223—226° schmolz; $[\alpha]_D^{23}$ + 22,7° ± 1,5° (c = 1,756; Aceton) bzw. $[\alpha]_D^{23}$ + 27,9° ± 2° (c = 1,179; Chlf.); Misch-F. mit *Acetat A* keine Depression. — *3α.17.20β-Trioxypregnanon-(11)*

(VII), $C_{21}H_{34}O_4$, F. 178—180°/217—218° (Aceton–Ae.), durch Verseifen von VIIa; $[\alpha]_D^{24}$ +39,2° ± 2° (c = 1,0183; Chlf.) bzw. $[\alpha]_D^{23}$ +31,4° ± 3° (c = 0,8594; CH_3OH). Abbau von VII mit HJO_4 führte zu V u. Va, F. u. Misch-F. keine Depression. — *3α.17.20α-Trioxypregnanon-(11)* (VI), F. 192—193°/208—210° (Aceton–Ae.), aus III; $[\alpha]_D^{23}$ +20,0° ± 3° (c = 0,889; Aceton); Misch-F. mit dem aus *Acetat A* erhaltenen Verseifungsprod. keine Depression. — *3α.20α-Dibenzoxy-17-oxypregnanon-(11)*, C_{35}·$H_{42}O_6$, F. 216—218°, aus VI in Pyridin mit Benzoylchlorid; aus Methanol Nadeln; $[\alpha]_D^{23}$ +20,8° ± 3° (c = 0,814; Chlf.). — *3α.20β-Dibenzoxy-17-oxypregnanon-(11)*, $C_{35}H_{42}O_6$, F. 153—155° (Methanol); $[\alpha]_D^{23}$ +59° ± 2° (c = 1,303; Chlf.). — Die Trennung des nach SARETT erhaltenen Acetatgemisches erfolgte nach Verseifung u. Benzoylierung durch Chromatographieren an Al_2O_3; Fraktionen 6—8 (PAe.-Bzl.) gaben VII-*Benzoat*, die mit PAe.–Bzl. (20 : 80), Bzl. u. Bzl.–Ae. eluierten Anteile VI-*Benzoat*. (Helv. chim. Acta **36**. 1266—77. 15/10. 1953. Basel, Univ., Organ.-Chem. Anstalt.) SCHORRE. 3750

Josef Fried und **Emily F. Sabo,** *9α-Fluorderivate von Cortison und Hydrocortison.* Die Beobachtung, daß der Ersatz des 9α-Wasserstoffatoms in Cortison u. Hydrocortison durch ein Halogenatom die Aktivität um ein Mehrfaches erhöht (vgl. FRIED u. SABO, C. **1954**. 564), gab Anlaß zur Darst. der 9α-Fluorderivv. dieser Hormone.

Versuche: *9α-Fluorhydrocortison-21-acetat* (I), $C_{23}H_{31}O_6F$, F. 233—234°, $[\alpha]_D^{23}$ +123° (c = 0,64; Chlf.); durch 4½std. Behandlung von Δ^4-Pregnen-9β.11β-oxido-21-ol-3.20-dion-21-acetat (II) mit wasserfreier HF in alkoholfreiem Chlf. bei 0°; 50% (Ausbeute). — *9α-Fluorhydrocortison*, $C_{21}H_{29}O_5F$, F. 260—262° (Zers.), $[\alpha]_D^{23}$ +139° (c = 0,55; 95%ig. A.); durch Entacetylierung von I mit Na-Methylat. — *9α-Fluorcortison-21-acetat* (III), $C_{23}H_{29}O_6F$, F. 254—255°, $[\alpha]_D^{23}$ +155° (c = 0,45; Chlf.); durch Oxydation von I mit Chromsäure. — *9α-Fluorcortison*, $C_{21}H_{27}O_5F$, F. 261—262°, $[\alpha]_D^{23}$ +144° (c = 0,41; Chlf.); durch Entacetylierung von III. — I besitzt die 10,7 ± 2,3fache, III die 9,0 ± 2,7fache Aktivität des Cortisonacetats im Rattenleberglykogentest. — Bei der Fluorierung von II zu I entstehen ferner 10% eines II-*Isomeren* $C_{23}H_{30}O_6$, F. 259—262°, $[\alpha]_D^{23}$ +272° (c = 0,53; 95%ig. A.), das (nach Aufspaltung der Oxidobrücke) eine Doppelbindung u. eine leicht acetylierbare Hydroxylgruppe enthält. Diese Verb. bildet mit 1 Mol Perphthalsäure das *Epoxyd* $C_{23}H_{30}O_7$, F. 213—214° (Zers.), $[\alpha]_D^{23}$ +237° (c = 0,59; Chlf.), mit Propionsäureanhydrid u. Pyridin bei Zimmertemp. das *Propionat* $C_{26}H_{34}O_7$, F. 261—264°, $[\alpha]_D^{23}$ +260° (c = 0,40; Chlf.), +243° (c = 0,52; 95%ig. A.), u. mit Mesylchlorid in Pyridin bei 0° das *Mesylat* $C_{24}H_{32}O_8S$, F. 151—152° (Zers.), $[\alpha]_D^{23}$ +260° (c = 0,54; Chlf.), +238° (c = 0,35; 95%ig. A.). (J. Amer. chem. Soc. **76**. 1455—56. 5/3. 1954. New Brunswick, N. J., Squibb Inst. for Med. Res.) FORCHE. 3750

Seigo Hosoya, Momoe Soeda, Nobuhiko Komatsu, Nozomu Hara und **Tatsuro Yamaguchi,** *Vergleich von Reticulin und Oxystreptomycin.* Es wird angenommen, daß *Reticulin* u. *Oxystreptomycin* ident. sind. Alkal. Hydrolyse führte in beiden Fällen zur Pyromekonsäure. (J. Antibiotics [Tokyo], Ser. B **6**. 61—66. Febr. 1953. [Orig.: japan.; engl. Auszug in Ser. A **6**. 102. April 1953]. Tokyo, Univ., Inst. for Infect. Diseases.) R. KÖNIG. 3900

Anthony W. Schrecker, Gertrude Y. Greenberg und **Jonathan L. Hartwell,** *Bestandteile des Podophyllins.* 7. Mitt. *Absorptionsspektren und Reaktion der Dihydro-β-naphthoesäuren mit Jod.* (6. vgl. NADKARNI, C. **1952**. 6065.) Die UV- u. Infrarotspektren von *1.4-* (I), *1.2-* (II) u. *3.4-Dihydronaphthoesäure-(2)* (III) sowie *β-Naphthoesäure* (IV) u. *1.2.3.4-Tetrahydronaphthoesäure-(2)* werden untersucht. Während I u. III mit Jodlsg. in wss. $NaHCO_3$ kaum reagieren, gibt II das *1.2.3.4-Tetrahydro-4-oxy-3-jodnaphthoesäure-(2)-lacton* (V).

Versuche (FF. im HERSHBERG-App., korr.; UV-Spektren in 95%ig. A.; Infrarotspektren in Chlf., dessen Absorption von 1180—1250 μ Feinheiten verdecken kann): *1.4-Dihydronaphthoesäure-(2)* (I), F. 156,6—157,3°, durch Umlösen des Rohprod. nach BAEYER [1891] u. Reinigen über das Dibromid; Blättchen; λ_{max} 273 mμ (log ε 2,53); 1721, 1695, 1658 μ. — *1.2-Dihydronaphthoesäure-(2)* (II), F. 100,4—101°, λ_{max} 260,5 mμ (log ε 3,90), 211,5 (4,37); 1750, 1712 μ. — *3.4-Dihydronaphthoesäure-(2)* (III), F. 119,2—120,2°, λ_{max} 290 mμ (log ε 4,20), 231,5 (4,22), 225 (4,25); 1710, 1682, 1631 μ. — *β-Naphthoesäure* (IV), F. 184,5—185°; Handelsware im Vakuum sublimiert u. umkrist.; λ_{max} 333 mμ (log ε 3,10), 320 (3,02), 280 (3,84), 229 (4,81); $\lambda_{infl.}$ 289,5 (3,69), 271 (3,76); λ_{max} 1733, 1695 μ. — *1.2.3.4-Tetrahydronaphthoesäure-(2)*, F. 97,6—98,4°, Nadeln aus verd. A.; λ_{max} 273 mμ (log ε 2,74), 266 (2,71); $\lambda_{infl.}$ 236 (2,27); λ_{max} 1748, 1710 μ. — *1.2.3.4-Tetrahydro-4-oxy-3-jodnaphthoesäure-(2)-lacton* (V), $C_{11}H_9O_2J$, F. 117 bis 118° (Zers.), aus 0,87 g II in 0,5n $NaHCO_3$ mit 2,54 g J_2 u. 5,08 g KJ in W.; nach 28 Std. im Dunkeln wird schwarzer Nd. mit Chlf. u. wss. $Na_2S_2O_3$ entfärbt; wss. Schicht mit Chlf. extrahiert; 0,87 g (Ausbeute); Nädelchen aus CH_3OH; sogar im Dunkeln ziemlich zersetzlich. Bei gleicher Rk. blieben **I** u. **III** zu 95 bzw. 78% unverändert. — *1.2.3.4-Tetrahydro-4-ketonaphthoesäure-(2)* (**VI**), F. 149—150°, a) aus dem **V** entsprechenden 3-Bromlacton (F. 126,2—126,6°) in sd. 20%ig. KOH (10 Min.); verd. u. bei 0° mit 2nHCl angesäuert; 74%; aus W., dann Bzl. Nadeln; b) aus 110 mg **V** in 0,75 cm³ 10%ig. methanol. KOH (30 Min., Raumtemp.); mit 2 cm³ W. verd., CH_3OH verkocht, mit 2nHCl angesäuert u. bei 0° filtriert; 60 mg roh. *Semicarbazon*, F. 266° (Zers., aus A.). Bei etwas abgeändertem Verf. entstand aus **V** keine **VI**, sondern **IV**. (J. Amer. chem. Soc. **74**. 5669—71. 20/11. 1952. Bethesda, Md., Nat. Inst. of Health, Nat. Cancer Inst., Labor. of Chem. Pharmacol.) LEHMSTEDT. 3950

Anthony W. Schrecker und **Jonathan L. Hartwell**, *Bestandteile des Podophyllins.* 8. Mitt. *Untersuchung von Zwischenprodukten bei der Synthese von Dehydroanhydropikropodophyllin.* (7. vgl. vorst. Ref.) Im Gegensatz zu HAWORTH u. RICHARDSON (J. chem. Soc. [London] **1936**. 348) fanden Vff., daß bei der Synth. von Dehydroanhydropikropodophyllin (**I**) aus α-[3.4.5-Trimethoxybenzoyl]-γ-[3.4-methylendioxybenzyl]-γ-butyrolacton (**II**) mit methanol. HCl *2* vermutlich *stereomere 6.7-Methylendioxy-3.1-endomethylenoxy-1-[3.4.5-trimethoxyphenyl]-1.2.3.4-tetrahydronaphthalincarbonsäure-(2)-methylester* (**III a** u. **III b**) (vielleicht auch mit einem Siebenring u. einer 1.4-O-Brücke) entstehen. **III a** läßt sich mit methanol. KOH nur in Ggw. von W. zur Säure verseifen u. geht durch Erhitzen mit $KHSO_4$ in *6.7-Methylendioxy-1-[3.4.5-trimethoxyphenyl]-3-oxymethyl-3.4-dihydronaphthoesäure-(2)-lacton* (**IV**) über. Einige verwandte Verbb. werden hergestellt.

Versuche (FF. im HERSHBERG-App., korr., UV-Spektren in 95%ig. A.): *2-Isomere 6.7-Methylendioxy-3.1-endomethylenoxy-1-[3.4.5-trimethoxyphenyl]-1.2.3.4-tetrahydronaphthalincarbonsäure-(2)-methylester* (**III a** u. **III b**), $C_{23}H_{24}O_8$; **III a**: F. 142 bis 143°; **II** mit 10 Vol. kalt mit HCl gesätt. CH_3OH $^1/_2$ Std. gekocht; Nadeln aus A. oder CH_3OH; ca. 40% (Ausbeute) roh; verliert das Solvens erst in 2 Tagen bei 110° u. Hochvakuum. Aus den Mutterlaugen **III b**, F. 169,4—170°, aus 50%ig. A. Nädelchen. *Freie Säure von* **III a**, $C_{22}H_{22}O_8$, F. 205—208°, aus 1,44 g **III a** u. sd. methanol. KOH (**V**) (2 Std.), Zugabe von W. u. 16std. Sieden; mit 2nHCl angesäuert; Nadeln aus verd. A.; 1,35 g roh. *Freie Säure von* **III b**, F. 243—244° (Zers.); **III b** 3 Std. mit **V** gekocht, verd. u. mit 2nHCl gefällt; gelatinös, krist. beim Sieden; aus Chlf.–A., dann A. Nadeln; 94% roh. — *6.7-Methylendioxy-1-[3.4.5-trimethoxyphenyl]-3-chlormethyl-3.4-dihydronaphthalin* (**VI**), $C_{21}H_{21}O_5Cl$, F. 127—128° (absol. A.), a) aus **II** mit Eisessig + konz. HCl 23 Std. bei Zimmertemp., Nadeln; 91%; b) aus **II** u. halbgesätt. methanol. HCl (1std. Sieden.); 7% neben 26% **III a**. — *6.7-Methylendioxy-1-[3.4.5-trimethoxyphenyl]-3-methylnaphthalin*, $C_{21}H_{20}O_5$, F. 145,8—147°; **VI** mit **V** 19 Std. gekocht u. mit 1 Vol. sd. W. verd.; glitzernde Nadeln aus 50%ig. CH_3OH; 95%; in Bzl. an Al_2O_3 chromatographiert; UV-Spektr. fast ident. mit dem von 6.7-Methylendioxy-1-[3.4.5-trimethoxyphenyl]-3-oxymethylnaphthalin; das von **I** ist nach langen Wellen hin verschoben. — *6.7-Methylendioxy-1-[3.4.5-trimethoxyphenyl]-3-oxymethyl-3.4-dihydronaphthoesäure-(2)-lacton* (**IV**), $C_{22}H_{20}O_7$, F. 250,1—251°, aus **III a** u. krist. $KHSO_4$-Pulver (10 Min., 180°), Ausziehen mit Chlf., Einengen u. Chromatographie an Al_2O_3; konz. Eluat mit A. verd.; Nd. bei 270° im Vakuum sublimiert u. nochmals chromatographiert; Nadeln aus Chlf.–A.; λ_{max} 350 mμ (log ε 4,10), 245,5 (4,32); λ_{min} 280,5 (3,52), 236,5 (4,29); die blaßgelbe $CHCl_3$-Lsg. addiert Br_2 langsam. *Freie Säure*, $C_{22}H_{22}O_8$, F. 249—250° (bei Raumtemp. eingetaucht); F. 203° (Zers., bei 200° eingetaucht), Erstarren u. F. 249—250°, aus **IV** u. NaOH in sd. 50%ig. A. (10 Min.), Zugabe von sd. W., Ansäuern bei 0° mit 2nHCl u. Ausziehen des Nd. mit Chlf.; Extrakt verdampft u. mit Bzl. angerieben; aus A.–Bzl., dann 30%ig. A. Nadeln; 85% roh. (J. Amer. chem. Soc. **74**. 5672—76. 20/11. 1952.) LEHMSTEDT. 3950

Anthony W. Schrecker und **Jonathan L. Hartwell**, *Bestandteile des Podophyllins.* 9. Mitt. *Die Struktur der Apopikropodophylline.* (8. vgl. vorst. Ref.) *α-Apopikropodophyllin* (**I**) wird rein dargestellt u. als *6.7-Methylendioxy-1-[3.4.5-trimethoxyphenyl]-3-oxymethyl-1.2-dihydronaphthoesäure-(2)-lacton* erkannt, *β-Apopikropodophyllin* (**II**) als die entsprechende *1.4-Dihydroverb.* u. ein neues *γ-Isomeres* (**III**) als ident. mit der bekannten 3.4-Dihydroverbindung. Der Lactonring von **I** u. **II** wird durch verd. Alkalien zu *α-Apopodophyllinsäure* (**IV**) gespalten. Aus **I** u. sd. 20%ig. KOH oder aus **III** mit wss.-alkoh. NaOH entsteht *γ-Apopodophyllinsäure* (**V**), die ident. ist mit *6.7-Methylendioxy-1-[3.4.5-trimethoxyphenyl]-3-oxymethyl-3.4-dihydronaphthoesäure-(2)* (vgl. vorst. Ref.). Die Infrarot- u. UV-Spektren sind mit den angenommenen Strukturen in Einklang.

Versuche (FF. im HERSHBERG-App., korr.): *α-Apopikropodophyllin* (**I**), F. 243—245°; sd. Lsg. von 20 g Pikropodophyllin (**VI**) in Acetanhydrid schnell auf 80°

gekühlt; mit 0,1 cm³ konz. H_2SO_4 in 5 cm³ Acetanhydrid versetzt u. nach 7 Min. auf dem Dampfbad im Eisschrank gekühlt; wollige Nadeln aus Eisessig + Spur HCl; $[\alpha]_D^{20}$ —18° (c = 0,5, Chlf.); 17,8 g (Ausbeute) roh; beim Umlösen aus organ. Fll. ohne Ggw. von Mineralsäuren Übergang in **II**. — *β-Apopikropodophyllin* (**II**), $C_{22}H_{20}O_7$, F. 220,5—220,9°, a) aus **I** nach ROBERTSON u. WATERS (J. chem. Soc. [London] **1933**. 83), verfilzte Nadeln aus Essigester–A.; $[\alpha]_D^{20}$ +99° (c = 0,5, Chlf.); 100% roh; b) 1,2 g **I**, 12 cm³ CH_3COOH u. Piperidin 1 Std. gekocht u. mit W. verd.; $[\alpha]_D^{21}$ +103° (c = 0,5, Chlf.); 1,16 g; c) Pyrolyse von **VI**-Benzoat nach DRAKE u. PRICE (C. **1951**. II. 3172); aus Essigester 69%; d) 0,5 g **I** bei 260° geschmolzen, 15 Min. auf 240—250° gehalten u. aus Essigester umkrist.; 0,753 g. — *α-Apopodophyllinsäure* (**IV**), F. 173—174° (Zers.), nach ROBERTSON u. WATERS (l. c.) aus **I** oder **II**, Nadeln aus Bzl., dann verd. A.; $[\alpha]_D^{20}$ —163° (c = 1, Chlf.); 83—90%; blieb bei 2½std. Sieden mit CH_3COONa in A. unverändert. *Methylester*, $C_{23}H_{24}O_8$, F. 172—173°, aus **IV** in CH_3OH u. CH_2N_2 in Ae. unter Kühlung u. 2½ Std. in Eis; Prismen aus Chlf.-Hexan, $[\alpha]_D^{20}$ —155° (c = 1, Chlf.); 95% roh; mit konz. H_2SO_4 Purpurfärbung, in Chlf. schnelle Entfärbung von Br_2. Bleibt in Pyridin (1 Std. Dampfbad) zu 97% unverändert. Gibt durch 1½std. Sieden. mit CH_3COONa in 80%ig. A. 86% oder 1std. Sieden mit Piperidin in 95%ig. A. 97% **II**. **II** entsteht auch, wenn die CH_2N_2-Lsg. bei der Methylierung von **IV** nicht dest. wird u. das Gemisch 20 Std. bei Raumtemp. steht. — *γ-Apopodophyllinsäure* (**V**), $C_{22}H_{22}O_8$, F. 249—250°; bei 200° eingetaucht, F. 202° (Schäumen), Erstarren u. F. 249—250°; a) 24std. Sieden von 17 g **I** u. 20%ig. KOH unter N_2; in Eis mit HCl neutralisiert, mit 7,2 g $NaHCO_3$ u. wss. Lsg. von 21,8 g J_2 u. 43,6 g KJ versetzt, nach 16 Std. Filtrat von schwarzem Nd. (**VII**; 51% rein, aus **IV** entstanden) mit SO_2-Gas entfärbt u. mit Chlf. ausgezogen; dessen Eindampfrückstand aus Bzl. umkrist.; 3,8 bis 4,7%; daraus aus CH_3OH–Bzl. schwer- (**A'**) u. leichtlösl. Fraktion (**A''**); b) aus **III** u. wss.-alkoh. NaOH, Ansäuern bei 0°, Ausziehen mit Chlf. u. Umlösen aus Bzl., dann 30%ig. C_2H_5OH. — *γ-Apopikropodophyllin* (**III**), $C_{22}H_{20}O_7$, aus **A'** oder **A''** mit A. + nHCl (1:2 Vol.) auf dem Dampfbad (20 Min.) oder durch Sublimation (255° im Bad, 0,7 mm); in Chlf. an Al_2O_3 chromatographiert, $CHCl_3$-Eluate eingeengt u. mit A. verd.; Nadeln; aus **A'** F. 252—254°, $[\alpha]_D^{19}$ +0,1° (c = 1, Chlf.); aus **A''** F. 250—254°, $[\alpha]_D^{19}$ +27,8° (c = 1, Chlf.). — *Dehydroanhydropikropodophyllin*, F. 270—271°, a) aus **I** u. $(CH_3COO)_4Pb$ in CH_3COOH (15 Min., 75°); verd. u. $CHCl_3$-Extrakt mit A. eingeengt, Nädelchen; die Lsgg. fluorescieren im UV-Licht hellblau; b) aus **II** wie a), chromatographiert; 58%; c) 1,53 g C_6H_5COOAg in trocknem Bzl. mit 0,635 g J_2 in Bzl. bis zur Entfärbung geschüttelt u. mit 0,99 g **I** in sd. $(CH_2Cl)_2$ 24 Std. gekocht; Filtrate eingedampft, mit Hexan angerieben u. Nd. aus Chlf.–A. umkrist.; 0,65 g; d) aus **II** analog c), aber in Toluol; Filtrat mit Hexan verd.; aus Chlf.–A., dann Essigester; 10%. — *6.7-Methylendioxy-1-[3.4.5-trimethoxyphenyl]-3-oxymethylnaphthalin* (**VII**), $C_{21}H_{20}O_6$, F. 148—148,6°, aus 2,5 g **IV** in n$NaHCO_3$ mit 3,125 g J_2 u. 6,3 g KJ in W. (19 Std., Raumtemp.; CO_2-Entw.); $CHCl_3$-Lsg. des schwarzen Nd. mit wss. $Na_2S_2O_3$ entfärbt, eingeengt u. mit Hexan verd.; filzige Nädelchen aus Bzl.-Hexan; 1,98 g. *Acetylverb.*, $C_{23}H_{22}O_7$, F. 151,3—152°, mit CH_3COONa in sd. $(CH_3CO)_2O$, Nädelchen aus A.; 97%. *Trinitrofluorenonverb.*, $2C_{21}H_{20}O_6 \cdot C_{13}H_5O_7N_3$, F. 170—171,5°, Herst. in Bzl., mit Hexan verd.; purpurrote Prismen aus Bzl.-Hexan. — **V** wurde wie **IV** behandelt u. der schwarze Nd. nach 28 Std. mit wss. SO_2 verrieben; etwas *farbloses Prod.*, F. 162,5 bis 163° (Zers., Jodentw.), sehr lösl. in organ. Fll.; aus den Mutterlaugen mit SO_2 Nd.; einige Min. gekocht u. mit etwas HCl versetzt: 73% unreines **III**. — *Benzoltetracarbonsäure-(1.2.3.5)*, F. 247—254° (Zers.), aus **VII** u. 29%ig. HNO_3 im Bombenrohr (190 bis 200°, 27 Std.), Zugabe von konz. HNO_3 u. weiteres 11std. Erhitzen; verd., eingedampft, mit konz. HNO_3 abgeraucht u. mit HNO_3 filtriert; 31%. *Tetramethylester*, $C_{14}H_{14}O_8$, F. 109,6—110,2°, mit CH_2N_2, Nadeln aus CH_3OH. (J. Amer. chem. Soc. **74**. 5676—83. 20/11. 1952.)
LEHMSTEDT. 3950

D₃. Makromolekulare Chemie.

Robert Simha, H. L. Frisch und **F. R. Eirich**, *Die Adsorption flexibler Makromoleküle.* Vff. entwickeln eine Theorie der Adsorption flexibler Makromoleküle. Der Erörterung der Bldg. monomol. Schichten liegen folgende Annahmen zugrunde: Das ursprüngliche Polymere (mit t statist. Kettengliedern) liegt in verd. Lsg. vor; das Lösungsm. beteiligt sich nicht am Adsorptionsvorgang; die adsorbierende Oberfläche besteht aus einer regelmäßigen Anordnung „akt. Zentren", deren Zahl proportional der Oberfläche des Adsorbens ist u. deren einzelne Bereiche dem Bereich eines statist. Polymerisatgliedes entsprechen. Es wird gezeigt, daß nur ein Bruchteil (ca. $t^{1/2}$) von t durchschnittlich angelagert wird. Die adsorbierten Glieder sind in enger Aufeinanderfolge angeordnet u. werden durch Brückenglieder, die in die Lsg. hineinragen, getrennt.

Aus den jeweiligen Häufigkeitsverteilungen erhält man die Änderungen der freien Energie, die sich durch Mischen mit Zentren auf der Oberfläche u. mit Lösungsm. ergeben. Bei sehr langen Ketten nähert sich die Form der Adsorptionsisothermen der Form, die man für Moll., die an der Oberfläche in einzelne Einheiten dissoziieren, erwartet. Die Adsorptionswärme ist proportional der Quadratwurzel des Mol.-Gew. bei geringem Belegungsgrad der Oberfläche. Daher muß ein Ausdruck, der dem Mol.-Gew. proportional ist, hinzugefügt werden. Er gibt die Wechselwrkg. der adsorbierten Glieder wieder u. hängt daher von der Kohäsionsenergie des Polymerisats ab. Bei einem bestimmten Mol.-Gew. ist die Zahl der Haftpunkte u. folglich die Absorptionswärme um so größer, je kleiner der Radius des freien Knäuels, d. h. je flexibler die Kette ist. Auf diese Weise haben die Ergebnisse auch einen Zusammenhang mit dem Adhäsionsproblem. Neuere Verss. werden kurz im Hinblick auf den Einfl. des Lösungsm., der Temp. u. des Mol.-Gew. erörtert. (J. physic. Chem. **57**. 584—89. Juni 1953. New York u. Brooklyn, N. Y., Univ., u. Polytechn. Inst.) Schäff. 4000

R. Ullman und **J. J. Hermans,** *Bemerkungen zur Statistik von Hochpolymerketten.* Theoret. Arbeit über die Konfigurationen von biegsamen Makromoll., wobei speziell die mit der Theorie des Volumeneffektes zusammenhängenden Fragen diskutiert werden. Im einzelnen werden behandelt: Der Zusammenhang zwischen dem statist. Kettenelement von Kuhn u. der Länge der C–C-Bindung; die Annahme, daß eine Polymerkette durch eine Ansammlung von voneinander unabhängigen „Perlen", die bzgl. des Schwerpunktes n. verteilt sind, dargestellt werden kann (Gausssches Gasmodell); die Verteilung der Segmente einer Polymerkette bzgl. des Schwerpunktes; die Theorie des „ausgeschlossenen Vol." V (das von den Segmenten eingenommene Vol.) für ebene Modelle eines Polymermol.; die Beziehung zwischen V u. der lokalen D. der Segmente; der Einfl. des Lösungsm. auf V; der Zusammenhang zwischen Polymerkonfiguration u. Viscosität. (J. Polymer Sci. **10**. 559—76. Juni 1953. Brooklyn, N. Y., Polytechn. Inst., Dep. of Mathematics; Groningen, Niederlande, Univ., Labor. for Inorganic and Phys. Chem.) Fuchs. 4000

John Rehner jr., *Beziehung zwischen Geschwindigkeitskonstante, Frequenzfaktoren und Aktivierungsenergien bei Polymerisationsreaktionen.* Für Polymerisations-Rkk., die in Ggw. eines Lösungsm. ablaufen, wird die Beziehung abgeleitet: $\ln A_p \sim \ln \cdot (v_1/v_2) + E/RT$ (A_p = Frequenzfaktor der Wachstums-Rk., v_1 bzw. v_2 = Volumenbruch des Lösungsm. bzw. des Polymeren, E = Aktivierungsenergie der Wechselwrkg. zwischen Lösungsm. u. Polymerem). Übertragungs-Rkk. sind hierbei nicht berücksichtigt. Aus dieser Gleichung, die in Übereinstimmung mit experimentellen Daten steht, folgt, daß der Einfl. eines Lösungsm. auf die Wachstumsgeschwindigkeit relativ gering ist, ebenfalls in Übereinstimmung mit dem Experiment. (J. Polymer Sci. **10**. 442—45. April 1953. Linden, N. J., Standard Oil Developm. Comp., Esso-Labor.) Fuchs. 4000

Leslie Valentine, *Beziehung zwischen Geschwindigkeitskonstanten, Häufigkeitsfaktoren und Aktivierungsenergien bei Polymerisationsreaktionen.* Vf. bespricht die von Rehner (vgl. vorst. Ref.) angegebene Erklärung der linearen Beziehung zwischen Aktivierungsenergie u. dem log des Häufigkeitsfaktors. Die von Rehner abgeleitete Beziehung zwischen Häufigkeitsfaktor u. der Hugginsschen Konstante bzw. der Aktivierungsenergie wird vom Vf. dahingehend eingeschränkt, daß diese Beziehung nach den veröffentlichten Daten nicht gut erfüllt wird. Vf. diskutiert diese Beziehungen. (J. Polymer Sci. **11**. 382—84. Okt. 1953. Leeds, Univ., Dep. of Textile Industries.) Ruske. 4000

Joan F. Hobden und **H. H. G. Jellinek,** *Adsorption hochpolymerer Stoffe aus dem gelösten Zustand an festen Stoffen.* 1. Mitt. *Adsorption von Polystyrol an Aktivkohle.* Es werden die Adsorptionsgeschwindigkeiten sowie die Adsorptionsisothermen von unfraktioniertem u. fraktioniertem Polystyrol aus einer Lsg. von Methyläthylketon mit u. ohne Zusatz einiger % Methanol an gründlich getrockneter Aktivkohle bestimmt. Mit steigendem Mol.-Gew. der Polystyrolfraktion nimmt die Adsorption ab. Während sich für die Adsorptionsgeschwindigkeit des unfraktionierten Polystyrols glatte Kurven ergeben, bestehen die entsprechenden Kurven für die einzelnen Fraktionen aus zwei durch einen deutlichen Knick getrennten Zweigen. Die Adsorptionsgeschwindigkeit nimmt mit abnehmendem Lösungsvermögen wenig zu u. steigt bei ca. 2% (Vol.) Methanol steil an. Alle Adsorptionsisothermen lassen sich durch die Gleichung von Langmuir befriedigend wiedergeben. Auch der Adsorptionsmechanismus (Adsorption des Hochpolymeren an der Kohleoberfläche u. darauffolgende Wanderung in das Innere) wird erörtert. (J. Polymer Sci. **11**. 365—78. Okt. 1953. Adelaide, Univ.) Hentschel. 4010

R. E. Florin, *Katalysatorspezifität bei der Friedel-Crafts-Copolymerisation.* Bei der Radikalcopolymerisation von zwei Monomeren (mit Persulfat oder organ. Peroxyden) sind die Parameter r_1 u. r_2 für das Monomerenpaar bei gegebener Temp. konstant, unabhängig vom angewandten Lösungsm. oder Katalysator. Es sollte geprüft werden, ob dies auch bei FRIEDEL-CRAFTS-Copolymerisationen, die nach einem Carboniumionenmechanismus verlaufen, der Fall ist. Mischungen von *Styrol* u. *3.4-Dichlorstyrol* (**I**) wurden (in den meisten Fällen mit CCl_4 als Lösungsm.) bei 0° in Ggw. von $AlCl_3$, $AlBr_3$, $SnCl_4$, $TiCl_4$, BF_3, $ZnCl_2$ (bei 30°) bzw. H_2SO_4 copolymerisiert. Polymerisation, Reinigung u. Analyse vgl. FLORIN (C. **1950**. I. 1368). Die r_1- u. r_2-Werte wurden nach der Meth. von MAYO u. LEWIS (C. **1945**. II. 464) berechnet: $AlCl_3$ ($r_1 = 2,8 \pm 0,2$; $r_2 = 0,4 \pm 0,1$), $AlBr_3$ ($6,8 \pm 0,8$; $0,0 \pm 0,2$), $TiCl_4$ ($7,2 \pm 0,5$; $0,38 \pm 0,2$), BF_3-Ätherat ($5,9 \pm 0,2$; $0,27 \pm 0,07$), $ZnCl_2$ (fest + Äther; $4,2 \pm 0,2$; $0,1 \pm 0,05$), H_2SO_4 (Nitrobenzol; $3,0 \pm 0,5$; $0,2 \pm 0,15$), $AlCl_3$ (Nitrobenzol; $3,5 \pm 0,5$; $0,0 \pm 0,2$). Aus den Verss. mit $AlCl_3$ in CCl_4 u. Nitrobenzol geht hervor, daß r_1 schwach u. r_2 stark durch die DK. des Lösungsm. beeinflußt werden. Die Katalysatorkonz. hat keinen Einfl. auf r_1 u. r_2. Mit den untersuchten Katalysatoren ist **I** reaktionsfähiger als 2.5-Dichlorstyrol ($r_1 = 14,8$; $r_2 = 0,34$). (J. Amer. chem. Soc. **73**. 4468—70. Sept. 1951. Lincoln, Neb.) LANTZSCH. 4010

Hermann Staudinger und **Manfred Häberle,** *Über Polyvinylchloride.* 370. Mitt. *über makromolekulare Verbindungen.* (369. vgl. Makromolekulare Chem. **8**. [1952.] 217.) Durch osmot. Messungen an unchlorierten u. nachchlorierten *Polyvinylchloriden* in verschied. Lösungsmitteln konnte gezeigt werden, daß in Dioxanlsg. Assoziate vorliegen, während in Tetrahydrofuran Makromol. u. Kolloidteilchen prakt. ident. sind. Die Nachchlorierung unter Luftausschluß führt dabei lediglich zu einem relativ geringeren Abbau. Auch die Temperaturunabhängigkeit der Viscositätszahl $Z\eta$ zeigt, daß in Dioxanlsg. Assoziate vorliegen. Die Fraktionierung der in Tetrahydrofuran gelösten Polyvinylchloridproben durch Zusatz von W. lieferte Fraktionen, durch deren Unters. einerseits die Massenverteilungsfunktionen aufgestellt werden konnten, die sich mit den nach SCHULZ (vgl. C. **1942**. I. 471 u. früher) berechneten Kurven deckten. Andererseits ergab der Zusammenhang zwischen der Viscositätszahl u. dem osmot. bestimmten Mol.-Gew. der Fraktionen in einem Fall Proportionalität, d. h. konstante K_m-Werte, in einem anderen Fall dagegen funktionelle Abhängigkeit, d. h. Abfall der K_m-Werte mit steigendem Mol.-Gewicht. (Makromolekulare Chem. **9**. 35—51. Dez. 1952. Freiburg i. Br., Staatl. Forschungsinst. für makromol. Chem.)
DALL'ASTA. 4010

Hermann Staudinger und **Manfred Häberle,** *Über Polyvinylacetylacetate.* 371. Mitt. *über makromolekulare Verbindungen.* (370. vgl. vorst. Ref.) Die Rk. von *Polyvinylalkoholen* mit Diketen verlief quantitativ u. führte zu den polymeranalogen *Polyvinylacetylacetaten* (**I**), obwohl wegen des Fehlens geeigneter Lösungsmittel in Eisessigsuspension gearbeitet werden mußte. Der Beweis für die quantitative Umsetzung wurde durch Titration der Verseifungsprodd. erbracht. Die **I** sind ähnlich reaktionsfähig wie der Acetessigester, ihr Enolgeh. wurde in Abhängigkeit von der Konz. in Dimethylformamid ermittelt. Sie lassen sich quantitativ nach der MICHAEL-Addition mit einem bzw. zwei Mol Methylvinylketon zum polymeranalogen ***Heptandion-(2.6)-carbonsäure-(3)-polyvinylester*** bzw. ***5-Acetylnonandion-(2.8)-carbonsäurepolyvinylester*** umsetzen, wobei durch osmot. Mol.-Gew.-Best. gezeigt wurde, daß die Rk. eindeutig in der gewünschten Richtung verlief. Annähernd quantitativ erfolgte die polymeranaloge Umsetzung mit NH_3 in Dimethylformamid zu *β-Aminocrotonsäurepolyvinylester*, ähnliche Rkk. erfolgen mit Anilin, Diäthylamin, Phenylhydrazin u. Hexamethylentetramin. Die **I** u. alle Umsetzungsprodd., bei denen mindestens ein H-Atom der reaktiven Methylgruppe des Acetylacetatrestes erhalten bleibt, vernetzen beim Stehen, bes. rasch beim Zusatz von Basen (Triäthylamin) in Tetrahydrofuran, so daß sie unlösl. werden. Diese Vernetzungs-Rk. ist auf Aldehydendgruppen, die noch aus den Polyvinylalkoholen stammen, zurückzuführen. Setzte man die Aldehydendgruppen der Polyvinylalkohole vor den obigen Umsetzungen mit 2.4-Dinitrophenylhydrazin oder mit H_2 u. Pt um, so wurde die Vernetzungsgeschwindigkeit der erhaltenen **I** erheblich verringert, wohingegen die Vorbehandlung mit Kaliumpermanganat die Zahl der reaktionsfähigen Endgruppen erhöhte u. damit die Vernetzungsgeschwindigkeit erheblich beschleunigte. (Makromolekulare Chem. **9**. 52—75. Dez. 1952.)
DALL'ASTA. 4010

S. J. Leach, *Viscositätscharakteristika von Polyalkylmethacrylatlösungen.* In verschied. Fällen ist die Konstante der HUGGINSschen Gleichung $\eta_{sp}/c = [\eta] + k'[\eta]^2c$ (HUGGINS, C. **1945**. II. 232) unabhängig vom Mol.-Gew. linearer Polymeren gefunden worden, bei Polystyrollsgg. kann k' mit steigendem Mol.-Gew. zunehmen. Vff. beschreiben den Fall, daß bei verschied. substituierten Polyalkylmetaacrylaten (*Polymethyl-*, *Polybutyl-*, *Polyhexyl-*, *Polyoctyl-*, *Poly-[2-äthylhexyl]-* u. *Polydecylmethacrylat*) k' mit steigendem Mol.-Gew. in benzol. Lsg. abnimmt. (J. Polymer Sci. **11.** 379—80. Okt. 1953. Melbourne, Commonwealth Sci. and Ind. Res. Organis., Wool Textile Res. Labor., Biochem. Unit.) RUSKE. 4010

H. W. Melville und **W. F. Watson,** *Polymerisation von Methylmethacrylat durch sein Polymeres.* Wie von MELVILLE (C. **1938.** I. 4599) früher festgestellt, hat photochem. aus dem Dampf bereitetes *Polymethylmethacrylat* (I) die Fähigkeit, im Dunkeln weiterzupolymerisieren u., im fl. Monomeren gelöst, dessen Polymerisation zu starten. Vff. finden, daß auch mittels Benzoylperoxyd bei 80° dargestelltes u. aus Aceton-Methanol umgefälltes I fähig ist, sein Monomeres zu polymerisieren. Das Ausmaß dieser Polymerisation ist der Reaktionszeit bis zu 5% Umsatz u. die Polymerisationsgeschwindigkeit der Konz. des zugefügten I proportional (Aktivierungsenergie 12 ± 3 kcal), aber unabhängig von dessen Mol.-Gewicht. Das Mol.-Gew. des gebildeten Polymeren nimmt mit der Reaktionstemp. zu (Zahlenmittel-Mol.-Geww.: bei 60° $4{,}5 \cdot 10^5$, 80° $7{,}8 \cdot 10^5$, 90° $11{,}7 \cdot 10^5$). Der Zusatz von Benzochinon bewirkt keine Induktionsperiode, sondern eine Verringerung der Polymerisationsgeschwindigkeit. Die Polymerisationsinitiation ist nur mit I bei Methylmethacrylat (II)-Monomerem erreicht worden, in den anderen untersuchten Systemen trat keine Polymerisation ein (Polystyrol–Styrol, I–Styrol, Polystyrol–II, Polyvinylacetat–II, Polyvinylacetat–Vinylacetat u. I–Vinylacetat). Diese Fähigkeit von I ist nicht auf Katalysatorspuren zurückzuführen, da auch gereinigtes I sein Monomeres polymerisiert. Therm. Abbau von I zu Radikalfragmenten ist auf Grund seiner therm. Stabilität bei 80° unwahrscheinlich, gegebenenfalls ist aber die Polymerisationseinleitung auf leicht therm. aktivierbare potentielle Initiatorzentren im Mol. zurückzuführen. (J. Polymer Sci. **11.** 299—305. Okt. 1953. Edgbaston, Birmingham, Univ., u. Welwyn Garden City, Brit. Rubber Prod. Res. Assoc.) RUSKE. 4010

Toshio Nakagawa, *Benetzungswärmen von Polysacchariden.* 1. Mitt. *Benetzungswärmen von verschiedenen Polysacchariden.* Mit einer einfachen App. werden durch Best. von Potentialdifferenzen die Benetzungswärmen für H_2O an verschied. Polysacchariden gemessen. Benutzt wurden *Stärke*, *Amylose* u. *Amylopektin* aus Kartoffeln, ferner *Insulin*, *Glykogen* u. α- u. *β-Konjacmannan.* Es wurde keine Beziehung zwischen Konst. u. Anlagerungswärme gefunden. (Bull. chem. Soc. Japan **25.** 169—71. Juni 1952. Tokio, Univ., Fac. of Sci., Dep. of Chem. [Orig.: engl.]) W. KAUFMANN. 4050

Toshio Nakagawa, *Benetzungswärmen von Polysacchariden.* 2. Mitt. *Eine Regel über Benetzungswärmen und Adsorptionsisothermen bei Polysacchariden* (1. vgl. vorst. Ref.) Es wird eine Regel angegeben, nach welcher die entwickelte reine Adsorptionswärme proportional der Menge an adsorbiertem H_2O ist, u. zwar bei allen Polysacchariden. Das gilt nur bei gleichem Feuchtigkeitsgeh. der zu untersuchenden Substanzen. (Bull. chem. Soc. Japan **25.** 171—74. Juni 1952. [Orig.: engl.]) W. KAUFMANN. 4050

S. Rothman, A. Schwebel und **S. G. Weissberg,** *Sorption von Dextran an Kollodiummembranen.* Mit Hilfe von mit ^{14}C markiertem Dextran wird gezeigt, daß Kollodiummembranen, die in wss. Dextranlsg. lagern, bei längerer Einwirkungsdauer (1—7 Tage) steigende Mengen Dextran zu absorbieren vermögen. Einen großen Einfl. übt die Gründlichkeit des Abspülens u. die Natur der Waschfl. (W. oder Formamid) auf die zurückgehaltene Menge Dextran aus. (J. Polymer Sci. **11.** 381—82. Okt. 1953. Washington, D. C., Nat. Bur. of Stand.) HENTSCHEL. 4050

M. Ulmann, *Zur Kenntnis der Amylose der Kartoffelstärke (chromatographische Untersuchungen).* Vf. prüft die Reinheit von *Amylose* (I)-Präparaten durch selektive Adsorption an Al_2O_3 auf chromatograph. Wege. Die Verss. werden mit einer 0,1%ig. oder noch verdünnteren Stärkelsg. (aus Kartoffelstärke isoliert), die durch eine mit 0,2%ig. HCl vorbehandelte 12—13 cm hohe Al_2O_3-Adsorptionssäule gesaugt wird, durchgeführt. Die Sichtbarmachung des Chromatogramms erfolgt durch eine n/400 J–KJ-Lösung. Es werden auf der Al_2O_3-Säule verschied. Zonen festgestellt, woraus hervorgeht, daß die I sich aus adsorptiv verschieden verhaltenden Anteilen zusammensetzt. Auch läßt sich durch die chromatograph. Meth. das *Amylopektin* von I trennen, da letzteres erst in den unteren neutralen u. bas. Teilen der Säule festgehalten wird. Es wird ferner gefunden, daß nach verschied. Verff. gewonnene I sich nicht vollständig gleichende Chromatogramme ergeben. Auch sehr starke Konzentrationserniedrigungen ergeben ein verändertes I-Chromatogramm, in dem die einzelnen Zonen verbreitert erscheinen u. die Anteile der I weniger scharfe Abgrenzungen zeigen. Für dieses Verh. der I werden nicht nur verschied. Mol.-Geww., sondern auch konstitutive Unterschiede verantwortlich gemacht. (Makromolekulare Chem. **9.** 76—95. Dez. 1952. Potsdam-Rehbrücke, Inst. für Ernährungsforschung.) FAHRNLAENDER. 4050

Dorothy Wrinch, *Fourier-Transformationen von Schalen und Intensitäten von kristallinen Proteinen.* (Sitzungsbericht.) Zur weiteren Aufklärung der Struktur kristalliner Proteine (vgl. C. **1953.** 5047) wurden die FOURIER-Transformationen von verschied. Typen von gleichmäßigen Schalenverteilungen (vgl. WRINCH, Fourier transforms and structure factors [1946]) sowohl mit positivem wie negativem Inneren untersucht. Ergebnisse, die sich mit den Netzebenenabständen 8—12 Å u. 4—5 Å in Verbindung bringen lassen, wurden für kugelförmige Schalen u. für Schalen polyedr. Typs erhalten; alle diese Schalen würden relativ kleine Abmessungen haben. (Physic. Rev. [2] **91.** 471—72. 15/7. 1953. Smith Coll.) GOTTFRIED. 4070

F. H. C. Crick, *Die Stärke der 10 Å-Reflexionen in Hämoglobin.* Es wird eine Meth. zur Berechnung der Gesamtintensität der Röntgenreflexionen von Hämoglobin bei Netzebenenabständen nahe 10 Å beschrieben, u. zwar von den Intensitäten, welche man von Proteinmodellen erwarten sollte, die hauptsächlich aus nicht notwendigerweise parallelen α-Schrauben bestehen. Aus einem Vgl. der berechneten Intensitäten mit den von PERUTZ (vgl. Proc. Roy. Soc. [London], Ser. A **195.** [1949.] 474) experimentell erhaltenen Daten kann geschlossen werden, daß die beobachtete Intensität mit solchen Modellen verträglich ist. (Acta crystallogr. [Copenhagen] **6.** 600—03. 10/7. 1953. Cambridge, Cavendish Labor., Med. Res. Counc., Unit for the Study of Mol. Structure of Biol. Systems.) GOTTFRIED. 4070

Dorothy Wrinch, *Die Hypothese von parallelen, stäbchenähnlichen Polypeptidketten in Pferdehämoglobin.* Vf. prüfte ausführlich die von PERUTZ (vgl. Proc. Roy. Soc. [London], Ser. A **195.** [1949.] 474) sowie von BRAGG, HOWELLS u. PERUTZ (vgl. Acta crystallogr. [Copenhagen] **5.** [1952.] 136) erhaltenen Ergebnisse über Pferdehämoglobin nach u. kommt zu dem Ergebnis, daß in keiner der beiden Strukturen parallele, stäbchenähnliche Polypeptidketten auftreten können. (Acta crystallogr. [Copenhagen] **6.** 638—46. 10/7. 1953. Northampton, Mass., Smith. Coll., Dep. of Phys.) GOTTFRIED. 4070

Linus Pauling und **Robert B. Corey,** *Ein Vorschlag für die Struktur der Nucleinsäuren.* Inhaltlich ident. mit der C. **1954.** 1967 referierten Arbeit. (Proc. nat. Acad. Sci. USA **39.** 84—97. Febr. 1953. California Inst. of Technol., Gates and Crellin Labors. of Chem.) K. MAIER. 4090

Liebe F. Cavalieri, *Untersuchungen über die Struktur der Nucleinsäuren.* 7. Mitt. *Über die Identifikation der isomeren Cytidyl- und Adenylsäuren.* (6. vgl. C. **1954.** 2409; vgl. auch C. **1953.** 8883.) Vf. bestimmt die Dichten der wss. Lsgg. von *Cytidylsäure a* (**I**), *Cytidylsäure b* (**Ib**), *Adenylsäure a* (**IIa**) u. *Adenylsäure b* (**IIb**) durch Messung der Tropfenfallgeschwindigkeit in m-Fluortoluol. Die aus den Dichten berechneten Mol.-Voll. betragen: **Ia** 215,82 cm^3; **Ib** 234,94 cm^3; **IIa** 253,77 cm^3; **IIb** 250,84 cm^3; alle $\pm$0,07 cm^3. Aus p_H-Messungen berechnet Vf. die scheinbaren Dissoziationskonstanten des Ammoniumions u. der sek. Phosphorsäuregruppe u. erhält folgende pK-Werte (1. Wert $-NH_3^+$): **Ia** 4,44, 6,19; **Ib** 4,31, 6,04; **IIa** 3,81, 6,17; **IIb** 3,74, 5,92. Die Unterschiede in den Werten für die Isomeren beruhen auf den verschied. Abständen der $-NH_3^+$-Gruppe am Purinkern von der sek. Phosphorsäuregruppe, welche mit der D-Ribose in 2′ oder 3′ verknüpft sein kann. Auf Grund der kristallograph. Röntgenstrukturanalysen von FURBERG (C. **1951.** II. 31) rechnet Vf. den Verbb. **Ia** u. **IIa** die *2′-Phosphat-* u. **Ib** u. **IIb** die *3′-Phosphatstruktur* zu. (J. Amer. chem. Soc. **75.** 5268—70. 5/11. 1953. New York, N. Y., Sloan Kettering Inst. for Cancer Res.) W. WALTER. 4090

Emil J. Fischer, Triäthanolamin und andere Alkanolamine. 4. neu bearb., erw. u. erg. Ausg. von **Curt Lüttgen** u. **Heinrich Möllering.** Heidelberg: Straßenbau, Chemie u. Technik. Verl. Ges. 1953. (338 S.) DM 42,—.

Hans Beyer, Lehrbuch der organ. Chemie. Leipzig: Hirzel. 1953. (XIV + 613 S. m. 23 Abb.) DM-Ost 22,50.

E. Biologische Chemie. Physiologie. Medizin.

E_1. Allgemeine Biologie und Biochemie.

J. Loiseleur, *Die Beteiligung des Sauerstoffs bei radiobiologischen Prozessen.* Zusammenfassender Bericht unter besonderer Berücksichtigung der Veröffentlichungen des Verfassers. (Ann. Inst. Pasteur **84.** 1001—09. Juni 1953. Paris, Inst. Pasteur, Serv. de Chim.-Phys.) REUSSE. 4102

Frederick J. De Serres und **Norman H. Giles,** *Der Einfluß der Fraktionierung der Strahlendosis auf die Chromosomenaberrationen bei den Mikrosporen von Tradescantia.* 1. Mitt. *Untersuchungen mit Röntgenstrahlen.* Die Mikrosporen von *Tradescantia paludosa* wurden einer Röntgenbestrahlung von 350 r ausgesetzt, u. zwar teilweise einer

Einzelbestrahlung von 350 r in einer Min., teilweise in zwei durch unterschiedlich lange Zeiten (1—12 Std.) getrennten Einzeldosen von je 175 r während einer halben Min., teilweise in fraktionierter Form mit 25 r/Minute. Die Umgebungsbedingungen (Helligkeit u. Temp.) wurden kontrolliert. Die Aberrationsfrequenz der Sporen wurde durch 2fache Fraktionierung (175 r + 175 r) etwa halbiert, weitere Verringerung infolge von Erholungseffekten bei weitergehender Fraktionierung war nicht feststellbar. (Genetics **38**. 407—15. Juli 1953. Yale Univ., Osborn Botan. Labor. u. Brookhaven Nat. Labor.) Reusse. 4130

Norman H. Giles, Frederick J. De Serres und **Alvin V. Beatty,** *Der Einfluß der Fraktionierung der Strahlendosis auf die Chromosomenaberrationen bei den Mikrosporen von Tradescantia.* 2. Mitt. *Untersuchungen mit schnellen Neutronen* (1. vgl. vorst. Ref.) Ähnliche Verss. wie die im vorst. Ref. dargestellten wurden mit schnellen Neutronen ausgeführt. Die Zahl der Chromosomenaberrationen blieb hier unverändert, ob nun mit einer Einzeldosis von 25 N-Einheiten oder mit 2 mal 12,5 N in zeitlichen Abständen von 1—12 Std. bestrahlt wurde. Eine Einzelbestrahlung mit 12,5 N-Einheiten dagegen verursachte eine Halbierung der Anzahl von Aberrationen. (Genetics **38**. 416. Juli 1953.) Reusse. 4130

J. S. Kirby-Smith und **D. S. Daniels,** *Die relative Wirksamkeit von Röntgen-, γ- und β-Strahlen auf die Chromosomenbrüche bei Tradescantia.* Die trockenen Pollen von *Tradescantia* wurden der Bestrahlung durch Röntgenstrahlen, der γ-Strahlung von ^{60}Co u. der β-Strahlung von ^{32}P ausgesetzt u. die Anzahl der Chromosomenbrüche bestimmt. Es zeigte sich: 60 kV-Röntgenstrahlung ist doppelt so wirksam wie die ^{60}Co-Strahlung oder eine 400 kV-β-Strahlung. 1 MeV-γ-Strahlen u. 400 kV-β-Strahlen (mittlere Energie!) sind etwa gleich wirksam. Die nichtlineare Beziehung zwischen Dosis u. Zahl der Aberrationen zeigt, daß bei γ-Strahlen u. harten β-Strahlen die Zahl der Zweifachstöße größer ist als für mittelharte Röntgenstrahlen. Dieser Befund wird auf die Ionendichte zurückgeführt. (Genetics **38**. 375—88. Juli 1953. Oak Ridge, Tenn., Oak Ridge Nat. Labor., Biol. Div.) Reusse. 4130

J. L. Spencer, W. R. Singleton und **A. F. Blakeslee,** *Pollenletalfaktoren bei Datura-stramonium-Samen durch thermale Neutronen.* Samen von Blüten mit weniger als 1% schlechten Pollen wurden Thermalneutronen von **$4,6 \cdot 10^8$ N_{th}**/cm²/Sek. ausgesetzt. Die Samen lieferten bei 2, 4 u. 6 Std. Behandlung 85, 76 u. 22% Keimpflanzen gegenüber 93% bei den Kontrollen, 74, 36 u. 3,5% reife Pflanzen u. Mutationsraten (gemessen am Pollenabort) von 76, 86 u. 89%. Zur Best. des Anteils der beiden Typen des Pollenaborts am Gesamtergebnis wurden die Pollen sämtlicher Blüten der aus behandelten Samen entstandenen Pflanzen untersucht. Es wurde gefunden: Bei 2 Std. Behandlung 52% Chromosomentyp (kleine, geschrumpfte u. leere Pollen), 8% Gentyp (sehr kleine Größe u. degenerative Veränderung des Inhalts), 6% Kombination beider Typen. Bei 4 Std. 67, 7 u. 11%, bei 6 Std. 68, 4 u. 20%. Bei Verteilung der Pollen mit kombiniertem Mutationstyp auf die reinen Typen darf gefolgert werden, daß beide Typen mit der Dauer der Behandlung an Zahl zunehmen. Es konnten keine Störungen gefunden werden, die sich deutlich von Röntgenwrkg. unterscheiden. (Proc. nat. Acad. Sci. USA **39**. 288—92. April 1953. Univ. of Massachusetts, Brookhaven Nat. Labor.; Smith Coll., Genetics Exp. Stat.) W. D. Weinmann. 4130

Henry T. Yost jr., W. R. Singleton und **A. F. Blakeslee,** *Die Wirkung von Thermalneutronenbestrahlung auf die Chromosomen von Datura.* Die Pollenaborttypen bei Datura können in zwei Gruppen eingeteilt werden bzgl. des Mutationstyps: Chromosomentyp mit kleinen, geschrumpften u. leeren Pollen sowie Gentyp mit sehr kleinen Pollen veränderten Inhalts. Durch Thermalneutronen wird überwiegend Pollenabort vom Chromosomentyp verursacht. Eine stark hemmende Wrkg. der Neutronen auf die Chromosomen ist wahrscheinlich. (Proc. nat. Acad. Sci. USA **39**. 292—97. April 1953. Amherst, Amherst Coll., Biol. Labor.; Upton, Brookhaven Nat. Labor.; Northampton, Smith Coll., Genetics Exp. Stat.) W. D. Weinmann. 4130

E. Nicolai und **R. D. Preston,** *Zellwanduntersuchungen bei Chlorophyceen.* 1. Mitt. *Ein allgemeiner Überblick über die submikroskopische Struktur der Fadenalgenspecies.* Die Feinstruktur von 60 Fadenalgenspecies wurde mit Hilfe der Röntgenanalyse, in einzelnen Fällen auch polarisationsmkr. u. färbetechn. untersucht. Die große Variabilität der chem. Zus. ihrer Zellwände wurde bestätigt. Nur wenige Familien enthalten Cellulose in der für höhere Pflanzen üblichen Form. Da sie weitgehend krist., in sogenannter „gekreuzter Fibrillenstruktur“ vorliegt, kann sie mit den üblichen Färbemethoden nur nach drast. Vorbehandlung nachgewiesen werden. Es ist möglich, daß auch niedriger krist. Formen auftreten, die aber im Röntgendiagramm nicht erfaßt werden können. Micellen, die enger zusammenliegen als 20 Å, geben keine Beugungsbilder. Eine Gemeinsamkeit aller untersuchten Algen besteht darin, daß die Wände an den Oberflächen nur schwach anisotrop sind. Wenn native Cellulose (I) der Hauptbestandteil ist, liegen die anisotropen Mikrofibrillen wenigstens in 2 Richtungen nahezu rechtwinklig zueinander. Mercerisierte Cellulose (II), die andere mögliche Form, liegt in einer zufälligen Anordnung vor. Die allg. Isotropie oder Pseudoisotropie der Zellwandstruktur ist wesentlich für den Wachstumsprozeß bei Algen. (Proc. Roy. Soc. [London], Ser. B **140.** 244—74. 16/10. 1952. Leeds, Univ., Biophys. Subdep., Botany Dep.) I. WEINMANN. 4150

Celia Levine und **Erwin Chargaff,** *Phosphatidzusammensetzung verschiedener Leberzellfraktionen.* Fraktionen von Rattenleberzellen (Kern, Mitochondrien, Mikrosomen, Cytoplasma u. Gesamtgewebe) wurden dargestellt u. ihre Phosphatide untersucht. Die durch Hydrolyse mit 6nHCl in wasserfreiem Methanol gewonnenen N-Komponenten wurden durch Verteilungschromatographie getrennt, ihr Geh. an Cholin, Äthanolamin u. Serin angegeben (nur Kernlipoid hat einen höheren Äthanolamingeh.). Die Löslichkeit in PAe. (Mikrosomen- u. Gewebslipoid lösl., Kern- u. Mitochondrienlipoid unlösl.) wurde bestimmt. Die UV-Absorptionskurven (Maximum bei 277 mμ, Minimum bei 260 mμ) sind sehr ähnlich, unterscheiden sich durch die Extinktion. Die elektrophoret. Unters. des Mitochondrienlipoids zeigt zwei Komponenten. (Exp. Cell Res. **3.** 154—61. Febr. 1952. New York, N. Y., Columbia Univ., Coll. of Phys. and Surg., Dep. of Biochem.) W. D. WEINMANN. 4150

F. Seelich und **L. Stockinger,** *Ein Beitrag zum Problem der Zellform und deren Umwandlung.* (Vgl. C. **1953.** 5194.) Verss. zur Klärung der Faktoren, die Bewegungen u. Formveränderungen der Zelle (Fibroblastenkulturen) bewirken. Es wird angenommen, daß die normalerweise stark hydratisierte Zelloberfläche sehr leicht dehydratisiert werden kann, z. B. durch Tannin, Farbstoffe, Antisera; hierdurch wird die Grenzflächenspannung gegenüber dem Medium erhöht, u. es erfolgen Oberflächenbewegungen, z. B. Kontraktionen. Die Bedeutung der Unterlage der Zelle wird dadurch hervorgehoben. Zellkontraktionen werden nicht unbedingt als Folge fermentativer Vorgänge betrachtet u. vor allem die Annahme einer Dauerkontraktion als Ursache der n. lang gestreckten Zellform abgelehnt. (Z. Zellforsch. mikroskop. Anatom. **39.** 212—31. 1953.) W. D. WEINMANN. 4150

J.-P. Muhlethaler, *Anregung und Hemmung des Wachstums, untersucht an in vitro-Kulturen von Fibrocyten. Histamin und Antihistaminica.* Es wird über Verss. mit jungen u. alten Kulturen aus dem Herz des Hühnerembryos berichtet. Durch Anwendung von tox. Substanzen (z. B. *A.*, *Succinonitril*), Schlafmitteln (*Barbital, Gardenal, Chloral*), Reizmitteln (*Acetylcholin*) u. Hemmstoffen, bes. aber von *Histamin* (I) u. Antihistaminicis (II; z. B. *Antistin*, *2-[N-phenyl-N-benzylaminomethyl]-imidazolin* [CIBA] u. *Synopen*, *N-Dimethylaminoäthyl-N-p-chlorbenzyl-α-aminopyridin* [GEIGY]) ergaben sich 4 Möglichkeiten der Wrkg. auf die in Kultur befindliche Zelle: 1. eine das Zellmilieu sauermachende u. 2. alkalinisierende Wrkg., 3. Reizwrkg. im Sinne eines positiven u. 4. Hemmwrkg. im Sinne eines negativen Katalysators. I gehört zur 1. Gruppe, II zur 2. Bei der Wrkg. der II auf I handelt es sich um eine Neutralisation bzw. Alkalinisierung. (Naunyn-Schmiedebergs Arch. exp. Pathol. Pharmakol. **217.** 241—55. 1953. Bern, Univ., Inst. Theodor Kocher, Labor. de culture de tissus.) R. KÖNIG. 4150

A. Touraine und **M. Zureick,** *Ist die Behandlung mit Vitamin D cancerogen?* Es wird die Möglichkeit einer cancerogenen Wrkg. von *Vitamin D* bes. im Hinblick auf die Therapie bei Lupus theoret. behandelt. (Semaine Hôpitaux Paris **26.** 3483—84. 2/9. 1950. Paris.) WRBA. 4160

F. Homburger, R. M. Dart, C. D. Bonner, G. Branche jr., S. C. Kasdon und **W. H. Fishman,** *Metabolische und biochemische Wirkung des Methylandrostendiol.* Bei Patienten mit rheumat. Arthritis, Brustcarcinom u. anderen Krankheiten wurde der Einfl. des *Methylandrostendiol* (I) überprüft. Bei Patienten mit negativer N-Bilanz verursacht I N-Retention. I wirkt ferner der proteinkatabol. Wrkg. des ACTH (II) entgegen u. red. die durch II erhöhte Steroidausscheidung im Harn. Bei jungen neurolog. Patienten ruft die tägliche orale Gabe von 300 mg I keine Erhöhung der 17-Ketosteroidausscheidung hervor. Bei Patienten, die wegen durch Brustcarcinom verursachten Knochenmetastasen mit I behandelt wurden, konnte radiolog. Osteogenese nachgewiesen werden, der alkal. Phosphataseblutspiegel war jedoch nicht erhöht. Bei metastasierendem Brustcarcinom ruft I eine deutliche palliative Wrkg. hervor, gleichzeitig wird eine beträchtliche u. anhaltende Zunahme des Plasmaproteinspiegels festgestellt. Es wird gefolgert, daß die günstige Wrkg. des I auf das Brustcarcinom nicht auf die androgene Wrkg. des I, sondern auf seine proteinanabol. Wrkg. zurückgeführt werden muß. (J. clin. Endocrinol. Metabolism **13.** 704—11. Juni 1953. Boston,

Cancer Res. and Cancer Control Unit, Tufts Coll., Med. School, Dep. of Surg., u. Dep. of Med. and Biochem.; Cambridge, Holy Ghost Hosp., Cancer Res. Labor., u. Roxbury, Mass., Jew. Memorial Hosp.) H. P. FIEDLER. 4160

Ian MacDonald, Fremont E. Davis und **George Jacobson,** *Die Behandlung des Mammacarcinoms mit Steroidhormonen.* Die kombinierte Behandlung mit Östrogenen u. Röntgenstrahlen wurde von den Vff. bei Mammacarcinomen von Frauen in der Menopause mit gutem Erfolg angewandt. Bei recurrenten u. metastasierenden Mammacarcinomen ist die Röntgenbestrahlung wirkungsvoller als Therapie mit Steroiden. Die Anwendung von Androgenen bei Frauen vor der Menopause sollte auf Carcinome beschränkt bleiben, die gegen Bestrahlung resistent sind oder die für eine Röntgentherapie zu ausgedehnt sind. Östrogene lassen sich am besten bei Frauen in der Menopause zur Therapie von Carcinomen des weichen Gewebes anwenden. (Amer. J. Roentgenol., Radium Therapy Nuclear Med. **68.** 954—62. Dez. 1952. Los Angeles, Calif.) H. SCHEURLEN. 4160

Hermann Druckrey und **Siegfried Raabe,** *Organspezifische Chemotherapie des Krebs (Prostata-Carcinom).* In der Absicht, die außerordentlich hohe Aktivität der Prostatacarcinom-Phosphatase (p_H-Optimum 4,8—5,4) für eine gezielt therapeut. Wrkg. der Östrogene auszunutzen, wurde *Diäthylstilböstroldiphosphat* (*St 52 Asta*; ASTA-WERKE, Brackwede/Westf.) intravenös in Dosen von 50—250 mg/Tag verabfolgt. Das Präp., das neben den Vorteilen der Wasserlöslichkeit u. der Unwirksamkeit im phosphatasearmen Normalgewebe des Körpers etwa die 30fache Mitosegiftwirksamkeit des Colchicins aufweist, zeigte sehr gute therapeut. Erfolge u. keine störenden Nebenwirkungen (Brustdrüsenhyperplasie usw.) bei guter Verträglichkeit. (Klin. Wschr. **30.** 882—84. 1/10. 1952. Freiburg, Univ., Chirurg. Klin.) SCHLOTTMANN. 4160

Philip M. West, *Systematische Enzymveränderungen, induziert durch die Strahlentherapie maligner Tumoren.* Krebskranke Patienten zeigen in ihrem Gewebestoffwechsel häufig Überschußbeträge an *Antichymotrypsin* u. *Antirennin.* Bestrahlungen rufen allg. eine Änderung des Geh. an diesen Substanzen hervor. Spezielle Verss. haben gezeigt, daß es dabei drei Reaktionstypen gibt: 1. Im kranken Gewebe wird der *Rennin*-Antikörper im Serum vermehrt, der *Chymotrypsin*-Antikörper verringert. 2. Jener bleibt unverändert, dieser wird vermindert. 3. Beide Antikörper bleiben unbeeinflußt. — Patienten vom Typus 3 sind strahlenresistent, solche vom Typus 2 zeigen vorübergehende Besserung ihres Zustandes. Lediglich Typus 1 hat gute Therapieaussichten. Die Messung der genannten Antikörper stellt daher eine Möglichkeit dar, die Aussichten einer Strahlentherapie prognost. zu ermitteln. (Brit. J. Radiol. **25.** 44—47. Jan. 1952. Los Angeles, Calif., Univ. of California, School of Med.) REUSSE. 4160

Chr. Th. Schmidt und **E. Amdrup,** *Über die Behandlung von Oberflächenkrebs mit ultraweichen Röntgenstrahlen.* Ist ein Krebsgewebe dünner als 2 mm, kann es mit ultraweichen Röntgenstrahlen, meist in einer Sitzung, erfolgreich behandelt werden. Dosis: 6000 r; Abschirmung 0,3 mm Bleiplatte, in der Augengegend 1 mm. 5jährige Beobachtung von 77 Patienten mit 82 Krebsgeschwüren. (Ugeskr. Laeger **115.** 1590—96. 22/10. 1953. Kolding, Sygehus.) GENEST. 4160

Harold F. Berg, William M. Christophersen, Avrom M. Isaacs und **J. Ray Bryant,** *Die Lokalisierung von radioaktiver Substanz in regionalen Lymphknoten.* An gesunden Hunden wurden Verss. mit Radiogold (^{198}Au) in folgender Weise vorgenommen: a) Wrkg. auf die Lunge. Bei den mit Pentobarbitalnatrium anästhesierten Tieren wurde durch ein Bronchoskop ein Katheter u. durch dieses koll. ^{198}Au-Lsg. mit Aktivitäten zwischen 3 u. 35 mC eingeflößt. In anderen Fällen wurden 2 mC in die Schleimhaut des rechten Bronchos injiziert. b) Wrkg. auf die Harnblase. 5 mC ^{198}Au-Lsg. wurden in die Muskelschicht der Blase injiziert. — In Zeitabständen von 5—61 Tagen wurden die Tiere getötet, u. es wurden Gewebeschnitte aus verschied. Organen einschließlich der Lymphknoten entnommen u. als Suspension in HNO_3 auf ihre β-Aktivität mit einem GEIGER-Zähler untersucht. Die Unterss. ergaben, daß Radiogold in erheblicher Menge in den regionalen Lymphknoten abgesetzt wird. An den Injektionsstellen kommt es zu Radionekrosen. Vff. weisen auf die Bedeutung ihrer Meßergebnisse für die Diskussion der therapeut. Möglichkeiten des Radiogolds bei Bronchial- oder Blasencarcinomen hin. (A. M. A. Arch. Surgery **67.** 228—43. Aug. 1953. Louisville, Ky., Univ. of Louisville, School of Med., Dep. of Surgery.) REUSSE. 4160

E. N. Willmer, Tissue culture. 2nd edn. London: Methuen. 1954. (196 S. m. Abb., Diagr.) 9s. 6d.

T. C. Whitfield, An introduction to electronics for physiological workers. New York: St. Martin's Press. 1954. (245 S., Diagr.) $ 3,50.

E_2. Enzymologie. Gärung.

N. Ss. Drosdow und **W. D. Kopylowa,** *Die Katalase der Erythrocyten des Ochsen.* Die nach der Meth. von SEVAG u. MAIWEG (Naturwissenschaften **22.** [1934.] 561) aus Ochsenerythrocyten gewonnene Katalase (I) zeigte eine hohe Aktivität, die auch nach 4 Monate langer Aufbewahrung bei $+5^0$ unverändert erhalten war. I ist frei von Proteinen, diffundiert durch Kolloidmembranen u. ist bei p_H 7,4 optimal wirksam. Bei 53 u. 18^0 ist die Aktivität von I im Vgl. zu Verss. bei 37^0 etwas herabgesetzt. Durch Hydroxylamin wird I gehemmt. Die Hemmung ist am stärksten bei der $1 \cdot 10^{-4}$ mol. Konz., beginnt aber schon bei $1 \cdot 10^{-6}$. In analogen Verss. mit Thioharnstoff war kein Einfl. auf die I-Aktivität festzustellen. (Доклады Академии Наук СССР [Ber. Akad. Wiss. UdSSR] [N. S.] **92.** 135—37. 1/9. 1953.) RENTZ. 4210

Henry Carlsen, *Der Cocarboxylasegehalt des Aales (Anguilla vulgaris L.).* Zur Best. der *Cocarboxylase* (I) wurde fein zermahlenes Gewebe mit Diastase bei 40^0 12 Std. dephosphoryliert. Anschließend wurde das Eiweiß gefällt u. die klare Fl. im Vakuum eingeengt. Mit $K_3[Fe(CN)_6]$ u. NaOH wurde das Aneurin zum Thiochrom oxydiert u. mit Butylalkohol extrahiert. Die Fluorescenzmessung erfolgte im PULFRICH-Photometer. Ferner wurden der Sauerstoffverbrauch des Sommeraales u. die Schlagfrequenz des caudalen Lymphherzens in Abhängigkeit von der Temp. gemessen sowie der Geh. des Muskelgewebes an Aneurin bestimmt. Der I-Geh. des Muskelgewebes steigt im Sommer u. Winter bei hohen Adaptionstemperaturen. Der I-Geh. des Lebergewebes frisch gefangener Aale nimmt von November bis April wahrscheinlich infolge Verlagerung in die Muskeln ab. Der Aal enthält reichlicher als andere Fische Aneurin, das auch nach längerer Hungerzeit nicht verlorengeht. (Z. vergleich. Physiol. **35.** 199—208. 1953. Kiel, Univ., Zool. Inst.) FAUST. 4210

Helen A. Stafford und **Birgit Vennesland,** *Alkoholdehydrogenase aus Weizenkeimlingen.* Es konnte der Beweis erbracht werden, daß Extrakte aus Weizenkeimlingen eine oder mehrere *Alkoholdehydrogenasen* enthalten, die sowohl die Red. der TPN als auch der DPN durch eine Anzahl von Alkoholen katalysiert. Durch 10^{-2} mol. Jodacetat wird die Enzym-Rk. vollständig gehemmt. Es wird angenommen, daß die TPN-abhängige Oxydation von Hexosephosphat mit der Red. von Acetaldehyd in Ggw. des Enzyms gekoppelt ist. Zur Verfolgung solcher gekoppelter Rkk. wurde eine Meth. entwickelt, mit der die Säurebldg. in Bicarbonat-CO_2-Gemischen manometr. gemessen wird. (Arch. Biochem. Biophysics **44.** 404—14. Juni 1953. Chicago, Ill., Dep. of Botany and Biochem.) KATHEN. 4210

Kimmo K. Mustakallio und **Antti Telkkä,** *Histochemische Lokalisation der durch Quecksilber gehemmten Bernsteinsäuredehydrogenase in der Rattenniere.* Vff. injizierten subcutan *Novurit „Medica"* (*Mercurophyllin,* 39,5% Hg) in Dosen von 10—60 mg Hg/kg Körpergewicht männlichen Albinoratten. Die Sichtbarmachung der *Bernsteinsäuredehydrogenase* (I)-Aktivität erfolgte nach der histochem. Meth. von SELIGMAN u. RUTENBURG (C. **1952. 3344**). Dosen über 40 mg/kg Körpergewicht waren tödlich. In den Nieren verursachten 40 mg völlige I-Hemmung innerhalb von 2—4 Std., ausgenommen in einigen Sektionen. 20—30 mg fast völlige, 10 mg mäßige I-Hemmung. Die Nierenrinde dieser Tiere war purpurrot gefärbt im Vgl. zu einer dunkelblauen Farbe bei den Kontrolltieren. Vff. sind der Ansicht, daß die I-Hemmung durch Hg in Beziehung zur Diurese steht. (Science [Washington] **118.** 320—21. 18/9. 1953. Helsinki, Finnland, Univ., Dep. of Anatomy.) BRATFISCH. 4210

Elmar Heim, *Das Wirken der Hormone auf Fleisch — ermittelt am Hyaluronsäure–Hyaluronidase-System.* Muskelfleisch von Stieren, Ochsen, Kühen u. Kälbern wurde turbidimetr. auf *Hyaluronsäure* untersucht. Unterschiede im Reaktionsausfall werden auf hormonelle Differenzen zurückgeführt. (Berliner Münchener tierärztl. Wschr. **66.** 374—77. 15/11. 1953. München, Univ., Inst. für Tierzucht.) GIBIAN. 4210

Katherine S. Wilson und **V. M. Cutter jr.,** *Die Verteilung saurer Phosphatasen während der Entwicklung der Frucht von Cocos nucifera.* Während der Entw. der Cocosnuß wurde die Verteilung u. die Aktivität *saurer Phosphatasen* u. von anorgan. Phosphat verfolgt. Die größte Aktivität saurer Phosphatasen konnte im meristemat. Nucellus u. in den Außenschichten des Haustoriums des Embryos festgestellt werden. Die Aktivität wurde in solchen Geweben aufgefunden, die den höchsten Geh. an anorgan. Phosphat besaßen. Während seiner Entw. besitzt das Endosperm einen relativ niedrigen Geh. an anorgan. Phosphat u. an saurer Phosphataseaktivität, die Differenzierung in diesem Gewebe geht mit einem Anstieg der Phosphataseaktivität einher. (Amer. J. Bot. **39.** 57—58. Jan. 1952. New Haven, Conn., Dep. of Plant Sci.) KATHEN. 4210

Erich H. Maier, *Über den aktivitätsmindernden Einfluß des Cortisons auf die menschliche Serumcholinesterase in vivo.* Humane *Serumcholinesterase* (I) wird durch *Cortison* (II), das in einer KREBS-RINGER-Lsg. suspendiert ist, in vitro nicht gehemmt (5 mg **II** auf 0,1 cm^3 Serum). Injizierbares Cortison (**III**; CIBA), das in einer Suspensionslsg. (**IV**) aufgeschwemmt ist, hemmt in vitro **I**. Diese Hemmung wird durch **IV** hervorgerufen, wie Verss. in vitro mit **IV** allein zeigten. Die Zus. von **IV** ist Vf. unbekannt. Intramuskuläre Gaben von **IV** verändern die **I**-Aktivität nicht. Bei intramuskulärer Verabfolgung von **III** sowie bei peroralen Gaben von **II** wird die **I**-Aktivität rasch vermindert. (Klin. Wschr. **31**. 1008—09. 1/11. 1953. Tübingen, Univ., Med. Klin. u. Poliklin.) KIRSTEN. 4210

—, *Anticholinesterasen. Ihre Entdeckung und Wirkungsweise.* Anläßlich eines Symposiums der Wellcome Research Institution, London, wurde zusammenfassend über Entdeckung u. Wirkungsweise der Anticholinesterasen referiert. **J. H. Gaddum** brachte einen geschichtlichen Überblick der Anticholinesterasearbeiten (Auffindung des Eserins u. seine spezif. Cholinesterasehemmung, Entdeckung der Wrkg. organ. Phosphate von SCHRADER als Insekticide, Cholinesteraseeffekt des DFP). Es werden drei Gruppen unterschieden: 1. dem Eserin verwandte Verbb., welche sich reversibel mit dem Enzym vereinigen; 2. organ. Phosphate, die in vitro irreversibel wirken; 3. Substanzen, welche selbst nicht akt. sind, aber in vitro in akt. organ. Phosphate übergeführt werden können. — **W. Feldberg**: Zusammenfassung der Faktoren, die die Symptomatologie der Anticholinesterasen bestimmen. — **G. R. Cameron**: Klin. Erfahrungen mit Anticholinesterasen. (Pharmac. J. **171** ([4] **117**). 365—66. 7/11. 1953.) LAMPRECHT. 4210

M. E. Friedman, W. O. Nelson und **W. A. Wood**, *Proteolytische Enzyme von Bacterium linens.* Vff. arbeiteten mit einer extracellulären *Proteinase* (**I**; durch Fällung mit 52—100%ig. $[NH_4]_2SO_4$) u. den durch Zerstörung der Zellen gewonnenen intracellulären Fermenten (**II**). Die Ektoproteinasenproduktion zeigte eine deutliche Periodizität (Maxima nach 2 u. 8 Tagen Züchtung bei 25°). Dabei war die logarithm. Wachstumsphase nach ca. 3 Tagen beendet. Möglicherweise liegen zwei Proteinasen vor. Bei p_H 7 wurde die größte Enzymkonz. in der Nährlsg. erreicht. Glucose beeinflußte die Fermentproduktion nicht, ebenso hatte der Belüftungsgrad auf die pro mg Zellstickstoff gebildeten Proteinasemengen keinen Einfluß. p_H u. Temperaturoptima der Fermentwrkg. 7,2—7,3 bei 38°. **I** baute von den getesteten Substanzen nur Casein u. in geringerem Maße ein Bullenspermaprotein ab. Ein aus Magermilch durch Zentrifugieren gewonnenes Casein wurde leichter angegriffen als mit Säure gefälltes (Denaturierung), α-Casein besser als β-Casein. Es konnte eine geringe Peptidase (**III**)-, dagegen keine Polypeptidaseaktivität (**IV**) festgestellt werden. Die **II** zeigten deutlich **III** u. **IV**, aber nur eine geringe Proteinasenaktivität. (J. Dairy Sci. **36**. 1124—34. Okt. 1953. Urbana, Ill., Univ. od Illinois, Dep. of Dairy Sci., Labor. of Bact.) HANS THIELE. 4210

M. Brenner, H. R. Müller und **Eva Lichtenberg**, *Enzymatische Peptidsynthese.* 4. Mitt. *Incubation von D-Methioninisopropylester mit Homogenaten: Bildung von D-Methionyl-D-methioninisopropylester und D-Methionyl-D-methionin.* (3. vgl. C. **1952**. 4122.) In frischem Rattenleberhomogenat werden 80—90% von zugesetztem *D-Methioninisopropylester* (**I**) verseift, während der restliche **I** in *D-Methionyl-D-methioninisopropylester* (**II**) übergeht. Beide Rkk. verlaufen bei p_H 7 langsamer als bei p_H 8 u. 9. **II** wird von dem Homogenat innerhalb 50 Std. weitgehend, manchmal sogar vollständig zu *D-Methionyl-D-methionin* (**III**) verseift. In autolysierten Homogenaten, die den Dipeptidester **II** auch leicht bilden, wird **II** kaum mehr angegriffen. **III** u. das in manchen Fällen beobachtete entsprechende *Diketopiperazin* werden durch frisches oder autolysiertes Homogenat nicht mehr angegriffen. In hitzeinaktivierten Homogenaten u. Autolysaten erfolgt keine Umsetzung. Cyanidionen hemmen die enzymat. Rkk. nicht. Die Unters. einer Reihe weiterer Organe der Ratte auf ihre die **II**-Synth katalysierende Wrkg ergab: In Hodenhomogenat entsteht etwa soviel **II** wie in Leberhomogenat (ca. 10%). Lebermitochondrien bilden ebenfalls **II**. In Nierenhomogenat ist die Ausbeute geringer; noch kleinere, jedoch papierchromatograph. noch gut nachweisbare Mengen werden in Pankreas-, Herz-, Muskel- u Knochenmarkhomogenaten, sowie in Ansätzen mit Hautschnitten gebildet. Milz- u. Hirnhomogenate sind prakt. inaktiv. Die Nachweise erfolgten durch Papierchromatographie. Als Lösungsmittel dienten Collidin–W. u. n-Butanol–Eisessig–W. (4 : 1 : 5). **I, II, III** u. *D-Methionin* lassen sich durch eindimensionale Chromatographie in Butanol–Eisessig–W. gut trennen. Diejenigen Flecken, die von Oxydationsprodd. (Oxydation am Methionin-S!) herrühren, lassen sich mit Sicherheit identifizieren, wenn außer in Butanol–Eisessig–W.

zusätzlich eindimensional in Collidin–W. chromatographiert wird. Die früher (C. **1951**. I. 474) verwendete H_2O_2-Technik wurde verfeinert u. in Zweifelsfällen als unabhängige zweidimensionale Meth. herangezogen. (Helv. chim. Acta **35**. 217 bis 227. 1/2. 1952. Basel, Univ., Organ.-chem. Anst. u. Eiweißlabor. der Med. Klinik.) K. F. MÜLLER. 4210

M. Brenner, H. R. Müller und **A. Vetterli**, *Enzymatische Peptidsynthese*. 5. Mitt. *Incubation von* D-*Methioninisopropylester mit autolysiertem und frischem Leberhomogenat: Isolierung von* D-*Methionyl*-D-*methioninisopropylester und* D-*Methionyl*-D-*methionin*. (4. vgl. vorst. Ref.) Die in Rattenleberautolysat bzw. -homogenat aus D-*Methioninisopropylester* (**I**) gebildeten Umwandlungsprodd.: D-*Methionyl*-D-*methioninisopropylester* (**II**) u. D-*Methionyl*-D-*methionin* (**III**) wurden aus dem Reaktionsgemisch mit Essigester (**III** in Ggw. von Trichloressigsäure) extrahiert u. in Form ihrer Salze mit *1-Nitronaphthalin-5-sulfosäure* (**IV**) in reiner Form gewonnen. Die Salze waren mit synthet. Vergleichspräpp. identisch.

Versuche (FF. auf KOFLER-Block, korr.): D-*Methioninisopropylester* (**I**); Kristallisation als *Nasylat* (Nadeln aus Isopropanol, F. 150–152°, $[\alpha]_D^{16}$ –14,1 ± 0,5° [c = 5 in Methylcellosolve]), daraus **I** als Öl. D-*Methionyl*-D-*methionin* (**III**), $C_{10}H_{20}O_3 \cdot N_2S_2$, nach dem Diketopiperazinverf., F. 228–231°, $[\alpha]_D^{19}$ –27,6° (c = 2 in W.). D-*Methionyl*-D-*methioninisopropylester* (**II**), *Salz* mit *1-Nitronaphthalin-5-sulfonsäure* (**IV**), $C_{13}H_{26}O_3N_2S_2 \cdot C_{10}H_7O_5NS$, aus W., F. 192–195°, $[\alpha]_D^{17}$ –17,2 ± 0,8° (c = 2 in Pyridin); freier **II**, Öl aus dem **IV**-Salz. — Enzymat. Synthesen: 1. Synth. von **II**: 3,7 g **I** werden in 100 cm³ Leberautolysat (aus 13 g Rattenleber) gelöst, die Lsg. mit etwas Toluol versetzt u. 5 Std. bei Raumtemp. stehengelassen; 3mal Ausschütteln mit je 100 cm³ Essigester, Lösen der vereinigten, eingedampften Extrakte in 25 cm³ Isopropanol u. Zugabe von 800 mg **IV**; 380 mg **IV**-Salz ($C_{13}H_{26}O_3N_2S_2 \cdot C_{10}H_7O_5NS$) aus W., F. u. Misch-F. 192 bzw. 191–195°, $[\alpha]_D^{21}$ –16,4 ± 0,8° (c = 2 in Pyridin). 2. Synth. von **III**: 4,7 g **I** werden mit 150 cm³ Leberhomogenat (aus 27,5 g Rattenleber) 48 Std. bei 22° stehengelassen; nach 3maliger Essigesterextraktion wird die wss. Phase (Organbrei) mit 25 cm³ 20%ig. $Cl_3C \cdot COOH$ versetzt u. das auf 150 cm³ eingeengte Filtrat 4mal mit je 300 cm³ Essigester extrahiert. Überführung des von der $Cl_3C \cdot COOH$ u. dem Methionin abgetrennten **III** (Ausfällung aus der benzol. Lsg. mit Pentan; Chromatographie an *Amberlite IR-4 B*; 240 mg krist. Rohprod.) ins **IV**-*Salz*, F. u. Misch-F. 94–95 bzw. 96°. D-*Methionyl*-D-*methionin* (**III**), $C_{10}H_{20}O_3 \cdot N_2S_2$, aus dem **IV**-Salz, aus verd. A., F. u. Misch-F. 228–231°, $[\alpha]_D^{17}$ –28,2 ± 0,7° (c = 2 in W.). (Helv. chim. Acta **35**. 227–31. 1/2. 1952. Basel, Univ., Organ.-chem. Anst. u. Eiweißlabor. der Med. Klinik.) K. F. MÜLLER. 4210

F. G. Lennox, *Abbau von Wollkeratin durch Papainbisulfit-Harnstoff und ähnliche Systeme*. In verschied. Gemischen mit *Papain* (**I**), *Na-Bisulfit* (**II**; 0,1 mol.), *Harnstoff* (**III**; 4,0 mol.) sowie zusätzlichen *Proteinasen* (*Pepsin, Trypsin, Ficin* [**IV**], *Bromelin* [**V**], *Kathepsin* aus Rinderleber, *Pankreassaft* von Schweinen) wird Wolle von Merinoschafen „abgebaut". Am aktivsten erwies sich das Gemisch von **I**, **II** u. **III** bei 50–70° u. p_H 7,0. Beim Ersatz von **I** durch **IV** u. **V** tritt nur ein teilweiser Abbau ein, wenig akt. sind die weiteren Enzyme im p_H-Bereich zwischen 5,7 u. 9,6. Ersatz von **II** durch andere S-haltige Substanzen verringert ebenso den Abbau wie der Ersatz von **III** durch ähnliche Stoffe. Guanidin wirkt ähnlich wie **III**. — Horn- u. Federkeratin werden durch das Gemisch **I** + **II** + **III** weitgehend abgebaut, Seidenfibroin u. Plasmafibrin kaum angegriffen. (Austral. J. sci. Res., Ser. B **5**. 189–09. Febr. 1952. Melbourne, Biochem. Unit., Wool Textile Res. Labor. C. S. I. R. O.) LÜPNITZ. 4210

Masami Suda, Kiyoshi Tomihata, Akira Nakaya und **Akira Kato**, *Histidinstoffwechsel*. 2. Mitt. *Quecksilber, Cadmium oder Zink, Cofaktor von l-Histidindesaminase*. (1. vgl. Med. J. Osaka Univ. **3**. [1952.] 115.) In einer früheren Arbeit war beschrieben worden, daß *Urocaninsäure* (**I**) beim *l-Histidin* (**II**)-Stoffwechsel gebildet wird. Im Anschluß an diese Unterss. wurde zur weiteren Klärung des **II**-Abbaus *l-Histidindesaminase* (**III**) nach einer mehrstufigen Meth. in hochgereinigter Form dargestellt — Vff. zeigten an dem hochgereinigten **III**-Präp., daß Mn^{2+}, Fe^{3+}, Ba^{2+}, Ag^+ u. Pb^{2+} in einer Konz. von $2 \cdot 10^{-4}$ mol. komplette Hemmung verursachen. *Cyanid* hemmte in einer Konz. von 10^{-2} mol. zu 54%, in einer Konz. von $2 \cdot 10^{-2}$ mol. zu 97% die Desaminierungsreaktion. *8-Oxychinolin* hemmte in einer Konz. von 10^{-3} mol. zu 40%, während 10^{-3} mol. *6-Phenantrolin*, $5 \cdot 10^{-3}$ mol. *Semicarbazid* u. $2 \cdot 10^{-2}$ mol. *Arsenat* ohne Wrkg. waren. — Durch Dialyse gegen entionisiertes W. wurde **III** inaktiviert. Durch Zusatz von $2{,}5 \cdot 10^{-4}$ mol. Hg^{2+} u. von $5 \cdot 10^{-4}$ mol. Cd^{2+} konnte die Aktivität wiederhergestellt werden, die Aktivierung durch Zn^{2+} war weniger eindrucksvoll als mit Hg^{2+} u. Cd^{2+}. Diese Befunde sprechen für eine Cofaktorwrkg. der Metallionen

Hg^{2+}, Cd^{2+} u. Zn^{2+}. (J. Biochemistry [Tokyo] **40.** 257—60. Mai 1953. Osaka, Osaka Univ., Dep. of Biochem., Res. Inst. for Microbiol. Diseases. [Orig.: engl.])
WOLFGANG ALBRECHT. 4210

G. C. Shrivastava, S. C. Agarwala und **S. S. Bhatnagar,** *Antigenität und Enzymaktivität von Salmonella typhosa.* Verschied. Stämme von Salmonalle typhosa werden auf ihre Enzymaktivität untersucht. Der O_2-Verbrauch in Ggw. von Glutaminsäure bzw. Tyrosin wird in der WARBURG-App. gemessen. BHATNAGARs Stamm Vi I zeigt den höchsten O_2-Verbrauch, gefolgt von WATSONs V, O–901 u. H–901. Das Vi-Antigen wird für diesen Unterschied verantwortlich gemacht. (Experientia [Basel] **9.** 421—22. 15/11. 1953. Bombay, St. Xavier's Coll., Cains Res. Labor., u. Lucknow, Central Drug Res. Inst.)
LINGENS. 4210

Fritz Bischoff, Charles L. Gray und **Robert E. Katherman,** *Östronase-Aktivität von menschlichen und Nagergeweben.* Die *Östronase* (**I**)-Aktivität von Muskel, Erythrocyten, Uterus, Lunge u. Hoden verhält sich beim Menschen u. bei Nagetieren (Maus, Ratte, Kaninchen) gleichartig. Unter **I** wird das Enzymsyst. verstanden, das *Östron* (**II**) in ein wirksameres Östrogen überführt, wobei die Rolle von **II** (Substrat, Coenzym oder Acceptor?) noch ungeklärt ist. Die Aktivität wird als **I**-Index angegeben, der die prozentuale Zunahme der biol. Wirksamkeit bei 2std. Einw. von 1 g Gewebe auf 200 γ **II** bei 38° bedeutet. Bei den 3 untersuchten Tierspecies wurde eine sehr hohe Aktivität der Testes festgestellt (209 $\pm$ 14 bis 859 $\pm$ 79; 47jähriger Mann 102 $\pm$ 10; 73jähriger 9 $\pm$ 9). Kaninchenerythrocyten 39—98 (Mittel 64); Erythrocyten von weiblichem Blut 15—45 (Mittel 21); Schilddrüse (Mensch) 10 $\pm$ 4; hypertroph. Prostata (Mann) 3 $\pm$ 3, Magenschleimhaut (Mensch) 33 $\pm$ 4. NaF hemmt die **I**-Rk. in Lungen- u. Testesgewebe stark, die des Uterus jedoch nicht. Es ist nicht unwahrscheinlich, daß **II** an sich keine biol. Aktivität besitzt u. nur das Umwandlungsprod. (*Östradiol* [**III**]?) östrogen wirkt. **III** zeigte in dem angewendeten biol. Testverf. die 20fache Wirksamkeit von **II**. (Endocrinology **53.** 321—25. Sept. 1953. Santa Barbara, Calif., Cottage Hosp.)
K. MAIER. 4210

James B. Walker, *Eine enzymatische Reaktion zwischen Canavanin und Salzen der Fumarsäure. L-Canavanin = O-Guanidino-α-amino-γ-oxybuttersäure* (**I**) u. Fumarsäuresalze bilden in Ggw. von aus Jackbohnenmehl erhaltener Arginosuccinase oder Aceton getrockneter Zellen verschied. Mikroorganismen *Canavanobernsteinsäure* (**II**; HOOC·CH(NH_2)·CH_2·CH_2·O·NH·C:(NH)NH·CH·(COOH)·CH_2·COOH), die als Bariumsalz isoliert wurde. Die Isolierung des Bariumsalzes von **II** erfolgt analog der Isolierung des Bariumsalzes der Argininbernsteinsäure (**III**; J. biol. Chemistry **203.** [1953.] 143). **II** wurde papierchromatograph. bestimmt. Eines der Zersetungsprodd. von **II** ist Asparaginsäure. **II** wird in Ggw. von aus Jackbohnenmehl erhaltener Arginosuccinase u. Aceton getrockneter Zellen verschied. Mikroorganismen nicht nur gebildet, sondern auch leicht gespalten. **I** hemmt die Bldg. von **III** aus Arginin u. Fumarsäure, während Arginin die Bldg. von **II** aus **I** u. Fumarsäure hemmt. (J. biol. Chemistry **204.** 139—46. Sept. 1953. Austin, Tex., Univ. of Texas u. Clayton Found. for Res., Biochem. Inst.)
FAUST. 4210

Thelma C. Gould und **F. E. Shideman,** *Der Thiopentalabbau durch ein verstärktes zellfreies Gewebspräparat der Ratte in vitro.* Ein zellfreies Rattenleberhomogenat kann unter bestimmten Bedingungen in vitro *Thiopental* (**I**) abbauen. Die höchste Aktivität wird erreicht in Ggw. von *Cytochrom c, Adenosintriphosphat, Nicotinamid* u. einem Substrat, wobei sich Intermediärprodd. des Kohlenhydratstoffwechsels (*Citronen-, α-Ketoglutar-, Bernstein-, Fumar-, Malonsäure*) als am besten geeignet erwiesen. Die Rk. ist an die Anwesenheit von O_2 gebunden u. wird durch *Cyanid* ($2 \cdot 10^{-2}$ mol.) völlig, durch *Antimycin A* ($3{,}6 \cdot 10^{-7}$ mol.) fast völlig gehemmt, während *Malonat* ($5 \cdot 10^{-2}$ mol.) keinen deutlichen Einfl. hat, obwohl es wie *Antimycin A* den O_2-Verbrauch um ca. 70% senkt. *2.4-Dinitrophenol* ($1 \cdot 10^{-4}$ mol.) senkt den **I**-Abbau um ca. 30%, während *Carinamid* ($2 \cdot 10^{-4}$ mol.) keinen Einfl. hat. Die Verss. wurden bei 138° durchgeführt. Stehenlassen des Homogenates für 3 Std. bei 0° änderte die Aktivität nicht wesentlich, bei 25° wurde sie um ca. 30% gesenkt, bei 38° fast völlig aufgehoben. Zentrifugieren bei verschied. Geschwindigkeit ergab, daß die Aktivität vor allem in den gröberen Partikeln lag. Der günstigste p_H-Wert lag zwischen 6,4 u. 9,4, geringere p_H-Werte (bis 4,4) ergaben eine Aktivitätsverminderung um 25%. Sättigung des Syst. trat bei ca. 1 γ **I**/mg Leber ein. Höhere **I**-Konz. ergab keine Steigerung des Abbaus. Steigerung der Gewebsmenge ergab Abnahme der Aktivität. Auch mit anderen Geweben gelang der **I**-Abbau, allerdings in geringerem Ausmaß als mit Leber, in der Reihenfolge: Niere, Hirn, Skelettmuskel, Herzmuskel, Dünndarm. (J. Pharmacol. exp. Therapeut. **104.** 427—39. April 1952. Ann Arbor, Mich., Univ. of Michigan, Med. School, Dep. of Pharmacol.)
DAUTZENBERG. 4210

Susumu Iijima und **Eiichi Tokunaga,** *Experimentelle Untersuchung über Guanofuracinleukoderma.* Nach lokaler Anwendung von *Guanofuracin* (**I**) = 5-Nitrofurfurylidenaminoguanidin-HCl, zeigten sich Leukoderma der Augenlider u. Leukotrichie der Wimpern. Die aerobe Oxydation (WARBURG-Verf.) wurde von **I** am stärksten bei *Phenol* u. *Tyrosin* gehemmt, schwach bei o-Kresol, Catechin u. Dopa. Durch $CuSO_4$ (**II**) trat Enthemmung ein. Die UV-Absorption von **I** mit u. ohne **II** bestärkte die Ansicht, daß die Wrkg. von **I** auf der Bindung mit dem Cu des Enzyms beruhe. Die Hemmung durch **I** ist von kompetitivem Typ. Das **I**-Leukoderma scheint auf der Tyrosinase (**III**)-Hemmung zu beruhen, wobei das Cu der **III** nicht nur das Aktivitätszentrum, sondern auch der Bindungsort von Substraten mit dem Enzym ist. — 31 Literaturangaben. (Jap. J. Dermatol. Urol. **63.** 490—95. Okt. 1953. Fukushima Med. Coll. [Orig.: japan., Auszug: engl.]) SCHULER. 4210

T. Wikén und **O. Richard,** *Der Einfluß minimaler Mengen Sauerstoff auf die Vergärung der Glucose durch die Kulturweinhefe „Fendant“.* Die Kulturweinhefe „Fendant“ wird in einer Nährlsg. aus vitaminfreiem Caseinhydrolysat, Kaliumcitrat, Mineralsalzen u. Glucose gezüchtet. Das gebildete Kohlendioxyd wird volumetr. gemessen. Bei 17 Std. alten Kulturen nimmt die Vergärung der Glucose in Ggw. von reinem N_2 (gleicher Effekt bei Ggw. von Argon) kräftig ab. O_2 in Mengen über 0,01 bis 0,05 Vol.-% steigert die Vergärung der Glucose. Beide Einflüsse treten bei 66 Std. alten Kulturen nicht oder nur in schwachem Maße auf. Es wird gefolgert, daß in ruhenden Zellen aus jungen Kulturen eine oder mehrere Komponenten des Cymasesyst. durch N_2 oder Ar inaktiviert werden. Die Inaktivierung wird durch kleine Mengen O_2 ganz oder teilweise aufgehoben. (Experientia [Basel] **9.** 417—20. 15/11. 1952. Zürich, ETH, Inst. für landwirtsch. Bakteriol. u. Gärungsbiol.) LINGENS. 4270

Walter J. Nickerson und **Zbigniew Mankowski,** *Die Rolle der Ernährung bei der Erhaltung der Hefeform von Candida.* Candidahefen bilden in Nährböden, die nur Glucose als einzige C-Quelle enthalten, ausschließlich Keimzellen. In Stärke-, Glykogen- oder Dextrin-haltigen Nährböden tritt Filamentbldg. ein, die auf Zusatz von $^1/_{100}$ mol. Cystein ausbleibt. Daraus wird geschlossen, daß Glucose ausreicht, um die mit einem n-Kohlenhydratstoffwechsel enzymat. verknüpfte Red. von Disulfiden zu Thiolen zu gewährleisten, die notwendig ist, um die Vorgänge bei der Zellteilung aufrechtzuerhalten. (Amer. J. Bot. **40.** 584—92. Okt. 1953. New Brunswick, N. Y., Rutgers Univ., Dep. of Microbiol.; Providence, R. I., Brown Univ., Arnold Biol. Labor.) PRANG. 4270

F. Friedberg, *Über die Einfügung von radioaktiven Aminosäuren in die Proteinfraktion von Torula utilis.* Torula utilis wird in Ggw. von radioakt. DL-$^{14}C_{(1)}$-Alanin nach der Meth. von WEBB u. Mitarbeitern (C. **1952. 1669**) gezüchtet. Sowohl bei Zugabe von inakt. L-Alanin als auch von D-Alanin tritt Aktivitätsverminderung der Eiweißfraktion ein. Es wird gefolgert, daß die Hefezelle beide Isomere ausnützen kann. (Experientia [Basel] **9.** 425. 15/11. 1953. Washington, Howard Univ., Dep. of Biochem.) LINGENS. 4270

E₃. Mikrobiologie. Bakteriologie. Immunologie.

Jørgen Bang, *Thalliumacetat in Nährböden, die zum bakteriologischen Nachweis der Gonorrhoe verwendet werden.* Der Zusatz von *Thalliumacetat* (**I**) in Konzz. von 0,01 % zum Kulturmedium erlaubt eine leichtere u. schnellere Diagnose der Gonorrhoe im Vgl. zu den Ergebnissen ohne Zusatz von **I**. Eine fördernde Wrkg. von **I** hinsichtlich Lebensdauer (Zeit des Abstriches bis zur kulturellen Aussaat) der Gonokokken konnte nicht nahegewiesen werden. (Acta dermato-venereol. [Stockholm] **32.** Suppl. **29.** 34—42. 1952. Copenhagen, Statens Seruminst.) ZELLER. 4310

F. M. Sirotnak, R. N. Doetsch, R. E. Brown und **J. C. Shaw,** *Aminosäurestoffwechsel von Pansenbakterien des Rindes.* Vff. ließen Aufschwemmungen von Pansenbakterien auf 22 Aminosäuren einwirken. *Asparaginsäure* (**I**), *Glutaminsäure* (**II**), *Serin* (**III**), *Arginin* (**IV**), *Cystein* (**V**) u. *Cystin* (**VI**) wurden decarboxyliert u. desaminiert. Für die anderen Aminosäuren ließ sich mit der angewandten Meth. ein Abbau nicht nachweisen. Beide Rkk. verlaufen optimal bei p_H 6,9. Als Endprodd. wurden neben CO_2 u. NH_3, Essigsäure, Propionsäure u. Buttersäure nachgewiesen (für **V** u. **VI** außerdem H_2S), *Maltose, Cellobiose* u. *Glucose* stimulierten die Desaminierung u. Decarboxylierung von **I**, sowie die Desaminierung von **II**—**VI**. Aus der Tatsache, daß **I** bes. stark angegriffen wird, könnte geschlossen werden, daß sie eine wichtige Rolle als Zwischenprod. beim Abbau pflanzlicher Proteine spielt. Die Bedeutung der biochem. Leistungen der *Pansenbakterien* für das Wirtstier wird diskutiert. (J. Dairy Sci. **36.** 1117—23. Okt. 1953. Univ. of Maryland, Dep. of Bact. and Dairy Husb.)
HANS THIELE. 4320

K. Heicken, *Untersuchungen zur Bekämpfung des gewerblichen Milzbrandes. 1. Mitt. Die Wirkung von aliphatischen Carbonsäuren und von Rhodanwasserstoffsäure auf Milzbrandsporen.* Das Sporenabtötungsvermögen aliphat. Carbonsäuren ist von ihrer Konst. abhängig. Es nimmt bei Monocarbonsäuren mit der Länge der C-Kette zu, bei Dicarbonsäuren ab. Dreibas. Carbonsäuren u. Oxycarbonsäuren sind wenig, Thiocarbonsäuren verhältnismäßig gut wirksam. Die Einführung von Halogen in die Fettsäuren verstärkt im allg. die Wirksamkeit. Die Stellung des Halogens ist wichtig. Die sporicide Wrkg. erwies sich nicht in allen Fällen als eine Funktion des Dissoziationsgrads u. der Oberflächenaktivität der Säuren. Auf die Wrkg. der Rhodanwasserstoffsäure hat die Temp. einen deutlichen, NaCl einen geringen Einfluß. Die Ggw. von Sulfaten beeinträchtigt die Wirksamkeit. (Z. Hyg. Infektionskrankh. **135.** 307—29. 1952. Berlin, Robert-Koch-Inst.) FISCHOEDER. 4330

Suzanne Lambin und **Jacqueline Bernard,** *Prüfung der bakteriostatischen Wirksamkeit von Alkaloiden auf einige Bakterienarten.* Unter 58 geprüften Alkaloiden hatten nur ca. 10 eine bakteriostat. Wrkg., die bei Chinin- u. Cepharanthinchlorid, Isotetrandrinacetat, Berberinsulfat, Apomorphinchlorid, Sanguinarinnitrat, Ibogain- u. Harminchlorid am stärksten war. Oft war das Bakterienwachstum anfangs verzögert. Hieraus können Irrtümer bei der Sterilitätsprüfung injektionsfertiger Alkaloidlsgg. entstehen. (C. R. Séances Soc. Biol. Filiales **147.** 766—70. Mai 1953. Paris, Fac. de Pharm., Labor. de Microbiol.) FISCHOEDER. 4330

W. F. Kondratjewa, *Antibakterielle Eigenschaften des Tranes des dreistacheligen Stichlings.* Der Tran des dreistacheligen Stichlings, dessen Menge im Spätherbst bis zu 15% des Körpergewichts betragen kann, besitzt starke antibakterielle Eigg., bes. gegenüber dem Vibrio Metschnikow u. den Bakterien der Dysenteriegruppe, in etwas schwächerem Maße gegenüber den Typhus–Paratyphus-Bakterien. Irgendwelche morpholog. Veränderungen unter der Einw. des Trans waren bei den Bakterien nicht nachweisbar. Auch die saure Rk. des Tranes ist nicht maßgebend, da die baktericide Eig. auch bei schwach alkal. Rk. nicht verlorengeht. Die antibakteriellen Eigg. werden bei der Lagerung des Trans verstärkt. (Природа [Natur] **42.** Nr. 2. 114. Febr. 1953. Leningrad, Kirow-Inst. für Ärztefortbldg.) RENTZ. 4330

P. vor dem Esche, *Der Einfluß der Elektrolyte auf den Quellungszustand von Bakterien.* 2. Mitt. (1. vgl. C. **1954.** 4181.) Es wird gezeigt, daß die Wirkungsweise des von SOBERNHEIM angegebenen Zusatzes von Soda zum Kochwasser bei der Instrumentensterilisation auf einer Quellungswrkg. gegenüber Bakterien u. Sporen beruht, die mit einer Herabsetzung der Thermoresistenz verbunden ist. Die Frage, ob bei dem ebenfalls von SOBERNHEIM angegebenen Verf. eines kombinierten Zusatzes von Na_2CO_3 u. Formalin zum Kochwasser Quellungsvorgänge am Abtötungseffekt beteiligt seien, konnte verneint werden. Diese Kombination erwies sich als unbrauchbar, da das Formalin bei Siedetemp. in alkal. Lsg. eine chem. Umwandlung erfährt, die seine keimtötenden Eigg. aufhebt. (Arch. Hyg. Bakteriol. **137.** 487—98. 1953. Münster, Westfäl. Wilhelms-Univ., Hyg. Inst.) GOEBEL. 4330

I. A. Parfentjev, *Eine Fraktion aus Handelshefe mit Schutzstoffen gegen bakterielle Infektionen.* (Vorl. Mitt.) Normale u. mit einer H. pertussis-Vaccine gegen diverse gramnegative Bakterien sensitivierte u. mit Stämmen von Proteus vulgaris OX 19, Pasteurella multocida u. Brucella suis infizierte Mäuse wurden mit gutem Erfolg mit einem aus Bäckerhefe isolierten, sehr wirksamen Na-Nucleat, über dessen Herst. später berichtet werden soll, gegen diese Infektionen geschützt. Das Präp. zeigte auch gute Schutzwrkg. bei mit letalen Dosen lebender Proteusbakterien infizierten Mäusen u. Meerschweinchen. (Yale J. Biol. Med. **26.** 75—77. Sept. 1953. Yale Univ., Dep. of Microbiol., School of Med.) GERDA SCHULZE. 4330

G. Gillissen und **S. Carlson,** *Der Einfluß von elektrischem Strom auf die Produktion antibiotischer Stoffe durch Schimmelpilze.* Im halbsynthet. CZAPEK-DOX-Medium stimuliert ununterbrochener Wechselstrom von 40 mA 50 Hz oder jeweils nach 1 Min. auf 4 Min. unterbrochener von 100 mA, 50 Hz belüftete Kulturen von *Aspergillus oryzae*, *Penicillium chrysogenum NRRL 2000* u. *P. notatum* gegenüber Kontrollversuchen. Die geringe Temperaturerhöhung von 0,5—1° ist nicht die Ursache des schnelleren Wachstums u. der größeren Aktivität. In rein organ. Medien u. bei hochgezüchteten Penicilliumstämmen ist der Einfl. geringer. (Gesundheits-Ing. **74.** 166—67. Mai 1953. Mainz, Univ., Hyg. Inst.) MÜHLMEISTER. 4340

John A. Alford, *Das Vorkommen penicillin-, streptomycin- und sulfonamidresistenter Bakterien in verdünntem Bullensperma.* Vff. bestimmte die Gesamtkeimzahl in Proben verd. Bullenspermas, die *Penicillin* (**I**), *Streptomycin* (**II**) u. *Sulfonamid* (**III**) enthielten. Durch Zusatz von *p-Aminobenzoesäure* u. *Penicillinase* (in einigen Fällen

Anwendung eines stark reduzierenden Difco-Thiolnährbodens zur Inaktivierung des II) gelang es, die Wrkg. der Antibiotica u. des III zu neutralisieren u. bedeutend höhere Keimzahlen (40—12000 Keime/ml) zu erhalten als auf n. Nährboden (30—2500 Keime/ml). Der Befruchtungswert des Spermas steht offensichtlich in keinem Zusammenhang mit der Anzahl resistenter Bakterien. III hatte den geringsten Einfl. auf die Keimzahl, während I u. II schon allein eine wesentliche Keimred. bedingten, kombiniert aber noch bessere Wrkg. zeigten. *Diphtheroide Bakterien* u. *Hefen* machten den Hauptanteil der überlebenden Organismen aus. Jene sind ziemlich II-resistent, werden aber durch *Terramycin*, *Aureomycin* u. I gehemmt. (J. Dairy Sci. **36.** 1097—1103. Okt. 1953. Mississippi, Agric. Exp. Stat., Dep. of Anim. Dis.) HANS THIELE. 4340

R. Koulumies, Kaino J. Aaltonen und **Matti Kannisto,** *Versuche über den Einfluß von Aureomycin auf die Fermentaktivität von Escherichia coli.* Der Zusammenhang zwischen der Resistenzsteigerung gegenüber Aureomycin von Escherichia coli u. der Größe der Fermentaktivität wurde untersucht. Vorverss. mit 15 Kohlenhydraten waren fast in allen Fällen negativ. Die weitere Unters. des Abbaus von Dextrin in Abhängigkeit von der Resistenzsteigerung ergab keine Änderung des Abbauvermögens. Beim Abbau des Salicins wurde eine Verzögerung bei 18 mit Aureomycin behandelten Stämmen im Vgl. mit unbehandelten Stämmen festgestellt. (Ann. Med. exp. Biol. fenn. **31.** 243—47. 1953. Helsinki, Univ., Dep. of Serol. and Bacteriol.) LINGENS. 4340

H. Knothe und **E. Elbing,** *Über die Wirkungsbreite des Magnamycin.* Bericht über *Magnamycin* (I), ein Antibioticum mittlerer Wirkungsbreite, das sich zur gezielten Bekämpfung von Enterokokken- u. Staphylokokken eignen dürfte. Besprochen werden in vitro-Verss. mit I gegenüber grampositiven u. -negativen Erregern. Mit Hilfe der gasanalyt. Atmungsmessung wurde an I vorwiegend bakteriostat. Wrkg. festgestellt; I-Testung auf verschied. antibioticaresistente Erregerstämme ergab bei allen I-Empfindlichkeit. Die gewonnenen Ergebnisse werden mit früheren Angaben von ENGLISH u. Mitarbeitern (J. B. Antibiotics and Chemotherapie **2.** [1952.] 441; **3.** [1953.] 678) verglichen. (Dtsch. med. Wschr. **78.** 1711—12. 4/12. 1953. Kiel, Univ., Hyg. Inst.) DOSSMANN. 4340

Kyūzō Ōmachi, *Ein neues Antibioticum, Vinacetin, hauptsächlich antagonistisch wirksam gegen menschliche Tuberkelbacillen.* Es wird die Darst. eines neuen Antibioticums, *Vinacetin* (I), beschrieben, das in erster Linie gegen Mycobakterien eine antagonist. Wrkg. zeigt. I wird in gelben krist. Plättchen erhalten (F. 157—158°) u. scheint eine chinoide Struktur zu besitzen. Im Vgl. mit Streptomycin hat I in vitro gegenüber menschlichen Tuberkelbacillen ungefähr die gleiche Wirksamkeit. Intravenöse u. intraperitoneale Injektionen von 5 mg I ließen an Mäusen noch keine Toxizität erkennen. (J. Antibiotics [Tokyo] Ser. A **6.** 73—79. April 1953. Tohoku Univ., Sendai, Fac. of Med., Dep. of Bacteriol. [Orig.: engl.]) RODERICH KÖNIG. 4340

B. H. Olson, J. C. Jennings und **A. J. Junek,** *Trennung von Synnematin in die Komponenten A und B durch Papierchromatographie.* Vff. weisen papierchromatograph. nach, daß Filtrate von natürlich vorkommenden Kulturen von Cephalosporium salmosynnematum, die das Antibioticum *Synnematin* (I) produzieren, wenigstens 2 akt. Komponenten A u. B enthalten. Angabe der Meth. zur Trennung der akt. u. inakt. Fraktionen vom Ausgangsprod. mit Isopropanol, Äthanol bzw. Bzl., Xylol u. Chloroform. Die akt. Fraktion gibt positive Rkk. mit Polypeptid, N, S, negative Werte mit Tryptophan u. Kohlenhydraten. Mit gepuffertem *Methanol* (II) als Lösungsm. wurden dann 2 Komponenten der akt. Fraktion papierchromatograph. getrennt, die Komponente, die mit II fließt, ist I-B, die andere I-A. Nach den Hemmungszonen mit 20 E. I ist I-A akt. gegenüber Proteus vulgaris (a), Sarcina lutea (b), Salmonella typhimurium, geringere Aktivität gegenüber B. subtilis u. Staph. aureus. I-B ist nur akt. gegenüber a, b, c. Keine Hemmwrkg. auf Coli bei I-A u. I-B. (Science [Washington] **117.** 76—78. 23/1. 1953. Lansing, Mich., Dep. of Health.) DOSSMANN. 4340

G. Höhne und **K. Thomsen,** *Ein Mikroschnelltest zur Resistenzbestimmung von Keimen gegen Antibiotica.* Bericht über einen Filterpapierscheibenschnelltest, der auf dem Prinzip der Beobachtung lebender Keime unter dem Phasenkontrastmikroskop nach POETSCHKE u. BROMMER beruht. Mit dem Test läßt sich die Empfindlichkeit von Mikroorganismen gegenüber Antibioticis u. a. bereits nach einer Bebrütungszeit von 3—5 Std. bestimmen. Das Ergebnis kann durch Weiterbebrütung der Testnährböden makroskop. kontrolliert werden. Technik, Ablesen u. Beurteilung des Testes werden besprochen. (Dtsch. med. Wschr. **78.** 1771—73. 18/12. 1953. Hamburg-Eppendorf, Univ., Frauenklinik.) DOSSMANN. 4340

June P. Thurston, *Die Chemotherapie von Plasmodium berghei.* 1. Mitt. *Resistenz gegen Arzneimittel.* Sensibilitätsprüfungen mit verschied. Verbb. an 3 gegen *Methylen-*

blau (I), *Pyrimethamine* (= *Daraprim*; II) u. *Sulfadiazin* (III) resistent gezüchteten Stämmen von Plasmodium berghei ergaben, daß der I-resistente Stamm sensitiv war gegen *Pamaquine, Mepacrine*, III, *Proguanil*, II u. *2.4-Diamino-6.7-camphanopteridin*, daß der II-resistente Stamm kreuzresistent war gegen *Proguanil CPT* = *2.4-Diamino-1-p-chlorphenyl-1.6-dihydro-6.6-dimethyl-1.3.5-triazin, 2.4-Diamino-6.7-(1'-äthylindolo)-pteridin, 2.4-Diamino-6.7-camphanopteridin* u. *2.4-Diamino-5-p-chlorphenylpyrimidin*. Der III-resistente Stamm war kreuzresistent gegen II, *Sulfanilamid*, Proguanil, CPT, *2.4-Diamino-6.7-di-n-hexylpteridin* u. *2.4-Diamino-6.7-diisopropylpteridin*. Er war sensitiv wie der Mutterstamm gegenüber *Chinin*, Mepacrine, *Chloroquine*, Pamaquine, Methylenblau u. *M 3349* (*2-p-Chlorphenylguanidino-4-β-diäthylaminoäthylamino-6-methylpyrimidin*). Die Wrkg. von III gegen den III-resistenten Stamm wurde gehemmt von der gleichen Dosis p-Aminobenzoesäure bzw. Folsäure, die bei dem Mutterstamm erforderlich war, obgleich die Dosis von III um das 30fache gesteigert war. (Parasitology **43**. 246—52. Nov. 1953. London, Nat. Inst. for Med. Res., Cambridge, Univ., Molteno-Inst.) GERDA SCHULZE. 4380

John V. Slater, *Der Einfluß von Kobalt auf das Wachstum der Protozoe Tetrahymena.* (Vgl. nachst. Ref.; vgl. auch Physiol Zoöl. **25**. [1952.] 283.) In Verss. mit bes. gereinigtem synthet. Nährmedium wurde gefunden, daß Co von *Tetrahymena* für das Wachstum benötigt wird. Ohne Co tritt vollständiger Wachstumsstillstand ein, wenn das Medium keine Glucose enthält. Durch 0,5 γ/ml Co-Ion wird schon eine deutliche Wachstumsanregung bewirkt, die stärkste durch 8 γ/ml. In einem Medium mit 0,025% Glucose erfolgt maximales Wachstum auch ohne Co-Zusatz, aber die Zeit bis zum Eintreten der Wrkg. ist dabei $>$50 Std. länger als bei Ggw. von 4—8 γ/ml Co. Bei 0,1% Glucose im Medium wird maximales Wachstum unabhängig von der Menge des vorhandenen Co erreicht, aber bei 0—3 γ/ml Co ist die Latenzzeit 24 Std. länger als bei 4—8 γ/ml. Bei Kulturen in gereinigten Medien mit 0,1% Glucose wird das gleiche Endwachstum erreicht wie bei solchen in nicht gereinigten, aber die Wachstumsgeschwindigkeit ist bei ersteren nur $^2/_3$ derjenigen bei letzteren. (Physiol. Zoöl. **25**. 323—32. Okt. 1952.) SCHWAIBOLD. 4380

Alfred M. Elliott und **James F. Hogg,** *Kulturvariation bei Tetrahymena.* Auf Grund früherer Beobachtungen (vgl. HOGG u. ELLIOTT, J. biol. Chemistry **192**. [1951.] 131) über die Anpassungsfähigkeit von *T. geleii* an verschied. Nährmedien wurden qualitative Unterss. zur näheren Kenntnis dieses Verh. durchgeführt. Es wurde ein synthet. Nährmedium mit 11 Aminosäuren, Kohlenhydrat, Salzen u. 10 Wachstumsfaktoren verwendet. Es wurde gefunden, daß dieser Organismus sich den Ernährungsbedingungungen bzgl. gewisser Aminosäuren anzupassen vermag. Es wurde sowohl ein Wachstum bei Fehlen einer einzelnen Aminosäure (Arginin, Serin) beobachtet als auch ein Wachstum bei vorher nicht ausnutzbaren, Aminosäuren ersetzenden Verbb. (Citrullin, „Ketoisoleucin"). Mehrere Möglichkeiten, die diesen Vorgängen zugrunde liegen können, werden erörtert sowie die Bedeutung der letzteren für die Forschung bei *T. geleii*. (Physiol. Zoöl. **25**. 318—23. Okt. 1952. Univ. of Michigan, Med. School, Dep. of Zool., Dep. of Biol. Chem.) SCHWAIBOLD. 4380

E_4. Pflanzenchemie. Pflanzenphysiologie. Pflanzenpathologie.

Jean Séchet, *Über die Bildung der Ascorbinsäure während der „Printanisation"-Behandlung.* Während einer n. Keimung (1—16 Tage mit 110% W. bei 25°) u. einer „Printanisation"-Behandlung (3—130 Tage bei 2°) von Samen der weißen Lupine wurde die Bldg. von *Ascorbinsäure* (I) verfolgt. Im 1. Fall stieg I von 0 auf 590 γ/g Trockensubstanz während der ersten 3 Tage an, um schnell wieder stark abzufallen (am 13. Tag nur noch 80 γ/g). Im 2. Fall erreichte I nach einem anfänglichen gemäßigten Anstieg am 130. Tag 1400 γ/g Trockengewicht. In beiden Fällen besitzen die Samen Wurzeln gleicher Länge. (C. R. hebd. Séances Acad. Sci. **237**. 434—36. 10/8. 1953.) KATHEN. 4425

A. C. Leopold und **Frances I. Scott,** *Physiologische Faktoren für das Ansetzen von Tomatenfrüchten.* Vff. studieren an einer selbststerilen Tomatensorte (John Baer) das Ansetzen von Früchten, welches entweder durch Befruchtung oder durch Besprühen mit Auxin (p-Chlorphenoxyessigsäure; I) eingeleitet wurde. In beiden Fällen war die Fruchtbldg. stark u. quantitativ abhängig von der Ggw. reifer Blätter; abgedunkelte Blätter waren weniger wirksam als belichtete. Verss. mit abgeschnittenen Blüten (nach Übersprühen mit I-Lsg. u. Kultur auf Agar) ergaben, daß reife Blätter als Ernährungsquelle durch eine Reihe von verschied. Stoffen ersetzt werden können, z. B. durch Kohlenhydrate, organ. Säuren, organ. u. anorgan. Stickstoffverbb., reduzierende Substanzen u. Phosphate. Die besten Ergebnisse in diesen Gruppen in bezug auf die

Fruchtbldg. (in %) wurden erzielt mit Fructose (57), Fumarsäure (55), Arginin (56), $(NH_4)_2SO_4$ (38), Glutathion (45) u. KH_2PO_4 (29). Außerdem wurde eine Temperaturabhängigkeit des Ovariums festgestellt; die günstigste Temp. lag bei 18—22°. Bei Abwesenheit von O_2 trat keine Fruchtbldg. ein. (Amer. J. Bot. **39.** 310—17. Mai 1952. Lafayette, Ind., Purdue Univ., Agric. Exp. Stat.) HANSCHKE. 4450

Marston C. Sargent und **Lester W. Lantrip,** *Photosynthese, Wachstum und Translocation in Riesenkelp.* Gleichzeitige Messungen der Photosynth. u. des Wachstums bei Macrocystis pyrifera (Turn.) lassen auf einen erheblichen Transport organ. Stoffe durch den Stengel schließen. Die tägliche Trockengewichtszunahme von Blättern an der Spitze eines lebhaft wachsenden Wedels ist größer als die tägliche Produktion ihrer eigenen Photosynthese. Bei den Blättern weiter unten am Stengel finden die umgekehrten Vorgänge statt. Um die Vorräte auszugleichen, müssen organ. Stoffe in die oberen Teile des Wedels übergeführt werden. Im Sommer ist die tägliche Produktion organ. Stoffe bei einem ganzen Wedel viel größer als die Wachstumszunahme. Die Abwärtsverschiebung organ. Stoffe erfolgt, um das Wachstum u. die Atmung untergetauchter Organe zu erhalten u. um Vorräte für das Wachstum im Frühling anzusammeln. (Amer. J. Bot. **39.** 99—107. Febr. 1952. La Jolla, Calif., Univ. of California, Scripps Inst. of Oceanographie.) ERIKA HAAS. 4460

A. E. Williams und **R. H. Burris,** *Bindung des Stickstoffs durch blaugrüne Algen und ihre Stickstoffzusammensetzung.* Vff. untersuchen eine Reihe von blaugrünen Algen auf ihre Fähigkeit, N_2 zu binden; als „tracer" wurde $^{15}N_2$ benutzt. Die zuvor evakuierten Kulturgefäße wurden mit (0,25 at) $^{15}N_2$-angereichertem N_2, (0,50 at) Ar, (0,20 at) O_2 u. (0,05 at) CO_2 begast. Nach 4—30 Tagen wurden die Algen gewaschen, zentrifugiert, der nach KJELDAHL erhaltene NH_3 mittels NaOBr in N_2 übergeführt u. dessen $^{15}N_2$-Geh. bestimmt. Keine N_2-Aufnahme zeigten Coccochloris peniocystis, Diplocystis aeruginosa, Gloeocapsa membranina, Aphanizomenon flos-aquae, Plectonema nostocorum, Phormidium tenue u. Gloeocaspa dimitiata. Dagegen hatten Nostoc muscorum, Calothrix parietina u. eine andere, nicht näher identifizierte Nostoc-Art N_2 aufgenommen. Die Bindung von N_2 durch Calothrix parietina, eine zu den Rivulariaceen gehörige Gattung, war bisher unbekannt. — Die Züchtung von blaugrünen Algen für Futterzwecke erscheint ohne prakt. Bedeutung. Der Geh. an Aminosäuren wird an Nostoc muscorum, Calothrix parietina u. Diplocystis aeruginosa durch Hydrolyse mit HCl u. Chromatographie bestimmt. Unter den für die menschliche Ernährung wichtigen Aminosäuren war der Geh. an Methionin bemerkenswert gering. (Amer. J. Bot. **39.** 340—42. Mai 1952. Madison, Wis., Univ. of Wisconsin.) HANSCHKE. 4460

E. G. Pringsheim, *Die Stärkesynthese bei den Leukophyten. — Eine Antwort.* Replik auf eine Veröffentlichung von LWOFF (C. **1950.** II. 783), der die Schlußfolgerungen von Vf. u. HOVASSE (New Phytologist **47.** [1948.] 52) über die Bldg. stärkeähnlicher Reservesubstanzen durch farblose Flagellaten in Abwesenheit von Plastiden als unrichtig hinstellt. (New Phytologist **51.** 415—16. Nov. 1952. Cambridge, Univ., Bot. School.) K. MAIER. 4460

Ed. Stanislas und **G. Bergal,** *Über die biologischen Wirkungen von S-Gaiazulen. Die Wirkung auf Pflanzen. S-Gaiazulen* (**I**), *1.4-Dimethyl-7-isopropylazulen,* beeinflußt die Keimung von Phanerogamen (*Brassica napus*) nicht wesentlich. I hemmt das Wachstum der Wurzeln. Die Wrkg. tritt bei Monocotyledonen prompt ein, während sie bei Dicotyledonen häufig erst nach einer Stimulierungsphase erfolgt. Die Entw. der absorbierenden Wurzelhaare wird durch eine Konz. von 10^{-3} prakt. gehemmt. I hemmt auch das Stengelwachstum u. erzeugt eine Dickenhypertrophie, die das Ergebnis einer isodiametr. Zellhypertrophie darstellt. Hemmung des Längenwachstums der Zellmembranen findet bei I-Konzz. $>10^{-5}$ im Kulturmedium oder in der Gasphase statt. Junge Stengel absorbieren I-Dämpfe durch die Stomata. Korkgewebe fixieren I u. verhindern das Eindringen in tiefer liegendes Gewebe. Die Wrkg. von *Chamazulen* scheint der von I ähnlich zu sein. (Ann. pharmac. franç. **10.** 535—53. Juli/Aug. 1952. Toulouse, Fac. de Méd. et de Pharm., Labor. de Pharm., Alger, Fac. de Méd. et de Pharm., Labor. de Matière méd.) K. MAIER. 4480

Iaroslav Sossountzow, *Wirkung von Maleinsäurehydrazid auf die Entwicklung in vitro von Prothallien von Farnen. Wachstum von Prothallienkolonien von Gymnogramma calomelanos. Maleinsäurehydrazid* (**I**) wirkt wachstumshemmend. In Konzz. von mehr als 10^{-5} g/ml hemmt es die Entw. von Prothallien der Polypodiaceen. Nach wiederholten Passagen in KNOOPscher Nährlsg. akklimatisieren sich die Gewebezellen an **I**. Die Prothallien der 1. Passage werden erheblich stärker durch **I** geschädigt als die der sechsten. (C. R. Séances Soc. Biol. Filiales **147.** 211—13. Febr. 1953. Sorbonne, Labor. de Bot.) LENHARD. 4485

Peter Arnow, Angus C. Sampath, J. J. Oleson und **J. H. Williams,** *Die Wirkung von Triazolopyrimidinanaloga auf das Wachstum von Stichococcus subtilis. 8-Azaguanin* (*Guanazolo*) wirkt stark wachstumshemmend auf die Grünalge Stichococcus subtilis (kultiviert auf mineralhaltigem Agarmedium, das Äthylendiamintetraessigsäure zur Chelatbldg., 1% Glucose u. 0,1 mg/cm³ Thiamin enthält; p_H 7). Durch Zusatz von Guanin wird die Inhibition vermindert u. ist beim Verhältnis 1 : 1 vollständig aufgehoben. Folgende Triazolopyrimidinanaloga werden unter den gleichen Bedingungen untersucht: *α-Sulfoacetyl-5-amino-7-oxy-1-vic.-triazolo-*[*d*]*-pyrimidin, 2-(4-Methoxyphenyl), 5-Amino-7-oxy-2-vic.-triazolo-*[*d*]*-pyrimidin, 7-Amino-1-vic.-triazolo-*[*d*]*-pyrimidin, p-*[*2-Guanazolo*]*-benzoylglutaminsäure, 5-Oxy-7-amino-1-vic.-triazolo-*[*d*]*-pyrimidin, 5-Amino-7-oxy-3.1.2-oxdiazolo-*[*4.5;d*]*-pyrimidin* u. *7-Oxy-1-vic.-triazolo-*[*d*]*-pyrimidin.* Die Ergebnisse sind in einer Tabelle zusammengefaßt. (Amer. J. Bot. **39.** 151—53. Febr. 1952. Pearl River, N. Y., Amer. Cyanamid Comp., Lederle Labor. Div.)
ERIKA HAAS. 4485

Louis G. Williams, *Wirkungen von β-Indolylessigsäure auf das Wachstum von Codium.* Durch Behandeln von Codium decorticum (WOODWARD) mit *Indolylessigsäure* (**I**; 7 Tage täglich 1 Std. mit 5 mg/Liter Seewasser) wird das Wachstum in den apicalen Segmenten energ. u. nachhaltig beeinflußt, während die intercalaren Segmente nur wenig zu erhöhtem Wachstum angeregt wurden. Daraus wird geschlossen, daß endogene **I**, das in den Apices gebildet wird, aus diesen abwandert u. sich in den älteren Regionen anreichert. (Amer. J. Bot. **39.** 107—09. Febr. 1952. Greenville, S. C., Furman Univ., Dep. of Biol.)
ERIKA HAAS. 4485

Dorothy Bradbury und **W. B. Ennis jr.,** *Über das Schließen der Stomata bei der Bohnenpflanze nach Behandlung mit 2.4-dichlorphenoxyessigsaurem Ammonium.* Kopf- oder Bodenbehandlung der Bohnen mit 2.4-D-NH_4 (**I**) bewirkt teilweises Schließen der Stomata. Vff. versuchen zu klären, ob das Schließen ein Effekt der Wasserabsorption der Wurzel oder ein Effekt der Wassertranspiration der oberird. Teile der Pflanzen ist. Für die Verss. wurden 8 Tage alte Sämlinge verwendet. Der Grad der Schließung der Stomata wurde nach der A.-Infiltrationsmeth. nach MOLISCH ermittelt. Die Verss. ergaben, daß der Grad der Stomataschließung nach Behandlung der Blätter mit **I** erhöht war u. der Grad des Wiederöffnens der Stomata mit steigender **I**-Konz. abnahm. Dies spricht dafür, daß das frühe Schließen der Stomata der behandelten Blätter eher ein direkter Effekt des Wachstumregulators auf die Blätter ist als ein indirekter Effekt auf den Wasserabsorptionsmechanismus der Wurzeln. (Amer. J. Bot. **39.** 324—28. Mai 1952. Frederick, Md., Camp. Detrick.)
HANSCHKE. 4485

Wm. P. Jacobs, *Die Rolle des Auxins bei der Differenzierung des Xylems um eine Wunde.* Vff. bestätigen durch Verss. an Internodien von Coleus blumei die Hypothese, daß *Auxin* (**I**) als Wundhormon die Differenzierung des Xylems während der Regeneration eines verletzten Gefäßbündels bewirkt. **I** wurde in sehr kleinen Mengen in den Internodien nachgewiesen. Die Testung des natürlich vorhandenen oder synthet. durch einen Blattstiel zugeführten **I** ergab eine starke Polarität der Bewegung von **I** in den Internodien; die stark basipetale Bewegung geht parallel mit einer stark basipetalen Polarität der Xylemregeneration, desgleichen die relativ geringe acropetale Bewegung von **I** mit einer geringen acropetalen Differenzierung des Xylems. Die Entfernung aller Blätter u. Knospen unterhalb der Wunde hat keinen Einfl. auf die Xylemregeneration. Entfernt man die Blätter u. Knospen oberhalb der Wunde, so wird die Xylemregeneration red.; der Betrag der Red. hängt von der Zahl der entfernten **I**-Quellen ab. (Amer. J. Bot. **39.** 301—09. Mai 1952. Princeton, N. J., Univ.)
HANSCHKE. 4485

C. T. Wei, J. C. Walker und **R. P. Scheffer,** *Die Beziehung zwischen Pflanzenernährung und Entwicklung von Krankheiten.* 7. Mitt. *Gurkenwelken.* (6. vgl. Amer. J. Bot. **38.** [1951.] 663.) Wassermelonen u. Gurken, in Sandkultur unter Zugabe von ausgeglichenen u. unausgeglichenen Nährlsgg. gezogen, wurden mit dem Erreger der Fusarienwelke von Wassermelonen, *Fusarium oxysporum f. niveum,* bzw. dem Erreger der bakteriellen Gurkenwelke, *Erwinia tracheiphila,* geimpft. Bei der Anwendung einer ausbalancierten Nährlsg. nach HOAGLAND ergab sich durch Erhöhung der Salzkonz. bei Wassermelonen eine geringere, bei Gurken eine stärkere Krankheitsentw. als bei n. Salzkonzentration. Bei unausgeglichenen Nährlsgg. zeigte sich bei Wassermelonen eine etwas stärkere Krankheitsentw. bei zu niedriger N- u. K-, sowie zu hoher P-Konz., sie war wesentlich stärker bei zu hoher K-Konz. u. geringer bei zu hoher N- u zu niedriger P-Konz. als bei einer ausgeglichenen Nährlösung. Bei Gurken trat die Bakterienwelke wesentlich stärker bei zu niedrigen N- u- K-Konzz. auf, während alle anderen Änderungen in der Nährlsg. keine erheblichen Abweichungen gegenüber ausbalancierten

Lsgg. zeigten. Die Ergebnisse werden mit bereits bekannten Befunden bei anderen Pflanzen u. Krankheiten verglichen. (Amer. J. Bot. **39.** 245—49. April 1952. Madison, Wis., Dep. of Plant Pathol.) BEINERT. 4490

S. S. Gothoskar, R. P. Scheffer, J. C. Walker und **M. A. Stahmann,** *Die Rolle von Pektinenzymen beim Fusariumwelken von Tomaten.* Tomatenstecklinge wurden mit Kulturlsgg. u. Extrakten von Fusarium oxysporum f. lycopersici sowie mit Lsgg. von Papain, Pepsin, Trypsin, Erepsin, Diastase, α-Amylase, β-Amylase, β-Glucuronidase, Lipase, Emulsin, Hemicellulase u. Pektinase behandelt. Aus den Verss. geht hervor, daß das Fusarium extracellulär ein Enzymgemisch, das aus relativ viel Pektinmethylesterase neben wenig Polygalakturonidase besteht, bildet u. dieses die Ursache für das Welken u. die Gefäßverbräunung bei Tomaten ist. (Phytopathology **43.** 535 bis 536. Sept. 1953. Madison, Wis., Univ. of Wisconsin.) ERIKA HAAS. 4490

J. E. Livingston, *Die Bekämpfung von Blatt- und Stengelrostpilz bei Weizen durch Chemotherapeutica.* In Treibhaus- u. Feldverss. wird die Wirksamkeit 179 verschied. Verbb. auf den Blattrostpilz Puccinia rubigo-vera tritici u. den Stengelrostpilz P. graminis tritici untersucht. Bespritzungen mit Lsgg. von Ca-, NH_4- u. Na-Sulfonat, Phenylhydrazin u. eng verwandten Verbb. sowie Actidion hemmen im Treibhaus die Entw. des Blattrostpilzes. Im Feld ist jedoch nur Ca-Sulfonat erfolgreich; Bespritzungen mit 5 Gallonen wss. Lsg. pro acre verhindert die Entw. der Pusteln des Blatt- u. Stengelrostpilzes im Gewebe der Weizenblätter. Bei Samen von behandelten Pflanzen ist die Keimfähigkeit ein wenig herabgesetzt. — Verss. mit Cheyenne-Weizensämlingen zeigen, daß das p_H großen Einfl. auf die Aktivität gegen die Rostpilze hat. Die größte Wrkg. gegen den Rostpilz, gleichzeitig aber auch große Toxizität, wird bei kleinem p_H der Lsgg. von Ca-Sulfamat u. Actidion erreicht. (Phytopathology **43.** 496—99. Sept. 1953. Lincoln, Nebr., Univ. of Nebraska.) ERIKA HAAS. 4490

E₅. Tierchemie. Tierphysiologie. Tierpathologie.

Joseph W. Goldzieher, Phyllis R. Epstein, William B. Rawils und **Max A. Goldzieher,** *Der Einfluß von intravenös verabreichtem ACTH auf den Ascorbinsäure- und Sulfhydrylblutspiegel, bestimmt mittels einer abgeänderten amperometrischen Methode.* 15 Versuchspersonen, deren Blutspiegel zuvor untersucht worden war, erhielten in 8 Std. eine Infusion von 500 ml isoton. NaCl-Lsg., am folgenden Tag wurden der Infusion 10 mg *ACTH* beigegeben. Der SH-Spiegel, der mittels einer abgeänderten, wesentlich genauer arbeitenden Meth., die ausführlich beschrieben wird, bestimmt wurde, sinkt 4 Std. nach Beginn der Infusion ab, erreicht jedoch nach 8 Std. wieder den ursprünglichen Wert, Ergebnisse, die jederzeit reproduziert werden können. Der Ascorbinsäurespiegel zeigt zwar beträchtliche Schwankungen, sinkt aber während der Infusion trotzdem deutlich ab. (J. clin. Endocrinol. Metabolism **13.** 662—73. Juni **1953.** New York, N. Y., St. Clare's Hosp., Res. Dep.) H. P. FIEDLER. 4558

Robert J. Merklin, *Das Verhalten vor der Pubertät mit einer Einzelinjektion von Östradioldipropionat behandelter weiblicher Mäuse bei der Fortpflanzung.* 10 γ *Östradioldipropionat* (I) bewirkten, wenn als einmalige Injektion im Alter von 10 Tagen gegeben, bei 6 von 15 Mäuseweibchen Sterilität (Paarung mit n. Männchen). Die Ovarien der sterilen Tiere enthielten Corpora lutea. Die Nebennieren wiesen ein braunes Degenerationspigment auf. Die Fortpflanzung weiblicher Tiere, die 1 γ I erhielten, zeigte keine Beeinflussung. (Endocrinology **53.** 342—43. Sept. 1953. New Brunswick, N. J., Rutgers Univ., Bur. of Biol. and Dep. of Zool.) K. MAIER. 4559

James D. Hauschildt und **Charles M. Grossman,** *Die Wirkungen von Testosteron und anderen Steroiden auf den Einbau von $^{14}C_{(1)}$-Glykokoll in Protein durch Leberschnitte von Ratte und Mensch.* Zusatz von *Testosteron* (I), *Östradiol* u. *Desoxycorticosteron* zu Rattenleberschnitten setzte den Einbau von $^{14}C_{(1)}$-*Glykokoll* in Eiweiß herab. *Cortison* verminderte diesen in geringerem Maße, während *Cholesterin* keinen statist. signifikanten Einfl. zeigte. Die gleiche I-Wrkg. war mit Schnitten menschlicher Leber zu beobachten. (Endocrinology **53.** 306—10. Sept. 1953. Portland, Ore., Univ. of Oregon, Med. School, Dep. of Biochem. and Med.) K. MAIER. 4559

H. Lisser, Roberto F. Escamilla und **Gilbert S. Gordan,** *Dosierung von Methyltestosteron.* HELLER (J. clin. Endocrinol. Metabolism **13.** [1953.] 235) schlägt zur Behandlung des männlichen Eunuchoidismus eine Behandlung mit 40—80 mg *Methyltestosteron* (I), sublingual oder oral verabreicht, pro Tag vor. Nach eigenen Erfahrungen machen sich bei dieser Dosierung bereits Überdosierungserscheinungen, Priapismus, Ödem, Gynäkomastie, bemerkbar. Vff. erzielten wesentliche Besserung bei einer Dosierung von 20—40 mg I/Tag u. konnten den Zustand der Besserung mit 10—20, in einem

Fall sogar mit 5 mg I/Tag aufrechterhalten. (J. clin. Endocrinol. Metabolism. **13.** 732. Juni 1953. San Francisco, Calif., Univ. of California, School of Med., Dep. of Med., Endocrine Clin.) H. P. FIEDLER. 4559

Edwin C. Jungck und **Willis E. Brown,** *Östrogenaktivität des Stilböstrolmonobenzyläthers beim Menschen.* Erhielten klimakter. Frauen 10 Tage lang 0,05 mg *Äthinylöstradiol* (I) u. war die Wrkg. des I im Vaginalabstrich nicht mehr nachweisbar, wurden für 10 Tage täglich 3,0 mg Stilböstrolmonobenzyläther (II) verabreicht. Die Verss. zeigen, daß 3,0 mg II die gleiche Wrkg. wie 1,0 mg *Stilböstrol* hervorrufen; bei der Ratte ist dieses Verhältnis bemerkenswerterweise 300/1. (J. clin. Endocrinol. Metabolism **13.** 730—31. Juni 1953. Little Rock, Ark., Univ. of Arkansas, School of Med., Dep. of Obstetr. and Gynecol.) H. P. FIEDLER. 4559

Herbert S. Kupperman, Meyer H. G. Blatt, Hans Wiesbader und **William Filler,** *Vergleichende klinische Bewertung der Östrogenpräparate mit Hilfe des Menopausen- bzw. Amenorrhoeindex.* Zur Bewertung von *Östrogen*-Präpp. wird die Heranziehung der beiden genannten Indices vorgeschlagen, deren zahlenmäßige Erfassung eingehend erläutert wird. Es werden die verschied. Handelspräpp. überprüft u. unter Zugrundelegung der beiden Indices eingestuft. Dabei wird eine gute Übereinstimmung zwischen den beiden Indices festgestellt. (J. clin. Endocrinol. Metabolism. **13.** 688—703. Juni 1953. New York, N. Y., New York Univ., Bellevue Med. Center, Dep. of Therapeut. and Obstetr. and Gynecol., u. Obstetr. and Gynecol. Serv. [III Div.], Bellevue Hosp.) H. P. FIEDLER. 4559

Andre S. Meyer, Orville G. Rodgers und **Gregory Pincus,** *Identifizierung dreier Umwandlungsprodukte nach Nebennierendurchströmung mit Epiandrosteron.* Nach ca. 5maliger Durchströmung überlebender isolierter Rindernebennieren mit 600 mg *Epiandrosteron* (I) in 10 cm^3 Propylenglykol u. 6 Liter Rindercitratblut (+ Antibiotica) (O_2/CO_2-Atmosphäre, 3,5 Std., 37°) wurden neben ca. 33% unverändertem I 3 Umwandlungsprodd. isoliert u. identifiziert: *Androstandion-(3.17)* (ca. 10%), *Androstanol-(11β)-dion-(3.17)* (3%) u. *Androstandiol-(3β.11β)-on-(17)* (1%). Die bei Nebennierendurchströmung mit *17-Ketosteroiden* (I; *Androstendion, Dehydroepiandrosteron, Androsteron*) beobachteten Rkk. werden diskutiert. (Endocrinology **53.** 245—51. Sept. 1953. Shrewsbury, Mass., Worcester Found. for Exp. Biol.) K. MAIER. 4559

Ralph I. Dorfman und **Adeline S. Dorfman,** *Die Bestimmung von Östrogenen am Küken durch orale Zufuhr.* Beschreibung einer einfachen, reproduzierbaren quantitativen Meth. zur biol. Best. oral gegebener Östrogene (I), wobei das Ansprechen des Eileitergewichts von Küken auf I als Kriterium dient u. das „Eileiterverhältnis" (mg Eileiter/100 g Körpergewicht) ermittelt wird. Bei Verwendung von 44 Tieren (je 22 für Standard u. Probe) war das Wirksamkeitsverhältnis mit einem mittleren Fehler von ± 12,6% bestimmbar. Die orale relative Aktivität von 6 I, bezogen auf *Östron* (II) = 100%, war: *Estynylöstradiol* 300%, *Na*-II-*Sulfat* 164% (berechnet als II), *Na-Östradiolsulfat* 163% (berechnet als *Östradiol*; III), *Stilböstrol* 137%, *Methoxy-bisdehydrodoisynolsäure* (*MDDA*) 119%, III-*Dipropionat* 90% (berechnet als III). (Endocrinology **53.** 301—05. Sept. 1953. Shrewsbury, Mass., Worcester Found. for Exp. Biol.; Cleveland, O., Western Reserve Univ., School of Med., Dep. of Biochem. and Med., u. Lakeside Hosp.) K. MAIER. 4559

L. A. M. Stolte, J. H. J. Bakker, E. Verboom und **P. W. Dauvillier,** *Der Mechanismus der Schwangerschaftsreaktion von Konsuloff und die Identität des Melanophorenhormons.* (Vorläufige Mitt.) Die Verfärbung von hypophysektomierten Fröschen nach Injektion von Schwangerenurin beruht auf der Ggw. von Pregnyl. Die Melanophorenhormonbldg. der Hypophyse kann entweder durch ACTH veranlaßt werden oder durch einen Stoff, der wahrscheinlich mit dem Luteinisierungshormon u./oder Prolactin ident. ist. (Nederl. Tijdschr. Geneeskunde **96.** 2068—69. 23/8. 1952. Utrecht, Rijks-Univ., Cliniek.) KERSTEIN. 4559

E. M. Bogdanove und **N. S. Halmi,** *Die Wirkungen von Hypothalamusschädigungen und nachfolgender Propylthiouracilbehandlung auf Hypophysenstruktur und -funktion der Ratte.* Elektrolyt. gesetzte bilaterale Schädigungen verschied. Hypothalamusbezirke ausgewachsener männlicher Ratten u. anschließende 10—21 tägige Behandlung mit *Propylthiouracil* (I) riefen bei einer Anzahl von Tieren eine oder mehrere der nachst. Folgeerscheinungen hervor: Verschlechterung der hyperplast. Rk. der Schilddrüse auf I ohne Beeinflussung der durch I bewirkten Erhöhung des Schilddrüse–Serum–Jodid-Verhältnisses, Keimdrüsenatrophie vom Hypophysektomietyp, kryptorchidähnliche Hodenveränderungen, hyperplast. Veränderungen des Zwischenhypophysenlappens, Atrophie der Neurohypophyse, Fettansatz. Die Wrkg. auf Schilddrüse, Hypophysenzwischen- u. -hinterlappen sind anscheinend auf Schädigungen des vorderen Hypothalamus, Keimdrüsenatrophie u. Fettansatz auf solche einer anderen Region zurückzuführen. Die thyreotropen u. gonadotropen Mechanismen der Hypophyse konnten durch Schädigung geeigneter Hypothalamusregionen unabhängig voneinander verändert werden. (Endocrinology **53.** 274—92. Sept. 1953. Iowa City, Io., State Univ. of Iowa, Dep. of Anat.) K. MAIER. 4560

Theodor Heinrich Schiebler, *Die chemischen Eigenschaften der neurosekretorischen Substanz in Hypothalamus und Neurohypophyse.* Die neurosekretor. Substanz lebensfrischer Hypothalamus-Hypophysen-Blöcke von Mensch, Hund, Katze, Kaninchen, Rind, Ratte u. Hecht kann nach Fixierung mit SUSA oder BOUINschem Fixativ u. Oxydation mit Kernfarbstoffen dargestellt werden. Sie wurde einer Reihe von cytochem. Unterss. unterworfen (sudanophile Rk., Perjodsäure-SCHIFF-Rk., MILLON-Rk., Einw. von Hyaluronidase, Amylase, Trypsin, Nucleinsäurereagentien). Es wurde geschlossen, daß es sich um einen Glykollipoproteinkomplex handelt. Seine Zus. war in allen untersuchten Objekten konstant, jedoch scheint das quantitative Verhältnis der 3 Stoffgruppen schon beim einzelnen Individuum zu schwanken. (Exp. Cell Res. **3.** 249—50. Febr. 1952. Kiel, Univ., Anatom. Inst.; Stockholm, Karolinska Inst., Inst. für Zellforschung.) W. D. WEINMANN. 4560

Gerald D. Abrams, Burton L. Baker, Dwight J. Ingle und **Choh Hao Li,** *Der Einfluß von Somatotropin und Corticotropin auf die Langerhans'schen Inseln der Ratte.* Ein *Somatotropin* (**I**)-Präp. (aus Ochsenhypophysen), das das Körpergewicht u. die *N*-Retention ausgewachsener weiblicher Ratten, die eine mittlere Kohlenhydratdiät durch Magenschlauch erhielten, erhöhte, beeinflußte die Größe der LANGERHANSschen Inseln sowie die Struktur der β-Zellen nicht wesentlich. Ein *Corticotropin* (**II**)-Präp. (aus Schafhypophysen) vermehrte Zahl u. Größe der LANGERHANSschen Inseln sowie Vergrößerung u. Degranulation der β-Zellen. Bei einigen Tieren trat vorübergehend eine Glykosurie auf, die, wenn zum Zeitpunkt der Autopsie bestehend, nach dem cytolog. Befund von einer sehr intensiven Stimulierung der β-Zellen begleitet war. Gleichzeitige Verabreichung von **I**- u. **II**-Präpp. rief an den Inseln wechselnde Wirkungen hervor. Beide Präpp., allein oder zusammen gegeben, riefen eine gewisse Größenzunahme der α-Zellen hervor. (Endocrinology **53.** 252—60. Sept. 1953. Ann Arbor, Univ. of Michigan, Med. School, Dep. of Anat.; Kalamazoo, Mich., Upjohn Comp.; Berkeley, Calif., Univ. of California, Dep. of Biochem.) K. MAIER. 4560

Peter L. Eichman, W. Paul Havens (unter Mitarbeit von **Ruth W. Miller**), *Die Wirkung von ACTH und Cortison auf die Antikörperkonzentration des Blutes von Patienten mit chronischer Hepatitis.* 10 SCHICK-negative Patienten erhielten intramuskulär 50·Lf gereinigtes Diphtherietoxoid, anschließend verschied. Dosen *ACTH* (**I**) oder *Cortison* (**II**), die zum Teil auch verschieden lange verabreicht wurden. 34 weitere Patienten erhielten kein **I** oder **II**. Der jeweilige Antitoxingeh. des Blutes wurde an der Kaninchenhaut ermittelt. Ein Einfl. von **I** oder **II** auf die Antikörperbldg. konnte jedoch nicht festgestellt werden. (J. clin. Endocrinol. Metabolism **13.** 648—57. Juni 1953. München, 98th Gen. Hosp., u. Philadelphia, Pa., Jefferson Med. Coll.)
H. P. FIEDLER. 4560

Theodor Grüneberg, *Kritische Betrachtungen zur ACTH-Behandlung dermatologischer Affektionen.* Besprechung des Wirkungsmechanismus von *ACTH* (**I**) u. *Cortison.* Hinweis auf die Eosinophilenzählung als Meth. zur Beurteilung der Eignung eines Falles für **I**-Behandlung. Besprechung der Indikationen u. Kontraindikationen von **I** in der Dermatologie. Erfahrungen des Vf. beruhen u. a. auf der Therapie mit *Cortiphyson* (PROMONTA), *Cortrophine* (Holland) u. *Cortidyn.* (Z. Haut- u. Geschlechtskrankh. **15.** 311—14. 15/11. 1953. Halle/S., Univ., Hautklin.) DOSSMANN. 4560

Theodore L. Sourkes und **Peter Heneage,** *Die Wirkung von Steroiden auf die Oxydation von Prolin durch die Niere adrenalektomierter und hypophysektomierter Ratten.* In isoton. Nierenhomogenaten adrenalektomierter u. hypophysektomierter Ratten wurde die Oxydation von *Prolin* (**I**) u. die Wrkg. einer vorangehenden Behandlung der Tiere mit verschied. Rindensteroiden untersucht. Bei adrenalektomierten Ratten ermöglichten Injektionen von *Cortison* (**II**) oder *Hydrocortison* (*Verb. F* von KENDALL) Aufrechterhaltung der **I**-oxydierenden Aktivität der Niere in n. Höhe. Unter bestimmten Voraussetzungen hatte *11-Desoxycorticosteron* (**III**) die gleiche Wrkg., die jedoch auf indirekte, nichtspezif. Effekte (Besserung des Allgemeinzustandes, Wachstumsbegünstigung, N-Retention) zurückzuführen waren. REICHSTEINs *Verb. S* (**IV**) u. *Verb. epi-F* [*Pregnen-(4)-triol-(11α.17α.21)-dion-(3.20)*] waren unwirksam. Nieren hypophysektomierter Tiere wiesen eine verminderte Fähigkeit zur **I**-Oxydation auf. Diese konnte durch Behandlung der Tiere mit **II**, nicht jedoch mit **III** oder **IV**, wieder auf die n. Höhe gebracht werden. Nieren intakter Ratten, die nach vorangegangenem Nahrungsentzug n. ernährt worden waren, wiesen eine beträchtlich höhere Aktivität des I-Oxydasesyst. auf als die Organe hungernder Tiere. (Endocrinology **53.** 261—66. Sept. 1953. Rahway, N. J., Merck Inst. for Therapeut. Res.) K. MAIER. 4561

Hans Selye, *Die Anwendung der Granulationsblasentechnik auf die Untersuchung von entzündungshemmenden Corticoiden.* Mit Hilfe der Granulationsblasentechnik wurde die entzündungshemmende Wrkg. von geringen Mengen *Hydrocortison* (**I**) nachgewiesen. Die Entzündung wurde durch Crotonöl erzeugt. I war jedoch unwirksam, wenn es in das Lumen der Blase hineingegeben wurde oder in wenigen mm Abstand davon in das Bindegewebe. (Proc. Soc. exp. Biol. Med. **82.** 328—33. Febr. 1953. Montreal, Can., Univ., Inst. de Méd. et de Chirurgie exp.) BRAUKMANN. 4561

Clifford F. Gastineau, George B. Logan, A. Albert und **Harold L. Mason,** *Cortison zur Behandlung der congenitalen adrenalen Hyperplasie beim Menschen; Wiedergabe eines Falles.* Ein 9 Jahre alter Junge, der von Geburt an eine adrenale Hyperplasie zeigte, wurde 1 Jahr lang mit *Cortison* behandelt (täglich 25—75 mg). Die Ausscheidung an 17-Ketosteroiden nahm ab, Corticosteroide wurden vermehrt ausgeschieden, u. die Östrogenaktivität des Urins wurde prakt. restlos unterdrückt. Nebenerscheinungen wurden kaum beobachtet. (J. clin. Endocrinol. Metabolism **13.** 724—29. Juni 1953. Rochester, Minn., Mayo Clin. and Mayo Found., Div. of Med., Sect. of Pediatr., Endocrin. Labor., Sect. of Physiol., u. Sect. of Biochem.) H. P. FIEDLER. 4561

Avery A. Sandberg, Don H. Nelson, Jeffress G. Palmer, Leo T. Samuels und **Frank H. Tyler,** *Die Wirkung des Epinephrins auf den Stoffwechsel der 17-Oxycorticosteroide beim Menschen. Epinephrin* (**I**) wird intravenös u. subcutan in verschied. Mengen u. über verschieden lange Zeit hinweg jungen, gesunden Probanden injiziert; gleichzeitig wird der Geh. an 17-Oxycorticosteroiden (**II**) im Blut u. die **II**- u. 17-Ketosteroid (**III**)-ausscheidung im Harn überprüft. **I** ruft keine Veränderung des **II**-Geh. im Blut u. der **II**- bzw. **III**-Ausscheidung im Harn hervor, es beeinflußt auch weder bei n. Probanden noch bei an ADDISONscher Krankheit leidenden Patienten das Verschwinden von zusätzlich verabreichtem Cortison oder 17-Oxycorticosteron im Blut. Die durch gleichzeitige intravenöse Verabreichung von **I** u. ACTH verursachte Zunahme des Blutspiegels an **II** war geringer als die durch alleinige Verabreichung von ACTH zu beobachtende. Danach dürfte feststehen, daß **I** weder die Steroidsekretion der Nebennierenrinde anregt, noch die periphere Steroidausnützung fördert. Die adrenocorticalähnliche Zellwrkg. von **I** ist offensichtlich durch eine Potenzierung der **II**-Wrkg. bedingt. (J. clin. Endocrinol. Metabolism **13.** 629—47. Juni 1953. Salt Lake City, Ut., Univ., Coll. of Med., Dep. of Med. and Biochem.) H. P. FIEDLER. 4561

Seymour H. Wollman und **Robert O. Scow,** *Die Wirkung von Propylthiouracil auf die Radiojodidanreicherung durch die Schilddrüse normaler und hypophysektomierter Ratten.* Bei Blockierung des Einbaues von Schilddrüsen-*Jodid* (**I**), das man mit Serum-I beliebig austauschen kann, in organ. Bindung durch eine Einzeldosis von *Propylthiouracil* betrug in Verss., wo trägerfreies $Na^{131}J$ intraperitoneal injiziert wurde, das Verhältnis Radio-I-Konz. der Schilddrüse zu der des Serums bei n. Mäusen ca. 250. Dieser hohe Konzentrationsunterschied konnte nur durch eine kontinuierliche Blutdurchströmung der Schilddrüse aufrechterhalten werden, wie Tötung von Mäusen durch Ausbluten zeigte. 10 Tage nach Hypophysektomie betrug das Verhältnis nur ca. 70. Nach Blockierung des organ. I-Einbaues erfolgte bei n. Mäusen die Gleichgewichtseinstellung zwischen Schilddrüse u. Blut innerhalb von ca. $1/2$ Std., während bei hypophysektomierten Tieren (10. Tag nach Operation) 1—2 Std. erforderlich waren. Bei den letzgenannten Tieren lag das Verhältnis deutlich höher, wenn die organ. Bindung von Radio-I blockiert war, als im entgegengesetzten Falle (96 bzw. 38). (Endocrinology **53.** 332—41. Sept. 1953. Bethesda, Md., Nat. Cancer Inst., u. Nat. Inst. of Arthritis and Metabolic Diseases.) K. MAIER. 4562

Walter Zingg und **William F. Perry,** *Der Einfluß adrenaler und gonadaler Steroide auf die Jodaufnahme der Schilddrüse.* 28 Probanden erhielten vor u. nach der Steroidbehandlung 50—150 μC ^{131}J, darauf 3 Tage lang entweder 10 mg *Desoxycorticosteron* (**I**), 150—250 mg *Cortison* (**II**), 12 mg *Östradiol* (**III**), 25 mg *Progesteron* (**IV**) oder 25 mg *Testosteron* (**V**)/Tag. Durch die Verabreichung von **I** oder **II** wurde die Schilddrüse deutlich deprimiert, da sowohl die J-Aufnahme als auch die J-Abgabe der Schilddrüse merklich verringert waren. Da die renale J-Abgabe durch **I** oder **II** nicht beeinflußt wird, scheint die verminderte J-Aufnahme durch die Schilddrüse auf einer wahren Funktionsminderung der Schilddrüse u. nicht auf einer vermehrten renalen J-Verarbeitung zu beruhen. **IV** rief eine ähnliche Wrkg. hervor, während **V** keine u. **II** eine nur undeutlich in Erscheinung tretende Wrkg. auf die Schilddrüse ausüben. (J. clin. Endocrinol. Metabolism **13.** 712—23. Juni 1953. Winnipeg, Can., Winnipeg Gen. Hosp., u. Univ. of Manitoba, Dep. of Physiol. and Med. Res.) H. P. FIEDLER. 4562

Roland A. Coulson und **Thomas Hernandez,** *Glucoseuntersuchungen an Crocodilia.* Intraperitoneal gegebene *Glucose* (I) wird aus dem Blutkreislauf des Alligators (*A. mississippiensis, C. latirostris*) sehr langsam entfernt. Die Geschwindigkeit hängt von der Temp. der Tiere ab u. stellt eine Funktion des Stoffwechselumsatzes dar. Das beim intakten Tier für die I-Verteilung zur Verfügung stehende Flüssigkeitsvol. („I-Vol.“ ist dem „Rhodanidvol.“ ähnlich oder mit diesem identisch. 1 *Insulin* (II)-E./g Körpergewicht während der Hyperglykämieperiode ruft sofort einen einige Std. dauernden Schock hervor, dem ca. 36 Std. später ein durch Hypoglykämie bedingter folgt. Hohe II-Dosen erzeugen eine langanhaltende Hyperglykämie, die auf Verunreinigung des Handelspräp. mit dem Hyperglykämiefaktor beruht. Große I-Mengen fördern die Bldg. von Leber- u. Körper-*Glykogen* (III). Während der ersten beiden Std. nach Injektion von *Adrenalin* (IV) war auf Blutzucker oder Pupillen-Rk. keine Wrkg. feststellbar. Nach 2 Std. verengten sich die Pupillen, u. die Blut-I stieg um mehrere 100 mg% an. IV verringert innerhalb 24 Std. die III-Speicher der Leber auf ca. $^1/_3$ u. Körper-III auf ca. ½ des n. Wertes. Über einen Zeitraum von 45 Tagen gegebene tägliche Injektionen von 10 mg *Cortison* (V)/kg riefen eine mäßige Hyperglykämie hervor, während täglich 5 mg *ACTH*/kg ohne Wrkg. waren. In den genannten Mengen zeigten weder *ACTH* noch V eine Beeinflussung der Blutelektrolyten (*Na, K, Ca,* CO_2, H^+*-Konz.*). (Endocrinology **53.** 311—20. Sept. 1953. New Orleans, La., Louisiana State Univ., School of Med., Dep. of Biochem.) K. MAIER. 4564

E. Werle und **L. Maier,** *Über die chemische und pharmakologische Unterscheidung von Kallikreinen verschiedener Herkunft.* Kallikreine von Menschen u. Säugetieren aus Harn u. Pankreas sind durch ihr Verh. gegen H^+, Pepsin, Trypsin, Papain, Pilzproteinase, Seruminaktivatoren, Inhibitoren aus Rinderparotis, Rinderlymphdrüsen, Kartoffeln u. gegen Trypsinhemmkörper aus Soja, Eiklar u. Pankreas nicht zu unterscheiden, die übrigen sind gegeneinander u. gegen Harn- u. Pankreaskallikrein chem. u. pharmakol. abzugrenzen. Größere Bauunterschiede bestehen zwischen den Kallikreinen aus Blutserum u. denen aus Submaxillaris, Pankreas, Harn. — 7 Literaturangaben. (Biochem. Z. **323.** 279—83. 1952. München, Univ., Chirurg.-klin. Inst.) KERSTEIN. 4564

H. I. Bing, *Heterotope Schmerzempfindung und gesteigerte Hautempfindlichkeit.* Nach Bericht sämtlicher einschlägiger Arbeiten über heterotope Schmerzempfindung u. ähnliche Zustände wird eine Theorie der hyperästhet. Zonen entwickelt. Auf Grund der Verss. wird angenommen, daß auf dem Reflexwege in der Haut ein Anstieg der *Acetylcholin*-Produktion veranlaßt wird, der die höhere Sensibilität bedingt. (Acta med. scand., Suppl. Nr. **266.** 209—14. 1952. Kopenhagen.) L. BERGER. 4569

M. Moskowitz und **M. Calvin,** *Über die Komponenten und die Struktur der menschlichen Erythrocytenmembran.* Bei den Unterss. zur Darst. der Fraktion, die den Rh-Faktor sowie den A- u. B-Blutgruppenfaktor enthält, wurde durch Suspendieren der Erythrocyten in W. verschied. p_H-Wertes u. fraktioniertes Zentrifugieren das *Elinin* u. das *S-Protein* gefunden (DANDLIKER u. Mitarbeiter, C. **1951.** II. 2604, u. MOSKOWITZ u. Mitarbeiter, J. Immunology **65.** [1950.] 383). In ähnlicher Weise wurde nun das *Stromin* gewonnen. Die physikal. u. chem. Eigg. der Fraktionen werden zusammengestellt u. ihre Membrannatur diskutiert. Für die Membranstruktur wird folgendes Bild gegeben: Das fibrilläre Elinin (vermutlich ein Lipoproteid) ist verbunden mit Ae.-extrahierbarem Lipoid u. bildet mit diesem das Netzwerk der Membran, genannt *Stromin*; Hämoglobin, S-Protein u. gegebenenfalls eine weitere Komponente bilden mit Stromin die Membran. (Exp. Cell Res. **3.** 33—46. Febr. 1952. Berkeley, Calif., Univ. of California, Dep. of Chem.; New Haven, Conn., Yale Univ., Dep. of Microbiol.; Boston, Blood Grouping Labor.) W.D. WEINMANN. 4573

O. W. Thiele, *Die Acetalphosphatide des Blutserums bei alimentärer Lipämie.* Nach der Einnahme von ca. 50 ml Olivenöl, das nur 0,83% *Acetalphosphatid* (I) enthielt, stieg der Geh. des Serums an Phosphatiden u. Gesamtlipoid an. Der Geh. an Serumcholesterin blieb konstant. Der I-Geh. war im Mittel unverändert, fiel aber in einzelnen Fällen deutlich ab, was wahrscheinlich mit der Größe der Blutabnahme (45 ml), nicht aber mit der Fettmahlzeit, in Beziehung steht. (Z. ges. exp. Med. **121.** 246—53. 1953. Gießen, Justus-Liebig-Hochschule, Med. u Nervenklin.) WILLENBERG 4574

S. Witte, K. Heinkel, N. Henning und **P. Dirnberger,** *Das Verhalten der Blutgerinnungsfaktoren während der Äthioninpankreatitis der Ratte.* Bei mit *Äthionin* (I) vergifteten Ratten nahmen alle gerinnungsspezif. Faktoren stark ab. Am empfindlichsten war der Faktor VII, dann Prothrombin u. der Faktor V u. schließlich das Antithrombin; das Fibrinogen (II) u. der Thrombininhibitor folgten. Faktor V u. II zeigten in der reparativen Phase eine Tendenz zu überschießenden Werten. — Bei den Erythrocyten u. Thrombocyten fanden sich keine sicheren patholog. Abweichungen. Die Capillarresistenz war ungestört. Am 2.—3. Tage war die Blutungszeit stark verlängert. Nach der Injektion erfolgte ein plötzlicher Abfall der Diastase. Die Lipase hatte erst am 3. Tage ihr Minimum. Bei chron. Vergiftung blieben der **II**-Geh. sowie die Erythrocyten u. im allg. auch die Thrombocyten in n. Grenzen. Die durch **I** hervorgerufene Pankreasatrophie war makroskop. sichtbar. (Z. ges. exp. Med. **121**. 228—38. 1953. Würzburg, Univ., Med. Poliklin.) WILLENBERG. 4574

Frederick W. Preston und **Robert P. Parker**, *Eine neue Antiheparinsubstanz (Polybrene). Wirkung bei Peptonschock und experimenteller Strahlenschädigung. Polybrene,* ein Polymer aus *N.N.N'.N'-Tetramethylhexamethylendiamin* u. *Trimethylenbromid,* hemmt die *Heparin*-Wrkg. in vivo u. in vitro. Es beeinflußt die Hypokoagulabilität des Peptonschocks, aber nicht die nach Röntgenschädigung. (A. M. A. Arch. Surgery **66**. 545—51. April 1953. Chicago, Ill.) MATTHIES. 4574

S. Brody, *Beziehungen zwischen Nucleinsäuren und dem Wachstum der menschlichen Placenta.* Während der Periode logarithm. Wachstums steigt die Konz. von *Desoxypentosenucleinsäure,* während die der Pentosenucleinsäure einen leichten Rückgang aufweist. (Exp. Cell Res. **3**. 702—05. Dez. 1952. Stockholm, Karolinska Inst., Pathol.-Anatom. Dep.) PLAMBECK. 4583

Olin Rulon, *Die Modifikation des Entwicklungsganges beim Seeigel durch Natriumselenit.* (Vgl. C. **1952**. 5120.) Frisch befruchtete Eier u. junge Larven von *Dendraster excentricus* wurden dauernd oder zeitweise $^1/_{200}$—$^1/_{3200}$ mol. Seewasserlsgg. von Na-Selenit ausgesetzt. Die meisten Konzz. bewirkten bei dauernder Einw. starke Störungen der Entw., die beschrieben werden (Abb.), ferner Entwicklungshemmung der Skelettelemente u. Exogastrulation bei gewissen Konzentrationen. Bei zeitweiser Einw. waren die Erscheinungen weniger stark oder andersartig (Abb.). Die verschied. Modifikationen werden als direkte oder indirekte Folge einer Hemmung gewisser Enzyme durch Na-Selenit angesehen. (Physiol. Zoöl. **25**. 333—46. Okt. 1952. Hopkins Marine Stat. u. Northwestern Univ.) SCHWAIBOLD. 4583

Olin Rulon, *Die Modifikation des Entwicklungsganges beim Seeigel durch Glucose.* (Vgl. vorst. Ref.) Frisch befruchtete Eier u. 6 Std.-Blastulae wurden zeitweise Konzz. von 20—100 ml 1,0 mol. Glucose zu je 100 ml Seewasser ausgesetzt. Bei länger dauernder Einw. der höheren Konzz. traten Hemmung der Zellteilung u. bei den verschied. Entwicklungsstadien unterschiedliche Deformationen ein, die beschrieben werden (Abb.), die Bldg. der Skelettelemente blieb aus u. das Entoderm neigte zum Zerfall in die einzelnen Zellen. Bei Beginn der Einw. im Blastulastadium wurde die Differenzierung weniger beeinflußt. Bei Larven, die in den ersten 24 Std. den höheren Konzz. ausgesetzt wurden, traten nach Rückführung in Seewasser Schwellungen (osmot. Wrkg.) u. weiterhin stärkere Entwicklungsstörungen auf. Die diesen Störungen wahrscheinlich zugrunde liegenden Vorgänge werden erörtert. (Physiol. Zoöl. **25**. 346—57. Okt. 1952.) SCHWAIBOLD. 4583

R. Lallier, *Untersuchungen über das Problem der Determination bei Echinodermen.* Bei Eiern von Paracentrotus lividus wirkt *Dinatriumthiomalat* in verschied. Konzz. (mol./10—mol./100) belebend auf deren weitere Entwicklung. Vf. diskutiert die Beteiligung der SH-Gruppe der *Thioäpfelsäure* an diesem Effekt. (Experientia [Basel] **8**. 271. 15/7. 1952. Marseille, Stat. marine d'Endoume.) H. SCHEURLEN. 4583

K. Nehring und **W. Schramm,** *Zusammensetzung und Futterwert von Abfallfutterstoffen aus dem Gemüsebau.* In zahlreichen Tabellen werden die Gehh. an Trockensubstanz, organ. Substanz, Rohprotein, Rohfett, Rohfaser, N-freien Extraktstoffen, Rohasche, sowie die Verdauungskoeffizienten aus Ausnützungsverss. an Hammel, Schwein u. Kaninchen für Abfälle aus dem Kohl-, Möhren-, Gemüseerbsen- u. Gemüsebohnenanbau wiedergegeben. Es ergibt sich eine nicht unerhebliche Bedeutung dieser Abfallstoffe für die Tierfütterung, zumal da auch der Geh. an Mineralstoffen im allg. als günstig zu bezeichnen ist. (Arch. Tierernähr. **3**. 102—21. Sept./Okt. 1952. Rostock, Landwirtsch. Versuchsstat.) SCHLOTTMANN. 4585

M. Witt, *Untersuchungen über den Einfluß von Palmkern- und Cocoskuchen sowie Palmkern- und Cocosschroten mit unterschiedlichem Fettgehalt auf Milchmenge und Fettgehalt der Milch.* Ein 112tägiger Fütterungsvers. an 74 Kühen mit den genannten Kraftfuttermitteln ergab keinen Einfl. auf die Milchmengenleistung u. einen geringen Anstieg des Milchfettgeh. (um ca. 0,15% bei 1,5 kg Ölkuchen mit 5% Fett pro Tag). (Arch. Tierernähr. **3**. 80—101. Sept./Okt. 1952. Mariensee/Trenthorst, Max-Planck-Inst. für Tierzucht u. Tierernährung.) SCHLOTTMANN. 4585

J. M. Bell und **J. A. Weir,** *Ergänzung von Luzerne und Sumpfwiesenheu mit Leinsaat-, Raps- und Senfsaatrückständen in Rationen für tragende Schafe.* Die Tiere mit

Luzerneheu entwickelten sich günstiger als die mit Sumpfwiesenheu. Durch die Ergänzung mit den verschied. Ölsaatrückständen verschwanden diese Unterschiede. Auch die Raps- u. Senfsaatextraktionsschrote wurden, wenn auch langsamer, als die Leinrückstände gefressen. (Sci. Agric. **32.** 496–501. Sept. 1952. Saskatoon, Can., Univ. of Saskatchewan, Dep. of Animal Husbandry.) NEHRING. 4585

Andreas Hock, Valentin Horn und **Hans Graw,** *Untersuchungen über den Wachstumswert einiger spezieller Aminosäuregemische als Eiweißnahrung bei Ratten sowie pathologisch-histologische Befunde.* Drei aus verschied. Leber–Hefe-Gemischen enzymat. gewonnene Aminosäuregemische wurden als fast alleinige (90%) Eiweißquelle an Ratten verfüttert. Ihre Wirkungen auf das Wachstum werden beschrieben. Die teilweise beobachteten Leberschäden sind meist durch *Cystin*-Mangel entstandene Nekrosen, daneben seröse Entzündungen. Cystin u. *Methionin* verhüten diese Schäden. *Vitamin B_{12}, Cholin* sowie ungereinigte *Leberextrakte* schützten nicht. — 22 Literaturangaben. (Biochem. Z. **323.** 284–98. 1952. Gießen, Justus-Liebig-Hochschule; Mannheim-Waldhof, Zellstoffabrik.) KERSTEIN. 4585

Holger Ehlers, *Gedanken zum Kampf gegen die Blindheit in Dänemark.* Die durch *Vitamin-A*-Mangel hervorgerufene Xerophthalmie kann bis auf wenige sporad. Fälle in Dänemark als beseitigt gelten. (Acta med. scand., Suppl. Nr. **266.** 375–80. 1952.) L. BERGER. 4587

James R. Webster und **Alfred B. Falk,** *Pityriasis rubra pilaris, klinische und Laboratoriumsbeobachtung bei Kombinationsbehandlung mit Corticotropin und Vitamin A.* 2 Fälle von Pityriasis rubra pilaris wurden erfolgreich durch Kombination von *Corticotropin* (**I**) mit *Vitamin A* (**II**) behandelt. **II**-Toleranzkurven deuten darauf hin, daß bei dieser Krankheit bes. Absorption u. Speicherung von **II** gestört sind. Doch hat **I** keine besondere Wrkg. auf Absorption, Umwandlung u. Speicherung von **II.** Die Zugabe von **I** beschleunigt die Heilung durch **II** u. wird daher empfohlen, sofern keine Kontraindikation gegen **I** vorliegt. (A. M. A. Arch. Dermatol. Syphilol. **65.** 685. Juni 1952. Chicago, Ill., Childrens Mem. Hosp., Dep. of Dermatol.) DU MONT. 4587

H. W. Scharpenseel, *Die Vitamingehalte der Rauhfuttermittel (Luzerne-, Rotklee- und Wiesenheu) in Abhängigkeit von Werbungsart, Mineralstoffaufnahme und Witterung während des Trocknens.* Es werden tabellar. wiedergegeben die Werte aus insgesamt 140 Proben für *Carotin* (**I**), die *Vitamine B_1, B_2* u. *C* sowie für *N, P, K* u. *Mn* bei künstlicher u. Bodentrocknung u. bei Trocknung auf Schweden- u. Dreibockreuter. Die höchsten Vitamingehh. weisen die künstlich getrockneten Proben auf; es folgen die Innenproben der Reutertrocknung, sodann die Bodentrockenproben u. zuletzt die Reuteraußenproben. Bes. hohe **I**-Verluste treten infolge starker Ndd. bei Boden- u. Reutertrocknung auf. — Eine Beziehung zwischen Mineraldüngung u. Vitaminbldg. war in diesen Unterss. nicht erkennbar. (Arch. Tierernähr. **3.** 122–35. Sept./Okt. 1952. Bonn, Univ., Inst. für Tierzucht u. Tierfütter.) SCHLOTTMANN. 4587

A. Abbati, G. Cavalli, M. Martinelli und **A. Poppi,** *Histopathologische Untersuchungen über die Wirkung des Cytochroms c und der Cocarboxylase bei der thiaminfrei ernährten weißen Ratte.* Zweck der Unters. war die Feststellung einer Schutzwrkg. des Cytochroms c u. der Cocarboxylase bei thiaminfrei ernährten weißen Ratten. Von den Kontrolltieren erhielt eine Gruppe n. Diät nach RANDOIN u. CAUSERET, eine andere nur W., eine dritte eine Vitamin-B_1-freie Diät. Zwei Versuchsgruppen erhielten bei Vitamin-B_1-freier Diät intraperitoneal Cytochrom c oder Cocarboxylase. Bei Ernährung nur mit W. zeigten die Tiere das Bild einer Insuffizienz des Myocards, der Leber u. der Niere. Die Vitamin-B_1-frei ernährte Gruppe bot das typ. Bild einer Athiaminose (Ödem des Myocards, extreme Glykogenverarmung von Herz u. Leber, Verminderung der Lebernucleinsäuren usw.). Die mit Cytochrom c oder Cocarboxylase behandelten Tiere zeigten bei Vitamin-B_1-freier Diät histolog. u. histiochem. ein prakt. n. Bild. — 24 Literaturangaben. (Arch. Scienze biol. **37.** 340–53. Juli/Aug. 1953. Bologna, Univ., Ist. di Pathol. spec. med. e Metodol. clin.) KIRMSE. 4587

R. Rask-Nielsen und **Edw. Bennett,** *Untersuchungen über die Wirkung von Thymonucleinsäurezufuhr bei Folsäuremangel-Küken mit Rous Sarkom.* Zusätze von Thymonucleinsäure (0,5%) u. *Adenin* (0,1%) zur Diät folsäurefrei ernährter Küken beeinflußten nicht Körpergewicht u. Überlebenszeit und bewirkten beim virusinduzierten Tumor der Küken keine Größenänderung. Die Depolymerisation der Nucleinsäure durch das Pankreasgewebe konnte durch mikrobiol. Test., der Einbau des Adenins in die Nucleinsäure durch ^{14}C-Verb. nachgewiesen werden. Ergebnisse bestärken nicht die Annahme, daß Folsäure bei der Synth. von Nucleinsäure aus Purinen, Pyrimidinen, Nucleosiden, Nucleotiden eine Rolle spielt. (Acta pathol. microbiol. scand. **32.** 367–74. 1953. Kopenhagen, Univ., Fibiger Labor., Inst. of path. Anat., Inst. of Biochem., Inst. of Cytophysiol.) W. D. WEINMANN. 4587

A. E. Barnes, W. Bartley, I. M. Frankau, G. A. Higgins, J. Pemberton, G. L. Roberts und **H. R. Vickers,** *Vitamin-C-Bedarf von erwachsenen Menschen. Eine experimentelle Studie zum Vitamin-C-Mangel beim Menschen.* An 20 Versuchspersonen, von denen die erste Gruppe weniger als 1 mg, die zweite 10 mg u. die dritte 70 mg *Vitamin C* täglich über 14 Monate erhielt, wurde der Bedarf an Vitamin C studiert. Durch umfangreiche klin. u. Laboratoriumsunterss. wurde ein tägliches Minimum von 10 mg gefunden. Um den weitesten Grenzen der individuellen Variation entgegenzukommen, wird das Dreifache dieser Menge als tägliche Normdosis vorgeschlagen. Dieser Wert ist in Übereinstimmung mit der Forderung der League of Nations Health Organisation Technical Commission on Nutrition von 1938. (Med. Res. Council, spec. Rep. Ser. **1953.** Nr. 280. 1–144.) Leuschner. 4587

L. W. Mapson, *Bestimmung von Ascorbinsäure im Harn.* (Anhang zu der im vorst. Ref. behandelten Arbeit.) Zur. Best. der *Ascorbinsäure* im Harn wird die Kondensationsfähigkeit mit Formaldehyd zu einem Prod. ausgenutzt, das 2.6-Dichlorindophenol reduziert. Zur Abtrennung von ähnlich reagierenden Substanzen wird die Variation des p_H benutzt. Dehydroascorbinsäure wird nicht mitbestimmt. Vf. vergleicht seine Meth. mit 4 weiteren Untersuchungsverff. u. diskutiert die Fehlerquellen. Die Proben nach Nagayama, Tomoi u. Sagara (Ausfällung mit Phosphorwolframsäure), nach Richter u. Croft (Ausfällung mit Bleiacetat) u. nach Meiklejohn u. Stewart ergaben gegenüber der Formaldehydmeth. höherliegende Werte, während der Vgl. mit dem Verf. von Roe u. Kuether (Kupplung mit 2.4-Dinitrophenylhydrazin) im wesentlichen Übereinstimmung ergab. (Med. Res. Council, spec. Rep. Ser. **1953.** Nr. 280. 145–53. Cambridge, Dep. of Sci. and Ind. Res., Food Invest. Board, Low Temp. Res. Stat.) Leuschner. 4587

H. Scarborough, *Messungen der Capillarresistenz am Sorby Research Institute, Sheffield, vom November 1944 bis Februar 1946.* (Anhang zu der im vorvorst. Ref. behandelten Arbeit.) An 20 Versuchspersonen mit Vitamin-C-armer Kost über 14 Monate wurde eine Verminderung der Capillarresistenz beobachtet, wobei der Gaumen größere Empfindlichkeit als die Unterarme zeigte. Parallel ging eine follikuläre Hyperkeratosis der Unterarme. — 110 Literaturangaben. (Med. Res. Council, spec. Rep. Ser. **1953.** Nr. 280. 154–79. Cardiff, Royal Infirm., Rockefeller Building.) Leuschner 4587

Jean Sevestre, Jean Fabianek, Joseph Neumann und **Jean Lavollay,** *Untersuchungen über die „P-Vitamine", experimentellen Skorbut und Gefäßbrüchigkeit.* 2. Mitt. (1. vgl. C. **1952.** 1037.) Meerschweinchen erhielten halbsynthet. skorbutogene Diät, die Getreide u. Hefe als natürliche Prodd. enthielt. Daneben wurde Kalk u. *Ascorbinsäure* (**I**) gegeben. Später erhielten zwei Gruppen auch Kohl, Chlorophyllextrakte oder KSCN zugelegt. In der eigentlichen Versuchsperiode wurde Kohl u. I weggelassen. Die Mangelerscheinungen (Gewichtsverlust, Gefäßbrüchigkeit) glichen denen der Kontrollgruppe, die weder Kohl noch Chlorophyll erhielt. Ebenso erfolgte Heilung durch I in allen drei Gruppen in derselben Weise. *Esculosid* war ohne Wirkung. (Bull. Soc. Chim. biol. **33.** 1571–76. 1951. Paris, Conservat. Nat. des Arts et Métiers, Labor. de Chim. agric. et biolog.) Loch. 4587

Jean Sevestre, Jean Fabianek, Joseph Neumann und **Jean Lavollay,** *Untersuchungen über die „P-Vitamine", experimentellen Skorbut und Gefäßbrüchigkeit.* 3. Mitt. (2. vgl. vorst. Ref.) Meerschweinchen erhielten eine halbsynthet. Diät mit einem Salz- u. Polyvitamingemisch, das auch 5 mg Vitamin C pro Tag enthielt. Im Verlauf der Verss. wurde die Zusammenstellung geringfügig geändert, wobei an Stelle von trockener Bierhefe ein entsprechendes B-Vitamingemisch gegeben wurde. Das Futter wurde nur ungern genommen, so daß ein Teil der Tiere vorzeitig starb. Die Überlebenden zeigten verschied. Mangelerscheinungen, die durch *Tocopherol, Folsäure* u. *Cholin* zu beheben sind. In keinem Falle wurde bei den Tieren eine erhöhte Gefäßbrüchigkeit oder Vitamin-C-Mangel festgestellt. Der Gefäßwiderstand einer Tiergruppe, die Zulage von Traubensaft (Flavonoide) erhielt, war gegenüber den anderen Tieren in keiner Weise erhöht. (Bull. Soc. Chim. biol. **34.** 135–43. 1952. Conservat. Nat. des Arts et Métiers, Labor. de Chim. agric. et biolog.) Loch. 4587

Orlando Canizares, *Die Behandlung von Parapsoriasis mit Calciferol. Übersicht über 18 Fälle.* 6 von 10 Fällen von Parapsoriasis guttata konnten in 1–4 Monaten gänzlich mittels *Calciferol* (**I**) geheilt werden, bei Behandlung von flächiger Parapsoriasis war der Erfolg unsicher. Da **I** tox. wirkt, ist die Anwendung klin. zu überwachen (Ca, P, Blutsenkung, Urinbefund, Knochenunters. mittels Röntgenstrahlen; Gefahr der Aktivierung von Tuberkulose). Die Ursache der **I**-Wrkg. wird diskutiert. Das Syndrom der Parapsoriasis kann verschied. Ursachen haben u. ist nicht immer auf Tuberkulose zurückzuführen. [Auch Spontanheilungen sind bekannt; bei der Psoriasis varioliforma acuta kann auch Aureomycontherapie erfolgreich sein (aus der Diskussion des Vortrags).] (A. M. A. Arch. Dermatol. Syphilol. **65.** 675—84. Juni 1952. Bronx, N. Y., Med. Serv. of Veterans Admin. Hosp., Sect. of Dermatol. and Syphilol.) DU MONT. 4587

W. J. Pigden und **J. E. Stone,** *Die Wirkung der Wiederkäuerverdauung auf das Lignin in den Futterstoffen.* Im Zusammenhang mit den Verss., den *Lignin*-Geh. als Indicator zur Best. der Verdaulichkeit von Weidefutter zu benutzen, wird die Verdaulichkeit des Lignins von 2 verschied. Futterstoffen (Leguminosen u. ein Gemisch verschied. Dicotyledonen) untersucht, wobei gleichzeitig die Veränderungen des *Vanillins* u. *Syringaaldehyds* herangezogen wurden. Die Unterss. ergaben, daß das Lignin der Dikotyledonenfutterstoffe nahezu unverändert durch den Tierkörper hindurchgeht, während das Lignin aus den monocotylen Pflanzen zum Teil verdaut wird. (Sci. Agric. **32.** 502—06. Sept. 1952. Saskatoon, Can., Nat. Res. Council, Prairie Reg. Labor.) NEHRING. 4594

G. Ludány, J. Cservény und **M. Händel,** *Die Wirkung von H_2S auf die Zuckerresorption aus dem Darm.* Durch Verss. am Hund wird festgestellt, daß die Resorptionsfähigkeit der Darmschleimhaut für Hexosen durch H_2S stark vermindert wird, während sie für Pentosen unverändert bleibt. Abgesehen von einer Störung der Phosphorylierung, die durch in vitro-Verss. bewiesen wird, scheint eine allg. Permeabilitätsabnahme zu bestehen. Diese Tatsache kann zur Erklärung der verminderten Nahrungsverwertung bei patholog. H_2S-Überschuß im Darm beitragen. (Arch. int. Pharmacodynam. Thérap. **91.** 25—31. 1/9. 1952. Budapest, Univ., Inst. für Pathophysiol., u. Kolozsvár, Univ., Physiol. Inst.) BAUMANN. 4594

M. F. Day, *Untersuchung über die Verdauung von Wolle durch Insekten.* 1. Mitt. *Mikroskopie der Verdauung von Wolle durch Mottenlarven* (*Tineola bisselliella Humm*). Unterss. an verarbeiteter u. bes. roher, frisch geschorener Merinowolle, die nur mit Ae. u. W. behandelt worden war. Die Lokalisation der verdauenden Regionen im Darmtraktus erfolgte mit Hilfe von *Triphenyltetrazoliumchlorid.* Das Darmepithel der akt. Region ist mkr. leicht zu differenzieren, in ihrem Bereich liegen besondere Potentialverhältnisse vor. (Austral. J. sci. Res., Ser. B **4.** 42—48. Febr. 1951. Canberra, A. C. T., C. S. I. R. O., Div. of Entomol.) LÜPNITZ. 4594

R. F. Powning, M. F. Day und **H. Irzykiewicz,** *Untersuchungen über die Verdauung von Wolle durch Insekten.* 2. Mitt. *Die Eigenschaften einiger Insektenproteinasen.* (1. vgl. vorst. Ref.) Die Mitteldarmproteinasen von Tineola bisselliella-, Tenebrio molitor- u. Musca domestica-Larven sowie den Imagines von Periplaneta americana u. Locusta migratoria wurden mit den Inhibitoren *Cyanid, Jodacetat, Thioglykolat, Enterokinase, Ovomycoid, Ascaris-* u. *Sojabohnenwirkstoff* getestet. Bestimmt wurde die Wrkg. im Vgl. zu Trypsin u. Papain. Es wird angenommen, daß die für Larven der Kleidermotte typ. Eig. der Keratinverdauung nicht im Syst. der proteinverdauenden Enzyme begründet ist. (Austral. J. sci. Res., Ser. B **4.** 49—63. Febr. 1951. Canberra, A. C. T., C. S. I. R. O., Div. of Entomol.) LÜPNITZ. 4594

M. F. Day, *Untersuchungen über die Verdauung von Wolle durch Insekten.* 3. Mitt. *Ein Vergleich der Tracheen des Mitteldarmes bei Tineola-Larven und anderen Insektengeweben.* (2. vgl. vorst. Ref.) Unters. an verschied. Geweben (Herz, Nerven, Vorder-, Mittel- u. Enddarm, Rectum, MALPIGHIschen Gefäßen, Fettkörper, Flug- u. Körpermuskulatur) bei *Ctenolepisma longicaudata Esch., Periplaneta americana L., Larven* u. Imagines von *Tenebrio molitor L.* u. *Lucilia cuprina Wied,* sowie Larven von *Tineola bisselliella Humm.* über Eintritt, Verlauf u. Endigung der zur O_2-Versorgung erforderlichen Tracheen: je nach O_2-Bedarf des Organes sind die Tracheen u. ihre Verzweigungen mehr oder weniger stark ausgebildet. (Austral. J. sci. Res., Ser. B **4.** 64—74. Febr. 1951. Canberra, A. C. T., C. S. I. R. O., Div. of Entomol.) LÜPNITZ. 4594

D. F. Waterhouse, *Untersuchungen über die Verdauung von Wolle durch Insekten.* 4. Mitt. *Aufnahme und Ausscheidung von Metallen durch Schmetterlingslarven unter besonderer Berücksichtigung der Kleidermotte* (*Tineola bisselliella* [*Humm.*]). (3. vgl. vorst. Ref.) Wollgewebe bzw. Hefe–Casein-Gemische wurden mit Verbb. bzw. deren Salzen u. Gemischen von $ZnSO_4$, $FeCO_3$, $CdCl_2$, $Tl(CH_3COO)$, $CoCl_2$, NiS, $NiSO_4$, $SnCl_2$, $Pb(CH_3COO)_2$, $SbCl_3$, Sb_2S_5, $Bi(NO_3)_3$, Na_3SaO_3, $CuSO_4$, Na_2TeO_3, Na_2TeO_4, OsO_4, $Hg(CH_3COO)$, $Hg(CH_3COO)_2$, Ag-Albuminat, $PdCl_2$, $PtCl_4$, $HAuCl_4$, $Al_2(SO_4)_3$, $CeCl_3$, $KCrO_4$, $K_2Cr_2O_7$, $MnSO_4$, $KMnO_4$, $(NH_4)_2MoO_4$, Na_2SeO_3, Na_2SeO_4, Na_2WO_4, $UO_2(CH_3COO)_2$, $Zr(NO_3)_4$, NaF, verschied. Farbstoffen u. verschied. Lösungsmitteln behandelt u. Mottenlarven dargeboten. Elemente, die unlösl. S-Verbb. bilden, rufen

Verfärbungen des Kotes hervor, die in den Becherzellen des Darmes entstehen Ein Teil der S-Verbb. wird in den Becherzellen gespeichert u. bei der Häutung mit ausgestoßen. Larven von Tineola bisselliella vermögen teilweise hochgiftige Metallverbb. zu vertragen. (Austral. J. sci. Res., Ser. B **5.** 143—68. Febr. 1952. Canberra, A. C. T., C. S. I. R. O., Div. of Entomol.) LÜPNITZ. 4594

D. F. Waterhouse, *Untersuchungen über die Verdauung von Wolle durch Insekten.* 5. Mitt. *Die Becherzellen im Mitteldarm der Larven der Kleidermotte (Tineola bisselliella [Humm.]).* (4. vgl. vorst. Ref.) Unterss. an Larven von 18 Schmetterlingsarten, die 17 Familien angehören, ergaben, daß·Vorhandensein von „Becher"- u. „Säulenzellen" im Mitteldarm, die eine für Lepidopteren spezif. Struktur aufweisen. Die Zellen besitzen keine unmittelbare Öffnung zum Darmlumen hin, sondern nehmen Substanzen durch eine Membran hindurch auf. (Austral. J. sci. Res., Ser. B **5.** 169—77. Febr. 1952. Canberra, A. C. T., C. S. I. R. O., Div. of Entomol.) LÜPNITZ. 4594

D. F. Waterhouse, *Untersuchungen über die Verdauung von Wolle durch Insekten.* 6. Mitt. *Der* p_H*-Wert und das Redoxpotential des Verdauungskanals der Kleidermottenlarve (Tineola bisselliella [Humm.]).* (5. vgl. vorst. Ref.) Mit Hilfe verschied. Indicatoren wurden festgestellt: p_H im Vorder- (a) u. ersten Abschnitt des Mitteldarmes (b) 8,0 bis 8,4, es folgt ein Abschnitt (c) mit 8,5—9,0, der Mitteldarm (d) mit 9,8—10,0, hinterer Abschnitt von (d) (e) erst 8,5—9,0, dann 7,8—8,0, Enddarm (f) 4,6—5,8. Redoxpotential: (a) —20 bis +32 mV, ebenso (b), (c) —200 mV, (d) —250 bis —280 mV, (e) —150 bis —190 mV u. mehr als +62 mV, (f) +250 mV. Da Becherzellen in den verschied. Gebieten von (d) abweichende Werte aufweisen (p_H 6,2—6,5, +31 bis +80 mV), wird angenommen, daß diese keine Funktion bzgl. der Produktion von Sekreten ausüben, sondern mehr eine speichernde u. exzernierende vorliegt. (Austral. J. sci. Res., Ser. B **5.** 178—88. Febr. 1952. Canberra, A. C. T., C. S. I. R. O., Div. of Entomol.) LÜPNITZ. 4594

Erwin Müller und **Annemarie Niklas,** *Neuere Untersuchungen zum Kohlenhydrat-, Fett- und Eiweißstoffwechsel unter besonderer Berücksichtigung der Arbeiten mit radioaktiven und stabilen Isotopen.* 3. Mitt. *Eiweißstoffwechsel.* (2. vgl. C. **1954.** 1292.) Übersichtsarbeit an Hand von 109 Literaturzitaten. Es werden folgende Hauptthemen behandelt: Allg. Verh. der Aminosäuren im Organismus, Eiweißsynth., reversible Dehydrierung im Eiweißmol., Abbau der Eiweißkörper, Stoffwechsel einzelner Aminosäuren, Beziehungen zwischen dem Stoffwechsel des Eiweißstickstoffes u. dem des Porphyrins, Beziehungen zwischen dem Stoffwechsel des Eiweiß- u. Nichteiweißstickstoffs. (Dtsch. Z. Verdauungs- u. Stoffwechselkrankh. **13.** 160—81. 1953. Köln, Univ., Med. Klinik u. Isotopenlabor.) TÄUFEL. 4596

Joseph Bertino, Nancy Dawson, Rosalie French, Sheldon Margen und **Laurance W. Kinsell,** *Vergleichende Untersuchungen über den Abbau und die Ausscheidung von infundierter Glucose, Fructose oder infundiertem Invertzucker.* 11 nichtdiabet. Patienten erhielten innerhalb 60 Min. eine intravenöse Infusion einer 10% ig. Lsg. von *Glucose* (**I**), *Fructose* (**II**) oder *Invertzucker* (**III**); anschließend wurde der Zuckergeh. des Blutes bzw. des Harns in verschied. Zeitabständen bestimmt. **III** u. **II** wurden wesentlich schneller abgebaut als **I.** In einigen Fällen wird auch **III** schneller abgebaut als **II.** (J. clin. Endocrinol. Metabolism **13.** 658—61. Juni 1953. Oakland, Calif., Highland Alameda County Hosp., Dep. of Med. u. Inst. for Metabol. Res.) H.P. FIEDLER. 4596

George Hevesy, *Bestimmung der Rate der Erneuerung aus der Rate des Verschwindens markierter Moleküle.* ^{14}C schnell umgewandelter C-Verbb., wie Acetat u. Glucose, ist innerhalb kurzer Zeit weitgehend als $^{14}CO_2$ ausgeschieden. Daher ist der Verlust von ^{14}C bei Fettsäuremoll. in einer späteren Phase des Experimentes nicht mehr die Resultante aus Abbau alter, starker markierter u. Neubldg. schwächer markierter Moll. u. in erster Annäherung Ergebnis des reinen Abbaues der markierten Moleküle. 1—4 Tage nach der intraperitonealen Injektion von Acetat — markiert in der COOH-Gruppe — wurden die Fettsäuren der Rattenleber gewonnen u. aus ihrem ^{14}C-Verlust die Halblebenszeit des Fettsäuremol. berechnet. Es wurde gefunden für gesätt. Fettsäuren 0,8 Tage, für ungesätt. 2,2 Tage. (Exp. Cell Res. **3.** 192—98. Febr. 1952. Stockholm, Univ., Inst. for Res. in Organic Chem.) W. D. WEINMANN. 4596

Gunnar Nylander, *Über die placentare Überführung von Eisen. Eine experimentelle Untersuchung bei der Ratte.* Der gegenwärtige Stand der Kenntnis des Fe-Stoffwechsels (Chromoproteine, Speicherungs-Fe, Serum-Fe) des n. u. schwangeren Organismus wird dargelegt, wonach bes. der Fe-Übergang durch die Placenta noch wenig geklärt ist. Wegen der Ähnlichkeit der Uterusstruktur beim Menschen u. bei der Ratte wurde diese als Versuchstier gewählt. Die Unterss. wurden bei trächtigen, n. u. anäm. (durch tägliche Blutentnahme) Tieren durchgeführt. Bei frischen Proben der Gewebe wurde eine starke Fe-Rk. (Berliner Blau) in der Wand des Dottersacks festgestellt (bei fixiertem Material in viel geringerem Maße). Bei anäm. Tieren waren die Rkk. wesentlich schwächer. Ähnlich waren die Rkk. bei der REICHERT-Membran. *Ferritin* wurde in erheblichen Mengen in der Wand des Dottersacks nachgewiesen, in solcher von anäm. Tieren nur Spuren. Über Unterss. über die Natur dieser Membran wird berichtet. In den Föten u. den verschied. Placentageweben wurde der gesamte Fe-Geh. u. der Geh. an hydrolysierbarem Fe (Beschreibung der Bestimmungsmeth.) in verschied. Trächtigkeitsstadien untersucht. Aus den Ergebnissen wird geschlossen, daß das in der Placenta vorkommende hydrolysierbare Fe Komplexverbb. entspricht, die mit der placentaren Überführung von Fe zum Fötus in Beziehung stehen u. sich dementsprechend in den placentaren Geweben anreichern. Hier liegt offenbar auch ein Regulationsmechanismus vor. Auch Verss. mit ^{59}*Fe* ergaben Hinweise in dieser Richtung. (Acta physiol. scand., Suppl. **29**. Nr. 107. 1—105. 1953. Uppsala, Univ., Dep. of Histol.) SCHWAIBOLD. 4596

E. J. Martin und **J. K. W. Ferguson**, *Radon in normaler Atemluft.* Eine gewisse Menge n. Luft wurde komprimiert u. 28 Tage in völlig geschlossenen Gefäßen aufbewahrt, bis sie völlig Rn-frei war. Diese Luft wurde von 15 Versuchspersonen eingeatmet, während gleichzeitig die ausgeatmete Luft aufgefangen wurde. Diese wurde in eine Ionisationskammer gebracht u. ihre Radioaktivität, d. h. ihr Geh. an Rn, bestimmt. Die Aktivität wurde zu $1{,}5 \cdot 10^{-14}$ C/Liter mit einem Meßfehler von $0{,}24 \cdot 10^{-14}$ C bestimmt. Die Herkunft des Rn im Körper wird auf dessen Normalgeh. an Ra von 10^{-10} g entsprechend einem Geh. der Atemluft von $2 \cdot 10^{-15}$ C zurückgeführt. Weitere laufende Zufuhr an Aktivität erfährt der Körper durch die Nahrung u. das Trinkwasser. (Canad. J. med. Sci. **30**. 42—47. Febr. 1952. Toronto, Ont., Univ. of Toronto, Dep. of Pharmacol., u. Nat. Res. Council of Canada, Atomic Energy Project, Biol. Branch.) REUSSE. 4596

F. H. Shaw und **Shirley E. Simon**, *Über die Natur der Verteilung von Na und K in Nerven- und Muskelzellen.* Am Sartorius-Muskel u. dem Lendennerv von Kröten wurde der Einfl. des p_H auf den Austausch von K^+ gegen Na^+ in physiol. Salzlsg. untersucht. Die Organe wurden 4—9 Std. bei 25° in RINGER-Lsg. gelegt, deren p_H verändert wurde. Dann wurden sie abgetrocknet, gewogen u. bei 105° getrocknet. Nach Veraschung wurden K u. Na mit dem Flammenphotometer bestimmt. — Die Auswertung der Ergebnisse zeigt, daß im Muskel eine Na-Pumpe existiert, deren Funktionieren vom intakten Zellstoffwechsel abhängt. Sie ist am wirksamsten beim p_H des Schildkrötenblutes (7,25). Ein ähnlicher Mechanismus scheint beim Nerven zu fehlen. Es ist wohl möglich, daß der Na^+-Ausstoß method. vor sich geht, doch ist dieser Vorgang sicher anders als beim Muskel. Es ist sehr wahrscheinlich, daß K sowohl in den Muskel als auch in den Nerv durch eine Art chem. Affinität assimiliert wird u. nicht nur als Folge der Na^+-Abgabe angehäuft wird. Das zeigt sich allerdings stärker beim Nerv als beim Muskel. — Die Tatsache, daß trotz eines erhöhten nitrocellulären Gesamtkationengeh. keine Quellung auftritt, läßt es möglich erscheinen, daß ein Teil des Na^+ in einer osmot., nicht akt. Form gebunden ist. (Australas. J. Pharmacy [N. S.] **33**. 845—47. 30/9. 1952.) FRÜHWALD. 4597

William J. MacIntyre, John P. Storaasli, Harvey Krieger, Walter Pritchard und **Hymer L. Friedell**, ^{131}*J markiertes Serumalbumin. Seine Verwendung bei der Untersuchung des Herzminutenvolumens und des peripheren Blutstromes.* Es wird die Meth. zur quantitativen Messung des Herzminutenvol. u. des peripheren Blutstromes beschrieben. ^{131}J-markiertes Albumin erwies sich bei diesen Unterss. radioakt. Salzen überlegen. (Radiology **59**. 849—57. Dez. 1952. Cleveland, O., Western Reserve Univ. Dep. of Radiol.) W. LORENZ. 4597

H. Sterz, *Zur Frage der zentralen Übertragung afferenter Impulse.* 2. Mitt. *Excitantia, Acetylcholin, Adrenalin.* (1. vgl. HÄUSLER u. STERZ, J. Mt. Sinai Hosp. [New York] **19**. [1952.] 121.) Vf. berichtet über die Prüfung einer Perfusionsmeth. des Subduralraumes des Froschrückenmarks (Rana esculenta), die für die Unters. zentraler Überträgersubstanzen entwickelt worden war. Folgende Substanzen bzw. Präpp. fanden Anwendung: *Strychnin, Pikrotoxin, Pervitin, Acetylcholin* (mit u. ohne *Eserin*), *Adrenalin*, u. *Noradrenalin.* Auf die nach Anwendung von *Histamindichlorhydrat* auftretenden Spontanzuckungen bzw. Tonuserhöhungen wird bes. hingewiesen. — 25 Literaturangaben. (Naunyn-Schmiedebergs Arch. exp. Pathol. Pharmakol. **217**. 256—63. 1953. Graz, Univ., Pharmakol. Inst.) RODERICH KÖNIG. 4598

William A. Marshall Smart, Furneaux's human physiology. New ed., rev. standard ed. New York: Longmans. 1953. (402 S. m. Abb., Diagr.) $ 1,85.

Ludwig von Bertalanffy, Theoretische Biologie. Bd. 2. Stoffwechsel, Wachstum. 2. vollst. neu bearb. Aufl. Bern: Francke. 1951. (418 S. n. 117 Abb. u. 30 Tab.) sfr. 47,50. Mit Literaturverz. (S. 383—403.)

E_6. Pharmakologie. Therapie. Toxikologie. Hygiene.

Madeleine Viallet, Laurent Chevrot und **Pierre Viallet,** *Erste Resultate der Anwendung von Methioninsalben in der Strahlentherapie.* Vff. berichten über 6 Fälle von Kranken, die hochdosierte Tiefenbestrahlungen mit Röntgenstrahlen erhielten u. bei denen die Ein- u. Austrittsfelder zur Vermeidung von Röntgenerythemen mit einer *Methionin* enthaltenden Salbe (*Exo-thion*) behandelt wurden. In allen Fällen konnte die Erythembldg. mehr oder weniger red. werden. Ob durch höhere Dosierung der Salbe noch bessere Erfolge zu erzielen sind, bedarf noch der Prüfung. (J. Radiol. Électrol. Arch. Électr. méd. **34.** 613. 1953.) REUSSE. 4601

Philipp Erlacher, *Zur Behandlung des Morbus Bechterew mit Thorium X.* Der Angriffspunkt des Thoriums X liegt im Mineralstoffwechsel. Es findet nach Ansicht des Vf. eine Verzögerung der endesmalen u. enchondralen Ossifikation im Bereich der kleinen Wirbelgelenke, im Annulus fibrosus der Bandscheiben u. Ileosacralgelenk statt. Über eigene Behandlungserfolge an 14 Patienten wird berichtet u. die weitere Verwendung dieses neuen Therapeuticums empfohlen. (Wiener klin. Wschr. **65.** ([N. F.] **8**). 825—26. 25/9. 1953. Wien, Orthopäd. Spital [Neue Hofburg].) G. SCHRÖDER. 4601

R. Amprino, *Beobachtungen über die Fixierung von Uran in Knochenschnitten in vitro.* Frische Knochenschnitte (Stärke 30—45 μ) sowie solche nach Behandlung mit A. oder Formalin wurden mit einer Lsg. von 1‰ig. Uranylnitrat in 0,025n $NaHCO_3$-Puffer behandelt. Danach wurden die Schnitte in dest. W. gewaschen, an Luft getrocknet u. auf die Schichtseite von C_2-ILFORD NUCLEAR RESEARCH-Platten mit 50 μ Emulsionsstärke aufgepreßt. Durch gleichlaufende Historadiographie wurde der Grad der Calcifikation des Knochengewebes bestimmt. Es zeigte sich, daß die U-Aufnahme bei jungen Knochen um 30—100% höher liegt als bei altem Material. Die Verteilung des U entspricht im wesentlichen der des ^{45}Ca, jedoch ist im Falle des U der relative Unterschied zwischen jungem u. altem Knochen größer. Veraschtes, d. h. von organ. Substanz befreites Knochengewebe nimmt 15—30% mehr auf als n. Gewebe. Nach 24std. Kochen nimmt der Knochen 4mal soviel U auf wie n. Knochengewebe, 4—8mal so viel nach Kochen in Glykol + KOH. In der ersten Std. der Behandlung mit U findet maximale Aufnahme statt, nach 10—12 Std. ist sie abgeschlossen. Vorher aufgenommenes ^{45}Ca wird teilweise durch U ersetzt. Bei gleichzeitiger Behandlung mit ^{45}Ca u. U findet anteilige Aufnahme statt. Durch Behandlung mit Lsg. von $NaHCO_3$ oder Na_2CO_3 kann vorher aufgenommenes U zu 90% extrahiert werden, während ^{45}Ca nicht ausgewaschen wird. Weitere Einzelheiten vor allem histolog. Natur werden berichtet. (Experientia [Basel] **9.** 291—93. 15/8. 1953. Turin, Univ., Inst. of Anat.) REUSSE. 4601

Erik Poppe und **Haakon Ødegaard,** *Bronchographie mit wasserlöslichen Kontrastmitteln.* Die Verwendung von *Umbradil-Viskös B* (50%ig. Lsg. des *Diäthanolaminsalzes* der *3.5-Dijod-4-pyridon-N-essigsäure* in W.) für Bronchogramme besitzt vor den öligen Kontrastmitteln mehrere Vorteile. Es wird vor allem rasch aus den Lungen ausgeschieden. Wegen seiner lokalen Reizwrkg. befriedigt es noch nicht. (Radiology **59.** 831—37. Dez. 1952. Oslo, Univ. of Oslo Hosp., Dep. of Radiol.) W. LORENZ. 4601

K. Reinhardt, *Ein Jodöl–Sulfonamidpuder-Gemisch als Bronchographiekontrastmittel.* Es werden Vor- u. Nachteile der jodierten Öle u. der hochviscosen wasserlösl. Jodverbb. als Bronchographiekontrastmittel beschrieben. Gute Erfahrungen liegen mit einem Gemisch (I) von 40%ig. *Lipiodol* u. Sulfonamidpuder vor. Infolge der Zähflüssigkeit verursacht I keine Alveolarfüllung. Die Schleimhäute werden gut genetzt. Aus dem Bronchialbaum wird I in wenigen Tagen eliminiert. (Fortschr. Gebiete Röntgenstrahlen verein. Röntgenprax. **79.** 699—703. Dez. 1953. Homburg/Saar, Strahleninst. der Univ.-Kliniken im Landeskrankenhaus.) W. LORENZ. 4601

W. Frommhold, *Ein neuartiges Kontrastmittel für die intravenöse Cholecystographie.* Die Einführung des *Biligrafin* (*Dinatriumsalz* des *Adipinsäure-bis-[3-carboxy-2.4.6-trijodanilids]*) zur intravenösen Cholecystographie bringt gegenüber den bisher verwendeten dijodierten Verbb. folgende Vorteile: dichtere Kontrastschatten, Ausschaltung aller Unsicherheitsfaktoren bei der Applikation, gute Verträglichkeit, Eliminierung durch die Leber, rasche Wiedergabe der Gallenwege nach der Applikation u. Zeitersparnis. (Fortschr. Gebiete Röntgenstrahlen verein. Röntgenprax. **79.** 283—91. Sept. 1953. Berlin, Freie Univ., Strahleninst. des Städt. Krankenhauses Westend.) W. LORENZ. 4601

Th. Hornykiewytsch und **H. St. Stender,** *Intravenöse Cholangiographie.* Es wird über die Ergebnisse der intravenösen Cholangiographie bei 274 Patienten mit dem *Kontrastmittel SH 216* (*20%ig. Lsg. von Adipinsäure-bis-[3-carboxy-2.4.6-trijod-*

anilids] [*Dinatriumsalz*]), über die dafür entwickelte Aufnahmetechnik u. über die Gefahren berichtet. Der Meth. wird im Rahmen der röntgenolog. u. klin. Diagnostik zu Gallenwegserkrankungen Bedeutung zuerkannt. Die Meth. kann auch funktionelle Störungen der Galle einer direkten Beobachtung zuführen. (Fortschr. Gebiete Röntgenstrahlen verein. Röntgenprax. **79.** 292—309. Sept. 1953. Gießen, Justus-von-Liebig-Hochsch., Strahlenabt. der Med. Klinik.) W. LORENZ. 4601

Charlotte Püschel, *Über klinische und röntgenologische Erfahrungen mit dem neuen intravenösen Gallekontrastmittel „Biligrafin“.* Es wird über klin. Erfahrungen mit *Biligrafin* (I) [*Dinatriumsalz des N.N'-Bis-(2.4.6-trijod-3-carboxyphenyl)-adipinamids*] (SCHERING A. G.) berichtet. I besitzt eine größere Gallekontrastwrkg. gegenüber Weichteilen als Biliselektan. Die DL_{50} (Ratte intravenös) liegt bei 3,4 g/kg. Die gute Verträglichkeit von I wird bestätigt. Nur bei kreislauflabilen Patienten ist eine gewisse Vorsicht geboten. Reizungen wurden jedoch nicht beobachtet. (Dtsch. med. Wschr. **78.** 1327—29. 25/9. 1953. Bremen, Städt. Krankenanstalten.) W. LORENZ. 4601

S. Moeschlin, H. R. Marti und **W. Germann,** *Tödliche Panmyelopathie durch Thorotrast* (*Thoriumdioxyd*). Eingehende Besprechung eines Falles, bei dem 7 Jahre nach intraarterieller Injektion von 30 cm³ *Thorotrast* (I) = 7,5 cm³ ThO_2 eine schwere, tödlich verlaufene Panmyelopathie auftrat. Nachw. der I-Speicherung im reticulo-endothelialen System. Die Strahlungsaktivität der veraschten I-haltigen Organe gegenüber n. Vergleichsorganen (Werte in Klammern) betrug für die Leber 288 (31), die Milz 778 (34), für das Knochenmark lagen die Werte prakt. innerhalb des Versuchsfehlers. Wegen der großen Gefahr der Spätschäden wird vor I-Anwendung als Kontrastmittel dringend gewarnt. (Schweiz. med. Wschr. **83.** 1061—64. 31/10. 1953. Zürich, Univ., Med. Klinik.) DOSSMANN. 4601

Ernst Günther Schlosser, *Thermisch selektive Effekte bei der Ultrakurzwellentherapie.* Es wird versucht, die selektiven Effekte der Ultrakurzwellen- (UKW-) Therapie durch Temperaturschwingungen, die durch pulsierende Wärmebldg. einer mit Hochfrequenz (HF) bestrahlten Suspension entstehen, zu erklären u. rechner. zu erfassen. Das Auftreten einer Art therm. Resonanz, die von verschied. Faktoren abhängig ist, läßt vermuten, daß dieser Effekt zur Erklärung der Wirksamkeit der UKW-Therapie beiträgt. Der Anlaufvorgang hinsichtlich des Temperaturfeldes bei Einschalten der HF ergab so geringe Werte, daß sein Einfl. für den selektiven UKW-Effekt fraglich ist, was durch Messung u. Berechnung belegt wird. (Z. Naturforsch. **8b.** 485—95. Sept. 1953. Frankfurt/M., Univ., Inst. für angew. Phys.) DOSSMANN. 4601

G. S. Dawes, J. C. Mott und **J. G. Widdicombe,** *Chemoreceptorenreflexe beim Hund und die Wirkung von Phenyldiguanid.* Verss. am anästhesierten Hund ergaben, daß die intravenöse Injektion von *Phenyldiguanid* (I) eine Bradycardie mit nachfolgender Erhöhung des Blutdrucks u. Steigerung der Atmung hervorruft. Wird I in den Hohlraum des linken Herzohrs injiziert, so erfolgt eine ähnliche Reaktion. Werden die Vagusnerven durchschnitten, so wird die Wrkg. von I zwar red., aber nicht aufgehoben. Durch Best. des Aktionspotentials von Carotis-Sinus/Körpernerv wurde gefunden, daß I solche Fasern anregt, die auch auf *Nicotin* (II) ansprechen. Anwendung von *Procain* oder von *2-α-Naphthyläthylisothioharnstoff* blockiert zeitweise die Wrkg. von I auf die Zirkulation u. Atmung, aber nicht auf die von II oder Cyanid. Tetraäthylammonium blockiert die Wrkg. von II, aber nicht die von I. Vff. nehmen an, daß es 3 Typen chem. Receptoren im sensor. Bereich des Carotis u. der Aorta gibt. (Arch. int. Pharmacodynam. Thérap. **90.** 203—22. 1/7. 1952. Oxford, Univ., Nuffield Inst. for Med. Res.) RODERICH KÖNIG. 4607

L. B. Cobbin, *Die Wirkung von das Zentralnervensystem stimulierenden Verbindungen auf die Bewegung weißer Mäuse.* Um minimale Mengen mit Sicherheit nachweisen zu können, wurde ein Kondensatorsyst. entwickelt, in welches die Maus als lebende, durch die Bewegung den Abstand dauernd verändernde Kondensatorplatte eingeschaltet ist. — *Strychnin* u. *Metrazol* (I) beeinflußten die Aktivität erst bei Erreichung einer Krämpfe auslösenden Menge. *Coffeincitrat* (II) in extrem hohen Gaben (200 mg/kg) verursachte nur eine leichte Zunahme der Aktivität, u. selbst 600 mg/kg wirkten nicht wesentlich stärker. *Coramin* hatte keine ausgeprägte Wrkg., dagegen erhöhten *Benzedrin* u. *Morphin* in niedrigen Dosen beträchtlich die Bewegung. — In allen Fällen waren die Testtiere, die NaCl erhalten hatten, in den 15 Min., die bis zum Eintreten der Wrkg. (die dann 2 Std. anhielt) vergingen, lebhafter. — Zur Erhöhung der Empfindlichkeit des I-Testes wurden Versuchs- u. Kontrolltiere mit subkonvulsiven Dosen von II vorbereitet, das synergist. wirkt. — Mit niedrigen Dosen morphinisierte Mäuse sind nicht wesentlich lebendiger als die Kontrolltiere. Wenn man allerdings beide Gruppen vorher mit nur sedativ wirkenden Dosen (25 mg/kg) von Barbituraten behandelt, zeigt sich der Morphineffekt deutlich. (Australas. J. Pharmacy [N. S.] **33.** 848. 30/9. 1952.) FRÜHWALD. 4607

Charlotte Robertson und **M. I. Grossmann,** *Untersuchungen über Inhibitoren der Säuresekretion des Magens.* 204 Substanzen werden auf ihre Eignung untersucht, die gastr. saure Sekretion zu hemmen. 36 wirken inhibitor., u. zwar ***Atropin,*** Atropinabkömmlinge, atropinwirksame Substanzen, ***Sympathicomimetica*** u. ***Antihistaminica.*** (Arch. int. Pharmacodynam. Thérap. **91.** 1—15. 1/9. 1952. Chicago, Ill., Univ. of Illinois, Coll. of Med., Dep. of Clin. Sci.) BAUMANN. 4607

D. Bovet und **M. Virno,** *Analeptische und hyperthermische Eigenschaften des Tetrahydro-β-naphthyläthylamins* (*EtTHN*). Folgende Sympathicomimetica wurden auf ihre analept. u. temperatursteigernde Wrkg. an Hund u. Kaninchen untersucht: *1.2.3.4-Tetrahydronaphthyl-(2)-amin* (**I**), *Amphetamin* (**II**), *Phenyläthylamin* (**III**) sowie die Derivv. des **I**: *1.2.3.4-Tetrahydronaphthyl-(2)-methylamin* (**IV**), *1.2.3.4-Tetrahydronaphthyl-(2)-dimethylamin* (**V**), *1.2.3.4-Tetrahydronaphthyl-(2)-äthylamin* (**VI**) u. *1.2.3.4-Tetrahydronaphthyl-(2)-diäthylamin* (**VII**). Beim narkotisierten Hund rufen **I, II** u. **III** eine Steigerung des arteriellen Blutdruckes hervor, wobei die Wrkg. von **III** doppelt so groß als die von **I** u. **II** ist. Während **IV** ebenfalls den Druck steigert, wirken in dieser Hinsicht **V** u. **VI** geringer u. **VII** senkt den Druck. Diese Effekte treten auch am hirnlosen Tier in Erscheinung. Die Körpertemp. wird am stärksten gehoben durch **VI** u. **VII**, weniger durch **I** u. **II**, dann **III** u. **IV**. Die Temperatursteigerung durch **VI** ist offenbar an eine Erregbarkeit der Hirnzentren gebunden u. wird neben einer Erhöhung des Basalstoffwechsels durch Steigerung der motor. Muskeltätigkeit bewirkt. Deshalb ist es auch verständlich, daß diese Wrkg. durch *Barbiturate* (Allylisopropylbarbitursäure) u. *Curare* weitgehend gehemmt werden kann, wogegen eine durch Dinitrophenol hervorgerufene Temperatursteigerung hierbei unbeeinflußt bleibt. Unter den Sympathicolyticis hemmen diesen Effekt ebenfalls *Yohimbin, Dibenamin* u. *933 F* (*Piperidinmethylbenzodioxan*), während *Regitin* u. *Dihydroergotamin* ohne Einfl. auf die Temperatursteigerung des **VI** sind. (Rend. Ist. super. Sanità **15.** 870—904. 1952. Roma, Ist. Superiore di Sanità, Labor. di Chimica Terap.) P. G. SCHEURLEN. 4607

D. Bovet, F. Bovet-Nitti und **V. G. Longo,** *Untersuchungen über sympathicolytische Eigenschaften der Ergotaminreihe: Pharmakologische Wirkung des N-Tetralyl-(2)-N-methyl-N'-äthyl-β-alaninamid (916 IS) und der Aminamide des 2-Aminotetralins.* Die sympathicolyt. Wrkg. des *N-Tetralyl-(2)-N-methyl-N'-äthyl-β-alaninamids* (916 IS; **I**) wirkt antagonist. gegen das *Adrenalin* am Blutdruck des Hundes, am isolierten Kaninchenuterus u. den Extremitätengefäßen des Meerschweinchens. Der Antagonismus des **I** gegenüber *Noradrenalin* ist geringer. **I** wirkt ferner sympathicolyt. gegenüber blutdrucksteigernden Effekten der Splanchnicusreizung, Verschluß der Carotisarterie u. zentrale Vagusreizung. Unter den Derivv. des *1.2.3.4-Tetrahydronaphthyl-(2)-amins* zeigten nur solche sympathicolyt. Wirkungen, in denen eine β-Alaninamidgruppe enthalten ist, während Derivv. des *Äthylendiamins, Propylendiamins, Glycinamids, α-Alaninamids* u. des *Aminobutyramids* wenig oder nicht wirksam waren. — Folgende Verbb. zeigten sympathicolyt. Wrkg.: *N-Tetralyl-(2)-β-alaninamid, N'-Tetralyl-(2)-β-alaninamid,* Derivv. mit alkoh. Funktion des *N-Tetralyl-(2)-N-methyl-N'-isopropanol-β-alaninamids,* Derivv. des *N'-Tetralyl-(2)-β-alaninamids* mit quartären NH_4-Funktionen. Dagegen zeigten die nach dem Modell der β-Alaninamidderivv. aufgebauten *Phenyläthylamin-* u. *Phenylisopropylaminderivv.* keine sympathicolyt. Eigenschaften. Als Konsequenz kann erkannt werden, daß das Mol. des **I** mit dem *Ergotamin* Analogien aufweist, die eine Interpretation der Zusammenhänge zwischen chem. Aufbau u. pharmakol. Wrkg. der Mutterkornalkaloide gestatten: Vorhandensein eines Tetrahydronaphthylaminkerns, ein in β-Stellung substituiertes Amin, Anwesenheit einer monosubstituierten amid. Funktion, welche durch 3 C-Atome von der Aminfunktion getrennt ist. — Es lassen sich alle Zwischenstufen sympathicomimet. u. sympathicolyt. Wrkg. feststellen, wenn man vom *Phenyläthylamin* über *Amphetin, Tetrahydro-β-naphthylamin, N.N-Diäthyltetrahydronaphthylamin* zum **I** u. schließlich zum *Lysergsäure*-Deriv. fortschreitet. (Rend. Ist. super. Sanità **15.** 925—52. 1952. Roma, Ist. Sup. di Sanità, Labor. di Chim. Terap.) P. G. SCHEURLEN. 4607

F. Bovet-Nitti, *Einige Betrachtungen über Zusammenhänge zwischen chemischer Struktur und Oxytocin ähnlichen Wirkungen bei synthetischen Präparaten nach dem Modell des Ergometrins; Substituierte Derivate des N-Tetralyl-(2)-β-alanylamids und des N-Tetralyl-(2)-glycinamids, sowie aromatische und aliphatische Glycinamidderivate.* Unter den Derivv. des *1.2.3.4-Tetrahydronaphthyl-(2)-amins,* das im Skelett der *Lysergsäure,* einem Bestandteil der Mutterkornalkaloide, auftritt, finden sich solche die eine dem *Oxytocin* (I) ähnliche Wrkg. auf den Kaninchen- u. Meerschweinchenuterus ausüben. Werden *N-Tetralyl-(2)-β-alaninamid* u. *N'-Tetralyl-(2)-β-alaninamid* in N bzw. N' durch Alkylgruppen derart substituiert, daß sie ihrer Struktur nach dem *Ergotamin* ähnlich werden, so zeigen sie neben der Fähigkeit, sympathicolyt. zu wirken, auch eine dem I ähnliche Wrkg., bes. wenn die für das *Ergometrin* charakterist. *Propanolamin*-Gruppierung synthetisiert wird [z. B. *N-Tetralyl-(2)-N-methyl-N'-isopropanolamid*]. Die an N bzw. N' substituierten Derivv. des *N-Tetralyl-(2)-glycinamids* u. des *N'-Tetralyl-(2)-glycinamids* haben dagegen keine sympathicolyt. Eigg., besitzen eine geringere Toxizität, sind aber ebenfalls auf den isolierten Kaninchenuterus wirksam. Als wirksamstes Präp. hat sich hierbei das *N.N-Diäthyl-N'-tetralyl-(2)-glycinamid* (621 IS) erwiesen. Für die dem I ähnliche Wrkg. ist hierbei offenbar eine Aminamidkette notwendig, wie sich dies auch bei einem entsprechenden Deriv. des N'-Phenylglycinamids zeigte (*N.N-Diäthyl-N'.3.4-dimethylphenylglycinamid*). Es wurde beobachtet, daß geringe Änderungen an der Aminamidkette die Wrkg. auf den Uterus deutlich verändern. — Unter den aliphat. Derivv. des Glycinamids, die in N bzw. N' substituiert waren, zeigte das *N.N.N'.N'-Tetraäthylglycinamid* sichere I-ähnliche Wrkg., so daß Vf. annimmt, daß der akt. Teil in der Aminamidkette des Typs $-\underset{\displaystyle R}{\underset{|}{N}}COCH_2N\begin{smallmatrix}\nearrow R' \\ \searrow R''\end{smallmatrix}$ hat. (Rend. Ist. super. Sanità **15**. 989—1007. 1952. Rom Ist. Sup. di Sanità, Labor. di Chim. Terap.) P. G. SCHEURLEN. 4607

J. M. Robson und **T. L. T. Lewis**, *Mutterkorn und seine Alkaloide in der klinischen Praxis.* Übersicht über die Wrkg. der Alkaloide u. ihre Anwendung in der Gynäkologie, Geburtshilfe u. bei Migräne. (Practitioner **169**. 294—98. Sept. 1952.) HOTZEL. 4608

Jack L. Radomski, E. C. Hagan, Henry N. Fuyat und **Arthur A. Nelson**, *Die Pharmakologie der Ipecacuanha.* Bei Hunden u. Katzen konnte die narkot. bzw. tödliche Wrkg. hoher *Pentobarbital*-Dosen (100 mg/kg) durch gleichzeitige Gabe von 2 g *Ipecacuanha* (I) nicht verhindert werden. Die wirksamen Alkaloide *Emetin* (II) u. *Cephaelin* (III) sind etwa gleich tox. (Verss. an Ratten u. Hunden). Die DL_{50} beträgt bei intraperitonealer Gabe bei Ratten für II 12,1 mg/kg, für III 9,9 mg/kg. Für den Hund sind tägliche Gaben von 1 mg/kg II oder III tox.; für I liegt die zum Tode führende Dosis bei 20 mg/kg/Tag. Bei oraler Zufuhr von I werden erhebliche Mengen II u. III vom Darm aus resorbiert. Eine Speicherung der Alkaloide bei laufender Fütterung findet vor allem in der Leber, weniger in Milz u. Nieren statt. In der Leber wurden bei der Tötung der Tiere bis 20% der gegebenen Alkaloide gefunden. (J. Pharmacol. exp. Therapeut. **104**. 421—26. April 1952. Washington, D. C., Fed. Security Agency, Food and Drug Admin., Div. of Pharmacol.) DAUTZENBERG. 4608

Luigi Costelli, *Die Behandlung der tuberkulösen Lymphadenitis mit einem aromatischen N-Lost-Derivat. (Vorläufige Mitt.)* Bei tuberkulöser Lymphadenitis wurden durch Behandeln mit *Naphthyl-bis-[β-chloräthyl]-amin* (*R 48*; *Cloronaftina*; SIMES S. p. A., Milano) in frischen Fällen gute Erfolge erzielt. Die Verb. wurde jeden 2. Tag (200 mg) intramuskulär injiziert. Keine Nebenerscheinungen. (Minerva med. [Torino] **44**. II. 1438—40. 14/11. 1953. Milano-Vialba, Ospedale Sanatoriale „L. Sacco“ dell'I. N. P. S.) KIRMSE. 4610

H. Beeuwkes und **H. Esseveld**, *Bakteriologische Beobachtungen bei Patienten mit Lungentuberkulose während der Behandlung mit Isonicotinsäurehydrazid.* Humane Mycobakterien von unbehandelten Tuberkulosepatienten werden durch 0,1 γ *Isonicotinsäurehydrazid* (I) per cm^3 Nährbodenfläche im Wachstum gehemmt. Während der Behandlung mit I wurde bei 20 Patienten mit cavernöser Tuberkulose teilweise sehr schnell auftretende Resistenz beobachtet. Als resistent wurden diejenigen Bakterien angesehen, die bei 1 γ per cm^3 Nährboden u. mehr noch wuchsen. Beinahe alle saprophytären Stämme zeigten sich resistent. (Nederl. Tijdschr. Geneeskunde **96**. 2061—64. 23/8. 1952. Enscheide u. Rotterdam.) KERSTEIN. 4610

H. S. Nanninga jr., *Mitteilungen über die Behandlung von ausgesuchten Tuberkulosepatienten mit Isonicotinsäurehydrazid im McKnight State Sanatorium in Texas.* Kurzer Bericht über 30 mit *Isonicotinsäurehydrazid* behandelte Tuberkulosepatienten. Es zeigten sich: Verbesserung der Eßlust, Gewichtszunahme, lyt. Temperaturabfall, Aufhören des Hustens, Sputumverringerung, stärkere Cavernendrainage. In 5—6% der Fälle trat Eosinophilie auf, Intoxikationen wurden nicht beobachtet. In keinem Falle wurde das Sputum negativ. (Nederl. Tijdschr. Geneeskunde **96**. 2064—68. 23/8. 1952. Texas, Sanatorium.) KERSTEIN. 4610

K. H. Butzengeiger, J. Krumbholz und **L. Wessing**, *Zur Behandlung der Lungentuberkulose des Erwachsenen mit Isonicotinsäurehydrazid (INH).* Bericht über *Neo-*

teben (**I**)-Behandlung von 35 vorbeobachteten auswertbaren Lungentuberkulosefällen zur Feststellung der Gegebenheiten für einen optimalen **I**-Effekt. Diskussion des Ergebnisses, verglichen mit den Erfolgen der anderen Tuberkulostatica. (Ärztl. Wschr. **8**. 995—1001. 16/10. 1953. Mühlheim/Ruhr, St. Marien-Hosp.) DOSSMANN. 4610

M. J. Vidal, F. Vidal, M. Husson und **M. C. Gaillard,** *Ergebnisse bei der Isoniazidbehandlung der chronischen Lungentuberkulose.* Besprochen wird der Einfl. von *Isoniazid* (**I**) auf Fieber, Gewicht, Blutsenkung, Haptoglobinämie u. die zu behandelnden Läsionen sowie das Auftreten von Nebenerscheinungen. Die **I**-Erfolge zeigen sich im 1. Monat. Zur Behandlung chron. Lungentuberkulosen verwenden Vff. neuerdings immer Kombinationen verschied. Antituberkulostatica. (Montpellier méd. [3] **44** (**96**). 93—99. Aug. 1953.) DOSSMANN. 4610

Paul Bünger und **Annaliese Lass,** *Empfindlichkeit und Resistenz von Tuberkelbakterien vor und während der Behandlung mit Isoniazid.* (Vgl. auch C. **1954**. 3744.) Bei 100 Kranken wurde Empfindlichkeitstestung der Tuberkelbacillen gegenüber *Isoniazid* (**I**) durchgeführt. Völlige Hemmung des Wachstums vor Beginn der **I**-Therapie trat in 79% der Fälle mit 0,1 γ/cm^3 **I** ein wie beim Teststamm H 37 Rv, 4% zeigten stärkeres Wachstum, u. in 17% traten Einzelkolonien bis zu 20 Keimen pro Population auf. Nachw. von Einzelkulturen bis zu 1 γ/cm^3 wird noch nicht als Resistenz angesprochen; solche Varianten geringerer **I**-Empfindlichkeit werden bei einer klin. Dosierung von 3mal 200 mg **I** pro die = 10 mg/kg, die eine Gewebskonz. von 1 γ/cm^3 bedingt, immer noch erfaßt. Als resistent wird eine Population erst dann bezeichnet, wenn mehr als 10^3 Einzelkeime noch bei 5 γ/cm^3 Wachstum zeigen. 88 mit 10 mg/kg behandelte Fälle wurden über Monate kontrolliert. 74% wurden u. blieben negativ, 15% blieben resistent; die langsame Resistenzentw. wird an 2 Beispielen erläutert; 11% blieben positiv, ohne daß Resistenz nachgewiesen werden konnte. (Z. Tuberkulose **103**. 202—10. 1953. Hamburg-Langenhorn, Allg. Krankenhaus Heidberg.) DOSSMANN. 4610

Karl Auersbach und **Heinz Grunze,** *Über Nebenwirkungen des Isonicotinsäurehydrazids unter besonderer Berücksichtigung der Herz-Kreislauf-Störungen.* Bericht über Erfahrungen mit *Neoteben* (**I**) bzw. *Rimifon* bei über 1200, davon 350 stationären, Fällen. Neben Neuritiden, Störungen im Bereich des Zentralnervensyst. u. Inkretoriums, Akne, Neigung zu Opstipation werden bes. Herz- u. Kreislaufstörungen mit ihren möglichen Ursachen besprochen. Deutliche Abhängigkeit von der Höhe der **I**-Dosis; wird diese mit 5 mg/kg/Tag nicht überschritten, dann lassen sich die Nebenwirkungen bessern oder beheben. (Dtsch. med. Wschr. **78**. 1767—70. 18/12. 1953. Berlin-Wannsee, Landestuberkulosekrankenhaus Heckeshorn.) DOSSMANN. 4610

O. Bucher, *Zur Frage der cytotoxischen Wirkung von Rimifon.* Bericht über in vitro-Verss. an 500 Bindegewebskulturen von Hühnerembryonen zur Feststellung einer cytotox. Wrkg. von *Rimifon* (**I**; ROCHE). Angaben über Versuchsmeth. u. Auswertung der Meßergebnisse. Bei mehrtägiger Einw. ist eine **I**-Konz. von mindestens 0,1‰, bei Tagesverss. von 1‰ notwendig, um unter den gegebenen Bedingungen eine Gewebsschädigung zu erzielen. Vergleicht man diese Werte mit den bei oraler therapeut. **I**-Verabreichung in Blut u. Gewebe auftretenden **I**-Konzz. von 2—5 γ/cm^3, d. h. bis zu ca. 0,005‰, so erscheint eine Gewebsschädigung bei n. **I**-Therapie unwahrscheinlich. (Schweiz. med. Wschr. **83**. 1206—08. 12/12. 1953. Lausanne, Univ.; Histol.-embryol. Inst.) DOSSMANN. 4610

K. Schattmann, *Chemischer Nachweis von Isonicotinsäurehydrazid in Blut, Urin und Stuhl und Untersuchungen über den Verbleib des Isonicotinsäurehydrazids im Körper.* Zur Best. von *Isonicotinsäurehydrazid* (**I**) wird **I** alkal. verseift u. das abgespaltene Hydrazin nach Wasserdampfdest. mit *p-Dimethylaminobenzaldehyd* zum *Di-(p-dimethylaminobenzal)-hydrazin* kondensiert u. dieser Farbstoff bei 460 mμ colorimetriert. So werden 3 cm^3 Urin mit 3 cm^3 50% ig. Kalilauge versetzt u. Wasserdampf eingeleitet. Nach dem Auffangen von 45 cm^3 Destillat wird auf 50 cm^3 aufgefüllt. Von dieser Lsg. werden 4 cm^3 mit 1 cm^3 Aldehydreagens versetzt. Zur Best. im Blut werden 3 cm^3 Venenblut mit 0,5 cm^3 konz. Ammoniak versetzt. Nach Zugabe von 12 g wasserfreiem Glaubersalz wird die bröcklig gewordene M. pulverisiert u. im Soxleth 1 Std. mit 80 cm^3 Essigester (**II**) extrahiert. Nach dem Ausschütteln der **II**-Lsg. mit 3mal 2 cm^3 5% ig. HCl werden 4 cm^3 der salzsauren Phase mit 1 cm^3 Aldehydreagens versetzt u. nach 45 Min. colorimetriert. Die Unters. im Stuhl ist analog. — Die physiol. Unterss. zeigten, daß **I** nach peroraler Gabe von 2—4—6 mg/kg Körpergewicht bereits nach 10 Min. im Harn deutlich nachweisbar ist. Die Maximalblutkonz. ist nach 2 Std. erreicht. In den Fäces wurden 15—40 γ **I**/g Fäces gefunden. (Beitr. Klin. Tuberkul. **109**. 57—64. 1953. Berlin, Städt. Krankenhaus Westend, II. Med. Klinik.) RUTKOWSKI. 4610

Ethel Florey, *Streptomycin bei leichter Tuberkulose.* Ausführlicher Bericht über 19 Fälle mit leichter Tuberkulose bei alleiniger *Streptomycin* (**I**)-Behandlung u. 18 Kontrollen ohne **I**, davon 17 mit Kollapstherapie. **I**-Verabreichung 0,5 g zweimal täglich in 2 Kuren über je 28 Tage. Nach 2jähriger Beobachtung müssen die Erfolge als gleichwertig angesehen werden; sie zeigen, daß **I**-Therapie bei diesem Krankheitsbild auch anwendbar ist. Besprechung der Vor- u. Nachteile der **I**-Therapie im Vgl. zur Kontrollgruppe. Insgesamt wurden 3 **I**-resistente Stämme von M. tuberculosis im Laufe der Therapie isoliert, die anderen blieben während der Behandlungszeit von maximal 6 Monaten gegenüber 1 γ/ml **I** empfindlich. Das Ergebnis der beiden Serien wird im einzelnen diskutiert. (Amer. Rev. Tubercul. **65.** 547—71. Mai 1952. London, Central Middlesex Hosp.) DOSSMANN. 4611

Stanton Tice Allison, *Dihydrostreptomycinsulfat bei Lungentuberkulose. Bericht über Neurotoxizität.* Da bei älteren Personen während *Streptomycin* (**I**)-Therapie Schwindel u. Ataxie zu beobachten war, wurden 20 Tuberkulosepatienten über 45 Jahren mit *Dihydrostreptomycinsulfat* (**II**) behandelt u. bes. hinsichtlich der **II**-Wrkg. auf den Vestibularapp. u. die **I**-Erscheinungen kontrolliert. **II**-Verabreichung 1 g/Tag, Behandlungszeit 4 Monate; 12 Monate nach Abschluß der **II**-Therapie traten in keinem Fall klin. Taubheit u. keine der bekannten Nebenerscheinungen auf. Eine Verlängerung der **II**-Therapie über 4 Monate kommt nach Vf. nur in Frage, wenn die Dosis von 1 g/Tag nur 2mal wöchentlich verabfolgt wird. (Amer. Rev. Tubercul. **65.** 612 bis 616. Mai 1952. Rutland Heights, Mass., Veterans Admin. Hosp.) DOSSMANN. 4611

J. Robert May, *Antibiotica bei chronischer Bronchitis.* Vf. bespricht eine Meth. zur sicheren Erfassung der vorhandenen Erreger im Sputum bei chron. Bronchitis. Am häufigsten treten Haemophilus influenzae u. Pneumokokken auf. Die Beeinflussung der Konsistenz des Eiters u. der festgestellten Bakterienflora durch geeignete *Antibiotica* (**I**), wie *Penicillin, Streptomycin, Aureomycin* u. *Chloramphenicol*, wird diskutiert. Nach Absetzen von **I** treten häufig Rückfälle mit Nebenwirkungen ein. (Lancet **265.** 899—902. 31/10. 1953. Brompton, Inst. of Diseases of Chest.) DOSSMANN. 4611

Mark H. Lepper, Harry F. Dowling, Paul F. Wehrle, Norman H. Blatt, Harold W. Spies und **Michael Brown,** *Meningokokkenmeningitis: Behandlung mit hohen Penicillindosen im Vergleich zur Gantrisinbehandlung.* Bericht über Vergleichsverss. bei Meningokokkenmeningitis mit *Gantrisin* (**I**), 38 Fälle, *Penicillin* (**II**), 40 Fälle, **II** + *Aureomycin* (**III**) 11, u. **II** + **I** 14 Fälle. **II**-Verabreichung 10^6 E. alle 2 Std. über 7 Tage nach Normalisierung des Fiebers bei sinngemäßer Reduzierung der Dosis auf $6 \cdot 10^5$ Einheiten. Verglichen werden Fieberdauer u. -höhe sowie die Dauer der geistigen Störungen. **II** allein ist der üblichen **I**-Therapie gleichwertig, wenn nicht überlegen. Zusätzliche **III**-Verabreichung zu **II** verbessert das Ergebnis mit **II** nicht. Geringere **II**-Dosen + **I** ergeben etwas bessere Erfolge als **I** allein. (J. Lab. clin. Med. **40.** 891 bis 900. Dez. 1952. Chicago, Ill., Municipal Contagions Disease Hosp., u. Univ. of Illinois, Coll. of Med., Dep. of Med.) DOSSMANN. 4611

G. Wesener, Th. Panschow und **A. Zimmermann,** *Hat sich die Incubationszeit der Gonorrhoe unter dem Einfluß der Sulfonamid- und Penicillinbehandlung gewandelt?* Nach Überblick der Vff. für die Jahre 1835—1952 ist die Incubationszeit der Gonorrhoe bei *Sulfonamid-*, *Penicillin-* u. der alten Lokalbehandlung prakt. als gleich anzusehen. (Z. Haut- u. Geschlechtskrankh. **15.** 326—28. 15/11. 1953. Gera, Städt. Hautklinik u. Hautambulanz.) DOSSMANN. 4611

Richard A. Kern und **Norris A. Wimberley jr.,** *Penicillinreaktionen: Ihre Natur, ihre wachsende Bedeutung, Erkennung, Behandlung und Vermeidung.* Besprochen werden die beobachteten Manifestationen bei *Penicillin* (**I**)-Therapie, wie verschied. Dermatitiden, Urticaria, Erytheme, Serumkrankheit, Purpura, Agranulocytose, Lupus erythematodes, Periarteriitis nodosa, die Gefahr des anaphylakt. Schocks, Faktoren, die eine **I**-Überempfindlichkeit begünstigen, Einflüsse der verschied. **I**-Präpp., Erkennung der **I**-Empfindlichkeit, Bedeutung der Hautteste, Vermeidung u. Behandlung von **I**-Reaktionen. — 61 Literaturangaben. (Amer. J. med. Sci. **226.** 357—75. Okt. 1953. Philadelphia, Pa., Temple Univ., School of Med. u. Hosp., Dep. of Med.) DOSSMANN. 4611

Th. Dimmling, *Untersuchungen über das Penicillin-Kaugummipräparat „Peem“.* Bericht über Speichelanalysen nach Kauverss. mit *Peem* (**I**; *Kauvit*, CHEM. FABRIK, GMBH., Sulzbach-Rosenberg, Obpf.), einem Kaugummi mit 10^3 E. krist. *Penicillin* (**II**)-G–Na, gepuffert mit Na-Citrat, pro **I**-Blättchen von 2,5 g. Das Kauen eines Blättchens erzeugt nach 10 Min. einen **II**-Spiegel von 20 E./cm³ u. in 90% der Fälle nach 50 Min. von 1 E./cm³. Die örtliche Therapie der Mundhöhle wird einer krit. Betrachtung unterzogen. (Ärztl. Wschr. 8. 1006—10. 16/10. 1953. Würzburg, Univ., Inst. für Hygiene u. Mikrobiol.) DOSSMANN. 4611

William M. M. Kirby, Trygve Forland und **Francis M. Maple,** *Behandlung von Streptokokkeninfektionen mit Erythromycin.* Besprechung von 34 Fällen mit Staphylokokkeninfektionen, bei denen die Erreger in vitro gegenüber *Penicillin* (**I**), *Aureomycin* u. *Terramycin* resistent, aber gegenüber *Erythromycin* (**II**) hochempfindlich waren. Daher orale **II**-Behandlung mit Tabletten 0,3 u. 0,5 g 6stündlich; Behandlungsdauer im allg. 7—14 Tage. **II** wurde gut vertragen, keine Nebenwirkungen, die Erfolge sind mit **I**-Erfolgen bei **I**-empfindlichen Staphylokokken zu vergleichen. Bei leichten Gewebsinfektionen trat der Erfolg bei 23 Fällen innerhalb 24—48 Std. ein, bei 10 chron. Osteomyelitisfällen war 1 Versager. Serumkonz. bei **II**-Therapie beträgt 4—20 γ/ml. Patienten, bei denen orale **II**-Verabreichung nicht angezeigt ist, können mit **II**-*Glucoheptonat* intravenös behandelt werden. **II**-Resistenzentw. in 1 Fall. (A. M. A. Arch. intern. Med. **92.** 464—70. Okt. 1953. Univ. of Washington, School of Med., Dep. of Med. and Surgery, u. King County Hosp.) DOSSMANN. 4611

Oscar Roth, G. M. Montano, James A. Piccolo, A. L. Cavallaro, Dorothy C. Sharkey und **Rose Celentano,** *Chlortetracyclin (Aureomycin) zur Vermeidung von Bakteriämie nach Mundchirurgie. Versuch der Vermeidung subakuter bakterieller Endocarditis bei Patienten mit Herzkrankheiten.* Bericht handelt von *Aureomycin* (**I**)-Behandlung von 20 Fällen mit Herzgeräuschen, bei denen Zahnoperationen vorgenommen werden mußten. Verabreichung von 2 g **I** in Dosen von 500 mg alle 6 Std., die letzte Dosis wurde 2 Std. vor der Operation gegeben, danach wieder 500 mg 6stündlich bis zur Gesamtmenge von 3 g. **I**-Wrkg. wurde durch Blutunterss. kontrolliert. In keinem Fall wurden bis zu 4 Wochen nach der Operation irgendwelche Anzeichen einer Bakteriämie gefunden. (A. M. A. Arch. intern. Med. **92.** 485—89. Okt. 1953. New Haven, Conn., Hosp. of St. Raphael, u. Yale Univ., School of Med., Dep. of Internal Med. and Cardiology.) DOSSMANN. 4611

Johannes Meyer-Rohn, *Die Behandlung der chronischen Furunkulose mit Omnacillin.* Da *Omnadin* (**I**) die Phagocytose anregt, wurde zur Infektionsbekämpfung das Präp. *Omnacillin* (**II**) aus **I** + *Penicillin* entwickelt. Zur Beurteilung der **II**-Wrkg. wurde die Phagocytose im Blut bei 22 Probanden bestimmt, wobei ein eindeutiges Ansteigen des opson. Index festzustellen war. Klin. Erprobung von **II** an 15 chron. Furunkulosefällen. Bei einer Beobachtungszeit von 6—14 Monaten wurde in 11 Fällen ein günstiger Heilerfolg mit **II** erzielt. (Dtsch. med. Wschr. **78.** 1796—98. 25/12. 1953. Hamburg-Eppendorf, Univ., Hautklinik.) DOSSMANN. 4611

Selwyn A. Broitman, Joel R. Cohen und **Warren Litsky,** *Vergleich der Wirkungen von Terramycinhydrochlorid und amphoterem Terramycin auf die fäkale Flora des Menschen.* Vff. berichten über Verss. an 20 Fällen, 7 erhielten *Terramycin* (**I**)-Hydrochlorid (**II**), 13 amphoteres **I** (**III**), 3 g täglich in 4 oralen Gaben über 5 Tage. Die coliformen Bakterien waren bei **II** u. **III** innerhalb 72 Std. in gleichem Ausmaß aus dem Stuhl verschwunden, die Anzahl der Enterokokken u. Aerobier pro g Fäces war bei den **III**-behandelten Fällen geringer als bei **II**-Verabreichung. Bei **III** geringe Nebenwirkungen seitens des Magens. Es wird bei **II** u. **III** ein unterschiedlicher Wirkungsmechanismus vermutet. (Amer. J. med. Sci. **226.** 419—24. Okt. 1953. Amhurst, Mass., Univ. of Massachusetts, Dep. of Bacteriol.; Springfield, Mass., Springfield Hosp.) DOSSMANN. 4611

C. Phillip Miller, Carolyn W. Hammond, Marianne Tompkins und **Gertrude Shorter,** *Die Behandlung einer nach Bestrahlung hervorgerufenen Infektion mit Antibioticis; eine experimentelle Untersuchung an der Maus.* Es wurden junge, ausgewachsene Mäuse von 3 verschied. Stämmen einer Röntgenstrahlung von 450—600 r ausgesetzt. Anschließend erfolgte die alleinige oder kombinierte Anwendung folgender Antibiotica: *Streptomycin* (**I**), *Penicillin* (**II**), *Chloramphenicol* (**III**), *Aureomycin* (**IV**), *Terramycin* (**V**), *Polymyxin* (**VI**), *Neomycin* (**VII**) u. *Bacitracin.* Es zeigte sich, daß vor allem **I** (subcutan 1 mal/Tag gegeben) die Sterblichkeit der Tiere wesentlich vermindert. Gleichzeitige Verabreichung von **I** u. **II** ergab keine Verbesserung. Auch **III, IV** u. **V** führten bei oraler Applikation zu einer Verminderung der Sterblichkeit. Die Wrkg. wurde noch verbessert, wenn **I** in der 2. u. 3 Woche nach der Bestrahlung injiziert wurde. **VI** erwies sich als zu tox., während **VII** unwirksam war. Bei Infektionen mit Pseudomonas, Proteus oder Salmonella erwiesen sich **III, IV** u. **V** als nicht bes. wirksam. Die Unterss. ließen erkennen, welche Bedeutung der Infektion als letalem Faktor bei röntgenbestrahlten Mäusen zukommt. (J. Lab. clin. Med. **39.** 462—79. März 1952. Chicago, Ill., Univ., Inst. of Radiobiol. and Biophys., u. Dep. of Med.). RODERICH KÖNIG. 4611

Henry J. Tagnon, *Enzyme in der klinischen Medizin. Neue Entwicklungen für die praktische Applikation von Enzymen in der klinischen Medizin.* Übersicht. In der neueren Literatur wird großes Interesse für die prakt. Anwendung von Enzymen in der Therapie gezeigt. Diskussion einiger Beispiele. Allg. auftretende Schwierigkeiten bestehen für die Darst. von Enzymen aus Tiermaterial hinsichtlich der antigenen Wirkung. Viele Enzyme liegen in einer inakt. Stufe vor u. müssen durch bestimmte Systeme erst in die akt. Stufe übergeführt werden (Prothrombin → Thrombin, Plasminogen $\xrightarrow{\text{Streptokinase-Dornase}}$ Plasmin). Andere Enzyme benötigen zur Wrkg. Cofaktoren. Permeabilitätsschwierigkeiten treten oftmals ein bei intercellulären Enzymen. Vf. weist hin auf die Bedeutung der Gehaltsbest. von Enzymen im Blut zur Diagnose gewisser Krankheiten. — 80 Literaturzitate. (New England J. Med. **249.** 650—57. 15/10. 1953. New York, N. Y., Cornell Univ., Med. Coll.) BRATFISCH. 4614

Werner Vilmar, *Über einen Todesfall nach subcutaner NaCl-Infusion mit Hyaluronidasezusatz bei einem Säugling.* Wegen offenbar zu schneller Resorption Kreislaufüberlastung u. tödliches Lungenödem. (Münchener med. Wschr. **95.** 1105—06. 9/10. 1953. Weener/Ems, Krankenhaus „Rheiderland".) GIBIAN. 4614

Derek Freeland, Geoffrey Storey und **Michael Thompson,** *Behandlung rheumatischer Arthritis mit Phenylbutazon.* Vff. bestätigen einen Rechenfehler in der Arbeit gleichen Titels (vgl. C. **1954.** 1063). Die Folgerungen werden aber dadurch nicht beeinflußt, da Vff. den Hauptwert auf die subjektive Beurteilung von *Phenylbutazon* gelegt hatten. (Lancet **265.** 941. 31/10. 1953. London, Hosp.) DOSSMANN. 4615

Friedmar Dammann, *Novocain — ein Allheilmittel?* Besprochen wird der Wert des *Novocains* (**I**) bei der Neuraltherapie als unspezif.-symptomat. Behandlungsart, wobei Beispiele von Krankheiten verschied. Ätiologie, aber gleicher Pathogenese angeführt werden. Hinweis auf die Erfolge mit *Causat,* dem **I**-Kombinationspräp., bei dem die **I**-Toxizität durch Zusätze von *Nicotin-, Barbitursäure* u. *Atropin* herabgesetzt wird, ohne die **I**-Wrkg. zu schmälern. (Dtsch. med. Wschr. **78.** 1702—05 4/12. 1953. Neumünster, Friedrich-Ebert-Krankenhaus). DOSSMANN. 4627

Grace B. Miller und **Edwin J. de Beer,** *Die Fähigkeit des Ergotoxins, die kontrahierende Wirkung des Ergonovins auf den isolierten Uterus zu verändern.* Durch *Ergonovin* ausgelöste Kontraktionen werden am isolierten virginellen Uterus des Kaninchens durch *Ergotoxin* gehemmt, beim Meerschweinchen dagegen erheblich gesteigert. Verss. am isolierten Rattenuterus sowie am nichtschwangeren u. puerperalen Uterus der Katze in situ führten zu keinem klaren Ergebnis. (J. Pharmacol. exp. Therapeut. **104.** 412—15. April 1952. Tuckahoe, N. Y., Wellcome Res. Labor.) DAUTZENBERG. 4628

R. Fusco, V. Rosnati, F. Bovet-Nitti und **D. Bovet,** *Einige Betrachtungen über die Zusammenhänge zwischen Struktur und Curarewirkung.* Die heute bekannten synthet. Curare-wirksamen Verbb. gehören 2 Hauptgruppen an: 1. aromat. u. heterocycl. Derivv., die strukturell mehr oder weniger dem *d-Tubocurarin* verwandt sind; 2. aliphat. Verbb. vom Typ *Succinylcholin.* Die an den bisher geprüften Verbb. gefundenen Zusammenhänge zwischen Struktur u. Curarewrkg. werden zusammengestellt, wobei die am Ist. super. die Sanità, Rom, von Vff. u. anderen Autoren ausgeführten Arbeiten (vgl. C. **1951.** I. 30 u. früher) bes. berücksichtigt werden. (Ist. super. Sanità, Rend. **14.** 697—716. 1951.) K. FABER. 4628

R. Wien und **D. F. J. Mason,** *Die pharmakologischen Wirkungen einer Reihe von Phenylalkyl-p.ω-bis-(trialkylammonium)-verbindungen.* Auf der Suche nach Präpp. mit besseren Eigg., als sie Hexamethonium (**I**) aufweist, wurden folgende Verbb. synthetisiert u. an Katzen u. Meerschweinchen geprüft: *p-Phenylen-* u. *p-Benzylen-bis-[trimethylammoniumjodid]* (**II**), *Phenyläthyl-4.ω-bis-[trimethylammoniumjodid]* (**III**), *Phenyläthyl-4.ω-bis-[äthyldimethylammoniumjodid], Phenyläthyl-4.ω-bis-[methyldiäthylammoniumjodid], Phenyläthyl-4.ω-bis-[triäthylammoniumjodid], Phenylpropyl-4.ω-bis-[trimethylammoniumjodid]* (**IV**), *Phenylpropyl-4.ω-bis-[äthyldimethylammoniumjodid], Phenylpropyl-4.ω-bis-[methyldiäthylammoniumjodid], Phenylpropyl-4.ω-bis-[triäthylammoniumjodid], Phenylbutyl-4.ω-bis-[trimethylammoniumjodid]* (**V**), *Phenylbutyl-4.ω-bis-[äthyldimethylammoniumjodid], Phenylbutyl-4.ω-bis-[methyldiäthylammoniumjodid], Phenylbutyl-4.ω-bis-[triäthylammoniumjodid], Phenylpentyl-4.ω-bis-[trimethylammoniumjodid], Phenylpentyl-4.ω-bis-[triäthylammoniumjodid], Phenylhexyl-4.ω-bis-[trimethylammoniumjodid]* (**VI**), *Phenylhexyl-4.ω-bis-[triäthylammoniumjodid]* (**VII**), sowie die den Verbb. **II, III, IV** u. **V** entsprechenden Metaisomeren (**IIa** usw.). In der Parareihe wiesen jeweils die Trimethylverbb. die stärkste lähmende Wrkg. auf die Ganglien auf, bes. **III,** das die 3fache Wirksamkeit von **I** aufwies. Maximale neuromuskulär blockierende Aktivität hatten **VI** u. **VII**. Der Einfl. der Kettenlänge ist daraus zu ersehen, daß beim Übergang von den Methan- zu den Äthanverbb. eine 600fache Zunahme der Wrkg. erfolgte. Die vollständige Substitution der CH_3- durch die C_2H_5-Gruppen bei den Phenylhexylverbb. ergab eine Änderung im Typ der neuromuskulären Blockierung. Die durch **VI** hervorgerufene Paralyse wurde durch **VII** aufgehoben; **VI** wirkte analog gegenüber der durch die Hexanverb. **VII** hervorgerufene Blockierung. Von den m-Derivv. erwies sich **IIIa** nur halb so wirksam wie die entsprechende Verb. der p-Reihe. (Brit. J. Pharmacol. Chemotherapy **8**. 306—14. Sept. 1953. Dagenham, Essex, May & Baker Ltd., Biol. Div.) RODERICH KÖNIG. 4628

Alice N. Bessman, Ralph W. Alman und **Joseph F. Fazekas**, *Die Wirkung einer akuten Blutdrucksenkung auf die cerebrale Durchblutung und den Hirnstoffwechsel älterer Patienten.* 10 von 12 Patienten mit Hochdruck u. Cerebralsklerose zeigten nach Gaben von *Tetraäthylammoniumchlorid* einen Blutdruckabfall von über 30 mm Hg. Dabei nahm der cerebrale Gefäßwiderstand siginifikant ab, während die Hirndurchblutungsgröße u. der Hirnstoffwechsel unbeeinflußt blieb. Kurzdauernde Senkungen des Gesamtblutdruckes können also auch vom Arteriosklerotiker durch Dilatation der Cerebralgefäße kompensiert werden. (A. M. A. Arch. intern. Med. **89**. 893—98. Juni 1952. Gallinger Municipal Hosp., Med. Div.) JORDAN. 4630

A. Hecht-Johansen, *Therapeutische Versuche bei Hochdruck. Anwendung quartärer Ammoniumbasen in Form von Einläufen.* Zur Dauerbehandlung der essentiellen Hypertonie hat sich dem Vf. das *Triäthylisobutylammoniumbromid* in Form von Einläufen (0,5 g in einer isoton. Lsg. von 15 cm^3) bewährt. Die Anwendung erfolgt jeden Morgen mit nachfolgender einstd. Bettruhe. Wenn auch die objektiven Ergebnisse nur geringfügig waren, hob sich das subjektive Wohlbefinden in ausgezeichneter Weise. Auch langdauernde Behandlung zeigte keine unangenehmen Nebenerscheinungen. (Acta med. scand., Suppl. Nr. **266**. 487—93. 1952.) L. BERGER. 4630

A. Puech, C. Combier, N. Carli und **M. P. Puech**, *Erste Ergebnisse mit der Kombination d-Fructopyranose mit k-Strophanthin bei der Herztherapie.* Bericht über Erfahrungen an 20 Fällen mit verschied. Herzmanifestationen, Behandlung mit einem *Lävulose = d-Fructopyranose* (**I**)-*k-Strophanthin* (**II**)-Präp. (**III**; LABOR. BIOSEDRA), bei dem die **II**-Wrkg. durch **I** potenziert wird. Verabreichung perlingual in 60%ig. Lsg. u. intravenös, 10 cm^3-Ampullen mit 2 g **I** auf 0,25 mg **II**. 8 sehr gute, 7 gute, 2 mittlere Erfolge, 2 Versager. Diskussion des Ergebnisses, keine tox. Störungen bei **III**-Therapie. (Montpellier méd. [3] **44** (**96**). 89—92. Aug. 1953.) DOSSMANN. 4630

Theodore R. Sherrod, *g-Strophanthin und Abstrom aus dem Sinus coronarius.* An 7 Hunden wurde der Blutabstrom aus dem Sinus coronarius des in situ schlagenden Herzens gemessen unter der Wrkg. von *g-Strophanthin*, das in Mengen von 3 γ/kg alle 5 Min. intravenös gegeben wurde, bis Kammerflimmern auftrat. Dabei zeigte sich nach 6—18 γ/kg eine Abnahme der Durchblutung um durchschnittlich 20%, der nach der 7.—10. Dosis (21—30 γ/kg) eine Steigerung der Durchblutung folgte. Diese erreichte ihren höchsten Wert nach 45—60 γ/kg (im Mittel + 141%). Bis zum Auftreten von Kammerflimmern wurden im Durchschnitt 90 γ/kg gegeben. Während der Verss. waren Blutdruck u. Herzfrequenz nicht wesentlich verändert. (J. Pharmacol. exp. Therapeut. **104**. 445—51. April 1952. Chicago, Ill., Univ. of Illinois, Coll. of Med., Dep. of Pharmacol.) DAUTZENBERG. 4630

Giorgio Scevola, *Mesoinosit in der Prophylaxe der experimentellen Venenthrombose. Phlebographische und histologische Untersuchungen.* Am Kaninchen wurden die Femoral- u. Humerusvenen nach operativer Freilegung traumatisiert, so daß innerhalb von Tagen sich an der betreffenden Stelle eine Thrombose ausbildete, die, wie röntgenolog. Gefäßunterss. zeigten, ziemlich schnell zu einer Verlegung des Gefäßlumens führte. Vf. untersuchte mittels röntgenolog. Gefäßdarstellungen u. histolog. diese Thrombenbldg. nach Gaben von *Mesoinosit* (**I**) u. *Tromexan* (**II**). Beide Präpp., einzeln gegeben, verhinderten weitgehend die Thrombenbildung. Dabei zeigte sich **I** dem **II** etwas überlegen. Am besten war eine Kombination von **I** 0,5 g/kg intravenös, zusammen mit **II** 30 mg/kg durch Magensonde. (Minerva med. [Torino] **44**. II. 1635—44. 28/11. 1953. Genova, Univ., Ist. di Clin. Ostetrica.) P. G. SCHEURLEN. 4630

O. Mantero und **A. Randazzo**, *Über die Behandlung des Myocardinfarktes mit Antikoagulantien.* Übersicht über die bisherige, diese Behandlungsart des Herzinfarktes betreffende Literatur. 25 eigene Fälle, wovon in 16 die Behandlung mit gerinnungshemmenden Mitteln günstig verlaufen war. Therapie mit Heparin u. Tromexan. (Minerva med. [Torino] **44**. II. 1613—23. 28/11. 1953. Milano, Univ., Ist. di Patol. Speciale.) P. G. SCHEURLEN. 4630

P. Meneghini und **R. Cataldi,** *Die Antikoagulanstherapie bei Herzdekompensation. Bedeutung der Kombination von Antikoagulans und Quecksilber.* Vff. wollen eine bessere Diurese bei Herzinsuffizienz beobachtet haben, wenn den üblichen Hg-Präpp. noch gerinnungshemmende Mittel beigefügt wurden. (Minerva med. [Torino] **44.** II. 1624—31. 28/11. 1953. Genova, Univ., Ist. di Clin. Med. Generale.) P. G. SCHEURLEN. 4630

A. Galeone, *Hinweise auf die Ausführung und Kontrolle der Gerinnungsprophylaxe mit Antikoagulantien.* Übersicht über die Anwendung der Therapie mit Antikoagulantien u. Besprechung der verschied. Teste zur Prüfung der Gerinnung. Besonderer Hinweis auf den Heparintoleranztest. (Minerva med. [Torino] **44.** II. 1605—12. 28/11. 1953. Torino, Univ., Ist. di Clin. Med.) P. G. SCHEURLEN. 4630

Gerald A. Martin, Bernard T. Garfinkel, Marion M. Brooke, Paul P. Weinstein und **William W. Frye,** *Vergleichende Wirksamkeit von Amöbiciden mit Antibioticis bei akuter Amöbenruhr.* In Korea wurden 538 Fälle einfacher akuter Amöbenruhr in vergleichbaren Gruppen a) mit den Amöbiciden *Emetin* (**I**), *Carbarsone* (**II**), *Chiniofon* (**III**), *Chloroquinediphosphat* (**IV**) (*Aralen*; WINTHROP-STEARNS, INC., New York) u. *Wismutglykolylarsanilat* (**V**) (*Milibis*; WINTHROP-STEARNS, INC., New York) allein u. in Kombination untereinander; b) mit den Antibioticis *Terramycin* (**VI**), *Aureomycin* (**VII**) u. *Chloromycetin* (**VIII**) allein u. unter Mitwirkung von Amöbiciden behandelt. Positiv wurde die Wirksamkeit gewertet, wenn Entamoeba histolytica im Stuhl nicht mehr nachweisbar war. Die Ergebnisse zeigen, daß **II, III, IV** u. **VIII** allein nur minimale therapeut. Wrkg. hatten. **I** u. **VII** allein, sowie die Kombination **IV** mit **V** sprachen anfänglich gut an, brachten aber zahlreiche Rückschläge. **I, II** u. **III** kombiniert wirkten zu Beginn gut, die Rezidive waren mäßig. **VI** allein u. in Zusammenwrkg. mit **I, II, III, IV** u. der Kombination **IV** mit **V,** sowie **VII** gemeinsam mit **IV** sprachen sehr gut an u. zeigten den niedrigsten Anteil an Rezidiven. Die Behandlungsdauer erstreckte sich auf 6 Wochen. (J. Amer. med. Assoc. **151.** 1055—59. 28/3. 1953. New Orleans, La., State Univ., School of Med.) ENDRASS. 4649

Julio Sanchez Vegas, *Bewertung der neueren Amöbicide.* Vf. berichtet über 264 Fälle *Amöbiasis,* die in gesonderten Gruppen mit *Bi-glykolylarsanilat* (**I**), *Aureomycin, Chloramphenicol* u. *Terramycin* allein oder in Kombination u. mit dem Mischpräp. **I** + *Chloroquinediphosphat* (**II**) (*Milibis–Aralen*) behandelt wurden. Die Behandlung u. Kontrolle wurde in der Regel auf 6 Monate ausgedehnt. Als geheilt wurden die Patienten entlassen, wenn sie von Trophocoiten u. Cysten der *Entamoeba histolytica* frei befunden wurden. Aus den Ergebnissen wird gefolgert, daß die Kombination von **I** u. **II** das wirksamste Amöbicid ist. Die gute Wrkg. wird der Kombination des nicht resorbierbaren **I** mit dem leicht resorbierbaren **II** zugeschrieben. Hinsichtlich größter Wrkg. u. kleinster Nebenerscheinungen wird eine Gabe von 500 mg **I** u. 150 mg **II,** täglich 2mal, empfohlen. Sie wird 15 Tage lang gut vertragen, gelegentlich auftretende leichte Nebenwirkungen rechtfertigen eine Unterbrechung der Kur nicht. (J. Amer. med. Assoc. **151.** 1059—65. 28/3. 1953. Caracas, Venezuela.) ENDRASS. 4649

Ernst Schubert, *Erfahrungen mit Enelbin als Therapeuticum in der Dermatologie. Enelbin* (**I**) besteht u. a. aus Al-Silicaten, Glycerin u. verwandten Stoffen, Bor- u. Salicylsäure u. äther. Ölen. Gute Erfolge mit **I** allein als Umschlagpaste oder im Gemisch mit Sulfonamidsalben. (Z. Haut- u. Geschlechtskrankh. **15.** 319—20. 15/11. 1953. München.) DOSSMANN. 4661

Shuichi Kamada, *Ein durch Irgapyrin völlig geheilter Fall von Psoriasis arthropathica.* 38jähriger Patient begann mit rheumat. Arthritis, zeigte nach 6 Monaten systematisierte Symptome von arthropath. Psoriasis. ACTH, Cortison u. Antibiotica, wie Penicillin, Aureomycin u. Terramycin, waren ohne Wirkung. Dramat. Besserung bei 72 intramuskulären Injektionen von *Irgapyrin* (5 cm^3 = je 0,75 g *Aminopyrin* u. *Butazolidin*) in Kombination mit Transfusionen (50 cm^3 humanes Normalplasma, 60 cm^3 20%ig. Glucoselsg. u. 20 cm^3 Polyvitaminlsg.) + 6 Polyvitamintabletten, oral während 90 Tagen Behandlung. (Jap. J. Dermatol. Urol. **63.** 508—14. Okt. 1953. Sendai, Tohoku Univ. [Orig.: japan.; Auszug: engl.]) SCHULER. 4661

D. P. Pielou und **R. F. Glasser,** *Auswahl für DDT-Resistenz bei einem nützlichen Insektenparasiten.* Imagines von *Macrocentrus ancylivorus Rohw.* (**a**) einer Hymenoptere, die in Larven der oriental. Fruchtmotte, *Grapholitha molesta* (*Busck*), schmarotzt, wurden täglich 3 Min. dem Insekticid p-p-DDT (**I**) ausgesetzt. **I** war in einem dünnen Celloidinfilm enthalten (23 $\mu g/cm^2$). Die Dauer für DL_{50} betrug anfangs 2,59 Min. für Weibchen, 2,01 Min. für Männchen, nach 9 Monaten betrugen die entsprechenden Werte 11,26 bzw. 7,48 Minuten. — Die Verss. deuten darauf hin, daß es möglich ist, durch Auslesezucht DDT-feste, auf Schadinsekten parasitierende nützliche Schmarotzer zu erzielen. (Science [Washington] **115.** 117—18. 1/2. 1952. Belleville, Ontario, Can., Dominion Parasite Labor.) Lüpnitz. 4675

Carmine Antonio Vesce, Arsenicismo professionale. Roma: Ed. Inail. 1953. (100 S.) L 550,00.

Hans Vogel, Hemmstoffe, Heilstoffe. Einführung in die Lehre von den Antibiotica. Nürnberg: Carl. 1953. (183 S.) DM 6,50.

F. Pharmazie. Desinfektion.

C. H. Blenkiron, *Einfaches Ampullenwaschgerät.* Kurze Beschreibung eines stabilen Messinggerätes (Abb.) für Einzelampullen auf dem Prinzip der Vakuumreinigung zur Anwendung im Laboratoriumsbetrieb. (Pharmac. J. **170** ([4] **116**). 400. 30/5. 1953.) Rangnick. 4758

R. Gaudal, *Rhovil und Thermovyl, ihre Verwendung in der pharmazeutischen Industrie.* Beide Prodd. sind auf Polyvinylchloridbasis aufgebaut. Es wird über ihre Eigg. u. Verwendungsmöglichkeiten berichtet. (France-Pharmacie **5.** 206. Mai 1952.) Boye. 4758

F. N. Woodward, *Algen und ihre Verwertung.* Angaben über Ernte, Reinigung u. Verarbeitung von Seealgen auf Alginsäure, Jod u. dergleichen. (Pharmac. J. **170** ([4] **116**). 253—54. 11/4. 1953.) Grimme. 4782

Otto-Erich Schultz, *Emulsionen.* 3. Mitt. *Grundlagen der galenischen Pharmazie I.* (2. vgl. C. **1954.** 604.) Besprechung der festen Emulgatoren, Pulver, die in der Grenzschicht zweier Fll. liegen bleiben, z. B. bas. Sulfate, von Fe, Al, Ni, Zn, Cu, ferner Pb- u. Ca-Arsenat, frisch gefälltes Ca-Carbonat u. einige Sorten feinverteilter Lehme, u. als Emulgatoren Verwendung finden können, u. der Quasiemulgatoren, viscositätserhöhenden Stoffen, die das Aufrahmen von Emulsionen verhindern. (Pharmaz. Ind. **15.** 280—83. Sept. 1953. Tübingen.) H. P. Fiedler. 4786

Otto-Erich Schultz, *Emulsionen.* 4. Mitt. *Grundlagen der galenischen Pharmazie I.* (3. vgl. vorst. Ref.) Es werden die verschied. Emulgatoren des Emulsionstyps O/W bzw. W/O besprochen u. 11 Forderungen aufgestellt, denen ein idealer Emulgator entsprechen sollte. Da es einen solchen nicht gibt, wird vorgeschlagen, den Idealzustand durch Verwendung von 2 Emulgatoren anzustreben. Zur Bewertung der Emulgiereigg. soll die Emulgierzahl herangezogen werden. Je nach Kombination der zur Verfügung stehenden Emulgatoren ergeben sich 3 verschied. Gruppen von Emulgatormischungen, deren Eigg. besprochen werden. (Pharmaz. Ind. **15.** 315—17. Okt. 1953.) H. P. Fiedler. 4786

Friedrich Jakobs, *Der Dermotest und der Neodermotest.* Bei den als *Dermotest* bezeichneten gebrauchsfertigen Testpflastern fällt das zeitraubende Zurechtschneiden der Hilfsmittel fort. Infolge Pflasterreizungen entstanden jedoch viele Irrtümer. Die Epicutanteste waren schlecht oder überhaupt nicht verwertbar. Im *Neodermotest* wurde eine terpentinharz- u. kautschukfreie M. geschaffen, wodurch die Möglichkeit gegeben wird, die Teste nunmehr bei fast allen pflasterüberempfindlichen Patienten durchzuführen. (Z. Haut- u. Geschlechtskrankh. **14.** 285—86. 1/5. 1953. Essen, Städt. Krankenanstalten, Hautklinik.) Boye. 4792

Karl-Oskar Herrmann, *Die Verwendung des selbsthärtenden Kunststoffes Palavit zur Substitutionsbehandlung bei Knochenerkrankungen und Knochenbrüchen.* Bericht über Verss. mit dem selbsthärtenden Kunststoff *Palavit* (I; Kulzer & Co., Friedrichsdorf b. Hamburg) zur Feststellung seiner Einheilungsfähigkeit u. Verträglichkeit im Organismus bei infizierten Knochenbrüchen von Kaninchen; bei Knochendefekten bildet I eine sofort belastungsfähige Bindung, die Festigkeit der **I**-M. wird in 3—4 Min. erreicht. Auch die Bldg. von Gelenken ist mit **I** möglich. (Ärztl. Forsch. **7.** I/543—48. 10/12. 1953. Lich, Stadtkrankenhaus.) Dossmann. 4796

—, *Neue Präparate und Anwendungen. Ammivin* (National Drug Co., Philadelphia, Pa.): Enthält pro Tablette 20 mg Khellin. Gegen Angina pectoris, Coronarinsuffizienz u. Bronchialasthma. — *Euhaemon* (Allen & Hanburys Ltd., Durban): Ampullen zu 50 mg Vitamin B_{12}. (South African med. J. **25.** 564. 11/8. 801. 3/11. 1951.) Hotzel. 4800

—, *Neue Arzneimittel. Abbocillin* (Abbott Laboratories, Chicago): Penicillin G-Procain 600000 u. Penicillin G-Kalium 200000 E. — *Acetycol* (Bobst Pharmacal Inc., New York): Tabletten mit Colchicinsalicylat 0,25 (mg), p-Aminobenzoesäure 162, Aspirin 325, Ascorbinsäure 20, Niacin 15, Thiamin 5. — *Armatinic activated* (Armour Laboratories, Chicago): Hämatinpräp. in Kapseln. — *Diucardyn Sodium* (Ayerst, McKenna & Harrison Ltd., New York): Ampullen mit 1,4 g Mercaptomerin-Na. Diureticum. — *Estan* (White Laboratories Inc.,

Newark): Tabletten mit 0,25 mg Dienöstrol u. 5 mg Methyltestosteron. — *Folabin* (BARLOW-MANEY LABORATORIES INC., Cedar Rapids): Ampullen mit Leberextrakt, 5 mg Folsäure, 25 γ Vitamin B_{12}. — *Gelazyme* (BOBST PHARMACAL INC., New York): Tabletten mit 4 (grain) $Al(OH)_3$, 7,5 Mg-Trisilicat u. 0,66 Pankreatin triplex. — *Ironate* (WYETH INC., Philadelphia): Kapseln mit $FeSO_4$, Cu, Thiamin, Lactoflavin, Pyridoxin, Vitamin B_{12}, Ascorbinsäure, Folsäure, Ca-Pantothenat, Niacin u. Leber. — *Lipoliquid* (LAKESIDE LABORATORIES INC., Milwaukee): 1 Teelöffel enthält 3,75 g Cholin, 4,2 γ Vitamin B_{12}, Inosit 75 mg. — *Mucilose compound* (WINTHROP-STEARNS INC., New York): Tabletten mit Psylliumgummi u. Methylcellulose. Darmregulator. — *Mytolon* (Hersteller wie vorst.): 2.5-Bis-[3-diäthylaminopropylamino]-benzochinon-bis-benzylchlorid. Muskelrelaxans. — *Neotropin hydrochloride* (WILLIAM R. WARNER DIVISION OF WARNER-HUDNUT INC., New York): Tabletten mit 2-Diäthylamino-äthyl-[2-cyclopenton-1-yl]-2-thienylacetathydrochlorid. Spasmolyticum. — *Orgalac* (HENRY K. WAMPOLE & CO. INC., Philadelphia): Tabletten oder Pulver mit Ca, P, Fe, J. — *Protide* (BARLOW-MANEY LABORATORIES INC., Cedar Rapids): Injektion mit NaJ 0,08 (g), Jodpepton 0,04. Parenterale Behandlung von Erkältungen. — *Quotane Ointment* u. *Lotion* (SMITH, KLINE & FRENCH LABORATORIES, Philadelpia): Enthalten als wesentlichen Wirkstoff 1-[β-Dimethylaminoäthoxy]-3-n-butylisochinolinhydrochlorid. — *Rumarid* (STANLEY DRUG PRODUCTS INC., Portland): Tabletten mit Ca-Acetylsalicylat. — *Sevetol* (WYETH INC., Philadelphia): Multivitaminkapseln. — *Vimone with an Androgen* (BOBST PHARMACOL INC., New York): Tabletten mit Methyltestosteron 5 (mg), dl-α-Tocopherol 20, Ascorbinsäure 50, Thiaminhydrochlorid 5, Cholinbitartrat 173, dl-Methionin 130, Inosit 65, Dicalciumphosphat 65. — *Vimone with an Estrogen* (Hersteller wie vorst.): Tabletten mit Östrogen 0,325 (mg), dl-α-Tocopherol 20, Ascorbinsäure 50, Thiaminhydrochlorid 5, Cholinbitartrat 173, dl-Methionin 130, Inosit 65, Dicalciumphosphat 65. — *Vir-i-phyl* (BARLOW-MANEY LABORATORIES INC., Cedar Rapids): Tabletten mit Dioxypropyltheophyllin 100 (mg), Veratrum viride 100, Phenobarbital 15, Rutin 20. Gegen Hypertonie. — *Vir-i-tin* (Hersteller wie vorst.): Tabletten mit Mannithexanitrat 30 (mg), Phenobarbital 15, Rutin 20, Veratrum viride 100. Gegen Hypertonie. (J. Amer. pharmac. Assoc., pract. Pharmacy Edit. **12.** 541—44. 561—62. Sept. 1951.) HOTZEL. 4800

T. Cecil Gray und **I. C. Geddes**, *Eine Übersicht über Lokalanästhetica.* Behandelt werden Art der physiol. Wrkg., Absorption u. Ausscheidung, u. Identifizierung. Genannt sind: *Procain, Efocaine* (nichtölige Lsg. von Procain u. 5% Butyl-p-aminobenzoat), *Oxyprocain* (β-Diäthylaminoäthyl-4-aminosalicylat–Hydrochlorid), *Ravocaine* (Pravocaine, 2'-Diäthylaminoäthyl-4-amino-2-propoxybenzoat–Hydrochlorid), *m-Oxyprocain* (Na-Salz des β-Diäthylaminoäthyl-4-amino-3-oxybenzoats), *Butoxyprocain* (β-Diäthylaminoäthyl-4-amino-3-butoxybenzoat), *2-Chlorprocain, Procainascorbat, Tetracainhydrochlorid* (Amethocain, Anethain, Butethanol, Decicain, Pontocain, β-Dimethylaminoäthyl-4-n-butylaminobenzoat–Hydrochlorid), *Oxytetracain,* (Oxyamethocain, Rhenocain, β-Dimethylaminoäthyl-4-butylaminosalicylat–Hydrochlorid), *Cinchocain* (Nupercain, Hydrochlorid des β-Diäthylaminoäthylamids der 2-Butoxycinchoninsäure), *Lidocain* (Lignocaine, Xylocain, Diäthylaminoacet-2.6-xylidid), *Butethamine* (Monocain, β-Isobutylaminoäthyl-p-aminobenzoat), *Piperocaine* (Neothesin, Metycain, 3-[2'-Methylpiperidino]-propylbenzoat–Hydrochlorid), *Unacaine* (β-Isobutylaminoäthyl-m-aminobenzoat), *Lucaine* (β-Piperidinoäthyl-o-aminobenzoat–Hydrochlorid), *Falicain* (β-Piperidinoäthyl-4-propoxyphenylketon), *Hexylcaine* (Cyclaine, 1-Cyclohexylamino-2-propylbenzoat–Hydrochlorid), *Diäthoxin* (Intracain, Maxicain, β-Diäthylaminoäthyl-4-äthoxybenzoat–Hydrochlorid), *Bonacaine-G-Bitartrat* (γ-Diäthylaminopropyl-2-oxy-3-naphthoat–Bitartrat), *Quotan* (1-[β-Dimethylaminoäthoxy]-3-n-butylisochinolin–Hydrochlorid) u. *Tridiurecaine* ([HCl · $(C_2H_5)_2 \cdot N \cdot CH_2 \cdot CH_2 \cdot O \cdot CO \cdot C_6H_4 \cdot NH \cdot O \cdot CO \cdot CH_2]_2 \cdot CH_2$). — 246 Literaturangaben. (J. Pharmacy Pharmacol. **6.** 89—114. Febr. 1954. Liverpool, Univ., Dep. of Anaesthesia.) BARZ. 4806

Daniele Bovet, *Isosterische Beziehungen und Kompetitionserscheinungen bei Pharmaka des vegetativen Nervensystems.* Vf. untersuchte die strukturchem. Beziehungen zwischen Sympathicomimeticis u. Sympathicolyticis, zwischen Acetylcholin u. seinen Antagonisten, sowie zwischen Histamin u. den Antihistaminicis u. stellte fest, daß die antagonist. Wirkungen oft nur durch geringe ster. Unterschiede bedingt sein können. Summar. Angaben über die einzelnen untersuchten Verbindungen. (Chim. e Ind. [Milano] **35.** 497—504. Juli 1953. Roma, Ist. Sup. di Sanità, Labor. di Chim. Terapeut.) P. G. SCHEURLEN. 4806

—, *Der p_H-Wert in der pharmazeutischen Industrie und seine Messung.* Es wird darauf hingewiesen, daß der p_H-Wert bei der Herst. verschied. Präpp. von ausschlaggebender Bedeutung ist. Die verschied. Methoden zur Best. der Wasserstoffionenkonz. werden besprochen. (France-Pharmacie **5.** 235—37. Juni 1952.) H. P. FIEDLER. 4880

V. Brustier und **H. Garcia-Fernandez,** *Zur Analyse der feinen pharmazeutischen Pulver.* Um die in den zu untersuchenden Pulvern oder Pudern enthaltenen Teilchengrößenfraktionen zu bestimmen, wird unter Heranziehung der von ODÉN vorgeschlagenen Sedimentationsanalyse u. einer für die vorliegenden Zwecke entsprechend abgeänderten Waage (Abb.; Empfindlichkeit 1 mg) eine Vorschrift entwickelt, deren Brauchbarkeit an einigen Beleganalysen nachgewiesen werden kann. (Ann. pharmac. franç. **10.** 193—99. März 1952. Toulouse, Fac. de Méd. et Pharm., Labor. de Chim. et Toxicol.) H. P. FIEDLER. 4880

P. L. de Reeder, *Qualitative und quantitative Analyse von Sulfonamidgemischen.* 1. Mitt. Es werden die qualitativen Vorproben zur Unters. beliebiger Mischungen folgender Sulfonamide angegeben (Na-Salze mit a bezeichnet): *Elkosin* (**I**), *Sulfadiazin* (**II**), **IIa**, *Sulfamerazin* (**III**), **IIIa**, *Sulfamezathin* (**IV**), **IVa**, *Irgafen* (**V**), **Va**, *Irgamid* (**VI**), **VIa**, *Soluseptazin* (**VII**), *Sulfathiazol* (**VIII**), **VIIIa**, *Sulfamethylthiazol* (**IX**), *Succinylsulfathiazol* (**X**), *Sulfaguanidin* (**XI**), *Sulfanilamid* (**XII**), *Sulfacetamid* (**XIII**), **XIIIa**, *Septazin* (**XIV**), *Sulfapyridin* (**XV**), **XVa**. Mkr. Bilder einiger Gemische vgl. Original. Der Na-Nachw. erfolgt mkr. mit *Zinkuranylacetat.* Bei der Zers. oberhalb des F. geben einige Sulfonamide gefärbte oder sonst charakterist. Zersetzungsprodd.; H_2S wird entwickelt von **IIa, Va, VIa** (jedoch nicht von **II, V, VI**!), **I, III, IIIa, IV, IVa, VII, VIII, VIIIa, IX, X, XIV**; folgende ergeben ein Sublimat: **I** (*6-Amino-2.4-dimethylpyrimidin,* F. 181—183°; gelbe Fl., erstarrt zu einer farblosen glasigen M.), **V** (*3.4-Dimethylbenzonitril,* F. 66°; gelbe bis farblose Fl., erstarrt zu einer weichen M.), **II** u. **IIa** (*2-Aminopyrimidin,* F. 127—128°; fest, manchmal gelb durch Anilin), **III** u. **IIIa** (*4-Methyl-2-aminopyridin,* F. 159—160°; fest, manchmal teilweise gelb), **IV** u. **IVa** (F. 152—153°; fest, manchmal teilweise gelb), **XI** [$(NH_4)_2SO_3$u. etwas $(NH_4)_2SO_4$]. Für die Sublimate werden spezif. Rkk. angegeben. Mit Vanillin u. H_2SO_4 geben die meisten Sulfonamide eine gelbliche oder hellgrüne Färbung; jedoch: **III, IIIa, IV, IVa** intensiv rot; **VI, VIa** ganz dunkelgrün bis schwarz mit dunkelroten Rändern. **VIII** gibt mit H_2SO_4 u. $K_2Cr_2O_7$ „blaue u. violette Wolken". Prüfung auf freie NH_2-Gruppen mit Furfurol oder p-Dimethylaminobenzaldehyd. Beschreibung der speziellen chem. Nachweis-Rkk. vgl. Original. (Analytica chim. Acta [Amsterdam] **7.** 42—56. Juli 1952. Den Haag.) H.-J. KOCH. 4880

A. I. Kosstjakowa, *Nachweis von Chinin in Pharmakopöepräparaten nach der Fluorescenzmethode.* Es wird empfohlen, die in der Pharmakopöe der UdSSR, 8. Aufl. gegebene Vorschrift wie folgt abzuwandeln: an Stelle der Beobachtung des himmelblauen Leuchtens der *Chinin* (**I**)-Salzlsgg. bei Tageslicht die Beobachtung der gelbgrünen Fluorescenz von **I**-Lsgg. im UV-Licht hinzuzuziehen. Zu diesem Zweck wird die **I**-Salzlsg. tropfenweise mit Bromwasser bis zum Auslöschen (durch die Halogenionen) der blauen Fluorescenz versetzt, dann wird 25%ig. NH_3 bis zur alkal. Rk. (Lackmus) zugesetzt, worauf in Ggw. von **I** das gelbgrüne Leuchten auftritt. — Von gerbsaurem **I**-Salz wird 1 mg mit 1—2 Tropfen verd. Alkali benetzt u. mit 1—2 ml Ae. ausgezogen. Schütteln mit 2—3 ml angesäuertem (H_2SO_4) W. ergibt blaues, Bromwasser + NH_3 gelbgrünes Leuchten. Tinkturen werden in gleicher Weise untersucht. Andere Alkaloide (Cinchonin, Cinchonidin u. a.) fluorescieren in anderer Farbe, die durch Bromwasser nicht verschwindet u. durch NH_3 nicht gelbgrün wird. Nur *Euchinin*, dessen wss. Lsg. lila fluoresciert, zeigt dieselben Farb-Rkk. wie **I**. Chinarinde (0,1 g) mit 2—3 Tropfen W. (H_2SO_4) geschüttelt, fluoresciert sofort himmelblau. Empfindlichkeit der Rk., einige millionstel g/ml. (Аптечное Дело [Apoteken] **2.** Nr. 3. 17—19. Mai/Juni 1953. Moskau, Pharmazeut. Inst. des Gesundheitsminist. der UdSSR.) v. WILPERT. 4880

Daniel Videau, *Zur Prüfung der Sterilität von Antibioticis.* (Vorl. Mitt.) Um Antibiotica auf ihre Sterilität zu prüfen, ist ihre Abtrennung von den gegebenenfalls in den Präpp. enthaltenen Verunreinigungen (Bakterien, Hefen usw.) notwendig. Dies gelingt, wie am Beispiel des Aureomycinhydrochlorid gezeigt wird, mit Hilfe einer ausführlich beschriebenen Meth., die eine Sedimentierung der Verunreinigungen während des Zentrifugierens u. Waschen der zu prüfenden Lsg., die gleichzeitig eine 0,3%ig. Kaolinsuspension enthält, vorsieht. Die Meth. ist sehr empfindlich u. erfaßt selbst Keime, die mit den bisher vorgeschlagenen Vorschriften nicht mit Sicherheit nachgewiesen werden konnte. (Ann. pharmac. franç. **10.** 204—12. März 1952.) H. P. FIEDLER. 4880

Weiders Farmasoytiske A/S, Oslo, Norwegen, *Herstellung von hochkonzentrierten Alkaloidextrakten aus pflanzlichen Rohstoffen.* Die Extraktion von *Papaver-Somniferum* oder ähnlichen Pflanzen wird in Ggw. von Cu-Salz, bes. einer 1%ig. Cu-Sulfatlsg. behandelt. Die Extraktion kann vor der Konz. mit Molybdatlsgg. gefällt werden, bes. unter Zusatz von HNO_3 beim p_H-Wert 1—2. Die Fällung wird noch feucht mit einem Alkaliüberschuß behandelt u. schließlich im Vakuum unterhalb 50° getrocknet. (**N. P. 80 286** vom 17/7. 1950, ausg. 3/6. 1952.) JÜRGEN SCHMIDT. 4791

Achille J. Lafage, Frankreich, *Salbengrundlage* für kosmet. u. pharmazeut. Zubereitungen, bes. als Ersatz für Kakaobutter. Hierzu werden hydrierte Pflanzenöle im Gemisch mit Fettsäureestern mehrwertiger Alkohole, z. B. Propylenglykololeat, vorgeschlagen. Gegebenenfalls können auch pflanzliche oder mineral. Öle, Wachse, Stearin, Aminoalkohole, Fettalkoholsulfonate zugesetzt oder die Polyalkoholester durch diese ersetzt werden. (**F. P. 992 143** vom 16/5. 1944, ausg. 15/10. 1951.) WITTHOLZ. 4793

Johnson & Johnson, New Jersey, übert. von: **James J. Eberl,** Bound Brook, N. J., V. St. A., *Medizinische Bandagen.* Die Gaze-, Web- oder Wirkwarenbinden werden durch eine geschmolzene M. gezogen, deren Hauptbestandteil ein zwischen 45 u. 100° scharf schm. Körper ist. — Beispiel: Dicyclohexylphthalat (F. 66°), Diphenylphthalat (69—70°), Triphenylphosphat (49°), Benzophenon (48°), p-Nitroanisol (54°), Phenyl-p-tolylketon (60°), Phenylurethan (52°), o-Isopropylbenzoesäure (51°), Isocinnaminsäure (58°), Oxaminsäure (54°), Benzyl-1-naphthylketon (66—67°) oder 1.4-Dimethoxybenzol (56°). Als Bindemittel kommen Polyamide, Vinyl- u. Acrylharze, hydrierte Harze sowie Cellulosederivv., als Füllmittel bes. $MgCO_3$ in Betracht. Vor Gebrauch werden die mit einem Celluloseacetatfilm geschützten Binden durch sd. W. gezogen. (**A. P. 2 616 418** vom 5/10. 1944, ausg. 4/11. 1952.) SALZMANN. 4795

Albertine Marie Elisabeth Rothmann (Erfinder: **Albert Rothmann**), Berlin, *p-Aminobenzolsulfonhydrazide,* $R_1 \cdot NH \cdot C_6H_4 \cdot SO_2 \cdot NH \cdot NH \cdot R_2$, worin R_1 einen mindestens 3 C-Atome enthaltenden Säurerest u. R_2 H oder einen beliebigen Rest bedeuten, sind wirksam gegen *Pneumokokkeninfektionen.* — *p-Propionylaminobenzolsulfonsäurehydrazid,* aus p-Propionylaminobenzolsulfonsäurechlorid u. Hydrazinhydrat in Methanol, F. 186°. — *p-Isovalerylaminobenzolsulfonsäurehydrazid,* F. 153°. — *Succinyl-bis-(p-aminobenzolsulfonsäurehydrazid),* F. 242°. — *p-Furfuroylaminobenzolsulfonsäurehydrazid,* F. 189°. — *p-Propionylaminobenzolsulfonsäurephenylhydrazid,* F. 154—155°. (**D. B. P. 901 650** Kl. 12q vom 7/4. 1943, ausg. 14/1. 1954.) LANGER. 4807

Emil Bertalanffy Chemisch-pharmaz. Fabrik, Wien (Erfinder: **Gunther Lock** Unterach a. A.), *Herstellung von 3-Fluor-4-oxyphenylessigsäure* (**I**) aus 3-Fluor-4-alkoxyphenylglyoxylsäuren, z. B. 3-Fluor-4-methoxyphenylglyoxylsäure, F. 112°, durch Behandlung mit Hydrazin u. Ätzalkalien, indem z. B. zunächst mit Hydrazinhydrat unter Rückfluß erhitzt wird. Das erkaltete Reaktionsprod. wird mit überschüssigem KOH versetzt u. 2 Std. im Ölbad bei 180° erhitzt. Dabei entsteht **I**, F. 131°. (**Oe. P. 176 214** vom 28/3. 1952, ausg. 25/9. 1953. **Zusatz zu Oe. P. 173 695; C. 1953. 7870.**) M. F. MÜLLER. 4807

H. Lundbeck & Co., Kemisk Pharmaceutisk Laboratorium A/S, Kopenhagen, Dänemark, *Herstellung von Anisolen von Phenol- oder Thiophenolmonocarbonsäureamiden.* Man setzt Anisole von Phenol- oder Thiophenolmonocarbonsäurehalogeniden oder die entsprechenden Anhydride oder Ester mit einem Trialkylamin um, das in einer Alkylgruppe durch eine Aminogruppe substituiert ist. — Die Prodd. sind *Lokalanästhetica.* — In Beispielen wird die Herst. von HCl-Salzen von *Diäthyl-(m-methoxybenzamido)-äthylamin, Diäthyl-[m-butoxybenzamido]-äthylamin, Diäthyl-[m-butylmercaptobenzamido]-äthylamin,* F. 74°, u. *N-Dimethylaminoäthyl-m-butylmercaptobenzamid* beschrieben. (**Dän. P. 74 023** vom 19/10. 1946, ausg. 21/4. 1952.) JÜRGEN SCHMIDT. 4807

H. Lundbeck & Co., Kemisk Pharmaceutisk Laboratorium A/S, Kopenhagen, Dänemark, *Herstellung von Anisolen von Phenol- oder Thiophenolmonocarbonsäureamiden.* Man behandelt diese Amide mit einem tert. aliphat. Amin, das in einer Alkylgruppe, bes. in einer Äthylgruppe, ein Halogenatom enthält. Die Prodd. sind *Lokalanästhetica,* z. B. setzt man β-Chlortriäthylamin mit o-Methoxybenzoesäureamid zu *Diäthyl-[o-methoxybenzamido]-äthylamin-HCl* um. In analoger Weise ist erhältlich *N-Diäthylaminoäthyl-m-butylmercaptobenzamid,* F. 74°. (**Dän. P. 74 085** vom 19/10. 1946, ausg. 5/5. 1952.) JÜRGEN SCHMIDT. 4807

G. D. Searle & Co., Chicago, übert. von: **John W. Cusic,** Skokie, Ill., V. St. A., *Aminoalkylester von γ-Aroylarylbuttersäuren* der Formel $Ar \cdot CO \cdot CH_2 \cdot (C_2H_3Ar') \cdot CO \cdot O \cdot Y \cdot N(R)(R')$, worin Ar u. Ar' Aryl, Y Alkylen, R u. R' Alkyl oder den Rest eines N-haltigen Heteroringes bedeuten, wirken reduzierend auf das *cardiovasculäre Syst.,* die quaternären Salze wirken *sympatolyt.* u. *parasympatolytisch.* — *γ-Benzoyl-*

β-phenylbuttersäure-(β-diäthylaminoäthylester), aus γ-Benzoyl-β-phenylbuttersäure u. Diäthylaminoäthylchlorid, $Kp._1$ 236—238°; *Hydrochlorid*, F. 85—86°; *Jodmethylat*, F. 117—118°. — Analog: *γ-Benzoyl-α-phenylbuttersäure-(β-diäthylaminoäthylester)*, $Kp._2$ 220—222°; *Hydrochlorid*, F. 63—65°; *Brommethylat*, F. 107—108°. — *γ-(o-Anisoyl)-β-(p-chlorphenyl)-buttersäure-(δ-dimethylaminobutylester)*, Öl. — *γ-Benzoyl-α-(p-tolyl)-buttersäure-[N-(β-oxyäthyl)-morpholinester]*, Öl. (**A. P. 2 641 608** vom 3/7. 1950, ausg. 9/6. 1953.) Langer. 4807

F. Hoffmann-La Roche & Co. Akt.-Ges., Basel, Schweiz, *Herstellung von saurem β-Pyridylcarbinoltartrat.* Man setzt äquimol. Mengen von β-Pyridylcarbinol mit Weinsäure in einem Lösungsm., z. B. Methanol, um. Prod. F. 147°. Es dient als *Heilmittel* zur *Erweiterung der Herzgefäße.* (**Dän. P. 74 086** vom 23/8. 1949, ausg. 5/5. 1952. A. Prior. 30/12. 1948.) Jürgen Schmidt. 4807

J. R. Geigy Akt.-Ges., Basel, Schweiz, *Herstellung von neuen Thiosemicarbazonen von gegebenenfalls substituierten Pyridinaldehyden* oder von reaktionsfähigen Derivv. davon, wie von Iminen, Oximen oder Bisulfitadditionsprodd. durch Umsetzung der Pyridinaldehyde usw. mit Hydrazin in die entsprechenden Hydrazone u. durch Einw. von Thiocyansäuresalzen in Ggw. von Säuren. — Als Ausgangsstoffe sind z. B. genannt Pyridin-2-aldehyd, Pyridin-3-aldehyd, Pyridin-4-aldehyd, 6-Methylpyridin-2-aldehyd u. 6-Aminopyridin-2-aldehyd. Von den Thiocyansäuresalzen sind z. B. genannt die Alkali- u. NH_4-Salze. — Aus Pyridin-3-aldehyd u. Hydrazinhydrat wird das Pyridin-3-aldehydhydrazon hergestellt. Davon werden 2 Teile u. 1,3 Teile trocknes NH_4CNS in 10 Teilen absol. A. gelöst u. mit konz. HCl lackmussauer gemacht. Es wird 3 Std. auf dem Wasserbade gekocht. Es entsteht das *Pyridin-3-aldehydthiosemicarbazon*, F. 222—223° (Zers.). In analoger Weise erhält man das *Pyridin-4-aldehydthiosemicarbazon*, F. 232—234° (Zers.). Verwendung zur *Chemotherapie tuberkulöser Infektionen.* (**Oe. P. 176 846** vom 3/7. 1952, ausg. 25/11. 1953. Schwz. Prior. 9/8. 1950.) M. F. Müller. 4807

Michael Erlenbach und **Adolf Sieglitz**, Frankfurt/M., *(1-Phenyl-1-[α-pyridyl]-3-dimethylaminopropan)-p-aminosalicylat*, aus den Komponenten in Essigsäureäthylester, F. 144—145°. — *Antihistaminicum.* (**Schwz. P. 290 450** vom 1/8. 1950, ausg. 1/8. 1953. D. Prior. 5/9. 1949.) Langer. 4807

Sterling Drug, Inc., New York, übert. von: **Raymond O. Clinton**, North Greenbush, und **Stanley C. Laskowski**, Menands, N. Y., V. St. A., *4-substituierte Salicylsäure-(alkylaminoalkyläther)-nitrile* dienen als *Zwischenprodd. für Pharmazeutica.* — (*4-Nitrosalicylsäure* = **I**; *4-Aminosalicylsäure* = **II**.) — Man setzt **I**-Nitril mit Alkylaminoalkylhalogenid zu **II**-(Alkylaminoalkyläther)-nitril um, red. zu **III**-(Alkylaminoalkyläther)-nitril u. alkyliert zu 4-Alkylaminosalicylsäure-(alkylaminoalkyläther)-nitril. — **I**-*(β-Diäthylaminoäthyläther)-nitril* (**III**), aus **I**-Nitril, β-Diäthylaminoäthylchlorid u. $Na \cdot OC_2H_5$-Lsg., F. 104,5—105,5°; *Hydrochlorid*, F. 193,2—194,6°. — Analog: **I**-*(β- oder γ-Dimethylaminopropyläther)-nitril*, F. 75,6—77,0°; **I**-*(β-Dimethylaminoäthyläther)-nitril*, F. 83,0—84,0°; *Hydrochlorid*, F. 229,5—230,3°; **I**-*(γ-Diäthylaminopropyläther)-nitril*, F. 53,6—55,0°; **I**-*(β-Piperidinoäthyläther)-nitril*, F. 118,1 bis 119,2°; **I**-*(β-2-Methylpiperidinoäthyläther)-nitril*, F. 133,4—136,2°; **I**-*(β-2.6-Dimethylpiperidinoäthyläther)-nitril*, F. 132,9—133,8°; **I**-*(γ-Piperidinopropyläther)-nitril*, F. 102,2—102,8°; **I**-*(γ-2-Methylpiperidinopropyläther)-nitril*, F. 92,5—93,5°; **I**-*(β-Morpholinoäthyläther)-nitril*, F. 126,5—127,5°; **I**-*(γ-Morpholinopropyläther)-nitril*, F. 110,0 bis 111,5°. — **II**-*(β-Diäthylaminoäthyläther)-nitril* (**IV**), durch Red. von **III** mit Fe u. alkoh. HCl; *Phosphat*, F. 213,5—214,5°. — Analog: **II**-*(β-Morpholinoäthyläther)-nitril*, F. 130,6—132,8°; *Hydrochlorid*, F. 222,2—223,5°; **II**-*(γ-Diäthylaminopropyläther)-nitril*, F. 96,0—96,6°; *Phosphat*, F. 237,5—238,2°; **II**-*(β-Piperidinoäthyläther)-nitril*, Öl; *Phosphat*, F. 198,0—198,7°; **II**-*(β-2-Methylpiperidinoäthyläther)-nitril*, Öl; *Phosphat*, F. 192,5—194,0°; **II**-*(β-2.6-Dimethylpiperidinoäthyläther)-nitril*, F. 96,2 bis 96,8°; *Phosphat*, F. 193,5—195,5°; **II**-*(γ-Piperidinopropyläther)-nitril*, F. 125,6 bis 126,9°; *Phosphat*, F. 202,1—203,3°; **II**-*(γ-2-Methylpiperidinopropyläther)-nitril*, F. 111,8—113,4°; *Phosphat*, F. 214,8—216,7°; **II**-*(γ-Morpholinopropyläther)-nitril*, F. 90,4—91,4°; *Phosphat*, F. 190,5—192,2°. — *4-n-Butylaminosalicylsäure-(β-diäthylaminoäthyläther)-nitril*, aus **IV**, n-Butyraldehyd, Zn u. Eisessig in Bzl.; *Hydrochlorid*, F. 210,2—211,0°. — Analog: *4-n-Butylaminosalicylsäure-(β-2-methylpiperidinoäthyläther)-nitrilphosphat*, F. 194,4—195,3°; *4-n-Amylaminosalicylsäure-(β-2-methylpiperidinoäthyläther)-nitrilphosphat*, F. 178,0—179,5°. (**A. P. 2 642 436** vom 5/9. 1951, ausg. 16/6. 1953.) Langer. 4807

Sandoz Akt.-Ges., Basel, *Herstellung von [6-Methylisoergolenyl-(8)]-carbamidsäurebutylester* durch Umsetzung von [6-Methylisoergolenyl-(8)]-isocyanat mit Butylalkohol, F. 99—103°. Vgl. Schwz. PP. 269 024—269 029; C. **1951.** I. 2776. (**Schwz. P. 268 388** vom 18/12. 1946, ausg. 1/8. 1950. **Zusatz zu Schwz. P. 258846; C. 1950. I. 758.**) M. F. MÜLLER. 4807

Merck & Co., Inc., Rahway, übert. von: **Karl Folkers,** Plainfield, und **Frederick W. Holly,** Cranford, N. J., V. St. A., *Aminoanaloge von Pantothensäure.* Man setzt z. B. α-Carbobenzoxyamino-β.β-dimethyl-γ-butyrolacton mit β-Aminopropionsäure zu β'-(α-Carbobenzoxyamino-β.β-dimethyl-γ-oxybutyrylamino)-propionsäureäthylester, $C_{19}H_{28}O_6N_2$, $(CH_3)_2C(CH_2OH)—CH(NHCOOCH_2C_6H_5)—CONHCH_2CH_2COO\cdot C_2H_5$, um, aus dem durch reduktive Hydrolyse z. B. mit 5%ig. Pd-Kohle + H· *β'-(α-Amino-β.β-dimethyl-γ-oxybutyrylamino)-propionsäureäthylesterhydrochlorid,* $(CH_3)_2C(CH_2OH)—CH(NH_2\cdot HCl)—CONHCH_2CH_2COOC_2H_5$, entsteht. Durch Acetylierung bildet sich *β'-(α-Acetylamino-β.β-dimethyl-γ-acetoxybutyrylamino)-propionsäureäthylester,* F. 128—129°. — *β'-(α-Acetylamino-β.β-dimethyl-γ-oxybutyrylamino)-propionsäureäthylester,* $C_{13}H_{24}O_5N_2$, F. 113—114°. — *Wuchsstoffe,* bes. für *Lactobacillus arabinosus.* (**A. P. 2 571 852** vom 20/4. 1949, ausg. 16/10. 1951.) KRAUSS. 4809

American Cyanamid Co., übert. von: **Serry R. D. McCormick** und **Siegfried A. Muller,** New York, N. Y., V. St. A., *Vitaminkonzentrate.* 0,05—50 γ Vitamin B_{12} (I) pro cm³ enthaltende wss. Lsgg. werden mit 0,01—1 Teil p-Chlorphenol gemischt, die Phenolphase abgetrennt u. Alkylpyridin zugesetzt, wodurch sich ein in W. unlösl. Phenolkomplexsalz bildet u. die Löslichkeit von I herabgesetzt wird. Durch Behandlung mit W. wird das Vitamin in reiner konz. Form erhalten. (**Can. P. 487 932** vom 11/1. 1952, ausg. 11/11. 1952. A. Prior. 16/2. 1951.) WITTHOLZ. 4809

Yves J. L. Raoul, Frankreich, *Herstellung von Vitamin D ohne Bestrahlung.* Steroide, wie Cholesterin, Stigmasterin, Sitosterin u. ähnliche, werden mit ionisierbaren Stoffen, wie Säuren, ihren Anhydriden oder Chloriden u. a., in einem die Ionisation begünstigenden Lösungsm., wie $CHCl_3$, $Cl\cdot CH_2\cdot CH_2\cdot Cl$ u. a., behandelt. — 1 g Cholesterin wird in 200 cm³ Dichloräthan unter Zugabe von 0,25% Acetylchlorid gelöst u. 2 Tage im Dunkeln gehalten. Nach Zugabe von 20 cm³ methylalkoh. Kalilauge wird 10 Min. auf dem Wasserbad erhitzt, 500 cm³ W. u. 200 PAe. zugegeben. Die PAe.-Dichloräthan-Mischung wird im Vakuum abdest., die Isolierung des Vitamins erfolgt über den Ester der 3.5-Dinitrobenzoesäure u. anschließende Verseifung. (**F. P. 984 809** vom 19/4. 1949, ausg. 11/7. 1951.) WITTHOLZ. 4809

Ciba Akt.-Ges., Basel, Schweiz, *Herstellung von n.-7-Methoxy-2-methyl-1-äthyl-1.2.3.4-tetrahydrophenanthryl-(2)-methanal* aus dem n.-7-Methoxy-2-methyl-1-äthyl-1.2.3.4-tetrahydrophenanthren-(2)-carbonsäurehalogenid durch katalyt. Hydrierung, z. B. mit Pd-Tierkohle bei 90—100°, F. 92—93°. — *Östrogene* Wirkung. (**Schwz. P. 268 161** vom 22/11. 1946, ausg. 1/8. 1950.) M. F. MÜLLER. 4809

Merck & Co., Inc., Rahway, übert. von: **Lewis H. Sarett,** Princeton, N. J., V. St. A., *20.21-Diacyloxy-4-brom-3.11-diketopregnane* erhält man durch Bromierung der stereoisomeren 3.11-Diketo-20.21-diacyloxypregnane oder deren stereoisomeren Mischungen (erhalten nach A. PP. 2 505 838 u. 2 516 258) mit Br_2 in Eisessig. — 3.11-Diketo-20β.21-diacetoxypregnan → *4-Brom-3.11-diketo-20β.21-diacetoxypregnan.* — *4-Brom-3.11-diketo-20α.21-diacetoxypregnan.* Die Verbb. lassen sich nach A. P. 2 510 940 in *Dehydrocorticosteron* überführen. — *Zwischenprodukte.* (**A. P. 2 519 507** vom 2/8. 1946, ausg. 22/8. 1950.) KRAUSS. 4809

Chinoin Gyógyszer és Vegyészeti Termékek Gyára R. T., Ujpest (Erfinder: **János Kollonitsch, Niklós Kraut** und **Andor Hajós,** Budapest), Ungarn, *1-Phenyl-2-amino-1.3-propandiole* sind *Zwischenprodd.* für *Antibiotica.* — *dl-threo-1-Phenyl-1-methoxy-2-phthaliminopropanol-(3)* (I), durch Red. von dl-threo-β-Phenyl-β-methoxy-α-phthaliminopropionaldehyd mit Al-Isopropylat in Isopropanol, F. 108—110°. — *dl-threo-1-Phenyl-1-methoxy-2-aminopropanol-(3)* (II), beim Kochen von I mit Hydrazinhydrat in Alkohol, Öl. — *threo-1-Phenyl-2-amino-1.3-propandiol* (III), beim Kochen von II mit konz. HBr. — *threo-1-Phenyl-2-p-nitrobenzoylamino-1.3-propandiol,* aus III u. p-Nitrobenzoylchlorid in Alkohol, F. 193—194°. (**D. B. P. 901 777** Kl. 12q vom 29/12. 1950, ausg. 14/1. 1954. Ung. Prior. 7/1. 1950.) LANGER. 4811

Vademecum, Frankreich, *Zahnpulver oder -pasten.* Die mineral. Bestandteile dieser Zubereitungen werden durch Holzmehl oder holzähnliche Stoffe, wie Cellulose oder Lignin, ersetzt, wodurch die stark schleifende Wrkg. der Mineralstoffe vermieden wird. (**F. P. 980 825** vom 21/12. 1948, ausg. 18/5. 1951.) WITTHOLZ. 4823

Vademecum, Frankreich, *Zahnpasten,* bestehend aus 50 (%) $CaCO_3$, 7—10 Seifenpulver, 0,7—0,8 Na-Alginat, 2—5 Sojalecithin. (**F. P. 980 826** vom 21/12. 1948, ausg. 18/5. 1951.) WITTHOLZ. 4823

Pharma VVB Halle/Saale (Erfinder: **Fritz Sommer,** Berlin-Charlottenburg, **G. Wiegand** und **Richard Formhals,** Berlin-Grünau), *Herstellung von Desinfektions-*

mitteln. Man verwendet zur Herst. von Desinfektionsmitteln aus in W. nicht oder nur beschränkt lösl. Phenolen der Benzol- u./oder Naphthalinreihe, deren Substitutionsprodd., wie Halogenierungsprodd., u./oder deren Homologen als Lösungs- bzw. Dispergiermittel, die weder Fettsäuren noch fettartige Verbb. enthalten, im Kern alkylierte Sulfonate der aromat. oder hydroaromat. Reihe, wie isopropylnaphthalin- oder -tetrahydronaphthalinsulfonsaures Na oder NH_4, wobei die Menge dieser Verbb. größer als die in der zur Anwendung gelangenden Wassermenge an sich lösl. Menge sein kann; man kann ferner niedermol. Alkohole, wie A., mitverwenden sowie die erhaltene Lsg. schwach sauer einstellen. Man erhält so einheitliche, klare u. konz. bzw. übersättigte Fll., die sich mit Süß- oder Seewasser zu haltbaren, völlig klaren u. homogenen Desinfektionsmittellsgg. von gutem Schaumvermögen u. hoher Netzkraft verd. lassen. — Anstatt der alkylierten Sulfonate der aromat. oder hydroaromat. Reihe kann man auch deren Kondensationsprodd. mit z. B. CH_2O, CH_3CHO oder SCl_2 (gegebenenfalls in Verbindung mit anderen capillarakt. Verbb., wie Fettalkoholsulfonaten, oleylaminoäthansulfonsauren Salzen oder Verseifungsprodd. von sulfochlorierten KW-stoffen) als Lösungs- bzw. Dispergiermittel verwenden; sie sind den oben genannten Prodd. bzgl. ihrer Emulgierkraft noch deutlich überlegen. (**D. PP. [DDR] 1 467** Kl. 30i vom 21/1. 1940, ausg. 1/9. 1952, u. **1 680** Kl. 30i [Zusatzpatent] vom 9/8. 1942, ausg. 27/9. 1952 [beide Wirtschaftspatente].) Raetz. 4833

J. B. Biot, Chimie pharmaceutique (organique). 6e éd., revue et complétée par **G. Parmentier.** Charleroi: Impr. provinciale. 1952. (199 S.) fr. 135,—.

G. Analyse. Laboratorium.

Robert N. Feinstein, *Ein Apparat zur Erhöhung der Dialysiergeschwindigkeit für kleine Flüssigkeitsmengen.* Bei dem zur gleichzeitigen Durchführung mehrerer Dialysen geeigneten Schnelldialysator sind die schräg angeordneten Dialysierschläuche (für ca. 75 cm^3) auf einem durch einen Motor in langsame Drehung gesetzten walzenartigen Gestell aus Plexiglas befestigt, das in eine größere Wanne mit der Außen-Fl. gesetzt wird. In jedem Schlauch befindet sich eine Glaskugel, die beim Hin- u. Herrollen die Fl. durchmischt. (J. Lab. clin. Med. **40.** 313—15. Aug. 1952. Chicago, Ill.) Hentschel. 5030

Fritz Wiloth, *Über die experimentelle Bestimmung von Lösungsviscositäten im Ostwald-Viscosimeter.* Vf. beschreibt ausführlich die Meßmethodik zur Best. von Lösungsviscositäten (= Viscosität des gelösten Mol.; Schmelzviscosität = Viscosität des reinen, geschmolzenen makromol. Stoffs) mittels eines in der Praxis bewährten Capillarviscosimeters vom Ostwald-Typ ohne Anwendung von Fremddrucken. Einleitend wird ein Überblick über die theoret. Grundlagen u. Begriffsbest. der Viscosimetrie makromol. Lsgg. gegeben. — 66 Literaturangaben. (Gummi u. Asbest **6.** 426—29. 1/10. 471—74. 1/11. 1953. Vereinigte Glanzstoff-Fabriken A. G., Forschungsinst.) G. Heinrich. 5040

J. Schurz und **E. H. Immergut,** *Instrument zur Bestimmung der Scherabhängigkeit der Intrinsicviscosität von hochpolymeren Lösungen.* Zur Messung des Einfl. des Schergradienten auf die Intrinsicviscosität $[\eta]$ von hochpolymeren Lsgg. verwenden Vff. ein abgeändertes Ubbelohde-Viscosimeter, das statt einer Meßkugel vier übereinander angeordnete Meßkugeln enthält, so daß der Schereinfl. der gleichen Lsg. sehr einfach bestimmt werden kann. Zwischen je zwei Meßkugeln befindet sich eine Meßmarke. Der mittlere Schergradient berechnet sich aus $G = 8\,V/3\,\pi\,r^3\,t$ (V = Vol. einer Kugel, r = Radius der Capillare, t = Ausflußzeit der Lsg.). Die erhaltenen $[\eta]$-Werte werden auf G = 0 extrapoliert. Als Beispiel wird die Messung von $[\eta]$ von *Cellulosenitrat* in Aceton als Lösungsm. angeführt. (J. Polymer Sci. **9.** 279—81. Sept. 1952. Brooklyn, N. Y., Polytechn. Inst., Inst. of Polymer Res.) Fuchs. 5040

Ernst P. Hall und **William L. Nelson,** *Temperaturkonstantes Wasserbad für Temperaturen zwischen 15 und 25°.* Vff. beschreiben ein Wasserbad, das im Temperaturbereich 15—25° auf 0,01° konstant gehalten werden kann. — Skizze der Apparatur. (Analytic. Chem. **25.** 841—42. Mai 1953. Pittsburgh, Pa., Mellon Inst. of Ind. Res.) Moslé. 5046

A. G. Lipscomb, *Genauigkeit von Analysen.* (Vgl. Dodd, C. **1954.** 2012.) Empfehlung des Studiums des Student-Tests (Gosset, Biometrika [London] **19.** [1927.] 151) für Analytiker. (Chem. and Ind. **1951.** 149. 24/2.) Freytag. 5050

G. W. Troitzki, *Eine neue Konstruktion eines Apparates für die Elektrophorese von Eiweißstoffen mit optischer Registrierung der beweglichen Grenzen der Trennungsflächen.* Die App. besteht aus folgenden Teilen: 1. Küvette für die Elektrophorese, 2. opt. Syst.

3. Thermostat, 4. Gleichrichter mit Stabilisator. Die U-förmige Küvette aus Plexiglas, mit Rohren von quadrat. Querschnitt (2×25 mm) u. mit 2 seitlichen Elektrodengefäßen verbunden, ist durch eine Reihe von angeschmolzenen Hahntrichtern so eingerichtet, daß alle Lsgg., Puffer, konz. HCl-Lsg., welche die Elektroden bedecken, u. Eiweißlsgg. ohne Vermischung eingefüllt werden können. Das opt. Syst. ist bes. durch eine bewegliche geneigte zylindr. Linse gek., die ein geradliniges Bild der „Punkt"-Lichtquelle gibt. Trifft der Strahl auf die Grenzfläche der Fll., so schneidet er die opt. Achse in einem anderen Punkt u. gibt bei bestimmtem Winkel der zylindr. Linse ein Punktbild der Lichtquelle in einem Abstand von der Geraden, der proportional der Refraktion ist. Der Thermostat wird mit einer Kältemischung auf ca. 0,8° gehalten. (Биохимия [Biochimia] **16.** 592—99. Nov./Dez. 1951. Moskau, Biochem. Labor. des Zentr. Haut-Venerol. Inst.) v. SCHROEDER. 5054

Jorma K. Miettinen, *Über quantitative Papierchromatographie und Papierelektrophorese.* Übersicht. Es wird eine App., bestehend aus einem Papierstreifenphotometer u. einem Polarographen M 1939 nach HEYROVSKY, beschrieben, sowie deren Anwendung zur quantitativen Papierchromatographie u. -elektrophorese, bes. von Aminosäuren u. Eiweiß. — 65 Literaturangaben. (Suomen Kemistilehti **26. A** 49—63. 1953. Helsinki, Biochem. Forschungsanstalt.) BECKMANN. 5062

Sumi Takeda und **Atsuhiro Shibatani,** *Bedeutung des Wassergehalts für den Entwickler bei Papierchromatographie.* Bei Arbeiten mit *Aminosäuren* schwanken die Rd-Werte stark, falls *Lutidin* u. *Collidin* als Entwickler benutzt werden, da offenbar schwer reine Pyridinbasen zu erhalten sind. Bei Zumischung von 35% W. sind die Ergebnisse zufriedenstellend, desgl. bei *Butylacetat* + 35% W. zum Entwickeln. (Kagaku [Science] **21.** 92. Febr. 1951. Osaka. [Orig.: japan.]) SCHULER. 5062

Sumi Takeda und **Atsuhiro Shibatani,** *Versuch zur quantitativen Auswertung der chromatographische Methode.* (Vgl. vorst. Ref.) 24 *Aminosäuren* wurden eindimensional (mit 0,1% NH_3, Phenol + 25% W.) u. zweidimensional (mit 0,1% NH_3, Phenol — 5% W. u. Collidin–Lutidin — 25% W.) chromatographiert u. mit Ninhydrin (0,25%ig) sichtbar gemacht, u. durch Leerverss. mit reinen Substanzen werden die krit. Erfassungswerte bestimmt. Meist werden 90% (Arginin: 60%) zurückgewonnen. (Kagaku [Science] **21.** 136—37. März 1951.) SCHULER. 5062

Ernst Lippert, *Apparative Fortschritte in der Infrarotspektroskopie.* (Vgl. C. **1953.** 6538.) Im Schlußteil der Arbeit werden behandelt: Wellenlängen- (Frequenz-) Eichung, Küvetten u. Probenvorbereitung, Spiegelmikroskope, polarisiertes Infrarot, Spektrenkomparator von DALY, Schnellanalysengeräte, Gasanalysengeräte u. verschied. Anwendungen der Infrarotspektroskopie. (Z. angew. Physik **4.** 434—40. Nov. 1952. Stuttgart, TH, Labor. für phys. Chem.) v. HARLEM. 5063

Raymond Ryason, *Über die Herstellung von Alkalihalogenidfenstern.* In einer hydraul. Presse wurde pulverförmiges *KCl* u. *KBr* mit 20 t Belastung 10—15 Min. lang bei Zimmertemp. u. bei 360° gepreßt. Dabei entstehen durchsichtige Scheiben, deren opt. Durchlässigkeit im ultraroten Bereich nur wenig von der eines Einkristalls abweicht. (J. opt. Soc. America **43.** 928. Okt. 1953. Cambridge, Mass., Harvard Univ., Mallinckrodt Labor.) HEINSOHN. 5063

Pierre Giacomo, *Direkte Methode zur Messung der charakteristischen Größen eines Interferenzsystems nach Fabry-Pérot.* Angabe einer Meth. zur Best. des Reflexionsvermögens, der Durchlässigkeit für den Schwerpunkt eines Ringes, der relativen Ringschärfe u. des Kontrastes für ein FABRY-PÉROT-Etalon aus der Durchlässigkeit der einzelnen Platten u. des Etalons für quasimonochromat. Licht, welche mit Philora-Lampe, Lichtfilter u. Photozelle gemessen wird. Wiedergabe von Messungen für Platten mit 5, 7 u. 9 Schichten aus *Kryolith/ZnS* (GIACOMO u. JACQUINOT, C. **1953.** 9387) u. Vgl. mit den theoret. Werten. (C. R. hebd. Séances Acad. Sci. **235.** 1627—29. 22/12. 1952.) EICHHOFF. 5063

Charles S. Hanes, *Eine brauchbare „hanging drop"-Glaselektrodenanordnung.* Eine Glaselektrode wird beschrieben, die u. a. auch für Messungen mit sehr geringen Flüssigkeitsmengen (0,15—0,4 ml) anwendbar ist. (Nature [London] **168.** 566. 29/9. 1951. Cambridge, Agricult. Res. Council Unit of Plant Biochem., Bot. School.) R. LEVI. 5066

H. L. Kies und **H. Nijon,** *Das abgeleitete Polarogramm.* Zwecks Aufzeichnung von abgeleiteten Stromspannungskurven Δ i/Δ E wird ein Differentialgalvanometer von KIPP (Delft) in Verbindung mit zwei gleichartigen Tropfelektroden, zwischen welchen eine konstante Potentialdifferenz von Δ E = 0,025 V liegt, u. einer Hg-Anode verwendet. Hierbei zeigt das Galvanometer die Differenz $i_2 - i_1$ an, u. der Maximalausschlag, welcher der Konz. an Depolarisator proportional ist, tritt dann auf, wenn

$d(i_2 - i_1)/d E_1 = 0$ wird. Dieses Maximum differiert vom Halbstufenpotential um den Betrag $(\Delta E + i_d R)/2$ V, worin R die Summe der Widerstände einer einzigen Galvanometerspule mit ihrem Nebenschluß u. der Elektrolysenzelle darstellt. Auch unter Berücksichtigung von R bei der Analyse von Pb(II)-Salzlsg. ergibt sich eine schwach gekrümmte Eichkurve, wenn man die korr. Maximalhöhe gegen $[Pb^{2+}]$ aufträgt. (Analytica chim. Acta [Amsterdam] **9.** 462—66. Nov. 1953. Delft, TH, Analyt. chem. Inst.) H. Berg. 5066

T. K. S. Murthy und **Bh. S. V. Raghava Rao,** *Indicatoren für die Titration mit Cerisulfat.* Vff. unterzogen die Verwendungsmöglichkeiten des *Kristallvioletts* (**I**) als Indicator (3—4 Tropfen wss. 0,1%ig. Lsg.) bei Oxydationstitrationen mit Cerisulfat (0,05n; in 0,8n HCl oder H_2SO_4; 100 ml Gesamtvol.) einer näheren Untersuchung. Sie verglichen die Titrationsergebnisse mit denen, bei denen *Rhodamin 6 G* (**II**) oder *N-Phenylanthranilsäure* (**III**) als Indicator verwendet wurden. **I** zeigte ein bedeutend größeres Anwendungsgebiet als bisher angenommen wurde, mit einem scharfen u. deutlich sichtbaren Umschlagspunkt (von Grün nach Orangerot). Die drei Indicatoren wurden geprüft bei Titrationen von: NH_4-Fe(II)-Sulfat; $FeCl_3$ (nach Red. mit $SnCl_2$); H_2O_2; Uranylacetat (nach Red. mit Zn u. HCl); Kaliumferrocyanid; Hydrochinon; $SnCl_2$. Für Sb_2O_3 war **III** gut als Indicator brauchbar (Zusatz von 5 ml 0,005mol. JCl; Titration bei 50°; Indicatorzugabe am Ende der Titration). Titrationen von Mohrschem Salz mit **I** ergaben einwandfreie Resultate bei Zugabe von H_3PO_4 (5 ml, D. 1,8; Gesamtvol. 100 ml). Die Ergebnisse mit **II**, **III** u. *Xylolcyanol FF* erscheinen dagegen nicht ganz so eindeutig. (J. Indian chem. Soc. **27.** 37—39. Jan. 1950. Waltair, Andhra Univ., Chem. Labor.) Wingchen. 5068

a) Elemente und anorganische Verbindungen.

F. Buscaróns und **J. Artigas,** *Über neue Amide der Thioglykolsäure und ihre Anwendungen. Analyse.* 6. Mitt. *o-Thiolacetylamino-p-nitrophenol. Seine qualitativ-analytischen Anwendungen.* (5. vgl. C. **1954.** 2679.) o-Thiolacetylamino-p-nitrophenol gibt in stark saurem Medium (p_H 1—2) Ndd. mit Ag^+, Hg^+, Hg^{2+}, Cu^{2+} (in diesen Fällen u. mit Cd^{2+} auch zum Nachw. geeignet), Bi^{3+}, As^{3+}, As^{5+}, Pt^{4+}, Pd^{4+} u. Se^{4+}, bei p_H 3 auch mit Pb^{2+} u. Cd^{2+}, in ammoniakal. Lsg. mit Co^{2+} u. Ni^{2+}, in KCN-haltiger KOH mit Tl^+. (An. Real Soc. españ. Física Quím., Ser. B **49.** 375—78. Mai 1953. Barcelona, Univ., Inst. Alonso Barba, Secc. Quím. analít.) R. K. Müller. 5100

F. Buscaróns und **J. Artigas,** *Über neue Amide der Thioglykolsäure und ihre analytischen Anwendungen.* 7. Mitt. *o-Thiolacetylamino-p-nitrophenol. Seine quantitativ-analytischen Anwendungen.* (6. vgl. vorst. Ref.) Die von o-Thiolacetylamino-p-nitrophenol mit Ag^+ u. Hg^{2+} erhaltenen Ndd. haben die Zus. $C_8H_7O_4N_2SAg$ mit 30,21% Ag u. $(C_8H_7O_4N_2S)_2Hg \cdot H_2O$ mit 29,80% Hg. Sie eignen sich zur gravimetr. Bestimmung. Die mit Ag^+, Hg^{2+}, Cu^{2+} u. Cd^{2+} gebildeten Ndd. können auch volumetr. bestimmt werden, indem man sie abtrennt, mit W. wäscht, mit 2n H_2SO_4 u. n/50 J_2-Lsg. versetzt u. nach 15—20 Min. Stehen im Dunkeln den J_2-Überschuß mit $Na_2S_2O_3$ zurücktitriert. (An. Real Soc. españ. Física Quím., Ser. B **49.** 379—86. Mai 1953.) R. K. Müller. 5100

Luis Serrano Berges, *Untersuchung des analytischen Verhaltens einiger 2-Methyloxinate.* (Vgl. C. **1954.** 3531.) Durch potentiometr. Fällungstitration mit NaOH mittels Glaselektrode wurden die p_H-Werte festgestellt, bei denen die *2-Methyloxinate* (**I**) von *Cu* (rötlichbraun, trocken dunkelgrün), *Fe(III)* (schwärzlich), *Zn* (hellgelb), *Co* (fleischrot), *Cd* (gelblichweiß), *Ni* (grünlichgelb), *Mn* (gelbbraun) u. *Mg* (gelb) auszufallen beginnen. Während die Kurven der ersten 7 **I** zwei Wendepunkte zeigen, einen 1. entsprechend der Neutralisation der freien Säure u. einen 2. entsprechend der **I**-Fällung, entspricht bei der des Mg-**I** ein 3., zwischen den beiden anderen liegender Wendepunkt der Abscheidung von freiem *2-Methyloxin* (**II**), das sich bei weiterer NaOH-Zugabe wieder auflöst, so daß das Mg-**I** erst aus der alkal. Na-**I**-Lsg. ausfällt. Aus den Werten der Fällungs-p_H u. den beiden bekannten Ionisationskonstanten des **II** werden die Löslichkeitsprodd. (P) in W. der 8 **I** berechnet; ihre Löslichkeiten (L) in wasserfreiem Zustand in Chlf. werden bei 20° bestimmt u. liegen zwischen 0,132mol. für Cu-**I** u. $1,48 \cdot 10^{-4}$ mol. für Cd-**I**. Dann werden die Extraktionskonstanten K der **I** zu $L K_2^n/P T^n$ berechnet, wobei K_2 die 2. Ionisationskonstante des **II** $1,82 \cdot 10^{-10}$, T der Teilungskoeff. des **II** zwischen Chlf. u. W. 1270 u. n die Wertigkeit des Metalls sind. Hieraus ergibt sich die Extrahierbarkeit des Metallions Me^{n+} als Me-I_n zu $[Me\text{-}I_n]_{Chlf} : [Me^{n+}]_{H_2O} = K [II]^n_{Chlf} : [H^+]^n_{H_2O}$, also eine 10^nfache Steigerung für 1 p_H-Einheit. Doch ist zu beachten, daß hierbei die Löslichkeit der wasserfreien **I** in Chlf. zugrunde gelegt ist u. **I**-Hydrate in Chlf. weniger lösl. sind, also kleinere K-Werte als die berechneten liefern. Durch Verss. wurde gefunden, daß die **I** von Fe(III),

Zn, Co, Cd, Mn u. Mg bei p_H zwischen 5 u. 10 vollständig durch Chlf. extrahiert werden, aber mit zunehmender Verkleinerung oder Vergrößerung des p_H über diese Grenzen um so mehr Kationen in die wss. Phase treten lassen. Für die Cu- u. Ni-I gilt diese Regel nur für die untere Grenze, während sie auch für $p_H > 10$ stets in der Chloroformphase bleiben. Bei der aus den gewonnenen Zahlen zu schließenden Möglichkeit der Trennung verschied. Kationen gemäß p_H u. Reagenskonz. ist noch zu berücksichtigen, daß Mitfällung die Grenzen verwischen, Zufügung von Komplexbildnern sie verschärfen kann. (An. Real Soc. españ. Física Quím., Ser. B **49.** 417—26. Juni 1953. Zaragoza, Univ., Labor. Quím. analít.) Metzener. 5100

G. Ender, *Beitrag zur analytischen Bestimmung von Trimetaphosphat neben anderen Phosphaten. Über die Trennung mit Bariumperchlorat und Anwendung der polarometrischen P_2O_5-Bestimmungsmethode.* Vf. beschreibt eine Meth. zur Best. von *Trimetaphosphat* (I), $(NaPO_3)_3$, neben Tripolyphosphat, $Na_5P_3O_{10}$, Pyrophosphat u. Orthophosphat. Im Gegensatz zu zeitraubenden gravimetr. Bestimmungen verwendet Vf. $Ba(ClO_4)_2$ an Stelle von $BaCl_2$ als Fällungsmittel für alle Phosphate außer I u. ermöglicht hierdurch eine schnelle polarometr. Best. von I im Filtrat nach Neuberger (Z. analyt. Chem. **116.** [1939.] 1) durch Titration mit Bismutylperchlorat. Beleganalysen ergeben für die Best. von I neben Tripolyphosphat richtige, neben Pyrophosphat u. Orthophosphat größenordnungsmäßig richtige Werte. — Arbeitsvorschrift. (Z. analyt. Chem. **138.** 401—04. 1953. Wiesbaden, Chem. Werke Albert, Forsch.-Labor.) Feit. G 264

J. Navarro, *Bestimmung des Calciums und Magnesiums mit Komplexon III.* Beschreibung der Titration von Mg + Ca in Zn^{2+}-haltiger NH_3–NH_4Cl-Pufferlsg. (p_H 10) mit *Di-Na-Äthylendiaminotetraacetat* (I)-Lsg. (Mischindicator: Eriochromschwarz T + Methylrot), des Mg allein in gleicher Weise nach Fällung des Ca mit NH_4-Oxalat, des Ca allein in 4—5%ig. NaOH (p_H 12) mit I-Lsg. (Indicator: Murexid); Anwendung auf die Härtebest. von natürlichem u. enthärtetem Wasser. (Afinidad [3] **30.** 256—57. Nov./Dez. 1953.) Metzener. G 283

J. E. O. Mayne und **G. H. Moordhof,** *Die Bestimmung von Zink mit Natriumdiäthyldithiocarbamat.* Zum Zn-Nachw. in W. u. Seewasser wurde die Opalescenz nach Zusatz von *Natriumdiäthyldithiocarbamat* (I) im Nessler-Röhrchen gemessen. Die Meßgenauigkeit wird durch Benutzung eines photoelektr. Spekker-Absorptiometers u. Temperaturkonstanz bei der unter Zusatz eines Schutzkoll. ausgeführten Fällung verbessert. Als solches wird statt Gummi arabicum besser 1%ig. Lsg. von *Polyvinylalkohol* (II) benutzt. Sie wird hergestellt aus 5%ig. alkoh. Lsg. von Polyvinylacetat u. der stöchiometr. Menge alkoh. n NaOH durch Kochen, Filtrieren, Waschen mit A. u. Xylol, Trocknen bei 105° u. Lösen in W.; da diese Lsg. von II altert, wird sie ½ Std. gekocht. Zur Best. werden Lösungsm. u. Gefäße auf 25° gebracht. 40 cm³ der gegebenenfalls verd. Probelsg. werden mit 1 cm³ 1%ig. II-Lsg. u. 5 cm³ 0,1%ig. I-Lsg. versetzt, auf 50 cm³ aufgefüllt u. die Trübung im Absorptiometer in 4 cm-Zelle u. mit Neutralfiltern bestimmt, wobei lineare Beziehung bei p_H 4,8—6,3 zwischen Photometerzahlen u. Zn-Konz. (0—10 p.p.m. mit ± 0,05 p.p.m. Fehler) besteht. Ersatz durch Violettfilter erlaubt geringere Konzz. zu bestimmen. Die Eichung ist vom Anion abhängig, so daß gleiche Versuchsbedingungen erforderlich sind. (Analyst **78.** 625. Okt. 1953. Cambridge, Univ., Dep. of Metallurgy.) Küssner. G 288

James J. Mikula und **Maurice Codell,** *Polarographische Bestimmung von Aluminium in Titanlegierungen.* Vff. verwenden die Meth. von Willard u. Dean (C. **1951.** I. 3397), wonach Di-o-oxyazofarbstoffe als Komplexbildner Verwendung finden. Auf dem Polarogramm einer Lsg. von Al^{3+} u. überschüssigem Farbstoff in Acetatpuffer vom p_H **4,6** wird zuerst die Stufe der Azogruppe u. darauf die des Al-Komplexes sichtbar, so daß die Auswertung von letzterer mittels Eichkurve für einen Bereich von 0,005—10,0% Al in der Legierung rasch möglich ist. Vorher müssen aus der Probe Ti, V, Fe, Cu durch Cupferronfällung aus salzsaurer Lsg. u. Co, Ni, Cu, Cr durch vorherige Abscheidung an einer Hg-Kathode entfernt werden. Die filtrierte Lsg. wird darauf mittels Ammoniumacetats gepuffert u. mit *Eriochrom Violett BA* (Color index **169**) versetzt. Nach kurzem Erwärmen auf 55—70° erfolgt die polarograph. Aufnahme bei 25°. (Analytica chim. Acta [Amsterdam] **9.** 467—75. Nov. 1953. Philadelphia, Pa., Pitman-Dunn Labor., Frankford Arsenal.) H. Berg. G 294

W. J. Blaedel und **H. V. Malmstadt,** *Volumetrische Bestimmung von Thorium durch Hochfrequenztitration.* (Vgl. C. **1952.** 576; **1951.** II. 869.) Vff. beschreiben eine indirekte maßanalyt. Meth. für die Best. von Th mit 0,05 mol. *Oxalsäure* (I)-Lsg., wobei die Endpunktsanzeige mit einem Hochfrequenztitrimeter nach der Schwebungsmeth.

erfolgt. Nach Vorverss. mit F^-, *Citronensäure, Weinsäure,* JO_3^- u. $[Fe(CN)_6]^{4-}$ als Maßlsgg. u. unbefriedigenden Ergebnissen bei der direkten Titration von Th mit I wird folgendes Verf. vorgeschlagen: Man gibt einen Überschuß von 5—10 ml an I zu der Th-Lsg. u. titriert mit 0,025mol. Th-Nitratlsg. zurück. Dabei ist zur Bldg. eines bleibenden Nd. etwa das halbe Äquivalent an I notwendig. Der Endpunkt ist scharf, stöchiometr. u. reproduzierbar. Störend wirken La, Sc, Y, >2 Mol-% Zr, >5 Mol-% Ti, F^-, sowie größere Gehh. an SO_4^{2-}, CH_3COO^- u. Tartrat. Durch doppelte Fällung des Th als Oxalat u. Jodat können die störenden Ionen beseitigt werden. (Analytic. Chem. **23**. 471—75. März 1951. Madison, Wis., Univ. of Wisconsin.)

WEITBRECHT. G 324

W. L. Miller, Mario Acampora und **George Norwitz,** *Die Bestimmung von Zinn, Silber, Eisen, Wismut und Kupfer in Blei.* In einer 10 g-Probe von gereinigtem Pb (99,7%) wird Sn nach Auflösen in HNO_3 als H_2SnO_3 gefällt u. abfiltriert (Filtrat 1). Der Filterrückstand wird mit $H_2SO_4 + HClO_4 + HNO_3$ abgeraucht u. weiter nach der Meth. der A. S. T. M. volumetr. bestimmt. Im Filtrat 1 wird Ag als AgCl gefällt, filtriert (Filtrat 2) u. gewogen. Fe wird im Filtrat 2 nach Einengen auf 250 ml in 25 ml nach Zusatz von H_2O_2 u. NaCNS colorimetr. bei 470 mμ bestimmt. In weiteren 25 ml wird Bi nach Zusatz von Thioharnstoff bei 420 mμ colorimetriert. Auf gleichem Weg erfolgt die Cu-Best. in weiteren 10 ml des eingeengten Filtrats 2 nach Zusatz von NH_4-Acetat/Essigsäure-Puffer, Gummilsg. u., nach Verdünnung, von Rubeanwasserstoffsäure bei 660 mμ. (Amer. Foundryman **20**. 43. 93. Nov. 1951. Brooklyn, N. Y., New York Naval Shipyard.)

FRESENIUS. G 328

H. W. Berkhout und **G. H. Jongen,** *Über die Bestimmung von Kobalt als Nitroso-R-salzverbindung ohne und mit Chromatographie.* Es werden 2 Methoden zur Co-Spurenbest. (1—20γ Co) bes. in Futtermitteln beschrieben: In beiden Fällen wird das Co in NH_4-Citratpuffer mit Nitroso-R-salz zu einem rotgefärbten Komplex umgesetzt. Bei Meth. 1 werden dann störende Metallkomplexe mit HNO_3 u. Hexametaphosphat zers. u. die Co-Verb. direkt bei 565 mμ photometriert. Auf diese Weise sind 10γ Co ohne vorhergehende Trennung in Ggw. von 4 mg Fe, Cu, Al, Zn, Pb, Ca oder Mg, 2 mg Mn oder 0,1 mg Ni zu bestimmen. — Bei Meth. 2 werden störende Komplexe mit $HClO_4$ u. überschüssiges Reagens mit Bromwasser beseitigt. Die Lsg. wird dann auf einer mit $HClO_4$ aktivierten Al_2O_3-Säule chromatographiert, noch vorhandenes überschüssiges Reagens mit HNO_3 entfernt u. schließlich der rote Co-Komplex mit H_2SO_4 eluiert u. bei 490 mμ photometriert. Diese Meth. eignet sich bes. gut zur Best. von 1—15γ Co in Salzgemischen (z. B. Knochenmehl, Schlämmkreide, Kochsalz usw.) sowie in organ. Substanzen, für die eine einfache Veraschungsvorschrift angegeben wird. (Chem. Weekbl. **49**. 506—08. 18/7. 1953. Maastricht, Rijkslandbouwproefstat.)

UMLAND. G 355

N. Strafford, P. F. Wyatt und **F. G. Kershaw,** *Die Abtrennung von geringen Mengen Arsen, Kupfer und Wismut von Blei und Zink mit Diäthylammoniumdiäthyldithiocarbamat.* Richtigstellung der früher von Vff. beschriebenen Versuchsbedingungen (Analyst **70**. [1945.] 232). Nach der Naßveraschung der organ. Substanz wird nunmehr eine stärker saure Lsg. (3n an H_2SO_4, 3n an HCl) mit *Diäthylammoniumdiäthyldithiocarbamat* (I) in $CHCl_3$ extrahiert, da durch das bisherige Verf. geringe Mengen Pb bei der Cu-As-Extraktion mitextrahiert wurden. Auch die Bi–Pb-Trennung wird dahingehend korr., daß in salzsaurer Lsg. die Säurekonz. auf 4—6nHCl gesteigert werden muß, um Bi- u. die anderen Elemente von Pb zu trennen. Bei allen Trennungen ist nicht der Säuregeh., sondern die Ggw. von HCl das wesentliche. I ist nur in höchster Reinheit zu verwenden. (Analyst **78**. 624—25. Okt. 1953. Blackley, Manchester, Imp. Chem. Ind. Ltd., Analyt. Labors.)

KÜSSNER. G 356

B. S. Srikantan und **V. Krishnan,** *Möglichkeit der chromatographischen Trennung von Kupfer- und Silberzonen bei einer Kupfer–Silber-Legierung durch Zink.* Vff. fanden, daß bei der chromatograph. Trennung von Cu-, Ag- u. Zn-Salzen auf einer Al_2O_3-Säule [mit $(NH_4)_2S$-Lsg. als Entwicklungs-Fl.] die früher von anderer Seite festgestellte Reihenfolge der Bänder Cu^{2+}–Ag^+–Zn^{2+} (in der Säule von oben nach unten), bei Verwendung von Salzlsgg. geringerer Konz. ($^1/_{20}$—$^1/_{200}$n; früher mol. oder $^1/_{10}$mol. Lsgg.) u. von einer mit H_2S gesätt. $(NH_4)_2S$-Lsg. als Entwickler, die Bänder in der Ordnung Cu^{2+}–Zn^{2+}–Ag^+ erscheinen. Da Cu u. Ag dunkle u. keine sehr scharf getrennten Zonen ergeben, Zn aber eine weiße Zone abgibt, halten es Vff. für zweckmäßig, bei Cu-Ag-Legierungen zur besseren Trennung ein Zn-Band zwischen Cu- u. Ag-Zone einzuschieben. Ihre Vermutung, daß die Ursache der Unterschiede in der Reihenfolge auf der verschiebbaren Adsorption von Ag^+ u. Zn^{2+} beruht, konnte durch eine Reihe Adsorptionsanalysen von $AgNO_3$- u. $ZnSO_4 \cdot 7\,H_2O$-Lsgg. ($^1/_{10}$-, $^1/_{20}$-, $^1/_{40}$-, $^1/_{80}$- u. $^1/_{160}$n) an Al_2O_3 bestätigt werden; Ausführung u. Resultate werden mitgeteilt. Bei den niedrigen Konzz. ergab sich deutlich eine bevorzugte Adsorption des Zn^{2+} gegenüber Ag^+. (J. Indian chem. Soc. **27.** 34—36. Jan. 1950. Madras, Guindy, Coll. of Engng., Dep. of Techn. Chem.) WINGCHEN. G 359

B. E. Gordon, *Messung der Absorptionsspektren von Mineralien und Gesteinen im Sichtbaren.* Vf. empfiehlt zur Aufnahme von Absorptionsspektren im Sichtbaren Zerreiben der Proben u. ihre Einbettung in Vaselinöl im opt. Kontakt mit dem prakt. den gleichen Brechungskoeff. besitzenden Quarz. Die Aufnahmeprobe mit UO_2SO_4 bei Tempp. der fl. Luft zeigt die Anwendbarkeit der Meth. auch bei tiefen Temperaturen. (Украинский Химический Журнал [Ukrain. chem. J.] **19.** 491—95. 1953. Kiew, Wiss. Forschungsinst. für Gerichtsgutachten des Justizminist. der Ukr-SSR.) AMBERGER. 5290

b) Organische Verbindungen.

Bernard A. Parkin, James B. Fernandez, John C. Braun und **Edward G. Rietz,** *Modifizierter Kohlensäuredioxydgenerator für Bestimmungen nach Dumas.* Vff. beschreiben einen elektr. Erhitzer, der in den HERSHBER-WELLWOOD-Gasentwickler (Ind. Engng. chem., analyt. Edit. **11.** [1939.] 404) eingebaut wird u. bewirkt, daß in 20 Min. die Luft in der App. durch CO_2 verdrängt wird. (Analytic. Chem. **25.** 841. Mai 1953. Gainesville, Fla., Univ. of Florida.) MOSLÉ. 5332

R. Belcher, *Die Analyse fluorhaltiger organischer Verbindungen.* Zur Best. von C u. H in F-haltigen organ. Substanzen hat sich die Meth. von FRIEDRICH bewährt. Die Korrosionsgefahr für das Rohr läßt sich durch eine Packung von NaF beheben. Zur völligen Substanzzers. wird die Temp. zweckmäßig bis auf 900° erhöht. — Für die Best. von F ist nach Aufschluß in der PARR-Bombe mit metall. Na oder K die gravimetr. Best. als PbClF bei F-Mengen über 25 mg allen anderen Methoden vorzuziehen. Bei Ggw. von S, P oder As ist sie durch die VOLHARD-Meth. zu vervollständigen. Bei $<$ 25 mg F titriert man es zweckmäßig mit $Th(NO_3)_4$ nach DAHLE u. Mitarbeitern; bei unbekanntem F-Geh. wird empfohlen, in einem zweiten Gefäß eine äquivalente Menge $Th(NO_3)_4$ mit einer NaF-Lsg. bekannten Geh. auf den gleichen Farbton zu titrieren. Störungen durch N oder S werden durch vorhergehendes Kochen verhindert. — Best. der anderen Halogene: Cl wird nach der Quecksilber(II)-oxycyanidmeth., Br u. J durch Oxydation mit NaOCl bzw. Br_2 mit anschließender jodometr. Titration bestimmt. — Zur Best. von N existiert eine neue Meth. von KIRSTEN (C. **1953.** 8159), doch sind die Unterss. des Vf. hierüber noch nicht abgeschlossen. — Für die Best. von S weist Vf. auf sein neues Reagens für Sulfationen hin (p-Chlor-p'-aminodiphenyl). Verss., es im vorliegenden Fall einzusetzen, sind in Vorbereitung. — Zur Best. von Spuren von H (ca. 0,2%) werden 200 mg Einwaage im Pt-Rohr bei 1300° aufgeschlossen, die gebildete HF wird alkalimetr. bestimmt. Genauigkeit: $\pm$ 0,01%. (Chem. Age **69.** 273—74. 8/8. 1953. Birmingham, Univ., Dep. of Chem.) NOACK. 5352

F. Bode, H. J. Hübener, H. Brückner und **K. Hoeres,** *Eine einfache quantitative Bestimmung von Aminosäuren im Papierchromatogramm.* Fast alle Aminosäuren (I) zeigen nach *Ninhydrin* (II)-Färbung u. anschließendem Besprühen mit dem Cu-Reagens [1 cm^3 gesätt. $Cu(NO_3)_2$-Lsg. + 0,2 cm^3 10%ig. HNO_3, mit 95%ig. A. auf 100 cm^3 aufgefüllt] eine gleichmäßig rote Farbe, die sich mit Methanol eluieren läßt u. bei 510 mμ ein Absorptionsmaximum hat. Die Chromatogramme werden in n-Butanol–Eisessig–W. entwickelt, bei 80—100° getrocknet, mit 0,5%ig. Lsg. von **II** in wassergesätt. Butanol besprüht, dann die **II**-Färbung ½ Std. abgewartet. Schließlich wird wieder mit **II** besprüht, getrocknet u. das Cu-Reagens auf gleiche Art aufgebracht. Das Besprühen wird jedesmal von beiden Seiten vorgenommen. Die aufgetretenen Flecke werden in gleich große Papierfelder zerschnitten u. eluiert. Gegen den Leerwert des Papieres, der gegen reines Methanol ca. 98% T (D) beträgt, werden die Eluate im BECKMAN photometriert. Alle untersuchten **I** gehorchen dem LAMBERT-BEERschen Gesetz. *Leucin, Alanin, Glykokoll, Phenylalanin, Histidin, Glutaminsäure, Valin* u. *Serin* lassen sich in mol. Relation auf einer Kurve vereinigen, ausgenommen *Tyrosin,* das eine mehr violette Färbung besitzt. *Prolin* läßt sich auf diese Weise nicht quantitativ bestimmen. Das Verf. ist auch auf Polypeptide anwendbar. Vff. beobachteten, daß in **I**-Gemischen *Cystein* u. *Lysin* nach der **II**-Färbung im gefilterten UV-Licht rote Fluorescenz zeigten. (Naturwissenschaften **39.** 524—25. 1952. Frankfurt/M., Univ., I. Med. Klinik.) ENDRASS. G 950

J. H. Freeman, *Quantitative Bestimmung der Methylolphenole durch Papierchromatographie.* Zur quantitativen Best. von *Saligenin, p-Oxybenzylalkohol, 2.6-Dimethylolphenol, 2.4-Dimethylolphenol* u. *2.4.6-Trimethylolphenol* werden Proben unbekannter

Konz. zusammen mit Proben bekannter Konz. nach dem Verf. des Vf. (vgl. C. **1954.** 2885) entwickelt. Die Flecke werden 20—40 Min. nach dem Trocknen mit einem spitzen Bleistift markiert, anschließend mehrere Std. der Atmosphäre ausgesetzt, dann ausgeschnitten u. gewogen. Trägt man die Gewichte der Flecke gegen die Logarithmen der Konzz. auf, so erhält man eine Gerade, aus der die Konzz. der unbekannten Proben entsprechend ihren Gewichten ermittelt werden können. Die Fehlergrenze ist bei dieser Meth. kleiner als bei der Best. der Konzz. aus der Flächengröße der Flecke. (Analytic. Chem. **24.** 2001—02. Dez. 1952. East Pittsburgh, Pa., Westinghouse Res. Labors.) BRINCKMANN. G 1070

H. Michl, *Über den Nachweis von Purinderivaten auf Filtrierpapier.* Zur Erkennung von Purinen (I) (aus chloroformalkoh. Extrakten coffeinhaltiger Pflanzen) in der Papierchromatographie werden *Adenin* (II), *Guanin* (III), *Xanthin* (**IV**) u. *Hypoxanthin* in Form ihrer Hg-Verbb. mit Eosin durch 2 Min. Baden des getrockneten Papierstreifens in 0,2%ig. Eosinlsg. in mit Sublimat gesätt. 96%ig. A. angefärbt. Die Verbb. erscheinen als rotviolette Flecke auf fast weißem Grunde. Nachweisgrenze 0,2γ. **II** u. **III** lassen sich in gleicher Weise nach papierionophoret. Abtrennung (vgl. C. **1952.** 109) mit 0,2%ig. Bromphenolblaulsg. in mit Sublimat gesätt. 96%ig. A. anfärben. Nachweisgrenze 1γ. Proteine sind unter den gewählten Bedingungen (Extraktion u. Papierionophorese) nicht gegenwärtig. Durch Behandeln mit gasförmigem Cl_2 — die vorher getrockneten Papierstreifen werden feucht 3 Min. einer gesätt. Cl_2-W.-Atmosphäre ausgesetzt, bei 80—90° getrocknet u. dann kurzzeitig einer NH_3-Atmosphäre ausgesetzt — werden *Coffein, Theobromin, Theophyllin* u. weniger stark die übrigen **I** in stark fluorescierende Verbb. übergeführt. Unter einer n. UV-Lampe zeigen die **IV**-Derivv. violette, die übrigen **I** grüne Fluorescenz. Nachweisgrenze für **IV** 0,5γ. Störungen durch im Pflanzenmaterial vorkommende fluorescierende Verbb. treten nicht auf, da sie durch die Cl_2-Behandlung zerstört werden. (Naturwissenschaften **40.** 390. Juli 1953.) BRINCKMANN. G 3272

F. M. Schemjakin, A. N. Karpow und **N. K. Medwedewa,** *Charakteristische chromatographische Reaktionen auf Alkaloide.* Vff. untersuchen mittels der chromatograph. Variation die Rkk. von SONNENSCHEIN, DRAGENDORFF, MARQUIS, FRÖHDE u. ERDMANN. Führt man diese Rkk. in der chromatograph. Säule oder papierchromatograph. durch, so erhält man für jede dieser Rkk. mehrere gefärbte Zonen, die nach bestimmter Ordnung gelagert sind. Man kann so die einzelnen Alkaloide leichter identifizieren. Mit *Morphinhydrochlorid* wurden in Al_2O_3-Säulen folgende Rkk. durchgeführt: 1. konz. HNO_3 gibt 2 charakterist. Zonen, 2. $FeCl_3$ 2 Zonen, hellblau von oben nach unten, darüber entsteht eine rosa gefärbte Zone, 3. NH_4-Vanadat in konz. H_2SO_4 gibt mit Morphin in der Al_2O_3-Säule 4 charakterist. Zonen: oben eine breite, leuchtend gelbe, darunter eine schmale, hellblauviolette, dann eine dunkelbraune u. ganz unten eine rosaviolette Zone. Es wurden Verss. in 4 Variationen mit einer Mischung aus Morphin mit 75, 50 u. 25% *Codein* durchgeführt. Das Chromatogramm ändert sich hierbei je nach der angewandten Reihenfolge der auf dem Adsorbens aufgetragenen Reagentien. Auch Verss. mit Morphin u. Codein mit mehreren Schichten verschied. Adsorptionsmittel, wie Al_2O_3, Silicagel u. Glaspulver, wurden durchgeführt. Weiter wird eine neue Rk. auf Morphin mit *Cernitrat* in ammoniakal. Medium beschrieben. FRÖHDES Reagens auf Codein (konz. H_2SO_4 + NH_4-Molybdat) gibt bis zu 6 gefärbte Zonen. Hierbei spielt es eine Rolle, in welcher Reihenfolge man die Reagentien in die Säule bringt. (Доклады Академии Наук СССР [Ber. Akad. Wiss. UdSSR] [N. S.] **90.** 399—402. 21/5. 1953. Moskau, Pharmaz. Inst.) STEINBERG. G 3500

c) Bestandteile von Pflanzen und Tieren.

Leonard F. Bélanger, *Verbesserungen der Autoradiographietechnik mit geschmolzener Emulsion.* Angabe der verbesserten Arbeitsmeth. (einschließlich Anfärbung) nach der Inversionstechnik (vgl. BÉLANGER, Anatom. Rec. **107.** [1950.] 149) unter Verwendung von geschmolzener Emulsion, die von dem ursprünglichen Träger des KODAK-„High Contrast Positive Film“ in angequollenem Zustand abgelöst wurde. Die radioakt. indizierten Dünnschnitte werden auf einem präparierten Glasträger mit der geschmolzenen Emulsion bedeckt, schnell getrocknet, exponiert u. nach Entw. u. Fixierung umgedreht, so daß die Emulsion auf einen neuen Glasträger zu liegen kommt u. der Dünnschnitt angefärbt werden kann. (Nature [London] **170.** 625—26. 11/10. 1952. Ottawa, Univ., Dep. of Histol. and Embryol., School of Med.) EICHHOFF. 5661

A. M. Andrew und **A. J. Hale,** *Eine Apparatur zur Gefriertrocknung von Geweben zur histochemischen Untersuchung.* Die Gewebsschnitte werden zunächst in durch fl.

N_2 auf —190° gebrachtem Isopentan gekühlt u. dann in einem besonderen App. bei —30 bis —45° u. einem Vakuum von 10^{-3} mm Hg entwässert. Zur Beschleunigung kann vor der völligen Entwässerung langsam auf —15 bis +15° angewärmt werden, wodurch die letzten Spuren W. entfernt werden. Die Temperatureinstellung u. -einhaltung wird elektron. gesteuert. (J. Physiology **121.** 36P. 28/8. 1953. Glasgow, Univ., Inst. of Physiol.) KRUSEN. 5661

B. Towers, *Eine Modifikation von Masson's Trichromfärbung, welche gestreifte und glatte Muskeln in der Farbe differenziert.* Die Gewebsschnitte werden nach 8 Min. dauernder Färbung in WEIGERTs Eisenhämatoxylin in Pikrinsäure-A. differenziert, in fließendem W. gewaschen, 5 Min. in unverd. MASSONs Ponceausäure-Fuchsin-Mischung gefärbt u. in dest. W. gewaschen. Danach wird für mindestens 30 Min. in 2%ig. Phosphormolybdänsäure differenziert, 20 Min. in einer 2%ig. Lsg. von Lichtgrün in 1%ig. Essigsäure gefärbt, kurz mit Essigsäure behandelt u. mit 90%ig. A. differenziert. Nach Entwässerung in absol. A. erscheinen die Kerne blauschwarz, gestreifte Myofibrillen hellrot auf farblosem Sarkoplasma, glatte Muskelfasern u. anderes Cytoplasma graupurpur u. Kollagenfasern grün. (J. Physiology **119.** 23 P. bis 24P. 27/2. 1953. Cardiff, Univ. Coll., Dep. of Anat.) KRUSEN. 5661

A. C. Hulme, *Eine Wirkung stark basischer Anionenaustauschharze auf zuckerhaltige Lösungen.* In sauren Fraktionen, die beim Fraktionieren von Extrakten unreifer Äpfel über eine stark bas. Anionenaustauscher-Säule (An. S.) *Dowex 2* gewonnen wurden, konnte Vf. papierchromatograph. beträchtliche Mengen *Milchsäure* (**I**) finden. Bei schwach bas. oder stark bas. An. S., wie *IRA 400*, jedoch in der Carbonatform, war keine **I** nachweisbar. Auf Grund von Kontrollverss. nimmt Vf. an, daß Zucker infolge der stark bas. Eigg. des Austauschers zu **I** abgebaut werden. (Nature [London] **171.** 610—11. 4/4. 1953. Maidstone, Kent, Dep. of Sci. and industr. Res. Ditton Labor.) ENDRASS. 5666

d) Medizinische und toxikologische Analyse.

G. W. Golowin, *Eine neue Modifikation der Reaktion nach Danilin.* Es handelt sich um einen neuen hämatolog. Test, wonach bei der Blutgerinnung aus der Menge des Nd. roter Blutkörperchen oder der sog. 3. Fraktion nach DANILIN (1. Fraktion Blutgerinnsel, 2. Fraktion Serum) auf das Vorhandensein bestimmter patholog. Prozesse im Organismus geschlossen werden kann. Die 3. Fraktion bildet sich aus den Erythrocyten, die bei der Blutgerinnung nicht in das Gerinnsel einbezogen wurden. Vf. schlägt eine App. vor, welche es gestattet, die Entstehung aller 3 Fraktionen der Blutgerinnung zu verfolgen u. ihre Menge sowie die Geschwindigkeit ihrer Bldg. festzustellen. (Клиническая Медицина [Klin. Med.] **31** (**34**). Nr. 2. 53—56. Febr. 1953. Stalingrad, Med. Inst., Chir. Fakultätsklin.) RENTZ. G 5727

R. Fabre, R. Truhaut und **F. Berrod,** *Eine neue Methode zur Kohlenoxydbestimmung im Blut. Anwendung zur Untersuchung normaler und pathologischer Oxycarbonämie.* Vff. beschreiben eine Meth. zur CO-Best. im Blut, bei der die Blutgase mit verd. H_2SO_4 ausgetrieben u. durch Mikrodiffusion in einer $PdCl_2$-Lsg. aufgefangen werden. Das durch CO red. Pd wird abzentrifugiert, in HNO_3/HCl gelöst u. mit α-Nitroso-β-naphthol in essigsaurer Lsg. gefällt. Der Nd. löst sich in Pyridin mit roter Farbe, wodurch colorimetr. oder photometr. Erfassung möglich wird. Mit dieser Meth. an 25 Nichtrauchern u. 40 Rauchern morgens unternommene Unterss. ergaben zwischen beiden Gruppen keinen statist. Unterschied. Die Werte der meisten Personen lagen zwischen 0,20 u. 0,35 ml CO/100 ml Blut. Unmittelbar nach intensivem Tabakverbrauch wurden dagegen Werte von 0,85—1,10 ml gefunden. Von 100 beruflich der CO-Einw. ausgesetzten Personen wurden bei 16 Werte über 0,60 ml festgestellt, bei diesen waren auch klin. Erscheinungen zu beobachten. (Ann. pharmac. franç. **9.** 625—38. Nov. 1951. Paris, Fac. de Pharm., Labor. de Toxicol.) KRUSEN. 5727

Paul W. O'Connell und **B. F. Daubert,** *Bestimmung von polyolefinischen Fettsäuren im Blut.* Es wird eine Meth. angegeben zur Best. sehr kleiner Mengen von Polyensäuren nach alkal. Isomerisation nach der Meth. von FRONT u. DAUBERT (C. **1947.** 204) durch Messung der opt. Dichte im BECKMAN-Spektrophotometer. In den Verseifungsprodd. des Plasmas werden konjugierte Dien-, Trien-, Tetraen-, Pentaen- u. Hexaensäuren (Arachidonsäuren) gefunden, Linolensäure scheint nicht vorhanden zu sein. (Arch. Biochemistry **25.** 444—46. Febr. 1950. Pittsburgh, Pa., Univ. of Pittsburgh, Dep. of Chem.) JÄGER. 5727

J. S. Bracken und **I. M. Klotz,** *Eine einfache Methode zur schnellen Bestimmung von Serumalbumin.* Die Meth. beruht auf der Bindung des Anions von *Methylorange* (**I**) durch Albumin in einer Lsg. vom p_H 3,5, in der ein Gleichgewicht zwischen der Säure-

u. Salzform von I herrscht. Dabei verschiebt sich der Farbton ins Gelbe, da die Menge der sauren Form von I verringert u. das Spektr. des an Albumin gebundenen Anions von I zum UV hin verschoben wird. Ausführung: 0,2 ml Serum oder Plasma wird mit 5 ml eines Gemisches von 20 ml 0,1%ig. I-Lsg. u. 1980 ml Na-Citratpufferlsg. von p_H 3,5 vermischt u. bei 550 mμ photometriert. Die Auswertung geschieht an Hand einer Testkurve. — Die Ergebnisse sind meist etwas höher als bei der KJELDAHL-Methode. Eine kleine Ungenauigkeit kann durch gleichzeitige Bindung geringer Mengen von α- oder β-Globulinen von Fraktion V-1 u. IV-4 sowie von β-Lipoprotein eintreten, die sich allerdings bei globulinreichen, patholog. Seren vergrößern kann. Hämolysierte Seren geben unter denen der KJELDAHL-Best. liegende Werte, da Hämderivv. in der Nachbarschaft von 550 mμ absorbieren. (Amer. J. clin. Pathol. **23.** 1055—58. Okt. 1953. Chicago u. Evanston, Ill., Northwestern Univ., Dep. of Pathol. and Chem.) WILLENBERG. 5728

J. Raaflaub, *Über ein photometrisches Verfahren zur Bestimmung des ionisierten Calciums.* Ausführliche Wiedergabe der C. **1952.** 1521 referierten Arbeit über die Ca^{2+}-Best. bes. in Liquor cerebrospinalis. (Hoppe-Seyler's Z. physiol. Chem. **288.** 228—36. Nov. 1951. Zürich, Univ., Physiolog.-Chem. Inst.) FRETZDORFF. 5730

Francis B. Cramer und **George A. Neville,** *Eine Methode zur colorimetrischen Bestimmung von 2-Desoxyglucose.* Vff. beschreiben eine Meth. zur photometr. Best. von *2-Desoxy-D-glucose* (I) mit Chinaldin in biolog. Fll., wie Blut, Harn usw. Als Chinaldinreagens wird 1 g 3.5-Diaminobenzoesäuredihydrochlorid in 60 ml 35%ig. H_3PO_4 verwendet, das mit I eine gelbe Verb. gibt, die unter Verwendung eines blau-purpurnen Filters photometr. bestimmt wird. Das Eiweiß wird vorher durch Aufkochen mit einem Gemisch von 45%ig. Zinksulfatlsg. u. 0,1nNaOH u. anschließender Filtration entfernt. 3 ml des Filtrates mit einem Geh. von 0,01—0,15 mg an I werden mit 3 ml Chinoldinreagens versetzt u. genau 15 Min. im sd. Wasserbad erhitzt. Nach dem Abkühlen wird photometriert. Die Eichkurve wird unter gleichen Bedingungen hergestellt. 2-Desoxypentosen u. Desoxyribosenucleinsäure u. ihre Abbauprodd. geben keine Färbung. Glucose bis zu einem Geh. von 5 mg stört nicht. (J. Franklin Inst. **256.** 379—81. Okt. 1953. Biochemical Res. Foundat.) HACKSTEIN. 5732

Ralph A. Kinsella jr. und **John H. Glick jr.,** *Hydrolyse corticoider Verbindungen aus Harn mit β-Glucuronidase.* 1. Mitt. *Neutrale reduzierende Lipoide.* Vff. beschreiben eine Verbesserung der Meth. von HEARD (J. biol. Chemistry **165.** [1946.] 699) zur Extraktion u. Best. von neutralen, reduzierenden *Lipoiden* (I). Der Harn wird mit *β-Glucuronidase* bakterieller Herkunft versetzt, hierdurch gelingt es, größere Mengen an I zu extrahieren als durch Extraktion von angesäuertem Harn. (Extraktionslsg.: Ae. u. Chlf. [4:1]). (J. biol. Chemistry **203.** 1003—11. Aug. 1953. St. Louis, Mo., St. Louis Univ., School of Med., Dep. of Internal Med. and Biol. Chem.) BRATFISCH. 5732

P. Engelbertz und **E. Babel,** *Nachweis von Benzidin und seinen Umwandlungsprodukten im Harn und in Organteilen. Benzidin* (I), *Monoacetyl-* (II) u. *Diacetylbenzidin* (III) können mit m-Kresolmethyläther (IV) aus wss. Lsgg. u. aus Harn bei p_H 14 extrahiert werden. Die Extrakte werden mit einer wss. Lsg. von 1.2-naphthochinon-4-sulfosaurem K (V) bei p_H 5,5 geschüttelt. I bildet ein in IV mit rötlicher Farbe lösl. Reaktionsprod., das direkt photometriert werden kann. Das Reaktionsprod. aus II mit V ist in IV unlösl., wird abfiltriert, in Pyridin aufgenommen u. dann photometriert. III reagiert nicht mit V. Es ist nur nach Gesamtverseifung indirekt bestimmbar. I, II u. III treten beim Menschen u. beim Hund nach Benzidinaufnahme im Harn auf. Beim Kaninchen wurde außerdem noch 4'-Amino-4-oxydiphenyl (VI) gefunden. 4.4'-Diamino-3.3'-dioxydiphenyl konnte mit der Rk. in keinem Fall festgestellt werden. Die Nachweisgrenzen sind I 1 : 3000000, II 1 : 700000, VI 1 : 2000000. Medikamente mit Aminogruppen stören. Die Rk. ist auf viele andere aromat. Amine anwendbar. (Zbl. Arbeitsmed. Arbeitsschutz **3.** 161—68. Nov. 1953. Hoechst, Farbwerke, Werk Chem. Fabrik Griesheim.) FRESENIUS. 5732

Hans Kaiser und **Walter Lang,** *Schlafmittelvergiftungen und ihr Nachweis über die komplexen Schwermetalljodide.* Vf. beschreibt an 2 Untersuchungsbeispielen (Luminal- u. Cyclopentenylallylbarbitursäurevergiftung, letztere bei gleichzeitiger Anwesenheit von Acetylsalicylsäure) die zur Reinigung notwendigen Manipulationen für eine sichere Identifizierung der Barbitursäurendervv. mit Hilfe des *Eisenjodidkomplex-Reagenses.* — 4 Abbildungen. (Pharmaz. Zentralhalle Deutschland **91.** 281—83. Aug. 1952. Stuttgart, Katharinenhospital-Apotheke.) RANGNICK. 5764

Alfred Elgosi, Frankreich, *Bestimmung von Aceton und Ketonverbindungen.* Mittels eines Reagensgemisches, bestehend aus 500 (g) Na_2CO_3, 500 $(NH_4)_2SO_4$ u. 2,5 Nitroprussidnatrium, lassen sich Aceton u. Ketonverbb. im Blut, Urin u. anderen physiol.

Fll. auf schnelle u. einfache Weise nachweisen u. durch eine colorimetr. Meth. quantitativ bestimmen. (**F. P. 1 032 458** vom 14/2. 1951, ausg. 2/7. 1953.)
OPPERMANN. G 711

C. F. Boehringer & Soehne G.m.b.H., Mannheim (Erfinder: **Hermann Dimroth,** Ziegelhausen), *Herstellung stabiler Additionsverbindungen des Phenolphthaleinphosphats.* Man setzt dieses während oder nach seiner Herst. im sauren oder neutralen Medium mit tert. Basen um, z. B. mit Pyridin. — Verwendung zur *Phosphatasebestimmung.* (**D. B. P. 881 346** Kl. 12q vom 9/11. 1951, ausg. 29/6. 1953.) FABEL. 5725

John Berchmans Devine, Melbourne, Australien, *Rasche annähernde Bestimmung der Chloridkonzentration in Flüssigkeiten,* wie in *Blut* u. *Urin,* wird ausgeführt, indem ein *Indicator,* der aus mit Silberchromat imprägniertem Cellulosematerial besteht, mit einer Probe der Fl. in Berührung gebracht u. die Zeit gemessen wird, in der der vorher geeichte Indicator gebleicht wird. (**E. P. 690 290** vom 5/9. 1950, ausg. 15/4. 1953. Aust. Prior. 27/9. 1949.) DEMMLER. 5733

Heinz Appelt, Einführung in die mikroskopischen Untersuchungsmethoden. 2. völlig umgearb. u. erw. Aufl. Leipzig: Geest & Portig. 1953. (XI + 341 S. m. 376 Abb.) DM 20,—.

R. Mavrodineanu et **H. Boiteux,** L'analyse spectrale quantitative par la flamme. Paris: Masson et Cie. (248 S. m. 218 Abb.) Fr 4300,—.

H. Angewandte Chemie.

I. Allgemeine chemische Technologie.

L. Tschernejewa, *Untersuchung der Wärmeleitfähigkeit von Freon-22.* Die Wärmeleitzahl λ wurde in Abständen von je 10^0 gemessen u. betrug bei fl. Freon-22 (I) bei —80 bis $+20^0$ 111—0,075; für gasförmiges I war bei —30 bis $+80^0$ $\lambda = 0{,}00758$ bis 0,0122 (1,6atü). Beide Zahlenreihen fallen (fl.) oder steigen (gasf.) linear an. Auf Grund der Versuchswerte wurde nachstehende Formel aufgestellt: $\lambda = 0{,}097 + 0{,}012x - 0{,}017y$ (x = Zahl der H-Atome; y = Zahl der F-Atome). Die daraus berechneten λ-Werte stimmen bis $\pm 5\%$ mit den in der Literatur vorliegenden Versuchswerten überein. (Холодильная Техника [Kälte-Techn.] **30.** Nr. 3. 60—63. Juli/Sept. 1953.)
v. WILPERT. 5814

Gustav F. Hüttig (unter Mitarbeit von **H. Sales**), *Zur Kinetik der Zermahlungsvorgänge.* Nach Einführung der Mahlungsfunktionen („Durchgangscharakteristik", „Häufigkeit", „Mahlfluß", „Verteilungsverschiebung", „Zermahlungscharakteristik" u. „Bildungscharakteristik") diskutiert Vf. deren Anwendung in graph. Darst. auf Zermahlungsvorgänge mit Quarzsand verschied. Korngröße. Einige Grenztypen von Zermahlungsmechanismen werden besprochen. Vf. diskutiert Analogien u. Verschiedenheiten zwischen chem. Rkk. u. Zermahlungsvorgängen. Der Grenztyp „Zersplitterung" ist ein der chem. Rk. erster Ordnung analoger Vorgang. (Z. Elektrochem., Ber. Bunsenges. physik. Chem. **57.** 534—39. 1953. Graz, TH, Institute für Anorgan. u. Physikal. Chem.) MAX SCHMIDT. 5820

B. L. Turvolgyi, L. Anyas-Weisz und **W. F. Graydon,** *Ligninsulfonsäuren als Regeneratoren für Ionenaustauscher.* Gemischte Austauschersäulen können ohne Trennung regeneriert werden durch Regenerierung des Anionen-Austauschers mit NaOH-Lsg. u. anschließend des Kationen-Austauschers mit *Ligninsulfonsäurelsgg.* (I) (hochmol. Säuren, gewonnen aus Sulfitablauge).Die großen Ligninsulfonat-Anionen werden nur sehr langsam ausgetauscht. Darst. von I: Die Kationen der Sulfitablauge werden in einer *Dowex 50*-Säule gegen H^+, austauschbare Anionen in *Dowex 2* gegen OH^- ausgetauscht. Erhaltene Säure ist 0,105N an H^+. Experimentelle Einzelheiten vgl. Original. (Canad. J. Technol. **31.** 168—71. Juli/Aug. 1953. Toronto, Ontario, Univ. of Toronto, Dep. of Chem. Eng.) MAX SCHMIDT. 5826

B. O. Ljubin und **L. I. Gordon,** *Wässerige Regeneration von Anioniten.* Die mit den Anionitharzen *TM* u. *M* (Zus. nicht genannt) durchgeführten Auswaschverss. mit W. nach Aufnahme von H_2SO_4 (I) oder HCl (II) aus reinen Lsgg. u. Hydrolysaten von Zellstoff u. landwirtschaftlichen Abfällen ergaben, daß die Auswaschung von II viel intensiver erfolgt als die von I. Zur Entfernung von II ist bei TM weniger W. erforderlich als bei M. Bei der Aufnahme aus Pflanzenhydrolysaten ist weniger W. erforderlich als bei Anwendung reiner Lsgg. von I u. II. Beim Auswaschen der Säuren wird das Aufnahmevermögen der Anionite wieder hergestellt. (Журнал Прикладной Химии [J. angew. Chem.] **26.** Nr. 4. 382—87. April 1953. Allunions Wiss. Forschungsinst. für Hydrolyse- u. Sulfitspiritusind.) LEBTAG. 5826

H. L. Shulman und **J. J. De Gouff jr.,** *Massenübertragungsbeiwerte und Berührungsflächen bei einzölligen Raschig-Ringen.* Messungen werden beschrieben zur Gewinnung einer empir. Gleichung für den Massenübertragungsbeiwert zwecks Verwendung desselben beim Entwurf von Türmen mit Raschig-Ringen. Vff. fanden $k_g = 0{,}0137\, G^{0{,}65} (\mu/\varrho D)^{-2/3}$, worin k_g der Beiwert für die gasförmige Phase (lb·mol/hr), G Gasstrom (lb/hr/sq. ft), μ Zähigkeit der Fl. (lb/ft. hr), ϱ Dichte der Fl. (lb/cu. ft), D Diffusivität (sq. ft/hr). (Ind. Engng. Chem. **44.** 1915—22. Aug. 1952. Potsdam, N. Y., Clarkson College of Technol.) PAULI. 5844

Paul Glansdorff, *Aktuelle Probleme der Kältetechnik in der chemischen Industrie.* Vf. gibt einen Überblick über die Entwicklungsstadien der Luftverflüssigungstechnik u. deren Anwendung in der Synthese-Großindustrie. Es werden die Luftverflüssigungsprinzipien bei den Verff. von LINDE u. CLAUDE vergleichend erläutert. Durch Verbesserungen an beiden Verff. sind neue Wärmeaustauscher entwickelt worden, wobei das Verf. von FRÄNKL bes. hervorgehoben wird. Auf die Bedeutung der Absorptionskältemaschinen wird hingewiesen. Diagramme u. schemat. Abb. veranschaulichen die Vorgänge. (Chim. et Ind. **68.** 181—90. Aug. 1952.) PISTOR. 5858

Ss. Budnewitsch und **I. Golod,** *Abkühlung des Wassers bis zum Taupunkt der umgebenden Luft.* Es wird gezeigt, daß die Befeuchtungskammer, deren Zweck in der Anfeuchtung u. Abkühlung der Luft besteht, auch zum Kühlen des W. verwendet werden kann. Man kann mit dieser Vorr. in trockenem heißem Klima, wenn also genügend trockene atmosphär. Luft zur Verfügung steht, Trink- u. Industriewasser bis auf eine Temp. unterhalb der des feuchten Thermometers abkühlen. Es empfiehlt sich dabei, keinen „Tropfenfänger" aufzustellen, um den Wärmeaustausch zwischen der Erst- u. Rückluft zu vermeiden. Wärmegleichungen u. Kurven illustrieren den Vorgang. (Холодильная Техника [Kälte-Techn.] **30.** Nr. 3. 66—68. Juli/Sept. 1953.) v. WILPERT. 5858

Neville S. Billington, *Die Anwendung der thermodynamischen Prinzipien auf Kühlprozesse. Grundlagen von Wärme- und Dampfübertragung.* In gemeinverständlicher Form wird aus Materialeigg., wie Wärmeleitfähigkeit u. Isolierfähigkeit, die Wärmeübertragung in Anlagen, in Wänden u. Röhren erklärt. Kosten u. Dicke des Isolierstoffes müssen zur günstigsten Wirtschaftlichkeit gegeneinander abgeglichen werden. Bei der Dampfübertragung spielen die Hygroskopizität u. die Porenbeschaffenheit u. Dichte der Wände eine einflußreiche Rolle. (Mod. Refrigerat. **56.** 381—87. Okt. 1953.) MIETHING. 5858

Friedrich J. Trözmüller, *Eine neuartige elektrische Fernanzeige von Meßwerten. Das „Thermolux"-System und seine Anwendungsmöglichkeiten.* Das hauptsächlich als Temperaturanzeiger verwendete „*Thermolux*"-Gerät zeigt durch bes. geartete Lichtsignale nur jene Grenzwerte an, die als Minus-, Normal- u. Pluswerte gekennzeichnet werden sollen. Es besteht aus dem elektr. betriebenen Anzeigegerät (I), einer Verbindungsleitung u. einem Meßorgan (II). II kann als Fernthermometer, Thermofühler, Druck-, Flüssigkeits- oder Geschwindigkeitsanzeiger, aber auch für Stromspannungsabweichungen verwendet werden. II kann auch mit Kombinationsschaltung versehen sein, um beliebig viele Meßstellen auf ein I zu schalten. Auch können akust. Signale zugeschaltet werden. (Prakt. Chem. [Wien] **4.** 133—35. Juli 1953. Wien.) STEINER. 5886

A. H. M. Andreasen, *Über die Bestimmung der Feinheit industrieller pulverförmiger Stoffe nach der Pipetten-Methode.* Zusammenfassender Vortrag. (Kem. Maanedsbl. nord. Handelsbl. kem. Ind. **34.** 57—59. 1953.) F. HEINRICH. 5888

Walter Brötz, *Modellgesetze chemisch-technischer Umsetzungen.* Überblick über die bisher bekannten Verff., vom physikal. chem. Standpunkt aus chem.-techn. Umsetzungen u. die Dimensionierung techn. Reaktionsapparate zu berechnen. — 56 Literaturangaben. (Z. Elektrochem., Ber. Bunsenges. physik. Chem. **57.** 470—79. 1953. Oberhausen-Holten, Ruhrchemie A.G.) MAX SCHMIDT. 5896

W. Kaufmann, *Probleme der Umnetzung in der Technik.* Am Beispiel von vier techn. Verff. gibt Vf. einen Überblick über Umnetzungsvorgänge, die auf Hydrophobierung u. Hydrophilierung fester Oberflächen beruhen. Die physikal. chem. Vorgänge u. Meßmethoden werden am Beispiel des Randwinkels an der Dreiphasenkante u. der Wärmetönung des Umnetzungsvorganges diskutiert. (Z. Elektrochem., Ber. Bunsenges. physik. Chem. **57.** 530—33. 1953. Höchst, Farbwerke Hoechst A.G., Verfahrenstechn. Abt.) MAX SCHMIDT. 5896

Ruhrchemie Akt.-Ges., Oberhausen (Erfinder: **Hermann Velde,** Essen, und **Gerhard Benkendorff,** Steingaden), *Herstellung von als Emulgatoren geeigneten Neutralisierungsprodukten der Paraffinoxydation,* dad. gek., daß man Prodd. der Oxydation von festen Paraffinen (aus der katalyt. Wasserred.) mit O_2 liefernden Verbb., bes. nitrosen Gasen in Ggw. von H_2SO_4 (I) oder Nitrosyl-I oder mit Bichromaten + I, in

Schmelze $<130^0$ u. bes. nicht $>100^0$ mit wasserfreien Alkalicarbonaten, trockenem NH_3-Gas oder organ. Aminen, bes. Triäthanolamin, so weit neutralisiert, daß 25—80% der Säurereste abgesätt. sind. (**D. B. P. 887 499** Kl. 12o vom 15/1. 1942, ausg. 24/8. 1953.) MÜLLER-MEININGEN. 5825

Standard Oil Development Co., V. St. A. (Erfinder: **Francis M. Archibald**), *Trennung von Flüssigkeit–Flüssigkeit–Emulsionen*, dad. gek., daß man die aus zwei Fll. verschied. spezif. Gewichts gebildete Emulsion in einem zylindr., unter 30—60° geneigten Dekantiergefäß, je nachdem, ob der Hauptanteil der Emulsion aus der spezif. leichteren oder spezif. schwereren Fl. besteht, aufsteigen oder herabrinnen läßt. Die beiden Fll. trennen sich unter der Einw. der Schwerkraft. — Vorrichtung. (**F. P. 987 881** vom 8/6. 1949, ausg. 20/8. 1951. A. Prior. 9/12. 1948.) OPPERMANN. 5829

C. D. Patents Ltd. (Erfinder: **William Stephens Norman**), London, England, *Gasabsorption*. Zur Absorption von korrosiv wirkenden Gasen (HCl) werden Absorptionstürme benutzt, die mit horizontal angeordneten Kühlrohren aus Graphit bzw. Kohlenstoff ausgefüllt sind. (**E. P. 679 131** vom 3/11. 1949, ausg. 10/9. 1952.) HEINSEN. 5849

Standard Oil Development Co., Elizabeth, N. J., V. St. A., *Regenerieren von erschöpften Adsorbentien*, dad. gek., daß man diese, bes. Aktivkohle u. Silicagel, durch eine erhitzte Zone führt, die 3 Zonen mit steigenden Tempp., z. B. 400—700, 700 bis 1100 u. 1100—1500° F, enthält u. daß nur ein Teil, ca. 20—40%, der Adsorbentien durch die Zone mit der höchsten Temp. geführt wird. — Zeichnung. (**E. P. 686 294** vom 25/5. 1951, ausg. 21/1. 1953. A. Prior. 4/8. 1950.) LÜTTGEN. 5849

Ateliers de Construction Oerlikon, Schweiz, *Entstauben von warmen Gasen*. Man entfernt den Staub durch Einw. eines rotierenden kalten Luftstroms auf das warme Gas. Infolge der unterschiedlichen D. tritt hierbei eine Vermischung von Gas u. Luft nicht ein. — Vorrichtung. (**F. P. 1 021 497** vom 5/7. 1950, ausg. 19/2. 1953. Schwz. Prior. 4/8. 1949.) OPPERMANN. 5851

Knecht G. m. b. H., Deutschland, *Reinigung der Luft, besonders für Verbrennungsmotoren*. Die Abscheidung des in der atmosphär. Luft enthaltenen Staubes erfolgt unter Einw. der Zentrifugalkraft. — Vorrichtung. (**F. P. 1 021 392** vom 8/6. 1950, ausg. 18/2. 1953. D. Prior. 30/7. 1949.) OPPERMANN. 5851

Westinghouse Electric Corp., V. St. A., *Elektrostatische Gasreinigung*. Der Gasstrom streicht über wellenförmig gebogene, übereinander u. isoliert voneinander angeordnete Elektrodenbleche, die abwechselnd mit entgegengesetzter Spannung geladen sind, u. durch Ionisationselektroden zu einem elektr. leitenden Filternetz. — Zeichnung. (**F. P. 1 032 971** vom 21/2. 1951, ausg. 1/4. 1953. A. Prior. 25/2. 1950.) HOLM. 5851

M. W. Kellogg Co., Jersey City, übert. von: **George T. Cooper**, Clifton, N. J., V. St. A., *Trennen von Gasgemischen durch Verflüssigung*. Das komprimierte Gasgemisch wird durch einen Wärmeaustauscher geleitet, in dem kontinuierlich progressiv eine Verflüssigung des höher sd. Anteiles eintritt. Durch mehrfaches Abkühlen u. Verflüssigen, wobei jeweils der kältere Anteil im Wärmeaustausch als Kühlmittel benutzt wird, werden die Verunreinigungen ausgeschieden. Chem. u. katalyt. Reinigung neben der physikal. sind vorgesehen. An Hand von Zeichnungen u. Diagrammen wird das Verf. für *Luft*- bzw. O_2-Gewinnung beschrieben. (**A. P. 2 650 481** vom 27/1. 1948, ausg. 1/9. 1953.) SCHINDLER. 5857

Arthur D. Little, Inc., Cambridge, Mass., V. St. A., und **Arthur Harold Stevens**, London, England, *Destillationsverfahren*. Die abdestillierenden Dämpfe werden unter Wärmeaustausch bei einer Temp. $>$Kp. der zu destillierenden Fl. komprimiert. Der größere Teil des Kondensates dient zum Aufwärmen frischer Fl., der kleinere Teil wird weiter erhitzt u. der entstehende Dampf nach Komprimieren zum Erhitzen der Destillationskammer benutzt. — Zeichnung. (**E. P. 646 421** vom 29/4. 1946, ausg. 22/11. 1950.) LÜTTGEN. 5865

Phillips Petroleum Co., übert. von: **William B. Whitney**, Bartlesville, Okla., V. St. A., *Hochvakuumdestillation*. Die Dest., z. B. von *Vitamin*-haltigen *Fischölen* oder von *Schmierölen*, wird mit Hilfe von Zusatz-Fll. durchgeführt, die in Diffusionspumpen verwendet werden, wie z. B. Hg oder Dibutylphthalat, indem man den Verdampfungsraum der Diffusionspumpe in den Destillationsraum legt u. die verdampfte Fl. zwingt, das in dünner Schicht befindliche Destillationsgut zu durchströmen. — Zeichnung. (**A. P. 2 647 862** vom 13/9. 1948, ausg. 4/8. 1953.) LÜTTGEN. 5865

Rudolf Kürth, derzeitig unbekannten Aufenthaltes, *Beeinflussung des Kristallwachstums* in der anorgan., organ. u. biol. Chemie durch Einw. elektr. Felder, bes. hochfrequenter Wechselfelder. (**D. B. P. 895 749** Kl. 12c vom 12/5. 1942, ausg. 5/11. 1953.) NEBELSIEK. 5869

Didier-Werke Akt.-Ges., Wiesbaden (Erfinder: **Helmut Brache**, Selters), *Verfahren zum kontinuierlichen Auskristallisieren von Salzen aus in heißem Zustand anfallenden Flüssigkeiten*, wie z. B. Laugen von Beizbädern der metallverarbeitenden Industrie. Die z. B. ca. 60—70° heiße Fl., welche mit Metallsalzen stark angereichert ist, wird mit Hilfe eines starken Luftstromes durch ein mehrfache Richtungsänderungen erzwingendes, geschlossenes Gehäuse getrieben, wobei die zerstäubte Fl. wiederholt gegen Prallflächen des Gehäuses geschleudert wird, von denen die gekühlte Fl. mit den gebildeten Kristallen abfließt. — Vorrichtung. (**Oe. P. 175 241** vom 2/8. 1951, ausg. 25/6. 1953.) Heyne. 5869

Metallgesellschaft Akt.-Ges., Frankfurt/M., *Durchführung von Prozessen, bei welchen feinverteilte feste Stoffe mit Gasen in Berührung gebracht werden.* Man bewegt das mit dem feinverteilten Stoff beladene Gas durch einen Raum, durch den gleichzeitig ein Strom eines körnigen bis stückigen, Wärme abgebenden bzw. aufnehmenden Stoffes durchgeleitet wird. — Vorrichtungen. (**Schwz. P. 283 414** vom 16/9. 1949, ausg. 1/10. 1952. D. Prior. 9/7. 1949.) Oppermann. 5879

Stanislas Bignand, Frankreich, *Verbesserung der Eigenschaften von Substanzen durch Behandlung mit elektrischen Wellen oder durch mit elektrischen Wellen behandeltem Wasser.* Durch derartige Behandlungen lassen sich die isolierenden Eigg. der Dielektrika verbessern, koll. Lsgg. von Metallen u. anderen Substanzen in W. u. anderen Fll. herstellen, der Brennstoffverbrauch bei Explosionsmotoren herabsetzen u. das Pflanzenwachstum fördern. — Vorrichtung. (**F. P. 56 554** vom 14/1. 1947, ausg. 30/9. 1952. **Zusatz zu F. P. 877 858; C. 1943. I. 2360.**) Oppermann. 5879

Baker & Co., Inc., Newark, N. J., V. St. A., *Herstellung von Trägerkatalysatoren.* In einer leicht flüchtigen organ. Fl. (Alkohole, Ketone, Äther, Ester, KW-stoffe) gelöste u. suspendierte, selbst nicht flüchtige, therm. unter Abscheidung von Metall zersetzbare Verbb. eines katalyt. wirksamen Metalls, z. B. Pt-Chlorid, werden auf einen vorher so hoch erhitzten (250—1000°), bes. porösen, Träger (SiO_2-Gel, Bimsstein, Mg-Sulfat) aufgesprüht, daß eine augenblickliche Verflüchtigung des Lösungs- bzw. Suspendierungsmittels eintritt u. sich dabei das Katalysatormetall durch therm. Red. fein verteilt auf der Trägeroberfläche absetzt. Die erhaltenen Katalysatoren dienen bes. zur *Oxydation* von SO_2 zu SO_3 u. NH_3 zu *Stickoxyden.* (**D. B. P. 884 349** Kl. 12g vom 3/6. 1937, ausg. 27/7. 1953. A. Prior. 2/6. 1936.) Matthaes. 5905

Chemische Werke Hüls G. m. b. H. (Erfinder: **Oswin Nitschke** und **Wilhelm Knepper**), Marl, Kr. Recklinghausen, *Überziehen von körnigen Stoffen.* Auf diese werden die in Lsg. befindlichen Überzugsstoffe in einer Drehtrommel aufgespritzt, wobei die zu überziehende M. unmittelbar durch eine Flamme oder einen hocherhitzten Gasstrom von 200—700° beheizt wird. Das Verf. dient z. B. zur Herst. von *Katalysatoren* u. zur Erzeugung von granuliertem $CaCl_2$. Auch brennbare Trägerstoffe, wie *Koks* oder *Graphit*, können überzogen werden. (**D. B. P. 899 648** Kl. 12g vom 16/9. 1943, ausg. 14/12. 1953.) Matthaes. 5905

B. Pregel, New York, N. Y., V. St. A. (Erfinder: **C. Chilowsky**), *Wärmegewinnung aus Kettenreaktionen der Atomspaltung von Uran oder Uranverbindungen.* Diese werden von einer Neutronenquelle bombardiert in Ggw. von Stoffen, die H-Atome enthalten, sowie von Stoffen, die Cd oder andere Stoffe, die bei hoher Temp. Neutronen absorbieren können. Zur Gewinnung der Wärme läßt man durch die U-Verbb. eine Fl. strömen, die die beiden Arten Zusatzstoffe enthält. Als Fl. sind Metalle oder Metall-Legierungen mit gutem Wärmeleitvermögen u. großer Differenz zwischen F. u. Kp. geeignet, z. B. Pb, Pb–Bi, Al–Mg, Na, K, Na–K. — Zeichnungen. (**Schwed. P. 137 986** vom 29/7. 1940, ausg. 11/11. 1952. F. Prior. 28/7. 1939.) Jürgen Schmidt. 5907

—, Achema-Jahrbuch. Berichte über Stand u. Entwicklung d. chemischen Apparatewesens. Begr. v. **Max Buchner.** Leistungen d. chem. Apparate-, Maschinen- u. Hilfsmaterialienindustrien. Jg. 1951/52. Frankfurt a. M.: Dtsch. Ges. f. Chem. Apparatewesen zur Förderung d. chem. u. Verbrauchsgüter-Technik e. V. 1952. DM 12,—.

II. Betriebsschutz. Feuerschutz.

R. L. Cooper und **A. J. Lindsey**, *Atmosphärische Verunreinigung durch polycyclische Kohlenwasserstoffe.* An Hand eines kurzen Literaturüberblickes treten Vff. der kürzlich geäußerten Ansicht entgegen, daß es bisher nicht gelungen sei, bestimmte organ. Verbb. im Verbrennungsrauch zu isolieren oder mit Sicherheit nachzuweisen u. zeigen an Hand eigener Verss., daß 1 kg frisch gefallenen Schnees in Ashridge, Hertfordshire, im März 1952 1—2 μg *Pyren* (I) u. Spuren von *3.4-Benzpyren* u. *Anthracen* enthielten u. in Watford u. St. Albans sogar 7—8 μg. (Chem. and Ind

1953. 1177—78. 31/10. London, St. Bartholomew's Hosp., Dep. of Path. u. Sir John Cass Coll., Dep. of Chem. and Biol.) NIEMITZ. 5930

—, *Ionisierende Strahlen in der Industrie. Gesundheitsschutz- und Sicherheitsmaßnahmen bei ihrem Gebrauch.* Hinweis mit Angabe der in Frage kommenden Industrien auf ein vom brit. Arbeitsministerium, Industrieabteilung, herausgegebenen Schrift, die die Gesundheitsschutz- u. Sicherheitsmaßnahmen beim Gebrauch ionisierender Strahlen in der Industrie behandelt. (Chem. Age **69.** 963—64. 7/11. 1953.) EISENBARTH. 5932

P. G. Taigel, *Diesellokomotiven in Bergwerken: Die Entwicklung von giftigen Gasen durch den Dieselmotor.* Es wird der CO- u. NO-Geh. der Abgase von direkt u. indirekt einspritzenden Dieselmotoren, die im Untertagebergbau eingesetzt sind, untersucht. Bei Dieselmotoren mit direkter Einspritzung ist die Abgaszus. eine andere als bei denjenigen mit indirekter Einspritzung; ebenso ist sie bei neuen Motoren anders als bei gebrauchten; desgleichen unterscheidet sich die Abgaszus. der einzelnen Fabrikate. Die Änderung der Abgaszus. mit zunehmender Lebensdauer des Motors wird untersucht. Nur 6% von 600 Abgasproben (20 Maschinen) zeigten einen CO- u. einen NO-Geh., der die zulässige Grenze überschritt. Im allg. war die Konz. von CO u. NO in den Abgasen von neuen 4- u. 6-Zylinder-Motoren gering. Einige neue 6-Zylinder-Motore jedoch erzeugten relativ viel NO_2. Mit zunehmender Lebensdauer der Motore nahm die NO_2-Bldg. ab. Dieselmotore mit direkter Einspritzung erzeugten mehr NO_2 als solche mit indirekter Einspritzung. Bei Verwendung von Sonderkraftstoffen läßt sich die Entw. von tox. Abgasen vermindern. Das Ergebnis der Unterss. ist tabellar. u. graph. zusammengefaßt. Die Methoden zur Unters. der Abgase werden beschrieben. Eine gewisse Möglichkeit zur Verhinderung von Gesundheitsschädigungen besteht darin, daß die tox. Bestandteile aus den Abgasen ausgewaschen werden. (Trans. Instn. Min. Engr. **111.** 85—108. Nov. 1951. Buxton, Principal Scientific Officer.) BRAUKMANN. 5993

Ja. I. Schwarz und **L. A. Silberg,** *Zonale Untersuchung der Verunreinigung der atmosphärischen Luft in der Umgebung einer Dachpappenfabrik.* Die in 50 m Abstand vom Werk entnommene Luft enthielt 0,048—0,302 mg/Liter KW-stoffe. In 100 m Entfernung enthielt sie (mg/Liter) 0,024—0,293 KW-stoffe, 1,7—5,59 mg/m³ Staub, 0,0056—0,022 SO_2, in 150 m Entfernung bis zu 0,35 KW-stoffe, 1,25—4 mg/m³ Staub, 0,0092—0,017 SO_2. In 250 m Entfernung wurden 0,0054—0,0176 SO_2, 1,3—4,5 Staub u. keine KW-stoffe nachgewiesen. (Гигиена и Санитария [Hyg. u. Sanitätswes.] **1952.** Nr. 7. 53—54. Juli. Leningrad, Wiss. Forschungsinst. für Arbeitsschutz des Allunions Zentralgewerkschaftsbundes, Rigaer Labor.) LEBTAG. 5940

P. A. Kuguschew, *Reinigen der Luft von Cyanstaub und Cyanverbindungen, die bei der Cyanierung von Stahl auftreten.* Der Staubgeh. der hinausventilierten Luft enthält 0,82—3,2% NaCN, die Ablagerungen auf den Dächern 0,74—2,1%. Es wird daher empfohlen, die Luft vor dem Austritt in die Außenluft durch Filter mit verrosteten Fe-Spänen zu führen, wobei feinzerstäubte 5%ig. KOH- oder NaOH-Lsg. dem Luftstrom entgegengeleitet wird; dadurch werden die Cyanide entgiftet. (Гигиена и Санитария [Hyg. u. Sanitätswes.] **1953.** Nr. 8. 42—46. Aug. Gorki, Allunions Wiss. Forschungsinst. für Arbeitsschutz des Allunions Zentralgewerkschaftsverbandes.) v. WILPERT. 5940

N. Ju. Tarassenko und **M. Ss. Rosanow,** *Fragen der Arbeitshygiene beim Umgang mit radioaktiven Leuchtfarben.* Besprechung der vorbeugenden Maßnahmen. (Гигиена и Санитария [Hyg. u. Sanitätswes.] **1953.** Nr. 7. 19—25. Juli. Inst. für Arbeitshyg. u. Berufskrankheiten der Akad. der Wiss. Med. der UdSSR.) v. WILPERT. 5940

Colasit Akt.-Ges., Schweiz, *Reinigen der Luft von sauren Gasen.* Ein Ventilator saugt die Luft, z. B. eines Beizraumes, durch einen Raum, durch den eine bas. wirkende Fl. tropft, dann durch einen mit einer unlösl. die Absorptions-Rk. beschleunigende Metallverb. getränkten porösen Stoff, z. B. A-Kohle, u. dann durch ein mit W. berieseltes Filter. — Zeichnungen. (**F. P. 1 029 121** vom 5/12. 1950, ausg. 4/3. 1953. Schwz. Priorr. 8/12. 1949, 25/1. u. 1/2. 1950.) HOLM. 5941

Soc. Civile d'Étude des Brevets Hycar, Seine, Frankreich (Erfinder: **Charles Pierre**), *Feuerlöschmittel.* Sie bestehen aus organ. Fll., wie CCl_4, C_2HCl_3 usw., in denen ein nicht brennbares u. die Verbrennung nicht unterhaltendes Gas, wie CO_2, N_2 usw., fein verteilt ist. Dabei können die Gase durch Salze, Seifen, Ester u. andere Verbb. stabil emulgiert sein, oder es können aus 2 Komponenten einer in KW-stoffen lösl. u. einer darin unlösl. Verb. durch Neutralisation ihrer einerseits sauren u. andererseits bas. oder alkoh. Eigg. vollkommen neutrale schäumende Stoffe wirksam werden. (**F. P. 1 000 570** vom 5/3. 1946, ausg. 13/2. 1952.) RIEPE. 5945

C.-O.-Two Fire Equipment Co., V. St. A. (Erfinder: **Scott E. Allen** und **David Levin**), *Feuerlöschmittel.* Es besteht aus 76—99 (%) $NaHCO_3$, 0,5—3 eines in W. unlösl. Metallsalzes einer Fettsäure (z. B. Al-, Ba-, Ca-, Pb-, Li-, Mg-, Zn-Laurat, -Myristat, -Palmitat, -Stearat) oder einer ähnlichen Verb. (z. B. Palmitinsäure, Bienenwachs) u. 0,5—20% Glimmer. (**F. P. 1 029 205** vom 7/12. 1950, ausg. 1/6. 1953. A. Prior. 12/12. 1949.) Oppermann. 5945

Fly-Tox (Soc. An.), Frankreich, *Feuerlöschmittel.* Zum Füllen von Feuerlöschern verwendet man F sowie F u. Cl enthaltende Verbb. von gesätt. aliphat. KW-stoffen, z. B. von Methan, Äthan, Propan, bes. die F u. Cl enthaltenden Methan-Verbb., z. B. Dichlordifluormethan („Freon 12"), Trichlormonofluormethan („Freon 11"), Monochlortrifluormethan („Freon 13"), allein oder miteinander gemischt oder im Gemisch mit anderen „Freonen" oder Löschmitteln. (**F. P. 1 030 818** vom 9/1. 1951, ausg. 17/6. 1953.) Oppermann. 5945

Établissements Phillips & Pain (Soc. An.), Frankreich, *Herstellung von schaumbildenden Flüssigkeiten, besonders zur Feuerbekämpfung.* Man hydrolysiert Proteinsubstanzen (z. B. Hornabfälle) mit $Ca(OH)_2$ (ca. 5 Gew.-%) bei mindestens 100°. Dann kühlt man das Hydrolysat ab, läßt es mindestens 5 Tage reifen, filtriert es u. neutralisiert es mit einer ein lösl. Ca-Salz bildenden Säure (HCl). Hierauf setzt man ein Fe^{II}-Salz ($FeSO_4$) zu u. läßt zur vollständigen Abscheidung des $CaSO_4$-Nd. eine genügende Zeit stehen. Schließlich dekantiert man die klare Fl. ab u. stellt sie auf ein p_H 7 ein. (**F. P. 1 032 142** vom 7/2. 1951, ausg. 30/6. 1953.) Oppermann. 5945

Ethel Chadwick Browning, Toxic solvents. New York: St. Martin's Press. 1953. (176 S.) $ 4,00.

III. Elektrotechnik.

Stackpoole Carbon Co., St. Marys, Pa., V. St. A., *Keramische Widerstände.* 8 bis 15 (Gew.-%) Talk, 35—45 Ton, 40—57 Zirkon u. 1—10 Kohlenstoff, alle in fein verteiltem Zustand, werden mit einem temporären Bindemittel, wie Melasse, Sulfitablauge, Diglykolstearat, Trikresylphosphat oder härtbaren Harzen, vermischt u. die aus der Mischung geformten Körper in einer nichtoxydierenden Atmosphäre bei 1100—1650° gesintert. Die Widerstände sind bes. zum Gebrauch bei höheren Tempp. geeignet. (**E. P. 685 727** vom 23/8. 1950, ausg. 7/1. 1953.) Reinhart. 5955

Jack Woodcock, John Kenneth Paridge, Steatite and Porcelain Products Ltd., Stourport-on-Severn, und **Dubilier Condenser Co. (1925) Ltd.**, London, England, *Keramische Dielektriken.* Ein oder mehrere Erdalkalititanate werden mit 0,5—25 (Gew.-%) feuerfester Oxyde, wie ThO_2 oder/u. ZrO_2, u. 0,1—5 Alkaliverbb. des Li, Na, K vermischt, geformt u. gebrannt. Die Mengen der feuerfesten Oxyde sollen größer sein, als dem stöchiometr. Äquivalent der Alkalien entspricht. Geringe Mengen an Fluoriden können zugesetzt werden. Die zugesetzten feuerfesten Oxyde sollen die Permittivitäts-Temp.-Kurven der Dielektriken für größer Temperaturbereiche gleichmäßig machen. (**E. P. 689 238** vom 12/9. 1949, ausg. 25/3. 1953.) Reinhart. 5957

Inventa Akt.-Ges. für Forschung und Patentverwertung, Luzern, Schweiz, *Isolierstoff.* Zu einer bei 300—400° beständigen Elektro-, Wärme- oder Schallisolierung dient ein in Lsg., aus der Schmelze, durch Spritzguß oder in Form von Fäden, Folien, Pulver oder Spänen auf den zu isolierenden Körper aufzubringendes, durch Polymerisation eines bicycl. Lactams, das im Mol. einen Ring mit wenigstens fünf Gliedern enthält, hergestelltes Polyamid. — Es werden z. B. durch eine Lsg. von 5 Teilen eines bei 318° schmelzenden Mischpolyamids, das aus 65 (%) adipinsaurem Hexamethylendiamin u. 35 Polyendoäthylencaprolactam besteht, in 95 Teilen Formamid zwölf 0,1 mm starke Cu-Drähte gezogen, bei 200° getrocknet, zu einem 1 mm starken Kabel vereinigt u. in einem Bleirohr von 4 mm lichter Weite mit einem Pulver eines Polyamids umgeben, das durch Polymerisation von Endomethylen–Caprolactam erhalten wurde. Das Kabel ist bis zu 300° wärmebeständig. (**Schwz. P. 265 314** vom 20/8. 1949, ausg. 1/3. 1950.) B. Schmidt. 5957

Samica Société des Applications du Mica, Paris, Frankreich, *Glimmerisolierstoffe.* Auf übliche Weise aus Glimmerflittern hergestelltes Glimmerpapier wird 1. in zwanzigfacher Schichtung mit Phenolformaldehydharz in alkoh. Lsg. bei 150° oder mit 20% eines Klebstoffes auf Lackgummibasis bei 130° unter einem Druck von 100 kg/cm² in einer Std. zu isolierenden Platten verklebt u. 2. durch Aufkleben einer Schicht auf eine oder zwischen mehrere Schichten von Cellulosepapier, Baumwolle, Wolle, natürliche Seide, Kunstseide, Glaswolle, Asbest oder Kunstharzfolie zu einem dünnen, gleichmäßig starken Isolierstoff von großer elektr. Durchschlagsfestigkeit, z. B. 5000 V, verarbeitet. (**Schwz. PP. 272 687** u. **272 688** vom 29/9. 1947, ausg. 16/3. 1951.) B. SCHMIDT. 5957

General Aniline & Film Corp., New York, N. Y., V. St. A., *Nichtmetallische magnetische Pulver und Kerne daraus.* Fe_2O_3-Pulver wird mit Pulver aus NiO, CuO, MgO u. Gemischen daraus im Mol.-Verhältnis 2 : 1 bis 1 : 2 gemischt. Die Mischungen werden bei 850—1250° so lange gebrannt, bis ein Lösungsvers. mit 6nHCl ergibt, daß wenigstens 60 (%) u. nicht wesentlich mehr als 95 der Prodd. nach einstd. Behandlung bei 100° ungelöst bleiben. Die Prodd. ergeben Magnetkerne mit hohem CURIE-Punkt u. großer chem. u. mechan. Beständigkeit. (**E. P. 679 453** vom 7/5. 1951, ausg. 17/9. 1952.) REINHART. 5959

Badische Anilin- & Soda-Fabrik Akt.-Ges. (Erfinder: **Friedrich Bergmann**), Ludwigshafen/Rh., *Herstellung von für magnetische Zwecke geeigneten Ferriten* durch Überführen der entsprechenden Metalle in die Oxyde durch Einw. von O_2 bei Schmelztemp., wobei man die Oxydation unter Wärmezufuhr von außen vornimmt, z. B. durch einen elektr. Lichtbogen oder elektr. Widerstandsheizung. (**D. B. P. 902 732** Kl. 12n vom 11/11. 1951, ausg. 28/1. 1954. **Zusatz zu D. B. P. 872 203; C. 1953. 7896.**) NEBELSIECK. 5959

Herbert Haebler, Fürth, *Bleisammler*, dessen mit akt. M. gefüllte Gitter aus Pb-Ca-Legierungen bestehen. Die Gitter der negativen Elektrode werden mit einem Pb-freien, sich im Elektrolyten nicht auflösenden Metallüberzug versehen, z. B. aus Sn, Cu, Ni, Hg oder Ag. Der Überzug kann galvan. in einer Stärke von ca. 0,7 μ aufgebracht werden. (**D. B. P. 889 176** Kl. 21b vom 26/1. 1940, ausg. 7/9. 1953. **Zusatz zu D. R. P. 767 106; C. 1952. 2236.**) LAASS. 5971

Pierre Aimé Charles Jacquier, Frankreich, *Akkumulatorenbatterie.* Die Seitenwände u. Böden der einzelnen Akkumulatorenbehälter bestehen aus einem geschmeidigen u. elast. Polythen; die Deckel aus dem gleichen Material sind stärker. Die zu einer Batterie zusammengeschlossenen Akkumulatoren stehen in einem oben offenen Stahlbehälter. — Zeichnung. (**F. P. 1 019 101** vom 26/5. 1950, ausg. 16/1. 1953.) OPPERMANN. 5971

Pierre Aimé Charles Jacquier, Frankreich, *Platten für Elektroden, besonders Anoden, für Alkaliakkumulatoren.* Die Platten werden durch Sintern eines aus einem Gemisch von Fe mit Mn (z. B. 5% Mn) oder aus einer Fe–Mn-Legierung bestehenden Pulvers hergestellt. Sie können auch noch Ni enthalten. Man kann auch eine poröse Platte aus Fe oder einer Fe-haltigen Mischung oder Legierung mit $MnSO_4$ imprägnieren u. dann in eine gegebenenfalls erwärmte NaOH-Lsg. tauchen. (**F. P. 1 021 212** vom 30/6. 1950, ausg. 16/2. 1953.) OPPERMANN. 5971

N. V. Philips' Gloeilampenfabrieken (Erfinder: **Cornelis Frederik Veenemans**), Eindhoven, Holland, *Primärelektronen emittierende Feldelektrode für elektrische Entladungsröhren.* Ein leitender Träger erhält durch Aufdampfen oder Aufrauchen eine sehr dünne, isolierende Oberflächenschicht (ca. 0,1 mg/cm²) von lockerer Struktur (z. B. aus Oxyden, Silicaten oder Carbonaten von Mg, Si, Al, Be oder Zr), die noch mit einem Gemisch von Cs_2O u. Cs überzogen sein kann. (**D. B. P. 886 341** Kl. 21g vom 2/10. 1948, ausg. 13/8. 1953. Holl. Prior. 17/1. 1944.) KESSEL. 5975

Lumalampan Aktiebolag, Stockholm, Schweden, *Elektrode für elektrische Niederdruckentladungsröhre.* Die Elektrode besteht aus einem gewendelten W-Draht mit einem Belag aus Oxyden von Ca, Th. Zr u. mindestens einem Oxyd von Ba u. Sr. Das Verhältnis von ZrO_2 : CaO soll ca. 1 : 5 betragen; außerdem soll die Menge CaO kleiner sein, als die der Oxyde von Th, Ba u. Sr. — Z. B. verwendet man zum Aktivieren des W ein Gemisch aus 9 (Teilen) $CaCO_3$, 9 $BaCO_3$, 2 $SrCO_3$, 8 ThO_2 u. 1 ZrO_2. Die hiermit ausgestatteten Leuchtröhren zeichnen sich durch lange Lebensdauer aus. (**Dän. P. 74 678** vom 1/11. 1950, ausg. 8/9. 1952.) JÜRGEN SCHMIDT. 5975

Soc. An. pour les Applications de l'Électricité et des Gaz Rares, Établissements Claude-Paz et Silva, Frankreich, *Fangstoffe, besonders für elektrische Entladungsgefäße.* Man verwendet Ta u. Zr, die mit einer gasdurchlässigen, die Emission von Elektronen verhindernden Schicht (Ta z. B. mit Ta_2O_4, Graphit) bedeckt sind. (**F. P. 1 031 836** vom 12/1. 1951, ausg. 26/6. 1953.) OPPERMANN. 5975

General Electric Co. Ltd., London, England, *Kristallgleichrichter.* Damit der Gleichrichter, dessen Kristall in der Hauptsache aus Si besteht u. höchstens 1% an Be oder Al oder beiden enthalten kann, eine geringe Kapazität aufweist u. somit als Mischer für sehr hohe Frequenzen (z. B. 3000 Mcycl./sec) bes. geeignet wird, erhält das Si einen Zusatz von $>$10% mindestens eines Metalls der Gruppe 6a des Period. Syst. mit At.-Gew. $<$100, z. B. von Mo oder bes. Cr oder beiden. — Es wird

z. B. 99,9%ig. Si mit 20 (%) Cr, 1/4 Al u. 1/4 Be zusammengeschmolzen. Der erschmolzene, abgekühlte Körper kann eine Zeitlang auf 1050° erhitzt u. dann abgeschreckt werden. (**Schwz. P. 265 647** vom 21/8. 1946, ausg. 1/3. 1950. E. Prior. 22/3. 1943.)
B. SCHMIDT. 5977

Allgemeine Elektricitäts-Gesellschaft (Erfinder: **Fritz Brunke** und **Werner Koch**), Berlin, *Trockengleichrichter*. In die Oxydhaut der Leichtmetall-Trägerelektrode ist zur Verhinderung der Sperrschichtbldg. C eingelagert, prakt. im Überschuß, bes. bis zu einer Höchstgesamtstärke der Einlagerungs- u. Überschußschicht von 10^{-5} mm. (**D.B.P. 887 241** Kl. 21g vom 13/11. 1937, ausg. 20/8. 1953. **Zusatz zu D. R. P 720 445; C. 1942. II. 2969.**)
KESSEL. 5977

Allmänna Svenska Elektriska Aktiebolaget, Västerås, Schweden (Erfinder: **B. Hansson** und **B. Zetterstedt**), *Elektrischer Kondensator*. Der Kondensator besteht aus einzelnen übereinander liegenden Wicklungen mit überstehenden Folienbelägen, wobei die überstehenden Enden von Wicklung zu Wicklung um 90° verschoben sind. Zur Verbesserung der Wärmeableitung sind die überstehenden Enden direkt mit einer Metallfolie, z. B. aus Cu verbunden, die parallel, aber isoliert zu den Kondensatorwänden verläuft. (**Schwed. P. 136 626** vom 1/10. 1946, ausg. 22/7. 1952.)
JÜRGEN SCHMIDT. 5983

A. H. Hunt (Capacitors) Ltd., London, England (Erfinder: **R. A. Grouse**), *Wickelkondensator*. Die leitenden Folienbeläge bestehen aus Al, das vorzugsweise durch Spritzen auf die Papierfolien aufgetragen wird. An den Kondensatorenden (Seitenenden der Wickelrolle) sind diese Beläge durch Aufspritzen von Cu in geschmolzenem Zustande miteinander verbunden. (**Schwed. P. 136 628** vom 4/12. 1947, ausg. 22/7. 1952. E. Prior. 4/12. 1946.)
JÜRGEN SCHMIDT. 5983

Adolf Boesch, Wien, Österreich, *Elektrodialytische Ausscheidung von Elektrolyten*. Die zu behandelnde Lsg. wird in mehrere, durch Diaphragmen begrenzte Behandlungszellen eingebracht, wobei diese Zellen voneinander durch Spülwasserzellen getrennt sind, der ganze Zellensatz endständig durch Elektroden enthaltende Zellen begrenzt ist u. die Geschwindigkeit des Spülwasserstromes so bemessen wird, daß prakt. kein Ionenübertritt von einer Behandlungszelle zur anderen stattfindet, sondern die austretenden Ionen mit dem Spülwasser entfernt werden. (**Schwz. P. 288 718** vom 23/11. 1949, ausg. 1/6. 1953. Oe. Prior. 6/12. 1948.)
SCHREINER. 5993

W. P. **Barsakowski** und **Ss. K. Dubrowo**, Physikalisch-chemische Eigenschaften von Glasuren auf Hochspannungsisolatoren aus Porzellan. Moskau-Leningrad: Ausg. der Akad. der Wiss. der UdSSR. 1953. (276 S.) 12 Rbl. 50 Kop. [russ.]

IV. Wasser. Abwasser.

Harold A. Thomas jr., R. Stevens Kleinschmidt, Frank L. Parker und **Carlos G. Bell jr.,** *Radioaktive Verunreinigung von Oberflächenwässern in Massachusetts*. Vff. berichten über eine größere Zahl von Unterss. von Oberflächenwässern im dortigen Bereich innerhalb eines längeren Zeitraumes auf radioakt. Verunreinigung durch die in Nevada stattgefundenen Kernspaltungsverss. u. zeigen durch meteorolog. Bedingungen hervorgerufene Zusammenhänge zwischen der radioakt. Verunreinigung u. den Verss. in Nevada auf. Außerdem werden Unterss. über den zeitlichen Abfall der Radioaktivität u. über die natürliche Radioaktivität der Oberflächenwässer u. des daraus bereiteten Trinkwassers diskutiert. Im Anhang wird die Methodik der Unters. von W. auf Radioaktivität beschrieben. (J. Amer. Water Works Assoc. **45.** 562—68. Juni 1953. Cambridge, Mass., Harvard Univ., Div. of Appl. Sciences.)
NIEMITZ. 6010

Ad. Groulx, *Medizinische Beurteilung der Fluorierung des Trinkwassers*. Die Fluorierung des Trinkwassers von Montreal in einer Konz. von 1 p.p.m. wird als günstig angesehen. (Canad. J. publ. Health **44.** 311—18. Sept. 1953. Montreal, Quebec, Dep. of Health.)
KLESSE. 6018

Eberhard Keetman, *Die Verhütung von Schäden durch saure Abwässer und säurehaltige Abgase*. Bericht über die hauptsächlich in bautechn. Beziehung eintretenden Schäden durch saure Abwässer u. säurehaltige Abgase u. ihre Verhütung durch entsprechend ausgestaltete, säurefeste Anlagen zur Neutralisation säurehaltiger Abwässer bzw. zur Befreiung von Abgasen von mitgerissenen Säureteilchen. (Dechema Monogr. **18.** 36—54. 1951. Bendorf/Rh.)
NIEMITZ. 6036

G. Kaempffe, *Chlorgas im Rieselfeldbetrieb*. Das Drainwasser der Berliner Rieselfelder wird wegen der havelabwärts gelegenen Badeplätze im Sommer 600 m vor dem Auslauf im Abwassergraben gechlort, indem 1 g Cl_2 je m^3 Grabenwasser in W. gelöst u. dem Drainwasser zugesetzt wird, auf das es ca. 28 Min. einwirken kann. Die dabei beobachtete hemmende Einw. auf die Unterwasserflora regte dazu an, auch in einem Teil des oberen Draingrabens den übermäßigen Algenbewuchs mit Cl_2 zu bekämpfen. 0,85 g Cl_2/m^3, durch Filterzylinder direkt ins Grabenwasser geleitet, brachten vollen Erfolg, ohne daß Cl-Geruch oder Schädigungen von Flora u. Fauna oberhalb des Wasserspiegels festzustellen waren. (Gesundheits-Ing. **74.** 256—60. Aug. 1953. Berlin, Stadtentwässerung.) MÜHLMEISTER. 6044

G. Tewes, *Erkenntnisse bei der Beseitigung von Molkereiabwässern.* Beschreibung der künstlichen biol. Kläranlagen (Belebungs- u. Tropfkörper-Verf., Schlammbeseitigung). Wegen ihrer Kosten für deutsche Verhältnisse landwirtschaftliche Verwertung durch Verregnung am geeignetsten, Gesichtspunkte für Ausführung u. Betrieb. (Dtsch. Molkerei-Ztg. **75.** 67—69. 21/1. 1954.) MÜHLMEISTER. 6044

Władysław Nowakowski, *Einfache Methode zur Bestimmung der Austauschkapazität von Kationenaustauschern zur Wasserenthärtung.* Zur Best. der Austauschkapazität von Kationenaustauschern wurde eine einfache, genaue u. reproduzierbare Werte liefernde Meth. in 2 Modifikationen ausgearbeitet. Die Verss. wurden an *Glaukonit* u. *Escarbo* (poln. Prod.) ausgeführt. Vom ersten wurden 25 g, vom zweiten 10 g in 25 cm^3-Büretten eingefüllt u. mehrmals mit dest. W. gewaschen. Zum Regenerieren wurden 100 cm^3 7%ig. NaCl-Lsg. mit 1 cm/Min. durchlaufen gelassen. Anschließend wurde bis zur Cl'-Freiheit mit dest. W. gewaschen. Hierauf kamen 2 bzw. 3 Liter W. mit 11,6 mval $CaSO_4$/Liter, hergestellt durch Auflösen von 1 g $CaSO_4 \cdot 2\,H_2O$/Liter, entsprechend 0,0326 g CaO/100 cm^3 oder 32,57° DH (theoret.) auf die Säulen, mit ca. 1 cm/Min. Geschwindigkeit. Mit dem zum Waschen der Säulen verwendeten dest. W. vereinigt man die Menge des harten W. u. bringt im Meßkolben zur Marke. 10 cm^3-Proben wurden nach Verdünnung auf 50 cm^3 nach SCHWARZENBACH mit Komplexon titriert. Dann wurden 50 bzw. 100 cm^3 7%ig. NaCl-Lsg. durch die Säulen mit der Geschwindigkeit von 1 Tr./10 Sek. geschickt u. mit Waschwasser auf 150 bzw. 250 cm^3 aufgefüllt. 10 cm^3 dieser Lsgg. wurden gleichfalls wie vorst. titriert. Die andere Modifikation betrifft eine Ausführung, bei der das NaCl-Eluat in 15 cm^3-Fraktionen aufgefangen wird. Man titriert in diesen Einzelmengen, wie vorhin angegeben, die CaO-Gehh. u. zeichnet die charakterist. Austauscherkurven (Verbrauch der Meß-Fl. als Funktion der Eluatmenge). Es wird so die Wirksamkeit des Austauschers u. der Austauschkoeff. ermittelt. (Prace Placówek naukowo badawczych Minist. Przemysłu chem. **1952.** 39—47.) FREYTAG. 6056

G. Gad und **Hilde Schlichting,** *Nachweis von Schwermetallen im Wasser mit Zinksulfid.* ZnS in wss. neutraler Suspension reagiert mit Cu, Pb, Ag, Au, Sb u. As unter Bldg. der charakterist. gefärbten Sulfide dieser Metalle, während Zn-Ion frei wird. Die Best. kann auf ZnS-Papier oder durch Filtern der zu prüfenden Lsg. durch ZnS-imprägnierte Filter vorgenommen werden, wobei bes. nach dem Trocknen die Farbtönungen gut sichtbar sind. Bis 0,05 mg/Liter sind Cu, Pb u. Ag nachzuweisen. Auch an einer wss. Emulsion gefällten rein weißen ZnS werden die gebildeten Sulfide adsorbiert u. kenntlich gemacht. Genaue Untersuchungsvorschriften. (Gesundheits-Ing. **74.** 262. Aug. 1953. Berlin-Dahlem, Inst. für Wasser-, Boden- u. Lufthyg.) MÜHLMEISTER. 6060

O. Ja. Batmanowa, *Zur Methodik der Ammoniakbestimmung im Wasser auf Expeditionen.* Es wird empfohlen, auf Expeditionen das NESSLER-Reagens nach SUBBOTIN darzustellen: 1 Tablette (0,1—0,15 g) KOH wird in 1 ml dest. W. gelöst, dazu 20—30 mg eines Gemisches von 1 Teil KJ u. 2 Teilen HgJ_2. Von dieser Mischung werden 5 Tropfen zu 10 ml Prüfwasser zugesetzt u. colorimetriert. Dieselbe Empfindlichkeit wie bei der üblichen NESSLER-Vorschrift; nur bei Brunnenwässern ist sie geringer. (Гигиена и Санитария [Hyg. u. Sanitätswes.] **1953.** Nr. 7. 43—44. Juli. Leningrad, Sanitär-Hyg. Med. Inst., Lehrstuhl für allg. Hyg.) v. WILPERT. 6060

E. Asmus und **H. Garschagen,** *Über die Verwendung der Barbitursäure für die photometrische Bestimmung von Chlor in Wasser.* Vff. verbessern ihr C. **1953.** 6111 beschriebenes Verf. zur Cl_2-Best. in W. mit der *Benzidin* (**I**)–*Pyridin* (**II**)-Meth., indem statt **I** *Barbitursäure* (**III**) zur Bldg. eines Polymethinfarbstoffes (*mesomeres Dibarbiturat des Glutacondialdehyds*) verwendet wird, dessen Extinktion mit Hg-Licht (Filter Hg 578 oder 570) in einem Photometer gemessen wird. Das scharfe Absorptionsmaximum liegt bei 578 mμ. Zu 1 ml einer 1%ig. wss. KCN-Lsg. werden 25 ml der Wasserprobe gegeben u. sofort 3 ml des farblosen Mischreagenses hinzugefügt (3 g **III** + 15 ml **II** [Kp. 115—118°] + 3 ml konz. HCl, aufgefüllt mit W. auf 50 ml). Nach 5 Min. kann gegen W. oder die Reagenslsg. photometriert werden. Dauer der Analyse 8 Min., Meßbereich zwischen 0,001—2,5 mg Cl_2/Liter. 0,05 μg Cl_2 sind noch erfaßbar. 1000 mg Phenol, 400 mg Nitrit-N, 1 mg Mn^{4+}, 3 mg Fe^{3+} pro Liter stören nicht. Fehler durch höhere Fe^{3+}-Konz. können ausgeschaltet werden. Die Best. muß innerhalb von 5—15 Min. durchgeführt werden. Durch Acetonzusatz kann die Farbkonstanz verbessert werden. Ein Br_2-Geh. des W. beeinträchtigt die Best. kaum. (Bei gleichen Gewichtsmengen $Br_2 + Cl_2$ beträgt die Abweichung 3%.) Das W. kann den p_H 2—10 aufweisen. Dem BEERschen Gesetz wird in dem genannten Konzentrationsbereich gefolgt. Auf Unterss. von W., das mit *p-Toluolsulfochloramid* gechlort wurde, wird eingegangen. (Z. analyt. Chem. **138**. 404—14. 1953. Marburg, Univ. Chem. Inst.) MOSLÉ. 6060

E. Asmus und **H. Garschagen**, *Über die Verwendung der Barbitursäure für die photometrische Bestimmung von Cyanid und Rhodanid.* (Vgl. vorst. Ref.) Analog der vorst. Arbeit kann die *Pyridin–Barbitursäure*-Meth. zur Best. von CN^- u. SCN^- verwendet werden. Zur CN^--Best. werden 25 ml des CN^--haltigen *W.* (p_H 2—10) mit 1 ml einer 1%ig. wss. Lsg. von *p-Toluolsulfochloramid-Na* (I) versetzt u. nach Umschütteln 1 Min. stehengelassen. Dann werden 3 ml des oben beschriebenen Mischreagenses hinzugegeben u. nach 8 Min. wie oben ausphotometriert. Dauer der Analyse 10 Min., Meßbereich 0,001—1 mg CN^-/Liter. 0,05 μg CN^- sind nachzuweisen. Dem BEERschen Gesetz wird in diesem Konzentrationsbereich gefolgt. Die Abhängigkeit des analyt. Faktors u. der Zeitdauer bis zum Erreichen des Extinktionsmaximums von der Menge des Mischreagenses u. die Abhängigkeit der Ergebnisse vom p_H-Wert u. der Temp. zwischen 15 u. 25° wurden untersucht. Cl^-, BO_3^{3-}, NO_3^-, NO_2^-, PO_4^{3-}, Oxalat, Tartrat, HCO_3^-, SO_4^{2-} u. Phenol stören bis zu 1000 mg/Liter nicht. Die Konzz. von Alkalicarbonaten, freier Oxalsäure u. Cyanaten dürfen nicht über 100 mg/Liter liegen. Na_2SO_3 u. Fe^{3+} stören bei Konzz. über 20 mg/Liter. Über 10 mg Na_2S, $K_4[Fe(CN)_6]$ u. 5 mg $K_3[Fe(CN)_6]$ u. 3 mg/Liter H_2O_2 stören nicht. — Zur SCN^--Best. werden 25 ml der Probe mit 1 ml einer 0,1%ig. $FeCl_3$-Lsg. u. 1 ml einer 1%ig. I-Lsg. versetzt. Nach 2 Min. werden 3 ml des Mischreagenses hinzugegeben u. nach 5—8 Min. photometriert. Die Dauer der Analyse beträgt 10 Min., Meßbereich 0,001 bis 2,5 mg SCN^-/Liter. 0,05 μg SCN^- können noch nachgewiesen werden. Dem BEERschen Gesetz wird in dem Bereich gefolgt. Ohne den $FeCl_3$-Zusatz ist die Reaktionsgeschwindigkeit der CNCl-Bldg. stark von der SCN^--Konz. abhängig. (Z. analyt. Chem. **138**. 414—22. 1953. Marburg, Univ., Chem. Inst.) MOSLÉ. 6060

N. A. Mogilewski und **K. N. Kasatschina**, *Bedeutung der Haptenreaktion bei der sanitären Bewertung des Wassers.* In Unterss. an natürlichem u. infiziertem W. zeigte sich die Hapten-Rk. auf Typhus-, Paratyphus- u. Ruhrmikroben spezifisch. Darmbacterium u. Saphrophyten stören nicht; die Hapten-Rk. fällt positiv aus, wenn der Colititer unter 1 ml liegt, also auf Verunreinigung des W. durch Darmausscheidungen weist. Die meisten positiven Hapten-Rkk. geben offene Gewässer u. vorzugsweise im Sommer. (Гигиена и Санитария [Hyg. u. Sanitätswes.] **1953**. Nr. 7. 51—52. Juli. Moskau, Wiss. Gebiets-Forschungsinst. für Sanitätswesen u. Hyg.) v. WILPERT. 6064

K. Wagener, E. Mitscherlich und **U. Reuß**, *Nachweis von Tuberkelbakterien im Abwasser von Tuberkuloseheilstätten.* Vorfluter von Heilanstalten sollen frei von Tuberkelbazillen (I) sein. Um sie nachzuweisen, muß die Begleitflora durch Vorbehandlung der Proben ausgeschaltet werden. Hierzu verwandte H_2SO_4 u. Terramycin schädigten auch I, *Bradosol* (ein Präp. nach Art der quaternären Ammoniumbasen, CIBA) hatte keine wachstumshemmende Wrkg. auf I, so daß im Abwasser vorhandene I kulturell auf festen Nährböden u. im Meerschweinchenvers. nachgewiesen werden konnten. Versuchsreihen mit Abwasser einer Heilanstalt von 10—100000 I im Liter, das durch mehrteilige Faulkammern gereinigt war, ergaben noch 1750 m unterhalb im Vorfluter Anwesenheit von I, mechan. Klärung u. teilweises Ausfaulen genügten also nicht für eine genügende Reinigung. (Gesundheits-Ing. **74**. 154—56. Mai 1953. Hannover, Tierärztl. Hochsch., Hyg. Inst.) MÜHLMEISTER. 6068

K. Viehl, *Bestimmung der Sauerstoffzehrung und des BSB unter Anwendung von gelöstem Sauerstoff.* Vf. stellte in Abänderung des Verf. von SPITTA fest, daß man bei der Best. der Sauerstoffzehrung u. des biochem. Sauerstoffbedarfs mit reinem gelöstem Sauerstoff prakt. dieselben Werte erhält wie mit Luft, soweit der Sauerstoffverbrauch durch Abbau der organ. Substanz verursacht wird, so daß man diese Werte ohne weiteres vergleichen kann. Es wurden Parallelbestimmungen mit Flußwasser u. verschied. Abwässern durchgeführt. Sauerstoff wurde als Flaschengas verwandt, das mit Hilfe eines Filtersteins in schwachem Strom von bestimmter Stärke in das W. eingeleitet wurde. Bei 5 Min. Einleitungsdauer wurde ein Sauerstoffgeh. von 30—35 mg/Liter erreicht. Kaltes W. wurde vorher auf ca. 18° erwärmt, um eine

Übersättigung für Zimmertemp. zu vermeiden. Bei BSB-Bestimmungen von Abwasser wurde dieses vorher mit belüftetem Leitungswasser verd., das wenigstens 12 Tage gestanden hatte. Für die Proben, die mit Sauerstoff angesetzt wurden, konnte ein geringeres Verdünnungsverhältnis als für die mit Luft gewählt werden. Gewerbliche Abwässer wurden erforderlichenfalls neutralisiert, mit N- u. P-Salzen versetzt u. beimpft. Für die Best. der Sauerstoffzehrung mit Luft wurde das W. durch Einleiten von Luft oder durch Schütteln in einer halb gefüllten Flasche auf einen Sauerstoffgeh. von 8—9 mg/Liter gebracht. Die Wertunterschiede sind geringfügig. Eine Korrektur für den durch Diffusion eingetretenen Sauerstoffverlust wurde nicht vorgenommen. Die Anwendung des Verf. läßt sich wesentlich erweitern. — 6 Literaturangaben. (Gesundheits-Ing. **74.** 123—25. April 1953. Wuppertal-Barmen.)
KIRMSE. 6068

Hella Ritschel (Erfinder: **Hubert Oskar Ritschel**), Duisburg, *Herstellung von Entsäuerungs-Filtermaterial für Trink- und Nutzwässer*. Marmor, Kalkspat, Dolomit oder dgl. wird so weit geröstet, daß ein Teil des $CaCO_3$ in CaO übergeführt wird, dann hydratisiert u. durch Behandlung mit einer $NaHCO_3$- oder $Mg(HCO_3)_2$-Lsg. carbonisiert. (**D. B. P. 889 730** Kl. 85b vom 17/12. 1939, ausg. 14/9. 1953.)
REICHELT. 6025

Corn Products Refining Co., New York, N. Y., übert. von: **Neal E. Artz**, Elmwood Park, Ill., V. St. A., *Konditionierung von Wasser* durch Zusatz von Na-Salzen der Phytinsäure in Mengen von 1—4000 mg/Liter. Zur Verhinderung von festem Kesselstein werden hartem W. 10—230, zur Verhinderung von unlösl. Kalkseifen 100—300, zur Verhinderung der Korrosion von Eisen 25—200 mg/Liter zugesetzt. (**A. P. 2 626 238** vom 14/2. 1950, ausg. 20/1. 1953.) REICHELT. 6031

National Aluminate Corp., Chicago, übert. von: **Paul G. Bird**, Western Springs, Ill., V. St. A., *Kesselwasserbehandlung* zur Verhütung oder Verminderung der O_2-Korrosion. Dem Speisewasser werden 1—10 mg/Liter Alkaliphosphite, bes. als $Na_2H \cdot PO_3$, u. als Katalysator zur Beschleunigung der O_2-Bindung Mn-, Cu-, Ni- oder Co-Salze, z. B. 0,05 mg/Liter $CoSO_4$, zugesetzt. (**A. P. 2 627 502** vom 7/5. 1949, ausg. 3/2. 1953.) REICHELT. 6031

Joh. A. Benckiser G. m. b. H., Ludwigshafen/Rh. (Erfinder: **Casimir Joseph Munter**, Pittsburgh, Pa., V. St. A.), *Herstellung von glasige Phosphate in Pulverform enthaltenden Präparaten*, bes. für die *Wasserenthärtung*, die gegen Feuchtigkeit beständig sind u. sich in W. schnell lösen. Pulverförmige, an sich hygroskop. glasige Phosphate werden durch Befeuchten u. anschließende Erhitzung an der Oberfläche der einzelnen Teilchen mit einer durch Rückbldg. gebildeten, nicht hygroskop., sauren Phosphatverb. überzogen. Bes. soll in dem Phosphatglas das Verhältnis von Alkalioxyd: P_2O_5 zwischen ca. 0,9 : 1 u. ca. 1,7 : 1 liegen, die Befeuchtung soll derart erfolgen, daß das Glas bei Tempp. zwischen 20 u. 150°, bes. 60°, ca. 0,5—6% W. aufnimmt. Anschließend wird bei 70—150°, bes. 90—100°, so lange entwässert, bis der Geh. des aufgenommenen W. ca. 0,05—2,5% beträgt. Die Befeuchtung wird bes. mittels eines feuchten Gas-, bes. Luftstroms von ca. 90% Sättigung in einem Drehrohr vorgenommen. Dem anhydr. Phosphat können vor oder nach der Behandlung 1—20% wasserlösl. pulvrige Stoffe, wie Na-Carbonate, Sulfite, zugemischt werden, die mit den sauren Phosphatverbb. in Ggw. von W. Gase entwickeln. (**D. B. P. 900 338** Kl. 12i vom 24/9. 1950, ausg. 21/12. 1953. A. Prior. 28/2. 1946.) ZÜRN. 6031

Jean-Ferdinand-Marie-Philippe Laigret, Tunis, *Gewinnung gasförmiger und flüssiger Kohlenwasserstoffe aus organischen Verbindungen durch Gärung*. Man vergärt bei 30—37° unter anaeroben Bedingungen mit Bakterien der Klasse Bacillus perfrigens in Ggw. von Spuren J_2 u. SiO_2 (Kieselgur) eine wss. Lsg., die als vergärbare Substanzen niedere aliphat. Säuren (z. B. Ameisen-, Essigsäure) oder deren Salze u./oder niedere aliphat. Alkohole (z. B. Methyl-, Äthylalkohol) enthält. Nachdem die Gärung in Gang gekommen ist, können auch höhere aliphat. Säuren (**I**) in Form ihrer Na- oder K-Salze (z. B. Na-Oleat) vergoren werden. Als Endprodd. der Gärung erhält man ein Gas, das neben CO_2 hauptsächlich CH_4 enthält, u. bei Verwendung von **I** ein Gemisch fl. KW-stoffe, dessen Zus. derjenigen des Rohpretroleums ähnlich ist. (**F. P. 1 005 924** vom 16/10. 1947, ausg. 17/4. 1952.) HEYNE. 6049

Aktiebolaget Gullhögens Bruk, Skövde, Schweden, *Herabsetzen des Wassergehaltes von Schlammassen*. Man setzt *Sulfitablauge* zu, wobei ionisierte Ca- u. Mg-Verbb. vorher durch Zusatz von Fällungsmitteln ausgefällt werden. (**Finn. P. 26 626** vom 5/1. 1951, Auszug veröff. 31/10. 1953.) JÜRGEN SCHMIDT. 6049

V. Anorganische Industrie.

Union Oil Co. of California, Los Angeles, übert. von: **Homer C. Reed,** Glendale, und **Clyde H. O. Berg,** Long Beach, Calif., V. St. A., *Herstellung von Wasserstoff.* Ein KW-stofföl wird mit fluidisierten Eisenoxydteilchen auf eine Temp. zwischen 700 u. 1200° F erhitzt; die vom erhaltenen Destillat abgetrennten, mit Koks beladenen Teilchen werden mit einem O_2-haltigen Gas bei Tempp. zwischen 1000 u. 1500° F im fluidisierten Zustand erhitzt, wobei CO-haltiges Gas u. C-freie Eisenteilchen erhalten werden, die mit Dampf bei Tempp. zwischen 800 u. 1500° F fluidisiert u. nach Trennung vom H_2 als Eisenoxyde wieder in den Prozeß zurückgeführt werden. (**A. P. 2 635 947** vom 2/7. 1948, ausg. 21/4. 1953.) DEMMLER. H 238

Standard Oil Development Co., übert. von: **Homer Z. Martin,** Roselle, N. J., V. St. A., *Herstellung von Sauerstoff.* Luft wird mit feinverteilten Metallen oder Metalloxyden, z. B. Mn_2O_3, zur Rk. gebracht, wobei letztere durch den Luftstrom in fluidisiertem Zustand gehalten werden; die erhaltenen O-reicheren Metalloxyde, z. B. MnO_2, werden ebenfalls in fluidisiertem Zustand auf Tempp. erhitzt, bei denen der O_2 wieder in Freiheit gesetzt wird. (**A. P. 2 642 340** vom 10/5. 1946, ausg. 16/6. 1953.) DEMMLER. H 239

E. I. du Pont de Nemours & Co., Wilmington, Del., V. St. A., *Reinigen von wässerigen Wasserstoffsuperoxydlösungen,* indem diese, bes. mit 25—50% Gew.-% H_2O_2, bei einem p_H-Wert von 0—3,6, bes. 0,7—2,5, mit einem kernsulfonierten aromat. KW-Kationenaustauschharz in Kontakt gebracht werden. (**E. P. 695 325** vom 16/5. 1951, ausg. 5/8. 1953. A. Prior. 24/6. 1950.) DEMMLER. H 241

Laporte Chemicals Ltd., Luton, Bedfordshire (Erfinder: **William Raymond Holmes** und **Charles Stanley Godfrey**), England, *Konzentrieren von H_2O_2-Lösungen.* Man leitet die Lsg. durch einen Kletterverdampfer, trennt das aus konz. Lsg. u. H_2O_2-haltigen Dämpfen bestehende Gemisch in einem Separator u. führt einen Teil der Lsg. in den Verdampfer zurück. Die Dämpfe werden in einem 2. Verdampfer unter Rückleitung des Kondensates in den 1. Verdampfer von H_2O_2 befreit. — Zeichnung. (**E. P. 696 779** vom 7/3. 1951, ausg. 9/9. 1953.) LÜTTGEN. H 241

Sven Lennart Löfdahl, Ektorp, Schweden, *Herstellung von stabilisierten Perverbindungen, besonders Alkaliperborate.* Man schlämmt die Per-Verb. in einer koll. Lsg. von anorgan. oder organ. Stoffen, auf der sich beim Eintrocknen Überzugsfilme bilden. Die Ausschlämmung wird im Zerstäubungstrockner als festes Pulver verarbeitet. Als Filmbildner eignen sich z. B. Wasserglas, Alkylcellulose oder Celluloseglykolate. (**N. P. 80 285** vom 22/11. 1949, ausg. 3/6. 1952. Schwed. Prior. 23/11. 1948.) JÜRGEN SCHMIDT. H 241

William H. Schechter, Zelienople, Pa., V. St. A., *Herstellung von Natriumsuperoxyd.* In geschlossenen Behältern wird metall. Na, Na_2O oder Na_2O_2 in Ggw. von O_2 auf 200—500° unter Druck erhitzt. Katalysatoren, z. B. CdO, TiO_2, MoO_3, V_2O_5, Fe_2O_3, Cr_2O_3, Ni_2O_3, MgO, Co_2O_3 u. CuO (ca. 0,6—1,2%), können zugesetzt werden. Man erhält reines NaO_2, das bes. als O-Lieferant u. zur Bindung von CO_2 in Atemgeräten geeignet ist. (**A. P. 2 648 596** vom 5/8. 1950, ausg. 11/8. 1953.) KARST. H 241

Food Machinery & Chemical Corp., San José, Calif., V. St. A. (Erfinder: **Wesley N. Lindsay** und **William G. Hendrickson**), *Gewinnung kondensierbarer Bestandteile aus heißen Gasgemischen.* Man leitet die Gase, bes. die bei der Herst. von *Stickoxyden* (**I**) nach dem Wisconsin- oder elektr. Lichtbogen-Verf. anfallenden, mit einem Geh. von <3% kondensierbaren Anteilen, bes. **I**, mit großer Geschwindigkeit durch gekörntes Adsorptionsmaterial (**II**) (Korngröße $^1/_8$—$^1/_{32}$ Zoll), das sich in dünner Schicht von ca. 1—2 Zoll Dicke im Kreislauf u. im Gegenstrom zum Gas bewegt. Vor Einleiten der heißen Gase in die Adsorptionszone werden die Gase durch Wärmeaustausch mit gesätt. **II** u. gleichzeitigem Regenerieren des **II** gekühlt. — Zeichnung. (**E. P. 695 812** vom 9/10. 1950, ausg. 19/8. 1953. A. Priorr. 17/10. u. 2/12. 1949.) LÜTTGEN. H 243

Pietro Guareschi, Giuseppina Maragliano-Bussetti und **Lucia Pettenati,** Genua, Italien, *Herstellung von Salpetersäure unter gleichzeitiger Bildung von Schwefelsäure.* NH_3-Verbrennungsgase, SO_2-haltige Gase u. O_2 werden durch einen starken Überschuß einer im Kreislauf geführten, annähernd gesätt. Lsg. von Nitrose in konz. H_2SO_4 unterhalb 60° zur Rk. u. Absorption gebracht, wobei sich eine nitroschwefelsaure Verb. in fester kristalliner Form bildet, die abgetrennt u. in einem Zersetzungsapp. unter der Einw. von Wasserdampf u. gegebenenfalls verd. HNO_3 in eine H_2SO_4 von geringem Nitrosegeh. u. in Stickoxyde zerlegt wird, worauf die Stickoxyde oxydiert u. bei Ggw. von W. zu HNO_3 kondensiert werden. Die SO_2-haltigen Gase kann man zuerst zur Denitrierung der H_2SO_4 benutzen, dann durch große Mengen stark nitrosierter H_2SO_4, bes. der Mutterlauge, aus der die nitroschwefelsaure Verb. abgetrennt ist, oxydieren u. die noch gasförmigen Stickoxyde mit einer stark nitrosierten H_2SO_4 der gleichen Zus. berieseln. — Vorrichtungen, Abbildungen. (**Schwz. P. 293 098** vom 8/6. 1949, ausg. 1/12. 1953.) ZÜRN. H 243

Godfrey L. Cabot, Inc., Boston, übert. von: **George E. Engelson**, Kenberma, und **Robert N. Secord**, North Reading, Mass., V. St. A., *Herstellung von sehr reinem Calciumfluorid und Kieselsäure*, indem man auf SiO_2-haltigen Flußspat HF einwirken läßt, das CaF_2 vom fl. Reaktionsprod. entfernt, die fl. Prodd. verdampft, die Dämpfe z. B. bei einer Temp. $>1100^0$F in einer KW-stoff-Flamme, hydrolysiert u. die SiO_2 daraus abscheidet, während die HF zu mindestens zum Teil in den Prozeß zurückgeleitet wird. (**A. P. 2 631 083** vom 19/1. 1952, ausg. 10/3. 1953.) DEMMLER. H 246

Dow Chemical Co., Midland, Mich., übert. von: **Kenneth W. Guebert**, Freeport, Tex., V. St. A., *Trennen von SO_2 und Cl_2*. Das trockene Gasgemisch leitet man durch wasserfreies fl. $SbCl_3$ bei $<140^0$, das Cl_2 unter Bldg. von $SbCl_5$ bindet. Durch Erhitzen auf $>140^0$ wird $SbCl_5$ in Cl_2 u. $SbCl_3$ zerlegt, das wieder verwendet wird. Das Verf. kann unter Gegenstromführung von Gasgemisch u. $SbCl_3$ kontinuierlich durchgeführt werden. — Abbildung. (**A. P. 2 639 976** vom 11/4. 1952, ausg. 26/5. 1953.) ZÜRN. H 247

Shell Development Co., übert. von: **Ava J. Johnson**, Oakland, und **Alexander J. Cherniavsky**, San Francisco, Calif., V. St. A., *Herstellung von Chlor durch katalytische Oxydation von Chlorwasserstoff*, bes. als Äthylendichlorid, indem die in Ggw. von feinverteiltem $CuCl_2$ als Katalysator u. von C_2H_4 erhaltenen Reaktionsprodd. mit fl. wss. HCl gekühlt werden; dabei werden eine katalysatorfreie, neben W. u. HCl Äthylendichlorid enthaltende gasförmige u. eine den Katalysator u. den fl. wss. HCl enthaltende fl. Phase erhalten. — Zeichnung. (**A. P. 2 644 846** vom 11/12. 1948, ausg. 7/7. 1953.) DEMMLER. H 247

Imperial Chemical Industries Ltd., London, England, *Reinigen von Chlorwasserstoff*, der organ. Verunreinigungen u. auch Cl_2 enthält, indem man Cl_2, ein brennbares Gas, wie H_2 oder H_2 enthaltende Gase, u. noch wenigstens eines der Gase Wasserdampf, O_2 oder Luft zusetzt u. im Gemisch das brennbare Gas u. das Cl_2 verbrennt. (**E. P. 695 063** vom 11/5. 1951, ausg. 5/8. 1953.) DEMMLER. H 247

Anglo-Iranian Oil Co. Ltd., London, **John Norman Haresnape**, und **Kenneth Shephard Cuddington**, Sunbury-on-Thames, England, *Gewinnung von Schwefel* aus H_2S, SO_2 u. KW-stoffe enthaltenden Gasen, indem letztere über einen aus Al_2O_3 oder Bauxit bestehenden Kontakt bei Tempp. $<200^0$ bis zur Sättigung desselben mit S geleitet werden, worauf der Gasstrom unterbrochen u. der S vom Kontakt entfernt wird. (**E. P. 697 672** vom 3/1. 1951, ausg. 30/9. 1953.) DEMMLER. H 253

Tide Water Associated Oil Co., San Francisco, übert. von: **Herbert M. Anderson**, Concord, Calif., V. St. A., *Gewinnung von Schwefel aus Schwefelwasserstoff*. $^1/_3$ der Gasmenge wird mit einem Überschuß von O_2-haltigen Gasen zu SO_2 verbrannt, das nach Kühlung mit dem Rest der Gase katalyt. zu S umgesetzt wird. Man mißt die Temp. nach dem Beimischen des H_2S zum SO_2 u. steuert die bei der Verbrennung des SO_2 zugeführte überschüssige O_2-Menge automat. in Abhängigkeit von dieser Temp., bes. indem man einen kleinen Teilstrom des SO_2-haltigen Gases abzweigt, kühlt, H_2S zusetzt u. den Temperaturanstieg zur Steuerung verwendet. — Abbildungen. (**A. P. 2 650 154** vom 29/6. 1949, ausg. 25/8. 1953.) ZÜRN. H 253

Mathieson Chemical Corp., übert. von: **Ralph Eugene Morningstar**, Columbus, O., und **George H. Whipple**, Wilmington, Del., V. St. A., *Herstellung von nichtbackendem S-Pulver*. Fein gemahlener S wird in einem inerten Gasstrom suspendiert u., bes. durch Zusatz von heißem, inertem Gas, auf eine Temp. über dem F. des S bis 135^0 erhitzt, dann wird unter den F., bes. auf 46^0, abgekühlt u. der S aus dem Gas abgeschieden. — Abbildung. (**A. P. 2 629 133** vom 6/6. 1950, ausg. 24/2. 1953.) ZÜRN. H 253

Francisco Salsas-Serra, Paris, Frankreich, *Herstellung von H_2SO_4*. Ein Gemisch von SO_2, SO_3, H_2SO_4- u. H_2O-Dämpfen wird bei einer über dem Taupunkt des H_2SO_4 liegenden Temp. im Gegenstrom bei $<100^0$ mit H_2SO_4, deren Konz. nicht unter 94% liegt, in Berührung gebracht, wodurch die H_2SO_4- u. die H_2O-Dämpfe kondensiert u. das SO_3 vollständig absorbiert werden. Die Ausgangsgase können durch Zers. von bas. Fe-Sulfat in einem Strom heißer, SO_2-enthaltender Gase oder durch teilweise katalyt. Oxydation von trocken gereinigtem SO_2 erhalten werden. Ein Teil der erhaltenen H_2SO_4 kann als Berieselungssäure zurückgeführt werden, wobei ihre Menge u. ihre Temp. beim Eintritt so geregelt werden, daß in der Gaseintrittszone eine langsame Kondensation der H_2SO_4-Dämpfe eintritt u. am anderen (oberen) Ende des Rieselturms das SO_3 prakt. vollständig absorbiert wird. Zur Vermeidung der Entw. von H_2SO_4-Nebeln u. von Korrosionen kann man die aus der Berührungszone austretende H_2SO_4 mit abgekühlter Umlaufsäure mischen. Mitgerissene H_2SO_4-Nebel kann man aus den behandelten Gasen durch Zentrifugalkräfte entfernen. Nach dem Ausschleudern kann man die Gase mit einem Nebel aus verd. H_2SO_4 in Berührung bringen. — Abbildung. (**E. P. 694 912** vom 30/5. 1951, ausg. 29/7. 1953.) ZÜRN. H 253

Chemiebau Dr. A. Zieren G. m. b. H. (Erfinder: **Hans Schütt,** Niedermarsberg, Westf., und **Johann Rupp,** Wien), *Herstellung von Oleum* aus Gasen mit geringer SO_3-Konz., wobei der SO_3-Geh. der Gase auf die zur Herst. von höherprozent. Oleum benötigte Konz. durch direktes Einführen von Oleum in die heißen Gase gebracht wird. Der SO_3-Geh. eines Teiles der Gase wird dadurch erhöht, daß die Wärme des anderen Teiles der Ausgangsgase dazu dient, die Konzentrierung durch Verdampfung von SO_3 aus dem Oleum zu fördern, welches in den aufzustärkenden Teil der Gase eingeführt wird. Der nicht konz. Teil der Ausgangsgase wird auf niedrigprozent. Oleum oder auf H_2SO_4 oder andere SO_2-haltige Stoffe aufgearbeitet. (**D. B. P. 903 570** Kl. 12i vom 23/1. 1941, ausg. 8/2. 1954.) ZÜRN. H 253

I. G. Farbenindustrie Akt.-Ges. (Erfinder: **Herbert Reuter**), Frankfurt/M., *Herstellung von Sulfurylamid.* SO_2Cl_2 wird in gasförmigem Zustand, bes. mit einem Inertgas verd., in fl. NH_3 eingeleitet, worauf nach Abdunsten des überschüssigen NH_3 das $SO_2(NH_2)_2$ aus dem Rückstand mit Aceton oder einem anderen Lösungsm. ausgezogen wird. (**D. R. P. 762 002** Kl. 12i vom 20/8. 1942, ausg. 8/2. 1954.) ZÜRN. H 253

Daniel Gardner, New York, N. Y., V. St. A., *Herstellung von feinteiligem synthetischem Graphit.* Feinteiliger C, der z. B. aus CO durch Funkenentladung oder durch Einleiten von CO in ein heißes Gemisch von CaC_2 u. wasserfreier H_2SO_4 erhalten wurde, wird mit feinteiligem CaC_2, BaC_2 oder SrC_2 gemischt. Das Gemisch wird in Anthracen oder Naphthalin verteilt u. unter Druck oder am Rückflußkühler auf 300—400° erhitzt. Die Carbide u. der C werden abfiltriert, C wird in Cyclooctan, Cyclohexan, Cycloheptan oder Mellitsäure gelöst u. durch Abdest. des Lösungsm. rein erhalten. Das Prod. eignet sich bes. zur Herst. von *Graphitelektroden* u. *-rohren.* — Abbildungen. (**A. P. 2 653 082** vom 17/8. 1949, ausg. 22/9. 1953.) ZÜRN. H 260

Appareils et Évaporateurs Kastner, Soc. An. (Erfinder: **Auguste L. J. Lelen**), Lille, Frankreich, *Rückgewinnung von Ammonchlorid bei der Sodaherstellung.* Die dabei erforderliche Kühlung erfolgt durch Ausdehnung eines komprimierten oder verflüssigten Gases in der zu kühlenden M. selbst, wobei das Gas so gewählt wird, daß keine NH_3-Verluste auftreten. (**D. B. P. 845 499** Kl. 12k vom 13/1. 1950, ausg. 31/7. 1952. F. Prior. 16/6. 1949.) NEBELSIEK. H 274

International Minerals & Chemical Corp., V. St. A., *Reinigen des Sylvins vom Gestein.* Der Brei des zerkleinerten Minerals mit einer gesätt. Sylvinlsg. wird einem Flotationsprozeß mit einem Gemisch aus NaCl u. flüchtigen Stoffen, wie Glykol u. W., u. alkylierter Cellulose oder ihrer Alkaliderivv. unterworfen. Es entsteht das Sylvinkonzentrat in Form einer voluminösen, schlammartigen Masse. (**F. P. 1 033 749** vom 8/3. 1951, ausg. 8/4. 1953. A. Prior. 6/4. 1950.) HOLM. H 275

Derbyshire Stone Ltd., übert. von: **John W. Hobday,** Matlock, Derby, England, *Staubfeine Mineralien,* wie Kalkstein oder Gips, werden nach dem Vermahlen mit 0,5—2,5% Wollfett versetzt, wodurch die Stoffe wasserabstoßend werden. (**Can. P. 483 579** vom 7/10. 1946, ausg. 27/5. 1952. E. Priorr. 3/11. 1945, 6/2. u. 27/4. 1946.) WITTHOLZ. H 283

Rudolf Wendtlandt, Piesteritz, *Konzentrierte Erdalkalinitratlaugen,* bes. Kalksalpeterlaugen, werden durch alkal. Absorption von Stickoxyden bzw. solche enthaltenden Gasgemischen mit Kalklsgg. bzw. Kalkmilch hergestellt. In dem gebildeten Nitrit–Nitrat-Gemisch wird in bekannter Weise das Nitrit zers. u. daraus die nitritfreie Lsg. nach Zugabe von Kalk zur alkal. Absorption mit anschließender Zers. der erneut gebildeten Nitrite benutzt. (**D. P. [DDR] 1 976** Kl. 12i vom 14/10. 1937, ausg. 13/4. 1953 [Ausschließungspatent].) WITTHOLZ. H 283

American Cyanamid Co., übert. von: **John L. Osborne,** New York, N. Y., V. St. A., *Calciumcarbid.* CaO u. Koks werden in den für die Herst. von Ca-Carbid notwendigen Mengen mit 0,1—10% Flußspat im elektr. Ofen geschmolzen. Die nach dem Ablassen aus dem Ofen erkaltete M. ist bröckliger als das gleiche Prod. ohne CaF_2-Zusatz. (**Can. P. 487 926** vom 25/7. 1945, ausg. 11/11. 1952. A. Prior. 29/12. 1944.) WITTHOLZ. H 283

Soc. An. Chimie dans l'Industrie, Frankreich, *Herstellung von gereinigtem Chlormagnesium oder Magnesiumoxyd und Calciumcarbonat.* Dolomit wird bei ca. 1000° entwässert u. entcarbonisiert, wobei die entweichende CO_2 für eine spätere Verfahrensstufe verwendet wird. Der zerkleinerte u. gesiebte Dolomit wird mit wss. $CaCl_2$-Lsg. in geringem Überschuß behandelt, durch Einleiten von CO_2 wird Ca gefällt, während $MgCl_2$ in Lsg. bleibt. Gegebenenfalls kann die $MgCl_2$-Lsg. mit Na_2CO_3 in $MgCO_3$ u. in Oxyd übergeführt werden. (**F. P. 1 011 845** vom 4/4. 1949, ausg. 27/6. 1952.) WITTHOLZ. H 283

Comp. de Produits Chimiques et Électrométallurgiques d'Alais, Froges & Camargue et Progil (Soc. An.), Rhône, Frankreich, *Kontinuierliche Herstellung von Kupferoxyd.* Reines Kupferoxyd wird kontinuierlich auf elektrolyt. Wege dadurch erhalten, daß man mit Hilfe einer durch ein Diaphragma geteilten Elektrolysezelle mit Kupferanode sowie einer Zirkulationspumpe, einem Heber u. Absetzgefäßen für ein kontinuierliches Strömen der neutralen oder alkal. Elektrolyse-Fl. (NaCl-Lsg.) von der Kathode zur Anode unter kontinuierlichem Entfernen des gebildeten Kupferoxyds Sorge trägt. — Schema. (**F. P. 999 932** vom 4/2. 1946, ausg. 6/2. 1952.) RIEPE. H 358

Raoul Bernat und **Henri Bernat,** Frankreich, *Herstellung von Kupfer-Ammoniakverbindungen.* Die Umsetzung von Cu u. NH_3, gegebenenfalls unter Zugabe von NH_4Cl, erfolgt in einer Reaktionskammer, deren Wände durch Verdampfen des zur Rk. erforderlichen NH_3 gekühlt werden. — Zeichnung. (**F. P. 973 657** vom 30/10. 1941, ausg. 13/2. 1951.) WITTHOLZ. H 358

Österreichische Stickstoffwerke Akt.-Ges. (Erfinder: **Hermann Rudorfer),** Linz, *Herstellung einer Rückgewinnungsmasse für bei katalytischen Prozessen sich verflüchtigende Platinmetalle,* wie sie z. B. bei der katalyt. NH_3-Oxydation oder bei der HCN-Synthese anfällt, unter Verwendung von Ag in Verbindung mit Oxyden unedler Metalle als Trägermassen. Die Einbringung des Ag in solcher feinen Verteilung geschieht dadurch, daß die erwähnte oxyd. Trägermasse mit $AgNO_3$-Lsg. oder mit Lsgg. anderer lösl. Ag-Salze getränkt wird, worauf nach dem Trocknen durch Glühen der imprägnierten M. das abgeschiedene Ag_2O in metall. Ag verwandelt wird. Als Trägermassen eignen sich alle Metalloxyde, die bei den Betriebstempp. des jeweiligen Prozesses beständig sind. Aus wirtschaftlichen Gründen verwendet man die Oxyde von Ca, Mg oder Al. — Die Platinauffangmasse wird zweckmäßig an einer solchen Stelle hinter dem Katalysator angeordnet, an der die Reaktionstemp. so weit gesenkt ist, daß eine nennenswerte Ag-Abdampfung aus der Auffangmasse nicht mehr eintreten kann, z. B. im Temperaturbereich von 650—450°. (**Oe. P. 176 850** vom 23/2. 1952, ausg. 25/11. 1953.) M. F. MÜLLER. H 359

Titan Co., Inc., New York, N. Y., V. St. A., *Herstellung von Rutilschmucksteinen.* Man verwendet für die Herst. von Schmucksteinen synthet. Rutil-Einkristalle, bes. solche, die etwas zuwenig O enthalten u. blau sind, oder genau 2 O auf 1 Ti aufweisen u. strohgelb sind. Durch Zusatz von bis zu 0,1%, bes. 0,008—0,02%, Al_2O_3 erhält man farblose Schmucksteine. Die Schmucksteine werden in O_2 bei ca. 1830 bis 1870° geschmolzen. Bei Zusatz von Al_2O_3 kann man eine Nacherhitzung zwischen 640—1000° in NO_2 vornehmen, um völlig farblose Prodd. zu erhalten. (**N. P. 80 259** vom 13/10. 1949, ausg. 26/5. 1952. A. Priorr. 14/10. 1948 u. 26/4. 1949.) JÜRGEN SCHMIDT. 6153

Linde Air Products Co., New York, N. Y., V. St. A., *Synthetischer Edelstein.* Zur Herst. von Kristallen, wie Korund oder Spinell, werden bekanntlich die Ausgangsstoffe durch eine heiße Flamme geblasen, dadurch geschmolzen u. auf einer Unterlage aufgefangen, die entsprechend dem Wachstum des Kristalls langsam von der Flamme entfernt wird. Um zu erreichen, daß das Kristallwachstum entsprechend einer der drei Achsen des isometr. Syst. stattfindet, wird auf der Unterlage ein Kristallkeim der gleichen Art wie der herzustellende Körper angeordnet derart, daß eine der drei Hauptsymmetrieachsen mit der Richtung des Wachstums des Körpers einen Winkel über 0, aber unter 90° bildet. (**Schwz. P. 286 404** vom 4/1. 1945, ausg. 16/2. 1953. A. Prior. 21/9. 1943.) REINHART. 6153

Gustav Bailleul, K. Bratzler, W. Herbert und **W. Vollmer,** Aktive Kohle und ihre industrielle Verwendung. 3. umgearb. u. erw. Aufl. Stuttgart: Enke. 1953. (143 S. m. 56 Abb. u. 17 Tab.) DM 19,60.

VI. Silicatchemie. Baustoffe.

Kozo Ishino, *Über den thermischen Wirkungsgrad von elektrischen Glasschmelzöfen.* Die Unterss. über die Beziehungen zwischen der Schmelzleistung u. dem Wärmeaufwand ergaben für elektr. Öfen einen sehr guten therm. Wirkungsgrad, der bei größeren Öfen (über 10 t) ein Vielfaches von den kleineren erreicht, z. B. 21,3%

bei 1 t Kapazität gegen 81,5% bei 17 t, was für ein kohlenarmes Land wie Japan bes. wichtig ist. — 3 Tabellen, 4 Skizzen. (J. ceram. Assoc., Japan **61.** 69—71. 1953. Nagoya, Inst. of Technol. [Orig.: japan.]) SCHULER. 6172

P. Beyersdorfer, *Das System Na_2SO_4–SiO_2 beim Erhitzen in oxydierender und reduzierender Atmosphäre.* Ausführliche Darst. des C. **1953.** 1386 referierten Vortrages. (Chem. Techn., Sonderheft **1952.** 99—101. Reichenbach/OL., VVB Ostglas, Forschungslabor.) SIEWERT. 6174

P. Gérard, *Entwicklung von Spannungen in einer Glasplatte bei Abkühlung mit konstanter Geschwindigkeit.* Vf. untersucht die Gültigkeit der Formel von ADAMS u. WILLIAMSON für die Änderung der Spannung im Innern einer Glasplatte durch die therm. Ausdehnung eines Glases angegebener Zus. bei stetiger Abkühlung u. findet, daß sich der Ausdehnungskoeff. etwa im Verhältnis 1 : 5 ändert (bei Zimmertemp. $75 \cdot 10^{-7}$, bei 490° $115 \cdot 10^{-7}$, in der Nähe des Transformationspunktes ca. $400 \cdot 10^{-7}$). Er stellt eine Formel für die innere Spannung auf, die berücksichtigt, daß der Ausdehnungskoeff. mit der Änderung der Temp. in einer Weise variiert, die nicht vernachlässigt werden kann u. die die Regel bestätigt, daß die permanente Spannung gleich u. entgegengesetzt der Spannung ist, die durch die Verringerung der Viscosität verschwindet. (Silicates ind. **17.** 202—07. Juni/Juli 1952.) KÜHNERT. 6200

Martin Mields, *Über Muffelgelb.* Beim Aufschmelzen bes. von guten handgemalten Dekoren, aber auch bei niedriger gehaltenem Einbrennen von Buntdrucken auf Porzellan wird häufig das Auftreten hauchartig dünner schwach bis stark, gelblich bis hellrotbraun gefärbter, zuweilen leicht irisierender Beschläge auf den unbemalten Teilen der Glasuroberfläche beobachtet. Durch eine große Anzahl von Verss., Vergleichsbränden in verschied. Betrieben u. Analysen derselben, über die Vf. berichtet, kommt er zu dem Ergebnis, daß verschied. Ursachen vorliegen, u. zwar der Nd. flüchtiger Fe-Verbb., vorzugsweise in kohlebeheizten Brennräumen, die gegen die Flammengase nicht genügend abgedichtet sind, u. in Elektroöfen, in denen nicht für ausreichenden Abzug der verdampfenden Malmittel gesorgt ist, weit öfter aber ist die Ursache zu suchen in Oxydation u. Ausseigerung von Fe-Verbb. aus der Glasuroberfläche, begünstigt durch weiche Einstellung der Glasur, durch langen u. hohen Gutbrand, erhöhten Fe-Geh. von Scherben u. Glasur u. langen u. hohen Schmelzbrand. Daraus folgend wird zur Behebung des Fehlers empfohlen: Gute Entlüftung der Muffeln, gleichmäßige Glasurschicht, möglichst kurze Dauer der höchsten Temp. des Gutbrandes, Herabsetzung der Muffeltemp. bis zu der Grenze, die gerade noch ausreichend für den Einbrand ist, u. vor allem die Verwendung Fe-armer Rohstoffe für M. u. Glasur. (Sprechsaal Keram., Glas, Email **86.** 147—51. 10/4.; 183—87. 20/4. 1953.) KÜHNERT. 6212

A. Preston Steele jr., *Der Einfluß zusätzlichen Knetens auf Schiefer- und andere Tone.* Der Unterschied zwischen Kneten u. Mischen wird erklärt, u. die Vorteile, welche durch die Anwendung der verschied. Knetmaschinen möglich sind, werden dargetan. (Amer. ceram. Soc. Bull. **32.** 215—17. Juni 1953. Statesville, N. C., J. C. Steel & Sons, Inc.) K. SEIDEL. 6216

Ray A. Witschey, *Feuerfeste Baustoffe — Ihre Einteilung.* Kurze Gegenüberstellung der chem., mineralog. u. physikal. Einteilungen. (Canad. Metals **16.** Nr. 8. 28. Juli 1953.) SCHÜTZ. 6218

Helen Towers, *Korrosion feuerfester Stoffe. Ein Überblick über neuere englische Arbeiten.* Die Arbeiten in England in den Jahren 1940—50 über Schlackenangriff auf feuerfeste Stoffe zeigen, daß chem. Einfll. von grundsätzlicher Bedeutung sind; die Gleichgewichtsbeziehungen zwischen den entsprechenden Phasen werden sowohl für bas. als auch saure Steine besprochen. Auch wird die Bedeutung physikal. Faktoren für den Schlackenangriff, wie die der Porosität, des Steinaufbaus, der Zähigkeit, der Oberflächenspannung, des Kontaktwinkels der Schlacke zum Stein u. der Arbeitsbedingungen hervorgehoben. — 66 Literaturangaben. (Ber. dtsch. keram. Ges. e. V. Ver. dtsch. Emailfachleute e. V. **29.** 101—13. April 1952. Glasgow, Royal Technical Coll., Metallurgy Departm.) OLBRICH. 6218

Viliam Figus, *Schlackengipszemente.* Durch Brennen von 85% bas. Hochofenschlacke, 10% Anhydrit, 5% Mergel wurde ein kalkarmer (35% CaO), SiO_2-reicher (29,5%) Zement mit 8,5% MgO u. 5% SO_3 erhalten, der mit Ausnahme der Druckfestigkeit den Anforderungen entsprach. Etwaige Neigung zum Schwindrissigwerden kann durch Kalkzusatz behoben werden. (Stavivo **30.** 99—102. 1952. Bratislava, Výzk. Úst. pre Staveb. a Archit.) STEINER. 6222

Kinjiro Fujii, *Über den freien Kalk (CaO) im Portlandzement.* Durch den Brennvorgang wird *CaO* (I) zum Teil in körniger Form von den übrigen Komponenten eingeschlossen. Der Einfl. der Teilchengröße auf die Best. des Geh. an freiem I wird mathemat. erörtert u. in einem 4-Komponenten-Gleichgewichtsdiagramm der Fall des freien I untersucht. Bei 5 Sorten *Handelszement* werden in 4 Fraktionen mit Teilchendurchmessern von 0—15, 15—30, 30—40 u. >40 μ je die I-Gehh. bestimmt, die Gewichtsanteile kumulativ in Kurven dargestellt u. mit der theoret. Kurve verglichen. Es finden sich 65—75% des gesamten freien I in den Teilchenklassen unter 15 μ Durchmesser. Das von Zement eingeschlossene freie I übersteigt nicht 10%. — 5 Diagramme, 3 Tabellen. (J. ceram. Assoc., Japan **61.** 72—76. 1953. Tokyo, Staatl. Chem. Industr. Forsch. Inst. [Orig.: japan.]) SCHULER. 6222

J. Bourgeois, A. Ertaud und **J. Jacquesson,** *Über einige Spezialschutzbetone.* Es wurde die Abnahme der Strahlung von Neutronen durch Abschirmung einiger Spezialbetone gemessen. Es wurden Normalbeton, Betone mit Zuschlagstoffen aus Borcarbid, Borax, Serpentin, Turmalin, $BaSO_4$ u. metall. Fe untersucht. Die Durchdringungstiefe variiert von · 5,62 beim Normalbeton bis 1,15 cm bei Beton mit Serpentin- u. Turmalinzusatz. Die Dichten der Betone schwankten von 2,3—3,5. (J. Physique Radium **14.** 317—22. Mai 1953. Commiss. à l'Énergie atomique, Serv. de la Pile de Châtillon.) K. SEIDEL. 6224

Charles Meurice, *Verwendung des „Spherulits" als isolierendes Leichtmaterial.* Die Spheruliterzeugnisse werden zur Herst. von Leichtbaumaterialien u. Wärmeisolierzeugnissen benutzt. Trotz ihrer hohen therm. Isloierung charakterisieren sie sich durch einen niedrigen mechan. Widerstand. Außerdem werden isolierende Halbschamotteerzeugnisse hergestellt, die einer Temp. bis zu 1300° standhalten u. therm. Stöße gut widerstehen. Charakterist. für die Leichtbetone ist deren einfache Fabrikation u. ihr Isoliervermögen selbst in feuchtem Zustand. (Ing. Chimiste [Bruxelles] **35.** 67—75. Juni 1953.) PISTOR. 6228

T. N. Keschischjan, *Über die Untersuchung von Silicaten bei wechselnden Temperaturbedingungen.* Beschreibung einer halbtechn. Meth. zur Best. des Kristallisationspunktes silicat. Schmelzen unter verschied. Temperaturbedingungen. (Доклады Академии Наук СССР [Ber. Akad. Wiss. UdSSR] [N. S.] **83.** 601—02. 1/4. 1952. Moskau, Chem.-Technol. Mendeljejew-Inst.) v. MICKWITZ. 6240

Georges und **Pierre Meker,** *Ein neuer Apparat zur Messung der Druckfeuerbeständigkeit.* Beschreibung der Apparatur. (Bull. Soc. franç. Céram. **1953.** 6—10. Juli/Sept.) SCHÜTZ. 6248

Fritz Rincke und **Dieter Ostwald,** *Eisenbestimmung im Zement und keramischen Stoffen.* Zur quantitativen titrimetr. Best. von Fe in salzsauren Aufschlüssen von Kalken, Mergeln, Tonen, Silicaten u. ihren Brennprodd. nach dem zweckmäßigsten Verf. wurden vergleichende Verss. zwischen Permanganat-, Bichromat-, Titanchlorid-, $SnCl_2$- u. KJ–Thiosulfat-Verff. angestellt. Genaueste Ergebnisse brachten Bichromat u. $TiCl_3$, doch erfordert ersteres Verf. äußerste Genauigkeit, während letzteres veränderlichen Titer verursacht; beim KJ-Thiosulfat-Verf. ist Meßgenauigkeit gering, Proportionalitätsänderung am größten, doch Titer haltbar. (Ber. dtsch. keram. Ges. e. V. Ver. dtsch. Emailfachleute e. V. **29.** 124—28. April 1952. Heidelberg, Hauptlabor. der Portlandzementwerke.) OLBRICH. 6252

—, *Bestimmung des Fließpunktes von feuerfesten Materialien.* Es wird ein Verf. zur Prüfung von Tonen bzw. Tonwaren auf Feuerfestigkeit durch Best. des Fließpunktes mit Hilfe von pyrometr. Körpern (Segerkegeln) beschrieben. (Brick Clay Rec. **123.** 83. Nov. 1953.) H. FISCHER. 6256

Soc. An. des Manufactures des Glaces et Produits Chimiques de Saint-Gobain, Chauny & Cirey, Paris, Frankreich (Erfinder: **P. H. Laburthe** und **R. E. Lambert**), *Elektrodenanordnung für Glasöfen.* Die Kohleelektroden sind durch die Ofenwände verschiebbar mit einem Futter eingeführt. Dieses Futter soll den gleichen Ausdehnungskoeff. wie die Elektrode u. einen geringen Reibungskoeff. aufweisen. Man fertigt daher die Durchführungshülsen aus C, bes. Graphit. Man kann aber auch diese Hülsen mit einem Metall, einer Legierung oder hochschm. Silicaten versehen, die für Luft hinreichend undurchdringlich sind. (**Schwed. P. 137 807** vom 20/5. 1948, ausg. 28/10. 1952. F. Prior. 21/5. 1947.) JÜRGEN SCHMIDT. 6173

Rudolf Küsters, Krefeld, *Herstellung von Inschriften, Ornamenten oder Verzierungen auf der Spiegelhaut klarer Glasscheiben.* Man verwendet als Spiegelüberzugslack eine M. aus feinem, gepulvertem, dunkelbraunem Pigment, Co-Sikkativ, reinem Bienenwachs, Ceresin, Stearin u. Terpentin. Man erhält sehr elast. Filme, die mit dem Messer geritzt werden können, so daß man scharfe Inschriften oder Verzierungen herstellen kann. (**Finn. P. 26 655** vom 23/11. 1951, Auszug veröff. 30/11. 1953.) JÜRGEN SCHMIDT. 6189

Kodak Ltd., London, England, übert. von: **Paul Francis de Paolis,** Rochester, N. Y., V. St. A., *Optisches Glas.* Dieses besteht im wesentlichen aus B_2O_3, La_2O_3, Ta_2O_5 u. ZrO_2 u. kann außerdem noch einzeln oder im Gemisch WO_3, SiO_2, ZnO u. BaO enthalten. Zweckmäßig werden folgende Grenzen eingehalten: 22—37 (Gew.-%) B_2O_3, 26—40 La_2O_3, 10—21 Ta_2O_5, 2—7 ZrO_2, 0—19 WO_3, 0—19 BaO, 0—6 ZnO u. 0—6 SiO_2. — Beispiel für eine Glaszus.: 29,5 La_2O_3, 18,6 Ta_2O_5, 12,5 BaO, 3,0 ZrO_2, 30,4 B_2O_3 u. 6,0 SiO_2. (**E. P. 639 335** vom 26/9. 1947, ausg. 28/6. 1950. A. Prior. 28/9. 1946.) HANS HOFFMANN. 6201

Kodak Ltd., London, England, übert. von: **Kuan-Han Sun,** East Pittsburgh, Pa., und **Thomas Elmer Callear,** Rochester, N. Y., V. St. A., *Optisches Glas.* Dieses besteht im wesentlichen aus 8—18,5 (Gew.-%) Li_2O, 3—16 BaO, 2,5—23 Al_2O_3, 10—34 SiO_2 u. 21—47,5 B_2O_3 u. kann noch folgende Zusätze einzeln oder im Gemisch enthalten: bis zu 10,8 CaO, bis zu 15 ZnO, bis zu 18,3 SrO, bis zu 21,7 CdO, bis zu 32 PbO u. bis zu 48,3 BaO. — Beispiele für Glaszuss.: 17,0 Li_2O, 11,7 BeO, 6,8 Al_2O_3, 20,1 SiO_2 u. 44,4 B_2O_3 oder 15 Li_2O, 3 BeO, 5 CaO, 20 Al_2O_3, 18 SiO_2 u. 39 B_2O_3. (**E. P. 641 482** vom 8/8. 1947, ausg. 16/8. 1950. A. Prior. 9/8. 1946.) HANS HOFFMANN. 6201

Corning Glass Works, Corning, N. Y., V. St. A., *Herstellung von Glasgegenständen für Kochzwecke.* Dem Glasgegenstande werden durch eine härtende Wärmebehandlung Spannungen erteilt, die unmittelbar unter denjenigen liegen, die im Falle des Durchstoßens einer seiner Flächen zu einem kristallinen Bruch unter gleichzeitigem Auseinanderspritzen der Bruchstücke führen würde. Dem Glasgegenstande wird hierdurch eine große mechan. Festigkeit, hohe Temperaturbeständigkeit u. große Stabilität erteilt. Im Falle der Zerstörung zerfällt er in vieleckige Stücke, die dicht beieinander bleiben. — Beispielsweise wird ein Kalkglas von der Zus.: 72,86 SiO_2, 1,37 R_2O_3, 16,29 Na_2O, 1,65 K_2O, 5,00 CaO, 3,36 MgO u. 0,56 B_2O_3, welches zu einem Behälter von 1,7 Liter Inhalt geformt ist, durch 10 Min. langes Erhitzen auf 695° gleichmäßig durchwärmt u. sofort in ein 405° heißes Kühlbad aus einem Gemisch aus $NaNO_3$ u. KNO_3 getaucht. (**D. B. P. 899 402** Kl. 32a vom 2/7. 1936, ausg. 10/12. 1953. A. Prior. 1/7. 1935.) HANS HOFFMANN. 6201

General Electric Co., übert. von: **Katharine B. Blodgett,** Schenectady, N. Y., V. St. A., *Herstellung halbleitender Oberflächenschichten auf Bleiglasgegenständen.* Gegenstände aus Bleiglas mit einem PbO-Geh. von 60—85 Gew.-% werden in reduzierender Atmosphäre so lange auf Tempp. zwischen 300 u. 400° erhitzt, bis sich eine Oberflächenschicht von meßbarer Leitfähigkeit bildet. Zur Erhöhung der Leitfähigkeit wird die Temp. auf 400—520° gesteigert. Anschließend wird der Glasgegenstand längere Zeit mit sd. W. behandelt. — Diagramme. (**A. P. 2 636 832** vom 22/12. 1949, ausg. 28/4. 1953.) HANS HOFFMANN. 6201

C. U. R. A. Patents Ltd., Leatherhead, übert. von: **Jan Gordon Cumming Dryden,** Wallington, und **James Hunter McKee,** Ashtead, England, *Bindemittel.* Man stellt mit aliphat. Oxyaminen, bes. Monoäthanolamin, aus Holzkohle oder bituminöser Kohle eine „koll." wss. Lsg. her u. härtet diese nach Mischen mit dem zu bindenden Stoff durch Erhitzen auf 80° bis unterhalb der Verbrennungstemp. der Kohle. Das Mittel ist bes. geeignet zur *Formgebung keram. Prodd.* vor dem Brennen. (**A. P. 2 652 354** vom 3/11. 1950, ausg. 15/9. 1953.) LÜTTGEN. 6209

Schultheis & Söhne, Wesseling, Bez. Köln (Erfinder: **Peter Schultheis,** Hahnwald-Rondorf, Bez. Köln, **August Schultheis,** Köln-Marienburg, und **Paul Weitkamp,** Wesseling, Bez. Köln), *Herstellen borarmer bzw. borfreier biskuitartiger Gußgrundemails.* Den hauptsächlich bei Tempp. von 750—1200° zu frittenden Rohgemischen werden Oxyde oder andere Verbb. des Cr, V, Ti, Mn, Fe, Co oder Ni oder solche Stoffe zugegeben, aus denen die Oxyde oder Verbb. der genannten Metalle während des Frittens entstehen können. Unter einer so zusammengesetzten Fritteschicht bilden sich keine größeren Gasmengen, welche die Haftfestigkeit beeinträchtigen, da der C als CO durch Katalyse durch die Fe-Silicat-Schicht hindurchgefördert wird. Die Oxyde oder Verbb. der genannten Metalle werden bis zu 10%, bes. unter 1%, dem Fritterohgemisch zugesetzt. (**D. B. P. 899 304** Kl. 48c vom 13/4. 1941, ausg. 10/12. 1953.) MARKHOFF. 6213

National Research Development Corp., London, England, *Gewinnung schwerschmelzbarer Gegenstände* aus *Magnesia.* Feingemahlenes MgO wird mit ca. 15% eines niederen aliphat. Alkohols, z. B. 96%ig. A., gemischt u. in eine poröse Form gedrückt. Anschließend wird der getrocknete Guß bei 1000—1200° u. später bei ca. 1800 bis 2000° gesintert. (**E. P. 688 624** vom 19/8. 1949, ausg. 11/3. 1953.) NEBELSIEK. 6219

Jack Sydney Gerber, Johannesburg, Südafrika, *Feuerfeste Gegenstände.* Ein feuerfester Stoff, wie MgO, Dolomit, Al_2O_3, ZrO_2, Chromit, SiO_2, Ton, wird auf einer Unterlage aufgetragen u. in nahe Berührung mit einem Brennstoff, wie Kohle oder Koks, gebracht. Der Brennstoff wird dann in einer Atmosphäre, die mindestens 30 (%), z. B. 80, O_2 enthält, verbrannt, wobei der feuerfeste Stoff sintert oder schmilzt. Durch lagenweises Aufsintern lassen sich Körper herstellen, oder es können auch feuerfeste Überzüge oder Glasuren hergestellt werden. (**E. P. 694 057** vom 23/11. 1950, ausg. 5/7. 1953.) REINHART. 6219

Dolomitwerke G. m. b. H., Wülfrath, und **Hüttenwerke Ruhrort-Meiderich Akt.-Ges.**, Duisburg-Ruhrort (Erfinder: **Fritz Hartmann†**, Dortmund), *Dolomitauskleidungen.* Sinterdolomit erhält außer Teer noch einen Zusatz von geringen Mengen einer Mischung von 3—10 (%) Alkalien, 45—60 Eisenoxyd, 15—25 Al_2O_3 u. TiO_2, 5—10 SiO_2 u. gegebenenfalls etwas CaO u. MgO. Dieser Zusatz wird mit dem Dolomit u. Teer innig gemischt, das Gemenge geformt u. in üblicher Weise unter Luftabschluß geschwelt. An Stelle des künstlichen Gemisches können auch 1—5 getrockneter Bauxitschlamm beigegeben werden. Durch die Zusätze soll das Zerbröckeln der Erzeugnisse verhindert werden. (**D. B. P. 884 621** Kl. 80b vom 21/4. 1944, ausg. 27/7. 1953.) REINHART. 6219

Siemens & Halske Akt.-Ges., Berlin und München (Erfinder: **Paul Schupp†**, Berlin-Lichterfelde), *Dielektrische keramische Stoffe.* Die Bldg. von Fehlstellen im Kristallgitter von TiO_2-Massen, die Anlaß zum Ansteigen des Verlustwinkels geben, wie BaO_2 u. Sb_2O_5, wird dadurch verhindert, daß sie in einer O_2-haltigen, im wesentlichen reduktionsmittelfreien Atmosphäre gebrannt u./oder mit O_2 abgebenden Substanzen versetzt werden, die während des Brennens so viel O_2 abgeben, daß die Isoliermassen von einer O_2-haltigen Atmosphäre umgeben sind. (**D. B. P. 884 622** Kl. 80b vom 17/7. 1937, ausg. 27/7. 1953.) REINHART. 6221

Internationella Siporex A/B, Stockholm, Schweden, *Herstellung von Leichtbeton.* Die beim Erhärten von gegossenem Leichtbeton durch ungleiche Temperaturverteilung in der M. auftretende Verschlechterung der Homogenität, Festigkeit u. Porenstruktur sowie die Neigung zur Rissebldg. kann verhindert werden, wenn die Temperaturunterschiede zwischen den mittleren Teilen der M. u. den äußeren durch Anordnung von mit entsprechend temperierten Fll. oder Gasen beschickten Schlangenrohren ausgeglichen werden. (**Schwz. P. 289 932** vom 3/3. 1951, ausg. 16/7. 1953. Schwed. Prior. 4/3. 1950.) HANS HOFFMANN. 6225

Carl Degen, Köln-Ehrenfeld, *Herstellen von Lehmbeton.* Wss. Lsgg. von Erdmetall- u. anderen Chloriden sowie von koll. Stoffen, wie Humussäure, Lignin, Wasserglas, Celluloseablauge, rufen bei der Erhärtung von Gemischen aus Ton, Lehm u. Zement eine verfestigende Wrkg. hervor. Diese Zusätze erhöhen die Härte u. Wasserfestigkeit u. erlauben die Herabsetzung des Zementzusatzes bei der Herst. von Lehmbeton auf 5—12%, gemessen am Gewicht des Tones. Der mit den Zusätzen hergestellte Lehmbeton hält die Kochprobe aus, u. man erreicht Druckfestigkeiten von 80—150 kg/cm^2 wie bei gebrannten Ziegelsteinen. (**D. B. P. 900 313** Kl. 80b vom 18/9. 1951, ausg. 21/12. 1953.) REINHART. 6225

Lucien-Joseph Grégori, Seine, Frankreich, *Herstellung von Leichtgipsbaukörpern.* Man macht einen Mörtel aus $Al_2(SO_4)_3$ u. $CaCO_3$ an. Im Mörtel findet eine Umsetzung folgendermaßen statt: $Al_2(SO_4)_3 + 3\,CaCO_3 = Al_2O_3 + 3\,CO_2 + 3\,CaSO_4$. Es werden Körper geformt, die dann der Abbindung überlassen werden. Man kann auch noch bekannte Härtungsverff. benutzen. Infolge des Geh. von Al_2O_3 weist der Körper feuerfeste Eigg. auf. Es können vorteilhaft Ofenverschlüsse daraus hergestellt werden. (**F. P. 1 019 200** vom 1/3. 1950, ausg. 19/1. 1953.) BEWERSDORF. 6227

Isovolcan (Soc. Commerciale et Industrielle de Produits en Matières Volcaniques), Puy-de-Dôme, Frankreich, *Herstellung von Bauelementen in der Kälte* aus 1 (Gewichtsteil) Portlandzement u. 3 Puzzolan. Die Korngrößenzus. des Puzzolans besteht aus 20% $<$2 mm, 25% 2—5 mm, 40% 5—10 mm u. 15% 10—15 mm. Man mischt zuerst Zement mit W. u. vermischt die erhaltene Zementmilch mit der Puzzolankornzusammensetzung. Bei der Formung kann die Verdichtung durch Pressen oder Rütteln erfolgen. 5% des Zementgewichtes Kieselgur kann noch als Zuschlagstoff Mitverwendung finden. (**F. P. 1 005 137** vom 9/6. 1947, ausg. 7/4. 1952.) BEWERSDORF. 6229

Minnesota Mining and Mfg. Co., übert. von: **Charles Laurence Flooding**, St. Paul, Minn., V. St. A., *Boden- bzw. rutschfester Belag* auf Metall, Zement, Holz u. dgl., bestehend aus 100 (Teilen) Sand, Phenol- oder Harnstoffharz, 20—40 Al-Zement (Lumnit) u. einer wss. Emulsion mit bis zu 55% Festteilen u. 14—28 eines Mischpolymerisats aus 4,3 Vinylacetat u. 1 2-Äthylbutylmaleat. Die M. kann auch zum Ausbesssern von Stuck oder Kitten von Glas (Aquarienbau) verwendet werden. (**E. P. 666 865** vom 9/8. 1948, ausg. 20/2. 1952. A. Prior. 25/8. 1947.) SALZMANN. 6231

International Bitumen Emulsions Ltd., übert. von: **Leonard Charles Bradshaw**, Slough, England, *Herstellung bituminöser Faserstoffplatten.* Als Bindemittel für Faserstoffe, wie Asbest, wird ein Gemisch aus mit S versetzten Fettsäuren (I) u. einem Hartbitumen (II) verwendet; die M. wird nach dem Verformen zunächst bei Tempp. bis zu 90° getrocknet u. anschließend durch höheres Erhitzen (150—170°) polymerisiert. Das Mischungsverhältnis von **I** : **II** soll zwischen den Werten 1 : 2,4 u. 3,5 : 1 liegen. — Beispielsweise wird ein Bindemittelgemisch, bestehend aus 100 (Gewichtsteile) **I**, 200—240 **II** u. 18—24 S, verwendet, das zu gleichen Teilen mit Asbest vermengt wird. (**A. P. 2 602 029** vom 17/9. 1946, ausg. 1/7. 1952. E. Prior. 31/7. 1945.) HANS HOFFMANN. 6235

Électro-Réfractaire, Paris, *Feuerfeste Erzeugnisse und Schleifmittel.* Tonerdereiche Stoffe, wie Bauxit, Diaspor, Laterit oder Hydrargillit, mit 4—8% Verunreinigungen an Fe_2O_3, werden auf einer Unterlage des gleichen, zuvor geschmolzenen Materials, auf dessen Oberfläche gepulverte oder gekörnte Kohle verteilt ist, in einem elektr. Ofen, z. B. einem HEROULT-Ofen, geschmolzen. Das Eisenoxyd wird während des Verf. zu metall. Fe red., geschmolzen u. sammelt sich wegen seiner hohen D. in dem unteren Teil des Ofens. Das darüber befindliche Al_2O_3 kann abgezogen u. der Ofen mit einer neuen Charge fein verteilter Kohle u. tonerdereichem Rohstoff beschickt werden. (**E. P. 647 721** vom 8/7. 1947, ausg. 20/12. 1950. F. Prior. 9/7. 1946.) REINHART. 6239

VII. Agrikulturchemie. Schädlingsbekämpfung.

B. S. Ellis, R. G. Thomas und **J. G. Thompson,** *Die Böden des unteren Sabi-Tales.* Übersicht über Fruchtbarkeit, Bewässerungsmöglichkeiten, physikal. u. chem. Eigg. der verschied. Böden des unteren Sabi-Tales (Rhodesien). (Rhodesia agric. J. **50.** 113—28. März/April 1953.) WESLY. 6300

A. H. Könekamp, *Teilergebnisse von Wurzeluntersuchungen.* Beschreibung einer Meth. zur Ermittlung der dem Boden über die Wurzelbldg. zugeführten Menge an organ. Substanz. Der „Wurzelwert" (definiert als x = 100 U/O; U = Wurzelmasse + unterird. Stengelteile; O = oberird. Erntemasse) beträgt bei Getreide 10—21 (Optimum bei Blühbeginn), Herbst- u. Winterzwischenfrüchten 25—56. — Durch nur um 10 Tage verzögerte Aussaat wurde bei Landsberger Gemenge O um 37%, U um 29% gemindert. — Bei der Beurteilung der Wurzelwerte für die Bodenfruchtbarkeit spielt der N-Geh. (Gramineen 0,2%, Leguminosen 2—3%) durch entscheidende Veränderung des C : N-Verhältnisses der organ. Bodenmasse eine bedeutende Rolle. (Z. Pflanzenernähr., Düng., Bodenkunde **60.** 113—24. 1953. Braunschweig-Völkenrode, Inst. für Grünlandwirtschaft.) RANG. 6304

M. R. Chandrasekhara, M. L. Mathur und **N. B. Das,** *Beeinflussung der Qualität von Weizen durch Fruchtfolge und Düngung.* Die Best. des *Protein* (**I**)- u. *Thiamin*-Geh. von Weizen, der auf verschieden gedüngten Versuchsflächen u. mit verschied. Vorfrucht bzw. auf Flächen mit verschied. Fruchtfolge geerntet worden war, ergab: Hoher **I**-Geh. ist nicht mit hohem Ertrag gekoppelt, im Gegenteil scheinen hohe Erträge fast stets geringen **I**-Geh. aufzuweisen. Gaben von P-haltigen Düngemitteln verringern den **I**-Geh., steigern dagegen den P_2O_5-Geh. des Kornes. Einbeziehung von Leguminosen in die Fruchtfolge steigert deutlich den **I**-Geh. des Kornes. — Der geringste Geh. an Thiamin wurde nach Stallmistgaben, der höchste nach Düngung mit NPK sowie nach Gründüngung + P festgestellt. (Sci. and Cult. **19.** 199—200. Okt. 1953. New Delhi, Indian Agric. Res. Inst.) KLESSE. 6304

T. W. Walker und **D. H. Robinson,** *Der Einfluß von Stickstoff auf den Ertrag von Sommerweizen.* 1 cwt Ammonsulfat/acre ergab in einem 3jährigen Vers. an zehn Standorten mit drei Weizensorten eine durchschnittliche Ertragssteigerung von 2,3 cwt/acre. Erhöhte Gaben von 2 bzw. 3 cwt Ammonsulfat/acre ergaben keine weiteren wesentlichen Ertragssteigerungen. (Agriculture [London] **58.** 569—72. März 1952. New Zealand, Univ., Canterbury Coll.) GRÜTZ. 6304

A. O. Engels, *Mineraldünger und seine Anwendung im Weinbau.* Allg. Ausführungen. (Weinblatt **48.** 177—78. 6/3. 199—200. 13/3. 1954. Speyer/Rh.) WINIKER. 6304

J. K. M. Skene, *Spurenelemente.* Überblick über die Bedeutung der Spurenelemente für die Landwirtschaft. (J. Dep. Agric., Victoria **51.** 163—68. April 1953.) GRIMME. 6304

R. Ciferri, *Aldrin und Dieldrin.* Überblick über Eigg., Wrkg. u. Anwendung. (Coltivatore Giorn. vinicolo ital. [N. S.] **100.** 93—96. März 1954.) WINIKER. 6312

Siegfried Uhlig, *Die Messung der Bodenverdunstung.* Besprechung verschied. einschlägiger Methoden. Am geeignetsten für die prakt. Landwirtschaft erscheint der modifizierte Bodenverdunstungsmesser (Kleinlysimeter) nach POPOFF. Die Messungsergebnisse dürfen nicht kritiklos auf völlig anders geartete Bodenflächen übertragen werden. — 10 Literaturangaben. (Z. Pflanzenernähr., Düng., Bodenkunde **60.** 168—72. 1953. Bad Kissingen.) RANG. 6324

Wolfdietrich Eichler, *Die Bedeutung des Drosophilatests für die Kontaktinsekticidforschung.* Der Drosophilatest geht davon aus, daß im Becherglas eingesperrte Drosophilen (I) ausschließlich am Glas sitzen u. nur ausnahmsweise den Boden aufsuchen. Wird die Glasfläche mit einem kontaktinsekticiden Belag versehen, so halten sich die I so lange an Wand u. Decke auf, als es ihnen infolge der fortschreitenden Vergiftung möglich ist. Vergiftete I fallen auf den Boden u. gestatten unmittelbaren Vgl. bzw. statist. Auswertung. Der Test ermöglicht die Prüfung von Entdedetisierungsverff. u. kann zum Nachw. von Kontaktinsekticidwrkg. in Organen u. Ausscheidungen herangezogen werden. (Pharmazie **6.** 474—77. Sept. 1951. Leipzig, Univ., Parasitol. Inst.) LÜPNITZ. 6328

Soc. de Produits Chimiques et Engrais d'Auby (Soc. An.) und **Paix & Co.,** Frankreich, *Säcke für Düngemittel.* Die z. B. aus Jute hergestellten Säcke sind auf der Innenseite mit einem Bitumen enthaltenden Überzug versehen. Hierzu verwendet man z. B. eine Lsg. aus 0,8 (%) Polystyrol, 1,6 Vinylisobutylpolyäther, 48 Bitumen, 49,6 Lösungsm., z. B. Solventnaphtha, oder z. B. eine Bitumenemulsion, die bis zu 30 Gew.-% Latex u. höchstens 40% W. enthält. (**F. P. 1 031 544** vom 29/1. 1951, ausg. 24/6. 1953.) OPPERMANN. 6271

Potasse et Engrais Chimiques (Soc. An.), Frankreich, *Aufschließen von Naturphosphat.* Man läßt in einem nach unten hin kon. verlaufenden App. von unten her Säure (HCl) aufsteigen u. beschickt den App. von oben her kontinuierlich mit Naturphosphat in fester Form oder in Form eines aus Naturphosphat u. W. oder Säure oder Monocalciumphosphatlsg. bestehenden Breis, wobei das Naturphosphat zers. wird. — Vorrichtung. (**F. P. 1 032 391** vom 13/2. 1951, ausg. 1/7. 1953.) OPPERMANN. 6283

Louis Jardin, Tunis, *Phosphatdünger.* Man vermischt bas. oder saure fl. Schlacken, z. B. Hochofenschlacken, Schlacken des THOMAS- oder MARTIN-Verf., in einem geeigneten Gefäß mit Naturphosphaten u. gegebenenfalls mit Alkalisalzen, z. B. Sulfaten, Bisulfaten oder Carbonaten von Na oder K, SiO_2 u. Kohle, u. granuliert das Prod. durch Injektion von W. oder Wasserdampf. (**F. P. 1 024 660** vom 16/9. 1950, ausg. 3/4. 1953.) OPPERMANN. 6283

Potasse et Engrais Chimiques (Soc. An.), Frankreich, *Herstellung von Phosphatdüngern.* Man setzt dem Dünger im Verlaufe seiner Herst. eine Mg-Verb., z. B. MgO, $MgCl_2$, $MgSO_4$, $MgCO_3$, Dolomit, zu. Hierdurch wird es möglich, den Dünger ohne Herabsetzung seiner Löslichkeit zu neutralisieren u. bei erhöhter Temp. (100°) zu trocknen. (**F. P. 1 031 992** vom 2/2. 1951, ausg. 29/6. 1953.) OPPERMANN. 6283

Alexander Thurau, Deutschland (Erfinder: **Ludwig Schmitt**), *Calciumphosphat- und Calciummagnesiumphosphatdünger.* Man schließt natürliche Rohphosphate oder Knochenmehle in bekannter Weise auf nassem Wege mit einer Säure (H_2SO_4, HNO_3 oder H_3PO_4) auf u. versetzt kurz vor Reaktionsende das Prod. mit Kalk, Dolomit oder gebranntem Dolomit in solcher Menge, daß das Endprod. keine freie, sondern nur wasser- u. citratlösl. H_3PO_4 enthält. (**F. P. 1 029 476** vom 13/12. 1950, ausg. 3/6. 1953. D. Prior. 21/12. 1949.) OPPERMANN. 6283

Soc. Chimique de la Grande Paroisse, Azote et Produits Chimiques, Frankreich (Erfinder: **Jean**), *Herstellung von stickstoffhaltigem flüssigem Dünger.* Man neutralisiert NH_3-Gas mit HNO_3 in der Wärme. Nach Abkühlung der gebildeten NH_4NO_3-Lsg. setzt man weiteres NH_3-Gas u. CO_2 in solcher Menge zu, daß eine fast gesätt. Lsg. von NH_4-Carbamat u. NH_4NO_3 entsteht, die beträchtliche Mengen freies NH_3 enthält. Das freie NH_3 wird infolge seiner Affinität zum NH_4NO_3 gebunden. — Zeichnungen. (**F. P. 1 025 345** vom 30/9. 1950, ausg. 14/4. 1953.) OPPERMANN. 6285

Phillips Petroleum Co., übert. von: **Sam P. Robinson,** Bartlesville, Okla., V. St. A., *Überziehen von Ammoniumnitratdüngemitteln.* NH_4NO_3-Kristalle von einer Teilchengröße zwischen 20—100 Maschen werden nach dem Wirbelstromverf. mit einem Überzug von feinzerkleinerten Stoffen, z. B. FULLER- oder Diatomeenerde, Kieselgur, $CaCO_3$, von einer Teilchengröße von 50—600, bes. 150—300, Maschen versehen. Die Kristalle u. Überzugsstoffe werden dabei in 2 getrennten Strömen von inerten Trägergasen, z. B. trockenem N oder wasserdampffreier Luft, suspendiert, wobei die NH_4NO_3- u. z. B. $CaCO_3$-Teilchen eine elektrostat. Ladung von entgegengesetztem Wert erhalten. Die Stärke des Überzuges auf den NH_4NO_3-Kristallen kann durch Anpassung der Strömungsgeschwindigkeit der N-Ströme durch das Wirbelstrombett, der elektrostat.

Ladung u. der Teilchengröße der beiden Komponenten geregelt werden. Mit geringen $CaCO_3$-Mengen werden einheitlich mit einem $CaCO_3$-Überzug versehene, lagerbeständige u. nichthygroskop. NH_4NO_3-Düngemittel erhalten. — Vorrichtung. (**A. P. 2 644 769** vom 31/12. 1948, ausg. 7/7. 1953.) KARST. 6285

Wintershall Akt.-Ges., Celle, und **Hellmuth Keitel** (Erfinder: **Hellmuth Keitel**, Kassel), *Aufarbeitung von Kalirohsalzen.* Die Flotation von Kalirohsalzen wird unter Tage vorgenommen u. das gereinigte bzw. reine K-Salz zutage gefördert. Die unerwünschten Begleitstoffe des Rohprod. werden unter Tage belassen u. bes. als Versatz verwendet. Die Flotation wird in der Nähe des Abbauortes in getrennt nebeneinander liegenden Abbauräumen vorgenommen, welche für sich die Rohsalzzerkleinerung, die Flotationsapp. u. die Laugenklärung u. bzw. mit Zubehörapp. enthalten. Der Antransport des Rohsalzes u. der Abtransport der Prodd. u. des Rückstandes erfolgt direkt über die Förderstrecke. Die beim Arbeiten über Tage auftretenden Schwierigkeiten infolge der Temperaturunterschiede durch Tag-, Nacht- u. Jahreszeitenwechsel werden vermieden. (**D. B. P. 902 133** Kl. 12 l vom 19/4. 1952, ausg. 18/1. 1954.) KARST. 6287

Potash Co. of America, Denver, Col., V. St. A., *Verarbeitung von Kaliumchlorid.* KCl-Salze, die ca. 95—98% KCl u. geringe Mengen an NaCl u. K_2SO_4 enthalten u. aus Kalirohsalzen von Carlsbad (N. Mex.) erhalten wurden, werden bei ca. 755—780° geschmolzen. Die schmelzfl. M. wird in dünnen Filmen von 0,16—0,32 cm Dicke auf gekühlte, rotierende Scheiben aufgetragen u. innerhalb 40 Sek. auf 500° abgekühlt. Die verfestigte M. wird mit Abstreifen in Flockenform abgekratzt, mit kalter Luft gekühlt, zerkleinert u. gesiebt. Das Prod. ist nicht hygroskop., backt beim Lagern nicht zusammen u. eignet sich bes. für *Düngezwecke.* — Vorrichtung. (**E. P. 699 215** vom 14/11. 1951, ausg. 4/11. 1953. A. Prior. 16/11. 1950.) KARST. 6287

Boyce Thompson Institute for Plant Research, Inc., New York, übert. von: **John Morris Arthur**, Yonkers, N. Y., V. St. A., *Düngemittel.* Man vermischt 10—50 (%) eines N-haltigen organ. Materials, z. B. Wollrückstände, tier. Haare, Federn oder dgl., u. 3 eines unzers. pflanzlichen Kohlenhydratmaterials, bes. Humus, Stroh, Kaff, Agavenfaserrückstände, geringe Mengen eines anorgan. Nitrats, wie $NaNO_3$, KNO_3 u. NH_4NO_3, u. ein anorgan. Phosphat, z. B. Superphosphat, feingemahlenes Rohphosphat oder phosphorsäurereiche Böden, miteinander. Das Gemisch ist bes. als langsam u. ständig wirkende Nährstoffquelle, die keine Verbrennungsschäden hervorruft, für junge Pflanzen in Topfkulturen geeignet. (**A. P. 2 640 772** vom 18/1. 1950, ausg. 2/6. 1953.) KARST. 6291

Office National Industriel de l'Azote, Frankreich (Erfinder: **Robert Guillet, Louis Soubies** und **Jean Cluzel**), *Herstellung von nichthygroskopischen, im Tropenklima verwendbaren Düngern.* Sie werden erhalten durch Aufschließen von gemahlenen calcinierten natürlichen Ca-Phosphaten oder anderen mit HNO_3 unter gleichzeitiger Einw. von $(NH_4)_2SO_4$ oder von H_2SO_4 u. NH_3 bei mäßiger Temp. (unter 40°), so daß sich im Verlaufe der Rk. kristallwasserhaltiges $CaSO_4$ u. kristallwasserhaltige Ca-Phosphate bilden. Die erhaltene Lsg. wird unter Zusatz von Düngerstaub aus früheren Umsetzungen u. gegebenenfalls von KCl u. anderen geeigneten Stoffen granuliert. — Vorrichtung. (**F. P. 1 025 366** vom 2/10. 1950, ausg. 14/4. 1953.) OPPERMANN. 6291

Augustin Louis Joseph Vilain, Frankreich, *Herstellung von magnesiumhaltigem Dünger.* Man vermischt rohes Calciumphosphat mit lösl. Sulfaten, z. B. NH_4-, K-, Na-, Mg-Sulfat, u./oder NH_4-Nitrat, -Chlorid oder -Phosphat u./oder KCl, NaCl, $MgCl_2$ usw. Dann versetzt man das Gemisch mit HNO_3 u. gegebenenfalls H_2SO_4, H_3PO_4 oder HCl u. neutralisiert die freie Säure z. B. mit Mg-Carbonat, -Hydrat, -Oxyd oder rohem oder gebranntem Dolomit. (**F. P. 1 031 028** vom 16/1. 1951, ausg. 18/6. 1953.) OPPERMANN. 6291

Ernest A. Snow jr., Amherst, Mass., V. St. A., *Düngemittel.* In 1000 (Teile) Seewasser werden ca. 10 $Fe(CN)_6$ u. ca. 15 NH_4Cl gelöst, nach Zusatz von ca. 50 A. oder Aceton wird der erhaltene Nd. durch Zentrifugieren oder Filtrieren abgetrennt, bei 105° getrocknet u. gemahlen. Ein Gemisch aus 2—15 Nd. u. 2—5 trockenem Abwasserklärschlamm wird unter Erhitzen mit ca. 50 konz. H_2SO_4 behandelt u. die M. mit 10—40 gemahlenem Rohphosphat neutralisiert. Nach Beimischung von weiteren 25—30 getrocknetem Abwasserklärschlamm wird das Prod. getrocknet, gemahlen u. in Säcke verpackt. Es enthält die wichtigsten Pflanzennährstoffe u. Spurenelemente in pflanzenaufnehmbarer Form. (**A. P. 2 639 231** vom 28/3. 1952, ausg. 19/5. 1953.) KARST. 6293

„Co-Chi" Concimi Chimici S. R. L., Rom, Italien, *Herstellung von Düngemitteln aus Müll.* Müll, Kehricht u. andere städt. Abfallstoffe werden durch Sortierung von Festkörpern befreit. Der Rückstand wird vor Beginn der Fermentation mit HNO_3

behandelt u. die breiförmige M. mit solchen Mengen CaO versetzt, daß nach Neutralisation der HNO_3 u. Bindung des W. noch ein Überschuß an CaO in der M. vorhanden ist. Die trockene M. wird gepulvert oder granuliert u. stellt ein N-reiches Humusdüngemittel dar, dessen CaO-Geh. die atmosphär. Feuchtigkeit bindet. (**Schwz. P. 288 736** vom 31/7. 1950, ausg. 1/6. 1953. It. Prior. 11/8. 1949.) KARST. 6295

Krebs & Co. (Soc. An.), Frankreich, *Herstellung von Dünger*. Man behandelt organ. Stoffe, z. B. menschliche u. tier. Exkremente, Haus- u. Fischabfälle, geeignete Industrieabwässer, mit einer alkal. Substanz, z. B. CaO, $Ca(OH)_2$, Kalkmilch, NaOH, KOH, alkal. Na- oder K-Salzen, Holzasche oder Gemischen dieser Substanzen, u. leitet bei n. oder erhöhter Temp. einen starken Strom von inertem Gas oder Luft in das Gemisch von organ. Stoffen u. Alkali ein. Die hierbei entweichenden NH_3-Dämpfe u. NH_4-Salze absorbiert man mit H_2SO_4, HNO_3 oder HCl oder mit einer mit W. oder Säure benetzten porösen Substanz (Torf, Stroh, Erde, Sägespäne) oder mit Asche, Poudrette oder Humus. (**F. P. 1 031 357** vom 24/1. 1951, ausg. 23/6. 1953.) OPPERMANN. 6295

Dow Chemical Co., Midland, Mich., übert. von: **Richard N. Raynor**, Danville, und **Doane Stewart**, Garden Grove, Calif., V. St. A., *Beschleunigung der Reife von Feldfrüchten*. Gegen Ende der n. Wachstumsperiode werden Kulturpflanzen, bes. Baumwolle, Tomaten, Bohnen, Pfeffer, Erbsen, Flachs, Milokorn u. Zuckerrohr, mit wss. Lsgg., Dispersionen, Emulsionen oder Stäubemitteln behandelt, die α- oder *β-Chlorpropionsäure* oder α- bzw. *β-Brompropionsäure* oder ihre K- oder Na-Salze enthalten. Außentemp. bei der Behandlung ca. 18—30°. — Mengen: 4,5—22,5 kg je 4050 m². Die gleichmäßige Entw. der Gewächse wird gefördert, teilweiser Blattabfall erzielt u. die Ernte erleichert. (**A. P. 2 649 365** vom 29/11. 1951, ausg. 18/8. 1953.) KARST. 6297

Étienne Blanchon, Frankreich, *Steigerung der Lebenskraft und Ertragsfähigkeit von Böden und Kulturen*. Man hält Pflanzen oder Pflanzenteile 7 Tage u. mehr bei 0—25°, vorzugsweise 0—4°, oder bewahrt sie die gleiche Zeit im Dunkeln auf. Man kann sie als solche zum Düngen verwenden. Oder man extrahiert sie mit A., verd. den Extrakt mit W. u./oder Glycerin u. berieselt damit Böden u. Pflanzen. Oder man absorbiert die Lsg. mit einem inerten Material, z. B. Talk, $Al(OH)_3$, C u. vermischt das Prod. mit Erde oder Düngern. (**F. P. 1 030 363** vom 30/12. 1950, ausg. 12/6. 1953.) OPPERMANN. 6305

Monsanto Chemical Co., St. Louis, Mo., übert. von: **Arthur H. Schlesinger**, Dayton, O., V. St. A., *Herbicide Mittel*. Die Mittel bestehen aus Öl-in-W.-Emulsionen, die ein Keton der Formel I enthalten, in der R = H oder Alkylreste mit 1—5 C-Atomen bedeutet. — Beispiele: *2-Thienylphenylketon, 2-Thienyl-4-tolylketon, 2-Thienyl-2-äthylphenylketon, 3-Thienyl-4-isopropylphenylketon* u. *2-Thienyl-4-n-butylphenylketon*.

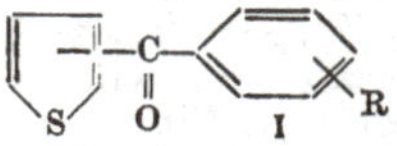

I

Konz. ca. 0,1—2%. Die Emulsionen werden auf die Blätter u. Stengel der zu bekämpfenden Unkräuter gespritzt. Die Ketone können auch im Gemisch mit festen Trägerstoffen als Stäubemittel verwendet oder mit Insekticiden oder Fungiciden vermischt werden. (**A. P. 2 634 200** vom 26/12. 1951, ausg. 7/4. 1953.) KARST. 6313

General Aniline & Film Corp., New York, N. Y., übert. von: **Herbert L. Sanders**, Chicago, Ill., und **Raymond L. Mayhew**, Philippsburg, N. J., V. St. A., *Verhinderung der Ausfällung von 2.4-D-Salzen in hartem Wasser*. Die Ausscheidung von 2.4-D-Salzen (= 2.4-Dichlorphenoxyessigsäure) (I) aus Lsgg. dieser Salze, die zur *Unkrautvertilgung* dienen, rufen Verstopfungen der Sprühdrüsen hervor. Die Abscheidung wird verhindert durch Zusatz von 0,1—2%, bezogen auf I, einer Verb. folgender Zus.: RCO·R′

$NCH_2CH_2SO_3M$. Hierin bedeuten: R einen Harzsäurerest oder eine Mischung von Harz- u. Fettsäureresten, R′ = H oder CH_3-Gruppe, M = Alkali oder NH_2. — Beispiele: ein Tallöl-N-acyltaurat, ein Carboxysäure-N-acyltaurat einer Mischung von 70% Harzsäuren u. 30% ungesätt. Fettsäuren. (**A. P. 2 628 162** vom 29/12. 1950, ausg. 10/2. 1953.) REICHELT. 6313

Monsanto Chemical Co., St. Louis, Mo., übert. von: **Ross M. Hedrick** und **David T. Mowry**, Dayton, O., V. St. A., *Herbicide Mittel*. Das Mittel besteht aus einem Gemisch von ca. 0,05—20 (%) eines Unkrautvernichtungsmittels, z. B. 2.4-Dinitrochlorbenzol, Trichloressigsäure, aromat. Derivv. der Carbaminsäure, Pentachlorphenol u. seine lösl. Salze, Na-Arsenat, -Chlorat, NH_4-Sulfamat, Dinitrophenol u. dgl., u. ca. 80—99,95 eines wasserlösl. Polyelektrolyten als Trägerstoff, bes. der Polymeren u. Mischpolymeren aus Acrylsäure u. Methacrylsäure oder deren Derivv. u. Styrol, Vinylacetat, Acrylonitril, Methacrylonitril, Butadien, Alkylacrylaten oder -methacrylaten,

Vinylchlorid, Vinylidenchlorid, Alkylmaleaten oder -fumaraten oder dergleichen. Außerdem wird die Struktur der behandelten Böden durch Agglomeration der feinen Bodenteilchen zu größeren verbessert u. die Erosionsgefahr vermindert. (**A. P. 2652322** vom 3/1. 1951, ausg. 15/9. 1953.) KARST. 6313

Monsanto Chemical Co., St. Louis, Mo., übert. von: **David T. Mowry** und **Ross M. Hedrick,** Dayton, O., V. St. A., *Herbicide Mittel.* Feste Unkrautvertilgungsmittel, z. B. 2.4-Dinitrochlorbenzol, Trichloressigsäure, aromat. Derivv. der Carbaminsäure, Pentachlorphenol u. seine lösl. Salze, Na-Arsenat oder -Chlorat, NH_4-Sulfamat, Dinitrophenol u. dgl., werden in Mengen von 0,05—20 (%) mit 80—99,95 eines wasserlösl. Polyelektrolyten, z. B. den Mischpolymeren aus Maleinsäure, Maleinsäureanhydrid, Maleinsäureamid u. Maleaten oder dgl. u. Styrol, Vinylchlorid, Vinylacetat, Äthylen, Alkylacrylaten, -methacrylaten, Isobutylen, Vinylidenchlorid oder dgl., innig vermischt u. das Gemisch zur Vernichtung von Unkräutern verwendet. Die Struktur der behandelten Böden wird verbessert u. Wind- u. Wassererosion vermindert. (**A. P. 2 652 323** vom 3/1. 1951, ausg. 15/9. 1953.) KARST. 6313

Monsanto Chemical Co., St. Louis, Mo., übert. von: **John K. Fincke,** Dayton, O., V. St. A., *Unkrautvertilgungsmittel.* Man verwendet wss. Lsgg. oder Stäubemittel aus Ton, Kalk, Bentonit, FULLER-Erde oder dgl., die 5—500 lbs./sq.in. eines Alkylvinylsulfons, z. B. *Methyl-, Äthyl-, n-Hexyl-, n-Octyl-* u. *tert.-Dodecylvinylsulfon,* enthalten. Insekticide u. fungicide Mittel können zugesetzt werden. Die Sulfone sind stabil, nichtkorrosiv u. weisen gute herbicide Wirkungen auf. (**A. P. 2 634 202** vom 25/4. 1950, ausg. 7/4. 1953.) KARST. 6313

Bristol Laboratories, Inc., übert. von: **William B. Wheatley,** Syracuse, N. Y., V. St. A., *Fungicides Mittel.* Zur Bekämpfung von Fungi bei Menschen, Tieren, Pflanzen u. auf organ. Stoffen, bes. von Meltau u. Moder- oder Stockflecken in Geweben werden Lsgg. oder Gemische von *Cu-7-benzyl-8-chinolinat* mit festen Trägerstoffen verwendet. Herst. der Verb. durch Rk. von 7-Benzyl-8-oxychinolin in Methanol mit lösl. Cu-Salzen, bes. Cu-Acetat, F. 252—253°. Als Spritzmittel bes. geeignet. (**A. P. 2 649 451** vom 24/5. 1952, ausg. 18/8. 1953.) KARST. 6313

McLaughlin Gormley King Co., Minneapolis, übert. von: **Joseph B. Moore,** Edina, Minn., V. St. A., *Insekticide und acaricide Mittel.* Zur Vernichtung von Milben u. deren Eiern, z. B. *Tetranychus pacificus McG., Paratetranychus polisis, Eriophyidae, Paratetranychus citri McG., Tetranychus sexmaculatus, Bryobia praetiosa Koch* u. *Tetranychus bimaculatus* auf Citrus-, Äpfel-, Birnen-, Koniferenbäumen u. dgl., Rosen u. Weinreben werden wss. Spritzbrühen verwendet, die *Propylenglykol* (**I**) u. *Alkaliammoniumsulfosulfide* (**II**), z. B. $(KNH_4S)S_5$, $(NaNH_4S)S_5$ oder $(LiNH_4S)S_5$, enthalten. Auf 1—4 (Teile) **I** werden 1—4 einer wss. 30%ig. Lsg. von **II** verwendet. Das Konzentrat wird vor dem Gebrauch mit W. verdünnt. DDT kann der M. zugesetzt werden. Die Spritzbrühen sind ungiftig für Menschen u. warmblütige Tiere. (**A. P. 2 641 563** vom 16/5. 1951, ausg. 9/6. 1953.) KARST. 6313

Günter Löhers, Magdeburg-Südost, *Schwelmischungen zum Verräuchern von Insekticiden.* Als Schwelmittel wird ein Gemisch von Kohle u. NH_4NO_3, gegebenenfalls mit geringen Mengen eines mehrwertigen Alkohols, wie Äthylenglykol, verwendet. Dem Gemisch wird das Insekticid, z. B. γ-Hexachlorcyclohexan, eingearbeitet. (**D. P. [DDR] 2055** Kl. 45 l vom 31/3. 1952, ausg. 12/5. 1953 [Wirtschaftspatent].) WITTHOLZ. 6313

Laboratoire Agir, Frankreich, *Vertilgung von Insekten.* Man verbrennt ein Gemisch von Kohle, Holzmehl, Salpeter u. einem flüchtigen insekticiden Mittel, z. B. Nicotin, „DDT". — Vorrichtung. (**F. P. 1 032 853** vom 19/2. 1951, ausg. 6/7. 1953.) OPPERMANN. 6313

California Spray-Chemical Corp., Richmond, übert. von: **David L. Shatto,** Riverside, Calif., V. St. A., *Tetraäthylpyrophosphat enthaltende Insekticide.* $CaSO_4$, $BaSO_4$ oder $SrSO_4$ werden durch Calcinierung bei ca. 200° entwässert u. als Trägerstoffe zur Imprägnierung mit Lsgg. von Phosphatestern, bes. *Hexaäthyltetraphosphat, Tetraäthylpyrophosphat* u. *Tetraäthyldiphosphat,* in Alkoholen, Ketonen, aromat. Lösungsm. mit hohem Kp. verwendet. Trockene Diatomeenerde in Mengen von 5—15% kann der M. zugesetzt werden. Konz. an akt. tox. Stoffen ca. 0,3—5%. Man erhält insekticide *Stäubemittel* von hoher Stabilität. (**A. P. 2 640 800** vom 6/9. 1949, ausg. 2/6. 1953.) KARST. 6313

Norddeutsche Affinerie, Hamburg, und **C. F. Spiess & Sohn Chemische Fabrik,** Kleinkarlbach, *Schädlingsbekämpfungsmittel.* Phosphorig-, Arsenig- oder Antimonigsäurealkylester werden mit einem reaktionsfähigen aliphat. oder aromat. Aldehyd oder mit einer organ. Schwefelchlorverb. umgesetzt, wobei die Aldehyde u. Schwefelchloride auch substituiert sein können. Vorzugsweise wird Nitrophenylschwefelchlorid empfohlen. (**Oe. P. 176 395** vom 7/3. 1951, ausg. 10/10. 1953. D. Prior. 15/1. 1951.) WITTHOLZ. 6313

VIII. Metallurgie. Metallographie. Metallverarbeitung.

P. K. Gledhill, G. C. Carter und **C. F. Ely,** *Der Einfluß von Mineralzusätzen und der Feuchtigkeitsregelung auf die Sinterung von Sierra-Leone-Konzentraten.* Der Zusatz von Kalk u. kalkhaltigen Materialien zu SIERRA-LEONE-Konzentraten bedingt eine Verringerung der Sinterzeit u. eine Verminderung des Luftbedarfs. Eine merkbare Veränderung in der Durchlässigkeit wurde nicht festgestellt. Bei 4% Kalk wurde der Nutzungsgrad der Luft fast verdoppelt. Bei Konzentraten von anomal geringer Korngröße war die Durchlässigkeit merklich bei 6,5—7 (%) Feuchtigkeit größer u. die Sinterzeiten waren bei 5 Feuchtigkeit am geringsten. Zusätze von Hochofenschlacke verringerten die Sinterzeiten bei allen Feuchtigkeitsgehh. beträchtlich. (J. Iron Steel Inst. **175.** 277—79. Nov. 1953.) HOCHSTEIN. 6378

A. Lincke, *Schmelzen im basischen Kupolofen.* (Giessereipraxis **71.** 93—94. 25/3. 1953.) PAHL. 6402

K. Roesch, *Die Entschwefelung des Eisens im Gießereibetrieb.* Die Erschmelzung von Grauguß, Temperguß u. Gußeisen mit sphärolith. Graphitausbldg. aus dem Kupolofen sowie das Vorschmelzen des Eisens für die Bessemerei bedingt die Einhaltung eines niedrigen S-Gehaltes. Die Entschwefelung mit Soda ergibt bei Benutzung bas. Pfannen u. guter Durchmischung einen Entschwefelungsgrad bis zu 70%; mit Kalk- u. Kohlenstaub wird eine Entschwefelung von 90% u. mehr erzielt, wenn in reduzierender Atmosphäre u. bei sehr starker Durchmischung gearbeitet wird. (Giesserei **40.** 230—34. 30/4. 1953. Remscheid.) HOCHSTEIN. 6402

Albert de Sy, *Belgischer Beitrag zur Untersuchung von Gußeisen mit Kugelgraphit.* Festgestellt wird der Einfl. eines *Li-*, *Ca-*, *Ba-* u. *Sr-*Zusatzes zum Gußeisen auf die kugelförmige Graphitausbildung. Es wird der Vorgang der Bldg. von kugelförmigem Graphit durch *Mg*-Zusatz untersucht. (Rev. univ. Mines, Métallurg. Trav. publ., Sci. Arts appl. Ind. [9] **6** (**93**). 269—77. Aug. **1950.**) HOCHSTEIN. 6404

A. Desoer, *Untersuchungen über die Verwendung von Sauerstoff im Thomas-Verfahren in den Hüttenwerken des Bezirks Lüttich.* Verss. mit O_2-angereicherter Luft sowie mit Schrott- u. Erzzusatz im Konverter wurden durchgeführt. Außerdem wird über Verss. mit Kalksteinzusatz sowie mit Blasen von O_2 u. Wasserdampf berichtet. U. a. wurde gefunden, daß bei gleichzeitiger Verwendung von O_2-angereicherter Luft u. Zusatz von Kalkstein mit Schrott u. Kalkstein mit Erz die N_2-Gehh. des Stahles in dem Maße erniedrigt wurden, in dem der Zusatz von Kalksteinsplitt erhöht wurde. Beim Blasen mit 65 Gew.-% O_2 u. 35 Gew.-% H_2O tritt die gleiche Wrkg. ein wie beim Blasen mit n. Luft. Eine Steigerung des Blasdruckes von 0,75 auf 1,5 atü bei verringertem Blasquerschnitt brachte eine Senkung des N_2-Geh. auf 0,0015%. (Rev. univ. Mines, Métallurg. Trav. publ., Sci. Arts appl. Ind. [9] **6** (**93**). 213—21. Aug. **1950.**) HOCHSTEIN. 6408

A. Kohn, *Untersuchung über die Homogenisierung dendritischer Phosphor- und Arsenseigerungen in Stählen nach dem autoradiographischen Verfahren.* An Stahlblöcken mit 0,17—0,41 (%) C, 0,08—0,18 Si, 0—0,015 Mn, 0,068—0,099 P, 0,007—0,020 S, 0,108—0,135 As, 0—1,9 Cr, 0—0,34 Mo u. 0—4,0 Ni wird der Einfl. einer 4—70std. Homogenisierungsglühung bei 1125—1275° auf die dendrit. P- u. As-Seigerungen mittels Strahlungsaufnahmen mit radioakt. Isotopen u. mkr. Gefügeaufnahmen untersucht. Die Unterss. ergaben, daß die Ggw. von Legierungselementen, wie sie normalerweise in Baustählen vorhanden sein können, keinen besonderen Einfl. auf die Geschwindigkeit der Homogenisierung von P u. As zu haben scheinen. Eine 32std. Glühung bei 1200° ruft eine sehr deutliche P-Homogenisierung hervor, während die von As weniger deutlich ausgeprägt ist. (Rev. Métallurgie **50.** 139—52. Febr. 1953.) HOCHSTEIN. 6408

Samuel Storchheim, *Legierte Stähle.* Überblick über Zus. u. Beeinflussung der Eigg. durch die Legierungselemente. (Amer. Machinist **97.** Nr. 18. 105—14. 31/8. 1953. Bayside, N. Y., Sylvania Electric Products, Inc.) HOCHSTEIN. 6410

Isao Gokyû, *Über die Anisotropie von kaltgewalztem Siliciumstahl.* (Nippon Kinzoku Gakkai-Si [J. Japan Inst. Metals] **14.** 7—10. Nov. 1950.) PAHL. 6410

G. W. Reid, *Das Gießen hochfester Messinge und Bronzen.* Überblick über die Massenherst. gegossener Propeller aus Al- u. Mn-Bronze. Es wird kurz über die Entw.

dieser Legierungsarten u. ihrer Verwendungsgebiete u. über den Einfl. verschied. Zusatzmetalle auf die Ausgangslegierung 60 : 40 Cu–Zn berichtet, eine tabellar. Zusammenstellung der chem. Zus. einiger in Frage kommenden Standard-Mn- u. Al-Bronzen gegeben, das Schmelz- u. Gießverf. erläutert, Richtlinien für die Formerei gegeben u. Angaben über die Schwindung gemacht. (Metal Ind. [London] **82**. 121—23. 13/2. 145—47. 151. 20/2. 161—63. 170. 27/2. 185—87. 6/3. 1953. Courtesy Manganese Bronze & Brass Co., Ltd.) APEL. 6432

Friedrich Johannsen und **Klaus Emicke**, *Die Verschlackung von Kobalt aus kobalthaltigen Kupferschmelzen.* Durch Kleinverss. im Sandtiegel wurde die Verschlackung des Co aus Cu-Schmelzen unter verschied. Schmelzbedingungen entsprechend der Reaktionsgleichung (Cu_2O) + [Co] = 2 [Cu] + (CoO) untersucht. Das Reaktionsgleichgewicht liegt sehr stark auf der rechten Seite, so daß die Berechnung der Massenwirkungszahl „*k*" einen Wert von 1500 ± 500 ergab, wenn obige Gleichung bei Cu-Schmelzen mit über 99% Cu u. Tempp. von ca. 1350° zugrunde gelegt werden. Co-reiche Schlacken ergaben *k*-Werte von 5000—8000, wenn sich aus ihnen zähfl. oder feste Ausscheidungen bildeten. Der *k*-Wert geht jedoch durch Zusatz von Natriumsilicat oder Eisenoxyd auf den für n. Schlacken zurück. Das Arbeiten mit zähfl. oder festen Schlacken ermöglicht im Betrieb eine Gewinnung von Co durch Anreicherung des Co in einer Sonderschlacke. (Z. Erzbergbau Metallhüttenwes. **6**. 341—48. Sept. 1953. Clausthal, Bergakad., Inst. für Metallhüttenwesen u. Elektrometallurgie.) APEL. 6434

—, *Mangan und Mangan–Kupfer-Legierungen.* Überblick über Fortschritte der Forschung auf dem Gebiet der Metallographie des Mn u. der Mn–Cu- u. Cu–Mn-Legierungen. (Metal Ind. [London] **81**. 386. 14/11. 1952.) APEL. 6436

William D. Jenkins, *Kriechen von Reinstaluminium.* An kaltgezogenem Al wurden bei 105° F u. bei verschied. Kriechgeschwindigkeiten in drei Stufen Dehnungsverss. vorgenommen. Die plast. Dehnung am Beginn der dritten Stufe war um so höher, je größer die Ausdehnung in der zweiten Stufe war. Temperaturänderungen schienen den Verformungsmechanismus u. die Duktilität zu Beginn der dritten Stufe mehr als in der zweiten Stufe zu beeinflussen. Bei konstanter Belastung bei 105° F u. bei Zugverss. bei 80° F trat diskontinuierliches Fließen auf. In einem beschränkten Belastungsgebiet wurde Übereinstimmung mit dem Gesetz von ANDRADE über das vorübergehende Fließen gefunden. Es werden Kurven angegeben, aus denen die Beziehungen zwischen der elast. Dehnung u. der Kriechgeschwindigkeit zu entnehmen sind. — Schrifttumsangaben. (J. Res. nat. Bur. Standards **46**. 310—16. April 1951.) APEL. 6442

D. M. McElhinney, *Der Einfluß der Kornrichtung auf die mechanischen Eigenschaften von Leichtmetallstrangpreßlegierungen.* (Vgl. C. **1952**. 2248.) An Al-Strangpreßlegierungen mit 0—6,5 (%) Zn, 0—3,5 Mg, 1,0—4,8 Cu, 0,25—1,2 Mn, 0,5—1,0 Fe, 0,5—1,5 Si, 0—0,3 Ni, 0—0,3 Ti u. 0—0,3 Cr werden die mechan. Eigg. in Abhängigkeit von der Kornrichtung untersucht. (Aircraft Engng. **23**. 62—66. März 1951. Weybridge, Vickers-Armstrong.) WEITBRECHT. 6446

—, *Durch Gekrätz bedingte Porosität.* Durch chem. u. metallograph. Unters. einer *Al*-Gußlegierung der Gattung *D.T.D. 165* mit Poren in der Nähe der Oberfläche des Gußstückes ergab sich, daß die fehlerhaften Stellen nicht durch Gasaufnahme sondern durch Gekrätz bedingt sind, das sich durch Oxydation u. unter Einw. der Feuchtigkeit der Sandform u. darin enthaltener Borsäure oder Ammonbifluoride gebildet hatte. Diese Fehler können dadurch vermieden werden, daß eine zähere Schlacke verwendet u. auf einen ruhigen Fluß beim Gießen geachtet wird. (Metal Ind. [London] **81**. 391. 14/11. 1952. Foundry Serv. Ltd.) APEL. 6446

E. A. D. Rubidge, *Ein chemisches Verfahren zur Beseitigung von Wolframcarbid aus Osmiridiumkonzentraten.* Von der Goldamalgamation stammende Os- u. Ir-haltige Konzentrate (I) sind oft durch Abfälle der W-Carbid (**II**)-Bohrer verunreinigt. Ihre Aufarbeitung geschieht, indem zunächst restliches Au u. Amalgam mit *Hg* entfernt wird. Dann folgt eine Behandlung mit konz. HNO_3 zwecks Beseitigung von Messing u. Co, wobei Nitrate mit W. ausgewaschen werden. Das durch Einw. von HNO_3 entstandene WO_3 wird mit *NaOH* entfernt. Durch HNO_3 + *HF* wird weiteres **II** zu WO_3 oxydiert, die spezif. leichteren Anteile dann mit W. weggeschwemmt, die schweren mit NaOH gelöst. Die beiden letzten Operationen werden zur Entfernung des restlichen **II** wiederholt. Die auf diese Weise gereinigten **I** enthalten 23—40 (%) *Os*, 21—35 *Ir*, 9—15 *Ru* + *Rh*, 5—15 *Pt*. (South African ind. Chemist. **5**. 130—34. Juli 1951. Rand Leases, Gold Mining Co. Ltd.) STEINER. 6462

Albert Keil und **Carl-Ludwig Meyer**, *Über die Bildung von isolierenden Deckschichten auf Kontakten aus Verbundmetallen.* Sinterlegierungen für Kontakte verzundern durch störende Schlackenbldg. auf der Oberfläche unterschiedlich. Eine vergleichende Gegenüberstellung zeigt günstiges Verh. der Ag–Ni-Legierungen u. schlechtes Verh. von Ag–W- u. Ag–Mo-Legierungen. Das schlechte Verh. wird aus dem Reaktionsverlauf der Oxydation erklärt. (Electrotechn. Z. **73.** 31–34. 15/1. 1952. Pforzheim, Platinschmelze Dr. E. Dürrwächter.) KÜNTSCHER. 6478

A. R. E. Singer, *Grundlagen der technischen Kontrolle in metallurgischen Betrieben.* (J. Inst. Metals **81.** 329–40. März 1953. Birmingham, Univ.) PAHL. 6480

W. F. Brown jr. und **George Sachs,** *Bestimmung der Kerbempfindlichkeit bei hohen Temperaturen.* Es wird das Dauerstandverh. gekerbter Schrauben- u. Kesselstähle bei 932° F bei kurzzeitiger u. langzeitiger Beanspruchung untersucht, u. dabei festgestellt, daß bei kurzzeitiger Beanspruchung die Bruchfestigkeit dieser Stähle über der der ungekerbten Proben liegt, während bei Langzeitverss. (bis 30000 Std.) sich die Verhältnisse umkehren. Niedrige Formänderungsfähigkeit ist gleichbedeutend mit niedriger Kerbfestigkeit. Wärmebehandlung mit dem Ziele der Verbesserung der Dauerstandfestigkeit vermehrt zugleich die Kerbempfindlichkeit. Diese Angaben gelten in erster Linie für *Cr–Mo–Ni*-Stähle. Bei Versuchszeiten über 30000 Std. nähern sich die Bruchfestigkeiten gekerbter u. ungekerbter Proben wieder einander infolge von Erholungsvorgängen. Anders als die eben genannten Stähle verhalten sich die Ni-freien *Cr–Mo*-Stähle, deren gekerbte Proben auch bei Langzeitverss. eine höhere Festigkeit behalten, als die ungekerbten Proben. Sie ähneln hiermit in ihrem Verh. den ferrit. rostfreien Stählen. Zunehmende Kerbschärfe vermindert das Festigkeitsverhältnis. (Iron Age **169.** Nr. 12. 91–95. 20/3. 1952. Cleveland, O., Nat. Advisory Com. for Aeronautics u. Horizons Inc.) WERNER. 6480

W. Schaefer, *Die Wirkung von Kerben bei statischer Zugbeanspruchung.* Zugverss. u. spannungsopt. Unterss. zeigen, daß weniger die Größe der Nennspannung als der Verlauf der Spannungsverteilung, die Art des Spannungszustandes u. die Eigenart des Werkstoffes für die Bruchfestigkeit maßgebend sind. Bes. stark wirken Kerben bei Werkstoffen mit geringer Zähigkeit. Neben der Änderung der Festigkeit findet man ein starkes Absinken der Dehnung. (Konstruktion **4.** 71–77. März 1952. Krefeld-Uerdingen.) HABBEL. 6480

Sadun S. Tör, Robert D. Stout und **B. G. Johnston,** *Weitere Versuche über den Einfluß plastischer Beanspruchung und Wärmebehandlung.* Im Anschluß an frühere Arbeiten der Vff. (C. **1952.** 3075) werden neue Verss. über den Einfl. einer plast. Vorverformung u. verschied. Wärmebehandlung auf das Verh. zweier *C-Stähle* mit 0,15 bzw. 0,20% C, von denen der eine schwach u. der andere nicht beruhigt ist, behandelt. Es werden neue Formen gekerbter Proben vorgeschlagen, darunter eine kreisförmige Blechprobe, die zunächst zu einer Kugelkalotte vorverformt u. dann mit einem kreisförmigen Kerb versehen wird. Es wird die Temp. des Steilabfalls der Zähigkeit bei den verschied. Probenformen u. bei wechselnder Wärmebehandlung (260, 620 u. 871°) bestimmt. Alle Kaltverformungsbehandlungen setzen die Temp. des Steilabfalls der Zähigkeitswerte herauf. Warmpressen erniedrigt dagegen die Temp. des Steilabfalls. (Welding J. **30.** Welding Res. Council Engng. Foundat. 576s—84s. Nov. 1951. Lehigh Univ., u. Univ. of Michigan.) WERNER. 6480

Ch. Bückle, P.-A. Jaquet und **J. Poulignier,** *Metallographische Bestimmung der Temperaturen, denen hitzebeständige Nickel–Chrom-Legierungen des Typs 80/20 im praktischen Betrieb unterworfen waren.* Durch Verss. mit Legierungen des Typs *Nimonic* wurde festgestellt, daß die metallograph. Unters. mit genügender Genauigkeit die mittleren Tempp. festzustellen vermag, denen die Legierungen im Gebrauch unterworfen waren. Im Bereich von 600–850° zeigen die Proben von 80/20 Ni–Cr-Legierungen die mittleren während des Betriebs erreichten lokalen Tempp. an. Es ist möglich, den Einfl. der Konstruktion oder der Betriebsbedingungen einer Strahldüse auf die Wärmeverteilung bei den beweglichen Schaufeln oder jedem anderen Teil der Turbine zu ermitteln. Andererseits wurde festgestellt, daß verschied. Ni-reiche Legierungen eine durch Oberflächenverfärbung sichtbare Strukturänderung zeigen. Hierzu gehören die Legierungen *Nimonic 75, Nimonic 80,* denen die Legierungen mit der französ. Bezeichnung *ATGS* u. *PER 2* entsprechen, ferner *Nimonic 90, Nicral D* u. *Inconel.* Die Meth. scheint auch auf andere Temperaturbereiche allg. anwendbar zu sein. Es ist zu schließen, daß sie auch auf solche Legierungen erstreckt werden kann, bei denen die Strukturänderung in Abhängigkeit der Zeit von den genannten Tempp. steht, u. die einen ebenso verfärbenden Angriff zeigen wie die obengenannten. — Schrifttumsangaben u. Diskussion. (Rev. Métallurgie **50.** 105–14. Febr. 1953.) APEL. 6482

Hans Stäger, *Zerstörungsfreie Werkstoffprüfung mit künstlich radioaktiven Isotopen.* Überblick über den heutigen Stand u. Anwendungsgebiete. (Z. Schweißtechn. [Zürich] **42.** 193—201. Okt. 219—29. Nov. 238—44. Dez. 1952. Zürich.) PAHL. 6484

Michel Mouflard und **Paul Lacombe,** *Einfluß der mechanischen und thermischen Behandlung vor der kritischen Verformung auf die Rekristallisation von Eisen.* An 3 mm starken Blechen aus *Armco*-Eisen wird der Einfl. des Verformungsgrades beim Walzen sowie der Temp. u. Dauer der Vorglühbehandlung auf die Rekristallisation nach krit. Verformung durch Zugbeanspruchung u. Rekristallisationsglühung untersucht. Es wird ein Einfl. von Ungleichmäßigkeiten bei der Verformung auf die Rekristallisation festgestellt. (Rev. Métallurgie **49.** 140—44. Febr. 1952.) HOCHSTEIN. 6490

J. F. Waight, *Gase für die Wärmebehandlung von Nichteisenmetallen und -legierungen.* Besprochen wird der schädliche Einfl. von O_2, CO_2, Wasserdampf, H_2, CO, SO_2 u. H_2S auf die Oberflächenbeschaffenheit von Metallen bzw. deren Legierungen, wie *Cu, Messing, Zn*-Legierungen u. *Cu-Ag*-Legierungen während des Blankglühens. Ein durch Verbrennung von Leuchtgas mit Luft erzeugtes Gas kann zum Blankglühen von *Bronze, Neusilber* u. *Cu* verwendet werden, wenn der als CS_2, COS u. Thiophen im Gas enthaltene S-Geh. weitgehend entfernt wird. Während CS_2 u. COS in einer katalyt. arbeitenden Anlage zu SO_2 u. H_2S umgewandelt u. durch Auswaschen sowie Reinigen entfernt werden können, läßt sich C_4H_4S auf diesem Wege nicht entfernen. Als besondere Schutzgasatmosphären werden empfohlen unvollkommen mit Luft verbranntes Leuchtgas, gespaltenes NH_3 sowie ein durch geregelte Verbrennung von gespaltenem NH_3 mit verschied. Mengen Luft erhaltenes Gas. (J. Inst. Metals **80.** 269—85. Febr. 1952.) HOCHSTEIN. 6492

Samuel Storchheim, *Kohlenstoffstahl.* Überblick über die n. Wärmebehandlungsverff. von unlegierten Stählen. (Amer. Machinist. **97.** Nr. 7. 111—18. 30/3. 1953. Bayside, N. Y., Sylvania Electric Products Inc.) HOCHSTEIN. 6492

G. W. Seulen, *Technischer Stand der induktiven Kurbelwellenhärtung.* (Maschine u. Werkzeug **51.** Nr. 42. 8—9. 20/10. Nr. 46. 6—8. 17/11. 1950.) HABBEL. 6492

G. A. Leytze, *Härten von Panzerplatten in hydraulischen Pressen.* (Iron Age **170.** Nr. 16. 97—99. 16/10. 1952. Cincinnati, Williamson Heater Co.) HOCHSTEIN. 6492

K. Roesch, *Die chemisch-physikalischen Grundlagen des Temperns im Gasstrom.* Es werden die Vorgänge beim Tempern im Erz mit denen beim Tempern in Gasgemischen verglichen, u. für die letzteren wird der Wärmeverbrauch angegeben. Hierbei erfolgt die Regelung des Gasgemisches während des Temperverlaufs selbsttätig. (Giesserei **39.** 487—91. 18/9. 1952. Remscheid.) HOCHSTEIN. 6492

E. M. Ellsworth, *Härtemittel, das aufkohlt, nitriert und aufchromt.* Anwendung eines neuen Härtemittels. (Materials and Methods **34.** Nr. 1. 86—88. Juli 1951.) KATZ. 6492

T. Gibson, *Die Inchromierungsbehandlung von Stahl mit gasförmigem Chromochlorid.* Beschreibung des Inchromverf. bei 1050—1100° in mit Ferrochrom u. keram. M. gefüllten Retorten in H_2–HCl-Atmosphäre unter Bldg. von gasförmigem $CoCl_2$ als wirksamem Reaktionsmittel. Zur Verhinderung der C-Wanderung werden C-arme Stähle mit Zusätzen von Carbidbildnern verwendet. Die duktile Außenkante erlaubt eine mechan. Verarbeitung (Ziehen, Rollen), ist korrosionsfest, wie ein 30%ig. Cr-Stahl, gegenüber W., Fruchtsäften, Lebensmitteln, H_3PO_4 u. anderen Fll., aber nicht gegen Chloride u. H_2SO_4. Die Zunderbeständigkeit bis 850° kann durch zusätzliche Behandlung mit *Al* bis 1050° (komplexe Fe–Cr–Al-Oxydhäute) erhöht werden. Ein C-Geh. (0,5%) des Stahles erhöht die BRINELL-Härte von ca. 120 auf 500. (Metal Treatment Drop Forging **18.** 201—04. Mai 1951.) KATZ. 6492

A. E. Leduc, *Das Brennschneiden von Gußteilen nach dem oxy-kinetischen Verfahren.* Inhaltsgleich der C. **1951.** II. 130 referierten Arbeit. (Fonderie belge **1951.** 162—70. Juli/Aug.) G. RICHTER. 6502

Ss. W. Begun, *Das Schneiden von Stahl mit Sauerstoff von niedrigem Druck.* Mit O_2-Drucken von 0,5—3 atü läßt sich beim Schneiden von dünnen u. mittleren Stahlplatten gegenüber dem üblichen Arbeiten mit 4—9 atü eine höhere Schneidgeschwindigkeit erzielen; bei geringen u. mittleren Wandstärken genügt schon ein O_2-Druck von 0,5—1,5 atü. Es werden Schneidbrenner mit Kerosinbetrieb für niedrige O_2-Drucke gezeigt. (Автогенное Дело [Autogene Ind.] **21.** Nr. 5. 16—19. Mai 1950.) R. K. MÜLLER. 6502

W. J. Smellie, *Zusammensetzungen, Eigenschaften und Verwendung von Silberloten in der Industrie.* (Sheet Metal Ind. **30.** 193—201. 206. März 1953. Sheffield Smelting Co., Ltd.) APEL. 6504

Harlan L. Meredith, *Titan ist gut lötbar.* Das gut lötbare Ti nimmt jedoch leicht O_2, N_2 u. H_2 auf. Als Lot dient Feinsilber. Gelötet wird mit Induktionserhitzung u.

unter Schutzgas. (Amer. Machinist **97.** Nr. 7. 120—21. 30/3. 1953. North American Aviation, Inc.) APEL. 6504

L. A. Oehler, *Lichtbogen-Stumpfnahtschweißungen von hochtemperaturbeständigen Legierungen.* Lichtbogen-Stumpfnahtschweißungen können auch bei den hochhitzebeständigen Stählen u. Nichteisenmetallen der Strahltriebwerke verwendet werden. Die Verfahrenstechnik ist unter Berücksichtigung der physikal. u. elektr. Eigg. dieser Materialien ähnlich wie bei den C-Stählen. Oft ist eine therm. Nachbehandlung erforderlich. Das Verf. ist bes. geeignet für die Verbindung ungleicher Materialien. Eine kurze Übersicht über die geeigneten Schweißvorschriften wird gegeben. (Welding J. **31.** 230—32. März 1952. Warren, O., American Welding and Manufacturing Co.) WERNER. 6506

P. T. Gorodnow, *Das Verschweißen von schadhaften Gußstücken aus Grauguß.* Bei verschied. Schweißverff. wurden *Stahl*-Elektroden (*GOST 2246-43*), Elektroden auf *Cu*-Basis mit 8% *Sn*, *Cu*-Elektroden, die mit einem dünnen Stahlblech ummantelt waren, u. Elektroden aus *Monelmetall* verwandt. Für jede Elektrodenmarke wurde die Härte der Schweißnaht, der Übergangszone u. des Grundmetalls geprüft. Es zeigte sich, daß die Stahlelektroden nur zum Verschweißen von Oberflächenstellen zu verwenden sind, die nicht spanabhebend bearbeitet werden. Elektroden aus Monelmetall u. gegossene Elektroden auf Cu-Basis mit 8% Sn eignen sich zum Schweißen von Stellen, die mit n. Schneidwerkzeugen bearbeitet werden. Zur Beseitigung von Haarrissen u. Mikroporen an Stücken, die sehr dicht sein müssen, wird eine Oberflächenmetallisierung empfohlen. (Литейное Производство [Gießereiwesen] **1952.** Nr. 6. 2—3. Juni.) HOCHSTEIN. 6506

F. Danhier, *Neuanfertigung und Reparatur von Schneidwerkzeugen mittels Lichtbogenschweißung.* (Arcos **1950.** 2378—92.) GEITZ. 6506

Lefèvre, *Die Flecken in Schweißungen.* Flecken, auch Flocken genannt, zeigen sich in schwachlegierten Sonderstählen u. treten in schnell abgekühlten Walz- u. Schmiedestücken auf. Sie wurden in Schweißen erst bei Verwendung von Elektroden festgestellt, die ein hochwertiges Metall absetzen, u. zeigen sich nur bei stark umhüllten Elektroden bas. Natur u. solchen mit organ. Substanzen (sauerstoffarmes Schweißgut). Die Grundursache der Fleckenbldg. (I) wird in eingeschlossenem H_2 gesucht; doch spielen auch Abkühlungsgeschwindigkeit, Abschrecktemp., Spannungen, herrührend von H_2 u. therm. oder mechan. Ursprungs, eine Rolle. Auch sind Metalle, wie Mn, Cr u. Si, der Anlaß zur I. Zu ihrer Verhütung soll man organ. Substanz in der Umhüllung der Elektroden vermeiden u. diese vor der Verwendung trocknen. Mehrere Std. bei 500—700° geglühte Schweißungen zeigen bei folgender langsamer Abkühlung, selbst beim Abschrekken, keine Flecken. Die Flocken verschwinden von selbst wieder mit der Zeit. Zur sofortigen Beseitigung kann das Gut 1—2 Std. auf 250° erhitzt werden; man verbessert dabei auch Dehnung u. Einschnürung. Die I ist noch nicht völlig geklärt. — Schrifttum u. Tabellen. (Arcos **1950.** 2355—77.) GEITZ. 6506

Hans Krächter, J. Krautkrämer und **H. Krautkrämer,** *Schweißnahtprüfung mit Ultraschall.* Überblick über Vorr. u. Prüfverfahren. (Schweissen u. Schneiden **5.** 305—14. Aug. 1953. Duisburg-Huckingen u. Köln.) HOCHSTEIN. 6506

K. W. Sippell, *Entwicklung und heutiger Stand des Säuberns von Stahlteilen durch autogenes Flammstrahlen.* Rostbelag wird durch Flammstrahlen gelockert, red. oder verbrannt u. anschließend durch Bürsten entfernt. Die chem. u. physikal. Vorgänge greifen hierbei ineinander über. Eine saubere u. trockene Oberfläche mit einer Temp. von 30—60° bildet die besten Voraussetzungen für sofort anschließende Schutzbehandlung durch Farbanstriche oder andere Überzüge. — Schrifttumsangaben. (Schweissen u. Schneiden **4.** 381—93. Nov. 1952. Bad Homburg v. d. H.) HOCHSTEIN. 6508

Egon Ritter und **Heinz Didier,** *Blockflämmen mit Sauerstoff.* Erläutert werden die grundsätzlichen Unterschiede zwischen Brennschneiden u. Flämmen. Das Handflämmen ganzer Blockflächen u. einzelner Fehlstellen wird besprochen. Jeder im kalten Zustand flämmbare Stahl kann auch im heißen Zustand bearbeitet werden, nicht jedoch umgekehrt. Bei höherlegierten u. hochgekohlten (über 0,4% C) Stählen können beim Kaltflämmen Spannungsrisse auftreten, oder es entsteht kein gleichmäßiger Materialfluß, während beim Heißflämmen die Stahlsorten gut bearbeitbar sind. Heißflämmvorrichtungen sind bes. geeignet zur Bearbeitung des Halbzeuges aus solchen Schmelzen, die schon vor dem Ausblocken als schlecht festgestellt wurden. (Schweissen u. Schneiden **4.** 364—70. Okt. 394—96. Nov. 1952. Duisburg.) HOCHSTEIN. 6508

H. Keller, *Neuzeitliche chemische Korrosionsschutzverfahren.* Behandelt werden der Korrosionsschutz von *Fe* u. *Stahl* durch Beizen u. Passivieren, Phosphatieren u.

Reaktionsgrundierungen u. von *Leichtmetallen* durch elektrochem., alkal. u. saure Verfahren. (Industrie-Anz. **75.** 10—12. 27/10. 1953. Frankfurt/M.) MARKHOFF. 6512

P. A. Jacquet, *Mikrostruktur des rostfreien 18/8 Stahls. Ihre Beziehungen zum elektrolytischen Polieren, zur Empfindlichkeit bezüglich der interkristallinen Korrosion und zur Passivierung.* Gelegentlich beobachtet man beim Elektropolieren von 18/8-Stählen mit techn. gebräuchlichen Polier-Fll. matte Oberflächen. Vf. untersucht diesen Effekt mit sorgfältiger mkr. Technik u. kommt zu dem Schluß, daß die das matte Aussehen bedingenden Defektstellen nicht auf einen Angriff der Carbidpartikel durch die Polier-Fl., sondern auf eine bevorzugte Auflösung der die Partikel umgebenden Matrix zurückzuführen sind. Da diese angegriffenen Stellen größer sind, als aus der Chromverarmung der Matrix in der Nähe der Carbidpartikel zu erwarten wäre, wird gefolgert, daß die Passivierung der Kornoberflächen für den bevorzugten Angriff der Korngrenzen eine Rolle spielt. — 25 Literaturzitate. (Rev. du Nickel **20.** 1—16. Jan./Febr./März 1954.) KRISEMENT. 6514

Richard Erdmann, *Abziehen galvanischer Niederschläge auf galvanischem Wege.* Überblick. (Metalloberfläche, Ausg. B **5.** 141—42. Sept. 1953.) MARKHOFF. 6514

D. M. Dovey und **K. C. Randle,** *Schutzüberzüge auf Metallen erhöhen die Lebensdauer bei hohen Temperaturen.* Allg. Überblick über die Art der metall. u. keram. Schutzüberzüge, ihre Herst. u. Eigenschaften. (Metal Treatment **20.** 341—45. Aug. 1953.) SPINDLER. 6516

Harold E. Brown, *Bestimmung der Plattierungsdicke auf Zinkspritzgußteilen.* Meth. zur Ermittlung der Dicke von *Cr-*, *Cu-* u. *Ni-*Schichten auf Zn-Spritzgußteilen. Von Teilen bekannter Größe wird die Plattierung durch Lösen in Säure (Cu in Polysulfid–Cyanid oder Chromschwefelsäure) entfernt u. die gelöste Menge durch Wägung oder analyt. ermittelt. Die Genauigkeit entspricht der einer mkr. bestimmten bei wesentlich geringerem Zeitaufwand. (Plating **38.** 556—57. Juni 1951. Chicago, Ill., Crane Comp.) WOELK. 6516

Galmiche, *Glanzverchromung.* Durch Chromdiffusion werden glänzende Cr-Flächen auf den gebräuchlichen Stahlsorten u. legierten Stählen erzeugt. Die Teile werden über einer M., die F abspaltet u. eine Cr-Reserve in Form von gepulvertem Cr enthält, in reduzierender Atmosphäre auf Tempp. von 900—1250° erhitzt. Es sollen Schichten von 1 mm Dicke mit VICKERS-Härten von 200 erzielt werden. (Usine nouv. **7.** 49. 19/7. 1951.) KATZ. 6518

W. Ruff, *Untersuchung der Bewertungsmethoden für die elektrischen Eigenschaften des anodisch gebildeten Oxyds auf Aluminium.* Entw. einer App. zur Messung der elektr. Eigg. anod. Oxydschichten auf Al, wobei nicht die Durchschlagsspannung, sondern der vor dem Durchschlag sich einstellende Stromwert gemessen wird. Dabei konnte festgestellt werden, daß der elektr. Widerstand nicht proportional der Oxydationsdauer wächst u. daß die Vorteile einer Fixierung mit Ni- oder Co-Acetat sich erst nach ca. 1 Monat entwickeln. Der Fixierungseffekt ist vom verwendeten Mittel abhängig u. größer bei weichen als bei harten Al-Blechen mit 99,5% Al. (Alluminio **20.** 540—52. Dez. 1951; Ist. Sperim. Metalli leggeri, Mem. Rapp. [4] Nr. **98.** 1—15. Novara, Ist. Sper. dei Metalli Leggeri 1952.) RUMPF. 6530

—, *Über die Verfärbung von Nichteisenmetallen.* Überblick über Färbeverff. für *Cu, Cu-Legierungen* u. *Zn.* (Giessereipraxis **71.** 96—97. 25/3. 1953.) MARKHOFF. 6534

Michael Lorant, *Korrosion von verzinkten Stahlrohren im Boden.* Verzinkte Stahlrohre mit 3 oz/ft² Zn sind in den meisten untersuchten Böden so brauchbar, daß sie noch nach 13 Jahren einwandfrei sind. Nur in organ. Böden konnten Angriffe festgestellt werden. Es wird nachgewiesen, daß die *Fe–Zn*-Legierung keine Schutzwrkg. hat. Der 3 oz. Nd. von Zn ist für den Schutz der Rohre erforderlich, wenn reduzierende Böden vorliegen. Es wird notwendig sein, entweder das ganze Rohrsyst. zu verzinken oder die verzinkten Rohre von anderen Metallen zu isolieren, um ein Optimum an Lebensdauer zu erhalten. (Brit. Steelmaker **19.** 472—73. 85. Aug. 1953.) J. FISCHER. 6538

Comp. Générale des Conduites d'Eau Soc. An., Les Vennes-Liège, Belgien, *Herstellung von zum Verblasen im Bessemer-Konverter geeignetem Gußeisen.* Das Gußeisen wird in einem Kupolofen erschmolzen, dem vorgewärmte Luft in einer derartigen Menge u. ein derartiger Kokssatz zugeführt wird, daß das Gußeisen eine Temp. von mindestens 1500° erhält. Zweckmäßig ist der Wind für den bas. ausgekleideten Kupolofen an O_2 angereichert. (**Schwz. P. 291 268** vom 4/7. 1951, ausg. 1/9. 1953. D. Prior. 14/8. 1950.) HOCHSTEIN. 6403

Vereinigte Oesterreichische Eisen- und Stahlwerke Akt.-Ges., übert. von: **Hubert Hauttmann,** Linz, Österreich, *Frischen von Stahl mit reinem Sauerstoff.* Der O_2-Stahl wird auf die Badoberfläche gerichtet u. hierbei um seine Achse gedreht, um eine Rotation der Schlacke am Auftreffpunkt u. eine von Schlacke freie Badoberfläche zu erreichen, wodurch eine direkte Berührung zwischen O_2 u. geschmolzenem Stahl stattfindet. — Abbildung. (**A. P. 2 644 746** vom 22/8. 1950, ausg. 7/7. 1953. Oe. Prior. 31/8. 1949.) HOCHSTEIN. 6409

Oesterreichisch-Alpine Montangesellschaft, Wien, Österreich (Erfinder: **Kurt Rösner,** Donawitz), *Gewinnung einer manganreichen Schlacke aus Spiegel- oder Roheisenbädern.* Das Verf. nach dem Hauptpatent, bei welchem fl. Roheisen oder Spiegeleisen in einem Gefäß mit festen Frischmitteln u. durch Aufblasen von O_2 oder mit an O_2 angereicherter Luft bis zur gewünschten Mn-Abnahme des Bades bzw. Mn-Anreicherung der Schlacke behandelt wird, wird dahingehend abgeändert, daß das Verf. bis zur Stahlbldg. fortgesetzt wird. Zweckmäßig werden nach Oxydation des größten Teiles des im Bad enthaltenen Mn sowie eines Teiles von C u. von sonstigen Begleitelementen, gegebenenfalls nach Abziehen der gebildeten Schlacke, von neuem feste Frischmittel, gegebenenfalls zusammen mit Flußmitteln, aufgegeben, u. das Aufblasen von O_2 oder mit an O_2 angereicherten Gasen auf die Badoberfläche wird fortgesetzt. (**Oe. P. 176 222** vom 20/2. 1951, ausg. 25/9. 1953. **Zusatz zu Oe. P. 170 250; C. 1952. 8041.**) HOCHSTEIN. 6409

Gebr. Böhler & Co. Akt.-Ges., Wien, Österreich, *Herstellung stickstoffhaltiger Stähle.* Stickstoff wird dem Stahlbad in Form stabiler Sondernitride, z. B. Aluminiumnitrid, Titannitrid, Zirkoniumnitrid, zugesetzt. Die Stähle können die Sondernitride einzeln oder gemeinsam enthalten. (**Oe. P. 175 595** vom 7/11. 1951, ausg. 25/7. 1953. D. Prior. 15/9. 1944.) HOCHSTEIN. 6411

Gebr. Böhler & Co. Akt.-Ges., Wien, Österreich, *Hochdauerstandfeste austenitische Stahllegierungen für Verwendungstemperaturen bis zu 800° und Verfahren zur Erhöhung der Dauerstandfestigkeit dieser Legierungen.* Die Stähle bestehen aus bis zu 0,20 (%) *C*, bis zu 1 *Si*, bis zu 2 *Mn*, 12—20 *Cr*, 12—20 *Ni*, je 0,5—3 *Mo, W, Nb* u./oder *Ta, V, Co*, Rest *Eisen* mit den unvermeidlichen Verunreinigungen. Zur Erhöhung der Dauerstandfestigkeit werden die Stähle im Anschluß an die übliche Warmformgebung einer weiteren Verformung im Temperaturbereich zwischen 850 u. 600° unterworfen. (**Oe. P. 175 593** vom 3/9. 1951, ausg. 25/7. 1953.) HOCHSTEIN. 6411

Deutsche Edelstahlwerke Akt.-Ges. (Erfinder: **Karl Bungardt**), Krefeld, *Stahl für Gegenstände, die eine hohe Dauerstandfestigkeit aufweisen müssen,* ist stabil austenit. u. besteht aus 0,01—0,5 (%), bes. 0,01—0,15, *C*, 10,00—25,00, bes. 14,00—18,00, *Cr*, 6,00—35,00, bes. 15,00—25,00, *Ni*, 0,30—4,00, bes. 0,80—1,50, *V*, 0,10—4,00, bes. 0,5—1,50, *Ta/Nb*, 0,05—0,5, bes. 0,10—0,25, *N*, 0,01—0,30, bes. 0,02—0,15, *B*, Rest *Eisen* u. die üblichen Gehh. an *Mn, Si, S* u. *P*. Auch kann der Stahl noch bis zu 30,00 *Co* oder *Mo, W* u. *Si*, einzeln oder zu mehreren, in einer Gesamtmenge bis zu 6,00 enthalten. Zweckmäßig kann auch der Ni-Geh. im Verhältnis 1 : 1 ganz oder teilweise durch *Mn* ersetzt werden. (**Oe. P. 175 594** vom 28/12. 1950, ausg. 25/7. 1953. D. Prior. 9/1. 1950.) HOCHSTEIN. 6411

Bell Telephone Laboratories, Inc., New York, N. Y., übert. von: **Otis L. Boothby,** Brooklyn, und **Daniel H. Wenny jr.,** West Orange, V. St. A., *Herstellung von weichmagnetischem Werkstoff mit hoher Permeabilität.* Unter einer C-haltigen reduzierenden Schlacke werden die einzelnen Bestandteile der weichmagnet. Legierung eingeschmolzen u. die Schmelze von Elementen freigehalten, die zur Bldg. eines solchen Oxydes führen könnten, welches bei der Temp. der Schmelze stabil ist u. eine Bildungswärme von über 90 Calorien pro g-Atom des in das Oxyd eingehenden O hat. Der Schmelze wird *Mn* in einem Betrage, zweckmäßig 0,2—2%, zugesetzt, der ausreicht, um bei der Erstarrung der Schmelze eine Entgasung zu vermeiden. Der aus einer solchen Schmelze hergestellte Gegenstand wird in einer trockenen H_2-Atmosphäre bei einer Temp. über 1100° u. unterhalb des F. der Legierung, zweckmäßig mindestens 1 Std. bei 1150—1300°, behandelt, bis die Legierung im wesentlichen frei von C ist. — Abbildung. (**A. P. 2 631 118** vom 21/12. 1949, ausg. 10/3. 1953.) HOCHSTEIN. 6411

Dortmund-Hörder Hüttenunion Akt.-Ges., Dortmund (Erfinder: **Roland Wasmuht,** Dortmund-Reichsmark), *Hochwertiger Baustahl für den Hoch- und Brückenbau.* Verwendet wird ein Stahl, vorzugsweise THOMAS-Stahl, mit 0,05—0,15 (%) *C*, 0,05 bis 0,30 *Si*, 0,08—0,25 *P*, 0,6—1,2, bes. 1,0 *Mn*, bis 0,05 *S*, Rest *Eisen*, der auch noch 0,15 *V* enthalten kann. Ferner kann der Stahl zweckmäßig noch unter 0,5 *Cr*, unter 0,2 *Mo*, unter 0,3 *Ni* u. unter 0,3 *Cu*, einzeln oder zu mehreren, enthalten. (**D. B. P. 897 422** Kl. 18d vom 19/12. 1940, ausg. 19/11. 1953.) HOCHSTEIN. 6411

Union Carbide and Carbon Corp., New York, N. Y., V. St. A., übert. von: **Donald C. Hilty**, Niagara Falls, *Vorlegierung.* Das exotherme Gemisch besteht aus *Si*, $KClO_4$, Na_2CO_3 u. Rest *Eisen* mit zufälligen Verunreinigungen, wobei Si in einem Anteil von mindestens 15% des Gemisches vorliegt u. die Anteile von Si u. $KClO_4$ im Gemisch derart sind, daß das Atomverhältnis von Si zum O im $KClO_4$ wenigstens 0,5 ausmacht. Der Na_2CO_3-Anteil beträgt mindestens 2% des Gesamtgewichtes von Si u. $KClO_4$. Zweckmäßig besteht das Gemisch aus 30—60% Ferrosilicium mit einem Si-Geh. derart, daß wenigstens 15% des Gemisches Si ist, ferner aus 70—40% $KClO_4$ u. wenigstens 2% Na_2CO_3, Rest Eisen mit Verunreinigungen. Das Gemisch dient als Vorlegierung für geschmolzenen Stahl. (**A. P. 2 628 898** vom 3/11. 1951, ausg. 17/2. 1953.) HOCHSTEIN. 6419

Titangesellschaft m. b. H., Leverkusen-Bayerwerk (Erfinder: **Ernst Justus Kohlmeyer**, Berlin-Grunewald, und **Walter Schaller**, Leverkusen-Wiesdorf), *Abscheiden schwer reduzierbarer Metalle.* Eisenoxydreiche Stoffe werden zur Abscheidung schwerreduzierbarer Oxyde, z. B. TiO_2, durch reduzierendes Schmelzen mit dritten, schwerer reduzierbaren Oxydverbb., z. B. Na_2CO_3, in ein beheiztes Schmelzbad aus Alkaliverbb. in Zeitabschnitten in dem Maße eingetragen, wie ein Teil der Reaktionsprodd. abgelassen wird. Das Verf. wird vorzugsweise in einem Kurztrommelofen durchgeführt. (**D. B. P. 895 218** Kl. 40a vom 19/4. 1940, ausg. 19/11. 1953. **Zusatz zu D. B. P. 887 868; C. 1954. 1580.**) APEL. 6421

National Smelting Co., London, *Herstellung von Zink.* In ein Bad von geschmolzenem Zn-haltigen Gut (Erzen, Schlacken) wird ein Blasstrom aus nicht weniger als 40 Vol.-%, vorzugsweise mehr als 98 Vol.-% O_2, Rest ein inertes Gas (N) eingeführt, dem feinverteilter C-haltiger Brennstoff (Anthracit) in einer Menge zugesetzt ist, daß das mol. Verhältnis von C : O im Blasstrom größer als 2 ist. Aus der entstehenden Gas–Dampf-Mischung wird ohne Luftzutritt durch Abkühlen metall. Zn niedergeschlagen. Die verwendete Blasluft soll frei von Wasserdampf, der C-haltige Brennstoff frei von H_2 sein. Das Bad wird zweckmäßigerweise dadurch in gleichbleibender Zus. gehalten, daß kontinuierlich oder in Zeitabständen Nachsatzgut, z. B. in Form von Briketts aus Zn-haltigem Gut u. C-haltigem Brennstoff, eingebracht u. die entzinkte Schlacke ebenfalls kontinuierlich oder in Abständen abgezogen wird. (**D. B. P. 900 139** Kl. 40a vom 17/7. 1949, ausg. 21/12. 1953. E. Priorr. 5/6. 1946 u. 4/6. 1947.) APEL. 6427

Metallgesellschaft Akt.-Ges. (Erfinder: **Georg Schlichtermann**), Frankfurt/M., *Zinklegierungen* bestehen aus 6 bis weniger als 10 (%) *Al*, 0,3—1,5 *Cu*, 0,01—0,4 *Mg*, Rest *Zn* mit weniger als 0,01 *Sn*, *Pb* u. *Cd*. Sie besitzen gute Kerbzähigkeit u. eignen sich für Warmpreßteile, bes. Profile. (**D. B. P. 896 848** Kl. 40b vom 27/5. 1941, ausg. 16/11. 1953. Dän. Prior. 21/9. 1940.) GÖTZE. 6427

Heinrich Lanz Akt.-Ges., Mannheim (Erfinder: **Toni Litzenburger**, Ludwigshafen/Rh.-Rheingönheim), *Lagerlegierungen* bestehen aus 25—35 (%) *Al*, Rest *Zn*, wobei bis ca. 1 *Fe* u./oder 2 *Pb* zulässig sind. Durch den hohen Al-Geh. wird eine Verfeinerung des Gefüges u. damit bessere Notlaufeigg. erzielt, außerdem werden die Legierungen zäher u. damit elast. u. gleichzeitig besser verformbar. (**D. B. P. 891 611** Kl. 40b vom 13/1. 1942, ausg. 1/10. 1953.) GÖTZE. 6427

Elchemie G. m. b. H., Berlin-Britz (Erfinder: **Ljubomir Knop**, Marburg, Jugoslawien), *Elektrolytische Abscheidung von Nickel.* Man bringt den neutralen oder schwach sauren Elektrolyt im Kreislaufverf. mit regenerierbaren Ionenaustauschern, bes. auf Kunstharzbasis, in Wechselwirkung. Die Ionenaustauscher entfernen die bei der Elektrolyse frei werdende Säure u. halten hierdurch eine gleichbleibende Acidität aufrecht. (**D. B. P. 900 874** Kl. 40c vom 25/10. 1942, ausg. 4/1. 1954.) MARKHOFF. 6435

Vereinigte Aluminium-Werke Akt.-Ges., Berlin und Bonn (Erfinder: **Carl Reschke**, Pocking/Ndb.), *Herstellen von Aluminium–Silicium-Legierungen im elektrischen Ofen.* Es werden die mit C-haltigen Reduktionsmitteln brikettierten oxyd. Rohstoffe im elektr. Ofen red., wobei die Briketts aus Tonerde, Quarzsand u. Steinkohlendruckextrakt (I) bestehen. Tonerde kann zum Teil durch Kaolin u. I zum Teil durch Extraktkoks oder Holzkohle ersetzt werden. Man erhält Legierungen hoher Reinheit. (**D. B. P. 902 678** Kl. 40c vom 28/1. 1943, ausg. 25/1. 1954.) MARKHOFF. 6447

Canadian Titanum Pigments Ltd., übert. von: **Sandford St. Cole und William Y. Agnew**, Montreal, Quebec, Can., *Wiedergewinnung von Halogen aus Gasen.* Die bei der Titaneisenerzbehandlung anfallenden, Cl-haltigen Abgase werden durch wss. Lsgg. von $TiCl_2$ u. $FeCl_2$ geleitet, wobei sich $TiCl_4$ u. $FeCl_3$ bilden. Diese Lsg. wird durch Zugabe von metall. Fe unter Rückbldg. der niederen Wertigkeitsstufe der Metalle aufs neue verwendet. (**Can. P. 473 427** vom 21/10. 1943, ausg. 8/5. 1951.) WITTHOLZ. 6449

Gebr. Böhler & Co. Akt.-Ges., Wien, handelnd durch die Zweigniederlassung, Stuttgart-Untertürkheim, *Poröse Sinterkörper.* Die Sinterkörper werden bei erhöhter Temp. mit H_2S behandelt. Dabei erfolgt eine Sulfidbldg. nicht nur an der Oberfläche, sondern auch innerhalb des ganzen Körpers. Durch die Sulfidschichten wird eine Verbesserung der Härte u. des Abriebwiderstandes erzielt sowie der Korrosionswiderstand erhöht. Auch tritt eine Verbesserung der Laufeigg. bei Lagerkörpern auf. (**D. B. P. 892 055** Kl. 40b vom 16/11. 1943, ausg. 5/10. 1953.) GÖTZE. 6475

General Aniline & Film Corp., New York, N. Y. (Erfinder: **Hans Beller,** Cranford, und **Otto W. Schnetzler,** Maplewood, N. J.), V. St. A., *Metallpulver sehr kleiner Teilchengröße.* Bei der Herst. von Pulvern aus *Metallcarbonylen* wird letzteres im Reaktionsraum therm zers. u. gleichzeitig der Wrkg. von Schallwellen ausgesetzt. Die Reaktionstemp. beträgt 240—260°, u. die Schallwellen müssen so eingestellt werden, daß örtliche Temperaturanstiege von 10—20° erzielt werden. (**D. B. P. 895 060** Kl. 40b vom 14/10. 1951, ausg. 29/10. 1953. A. Prior. 22/1. 1951.) GÖTZE. 6475

Badische Anilin- & Soda-Fabrik Akt.-Ges., Ludwigshafen/Rh. (Erfinder: **Leo Schlecht,** Ludwigshafen/Rh., und **Hermann Klippel,** Haßloch), *Poröse Formstücke.* Durch therm. Zers. von Metallcarbonylen gewonnene, zu Schwamm agglomerierte Teilchen werden durch mechan. Behandlung, bes. durch Hindurchdrücken durch ein Sieb, zerkleinert u. dann das Pulver einer Wärme- u./oder Druckbehandlung unterworfen. Die Körper zeigen eine einheitliche Porenweite u. eignen sich für Elektroden für Akkumulatoren. (**D. B. P. 892 246** Kl. 40b vom 12/5. 1951, ausg. 5/10. 1953.) GÖTZE. 6475

Deutsche Edelstahlwerke Akt.-Ges., Krefeld (Erfinder: **Rudolf Buchmüller,** Remscheid), *Oberflächenaufkohlen von Stahl.* Auf der Werkstückoberfläche wird elektro-induktiv örtlich ein Schmelzbad von wenigen Millimetern Tiefe erzeugt, dem eine hochkohlenstoffhaltige Eisenlegierung in geeigneter Form u. so bemessen zugegeben wird, daß oberflächlich ein Schmelzbad von gewünschter Zus., vorzugsweise mit 0,9% C, entsteht. Zweckmäßig wird die Temp. der entstandenen Oberflächenschicht anschließend auf Härtetemp. gesenkt, worauf eine Abschreckung durchgeführt wird. (**D. B. P. 886 151** Kl. 18c vom 7/4. 1944, ausg. 10/8. 1953.) HOCHSTEIN. 6493

Benno Schilde Maschinenbau Akt.-Ges., Bad Hersfeld (Erfinder: **John A. Comstock,** Toledo, O., V. St. A.), *Wärmebehandeln von Schnelldrehstählen unter Schutzgas.* Zum Wärmebehandeln von *Mo*-Schnelldrehstahl u. anderen Schnelldrehstählen mit ähnlichen Eigg. in einem Schutzgas, das CO, CO_2, H_2 u. N_2 enthält, wird der Teildruck von H_2 unter $^3/_{100}$ u. der Teildruck von N_2 unter $^{85}/_{100}$ des Gesamtdruckes gehalten. Ferner wird das an Wasserdampf freie Schutzgas in seinem Verhältnis von CO zu CO_2 so eingestellt, daß das Gas mit dem Stahl im Gleichgewicht bleibt. Zweckmäßig wird durch Unterbringung einer zur Herst. des Schutzgases dienenden Retorte im Glühraum die Temp. des Schutzgases mit der Behandlungstemp. des Stahles ständig übereinstimmend gehalten. — Abbildungen. (**D. B. P. 890 513** Kl. 18c vom 30/8. 1939, ausg. 21/9. 1953. A. Prior. 30/8. 1938.) HOCHSTEIN. 6493

Gußstahlwerk Witten Akt.-Ges. (Erfinder: **Walter Hülsbruch**), Witten/Ruhr, *Erzielung eines sehr locker haftenden bzw. leicht abfallenden Zunders.* Stahlgegenstände, die üblicherweise von Tempp. oberhalb 600° an Luft abgekühlt werden, werden nach dem Glühen langsam im Ofen bis weit unter A_{c_1} (ca. 450—550°) u. erst dann an der Luft weiter abgekühlt. Zweckmäßig werden Stahlgegenstände mit festhaftender Zunderschicht bei 450—600° mehrere Std. geglüht, dann im Ofen bis auf 450—550° u. erst dann an der Luft abgekühlt. (**D. B. P. 886 011** Kl. 18c vom 31/5. 1949, ausg. 10/8. 1953.) HOCHSTEIN. 6493

Vereinigte Aluminium-Werke Akt.-Ges., Berlin und Bonn (Erfinder: **Max Bosshard,** Neuhausen am Rheinfall/Schweiz), *Lote für Aluminium und Aluminiumlegierungen* bestehen aus 65—82 (%) *Feinzink,* Rest *Reinstaluminium.* Sie können auch noch bis 0,5 *Mg,* bis 1 *Sb,* bis 1 *Bi,* bis 1 *As,* bis 4 *Cu* u. bis 4 *Ag,* in der Gesamtmenge jedoch bis 5 enthalten. Durch das Cu u. Ag wird die gute Korrosionsbeständigkeit der Legierung nicht beeinträchtigt. (**D. B. P. 896 444** Kl. 49h vom 9/12. 1941, ausg. 12/11. 1953.) GÖTZE. 6505

Rheinische Röhrenwerke Akt.-Ges., Deutschland, *Elektrisches Schweißen dicker Stahlbleche.* Beim Schweißen von Blechen von >55 mm Dicke mit Hilfe einer auf die Schweißnaht aufgebrachten SiO_2-haltigen losen M., in die die Schweißelektrode eintaucht nach dem D. R. P. 744 155, werden mindestens zwei Schweißungen hintereinander angewendet, wobei das erste Schweißbad zum Teil schon erhärtet ist, bevor der Strom für den zweiten Schweißstab eingeschaltet ist. Die zweite Elektrode schm. dabei in der fl. Schlacke, so daß die Schichten aufgetragenen Stahls getrennt kristallisieren. Bei einer Schweißtiefe von 60 mm wird die 8 mm starke erste Schweißelektrode mit Wechselstrom von ca. 2400 A u. ca. 48 V u. die zweite, 7 mm starke, in einer Entfernung von ca. 17 cm folgende mit ca. 1250 A u. ca. 45 V gespeist. Die Schweißnaht ist fest u. glatt. (**F. P. 1 028 107** vom 26/10. 1950, ausg. 25/2. 1953. D. Prior. 26/10. 1949.) Holm. 6507

Karl Wittel, Kahl/M., *Herstellen einer Spinndüse, besonders zur Erzeugung von vollsynthetischen Fäden aus Polyamiden.* Die Spinnöffnungen werden unter Verwendung einer drahtförmigen, zentral in den Spinnöffnungen angeordneten Anode galvan. mit einem gleichmäßigen, harten *Cr*-Überzug versehen. Es werden als Anode z. B. Ni-Drähte von einem Durchmesser von 15 μ verwendet. Die Öffnungen behalten hierbei ihre geometr. Form u. nutzen sich im Gebrauch kaum ab. (**D. B. P. 896 145** Kl. 48a vom 21/2. 1951, ausg. 9/11. 1953.) Markhoff. 6519

Friedr. Blasberg, Solingen-Merscheid (Erfinder: **Karl Gebauer,** Solingen-Merscheid, und **Karl Sommer,** Solingen-Wald), *Anoden für galvanische Chrombäder* bestehen aus je 0,5—5% *Ag* u. *Sn* (zweckmäßig zu gleichen Teilen), Rest *Pb.* Auch bei längerem stromlosem Verweilen im Cr-Bad überziehen sie sich nicht mit unlösl. Metallschichten, ein Abbürsten fällt somit fort. (**D. B. P. 862 518** Kl. 40b vom 19/3. 1943, ausg. 12/1. 1953.) Götze. 6519

Deutsche Versuchsanstalt für Luftfahrt E. V. (Erfinder: **Alex Beerwald**), Berlin, *Aufrauhen der Oberfläche von Aluminium-Magnesium-Legierungen.* Zum Aufbringen von festhaftenden galvan. *Cr*-Ndd. ohne Zwischenschicht werden die Gegenstände mit einer $CuCl_2$-Lsg. behandelt u. dann wird das niedergeschlagene Cu mit HNO_3 wieder entfernt. (**D. R. P. 762 716** Kl. 48a vom 17/12. 1939, ausg. 16/3. 1953.) Markhoff. 6519

Knapp-Monarch Co., übert. von: **John F. Vogt** und **Russell J. Herbert,** St. Louis, Mo., V. St. A., *Galvanisches Erzeugen glänzender Nickelüberzüge.* Die zu überziehenden Gegenstände werden zunächst in einem Ni-Bad nach Watt mit einem Zusatz von *Cumarin* vernickelt u. dann in einem zweiten, 45—120 (g/Liter) *NaCN* u. 15—75 Na_2CO enthaltenden Bad bei einer Spannung von 4—10 V 2—5 Sek. anod. u. 20 Sek. kathod. behandelt. Die Überzüge sind glänzend u. bedürfen keiner mechan. Politur. (**A. P. 2 635 075** vom 28/2. 1948, ausg. 14/4. 1953.) Markhoff. 6521

Deutsche Gold- und Silberscheideanstalt vormals Roessler, Frankfurt/M. (Erfinder: **Paul Gutermuth,** Langenselbold/Kr. Hanau, und **Rudolf Groeger,** Hanau), *Herstellen von mit Edelmetall plattierten Rohren aus Silber und Silberlegierungen.* Zuerst wird ein Rohr aus der Plattierschicht, z. B. aus einer Legierung mit 30 (%) *Pd,* 30 *Au* u. 40 *Ag,* hergestellt. Je nachdem, ob das Rohr innen oder außen eine Plattierschicht haben soll, wird der Unterlagewerkstoff aus Ag oder einer Ag-Legierung außen oder innen angegossen. Der erhaltene Verbundkörper wird dann auf die gewünschten Abmessungen spanlos weiterverformt. Auf diese Weise gelingt es, Rohre größerer Abmessungen herzustellen, als wenn man von mit der Au-Legierung plattierten Rohren ausginge. (**D. B. P. 896 888** vom 23/12. 1951, ausg. 16/11. 1953.) Vier. 6527

René-Marie Berthier, Frankreich, *Kathodischer Schutz von Eisen.* Als Anodenmaterial wird ebenfalls Fe verwendet, das in einem Medium eingebettet ist, welches auf das Fe aggressiver wirkt als das Medium, in dem das zu schützende Fe eingebettet ist. Verbindet man das eine mit dem andern elektr. leitend, so wirkt das in dem aggressiveren Medium eingebettete Fe als Lösungselektrode u. das zu schützende Fe als Kathode. (**F. P. 1 011 945** vom 30/4. 1949, ausg. 1/7. 1952.) Markhoff. 6539

Oskar Paul Krämer, Metallfärbung u. Metallüberzüge ohne Stromquelle. Einschl. d. Vorbereitungsarbeiten: Schleifen, Polieren, Kratzen, Beizen, Brennen, Entfetten. Saulgau/Wttbg.: Leuze. 1953. (79 S.) = Metallwaren-Industrie und Galvanotechnik. Beih. 1. DM 4,20.

IX. Organische Industrie.

Wm. Mitchell, *Die Isolierung von Feinchemikalien aus natürlichen Quellen.* (Vortrag.) Behandelt wird die Gewinnung von Alkaloiden, Glykosiden, Saponinen u. a. durch Extraktion, die Gewinnung von äther. Ölen durch Dest. oder Enfleurage, von Pyrethrum u. Alginsäure sowie verschied. anderer Prodd. durch Chromatographie oder Ionenaustauscher. (Chem. and Ind. **1953.** 1132—37. 24/10.) Steiner. H 3950

Imperial Chemical Industries Ltd., übert. von: **David Gwyn Jones, Charles Thomson Young Cowie,** Norton-on-Tees, und **Arthur William Charles Taylor,** *Stabilisierung organischer Verbindungen.* Fl. cycl. Äther oder deren Alkylderivv. werden mit ca. 0,01—1% eines Trialkylphenols stabilisiert; fl. Aldehyde mit 3.3'.5.5'-Tetra-

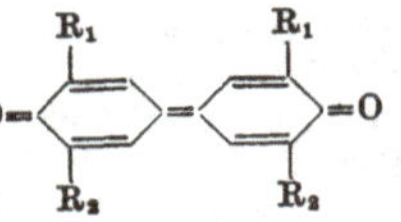
I
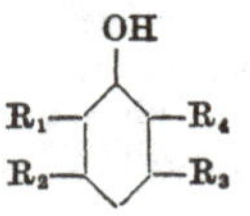
II

alkyldiphenochinonen der allg. Formel I (R_1 u. R_2 = Alkyl), andere Aldehyde als CH_2O mit 2.3.5.6-Tetraalkylphenolen der Formel II (R_2, R_3 u. R_4 = Alkyl, R_1 = Alkyl mit wenigstens 3 C-Atomen u. wenigstens mit 1 H an dem dem Benzolring benachbarten C-Atom) oder mit Diaminodurolen oder deren Alkyl- oder Acylderivaten. — Zu *Nonaldehyd* gibt man 0,00033 (Mol) 3.3'-Dimethyl-5.5'-di-tert.-butyldiphenochinon, 3.3'-Dimethyl-5.5'-di-(α.α.γ.γ-tetramethylbutyl)-diphenochinon, 3.3'.5.5'-Tetra-tert.-butyldiphenochinon, 2.6-Diisopropyl-3.5-dimethylphenol, 6-Isopropyl-2.3.5-trimethylphenol, 1.4-Diamino- 2.3.5.6-tetramethylbenzol [Diaminodurol (**III**)] oder N.N'-Tetramethyl- bzw. N-Äthyl-N'-acetyldiaminodurol; zu Tetrahydrofuran 0,002 2.4.6-Trimethylphenol bzw. 0,003 2.4-Dimethyl-6-tert.-butylphenol; zu Tetrahydrofurfurylalkohol, **III**, N.N'-Di-isopropyl-III oder 2.4.6-Trimethyl-, 2.4-Dimethyl-6-tert.-butyl-, 4-Methyl-2.6-di-tert.-butyl-, 2.3.5-Trimethyl- oder 2.4.6-Tri-tert.-butylphenol; zu Methyllinoleat **III**. (**E. PP. 655 991** vom 13/12. 1948, ausg. 8/8. 1951, **686 261** vom 25/5. 1950, ausg. 21/1. 1953, **688 703** u. **688 704,** beide vom 25/5. 1950, ausg. 11/3. 1953. **A. P. 2 617 811** vom 26/2. 1951, ausg. 11/11. 1952. E. Prior. 20/3. 1950.) KRAUSS. 6599

Metallgesellschaft Akt.-Ges. (Erfinder: **Eduard Siebert**), Frankfurt/M., *Gewinnung von reinem Propan und Butan durch kontinuierliche Destillation von C_3-, C_4- und C_5-Kohlenwasserstoffen und deren Gemischen* in einer Hauptkolonne mit Seitenkolonne, Wiederaufkocher am Fuße u. Rückflußkühler am Kopf. Man dest. so weit vor, daß die unerwünschten Bestandteile bis auf 2% entfernt sind u. zieht am Kopf der Kolonne Reinpropan ab. In der Kolonne sind so viele Böden, daß unter Anwendung des 2- bis 4fachen theoret. Mindestrückflusses die Temp. innerhalb der Böden ungleichmäßig abfällt. An der Stelle, an der der Temperaturabfall unterbrochen ist, wird ein Seitenprod. abgenommen u. in die Seitenkolonne gebracht, die aus dem Seitenprod. entweichenden leichtsd. Dämpfe gehen in die Hauptkolonne zurück. Das butanreiche Seitenprod. wird von den obersten der Böden abgenommen, die gleiche Tempp. haben. — Zeichnung. (**D. B. P. 903 260** Kl. 23b vom 22/8. 1939, ausg. 4/2. 1954.) UNGER. H 510

Union Carbide & Carbon Corp., New York, N. Y., übert. von: **Jared Wilson Clark,** Charleston, W. Va., V. St. A., *Herstellung von Chlortrifluoräthylen.* 1.1.2-Trichlor-1.2.2-trifluoräthan (I) wird bei 375—525° in Ggw. von Kontakten, wie Ni, Co, Cu, Pt, Pd oder akt. Kohlenstoff, mit H_2 behandelt, wobei HCl abgespalten wird. Die Rk. kann auch ohne Anwendung von Kontakten bei Tempp. von 450—650° durchgeführt werden. Die Entchlorierung wird zweckmäßig mit solchen Gemischen durchgeführt, die 0,75 bis 3 Mol H_2 auf 1 Mol I enthalten. (**E. P. 698 386** vom 1/2. 1952, ausg. 14/10. 1953. A. Prior. 2/2. 1951.) HERBST. H 520

General Motors Corp. (Erfinder: **Wheeler G. Lovell, Maurice J. Mulligan** und **Hart K. Lichtenwalner**), Detroit, Mich., V. St. A., *Kontinuierliche Alkylierung aliphatischer Olefine* (**I**), wobei die Alkylgruppe an ein der Doppelbindung benachbartes C-Atom wandert. — Ein Gemisch aus **I** u. einem Alkylhalogenid (Methyljodid, Äthylchlorid, Isopropylchlorid) im Verhältnis von ca. 6 : 3—8 Mol wird von unten nach oben durch CaO bei ca. 200—300°, bes. 210—240°, u. niedrigem, vorteilhaft n. Druck geleitet. — Aus 2.3-Dimethylbuten-(2) + Methylchlorid im 18 m langen, mit CaO gefüllten Stahlrohr (Durchmesser 125 mm) → *Tripten* (= *2.2.3-Trimethylbuten-(3)*). — Vorr., Zeichnung. (**D. B. P. 898 741** Kl. 12o vom 27/9. 1950, ausg. 3/12. 1953. A. Prior. 3/5. 1946.) KRAUSS. H 520

Union Carbide & Carbon Corp., New York, N. Y., V. St. A., *Herstellung einer porösen Füllmasse,* bes. für Behälter für *gelöstes Acetylen.* Der Behälter wird mit einer Aufschlämmung von 10 (Teilen) CaO, 67—187 W., 1—10 mineral. Fasern (z. B. Asbest), u. 10—15 SiO_2, wovon 10—70% feinst gepulvertes, höchst reaktionsfähiges SiO_2 sein soll, gefüllt u. auf Tempp. zwischen 100 u. 230° erhitzt. (**E. P. 696 463** vom 5/12. 1951, ausg. 2/9. 1953. A. Prior. 6/12. 1950.) DEMMLER. H 530

M. W. Kellogg Co., Jersey City, übert. von: **William P. Burton,** Orange, N. J., V. St. A., *Entwässern von Alkoholen* (**I**). Aus einer wss. Lsg. mit einem Geh. an C_3- u. höheren **I** dest. man ein relativ niedrigsd. **I**-W.-Gemisch ab, setzt diesem ein Gemisch von höheren, in W. unlösl. **I** mit mindestens 4 C-Atomen zu. Das Gemisch trennt sich in 2 Schichten, von denen die eine, C_3- u. höhere **I** enthaltende Schicht azeotrop entwässert wird, während die andere, W. u. **I** enthaltende Schicht in den Kreislauf zurückgegeben wird. — Z. B. wird in dieser Weise aufgearbeitet ein Gemisch aus 11 (%) C_3-, 4 C_4-, 2 C_5-I u. 83 W., wobei an der Kolonnenspitze ein Gemisch aus 26,3 C_3-, 9,6 C_4-,

4,8 C_5-I u. 59,3 W. abgezogen wird. Diesem Gemisch setzt man höhere I der Zus. 11,6 (%) C_4-, 6,6 C_5-, 25,1 C_6-, 6,8 C_7-, 25,8 C_8-, 15,1 C_{10}- u. 9,0 C_{12}-I zu (42 Teile auf 100 Teile) u. trennt die gebildeten Schichten, die wie angegeben aufgearbeitet werden. — Reaktionsschema. (**A. P. 2 614 971** vom 29/4. 1948, ausg. 21/10. 1952.) MÖLLERING H 560

Standard Oil Development Co., Del., übert. von: **Charles E. Morrell**, Westfield, N. J., **Joseph Stewart**, Brooklyn, N. Y., und **Carl S. Carlson**, Elizabeth, N. J., V. St. A., *Trennung von Aldehyden und Alkoholen aus Produkten der Oxosynthese.* Man hydrolysiert u. dest. extrahierend in einer Kolonne unter Zusatz einer wss. Lsg. mit einem Geh. von mindestens 20% Salz von Benzol-, Cumol- oder Xylolsulfonsäuren (I) bei p_H-Einstellung auf 1—5. Dabei werden die schwer flüchtigen Acetale, Hemiacetale u. gesätt. Äther verseift u. die leicht flüchtigen Anteile entfernt. — In Tabellen sind die bei Verwendung einer mit H_2SO_4 auf p_H 1—5 eingestellten wss. Lsg. mit 20% Geh. an Na-Salz von I erzielten Ausbeuten an C_4-Aldehyd u. C_4-Alkohol sowie C_{12}-Acetal angegeben. — Reaktionsschema. (**A. P. 2 614 970** vom 26/8. 1949, ausg. 21/10. 1952.) MÖLLERING. H 670

Monsanto Chemical Co., St. Louis, Mo., übert. von: **Carlyle J. Stehmann**, Dayton, Oh., V. St. A., *Regenerierung kupferhaltiger Katalysatoren.* Zur Regenerierung der bei der Herst. von *Acrylnitril* aus Acetylen u. HCN benutzten, Cu- u. Alkalichloride enthaltenden teerhaltigen Katalysator-Fll. wird das W. abgedampft, unter Abschluß von O_2 bei 250—400° der Teer verkohlt, der Rückstand mit wss. HCl ausgelaugt u. nach Einstellung der erforderlichen Konz. durch Zugabe von W. bzw. wss. HCl oder Katalysator in den Acrylnitrilsyntheseprozeß zurückgeführt. (**A. P. 2 632 737** vom 8/1. 1951, ausg. 24/3. 1953.) MATTHAES. H 810

Imperial Chemical Industries Ltd., London (Erfinder: **John William Croom Crawford**, Welwyn Garden City, und **John Secrue Secker**, Belmont, Belfast), England, *Entfärbung niedrigmolekularer α-Chloracrylsäurealkylester* (I). Die durch Umsetzung von CH_2O oder dessen Polymeren mit Trichloräthylen in Ggw. von H_2SO_4 u. anschließendes Erwärmen der Reaktionsmischung in Ggw. eines niedrigmol. Alkohols oder eines sauren Alkylschwefelsäureesters hergestellten I werden mit 0,1—0,5 Gew.-% Hydrazin oder einer Hydrazinverb. (Hydrazinhydrat, asymm. Diäthyl-, Phenyl-, Monomethylhydrazin, 2.4-Dinitrophenylhydrazin, Phenylhydrazinsulfonsäure) behandelt u. die I Wasserdampfdest. abgetrennt. Entfärbt wird *α-Chloracrylsäuremethylester* (hergestellt durch Dest. oder nach E. PP. 514 619; C. **1940**. II. 1650; 528 761; C. **1941**. II. 2734; 550 853 u. 550 854. — Zwischenprodukte. (**D. B. P. 882 544** Kl. 12o vom 1/9. 1951, ausg. 9/7. 1953. E. Prior. 4/9. 1950.) KRAUSS. H 810

Distillers Co. Ltd., Edinburgh, Schottland (Erfinder: **David James Hadley** und **David Jan Hutchinson Jacobs**), *Katalysator.* Silicagel wird mit einer wss. Lsg. von H_3PO_4 u. Molybdänsäure bzw. Ammonmolybdat getränkt, zu Kügelchen geformt u. getrocknet bzw. getrocknet u. gemahlen. Der erhaltene *Oxydationskatalysator* dient z. B. zur Überführung von n-Butan in *Maleinsäure.* (**E. P. 693 904** vom 3/3. 1950, ausg. 8/7. 1953.) MATTHAES. H 820

Distillers Co. Ltd., Edinburgh, Schottland (Erfinder: **David James Hadley, David Jan Hutchinson Jacobs** und **Charles Albin Woodcock**), *Regenerierung von Katalysatoren.* P_2O_5 u. Mo-Oxyd enthaltende Silicagelkatalysatoren werden vor ihrer Wiederbenutzung mit W. bei 100° oder mit wss. NH_3 bei 90° behandelt. Die Katalysatoren dienen zur Herst. von *Maleinsäure* aus n-Butan. (**E. P. 693 906** vom 10/3. 1950, ausg. 8/7. 1953.) MATTHAES. H 820

Siemens & Halske Akt.-Ges., Berlin und München (Erfinder: **Willi Mertens**, Berlin), *Durchführung von Gasreaktionen im Magnetfeld.* Gas-Rkk., bei denen freie Radikale, wie CH_3-, C_2H_5- u. C_3H_5-, als Zwischenprodd. auftreten, werden im Magnetfeld durchgeführt. — Z. B. die Herst. von *Alkylchlorsilanen* aus Halogenalkylen u. Si in Ggw. eines Katalysatormetalls wie Cu. Das Si kann dabei durch Legieren mit para- u./oder ferromagnet. Stoffen, bes. Fe, Ni, Co, paramagnet. gemacht sein. Durch period. Unterbrechung oder Schwächung des Magnetfeldes kann ein Rühreffekt im Katalysator hervorgerufen werden. (**D. B. P. 901 048** Kl. 12g vom 23/8. 1950, ausg. 7/1. 1954.) MATTHAES. H 980

American Cyanamid Co., New York, N. Y., übert. von: **Hal B. H. Cooper** und **Eugene C. Medcalf**, Bound Brook, N. J., V. St. A., *Extraktive Destillation zur Trennung von aromatischen und gesättigten Kohlenwasserstoffen ähnlicher Siedepunkte.* Der Kp. der Mischung soll tiefer liegen als der von Phthalsäureanhydrid (I). Man dest. im Gegenstrom mit I unter teilweisem Rückfluß, wobei der Dampfdruck der Aromatenbestandteile abnimmt, während der der gesätt. Bestandteile steigt. Man erhält die gesätt.

KW-stoffe als Kopfprod. sowie eine Lsg. von I u. aromat. Bestandteilen in fl. Form aus der Kolonne. — Zeichnung. (**A. P. 2 655 467** vom 27/5. 1952, ausg. 13/10. 1953.) UNGER. H 1010

Universal Oil Products Co., Chicago, übert. von: **Carl B. Linn,** Riverside, Ill., V. St. A., *Trennung von Kohlenwasserstoffen,* z. B. von *Äthylbenzol* aus einer Fraktion, die hauptsächlich aus Äthylbenzol u. Xylolen besteht. Man mischt die Fraktion mit fl. Bortrichlorid (0,2—2 Vol.), dest. die gebildete Mischung fraktioniert u. nimmt die einzelnen Fraktionen getrennt ab. (**A. P. 2 630 406** vom 2/10. 1950, ausg. 3/3. 1953.) UNGER. H 1010

California Research Corp., San Francisco, Calif., V. St. A., *Gewinnung von p-Xylol aus Kohlenwasserstoffmischungen durch fraktionierte Kristallisation.* Man kühlt die o-, m-, p-Xylol enthaltende KW-stoffmischung auf —75 bis —120° F genügend lange, um eine feste Kristallphase, bestehend aus p-Xylol, zu erhalten, filtriert die gekühlte Mischung ab u. erhält die krist. Phase (I) sowie die Mutterlauge (II). Man wäscht die Kristallphase mit einer Wasch-Fl., die einen größeren p-Xylolgeh. hat als die **II.** Man filtriert die Wasch-Fl. von der I ab u. führt das Waschen u. die 2. Filtration bei Tempp. durch, die wesentlich über der Temp. der Kühlzone liegen, so daß ein wesentlicher Teil der I dabei schmilzt. Einen Teil des Filtrats der 2. Filterstufe gibt man in die Kühlzone während einer folgenden Behandlung zurück, den Rest verwendet man als Wasch-Fl., um die I des nachfolgenden Kreislaufes zu waschen. — Zeichnung. (**E. P. 694 980** vom 7/12. 1950, ausg. 29/7. 1953.) UNGER. H 1010

Distillers Co. Ltd., Edinburgh, England (Erfinder: **Eero Olavi Erkko** und **Richard Stanley George,** Wilmington, Del., V. St. A.), *Herstellung von Phenolen.* Alkylsubstituierte aromat. Verbb. der allg. Formel (R', R''):CH·Ar, in welcher R' u. R'' Alkylgruppen u. Ar eine Aryl- oder Alkarylgruppe bedeuten, werden in Ggw. eines peroxyd. freie Radikale bildenden Initiators (I) in fl. Phase unter wasserfreien Bedingungen mit O_2 oder einem O_2-haltigen Gas bei 50—100° behandelt. Das ein Hydroperoxyd enthaltende Reaktionsgemisch wird ebenfalls unter wasserfreien Bedingungen durch Zugabe eines säurebehandelten Bentonits oder von $FeCl_3$ zersetzt. Man filtriert den Bentonit ab u. gewinnt durch Dest., falls z. B. von Cumol ausgegangen wurde, Phenol, Aceton u. nicht umgesetzten KW-stoff. Letzterer wird von jeder Spur Phenol gereinigt u. geht in die Oxydationsstufe zurück. Als I werden bes. α.α-Dialkylarylmethylhydroperoxyde, aber auch Acetyl- oder Benzoylperoxyd verwendet. Zweckmäßig setzt man das Hydroperoxyd zu, das in der Oxydationsstufe des Verf. erhalten wird. Die Oxydation kann in Ggw. eines alkal. Stabilisators erfolgen. Hierfür sind geeignet Alkalihydroxyde, Na-n-Butylat sowie Alkali- oder Erdalkalisalze schwacher organ. oder anorgan. Säuren. (**E. P. 676 770** vom 16/12. 1948, ausg. 6/8. 1952. A. Prior. 5/6. 1948.) SCHWECHTEN. H 1060

Universal Oil Products Co., übert. von: **Herman Pines,** Chicago, und **Jerome A. Vesely,** Evanston, Ill., V. St. A., *Überführen von mehrwertigen Phenolen oder ihren Äthern in einwertige Phenole.* Man leitet die mehrwertigen Phenole oder ihre Äther in Ggw. von W., Alkoholen, wie Methanol, oder Naphthen-KW-stoffen über einen Hydrierungskatalysator (I) bei 300—500°. Als I dienen mit HF aktiviertes Al-Oxyd, sauer reagierende Salze, Tone, sowie auf Kieselsäure befindliche calcinierte Salze der Phosphorsäure. Das Verf. eignet sich zur Überführung von Pyrogallol, Brenzcatechin oder Resorcin, sowie Phenoläthern, wie Guajacol, Veratrol, oder Eugenol, in einwertige Phenole. Durch Behandlung von z. B. Guajacol erhält man m-Kresol mit einer Ausbeute von 15—20%, bezogen auf das Gewicht des umgesetzten Guajacols. (**A. P. 2 625 570** vom 26/8. 1950, ausg. 13/1. 1953.) SCHWECHTEN. H 1060

Distillers Co. Ltd., Edinburgh, England, *Herstellung von Hydrochinon.* Man zers. p-Diisopropylbenzoldihydroperoxyd (I) mit verd. Mineralsäure. — 2,02 g I werden mit 25 cm³ 20 vol.-%ig. H_2SO_4 90 Min. auf dem Wasserbad erwärmt. Man dest. das gebildete Aceton ab u. extrahiert nach dem Abkühlen mit Äther. Nach dem Abdampfen zur Trockene erhält man 0,9 g eines dunkel gefärbten festen Stoffes. (**Schwz. P. 291 810** vom 11/9. 1950, ausg. 1/10. 1953.) SCHWECHTEN. H 1060

Aladar Skita, Baden-Baden, und **Werner Stühmer,** Eldagsen/Hann. (Erfinder: **Aladar Skita, Werner Stühmer, Ernst August Elbrächter,** Hannover, **Kurt Schneider,** Baden-Baden, **Horst von Osten** und **Wolfgang Ziegler,** Hannover), *Amine* erhält man durch katalyt. Red. eines Gemisches aus einem NH_4-Salz u. einer Carbonylverb. in fl. Phase in annähernd neutraler Lsg. bei n. Temp. u. mäßig erhöhtem Druck. — *Tris-(γ-phenylpropyl)-amin,* aus Zimtaldehyd, NH_4-Acetat, H_2 u. Pt–$BaSO_4$ in verd. Alkohol bei 20° u. 3,4 atü, $Kp._{13}$ 277°; *Hydrochlorid,* F. 119—120°. — Analog: *Äthyl-bis-(γ-phenylpropyl)-amin,* $Kp._3$ 183—184°. — *Triäthylamin.* — *Tributylamin.* —

Tris-(3.7-dimethyloctyl)-amin; *Oxalat*, F. 105—106°. — *Di-sek.-butylamin*. — *Diisopropylamin*. (**D. B. P. 901 890** Kl. 12q vom 19/7. 1950, ausg. 18/1. 1954. Schwz. Prior. 28/10. 1946.) LANGER. H 1310

Libbey-Owens-Ford Glass Co., übert. von: **David B. Hatcher,** Toledo, O., V. St. A., *Organosilicone* aus Haloalkylsilanen, die mit aromat. Verbb. in Ggw. von $AlCl_3$ zur Rk. gebracht werden. — Beispiel: 66,5 (g) β-Chloräthyltrichlorsilan (**I**) u. 78 Bzl. werden mit 0,55 $AlCl_3$ 55 Min. erwärmt. Man erhält β-Phenyläthyltrichlorsilan vom Kp. 164 bis 174°. Setzt man dieses mit **I** in Ggw. von $AlCl_3$ + $POCl_3$ entsprechend um, so entsteht *Bis-(2-trichlorsilyläthyl)-benzol*. Andere aromat. Verbb., wie Toluol, Xylol, Diphenyl, Terphenyl, Naphthalin u. Anthracen sowie deren halogen- bzw. Haloalkylverbb. sind gleichermaßen für die Umsetzung geeignet. Dabei entstehen u. a. *β-Dichlorphenyläthyl-* (bzw. *-propyl-*), *γ-Tolylpropyl-*, *γ-Tolylbutyl-*, *Tolylcyclohexyl-* oder *Phenylcyclohexyltrichlorsilan*. (**A. P. 2 618 647** vom 7/1. 1950, ausg. 18/11. 1952.) SALZMANN. H 1350

North Thames Gas Board, London, England, *Reinigung von Naphthalin* (**I**), dessen Oberflächen mit nichtwss. Fl. verunreinigt sind. Man bringt das verunreinigte **I** mit einer wss. Fl., die ein Netzmittel (Lissapol N) enthält, in Berührung, um die nichtwss. Verunreinigungen (Kreosotöl) von dem **I** zu entfernen. (**E. P. 694 327** vom 10/10. 1950, ausg. 15/7. 1953.) UNGER. H 2700

G. D. Searle & Co., Chicago, übert. von: **Robert R. Burtner,** Skokie, Ill., V. St. A., *Oxytetrahydronaphthoylcarbonsäuren* stellt man aus Alkoxytetrahydronaphthalin u. Säureanhydriden oder Säurehalogeniden zweibas. aliphat. Säuren in Ggw. von FRIEDEL-CRAFTS Katalysatoren u. durch Desalkylierung der gebildeten Ketosäuren her. Sie sind *therapeut.* wirksam u. teilweise als *Antiseptica, Fungicide* u. *Insekticide* verwendbar. Typ. Verbb. sind: *β-(2-Oxy-5.6.7.8-tetrahydro-1-naphthoyl)-propionsäure*, *δ-(2-Oxy-5.6.7.8-tetrahydro-1-naphthoyl)-valeriansäure*, *β-(1-Oxy-5.6.7.8-tetrahydro-4-naphthoyl)-propionsäure*, *γ-(2-Oxy-5.6.7.8-tetrahydro-1-naphthoyl)-isovaleriansäure*, *ω-(2-Oxy-5.6.7.8-tetrahydro-1-naphthoyl)-pelargonsäure*, *ω-(2-Oxy-5.6.7.8-tetrahydro-1-naphthoyl)-heptansäure*, *β-(1-Oxy-5.6.7.8-tetrahydro-2-naphthoyl)-propionsäure*, *β-(1-Oxy-5.6.7.8-tetrahydro-4-naphthoyl)-α-methylbuttersäure* u. *β-(3-Oxy-5.6.7.8-tetrahydro-2-naphthoyl)-propionsäure*. (**A. P. 2 589 223** vom 12/2. 1949, ausg. 18/3. 1952.) LÜTTGEN. H 2700

Texas Co., New York, übert. von: **George B. Arnold,** Glenham, und **Howard V. Hess,** Beacon, N. Y., V. St. A., *Abscheidung von Acenaphthen* u. seinen Homologen aus einem Gemisch mit Aromaten durch Behandlung mit *Dichlorphthalsäureanhydrid*, wobei sich ein Komplex bildet, den man unterhalb von 150° F in fester Form abtrennt u. mit Dampf bei 300—600° F zerlegt. — Zeichnung. (**A. P. 2 652 438** vom 23/2. 1950, ausg. 15/9. 1953.) UNGER. H 2750

Texas Co., New York, übert. von: **Howard V. Hess,** Beacon, und **George B. Arnold,** Glenham, N. Y., V. St. A., *Abscheidung polycyclischer Aromaten* u. ihrer Homologen aus Gemischen mit KW-stoffen ähnlichen Siedebereichs durch Behandlung mit *Tetrachlorphthalsäureanhydrid*, wobei sich ein Komplex bildet, den man unterhalb 150° F in fester Form abtrennt u. bei 300—500° F mit Dampf zerlegt. — Zeichnung. (**A. P. 2 652 435** vom 14/11. 1949, ausg. 15/9. 1953.) UNGER. H 2750

Texas Co., New York, übert. von: **Howard V. Hess,** Beacon, und **George B. Arnold,** Glenham, N. Y., V. St. A., *Abscheidung von polycyclischen Aromaten*, ihren Homologen u. substituierten Derivv. aus Gemischen mit KW-stoffen ähnlichen Siedebereichs durch Behandlung mit *Tetrachlorphthalsäureanhydrid*, wobei sich ein Komplex bildet. Man trennt den gebildeten Komplex unterhalb 150° in fester Form ab u. zerlegt ihn durch Behandlung mit einer 1—20%ig. Alkalilösung oberhalb 50° F, wobei sich die polycycl. Aromaten abscheiden. — Zeichnung. (**A. P. 2 652 436** vom 7/12. 1949, ausg. 15/9. 1953.) UNGER. H 2750

Eaton Laboratories, Inc., Norwich, N. Y., V. St. A., *5-Nitrofurane*. Zu Finn. P. 25 961, C. **1953.** 3797, ist noch nachzutragen: *5-Nitrofurfurylidendiacetat*, F. 91—92° (A.). — Furfurylpropionat → *5-Nitrofurfurylpropionat*. — *5-Nitromethylfuroat*. — Methyl-2-furylketon → *Methyl-5-nitro-2-furylketon*, F. 73—75° (Isopropanol). — 2-Furfurylmethyläther → *5-Nitro-2-furfurylmethyläther*, $Kp._2$ 104°. — 2-Methylfuran → *5-Nitro-2-methylfuran*. (**E. P. 679 202** vom 1/11. 1949, ausg. 17/9. 1952.) KRAUSS. H 3061

Ciba Akt.-Ges., Basel, Schweiz, *Herstellung von Thiophenverbindungen*. Man läßt Acetylthiophen mit Trichloracetaldehyd oder seinen funktionellen Derivv. unter gleichzeitiger oder anschließender Bldg. von Trichloräthylidenacetylgruppen reagieren. (**Finn. P. 26 638** vom 21/3. 1951, Auszug veröff. 30/11. 1953. Schwz. Prior. 18/4. 1950.) JÜRGEN SCHMIDT. H 3071

Ridbo Laboratories, Inc., Paterson, N. J., V. St. A., *Gewinnung von Harzsäuren* (**I**) *aus Harz oder Tallöl*. Zu F. P. 956 110 (C. **1950.** II. 822) ist noch nachzutragen: Man verwendet ein Lösungsm., in dem die I lösl., jedoch deren Cyclohexylaminsalze unlösl. sind. (**E. P. 652 383** vom 20/11. 1947, ausg. 25/4. 1951. A. Prior. 12/12. 1946.) KRAUSS. H 3900

Time, Inc., New York, N. Y., übert. von: **Roy E. Coleman**, Chicago, Ill., V. St. A., *Herstellung von Zeinlösung aus Gluten*. Die zeinhaltigen Proteine werden aus dem Gluten entweder mit einem Gemisch von Diäthylenglykol u. 95% A. oder mit einem Gemisch von Diäthylenglykol u. 91% Isopropylalkohol bei 120—170° F extrahiert. Durch Abdest. eines Teiles der Alkohole (A. bzw. Isopropylalkohol) erhält man die zeinhaltige Lösung. (**Can. P. 480 762** vom 22/11. 1943, ausg. 29/1. 1952. A. Prior. 30/11. 1942.) HEYNE. H 4070

X. Färberei. Organische Farbstoffe.

W. Happe und **O. Hensel**, *Über den Mechanismus der Cuproionenmethode beim Färben von Polyacrylnitrilfasern.* Nach einigen allg. gehaltenen Ausführungen über den heutigen Stand der theoret. Erkenntnisse auf dem Gebiete des Färbens von Polyacrylnitrilfasern wird auf eine neue Theorie eingegangen. Die Vff. sind der Auffassung, daß die Cupro-Ionen-Färbeweise über die Nitriliumsalze zu erklären ist. Nitriliumsalze mit einfachen Säuren sind unbeständig. Beständige Salze liefert die Nitrilgruppe mit zusammengesetzten (komplexen) Säuren, u. zwar die sogenannten Halogensäuren, die aus einem Metallhalogenid u. einer Säure entstehen. Zur Herbeiführung von Nitriliumsalzen sind nur solche Metallhalogenide befähigt, die Halogensäuren ausbilden können. Cupri-Ionen können nur schwierig u. unbeständige Halogensäuren bilden, wogegen die Cupro-Ionen sehr stabile Halogensäuren bilden. Daher ist das Cupri-Ion in der Polyacrylnitrilfärberei prakt. wirkungslos. Hingewiesen wird auch auf die starke p_H-Abhängigkeit der Cupro-Ionen-Methode. An Hand schemat. Darstellungen wird ein Überblick über den Chemismus der Cupro-Ionen-Färbeweise gegeben. Außer mit Cuprosalzen sind auch Verss. mit anderen Salzen durchgeführt worden. — 7 Schrifttumsnachweise. (Reyon, Zellwolle andere Chemiefasern **31.** 675—78. Dez. 1953.) P. ECKERT. 7002

—, *Neue Farbstoffe und Textilhilfsmittel.* Prodd. der CASSELLA MAINKUR AG., Frankfurt/M.-Fechenheim: *Immedialbraun WHG* ist ein Schwefelfarbstoff, der bei Kochtemp. mit der einfachen Menge Na_2S gefärbt wird. Geeignet für die Apparatefärberei u. als Typ 8015 für Vulkanisierartikel. — Prodd. der FARBWERKE HOECHST AG. vorm. MEISTER LUCIUS & BRÜNING, Frankfurt/M.-Höchst: *Anthrasololivgrün IBB* für Baumwolle, Leinen, Viscose- u. Kupferreyon bzw. -zellwolle sowie für Mischgewebe. Der Farbstoff ist bes. für die Apparatefärberei brauchbar. — *Indanthrendruck blau HR-Superfix Teig* ist ein einheitlicher Indanthrenfarbstoff von sehr hoher Licht- u. Waschechtheit. Die Fixierechtheit des Farbstoffes ist sehr gut. Läßt sich auf Baumwolle, Viscosereyon, Zellwolle, Leinen u. Acetatreyon nach dem Pottasche-Rongalit C-Verf. drucken. Die Licht- u. Waschechtheit sind sehr gut, die Cl-Echtheit gut. — *Photochromlack HS* ist ein wasserlösl., pulverförmiger Schablonenlack, zur Herst. von Filmdruckschablonen für das Verstärkungsverf. u. das Vorlackierungsverf. geeignet. — *Appretan EMK* für Appreturen mit hoher Wasserbeständigkeit ist auf Kunstharzbasis aufgebaut. Für Baumwolle, Zellwolle, Reyon, Perlon, Leinen, Naturseide, Wolle oder deren Mischungen. — Prodd. der FARBWERKE HOECHST AG. Werk NAPHTHOL-CHEMIE, Offenbach: *Echtscharlachsalz AFA* sowie die Grundierungen *Naphthol AS-AG* u. *Naphthol AS-IRG* gestatten, auf ein u. derselben Grundierung neben leuchtenden Gold- u. Goldgelbtönen durch Aufdruck von Echtfarbsalzen schöne Scharlachrottöne zu erhalten. Die Färbungen zeichnen sich durch gute Lichtechtheit aus. — *Ofna-pon AS* besitzt ausgezeichnete Löse- u. Dispergiervermögen für Naphthol AS-Grundierungen. Ofna-pon AS übt eine faserschützende Wrkg. aus. Geeignet für die Apparate- u. für die Stückfärberei. — Prodd. der ROHDER AG., Chemische Fabrik Pratteln, Schweiz: *Ronagenrot 14 G* ist ein neuer sehr gut licht-, koch- u. waschechter Farbstoff zum Bedrucken von sämtlichen natürlichen u. regenerierten Cellulosefasern. Entwickelbar nach dem Säuredampf-, Säurebad- u. Neutraldampfverfahren. — Prodd. der CIBA AG., Basel: *Chlorantinlichtblau 2 BLL* für Baumwolle u. regenerierte Cellulose. Der Farbstoff deckt streifig gefärbte Viscosereyon u. färbt Baumwolle u. Viscosereyon gleich tief Ton-in-Ton. Der Farbstoff ist für den Direktdruck brauchbar. (Zirkular Nr. 695). — *Cibacetblau F 3 R* färbt Acetatreyon, Nylon, Perlon u. Grillon u. andere Polyamidfasern. Der Farbstoff besitzt gutes Ziehvermögen, u. reserviert Effekte auf Baumwolle rein weiß (Zirkular Nr. 704). — *Cibalanbordeaux RL* — *Coprantingelb RL* für Baumwolle, Reyon u. Zellwolle. Licht- u. Naßechtheit sind gut bzw. sehr gut. Das Egalisiervermögen ist gut (Zirkular Nr. 702). — *Sapamin WP* ist ein Weichmacher für Permanentappretur (Zirkular Nr. 2096). — *Cibantingelb 2 GB* für Druck auf Baumwolle, Viscosereyon u. Zellwolle. Die Färbungen besitzen vorzügliche Wasch- u. Cl-Echtheit u. gute Lichtechtheit. Der Farbstoff wird nach dem Direktdruckverf. angewandt (Zirkular Nr. 703). — Prodd. der Imperial Chemical Industries Ltd., London: *Chlor Azol Diazo Red 4 B* (*Chlorazoldiazorot 4 B*) wird für beschwerte Seide, für Mischungen aus Baumwolle/Wolle, Baumwolle/Seide, Baumwolle/Acetatreyon u. Baumwolle/Viscosereyon angewandt. Die Lichtechtheit ist sehr gut (S. C. 625). — *Solochromate Fast Bordeaux BN* (*Solochromatechtbordeaux BN*) ist für die verschiedensten Fasermischungen geeignet. — *Durandone Printing Pink 2 B* (*Durandonedruckrosa 2 B*) ist ein homogener Kupferfarbstoff. Die Färbungen besitzen gute Licht-, Wasch- u. Bleichechtheit (S. C. 697). — *Durandon Powders for Textile Printing.* Angeführt werden: *Durandone Orange RP, — Scarlet YP, 2 BP, 3 BP, — Pink FFP, — Red BP, 3 BP, — Blue 4 BCP* (*Durandoneorange RP, -scharlach YP, 2 BP, 3 BP, -scharlach FFP, -rot BP, 3 BP* u. *-blau 4 BCP*) (S. C. 627). (Reyon, Zellwolle andere Chemiefasern **31.** 663—64. Nov. 1953.) P. Eckert. 7018

Gerhard Dierkes, *Anilinschwarz und Diphenylschwarz.* Theoret. Betrachtungen über die Farbstoffbldg. (Strukturformeln) u. den Färbevorgang. Ausführlich besprochen wird die prakt. Durchführung des Färbens unter Angabe mehrerer Färbevorschriften. Schemat. Darst. der Färbeapp. u. des Schnelldämpfers. (Reyon, Zellwolle andere Chemiefasern **31.** 505—11. Sept. 1953.) P. Eckert. 7020

Gordon H. Lister, *p_H-Kontrolle in der Wollfärberei.* Inhaltlich ident. mit der C. **1949.** II. 805 referierten Arbeit. (Textil-Rdsch. [St. Gallen] **8.** 226—33. Mai 1953.) P. Eckert. 7020

—, *Kontinuierliche Färbemethoden unter besonderer Berücksichtigung der synthetischen Fasern.* Bei der in Boston (7/11. 1952) stattgefundenen Diskussionstagung wurden zunächst die verschied. Methoden der Kontinuefärberei in Vorträgen behandelt (Klotz–Dämpf-Verf., Thermosolverf., Standfast- u. Heißölverf. sowie die Kontinuefärbung bei Tempp. über 100°). Dann wurden Fragen, wie, welche Fasern können gefärbt werden, welche Farbstoffklassen sind hierfür geeignet u. welches Färbeverf. ist hinsichtlich Qualität u. Wirtschaftlichkeit zu wählen, diskutiert. Zum Schluß wurden die prakt. Erfahrungen beim Arbeiten nach dem Klotz–Dämpf-Verf. u. der Williams-Einheit sowie dem Heißölfärbeverf. mitgeteilt. Die einzelnen Vorträge sind ausführlich diskutiert u. referiert (31 Abbildungen). (Amer. Dyestuff Reporter **42.** P 540—53. 17/8. 1953.) H. G. Fröhlich. 7020

Ernst Heilmann, *Probleme der Perlonfärberei.* In der vorliegenden Arbeit werden folgende Fragen behandelt: Färbetheoretisches zu den einzelnen Farbstoffklassen. In diesem Zusammenhang wird eine Tabelle über die Eignung der verschied. Farbstoffklassen für die einzelnen Faserarten gebracht. Ferner Abweichungen des Farbtons u. der Echtheiten. Der Sättigungsgrad bzw. die Blockierungserscheinungen. Der Einfl. der Vorbehandlung (Fixierung u. Wäsche) auf die Durchführung der Färbung, sowie Vergleiche des färber. Verh. zwischen Perlonseide u. Perlonfaser u. Garndrehung u. Farbaffinität. (Faserforsch. u. Textiltechn. **4.** 493—99. Dez. 1953. Schwarza, Inst. für Technol. der Chemiefasern.) P. Eckert. 7020

Georg Bader, *Photogravur im Zeugdruck.* Es wird ein kurzer Überblick über die Herst. photogravierter Druckwalzen gegeben. Hierbei wird die Frage der Herst. von Halbtönen ausführlicher behandelt. Neben der autotyp. Bildaufteilung mittels besonderer Punktraster besteht die Möglichkeit eines echten Tiefdruckes, welcher je nach der Farbtiefe mit mehr oder weniger tiefen Gravuren arbeitet. (Textil-Prax. **8.** 983—85. Nov. 1953.) H. G. Fröhlich. 7022

P. Krug und **D. Horrocks,** *Thioharnstoffdioxyd im Textildruck. Hervorragende Ergebnisse auf Celluloseacetat.* Es werden besprochen die Eigg. von Thioharnstoffdioxyd (**I**) u. seine Verwendung als Reduktionsmittel beim Druck von Küpenfarbstoffen (**II**). In alkal. Lsg. liegt **I** als Formamidinsulfinsäure (**III**) vor. **III** ist unbeständig u. wirkt reduzierend wie $Na_2S_2O_4$. In saurer Lsg. ist **I** beständig u. wirkt erst bei höheren Tempp. reduzierend, bes. in Ggw. von gesätt. Dampf. **I** red. **II** in Druckpasten auf Textilien bei 100—102° zur freien Leukoküpensäure. Viele Küpensäuren besitzen Affinität zu Celluloseacetat, Wolle u. Naturseide. **I** ermöglicht es, **II** auf diese Fasern zu drucken ohne die Gefahr der Faserschädigung bzw. Verseifung. Die Methoden des Druckens von **II** mit **I** als Reduktionsmittel auf diesen Fasern u. Fasermischungen werden beschrieben. Durch ein Seifen bei 70° wird die Lichtechtheit der **II** auf Celluloseacetat verbessert u. ist zum Teil besser als die auf Viscose oder Baumwolle. (Dyer, Textile Printer, Bleacher, Finisher **110.** 475—79. 2/10. 1953.) A. v. König. 7022

—, *Die Forschung entdeckt neue Tatsachen über die Einwirkung von Licht auf organische Farbstoffe.* Übersicht über die Beziehungen zwischen den Farbänderungen lichtempfindlicher Farbstoffe u. den Änderungen in der mol. Konfiguration. (Textielwezen **9**. Nr. 12. 46—48. Dez. 1953.) WESLY. 7028

Janette B. Reid, *Atmosphärilien auf Acetatreyon.* Am gewebten, nicht entschlichteten Acetatreyon wurden nach der Lagerung in Rollen u. nachdem das Gewebe mit Seife–Phenol abgeseift u. gefärbt worden war, dunkle u. helle Streifen u. Punkte beobachtet. Experimente ergaben, daß Druck oder SO_2 aus der Atmosphäre nicht die Ursachen waren. Die Unegalitäten waren verursacht durch Gelatine oder Leinöl der Schlichte, auf welche Licht eingewirkt hatte bzw. durch die Anwesenheit anion. Netzmittel u. die Wrkg. von Feuchtigkeit. (Textile Mercury Argus **129**. 1045. 20/11. 1953.) A. v. KÖNIG. 7028

J. C. Guthrie und **P. H. Oliver**, *Beobachtungen an einigen handelsüblichen Lampen für Farbvergleiche.* Untersucht wurden 4 Fluorescenztageslichtlampen: *MCF/U* (GENERAL ELECTRIC CO. LTD.), *Mazda* (BRITISH THOMSON HOUSTON CO. LTD.), *Siemens* (SIEMENS ELECTRIC LAMPS & SUPPLIES LTD.) u. *Atlas* (THORN ELECTRICAL INDUSTRIES LTD.). Obwohl diese Lampen von der Normalbeleuchtung C abwichen u. auch gewisse Unterschiede innerhalb eines Lampentyps festzustellen waren, spielen diese Abweichungen für fabrikmäßige Farbvergleiche eine untergeordnete Rolle. Auf die Schwierigkeit der Nachbldg. des Tageslichts mit einer einzigen Lichtquelle wird hingewiesen. (J. Soc. Dyers Colourists **69**. 430—35. Nov. 1953. Droysden, Manchester, Courtaulds Ltd.) DOSSMANN. 7030

Comp. Française des Matières Colorantes, S. à R. L., Paris (Erfinder: **Robert Lazare Lantz**, Paris), *Diazoaminoderivate*, die am sek. N-Atom sulfoniert sind u. der Formel $R\cdot N(SO_3Me)\cdot R_1\cdot N:N\cdot NR_2R_3$ entsprechen, worin R Alkyl oder Aryl, R_1 Phenylen u. R_2 u. R_3 aliphat., aromat., araliphat., alicycl. oder heterocycl. Reste bedeuten, liefern auf der Faser Azofarbstoffe, wenn man sie zusammen mit einer beliebigen Azokomponente, bes. in alkal. Medium, aufträgt u. alsdann den p_H-Wert herabsetzt. —

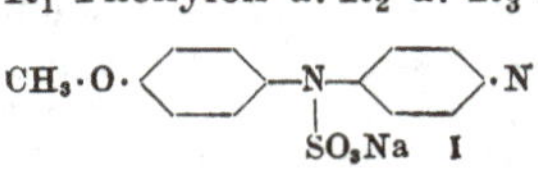
I

Verb. **I** aus Diäthylamin u. 1-(4′-Methoxyphenylamino)-4-diazobenzol-N-sulfonsäure in Na_2CO_3-Lsg. unter Kühlung. — Analog: $C_6H_5\cdot N(SO_3Na)\cdot C_6H_4\cdot N:N\cdot N\langle{}^{CH_2\cdot CH_2}_{CH_2\cdot CH_2}\rangle CH_2$. — $C_6H_5\cdot N(SO_3Na)\cdot C_6H_4\cdot N:N\cdot N(CH_3)\cdot C_6H_5$. — $CH_3\cdot N(SO_3\cdot Na)\cdot C_6H_4\cdot N:N\cdot N(C_2H_5)_2$. (**D. B. P. 895 291** Kl. 12q vom 20/3. 1951, ausg. 2/11. 1953. F. Prior. 24/3. 1950.) LANGER. 7021

American Viscose Corp. (Erfinder: **Leslie L. Walmsley**, Chester, und **Raymond E. Smith**, Ridley Park), Pa., V. St. A., *Krumpffreie Ausrüstung von Cellulose-, besonders Kunstseidengeweben.* Während des *Färbens* imprägniert man das Gut mit einer Dispersion, die einen in W. unlösl., in Alkali lösl. Celluloseäther (**I**), CH_2O u. einen Küpenfarbstoff enthält, worauf man trocknet, durch Erhitzen **I** u. CH_2O umsetzt u. dann mit einer wss. Alkalilsg. behandelt, die den Farbstoff zur lösl. Leukoverb. reduziert. Durch Nachbehandlung mit der wss. Lsg. eines milden Oxydationsmittels wird der Farbstoff entwickelt. Die ersten Verfahrensschritte erfolgen unter Spannung des Gutes. Als **I** geeignet ist Oxyäthylcellulose. Geeignete Farbstoffe sind z. B. Indanthrenblau BSCN, Indanthrengelb 3 RD oder „*Calcosal*"-Jadegrün NP. (**D. B. P. 899 637** Kl. 8k vom 6/8. 1950, ausg. 14/12. 1953. A. Prior. 25/11. 1949.) MÖLLERING. 7021

E. I. du Pont de Nemours & Co., übert. von: **Arthur K. Saville**, Wilmington, Del., V. St. A., *Kontinuierliches Bedrucken von Textilien mit Küpenfarbstoffen.* Man druckt mit einer wss. Paste, die den Farbstoff in Pigmentform u. 1,5—6% Verdickungsmittel, wie Na-Alginat oder Na-Carboxymethylcellulose, enthält, trocknet u. überdruckt die ganze Fläche mit einer verdickten wss. Lsg., die 2—10 (%) KOH u. 2—10 $Na_2S_2O_4$ im Verhältnis 5:3 enthält, u. führt das überdruckte Material nach 20 Sek. in eine luftfreie Dämpfkammer, wo in 5—50 Sek. Red. u. Fixierung des Farbstoffes erfolgt. Anschließend wird gewaschen, mit H_2O_2 oxydiert, angesäuert u. kochend geseift. (**A. P. 2 587 905** vom 14/9. 1950, ausg. 4/3. 1952.) v. SCHILLER. 7023

General Aniline & Film Corp., New York, N. Y. (Erfinder: **Chris Carl Schulze**, Cranford, und **Charles Orenyo**, Bloomfield, N. J.), V. St. A., *Küpenfarbstoffpaste mit niedriger stabiler Viscosität*, bestehend aus einer Dispersion des Farbstoffs in W., zweckmäßig in Anwesenheit eines oberflächenakt. Mittels (**I**), dad. gek., daß die Dispersion einen Trialkylolamintriester (**II**) einer unsubstituierten aliphat. Carbonsäure mit mindestens 4 C-Atomen enthält. **II** ist z. B. Triäthanolamintricaprylat u. **I** ein wasserlösl. Ligninsulfonat oder das Reaktionsprod. aus CH_2O u. einem Naphthalinsulfonat. (**D. B. P. 898 148** Kl. 8m vom 30/12. 1951, ausg. 26/11. 1953. A. Prior. 3/1. 1951.) V. SCHILLER. 7023

Sandoz Akt.-Ges., Basel, Schweiz, *Azofarbstoffe.* Die Kupplungsprodd. von 1 (Mol) 2-Amino-5-oxynaphthalin-7-sulfonsäure mit 1 2-Diazobenzol-1-carbonsäure-4-(oder -5-)-sulfonsäure werden 2—4 Std. mit 1 Teil konz. HCl + 20 W. am Rückflußkühler gekocht. Rotbraune, in konz. H_2SO_4 blaurot lösl. Pulver. (**Schwz. PP. 281 981** u. **281 982,** beide vom 2/3. 1950, ausg. 1/12. 1952. **Zusätz zu Schwz. P. 278 942; C. 1953. 9000.**) KALIX. 7053

Sandoz Akt.-Ges., Basel, Schweiz, *Modifizierte Azofarbstoffe.* Die Kupplungsprodd. aus 1 (Mol) 2-Amino-5-oxynaphthalin-7-sulfosäure mit 2-Diazobenzol-1.4 (oder 1.5)-dicarbonsäure, oder mit 2-Diazobenzol-1-carbonsäure oder mit 2-Diazo-1-methoxy-5-nitrobenzol-4-sulfonsäure werden in Ggw. von $NaNO_2$ ca. 24 Std. mit verd. HCl gerührt. Dunkelbraune, in konz. H_2SO_4 blaurot lösl. Pulver. (**Schwz. PP. 281 983, 281 984, 281 985** u. **281 986,** alle vom 2/3. 1950, ausg. 1/12. 1952. **Zusätze zu Schwz. P. 278942; C. 1953. 9000.**) KALIX. 7053

Sandoz Akt.-Ges., Basel, Schweiz, *Azofarbstoffe.* Die Kupplungsprodd. aus 2-Diazo-5-nitrobenzol-1-carbonsäure mit 1-Amino-7-oxynaphthalin-4-sulfonsäure oder 1-Amino-8-oxynaphthalin-3.5-disulfonsäure werden ca. 1 Std. mit konz. HCl auf 95—100° erhitzt u. die Prodd. ausgesalzen. Dunkelbraune, in konz. H_2SO_4 rot bis violett lösl. Pulver. (**Schwz. PP. 281 987** u. **281 988,** beide vom 2/3. 1950, ausg. 1/12. 1952. **Zusätze zu Schwz. P. 278 942; C. 1953. 9000.**) KALIX. 7053

Farbenfabriken Bayer Akt.-Ges., Leverkusen-Bayerwerk, *Anthrachinonfarbstoffe.* Zu D. B. P. 823 912 (C. **1953.** 2198) ist nachzutragen: Weitere Farbstoffe erhält man durch Umsetzen von 1-Amino-4-glykolylaminobenzol mit 1-Isopropylamino-4-bromanthrachinon-2-sulfonsäure; 1-Amino-4-brom-6-sulfodimethylamidoanthrachinon-2-sulfonsäure, grünstichigblaues Pulver, in W. leichtlösl., färbt Wolle aus saurem Bade waschecht klar grünstichig blau; 1-Amino-4-brom-5-acetylaminoanthrachinon-2-sulfonsäure. (**E. P. 690 096** vom 2/9. 1949, ausg. 15/4. 1953.) ROICK. 7059

Imperial Chemical Industries Ltd., London, und **Kenneth Alfred John Chamberlain** und **David Alexander Whyte Fairweather,** Blackley, Manchester, England, *Küpenfarbstoffe der Acedianthronreihe* erhält man durch Kondensation von Aminoacedianthronen mit Halogenarylverbb., die mindestens ein Halogenatom unmittelbar an den Benzol- oder Naphthalinring gebunden enthalten, oder durch Kondensation von Nitro- oder Halogenacedianthronen mit aromat. Aminen der Benzol- oder Naphthalinreihe. Die erhaltenen Arylaminoacedianthrone färben u. drucken Baumwolle (**A**) u. andere cellulosehaltige Textilien in echten braunen Tönen. Werden sie weiter mit sauren Kondensationsmitteln, wie H_2SO_4 oder bes. $AlCl_3$ in Nitrobenzol, behandelt, so erhält man die Carbazole, die in etwas gelbstichigeren echten braunen Tönen färben. So können Farbstoffe erhalten werden aus Monoaminoacedianthron (**I**) u. p-Bromtoluol, dunkelbraune Kristalle, färben **A** licht- u. naßecht gelbbraun (carbazoliert: braunes Pulver, färbt **A** aus rotbrauner Küpe echt grünstichig braun); **I** u. α-Chlornaphthalin, dunkelbraunes Pulver, färbt u. druckt **A** gelbbraun; **I** u. β-Chlornaphthalin (**II**), dunkelbraunes Pulver, färbt u. druckt **A** gelbstichig braun (carbazoliert: dunkelbraunes Prod., färbt u. druckt **A** aus rotstichig brauner Küpe grünstichig braun; Diaminoacedianthron u. **II**, dunkelbraunes Pulver, färbt u. druckt **A** dunkelbraun (Carbazolierung des Di-β-naphthylaminoacedianthrons: dunkelbraunes Prod., färbt u. druckt **A** aus blauvioletter Küpe braun. (**E. P. 672 901** vom 30/3. 1949, ausg. 28/5. 1952.) ROICK. 7059

American Cyanamid Co., New York, übert. von: **Mario Scalera,** Somerville, N. J., V. St. A., *Reinigung von Küpenfarbstoffen* der Formel **I**, ihren Halogen-, Alkyl-, Alkoxy-, Amino-, Anthrachinonylamino- oder Arylaminosubstitutionsprodukten. Die Leukoverbb. werden aus wss. alkal. Lsg. durch Zusatz einer ionisierbaren Alkaliverb. als Alkalisalze gefällt. — Man verküpt z. B. 55 (Teile) des Farbstoffs **I**, erhalten durch alkoh. K-Schmelze von rohem Bz 1-Benzanthronyl-1-aminoanthrachinon, mit 2500 W., 240 NaOH (40° Bé) u. 100 $Na_2S_2O_4$, versetzt bei 70° mit 1000 konz. NaCl-Lsg., filtriert bei 25° u. erhält 42 reines Prod., das in viel klareren dunkelgrünen Tönen als der rohe Farbstoff färbt. In ähnlicher Weise kann auch unmittelbar aus der Alkalischmelze nach Abdest. des A. der reine Farbstoff erhalten werden. — Weitere Beispiele. (**A. P. 2 483 238** vom 23/3. 1944, ausg. 27/9. 1949. **Can. P. 485 049** vom 23/10. 1944, ausg. 22/7. 1952. A. Prior. 23/3. 1944.)

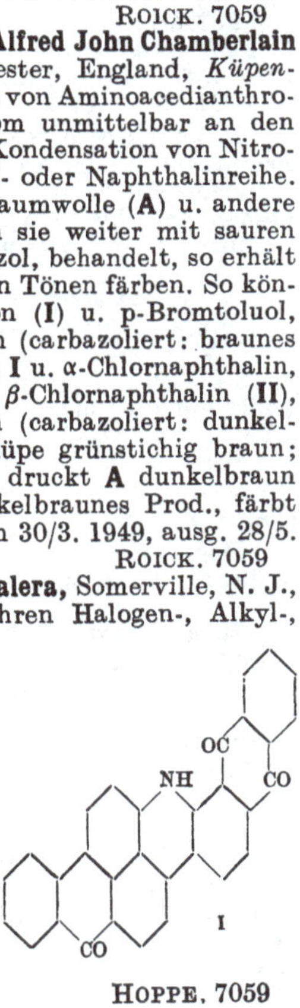

I

HOPPE. 7059

Badische Anilin- & Soda-Fabrik Akt.-Ges., Ludwigshafen /Rh. (Erfinder: **Willy Braun**, Heidelberg), *Herstellung von Küpenfarbstoffen.* Die aus α.α'-Di-[Bz-1-anthrachinonylaminobenzanthronyl-[6]-amino)-anthrachinonen, die in den Anthrachinonylresten Amino- oder substituierte Aminogruppen enthalten können, durch alkal. Kondensation erhaltenen Stoffe, werden mit Gemischen aus wasserfreiem $AlCl_3$ u. $SOCl_2$, gegebenenfalls unter Zusatz von schmelzpunkterniedrigenden Salzen, erhitzt. (**D. B. P. 889663** Kl. 22b vom 3/4. 1941, ausg. 14/9. 1953. **Zusatz zu D. R. P. 743592; C. 1944. I. 1135.**) REICHELT. 7059

XIa. Farben. Anstriche. Lacke. Naturharze.

V. Charrin, *Tone und ihre Rolle in der Farbenindustrie.* Behandelt werden: gefärbte Tone (Ocker, Rötel, Umbra, Terra di Siena u. andere), Bentonite für Emulsionen in Öl oder W., *Tixoton* (synthet. Betonit). (Peintures, Pigments, Vernis **29.** 733—34. Sept. 1953.) STEINER. 7092

B. F. H. Scheifele, *Chromgelbdarstellung aus Bleiacetat und Zinkgelbgewinnung nach neueren Methoden.* Überblick über die Verff. zur Herst. rhomb., monokliner u. tetragonaler Pb-Chromate mit H_2SO_4-Anteilen. Korngrößeregulierung durch Stabilisatoren. $BaCrO_4 \cdot K_2CrO_4$ als Rostschutzmittel. Rezeptbeispiele für Zn-Chromate. (Farbe u. Lack **59.** 480—82. Dez. 1953. Heidelberg.) STEINER. 7092

F. J. H. le Riche und **A. L. Stubbs**, *Erzeugung neuer trocknender Öle durch Ausscheidung aus Lösungsmitteln.* (Vortrag.) Am Beispiel des Leinöls werden die Anforderungen an trocknende Öle erläutert u. dann das Verh. einer Anzahl solcher Öle (Sonnenblumensaatöl, Fischöle, Sojaöl, Tabaksamenöl, dehydratisiertes Ricinusöl) bei Tieftemperaturausscheidung aus Lsgg. in fl. Propan (SOLEXOL-Verf.) beschrieben. — Diskussion. (J. Oil Colour Chemists' Assoc. **37.** 8—22. Jan. 1954. Simonstown, South Africa, Marine Oil Refiners of Africa Ltd.) F. HEINRICH. 7096

F. Margival, *Die Metallseifen und ihre Anwendung in der Anstrichtechnik.* (Vgl. C. **1952.** **1741.**) Beschrieben werden Herst. u. Eigg. der Linoleate, Naphthenate, Resinate u. dgl. des Ca, Al, Cr, Co, Cu, Mn, Pb u. Zn. (Peintures, Pigments, Vernis **29.** 917—21. Nov. 1953.) STEINER. 7096

H. Courtney Bryson, *Wirkung des Wassers und wässeriger Lösungen in der Anstrichtechnik.* Beim Anreiben von Farben ist nach Ansicht des Vf. eine gewisse Menge W. erforderlich. Bei der Erzflotation gewonnene Erfahrungen können verwendet werden, um schwere Pigmente, wie $BaSO_4$ u. CuO, bei ihrer Verwendung in der Anstrichtechnik in Suspension zu halten. (Peintures, Pigments, Vernis **29.** 915—16. Nov. 1953.) STEINER. 7096

Edilio Cattaneo, *Ersatzmittel für Leinölfirnis.* Überblick über Merkmale u. Anwendung der Firnisersatzstoffe, wie Harttrockenöl (gloss oil, olio brillante) u. dgl., die unter Verwendung von Kalkharz, Harzester, Cumaronharz usw. hergestellt werden. Auch bei Zusatz bis zu 50% Standöl oder sonstigem trocknenden Öl soll Leinölfirnisersatz nur für Innenanstriche, niemals für Außenanstriche, verwendet werden. (Pitture e Vernici **9.** 829—30. Dez. 1953.) SCHEIFELE. 7096

Richard Haller, *Bronzefluid auf Grundlage Nitrocellulose.* Angaben über einige Nitrocellulosebindemittel, die ohne Säurezusatz gegenüber Cu-Bronzen stabil sind. (Farbe u. Lack **59.** 483. Dez. 1953. Frankfurt/M.) STEINER. 7096

Harry Keifer, *Verbindungs- und Füllkitte.* Allg. Ausführungen. (Amer. Paint J. **38.** Nr. 8. 58. 60. 62. 64—66. 68. 70. 72. 74. 76. 78. 80. 82. 9/11. 1953.) STEINER. 7096

M. A. Glaser, *Technische Anstriche. Derzeitiger Stand und Zukunftsaussichten.* Geschichtlicher Rückblick bis in die Frühzeit kleinasiat. u. ägypt. Kultur. Entw. der modifizierten Alkydharze. Derzeit verwendete Kunstharze u. Bindemittel. Neuartige Verff. zum Anbringen von Anstrichen (I). Derzeitige Anstrichtechnikentw.: Latexfarben, lösungsmittelfreie I, Isocyante, schnelltrocknende I, durch katalyt. Einw. trocknende I, neuartige Netzmittel, korrosionsbeständige Überzüge für Stahl, Dosenlacke, synthet. Fettsäuren, Polyesterharze, hitzebeständige I mit Titanestern, Siliconen, Polyfluor-KW-stoffen. (Amer. Paint J. **38.** Nr. 5. 74. 75. 78. 80. 82. 83. 86. 88. 90. 92. 93. 96. 98. 99. 102. 104. 106. 108. 110. 112. 19/10. 1953.) STEINER. 7106

Hans Kölzow, *Schutzanstriche auf bituminöser Basis.* Bei der Auswahl u. Zus. der bituminösen Stoffe u. ihrer Zusätze für Anstrichzwecke auf Bauwerken kommt es hauptsächlich darauf an, die intermol. Zwischenräume in der Anstrichschicht auszufüllen, dann die Haftfestigkeit zu erhöhen u. die Alterungsbeständigkeit zu verbessern. Der Anstrich muß aus mehreren Filmen aufgebaut sein. Der 1. Film darf nicht aufgespritzt, sondern muß gestrichen werden, um alle Poren zu schließen. (Bitumen, Teere, Asphalte, Peche verwandte Stoffe **4.** 223—24. Aug. **1953.** Leverkusen.) MARKHOFF. 7106

G. Coppa-Zuccari, *Bleicyanamid, ein Rostschutzpigment von großer Bedeutung.* Übersichtsbericht. Korrosionsverss. ergeben eine leichte Überlegenheit der $PbCN_2$–Leinöl-Anstriche gegenüber Pb_3O_4–Leinöl-Anstrichen. (Peintures, Pigments, Vernis **29.** 922—23. Nov. 1953.) STEINER. 7106

I. Graham, *Die Einwirkung von Lösungsmitteln auf Linoxynfilme.* Zur Klärung von bei der Reinigung u. Restaurierung alter Ölgemälde auftretenden Problemen wurde der Einfl. von Lösungsmitteln auf Leinöl–Harzlack-Filme untersucht, deren Trocknungsdauer bis zu 3 Jahren betrug. Die Geschwindigkeit des Eindiffundierens der Lösungsmittel in den Film ist eine Funktion der Viscosität u. am größten bei Chloroform. Je älter der Lack, desto kleiner der in Aceton oder Bzl. u. desto größer der in A. lösl. Anteil. Das an Standölfilmen untersuchte Quellvermögen ist in alkoholhaltigen Chloroform-, Cyclohexanon- u. Benzolmischungen am größten. Die Beeinflussung mechan. Eigg. der Filme durch Lösungsmittel u. der Einfl. von Zeit u. Temp. auf die Brüchigkeit wurden ebenfalls untersucht. (J. Oil Colour Chemists' Assoc. **36.** **500**—06. Sept. 1953. London, National Gallery.) STEINER. 7106

J. Sevestre, *Wasserdichtmachen von Mauerwerk; Herstellung eines Dichtungsmittels auf Basis der Silicone.* Eine 1%ig. mit der doppelten Menge Paraffin versetzte Siliconlsg. ist als Dichtungsmittel für Zement u. Mörtel verwendbar. Für Gips u. Stuck empfiehlt sich eine Grundierung mit alkoh. Schellack + Xylol–Polystyrol-Emulsion. (Peintures, Pigments, Vernis **29.** 912—14. Nov. 1953.) STEINER. 7106

John S. Laws, *Rohes Fichtenharz — Terpentin. Seine Gewinnung und Verarbeitung auf Kolophonium und Terpentinöl.* Geschichtlicher Rückblick u. Übersichtsbericht. (Amer. Paint J. **38.** Nr. 9. 68. 72. 74. 76. 16/11. 1953. Baxley, Geo., Gum Processors Assoc.) STEINER. 7140

T. Vickerstaff und **I. S. M. Walls,** *Farbennuancierung und Farbenmessung.* Die Intensität der Beleuchtung hat innerhalb des Bereichs von 14—300 foot-candles keinen Einfl. auf die Beurteilung nahe beieinanderliegender Farbtöne. Die Genauigkeit der Schätzung geringer Farbunterschiede steigt jedoch mit der Beleuchtungsintensität, erreicht aber bei 80 foot-candles ein Maximum. Die Genauigkeit dieser visuellen Nuancierung ist ausreichend. Objektiv vorgenommene Messungen kleiner Farbunterschiede wurden mit den seitens geübter Coloristen erzielten, tatsächlichen Ergebnissen verglichen. Es ergab sich, daß derartige kleine Farbunterschiede mit einem selbstanzeigenden Spektrophotometer gemessen werden können, wobei sich ausgezeichnete Übereinstimmung mit den visuellen Schätzungen ergab. (J. Oil Colour Chemists' Assoc. **36.** 507—30. Sept. 1953. Manchester, ICI, Dyestuffs Div.) STEINER. 7158

I. Dujardin, *Dickemessungen, die auf der Reflexion der β-Strahlung beruhen.* Grundlagen, Ausführungsformen u. Anwendungsmöglichkeiten eines Verf. zur Messung der Dicke von Überzügen mit Hilfe reflektierter β-Strahlen werden beschrieben. (Peintures, Pigments, Vernis **29.** 906—11. Nov. 1953. Charleroi, Labor. de Rech. phys. de l'A. C. E. C.) STEINER. 7158

Otto Syreeni, Helsingfors, Finnland, *Mischverfahren zur Herstellung von Farbstoffmischungen* aus einem weder rötlichen noch grünlichen hellgelben Farbstoff, einem weder gelblichen noch bläulichen hellroten Farbstoff u. einem weder rötlichen noch grünlichen hellblauen Farbstoff. Die Ausfärbungen bzw. Anstriche mittels eines der drei Farbstoffe sollen den entsprechenden physiol. Farbeindruck für Gelb, Rot oder Blau bei Tageslichtbeleuchtung möglichst nahekommen. Diese drei Farbstoffe werden als Grundfarben bezeichnet. Mit den erhältlichen Farbmischungen ist es möglich, Ausfärbungen bzw. Anstriche gleicher Sättigung mit gleichen Gewichtsmengen von Farbstoffgemischen herzustellen. — Zu diesem Zweck ist es zunächst notwendig, die Farbstoffe einander in bezug auf die Sättigung der damit erhaltenen Ausfärbungen bzw. Anstriche anzugleichen, indem man gewisse Mengen Füllstoffe beimengt, welche den Farbton u. die Sättigung der Ausfärbungen bzw. Anstriche nicht beeinflussen. (**Oe. P. 176 377** vom 13/4. 1948, ausg. 10/10. 1953.) M. F. MÜLLER. 7093

„Alcid" VVB, Fahlberg-List, Magdeburg-Südost (Erfinder: **Georg Hahn,** Magdeburg, und **Max Schwimmer,** Köthen), *Herstellung von Blanc fixe und Alkalicarbonat* aus Alkalibisulfat u. $BaCO_3$ in Ggw. von W. unter Druck bei 40—100°. Die bei der Rk. freiwerdende CO_2 wird intermediär zur Bldg. von leichter lösl. $Ba(HCO_3)_2$ verwendet, welches im Zuge der Umsetzung mit Na_2SO_4 reagiert u. dabei $BaSO_4$ u. $NaHCO_3$ bildet. (**D. P. [DDR] 1581** Kl. 22f vom 29/9. 1942, ausg. 23/8. 1952 [Wirtschaftspatent].) M. F. MÜLLER. 7093

Sylvania Electric Products, Inc., V. St. A. (Erfinder: **Horace H. Homer**), *Herstellung von Leuchtstoffen.* Man stellt sie aus Gemischen her, die Verbb. enthalten, die sich in der Wärme unter Entw. eines relativ inerten Gases rückstandslos zers. u. so eine Oxydation der akt. Stoffe des Leuchtstoffs verhindern (z. B. NH_4-Oxalat, -Formiat, Oxalsäure). — Z. B. mischt man 274 (g) $CaHPO_4$ mit 150 $CdCO_3$, 11,5 $MnCO_3$, 5,3 $PbCO_3$ u. 4,3 $(NH_4)_2C_2O_4 \cdot H_2O$ u. erhitzt dieses Gemisch in einem inerten Gase, z. B. N_2, 1 Std. auf 1080°. (**F. P. 1 030 164** vom 27/12. 1950, ausg. 10/6. 1953. A. Prior. 1/3. 1950.) Oppermann. 7093

Sylvania Electric Products, Inc., V. St. A. (Erfinder: **Horace H. Homer**), *Leuchtstoffbelag, besonders für Leuchtröhren.* Zum Schutz des Leuchtstoffes vor Oxydation während des Einbrennens enthält die Leuchtstoffsuspension eine sich in der Wärme unter Entw. von inerten oder reduzierend wirkenden Gasen rückstandslos zers. Substanz, z. B. NH_4-Oxalat, Oxalsäure. (**F. P. 1 030 165** vom 27/12. 1950, ausg. 10/6. 1953. A. Prior. 1/3. 1950.) Oppermann. 7093

Sylvania Electric Products, Inc., V. St. A. (Erfinder: **Gerald L. Moran**), *Blau phosphorescierender Leuchtstoff,* z. B. für Fluorescenzlampen. Er besteht aus durch Pb aktiviertem Ca–Mg-Wolframat mit vorzugsweise etwas Li oder Na. (**F. P. 1 030 278** vom 29/12. 1950, ausg. 11/6. 1953. A. Prior. 28/4. 1950.) Oppermann. 7093

Sylvania Electric Products, Inc., V. St. A. (Erfinder: **Keith H. Butler** und **Horace H. Homer**), *Verbesserung des Leuchteffektes von Leuchtstoffen, besonders Halophosphaten.* Man behandelt die Leuchtstoffe mit einer wss. Lsg. einer nicht oxydierend wirkenden Säure (HCl) oder Base (NH_4OH). (**F. P. 1 030 279** vom 29/12. 1950, ausg. 11/6. 1953. A. Prior. 10/3. 1950.) Oppermann. 7093

Sylvania Electric Products, Inc., V. St. A. (Erfinder: **Keith H. Butler**), *Leuchtstoff.* Er besteht aus einem durch Mn u. Sn aktivierten Tricalciumphosphat, wobei die Summe der Grammatome von Ca + Mn + Ca/2 Mol Phosphat kleiner als 3 ist. — Man glüht z. B. ein Gemisch von 274,4 (g) $CaHPO_4$ (enthaltend 2,4 g freies W.), 88 $CaCO_3$, 4,6 $MnCO_3$ u. 2,7 SnO in einer Porzellankapsel bei 1204° in einer O_2-freien Atmosphäre von der Zus. 0,5—10 (%) H_2 u. 90—99,5 N_2. Der Leuchtstoff fluoresciert auch im UV-Licht. (**F. P. 1 030 281** vom 29/12. 1950, ausg. 11/6. 1953. A. Prior. 14/3. 1950.) Oppermann. 7093

Sylvania Electric Products, Inc., V. St. A. (Erfinder: **David F. Fortney**), *Leuchtstoff für Fluorescenzlampen.* Er besteht aus Ca-Halogenphosphat u. enthält zur Erhöhung des Leuchteffekts 0,01—0,10% Al. Als Ausgangsstoffe werden genannt: NH_4Cl, $CaCO_3$, $CaHPO_4$, $MgCO_3$, Sb-Oxyd, CaF_2, Al_2O_3, $Al(OH)_3$ u. Al-Acetat. Die Glühtemp. beträgt ca. 1090°. (**F. P. 1 030 280** vom 29/12. 1950, ausg. 11/6. 1953. A. Prior. 18/3. 1950.) Oppermann. 7093

Ciba (Soc. An.), Schweiz, übert. von: **Frank R. Spencer**, *Kunstharzmischung* (vgl. A. P. 2 579 980; C. **1953.** 4947). Zur Herst. von Überzügen, die alkali- u. säurebeständig, nicht runzlig u. nicht porös sind, nimmt man eine Mischung aus 10—50 Teilen eines Aminoplasts, wie Melamin- oder Harnstoff-Aldehyd-Harz, 90—50 Teile eines mit mittlerem Ölgeh. modifizierten Alkydharzes u. einen Modifikator aus polymeren aliphat. Carbonsäureestern, wie polymeres Butylacrylat oder Dibutylfumarat, in Mengen von 0,05—10% des Gesamtharzes. (**F. P. 1 032 734** vom 19/1. 1951, ausg. 3/7. 1953. A. Prior. 21/1. 1950.) Pankow. 7097

Postans Ltd. und **Michael Henry Miller Arnold**, Birmingham, England, *Herstellung von Anstrichmitteln und gefärbten plastischen Massen.* Pulvrige Pigmentfarben werden in einem flüchtigen Lösungsm. niedriger Viscosität, wie Xylol oder Bzn., mit Hilfe von Ultraschallschwingungen, z. B. mittels Galton-Pfeife, dispergiert. Dann wird bis zur gewünschten Konz. des Pigments eingedampft u. mit dem Träger hoher Viscosität, dem filmbildenden Lack oder dem die plast. M. bildenden Öl gemischt. (**E. P. 698 329** vom 6/5. 1950, ausg. 14/10. 1953.) Gräger. 7107

Nash-Kelvinator Corp., Kenosha, Wis., übert. von: **Eleanor G. Sheridan**, Chicago, Ill., **Luther L. Yaeger**, Hammond, Ind., und **Johan Bjorksten**, Chicago, Ill., V. St. A., *Überzugsmittel für plastische Massen gegen elektrostatische Aufladung der Oberflächen,* bestehend aus 30—50 (%) eines festen harzartigen Polychlordiphenyls mit 60—70 Cl, 70—50 eines polymeren Methacrylsäureesters eines 1—3 C-Atome enthaltenden Alkohols u. $^1/_4$—40 eines zur Verhinderung der Aufladung dienenden Laurinsäurediäthanolamids oder eines Kondensationsprod. der Ölsäure mit Diäthanolamid. (**A. P. 2 640 817** vom 26/7. 1948, ausg. 2/6. 1953.) Gräger. 7107

Dr. Beek & Co. G. m. b. H., Deutschland, *Herstellung von Lacken für elektrische Leiter.* Man löst ein Kondensationsprod. von Äthylenpolyoxyverbb. in einem geeigneten Lösungsm. u. vermischt diese Lsg. mit einer Lsg. von Phenol u./oder Amid-Aldehyd-Harz. Ein solcher Lack besteht z. B. aus: 190 (Gewichtsteilen) 42%ig. Lsg. von Äthylenoxydharz, 40 50%ig. Lsg. von p-Toluolsulfamidharz, 50 Toluol, 50 Xylol, 50 Kresol u. 50 Diacetonalkohol. — Weitere 4 Beispiele. (**F. P. 1 028 190** vom 9/11. 1950, ausg. 20/5. 1953. Schwz. Prior. 16/1. 1950.) OPPERMANN. 7107

Nash-Kelvinator Corp., Kenosha, Wis., übert. von: **Luther L. Yaeger**, Hammond, Ind., V. St. A., *Überzugsmittel für Oberflächen von plastischen Massen*, bes. von Polystyrol, bestehend aus einer Lsg. von Celluloseacetobutyrat mit einem Acetylgeh. von 8—43 (%) u. einem Butyrylgeh. von 15—22 in einem Lösungsmittelgemisch, das 5—90 eines Nitroalkans mit 1—3 C-Atomen, bes. Nitromethan, enthält, neben gegebenenfalls Diacetonalkohol, Cyclohexanol, Äthylenglykolmonomethyl- oder -äthyläther oder Äthyllactat, dem gegebenenfalls ein anderes Polymer, wie Polyäthylacrylat oder -methacrylat, zugesetzt sein kann. (**A. P. 2 652 339** vom 28/1. 1948, ausg. 15/9. 1953.) GRÄGER. 7107

Standard Oil Development Co., übert. von: **Anthony H. Gleason**, Westfield, N. J., V. St. A., *Einbrennlack*, bestehend aus 5—300 (Teilen) (bes. 100) eines Pigmentes, wie TiO_2, 100 Lackbenzin (Kp. 80—200°) u. ca. 100 eines mittels feinverteiltem metall. Na copolymerisierten trocknenden Öls aus 75—85 (80) Butadien-1.3 (I), 25—15 (20) Styrol (II) u. 0,05—0,5 Maleinsäureanhydrid, das eine innere Viscosität von 0,15—0,30 (0,2) aufweist, mit einem Zusatz von 0,05—1% Trockenmittel, wie Pb-, Co- oder Mn-Naphthenat. Einbrenntemp. 200—220°. I kann auch ganz oder teilweise ersetzt werden durch Isopren, 2.3-Dimethylbutadien, Piperylen oder 2-Methylpentadien-(1.3), ebenso II durch dessen ringalkylierte Homologe, wie Methyl-, Dimethyl-, Äthyl- oder Diäthylstyrol. (**A. P. 2 652 342** vom 1/7. 1949, ausg. 15/9. 1953.) GRÄGER. 7107

Universal Oil Products Co., übert. von: **Herman S. Bloch**, Chicago, Ill., V. St. A., *Lack*, bestehend aus einer Mischung eines unter Oxydation verharzenden Prod. polymerer KW-stoffe, das z. B. durch Einw. von HF auf ein Gemisch monoolefin. KW-stoffe bei 90° unter Druck gewonnen wurde, mit Kp. 150—450° (bes. 300—425°), Bromzahl ca. 140, Maleinsäureanhydridwert von 30—90 u. mit 2,5—4 Doppelbindungen im Mol., von denen 40—70% konjugiert sind, u. einem Oxydationsverzögerer, wie Aminophenole, Hydrochinon, Resorcin oder Pyrogallol, mit dem der Oxydationsverlauf reguliert werden kann. Als Lösungsm. ist ein bis zu 175° sd. Petroleumnaphtha verwendbar. Der Lack kann noch bis zu 10% eines Weichmachers, bes. Trikresylphosphat, enthalten u. gegebenenfalls ein anderes filmbildendes Mittel, wie ölmodifiziertes Alkydharz oder Nitrocellulose. (**A. P. 2 648 640** vom 22/12. 1950, ausg. 11/8. 1953.) GRÄGER. 7107

S. C. Johnson & Son, Inc., übert. von: **Edward A. Wilder** und **Francis E. Chapman**, Racine, Wis., V. St. A., *Farbanstrichmittel*, widerstandsfähig gegen W., Schmutz u. Fäulnis, bestehend aus einem Pigment, wie TiO_2, u. einer Lsg. eines Harzes, bes. Alkydharzes, u. eines Esters von Pentaerythrit oder Polypentaerythrit bzw. deren Gemischen mit einer einwertigen gesätt. Fettsäure mit 15—22 C-Atomen, wie Pentaerythritmonostearat, Dipentaerythrittristearat oder Tripentaerythrithexastearat, in einem organ. Lösungsm., wie Lackbenzin. Der Benetzungswinkel von W. ist 20° größer als bei einem Anstrich ohne den Estergehalt. (**A. P. 2 640 038** vom 28/1. 1950, ausg. 26/5. 1953.) GRÄGER. 7107

General Electric Co., New York, übert. von: **Birger W. Nordlander** und **Robert E. Burnett**, Schenectady, N. Y., V. St. A., *Thixotropes Überzugsmittel*, bestehend aus einem polymerisierbaren fl. Gemisch eines Alkydharzes aus einem mehrwertigen Alkohol u. einer ungesätt. Polycarbonsäure, wie Diäthylenglykolmaleinat, einem polymerisierbaren Glykolester der Methacrylsäure, wie Tetraäthylenglykoldimethacrylat, u. 45—70% (des Gesamtgewichts) aus Fe_2O_3, Cr_2O_3, ZnO, TiO_2, Ni_2O_3 oder SiO_2 als Füllmittel. (**A. P. 2 645 626** vom 31/12. 1949, ausg. 14/7. 1953.) GRÄGER. 7107

Chemische Werke Albert (Erfinder: **Hans Starck**), Wiesbaden, *Herstellung von härtbaren Lacken* mit bes. guter Chemikalien- u. Lösungsmittelbeständigkeit, Elastizität u. Haftfestigkeit. Plastifizierte oder unplastifizierte Phenolresole, die auch aus Phenolen mit gegenüber dem n. Phenol red. Reaktionsfähigkeit mit CH_2O hergestellt u. gegebenenfalls mehr oder weniger weit mit Monoalkoholen, wie Butanol, veräthert sein können, werden mit plastifizierten oder unplastifizierten Dicyandiamid–CH_2O-Harzen, z. B. aus 1 (Mol) Dicyandiamid, 2 CH_2O u. 1 Trimethylolpropanadipinsäureester, vermischt u. gegebenenfalls bei erhöhter Temp. mischkondensiert. Zur Herst. der Phenolresole kann außer Phenol z. B. o-Kresol oder p.p'-Dioxydiphenyldimethylmethan verwendet werden. Für Oberflächenbehandlung von Holz, Stein, Textilien u. bes. Metall. (**D. B. P. 903 368** Kl. 22h vom 3/11. 1951, ausg. 4/2. 1954.) GRÄGER. 7107

Celanese Corp. of America, übert. von: **Ralph E. Porzer,** Bloomfield, N. J., und **Alan P. Baruch,** Stamford, Conn., V. St. A., *Celluloselack,* bestehend aus einer Lsg. von 15—40 (Gewichtsteilen) Cellulosepropionat (I) mit ca. 63—67% Propionsäure in 100 eines Lösungsgemisches aus 50—10% von Propyl-, Isopropyl-, Amyl- oder Butylacetat (**II**) u. 50—90% Xylol (**III**) oder Toluol. Bes. geeignet ist z. B. ein Lack aus 22 **I**, 3 Dibutylsebacinat u. 1 Butoxyäthylstearat in 100 eines Gemischs aus 40% **II** u. 60% **III**. (**A. P. 2 652 346** vom 19/10. 1948, ausg. 15/9. 1953.) GRÄGER. 7107

Fir-Tex Insulating Board Co., St. Helens, übert. von: **John E. Robison,** Warren, Oreg., V. St. A., *Feuerschützendes Überzugsmittel,* das abwaschbar u. wetterfest ist, bestehend aus einem Harnstoff- oder Melamin–CH_2O-Harz (10—50 Gewichtsteile), Melamin oder Dicyandiamid (40—80) u. einem Kohlenhydrat (10—50), wie Cellulose, Stärke oder Zucker, in einem Lösungsm., bes. W., gelöst. Bestes Mischungsverhältnis 1:2:1. Bei Hitzeeinw. bläht sich der Anstrich schaumartig auf. (**A. P. 2 648 641** vom 3/8. 1950, ausg. 11/8. 1953.) GRÄGER. 7107

Ideal Chemical Products, Inc., City of Santa Monica, Calif., V. St. A., übert. von: **Adolphus M. Shenk,** *Feuer- und korrosionsschützendes Überzugsmittel,* bestehend aus einem Füllmittel, wie Asbestfaser u. Vermiculit, chloriertem Kautschuk (**I**) als Trägerstoff, einem hochchlorierten Paraffinwachs, einem feuerbeständigen Weichmacher für **I**, wie Trikresyl-, Triphenyl- oder Kresyldiphenylphosphat, einem feuerbeständigen Haftmittel, wie chloriertem Terphenyl, einem Pigment, wie Sb_2O_3 oder TiO_2, u. einem flüchtigen aromat. Lösungsm., wie Xylol. Es kann noch feiner gewaschener Sand zugefügt werden. (**E. P. 696 087** vom 16/2. 1951, ausg. 26/8. 1953. A. Prior. 6/3. 1950.) GRÄGER. 7107

B. F. Goodrich Co., New York, N. Y., übert. von: **Robert P. Stock,** Cuyahoga Falls, O., V. St. A., *Hitzebeständiges Überzugsmittel,* bes. für brennbare Stoffe, bestehend aus 20—60% eines kautschukartigen Polymers aus Chloropren, 5—75% eines flüchtigen fl. Verdünnungsmittels, wie Naphtha, Methyläthylketon oder auch W., 30—80% eines Kohlenhydrats (**I**), wie Zucker oder Dextrin, u. 30—80% des Geh. an **I** eines gasbildenden Mittels, wie $Al_2(SO_4)_3$, $(NH_4)_2SO_4$, $NH_4H_2PO_4$, $(NH_4)_2HPO_4$, H_3PO_3, NH_4Br, $ZnCl_2$, H_3BO_3, Na_2WO_4 oder NH_4-Sulfaminat. (**A. P. 2 650 206** vom 25/4. 1950, ausg. 25/8. 1953.) GRÄGER. 7107

Imhausen & Co. G. m. b. H. Chemische Fabrik und **Karl-Heinz Imhausen** (Erfinder: **Josef Nettersheim** und **Karl-Heinz Imhausen**), Witten/Ruhr, *Anstrichmittel,* im wesentlichen bestehend aus Leinöl (20—80 Teile) u. einem Harz (80—20), das durch Kondensation von Destillationsrückständen von Fettsäuren der Paraffinoxydation mit Reaktionsprodd. von bes. alkylierten aromat. KW-stoffen mit CH_2O erhalten ist, wobei zweckmäßig der Geh. an Harz um so höher ist, je weniger bas. die Pigmente sind, sowie gegebenenfalls weiteren an sich bekannten Zusätzen, wie Pigmenten, Verdünnungsmitteln oder Trockenstoffen. (**D. B. P. 900 857** Kl. 22g vom 29/4. 1951, ausg. 4/1. 1954.) GRÄGER. 7107

Franz Willems, Laurensburg/Aachen, *Entrostendes und rostschützendes Anstrichmittel,* bestehend aus feinstgemahlener, durch Leinöl, Firnis u. dgl. streichfähig gemachter THOMAS-Schlacke, gegebenenfalls mit einem Zusatz einer schwachen Säure, wie Oxal-, Ameisen- oder Essigsäure, oder deren Ester, u. von durch schwache Säuren zersetzbaren Phosphaten. (**D. B. P. 900 370** Kl. 22g vom 3/8. 1951, ausg. 21/12. 1953.) GRÄGER. 7107

Robert Paul Albert Vallée und **Emile Jules Auguste Barbier,** Frankreich, *Anstrichfarben und Überzugsmassen.* Sie bestehen aus verhältnismäßig viscosen Lsgg. von ein oder mehreren Harzen in einem oder mehreren flüchtigen Lösungsmitteln, in denen inerte harte Substanzen, z. B. Quarz, Kiesel, Glas, u. Füllstoffe, z. B. Kaolin, Kreide, Metallpulver, homogen verteilt sind. — Ein solcher Maueranstrich hat z. B. die Zus.: 5 (%) Polyvinylacetat, 10 Kolophonium, 30 Methanol, 5 Toluol, 50 zerstoßener Ziegelstein. (**F. P. 1 030 064** vom 22/12. 1950, ausg. 9/6. 1953.) OPPERMANN. 7107

Franz Rosenauer (Erfinder: **Heinrich Baudisch**), Linz, *Herstellung eines Magnesiazements,* bes. zur Verwendung als Anstrichmasse, unter Verwendung von Sulfitablauge. Der üblichen, mit Farb- u. Füllstoffen versetzten kaust. Magnesia wird neben $MgCl_2$-Lauge üblicher Konz. eine nahezu farblose Lsg. zugesetzt, welche man erhält, wenn man Sulfitablauge mit einer organ. oder anorgan. Säure, bes. HCl, u. $MgCl_2$-Lauge versetzt u. aus der erhaltenen Emulsion die sich nach längerem Stehen absetzende schwere dunkelgefärbte Schicht entfernt. Die beschriebene farblose Lsg. enthält neben seifenähnlichen Prodd. noch Stoffe, welche als Plastifizierungs- u. Hydrophobierungsmittel wirken. Dadurch wird die Streichfähigkeit, die hohe Wasserbeständigkeit u.

der Glanz des Anstrichs erhöht. *Anstrichmasse* für Mauerwerk, Holz, Metall, Faserplatten, Beton, Asbestzement, Papier. (**Oe. P. 174 341** vom 4/12. 1950, ausg. 25/3. 1953.) M. F. MÜLLER. 7107

Dow Corning Corp. (Erfinder: **Chester Carlyle Currie** und **Charles William Todd**), Midland, Mich., V. St. A., *Polituremulsion*, im wesentlichen enthaltend 2—15 (Gew.-%) eines in KW-stoffen lösl. Organopolysiloxans mit 1—3 KW-stoffresten auf 1 Si-Atom, z. B. Dimethyl-, Butylmethyl-, Trimethyl-, Octadecylsesquisiloxan oder trimethylsiloxyendblockiertes Phenylmethylpolysiloxan, 10—45 eines zwischen 50 u. 300° sd. KW-stofflösungsm., wie aliphat. oder alicycl. KW-stoffe, 0,5—3 eines Al-Mono- oder distearats, 37—87,5 W. u. gegebenenfalls 0,5—10 organ. Polierwachse. (**D. B. P. 900 735** Kl. 22h vom 31/8. 1951, ausg. 4/1. 1954. A. Prior. 29/9. 1950.) GRÄGER. 7119

Rheinische Schmirgel-Werke Beuel-Bonn G. m. b. H. (Erfinder: **Wilhelm Jürges**), Beuel/Rhld., *Schleif-, Putz- und Poliermittel für Lacke, Kunststoffe und Metalle*, das ein durch mehrstd. Glühen auf ca. 1000—1050° bei ständiger Bewegung gehärtetes ZnO enthält. (**D. B. P. 900 734** Kl. 22g vom 16/1. 1944, ausg. 4/1. 1954.) GRÄGER. 7119

General Mills, Inc., übert. von: **Owen A. Moe,** Minneapolis, Minn., V. St. A., *Gele von Carboxyäthyläthern von Kohlenhydratgummi.* Eine 1—3%ig. wss. Lsg. des Äthers von Galaktomannan, gewonnen aus Samen der Leguminosen (Locustbohnen, Guar), oder von Glucomannan, gewonnen aus Pflanzen der Araceen (Amorphophallus oncophyllus bzw. A. rivieri, Konnyakumehl) wird mit einer 10%ig. $FeSO_4$-, $FeCl_3$-, $Al_2(SO_4)_3$- oder $AlCl_3$-Lsg. versetzt. (**A. P. 2 599 771** vom 19/7. 1950, ausg. 10/6. 1952.) SALZMANN. 7141

A. I. Lasarew und M. F. Ssorokin, Kunstharze für Lacke. Moskau-Leningrad: Gosschimisdat. 1953. (400 S.) [russ.]

XIb. Plaste (Kunstharze. Plastische Massen).

J. C. Swallow, *Synthetische Polymere.* Vf. gibt einen Überblick über Darst. u. Eigg. der derzeitig im Handel befindlichen synthet. Polymeren (Thermoplaste, Faserstoffe u. Kunstkautschuk). (Chem. and Ind. **1951.** 1158—61. 29/12. Welwyn Garden City, Herts., I. C. I. Plastics Div., Res. Dep.) W. MEYER. 7170

R. J. Schliekelmann, *Polyester-Glasfaser-Erzeugnisse.* Übersicht über Anforderungen an Polyester–Glasfaser-Erzeugnisse (I): Auswahl u. Prüfung des Materials u. Faktoren, die die Anwendung von I als Ersatzstoff, z. B. für Holz- oder Metallkonstruktionen, bestimmen. (Plastica [Delft] **6.** 484—87. Nov. 1953. Schiphol, N. V. Kon. Ned. Vliegtuigenfabriek „Fokker".) WESLY. 7204

Imperial Chemical Industries Ltd. (Erfinder: **Edward Hunter**), *Herstellung von Polythenemulsionen.* Man dispergiert geschmolzenes Polythen in einer Kolloidmühle in W. bei einer Temp. von 130—160° u. einem Druck von 20—50 at in Ggw. einer Seife als Emulgierungsmittel. Hierbei läßt man das Emulgierungsmittel sich durch vorheriges Lösen einer Fettsäure, z. B. Stearinsäure, im Polythen u. einer Base, z. B. Triäthanolamin, im W. während des Emulgierungsvorganges in situ bilden. Nach Ablassen des Druckes innerhalb 10 Sek. wird die Polythen–W.-Emulsion durch Vermischen mit einer 30—60° warmen Emulsion rasch abgekühlt. Man nimmt 1—5 (Gewichtsteile) W./1 Polythen u. 1—10 Emulgator/100 Polythen. (**F. P. 1 024 822** vom 22/9. 1950, ausg. 7/4. 1953. E. Prior. 28/9. 1949.) OPPERMANN. 7173

Standard Oil Development Co., V. St. A., übert. von: **Hans G. Goering** und **Julius P. Rocca,** *Mischpolymerisate* durch gemeinsame Polymerisation von 1. aliphat. tert. Olefinen, wie Isobutylen (I), 2-Methylbuten-(1) der Formel $R(R')C:CH_2$ (R u. R' = Alkyl mit 1—5 C-Atomen), 2. nicht tert.-Olefinen, wie Äthylen, Propylen (II), Buten-(1) oder -(2), sek.-Amylene u. 3. Monoolefinen mit Ring, wie Styrol (III), Cyclohexen, Inden, Cumaron, Divinylbenzol, Dipenten, Pinen, α-Phellandren in einer Phase oder zusammen mit einem Lösungsm., wie Äthylen, Propan, Butan, Cyclohexan, fl. CO_2, SO_2, Methylchlorid, $CHCl_3$, Trichloräthan, CCl_4, Dichloräthylen, bei —44 bis 50°, zweckmäßig in Ggw. von BF_3, $AlCl_3$, $SnCl_4$ u. anderen. — In eine Mischung von 100 g **I**, 240 **III** u. 500 cm³ Äthylchlorid leitet man bei —25° 1000 cm³ einer C_3-Fraktion, die 60 g **II** enthält, u. gibt $AlCl_3$–Äthylchlorid-Lsg. zu, versetzt nach 25 Min. mit Isopropylalkohol u. erhält ein gelbliches Harz. Die Polymeren können Ölen, Harzen, Kautschuk, dessen Derivv., Kunstkautschuk, Thioplasten zugesetzt u., mit Füllstoffen, Farben u. Lacken gemischt, auch halogeniert werden. Sie dienen als Überzüge, Imprägnierungen, Schutz für Bäume u. Früchte, Asphaltersatz, Linoleumersatz, als Bindemittel, als Klebmittel für Glas, Gewebe, Papier, Metall. (**F. P. 1 023 840** vom 26/5. 1950, ausg. 24/3. 1953. A. Prior. 20/8. 1949.) PANKOW. 7173

Farbwerke Hoechst Akt.-Ges. vormals Meister Lucius & Brüning, Deutschland (Erfinder: **Michael Erlenbach** und **Adolf Sieglitz**), *Korn- oder Perlpolymerisation von Vinylverbindungen* in wss. Medium in Ggw. von Aktivierungsmitteln, Emulgierungsmitteln u. Schutzkolloiden. Man polymerisiert in Ggw. von mit den anderen Bestandteilen verträglichen Metallsalzen anorgan. oder organ. Säuren in solchen Mengen, daß weder Klumpen noch stabile Emulsionen gebildet werden. — Zu einer Mischung von 2050 (Gewichtsteilen) W., 2,2 10%ig. Polyvinylalkohollsg., 1,5 krist. Na-Acetat, 0,5 Essigsäure, 2 $CaCl_2$ u. 10 Na-Formaldehydsulfoxylat gibt man unter N_2 390 Vinylchlorid u. 60 Vinylacetat u. bei 35° tropfenweise 2%ig. H_2O_2-Lsg., wobei gerührt wird. Perlpolymerisat. (**F. P. 1 032 280** vom 9/2. 1951, ausg. 30/6. 1953. D. Prior. 10/2. 1950.) PANKOW. 7173

Lonza Elektrizitätswerke und Chemische Fabriken Akt.-Ges., Schweiz, übert. von: **Chemische Fabrik Knoell K. G.,** *Herstellung harter Polyvinylchloridfolien.* Man mischt Vinylchloridpolymere oder -mischpolymere (60—70%) mit Weichmacher (20—25%) u. einem trocknenden Öl, wie Lein- oder Holzöl (4—5%), u. gegebenenfalls einer Leuchtmasse. Die Mischung wird ausgestrichen u. bei 166° in Gelform gebracht. Man erhält harte Platten zum Bedecken von Wänden u. Fußböden, Textilien oder Karton sowie für Schuhe. Der Ölzusatz verhindert das Lösen des Polymeren in dem Weichmacher u. damit ein Verdicken der Mischung u. erhöht die Härte des Fertigproduktes. (**F. P. 1 023 654** vom 22/8. 1950, ausg. 23/3. 1953. D. Prior. 24/8. 1949.) PANKOW. 7173

Imperial Chemical Industries Ltd., England, *Verhinderung der Bildung elektrostatischer Ladungen auf Vinylpolymerisaten oder -mischpolymerisaten* (Polyvinylchlorid, Methacrylharze, Polyäthylen, chloriertes Polyäthylen). Man behandelt die Polymeren oder Gegenstände daraus mit Lsgg. oder Schmelzen von N-Alkoxymethylpolyamid, wobei die Alkoxygruppe zweckmäßig nicht mehr als 8 C-Atome enthält. Man kann sie auch in das Polymere einmischen. Die Alkoxypolyamide werden durch Behandeln von Polyamiden mit CH_2O u. einem Alkohol in Ggw. eines sauren O-haltigen Katalysators erhalten. — Man mischt z. B. 100 (Gewichtsteile) Polyvinylchlorid, 4 Bleiweißpaste, 0,5 Stearinsäure, 0,5 Ca-Stearat u. 5 N-Methoxymethylpolyhexamethylenadipamid 10 Min. bei 150°. (**F. P. 1 032 341** vom 12/2. 1951, ausg. 1/7. 1953. E. Prior. 21/2. 1950.) PANKOW. 7173

Badische Anilin- & Soda-Fabrik Akt.-Ges., Deutschland, *Herstellung von Acrylnitrilmischpolymerisaten.* Man polymerisiert Acrylnitril mit polymerisierbaren Vinylverbb. mit 1 cycl. gebundenem bas. N-Atom, wie Vinylimidazol, Vinyläthylimidazol, mittels Perverbindungen. Die Polymeren können leicht gefärbt werden, z. B. mit sauren Baumwollfarbstoffen, Azofarbstoffen u. deren komplexen Cr-Verbb., Triphenylmethanfarbstoffen. (**F. P. 1 032 182** vom 7/2. 1951, ausg. 30/6. 1953. D. Prior. 11/2. 1950.) PANKOW. 7173

Farbenfabriken Bayer Akt.-Ges., Deutschland (Erfinder: **Karl Hamann** und **Jacob Willems**), *Styrol–Alkydharz–Öl-Mischpolymerisat.* Man polymerisiert aromat. Vinylverbb. in Ggw. von Mischungen von Alkydharzen mit höheren Fettsäureresten mit konjugierten Doppelbindungen u. Ölen mit ungesätt. Fettsäureresten. Durch den Ölzusatz wird die Neigung der Mischung, bei der Polymerisation zu gelatinieren, stark verringert. Verwendung, auch zusammen mit anderen Natur- u. Kunstharzen, für Filme u. Lacke. — Man erhitzt eine Mischung aus 90 (Gewichtsteilen) Holzöl, 355 Styrol, 573 Solventnaphtha u. 182 Alkydharz (aus 1800 Leinöl, 620 Holzöl, 800 Glycerin u. 1475 Phthalsäureanhydrid bei 260°) 80 Std. bei 145° unter Rückfluß. (**F. P. 1 032 445** vom 14/2. 1951, ausg. 1/7. 1953. D. Prior. 16/2. 1950.) PANKOW. 7177

Quaker Oats Co., Chicago, übert. von: **Andrew P. Dunlop,** Riverside, und **Paul R. Stout,** Chicago, Ill., V. St. A., *Kontinuierliche Furfurylalkoholpolymerisation.* Furfurylalkohol läuft oben in ein Rohr mit einem heißen fl. sauren Katalysator, wie verd. wss. H_3PO_4-Lsg., u. wird dabei teilweise polymerisiert; das Polymere sammelt sich am Boden des Gefäßes u. wird hier abgezogen. (**Can. P. 480 918** vom 3/6. 1948, ausg. 5/2. 1952. A. Prior. 2/7. 1947.) PANKOW. 7177

Polymer Corp., V. St. A., übert. von: **Louis Lathrop Stott** und **Laurence R. B. Hervey,** *Herstellung von Polyamidlösungen.* Einfache unsubstituierte Polyamide aus Aminocarbonsäuren, Lactamen oder Aminoalkoholen oder Diaminen u. Dicarbonsäuren werden in einer Mischung aus 75—5% W. u. 25—95% eines einwertigen aliphat. Alkohols mit 1—5 C-Atomen unter Druck über den Kp. der Mischung erhitzt (160—190°), z. B. Nylon mit einer Mischung aus 50% W. u. 50% Methanol auf 160°.

Polyhexamethylenadipamid kann man in 35% Methanol u. 65% W., Polyhexamethylensebacamid in 75% Methanol u. 25% W. lösen. Aus Nylonabfällen kann man so Verunreinigungen entfernen. (**F. P. 1 022 855** vom 5/5. 1950, ausg. 11/3. 1953. A. Prior. 5/5. 1949.) PANKOW. 7181

Soc. des Usines Chimiques Rhône-Poulenc, Seine, Frankreich (Erfinder: **Gustave Roy** und **Pierre-Pascal Peyrot**), *Härten von Organopolysiloxanharzen*, die 1—1,7, bes. 1,1—1,5 KW-stoffreste pro Si-Atom enthalten, mit geringen Mengen (0,03—6%) von Triäthanolaminoxyden. Die Mischungen sind lagerfähig u. härten bei 150°. — Man gibt zu 60 (Volumenteilen) eines Mischhydrolysats aus 33 Gew.-% CH_3SiCl_3, 7% $(CH_3)_2SiCl_2$ u. 60% $C_6H_5SiCl_3$ in Toluol 1,3 einer 10%ig. Lsg. von Triäthanolaminoxyd in Isopropylalkohol. Mit dieser Lsg. kann Glasgewebe imprägniert u. bei 170° 2 Std. unter 100 kg/cm² erhitzt werden. (**F. P. 1 032 011** vom 2/2. 1951, ausg. 29/6. 1953.) PANKOW. 7189

Lonza Elektrizitätswerke und Chemische Fabriken Akt.-Ges., Basel, Schweiz, *Harte Kunststoffolien und -platten*. Man verarbeitet eine Weichmacher u. 4—30% Leinöl enthaltende fl. Paste von Polyvinylchlorid oder seinen Mischpolymerisaten durch Ausgießen oder Aufstreichen. Die gegebenenfalls Leuchtfarben enthaltenden Platten, die als Grundlage Gewebe oder Filzpappe tragen können, werden nach einer Erwärmung auf 160° als Fußboden- oder Wandbelag (Shore-Härte 75—95) verwendet. (**Schwz. P. 287 224** vom 22/8. 1950, ausg. 16/3. 1953. D. Prior. 24/8. 1949.) SALZMANN. 7205

Sandoz Akt.-Ges., Basel, Schweiz, *Herstellung von Formkörpern*, welche nicht der elektr. Isolation dienen, aus einem Brei von nichtplastifizierten cellulosehaltigen Fasern, welche vor oder nach der Verarbeitung des Breies unter Strukturerhaltung ganz oder teilweise acetyliert werden. (**Oe. P. 176 977** vom 23/5. 1952, ausg. 10/12. 1953. Schwz. Prior. 25/5. 1951.) • M. F. MÜLLER. 7205

XII. Kautschuk. Guttapercha. Balata.

R. I. Wood, *Änderungen der Mooney-Viscosität bei frisch hergestelltem, rohem Naturkautschuk*. Bei der Lagerung von frisch hergestelltem, rohem oder mastifiziertem Naturkautschuk bei niedriger relativer Feuchtigkeit wurde eine große bleibende Zunahme der MOONEY-Viscosität von 30—40 Einheiten festgestellt. Die Geschwindigkeit u. das Ausmaß dieser Zunahme werden durch die relative Feuchtigkeit bei der Lagerung, bes. ausgeprägt unterhalb ca. 30% relativer Feuchtigkeit, beeinflußt. Die Geschwindigkeit der Änderung in trockener Luft wächst mit abnehmender Probendicke u. mit zunehmender Temp., obwohl die Effekte durch oxydativen Abbau bei längerer Lagerung bei oberhalb ca. 30° etwas verdeckt werden. Die MOONEY-Viscositäten nehmen noch lange, nachdem der Kautschuk konstantes Trockengewicht erreicht hat, zu; die Entfernung der acetonlösl. u. N-haltigen Nicht-Kautschukkomponenten u. des O_2 verhindert die stattfindenden Änderungen nicht. Die Effekte werden nur teilweise durch anschließende Lagerung bei hoher relativer Feuchtigkeit umgekehrt; mit der Härtung geht vermutlich die Bldg. einer vernetzten, benzolunlösl. Gelstruktur im Kautschuk einher. Die Geschwindigkeit des Abbaus auf der Walze von trocken gelagertem Kautschuk ist größer als bei frischem Kautschuk; wenn man aber bei einem bestimmten Abbauverf. Vergleiche zieht, hat der verhärtete Kautschuk nach der Mastifizierung eine noch höhere MOONEY-Viscosität. Durch Lagerung in trockener Luft gehärtete Kautschuke zeigen sogar nach dem zur Erreichung eines n. Viscositätsniveaus erforderlichen zusätzlichen Abbaus verbesserte Vulkanisateigg. in Weichgummimischung. Temperatur- u. Feuchtigkeitsänderungen bei den üblichen Aufbereitungsbedingungen sind zum Teil für die Änderung der MOONEY-Viscosität bei frisch hergestellten Prodd. verantwortlich; außerdem werden die verschied. Lagerungsbedingungen zu der Änderung der bekannten Gesamthärte beitragen. (Rubber Chem. Technol. **26**. 1—16. Jan./März 1953. Kuala Lumpur, Malaya, Rubber Res. Inst.) SCHÄFF. 7224

A. M. Gessler, *Verstärkung von Butylkautschuk mit Ruß*. 1. Mitt. *Methoden und Wirkungen der Wärmebehandlung*. Vf. untersucht den Einfl. einer Wärmebehandlung bes. auf die elast. Eigg. von mit Channel-Ruß verstärktem Butylkautschuk. Die Behandlung kann durchgeführt werden: cycl. (abwechselndes Erhitzen u. Mastizieren der Butylkautschuk-Ruß-Mischung, Einmischen der Vulkanisationsreagentien bei der letzten Walzung), stat. (Erhitzen, dann Einmischen der Reagentien) u. (für die Praxis) dynam. (gleichzeitiges Erhitzen u. Mastizieren). Die stat. Behandlung ist weniger wirkungsvoll, die dynam. kann durch p-Nitrosobenzol noch beschleunigt werden. Durch die Wärmebehandlung wird der Modul bei hohen Dehnungen um mehr als 100% erhöht, die Dämpfung über 50% herabgesetzt. Dehnungsfestigkeit u. Abriebwiderstand nehmen zu. Die Effekte steigen mit dem Rußgehalt. Sie werden durch die durch die Wärmebehandlung verstärkte Wechselwrkg. zwischen Kautschuk u. Ruß einerseits u. die durch das Mastizieren erhöhte Dispersion des Rußes in der Mischung andererseits erklärt. Die Behandlung bewirkt verstärkte Bldg. von vernetztem Kautschuk. Ähnliche Verstärkungseffekte durch Wärme wie mit Channel-Rußen sind mit Ofenrußen nicht ohne weiteres zu erzielen. Eine therm. Behandlung ungesätt. Kautschuke (Naturkautschuk, GR-S) hat auf deren Verstärkung geringen Einfluß. (Rubber Age [New York] **74.** 59—71. Okt. 1953. Elizabeth, N. J., Esso Labors., Chem. Div., Standard Oil Developm. Co.) CANTOW. 7226

R. L. Zapp und **A. M. Gessler,** *Verstärkung von Butylkautschuk mit Ruß.* 2. Mitt. *Spezifischer Einfluß des Oberflächensauerstoffs.* (1. vgl. vorst. Ref.) Vff. weisen nach, daß die verstärkende Wrkg. der Wärmebehandlung auf das Syst. Butylkautschuk–Channel-Ruß (I) auf den durch Chemisorption bedingten O_2-Geh. des I (ca. 3%) zurückzuführen ist. Ofenruß ist fast O_2-frei u. wenig verstärkend, kann jedoch prakt. gleiche Verstärkung wie I erzielen, wenn man ihn vorher auf $\sim$3% O_2 gebracht hat. Ebenso kann I durch O_2-Entzug unwirksamer gemacht werden. Röntgendiagramme gestreckter Proben von Butylkautschuk zeigen, daß durch O_2-haltige Ruße die mol. Orientierung wächst, was Vff. mit stärkerer Vernetzung in Zusammenhang bringen. Der Einfl. des O_2 auf die Verstärkung durch therm. Behandlung beschränkt sich prakt. auf Butylkautschuk. Naturkautschuk u. GR-S-Kautschuk benötigen nach Auffassung der Vff. wegen ihres stark ungesätt. Charakters weniger Oberflächensauerstoff auf dem Ruß. (Rubber Age [New York] **74.** 243—51. Nov. 1953.) CANTOW. 7226

Geraldo M. de Oliveira Castro, *Anwendung von brasilianischem Zinkoxyd in der Industrie der Kautschukwaren.* Inhaltlich ident. mit der C. **1954.** 2286 referierten Arbeit. (Bol. do INT **1.** Nr. 2. 27—37. Jan. 1951.) R. K. MÜLLER. 7226

E. L. Carlotta und **E. M. Hobein,** *Die Grenzen bei der Verwendung synthetischen Kautschuks für Teile mit hoher Temperaturbeanspruchung.* Vff. untersuchen verschied. synthet. Elastomere auf ihre Beanspruchbarkeit bei hohen Tempp., wie sie bei Anwendungen in hydraul. u. pneumat. Systemen vorkommen. (Rubber Age [New York] **74.** 85—90. 134. Okt. 1953. Cleveland, O., Parker Appl. Comp.) CANTOW. 7230

C. E. McCormack, R. H. Baker und **R. S. Raff,** *Neoprenmischungen mit erhöhter Wasserbeständigkeit.* Vff. zeigen, daß Pb_3O_4 ein gut zu verarbeitendes Vulkanisationsreagens zur Herst. bes. wasserbeständiger Neoprenmischungen ist. Sie untersuchen außerdem den Einfl. der Füllstoffe, der Weichmacher u. der Neoprentype auf die Wasserbeständigkeit der Vulkanisate. Das Maximum der Wasseraufnahme liegt etwa bei 95°. Die Wasseraufnahme der hergestellten Vulkanisate ist etwas höher als die von Naturkautschuk. (Rubber Age [New York] **74.** 72—76. 84. Okt. 1953. Wilmington, Del., E. I. du Pont de Nemours & Co., Inc., Rubber Labor.) CANTOW. 7230

I. J. Sjothun und **P. S. Greer,** *Die Verwendung von synthetischem Kautschuk in Lastwagenreifen.* Vff. weisen durch Verss. auf der Straße nach, daß Lastwagenreifen mit bis zu 30% Geh. an synthet. Kautschuk (GR–S) prakt. noch die mechan. u. therm. Beständigkeit von Naturkautschukreifen aufweisen. (Rubber Age [New York] **74.** 77—83. Okt. 1953. Washington, D. C., Reconstruct. Finance Corp., Office of Synthetic Rubber.) CANTOW. 7230

Shin-ichi Hyodo, *Schnelle Dehnung von langen Probestücken von Kautschuk.* Vf. beschreibt eine App. (Skizze), mit der die Spannungs–Dehnungs-Kurven von Kautschuk bei schneller Dehnung bestimmt werden können. Die schnelle Dehnung wird dadurch bewirkt, daß ein harpunenartiger Bolzen abgeschossen wird, der das eingespannte Probestück bis zum Zerreißen mitzieht. Die dabei in der Probe erzeugte Spannung wird mechan. Quarzplatten vermittelt u. die Änderung des elektr. Potentials durch einen elektromagnet. Oscillographen über einen Gleichstromverstärker angezeigt. Die Dehnung des Probestückes wird gleichzeitig registriert, indem der abgeschossene Bolzen hintereinander angeordnete Drähte zerreißt. Die Geschwindigkeit der Dehnung beträgt anfangs ca. 40 m/sec, beim Zerreißen der Probe ca. 10—15 m/sec. Die erhaltenen Photogramme ergeben die Spannungs–Dehnungs-Kurven. Die so gewonnenen Ergebnisse werden diskutiert. (J. physic. Soc. Japan **8.** 563—65. Juli/Aug. 1953. Tokio, Univ., Dep. of Phys., Fac. of Sci. [Orig.: engl.]) CANTOW. 7248

Standard Oil Development Co., Elizabeth, N. J., V. St. A., *Herstellung kautschukähnlicher Polymerisate.* Man polymerisiert eine Mischung aus einem größeren Teil eines Isomonoolefins, bes. Isobutylen, einem kleineren Teil einer Verb. mit konjugierten Doppelbindungen, bes. Isopren oder Butadien, 0,1—8% eines Diolefins mit 4 bis

8 C-Atomen ohne konjugierte Doppelbindungen, bes. Dimethallyl, einem FRIEDEL-CRAFTS-Katalysator, bes. $AlCl_3$, $AlBr_3$ oder $TiCl_4$, bei 0 bis —164° in einem inerten Lösungsm., bes. aliphat. Halogen-KW-stoffen oder CS_2. — Tabellen. (**E. P. 699 770** vom 16/5. 1951, ausg. 18/11. 1953. A. Prior. 30/9. 1950.) LÜTTGEN. 7225

United States Rubber Co., New York, N. Y., V. St. A., *Mischpolymerisate aus Styrol und Acrylnitril* erhält man ohne Emulgiermittel in wss. Dispersion unter Verwendung eines Katalysator–Redox-Systems. Geeignet sind 0,05—2 (%) $K_2S_2O_8$ u. 0,05—5 $NaHSO_3$. (**E. P. 645 089** vom 16/4. 1948, ausg. 25/10. 1950. A. Prior. 5/6. 1947.) MÖLLERING. 7225

United States Rubber Co., New York, N. Y., V. St. A., *Kautschukähnliche Mischpolymerisate* erhält man durch Emulsionspolymerisation eines Butadien–Acrylnitril-Gemisches, wobei anfangs ohne Vernetzungsmittel u. — nach Polymerisation von 10—30% der Monomeren — in Ggw. von 0,7—1,5 Divinylbenzol gearbeitet wird. Sind 60—80% polymerisiert, so wird die Rk. unterbrochen, z. B. durch Zusatz von 0,2% Dinitrochlorbenzol. (**E. P. 695 169** vom 31/8. 1951, ausg. 5/8. 1953. A. Prior. 28/10. 1950.) MÖLLERING. 7225

Standard Oil Development Co., Del., übert. von: **Carll F. van Gilder**, Roselle, N. J., V. St. A., *Gereinigte Mischpolymerisate* aus 55 (%) *Butadien* u. 45 *Diisobutylen* erhält man durch Rk. des Monomerengemisches bei —17,8° in Ggw. von 0,1 bis 5 FRIEDEL-CRAFTS-Katalysator, z. B. $AlCl_3$, das in einem inerten, nicht Komplexe bildenden Lösungsm. von niedrigem Kp. gelöst ist. Dem gebildeten Harzschlamm wird als Lösungsm. Naphtha (I) mit hohem Kp. u. — bezogen auf I — 5—10% eines Alkanols mit 1—4 C-Atomen zugesetzt, worauf man die erhaltene Lsg. filtriert u. dann von I befreit. (**A. P. 2 636 016** vom 11/10. 1949, ausg. 21/4. 1953.) MÖLLERING. 7225

André Bertrand, Seine, Frankreich, *Herstellung von Kautschukersatz.* Eine Suspension, Emulsion oder Lsg. eines organ. oder anorgan. Stoffes, bes. von Harzen oder Kunstharzen, wird, gegebenenfalls nach Zusatz von Weichmachern, mit Halogenen oder schwachen organ. Säuren gefällt, mehrere Tage reifen gelassen, worauf man bei 50° beginnend Füllstoffe einwalzt, formt, etwa zu Reifen, u. vulkanisiert. (**F. P. 1 002 266** vom 29/8. 1946, ausg. 4/3. 1952.) PANKOW. 7225

United States Rubber Co., New York, N. Y. (Erfinder: **Harry Dale Glenn** und **Ivan Mankowich**, Naugatuck, Conn.), V. St. A., *Herstellen von Kautschukantioxydationsmitteln in Form freifließender Körner.* Das pulverförmige Material wird mit 0,05 bis 3,5% Kautschukmilchfeststoffen u. W. angepastet, in Stränge gespritzt, die zu kurzen Abschnitten gebrochen werden, u. getrocknet. (**E. P. 684 126** vom 4/12. 1950, ausg. 10/12. 1952. **D. B. P. 900 387** Kl. 39b vom 8/12. 1950, ausg. 28/12. 1953. Beide A. Prior. 6/1. 1950.) OVERBECK. 7227

Phillips Petroleum Co., Del., übert. von: **Willie W. Crouch**, Bartlesville, Okla., und **Willard M. St. John jr.**, Borger, Tex., V. St. A., *Flüssige Polymerisate als Weichmachungsmittel für Kautschuk* erhält man durch Emulsionspolymerisation bei —20 bis 15° aus 1.3-Butadien oder Isopren oder — nach A. P. 2 638 461 — aus 1.3-Pentadien oder Monomethyl-1.3-pentadien allein oder im Gemisch mit 15—50% Styrol. Die Polymerisation erfolgt zweckmäßig mit Alkalimetall oder -hydrid als Katalysator. Die Weichmacher sind bes. geeignet für Mischungen aus natürlichem u. künstlichem Kautschuk. (**A. PP. 2 638 460** u. **2 638 461** vom 2/1. 1951, ausg. 12/5. 1953.) MÖLLERING. 7227

Deutsche Shell Akt.-Ges., Hamburg, und **Metallgesellschaft Akt.-Ges.**, Frankfurt/M. (Erfinder: **Carl Zerbe**, Hamburg), *Hilfsstoffe für Kautschuk und Kunststoffe*, bestehend aus Maltenen, Harzen u. Ölen aus Rückständen der Mineralölindustrie, die asphaltarm anfallen oder von Asphaltenen befreit wurden. (**D. B. P. 901 705** Kl. 39b vom 3/5. 1941, ausg. 14/1. 1954.) OVERBECK. 7227

Metallgesellschaft Akt.-Ges., Frankfurt/M., und **Deutsche Shell Akt.-Ges.**, Hamburg (Erfinder: **Carl Zerbe**, Hamburg, und **Werner Obenaus**, Frankfurt/M.), *Kautschukfüllstoff*, bestehend aus ölhaltigen *Bleicherden* aus der Ölraffination, die einen erhöhten Zusatz von *S* u. Beschleunigern erfordern. (**D. B. P. 902 088** Kl. 39b vom 8/9. 1942, ausg. 18/1. 1954.) OVERBECK. 7227

Phoenix Gummiwerke Akt.Ges. (Erfinder: **Walter Stegemann, Reinhard Meyer, Karl Knauerhase** und **Heinrich Henke**), Hamburg, *Kautschukmischungen mit Ruß*, der vor dem Einmischen einer chem. oder mechan. Behandlung unterworfen wurde, z. B. Mahlen, Oxydation, Ultraschallbehandlung. (**D. B. P. 901 706** Kl. 39b vom 13/12. 1950, ausg. 14/1. 1954.) OVERBECK. 7231

Dunlop Rubber Co., London, England, *Vulkanisierbare Kautschukmasse.* Man verarbeitet Kautschuk u. ein wärmehärtbares Harz, bes. Phenolharz, 15 Min. bei 90° in einem Kneter, erhöht die Temp. auf 120° u. geht mit der M. unter Zufügung von S, ZnO, Stearinsäure u. Mercaptobenzothiazol auf einen Kalander. Das nach 20 Min. bei 153° erhaltene Fell zeichnet sich durch hohe Festigkeit u. Dehnung aus. (**E. P. 686 757** vom 30/7. 1949, ausg. 28/1. 1953.) SALZMANN. 7231

General Motors Corp., Detroit, Mich., übert. von: **Bailey Bennett** und **George H. McFadden**, Columbus, O., V. St. A., *Herstellen von Schaumkautschukwaren.* Eine Kautschukdispersion mit $\geqq$50% (Feststoffen) u. einem p_H-Wert $\leqq$8,5 wird mit einer anderen mit $>$50% u. einem p_H-Wert $>$10 in solchen Mengen vermischt, daß die Mischung $\geqq$50% u. einen p_H-Wert von 8—9,8 hat, dann wird ZnO (u. andere Zusätze außer dem Geliermittel) zugesetzt, verschäumt, mit dem Geliermittel versetzt, verformt u. vulkanisiert. (**A. P. 2 643 233** vom 28/4. 1950, ausg. 23/6. 1953.) OVERBECK. 7231

Otto Gruber & Co., München (Erfinder: **Wilhelm Gruber**, Fürstenzell b. Passau), *Runderneuerung von Autoreifen.* Auf die abgenutzte Karkasse werden ein oder mehrere gleiche oder verschiedenartige Filme aus einer üblichen Vulkanisier-Fl. aufgetragen, dann eine dünne unvulkanisierte, wenig oder keinen Beschleuniger, Aktiviermittel u. S enthaltende Kautschukschicht aufgebracht, die mit Vulkanisier-Fl. bestrichen wird, u. zum Schluß wird eine ringförmige vulkanisierte Lauffläche unter Spannung aufgebracht. (**D. B. P. 899 551** Kl. 39b vom 27/10. 1950, ausg. 14/12. 1953.) OVERBECK. 7231

Metallgesellschaft Akt.-Ges. (Erfinder: **Günther Hanke**), Frankfurt/M., *Befestigen von Butadienpolymerisaten oder -mischpolymerisaten* an starren Flächen durch Aufvulkanisieren der Polymerisatmischung unter Verwendung der Halogenierungsprodd. von Butadienpolymerisaten oder -mischpolymerisaten als Bindemittel. (**D. B. P. 901 843** Kl. 39b vom 13/8. 1940, ausg. 14/1. 1954.) OVERBECK. 7231

XIV. Zucker. Kohlenhydrate. Stärke.

Renato Salani und **Giovanni D'Orazi**, *Studien über die Kalk–Kohlensäure-Reinigung von Rohsäften. a) Scheidung.* Die Methoden der Vorscheidung nach TEATINI (C. **1931.** II. 1069; **1933.** I. 687; **1936.** II. 3215), der stufenweisen Vorscheidung nach DĚDEK-VASATKO (C. **1930.** II. 1149. 3207; **1932.** II. 137. 3797) sowie die neueren Verff. nach WIKLUND (C. **1950.** II. 353) u. das verbesserte Verf. von BRIEGHEL-MÜLLER (C. **1940.** II. 699; **1942.** II. 467. 2347; **1943.** II. 1058) werden theoret. diskutiert. Hinweis auf die Aufgaben der modernen Nachscheidung. (Ind. saccarif. ital. **45.** 431—37. Nov./Dez. 1952. Bologna, Labor. Sperim. della Soc. Ital. per l'Ind. degli zuccheri.) STEINER. 7412

Dario Teatini, *Studien über die Kalk–Kohlensäure-Reinigung von Rohsäften. b) Saturation.* (Vgl. vorst. Ref.) Theoret. Betrachtungen über die Saturation beeinflussende Faktoren, Phasen der unterbrochenen Saturation, 1. u. 2. Saturation u. ihre Merkmale; kontinuierliche Saturation; Verteilung der CO_2; Saturation bei vermindertem Druck. Maßnahmen zur vollkommenen Verwertung der CO_2 u. Gewinnung regelmäßiger, dichter $CaCO_3$-Kristalle. Verhinderung des Schäumens. (Ind. saccarif. ital. **45.** 437—52. Nov./Dez. 1952.) STEINER. 7412

Jaroslav Jíra, *Technologische Prüfungen von Filtergeweben.* Beschreibung der Prüfung von 18 Filtertucharten: Die Anwendung des Filterhilfsmittels *Calgon* (Hexanatriummetaphosphat) zeigt keine besonderen Vorteile gegenüber Behandlung des Filtertuchs mit 1%ig. HCl; reine *Jutetücher*, auch in Verbindung mit dichteren Geweben, sind schlecht geeignet u. müssen bereits nach kurzer Benützung ersetzt werden. Von *Baumwolltüchern* sind 24,3%, von *Zellwolltüchern* 51,5% nach der Kampagne auszuscheiden, während *Papiertücher* „Textilite" bes. widerstandsfähig sind. Zur Schonung der Tücher wird empfohlen, den Zuckersaft heiß (80—85°) u. kurz zu klären, den Kalk erst in den Saturationsgefäßen fraktionsweise unter starkem Mischen zuzugeben u. bei geringer Alkalität zu saturieren. (Listy Cukrovarnické **67.** 67—69. 25/5. 1951.) ROTTER. 7412

R. Pieck, *Die Kennzeichnung der Farben durch das Dreifarbenkoordinatensystem.* Allg. Ausführungen über das Farbkoordinatensyst. der COMMISSION INTERNATIONALE D'ÉCLAIRAGE. Bei der Farbbest. verschied. Säfte in der Zuckerfabrikation mit Hilfe der Extinktion u. anderer Methoden ergeben sich Schwierigkeiten infolge der Verschiedenheit der auf Anwesenheit von Caramel, Melanoiden u. a. zurückzuführenden Farbtöne, die mittels dieses Syst. gemeistert werden können. (Sucrerie belge **72.** 181—95. 1.—15/1. 1953. Tirlemont, Raffinerie.) STEINER. 7488

Andres, *Strahler als Feuchtigkeitsbestimmer im Laboratorium.* Eine aus Waage u. darüber festmontierter Lampe bestehender App. mit in der Höhe verschiebbarem Blechzylinder, mit dem ein Spalt zwischen Strahlerführung u. zu trocknendem Gut hergestellt werden kann, wurde zur Trocknung u. Best. des Gewichtsverlustes von Marksubstanz, Preßlingen, Trockenschnitzeln u. Rohzucker verwendet, wobei die kältere Raumluft durch den Spalt strömt, die Strahlungsenergie erniedrigt u. die heiße Luft durch den Kamin abzieht. Wegen der Möglichkeit auftretender Verbrennungen ist die App. nur für Feuchtigkeitsbest. im Rohzucker geeignet, wobei die Genauigkeit aber nur ± 10% beträgt. (Zucker **6.** 393—94. 15/8. 1953. Waghäusel, Baden.) STEINER. 7488

Metallgesellschaft Akt.-Ges. (Erfinder: **Georg Müller,** Bad Homburg, **Gustav Bailleul** und **Werner Wisfeld**), Frankfurt/M., *Behandlung von Flüssigkeiten mit Aktivkohlen,* bes. zum *Reinigen* u. *Entfärben* von *Zucker-* u. *Glucoselösungen.* Es werden mindestens 2 verschied. A-Kohlen nacheinander angewendet, von denen die erste eine steiler verlaufende Isotherme u. die folgende bzw. folgenden eine flacher verlaufende Isotherme aufweisen. Die A-Kohlen werden körnig in Filterschichten oder pulverförmig im Einrühr- oder Schichtenverf. angewendet. (**D. B. P. 897 996** Kl. 12d vom 10/9. 1950, ausg. 26/11. 1953.) REICHELT. 7413

Farbenfabriken Bayer Akt.-Ges. (Erfinder: **Erhard Meier**), Leverkusen, *Absüßen von Wasserstoffionenaustauschfiltern* in Entsalzungsaggregaten für *Zuckerlsgg.*, dad. gek., daß man zur Entfernung der an den Austauschern anhaftenden restlichen Zuckersäfte die letzten Anteile des noch phenolphthaleinalkal. Waschwassers nach der Regenerierung der Hydroxylionenaustauschfilter oder deren Absüßwässer verwendet. Ausbeuteerhöhung. (**D. B. P. 904 640** Kl. 89c vom 27/2. 1944, ausg. 22/2. 1954.) SCHINDLER. 7413

Union Starch & Refining Co., Columbus, Ind., V. St. A., *Isolierung der färbenden Bestandteile aus caramelisierten Zuckern.* Der Sirup mit einer Färbekraft von 18—40 wird mit einer alkoh. Mischung behandelt, die zu 3—5 Volumenteilen aus einem mit W. mischbaren, 1—2 C-Atome enthaltenden u. zu 1 Volumteil aus einem höheren, einwertigen Alkohol mit 2—6 C-Atomen besteht; beim Absetzen dieser 5—32 Vol.-% W. enthaltenden Mischung entstehen 2 Schichten, wobei die Farbstoffe in der unteren Schicht konz. sind; die Schichten werden getrennt u. aus der unteren die Farbstoffe entfernt. (**E. P. 698 105** vom 5/6. 1951, ausg. 7/10. 1953. A. Prior. 19/7. 1950.) KETTNER. 7447

United States of America, übert. von: **Carl E. Rist, Howard A. Davis** und **Ivan A. Wolff,** Peoria, Ill., V. St. A., *Entfetten von Stärke.* Man behandelt die Fettsäuren (I) enthaltenden Stärken, z. B. Maisstärke, mit einem hydrophilen Lösungsm. für **I**, bes. CH_3OH, bei 105—125° u. einem Druck von 1—6 at. (**A. P. 2 587 650** vom 25/7. 1950, ausg. 4/3. 1952.) LÜTTGEN. 7449

XV. Gärungsindustrie.

S. Windisch, *Über die Gäreigenschaften der Hefen.* Zusammenfassender Überblick. (Brauerei **7.** 504—06. 26/11. 1953.) HAEVECKER. 7506

Walter Kilp, *Gärkraft und Gärleistung der Hefe.* Bericht über Hefereinzuchtverss. in einer Kornbrennerei unter besonderer Berücksichtigung der Erzielung größter Alkoholausbeuten. (Alkohol-Ind. **67.** 18—21. 1/1. 1954. Biberach/Riß.) HAEVECKER. 7536

—, *Neuentwicklungen in der melasseverspritenden Industrie.* Bericht über Verbesserungen durch Übergang vom Dünnmaische- zum Dickmaischeverf., durch Vermeidung von Spritverlusten u. Gewinnung von CO_2, durch Aufnahme der Produktion von Citronensäure auf biol. Wege. (Lebensmittel-Ind., Ausg. D **4.** 185—86. Juli 1952.) HAEVECKER. 7536

Max Lindemann, *Zur Untersuchung und Begutachtung von Farbmalzen.* Vf. bespricht Methoden u. ihre mögliche Verbesserung zur Best. von Wassergeh., Hektoliter- u. Tausendkorngewicht, Extraktgeh., Blattkeimentw., Färbekraft des Farbmalzes, Feststellung verbrannter Körner u. Geschmacksprobe. (Brauwelt, Ausg. B **1953.** 1283—84. 4/12.) HAEVECKER. 7540

F. B. Strandskov, H. W. Baker und **J. B. Bockelmann,** *Eine Untersuchung über die gramnegative Infektion von Brauereihefen und Brauereigärungen.* Vff. besprechen die bekannte Infektion durch gramnegative Bakterienstämme in der Brauerei, die bei Zusatz der Endhefe eintritt. Anschließend wird über eine seltenere, in den amerikan. Brauereien gelegentlich auftretende Infektion berichtet. (Wallerstein Lab. Commun. **16.** 261—70. Sept. 1953.) HAEVECKER. 7544

H. F. P. Webber, *Hefereinkultur und ihre Anwendung in der Brauerei.* Zusammenfassender Überblick. (Brewers' J. Hop Malt Trades' Rev. **89.** 338—41. 15/7. 389—93. 19/8. 438—41. 16/9. 482—86. 21/10. 531—34. 18/11. 1953.) HAEVECKER. 7544

E. Schubert, *Brauereibiologische Versuche mit Ultraschall.* Kulturen von Sarcina, die 24 Std. in physiol. NaCl-Lsg. suspendiert waren, wurden bei verschied. Frequenzen u. Spannungen dem Ultraschall ausgesetzt. Sofort nach der Beschallung vorgenommene mkr. Unterss. ergaben keine morpholog. Veränderungen der Organismen. Dagegen wurde bei Verlängerung der Beschallungszeit erhebliche Wrkg. auf lebende Organismen beobachtet, die bei niedrigen Frequenzen intensiver als bei höheren ist. (Lebensmittel-Ind., Ausg. D **4.** 183—84. Juli 1952.) HAEVECKER. 7544

Leonhardt, *Weinwirtschaftliche Vorteile durch die Blauschönung.* Besprechung der Behandlung von Weißweinen mit anomal hohem Fe-Gehalt. (Lebensmittel-Ind., Ausg. D **4.** 190—91. Juli. 216—17. Aug. 1952.) HAEVECKER. 7554

A. Ruppert, *Probleme der Gersten- und Malzanalyse.* Behandelt werden Analysenmethoden zur Best. von Wassergeh. u. Gerstenbestandteilen sowie zur Malzbereitung. (Brauwelt, Ausg. B **1953.** 1279—82. 4/12. 1310—11. 11/12.) HAEVECKER. 7598

H. Ulrich, *Biologische Betriebskontrolle mit Actidion.* Besprechung der biol. Unters. von Würze u. Bier mit Actidion. (Brauerei **7.** 509. 26/11. 1953.) HAEVECKER. 7600

Backhefe G. m. b. H., Frankfurt/M., Deutschland, *Gleichzeitige Hefe- und Alkoholgewinnung.* Die Gärung wird zuerst unter das Wachstum der Hefe hemmenden Bedingungen (Nährsubstrat in solcher Konz., daß mehr A. entsteht, Nährsubstrat arm an oder frei von wachstumsfördernden Stoffen, Begrenzung der O_2-Zufuhr) geführt, was zu einem höheren A.-Geh. in der Gär-Fl. führt, der gebildete A. von der Hefe abgetrennt, wonach die wachstumshemmenden Bedingungen bis zur zeitweiligen Abnahme des Hefewachstums fortgesetzt werden, worauf nach dem Übergang zu den üblichen Gärbedingungen eine Beschleunigung des Hefewachstums erfolgt. (**E. P. 694 975** vom 31/10. 1950, ausg. 29/7. 1953. D. Prior. 31/10. 1949.) KETTNER. 7507

American Cyanamid Co., New York, N. Y., übert. von: **Gilbert Ballou Ayres,** Stamford, und **Joseph George Niedercorn,** Riverside, Conn., V. St. A., *Schimmelpilzkulturen.* Ein Trockenpräp. von gleichmäßig hoher proteolyt. Wirksamkeit im p_H-Bereich 7—9,5, das die Enzyme von Aspergillus fumatigus (**I**) enthält, wird durch Impfen von Kleie mit **I**, Bebrüten unter geeigneten Wärme- u. Feuchtigkeitsbedingungen gewonnen, wobei die Imprägnierung der Kleie mit den Enzymen von **I** stattfindet. Durch Trocknen erhält man das Enzympräparat. Das Verf. läßt sich auch mit Pilzen der Gattung Penicillium, z. B. P. camemberti, P. roqueforti, P. brevicaule, durchführen. (**Can. PP. 487 183, 487 184, 487 185** u. **487 186** vom 6/2. 1942, ausg. 14/10. 1952.) HEYNE. 7509

Publicker Industries, Inc., übert. von: **Samuel C. Beesch,** Philadelphia, Pa., V. St. A., *Pilzamylase aus Schlempe.* Es wird eine im wesentlichen Melasse- oder Kornschlempe enthaltende Maische, die mit Clostridium acetobutylicum auf Butylalkohol u. Aceton vergoren war, verarbeitet; dazu ca. 1% Maismehl, 0,5% $CaCO_3$, 0,002 g/Liter $ZnSO_4$-Pulver u. 0,14 g Al-Pulver gegeben, das p_H auf ca. 5,5 gebracht, die Maische durch Erhitzen auf 250° F sterilisiert, abgekühlt, mit *Aspergillus niger*-Kulturen beimpft u. dieser Pilz bei 30° 48—120 Std. unter Belüftung gezüchtet. (**A. P. 2 641 568** vom 7/3. 1949, ausg. 9/6. 1953.) KETTNER. 7509

Kalle & Co. Akt.-Ges. (Erfinder: **Viktor Windbichler** und **Julius Voß**), Wiesbaden, *Temperaturstabilisierung von Amylasen* in Lsg. unter Verwendung von Ca-Salzen, dad. gek., daß den Amylasen oder ihren Lsgg. außer zu ihrer Stabilisierung unzureichenden Mengen von lösl. Ca-Salzen lösl. Silicate zugesetzt werden, vorteilhaft unter Verwendung solcher Mengen, daß die Amylaselsg. an Ca-Salzen u. Silicaten ca. $^1/_{1000}$ mol. ist. (**D. B. P. 901 643** Kl. 6a vom 24/2. 1952, ausg. 14/1. 1954.) KETTNER. 7509

Joseph E. Seagram & Sons, Inc., Shively, übert. von: **Earl D. Unger, Le Roy A. Smith** und **Herman F. Willkie,** Louisville, Ky., V. St. A., *Behandlung von alkoholischen Lösungen mit Ionenaustauschern.* Zur Entfernung von Aldehyden u. Ketonen wird die alkoh. Lsg. oder das Destillat zunächst mit einem unlösl. „Bisulfitmaterial" (Reaktionsprod. aus Polyaminanionenaustauscher u. lösl. Bisulfit) u. anschließend mit einem Anionenaustauscher auf der Basis quaternärer NH_4-Verbb. behandelt. (**A. P. 2 641 543** vom 11/1. 1950, ausg. 9/6. 1953.) KETTNER. 7517

John B. Renier, South Bend, Ind., V. St. A., *Reinigung alkoholischer Flüssigkeiten.* Zur Verminderung des Geh. an Fuselöl u. Essigsäure wird die alkoh. Fl., z. B. roher

Whisky, in einen geschlossenen Holzbehälter gebracht; dieser frei beweglich in W. gesenkt u. das W. wenigstens 36 Std. im Kochen gehalten. (**A. P. 2 653 092** vom 4/4. 1951, ausg. 22/9. 1953.) KETTNER. 7537

Tore Ragnar Nilsson, Bromma, und **Knut Evald Sandegren**, Stockholm, Schweden, *Verbesserte Ausnützung der Hopfenbitterstoffe beim Brauprozeß*. Der Hopfen wird zunächst wie üblich mit Würze gekocht, abgetrennt, mit warmem W. nachgewaschen u. die Nachgüsse werden der Würze zugegeben; die Hopfentreber werden dann in einer wss. Alkalilsg. ($NaOH$, Na_2CO_3) vom p_H 9—11 suspendiert u. einer oxydierenden Behandlung (O_2-haltiges Gas oder H_2O_2 in Verbindung mit Cu, Fe, Mn, Cr, Co oder Ni als Katalysatoren) unterworfen zur Überführung der nichtlösl. Bitterstoffe in in W. lösl. Weichharze; die Hopfentreber werden wieder abgetrennt u. die Harzlsg. der Bierwürze zugesetzt. (**A. P. 2 652 333** vom 18/12. 1950, ausg. 15/9. 1953.) KETTNER. 7541

Karl Franck, Terre Haute, Ind., V. St. A., *Schaumweinähnliches Gärungsgetränk aus Malz*. Eine Maische aus Malz u. Sojabohnenflocken wird 30—60 Min. stehengelassen, auf 56,25° aufgeheizt, Stärkeflocken zugesetzt u. auf 62,5° gebracht, 45 bis 60 Min. bei dieser Temp. gehalten, auf 71,25° aufgeheizt, dabei 15 Min. gehalten, dann auf 75° gebracht u. nach 15—20 Min. in die Würzepfanne abgeläutert; Zucker zugesetzt u. wie beim Brauprozeß mit Hopfen gekocht; die Würze auf 10° abgekühlt u. bei 16,25—17,5° mit Hefe vergoren, die vergorene Fl. ca. 30 Tage bei 6,25—7,5° u. nach dem Abkühlen auf 0° nochmals ca. 30 Tage gelagert. — Beispiel. (**A. P. 2 650 164** vom 11/9. 1951, ausg. 25/8. 1953.) KETTNER. 7561

Wilhelm Dürschner, Nürnberg, *Herstellung von weinähnlichen Getränken aus Malzauszügen* nach D.B.P. 898 433, dad. gek., daß die in Gärung befindlichen Malzauszüge mit der Hefe aufgekocht, auf Gärtemp. abgekühlt, dann erneut durch Hefe- u. Zuckerzusatz vergoren u. schließlich in geschlossenen Gefäßen unter Traubenzucker- oder Fruchtzuckerzusatz bei 60—90° behandelt werden. (**D. B. P. 903 443** Kl. 6c vom 2/10. 1948, ausg. 8/2. 1954. **Zusatz zu D. B. P. 898 433; C. 1954. 3356**.) KETTNER. 7561

XVI. Nahrungs-, Genuß- und Futtermittel.

Alberto Bertuzzi, *Korrosion der in der Lebensmittel- und Weinbereitung verwendeten Apparate*. Allg. Ausführungen über therm., chem. u. elektrochem. Korrosion sowie Korrosionsschutz unter Hinweis auf die besonderen Verhältnisse bei der Lebensmittel- u. Weinbereitung. Der schädliche katalyt. Einfl. des Cu wird hervorgehoben u. sein Ersatz durch nichtrostenden Stahl gefordert. (Coltivatore Giorn. vinicolo ital. [N. S.] **99.** 484—88. Dez. 1953.) STEINER. 7630

M. von Schelhorn, *Hemmende und abtötende Wirkung von Konservierungsmitteln*. Die Wrkg. der Konservierungsmittel Benzoesäure, Paraoxybenzoesäure, Salicylsäure, Ameisensäure, Propionsäure u. schweflige Säure wurde unter Verwendung von Hefen (Willia anomalata, Saccharomyces cerivisiae) u. von Penicillium glaucum u. Aspergillus niger geprüft. Sie steigt proportional der angewandten Konz., desgl. bei Temperaturerhöhung von 10—40°. Bei kurzfristiger Abtötung durch höhere Konzz. wirkt die Temp. beschleunigend, bei langfristigem Absterben erzeugen die Mikroben dem Gift entgegenwirkende Kräfte u. ihre Resistenz steigt bis zu ihrem Temperaturoptimum an. Fungistat. Wrkg. als Dauerzustand trat nicht ein. Je nach Konz. u. Temp. strebt das Syst. dem Endziel einer Vermehrung oder dem Absterben sämtlicher Zellen zu. Die Natur der Wrkg. von Konservierungsmitteln ist ungeklärt. Hiermit in Zusammenhang stehende Probleme werden an Hand der Literatur besprochen. — 13 Literaturhinweise. (Arch. Mikrobiol. **19.** 30—44. 1953. München, Inst. für Lebensmitteltechnol. u. Verpack.) LENHARD. 7634

O. J. Banasik und **R. H. Harris**, *Beobachtungen über reduzierende Gruppen und Farbänderungen bei Scheiben aus Makkaroniteig*. Erhitzung auf 130° u. Behandlung mit Druck (bis 3000 lbs./sq.in.) führt zur Verfärbung von Scheiben aus Makkaroniteig. Zusätze von Kohlenhydraten (Glucose, Maltose, Dextrin, Saccharose), von Acetaldehyd, $NaHSO_3$, proteolyt. u. amylolyt. Enzymen führen zur Erhöhung der mit $K_4Fe(CN)_6$ bestimmbaren reduzierenden Gruppen u. parallel dazu zu Verfärbung der Scheiben. Die Farbvertiefung wird wahrscheinlich durch Rkk. zwischen Aminosäuren u. Kohlenhydraten hervorgerufen. (Food Res. **18.** 480—91. Sept./Okt. 1953. Fargo, North Dakota, Agric. Exp. Stat.) KRUSEN. 7672

M. Rohrlich, *Säureentwicklung im Sauerteig und Löslichkeit des Eiweißes*. Bericht über Beobachtungen zur Zunahme der Eiweißlöslichkeit des Mehlproteins während der Gärung von Sauerteig im Zusammenhang mit der Entw. des Milch- u. Essigsäuregehaltes. (Jber. Versuchsanst. Getreideverwert. **1950/51.** 86—90. Berlin, Versuchsanst. für Getreideverwert.) F. HEINRICH. 7674

Kurt Hess, *Veränderungen in Protein und Stärke von Weizenmehl während des Teigknetens und Backens.* Die Stärkekörner in den Zellen des Weizenendosperms liegen in Proteinhäutchen eingebettet. Die während der Vermahlung aus ihrer Umhüllung gelösten Stärkekörner u. die Proteinteilchen können ohne Anwendung von W. durch ihr verschied. spezif. Gewicht in organ. Fl. getrennt werden. Quellung u. Röntgenaufnahmen der Proteine unterscheiden sie deutlich von den Kleberproteinen in ihrer Struktur. In einigen Backprodd. ist die Porenbldg. durch Stärke-, in anderen durch Proteingerüste gek., was durch enzymat. Unterss. nachgewiesen werden kann. Die beim Teigmachen u. Backen in Protein u. Stärke vor sich gehenden Veränderungen betreffen hauptsächlich solche, die auf Änderung der Hydratation beruhen. (Trans. Amer. Assoc. Cereal Chemists **11.** 153—66. Juni 1953. Hannover, H. Bahlsen Res. Labor.) HAEVECKER. 7674

D. H. Greup, *Stärkespaltende Enzyme verschiedener Herkunft und ihr Einfluß auf die Broteigenschaften.* Jedes der untersuchten, stärkespaltenden Enzyme (Malzextrakt, Schimmel- u. Bakterienamylasen) weist entsprechend seiner Herkunft bestimmte Kennwerte auf, die den Vorgängen des Aufgehens u. Backens ihren Stempel aufdrücken. Die Unterschiede in der Hitzebeständigkeit der verschied. Amylasen haben eine Verschiedenheit in den Broteigg., bes. in der Beschaffenheit der Brotkrume, zur Folge. Daneben reagiert die Fähigkeit des Teiges zur Gasentw. verschieden auf einen Zusatz der Enzyme. (Bakkerswereld **14.** 1—8. 1953. Wageningen, Centr. Inst. voor Voedingsonderzoek, T. N. O., Afd. Graan-, Meel- en Broodonderzoek.) WESLY. 7674

P. M. Townsley, M. A. Joslyn und **C. J. B. Smit,** *Die Aminosäuren in verschiedenen Geweben von Citrusfrüchten und in Apfelsinenprotein.* Vff. fanden papierchromatograph. in alkoh. Extrakten verschied. Citrusfrüchte folgende *Aminosäuren* (I): *Asparagin, Asparaginsäure, Glutaminsäure, Serin, Threonin, Alanin, Prolin, γ-Aminobuttersäure, Valin* u. *Phenylalanin,* zum Teil auch *Lysin, Arginin, Glutamin, α-Aminobuttersäure, Tyrosin* u. unbekannte I der *Leucin*-Gruppe. Aus Schale u. Chromatophoren isolierte Proteine sind vermutlich mit den gefundenen I identisch. Entgegen den Beobachtungen anderer Autoren fanden in den freien I längere Zeit gelagerter Orangensäfte keine qualitativen Veränderungen statt. — 26 Literaturangaben. (Food Res. **18.** 522—31. Sept./Okt. 1953. Berkeley, Calif., Univ. of California, Dep. of Food Technol.) KRUSEN. 7688

Kathryn J. Orr, Helen Denning und **Carey D. Miller,** *Der Zucker- und Ascorbinsäuregehalt von Papayas im Verhältnis zur Fruchtqualität.* Chem. u. organolept. Unterss. ergaben deutliche Zusammenhänge zwischen Gesamtzucker-, *Ascorbinsäure* (I)-Geh., Feuchtigkeit u. p_H-Wert von Solo-Papayas. Früchte bester Qualität werden aus Ernten von Mai bis Ende Nov. erhalten; während dieser Zeit sind Zucker- u. I-Geh. am höchsten. (Food Res. **18.** 532—37. Sept./Okt. 1953. Honolulu, Univ. of Hawaii, Agric. Exp. Stat., Food and Nutr. Dep.) KRUSEN. 7688

Ernest Sondheimer und **Z. I. Kertesz,** *Mitwirkung von Ascorbinsäure bei der Zerstörung von Anthocyanin in Erdbeersaft und Modellsystemen.* In Modellverss. mit *3-Glucosidopelargonidiniumchlorid* (I) u. *Ascorbinsäure* (II) konnten Vff. nachweisen, daß es bei 30° neben dem raschen Abfall an II zu einer fortlaufenden Abnahme an I kommt. Wird die durch Cu^{2+} katalysierte II-Zerstörung durch Zusatz von Thioharnstoff verhindert, so bleibt auch der I-Geh. unverändert. Da die gleichen Beobachtungen auch an Erdbeersäften gemacht wurden, ist anzunehmen, daß der II-Abbau in einem ursächlichen Zusammenhang mit der Farbstoffzerstörung steht. (Food Res. **18.** 475—79. Sept./Okt. 1953. Geneva, N. Y., Cornell Univ., New York State Agric. Exp. Stat.) KRUSEN. 7706

G. G. Kohn, W. B. Esselen und **C. R. Fellers,** *Thermische Inaktivierung von zur Klärung von Apfelsaft verwendeten pektolytischen Enzymen.* Die in pektolyt. Präpp. (Pectinol A) enthaltenen Fermente *Pektinesterase* (I) u. *Pektinpolygalakturonase* (II) besitzen eine unterschiedliche Hitzestabilität. Während I bei 150° F bereits nach 7,2 Min. inaktiviert wird, bleibt II bei dieser Temp. 255 Min. stabil. (Food Res. **18.** 511—15. Sept./Okt. 1953. Amherst, Mass., Univ. of Massachusetts, Dep. of Food Technol.) KRUSEN. 7706

A. S. Sastry, *Chemische Veränderungen während der Röhrentrocknung und ihr Einfluß auf die Qualität von Zigarettentabakblättern.* Bei der Röhrentrocknung (flue-curing) geht der größte Teil der im frischen Tabakblatt 80% betragenden Feuchtigkeit verloren, ebenso 15% der Trockenmasse, bes. organ. Substanz. Ein tiefgreifender Abbau von Stärke, anderen Kohlenhydraten u. Eiweißstoffen findet statt. Die Zunahme reduzierender Zucker, meist Glucose u. Fructose, ist geringer, als der Abnahme der Stärke entspricht, was mit Atmungsverlusten zusammenhängt. Auf 100 g frische Blätter werden ca. 1,5 g Sucrose gebildet. Unterschiede bei verschied. Verss. sind auf Differenzen im Phosphatgeh. der Blätter zurückzuführen. Das meiste Blatteiweiß wird in lösl. Substanzen übergeführt. Die Prüfung der Blätter nach dem Trocknen ergab, daß die Qualität vom ursprünglichen Geh. an Stärke abhängt. (Proc. Indian Acad. Sci., Sect. B **38.** 125—43. Sept. 1953. Rajahmundry, India, Central Tobacco Res. Inst.) FRESENIUS. 7734

—, *Behandlung von Virginiatabak.* Technolog. Abriß über die Herst. von behandelten Mischzigaretten, die auf der Grundlage von Virginiasorten als Fülltabak angefertigt werden. (Lebensmittel-Ind., Ausg. D **4.** 218—19. Aug. 1952.) HAEVECKER. 7734

V. Vasic, *Tabakaromen.* Die zum Aromatisieren von Tabak bestehenden Möglichkeiten werden diskutiert. 21 Rezepturen für Aromen zur Behandlung von Pfeifen-, Zigaretten-, Zigarren-, Kau- u. Schnupftabaksorten werden angegeben. (Manufact. Chemist **24.** 197—201. Mai 1953.) FRESENIUS. 7734

Treva C. Kintner und **Margaret Mangel,** *Überleben von Staphylokokken und Salmonellen in Puddings und Eierspeisen mit experimentell infiziertem Trockenei.* Durch die zur Gerinnung von Eiern benötigten Tempp. (76—86°) bei der Herst. von Puddings u. Eierspeisen werden zwar die mit dem Trockenei eingebrachten Mikroorganismen weitgehend reduziert u. vorübergehend im Wachstum gehemmt, jedoch wird die zur Vermeidung von Nahrungsmittelvergiftungen notwendige Abtötung von Staphylococcus aureus u. verschied. Salmonellaarten erst bei 91—93° vollständig. Schnelles Gefrieren der Speisen begünstigt die Abtötung der schädlichen Organismen. (Food Res. **18.** 492—96. Sept./Okt. 1953. Columbia, Mo., Univ. of Missouri, Dep. of Home Economic.) KRUSEN. 7754

Ester Seleste, *Die Haltbarkeit von Kuhmilch und Muttermilch.* Auf Grund von Geschmacksproben u. Beobachtungen über das p_H hält sich frische rohe Muttermilch (**I**) besser bei höheren Tempp. (18—37°) als Kuhmilch (**II**). **II** ist aber im Kühlschrank bei 4° besser haltbar als **I**. Die gleichen Verhältnisse bestehen nach Animpfen von **I** u. **II** mit Streptococcus lactis (**III**). Rohe u. pasteurisierte **I** ähnelt **II** in Geschmack u. p_H nach Animpfen mit **III** oder Escherichia coli (**IV**) sehr. **II** hält sich am besten nach Hochtemperatur-Kurzzeitpasteurisierung (A); **I** nach Dauererhitzung (B). Bei Kühlschranktemp. wird **I** nach A stark alkal., B ist daher die beste Behandlungsmeth. für **I**. Zwischen Geschmack u. p_H von Milch besteht keine feste Beziehung. Aus dem p_H können hinsichtlich Qualität u. Haltbarkeit keine vergleichbaren Schlüsse gezogen werden. Im allg. wird **I** mehr als **II** durch **III** u. **IV** beeinflußt. Frische rohe **I** enthält viel *Lysozym* (**V**), frische rohe **II** dagegen sehr wenig. **V** aus **I** ist während der ersten Std. sehr akt., die Wrkg. schwächt sich laufend ab. **V** trägt vielleicht zu der Qualitätserhaltung von roher u. nach B pasteurisierter **I** bei. — 216 Literaturangaben. (Ann. Med. exp. Biol. fenn., Suppl. [8] **31.** 3—78. 1953. Helsinki, Univ., Children's Clinic.) FRESENIUS. 7756

V. W. Greene und **J. M. Bell,** *Konservierung von roher Milch mit verschiedenen antibiotischen Präparaten.* Säurebldg. u. Bakterienwachstum, die in roher Milch nach 5—10 Std. stark ansteigen, können durch Zusatz von 10 p.p.m. *Aureomycin* oder *Terramycin* oder von 1000 p.p.m. *Sulfaguanidin* oder *Sulfathalidin* bei 37° 20—30 Std. verhindert werden. *Streptomycin* u. *Bacitracin* sind nur wenig wirksam. *Penicillin* u. *Aurofac,* die für sich nur begrenzte Wrkg. haben, sind kombiniert in Mengen von 10 p.p.m. bzw. 1% von gutem Effekt. (Sci. Agric. **32.** 619—25. Dez. 1952. Saskatoon, Can., Univ. of Saskatchewan.) KRUSEN. 7756

Karl J. Demeter, *Neues über Strahlungsentkeimung von Milch.* Vf. berichtet kurz mit einigen Schrifttumsangaben über bisher durchgeführte Verss. zur Sterilisierung von Milch mit Kathoden-, Röntgen- oder γ-Strahlen. (Dtsch. Molkerei-Ztg. **74.** 1174—75. 20/8. 1953.) KRUSEN. 7756

J. R. Brunner, C. W. Duncan und **G. M. Trout,** *Die Fetttröpfchenmembran von nichthomogenisierter und von homogenisierter Milch.* 1. Mitt. *Die Isolierung und Aminosäurezusammensetzung der Fettmembranproteine.* Die nach früher von PALMER u. Mitarbeitern angegebenen Verff. abgetrennten Membranproteine wurden durch mehrfache Behandlung mit Ae. entfettet u. die Aminosäuren mikrobiol. bestimmt. Es konnte festgestellt werden, daß durch Homogenisieren der Milch die Membranproteine an *Arginin, Cystin, Glycin* u. *Tryptophan* abnehmen, während sie an *Glutaminsäure* u. *Lysin* zunehmen. Das Homogenisieren scheint demnach wesentliche Veränderungen der Membranproteine zur Folge zu haben. — 38 Literaturangaben. (Food Res. **18.**

454—62. Sept./Okt. 1953. East Lansing, Mich., Michigan Agric. Exp. Stat., Dep. of Dairy and Agric. Chem.) KRUSEN. 7756

J. R. Brunner, H. A. Lillevik, G. M. Trout und **C. W. Duncan,** *Die Fetttröpfchenmembran von nichthomogenisierter und von homogenisierter Milch.* 2. Mitt. *Unterschiede in den Elektrophoresebildern der Fettmembranproteine.* (1. vgl. vorst. Ref.) Durch Elektrophoreseunterss. in verschied. Pufferlsgg. von p_H 1,5—10,8 konnten Vff. ebenfalls zeigen, daß die Membranproteine durch das Homogenisieren der Milch verändert werden. (Food Res. **18.** 463—68. Sept./Okt. 1953.) KRUSEN. 7756

J. R. Brunner, C. W. Duncan, G. M. Trout und **Maxime Mackenzie,** *Die Fetttröpfchenmembran von nichthomogenisierter und von homogenisierter Milch.* 3. Mitt. *Unterschiede in den Sedimentationsdiagrammen der Fettmembranproteine.* (2. vgl. vorst. Ref.) Durch Ultrazentrifugation konnten Vff. zeigen, daß die Membranproteine von nichthomogenisierter Milch aus einer Proteinkomponente mit einer Sedimentationsgeschwindigkeit $S_{20} = 7{,}3$ bestehen. In Membranproteinen von homogenisierter Milch konnten mindestens 3 Komponenten mit $S_{20} = 2{,}2$, 4,4 u. 8,2 beobachtet werden. Bei diesen handelt es sich wahrscheinlich um an die Membran adsorbierte Milchproteine (Casein, KEKWICKs Molkenprotein, Lactoglobulin). (Food Res. **18.** 469—74. Sept./Okt. 1953.) KRUSEN. 7756

Wennemar Storck, *Teilhomogenisierte Milch.* (Vortrag.) Zusammenfassender Überblick über Betriebserfahrungen bei der Herst. teilhomogenisierter Milch unter besonderer Berücksichtigung der Erzielung einer guten Aufrahmung. (Molkerei- u. Käserei-Ztg. **5.** 526—34. 29/4. 1954.) WINIKER. 7756

Elizabeth Shaw Wegner, Ruth Jordan und **H. A. Hollender,** *Homogenisierte und nichthomogenisierte Milch in der Zubereitung einiger Speisen.* Mit homogenisierter Milch (I) zubereitete Kakao- u. Schokoladengetränke zeigten geringere Sedimentation u. bessere Konsistenz als mit nichthomogenisierter I zubereitete. Labdesserts waren bei Verwendung von homogenisierter I von besserer Konsistenz u. besserem Geschmack. Im allg. erhielten mit homogenisierter I hergestellte Speisen einen abgerundeteren Geschmack u. waren von hellerer Farbe. (J. Home Econ. **45.** 589—91. Okt. 1953. Purdue Univ., Agric. Exp. Stat.) KRUSEN. 7756

Barthelmes, *Kritische Bemerkungen zur D-Vitaminisierung der Milch, ihren Methoden und Erfolgen.* (Vortrag.) Nach kurzen Ausführungen über Rachitisursachen, -prophylaxe u. -therapie sowie Vitamin-D-Funktion u. -Bedarf betont Vf. die Bedeutung der Milch als ausnehmend gutes Vehikel für eine wirksame u. dauerhafte Vitamin-D-Zufuhr u. gibt eine krit. Übersicht über die zur Zeit üblichen Verff. zur D-Vitaminisierung der Milch u. deren Ergebnisse. — 34 Literaturhinweise. (Molkerei- u. Käserei-Ztg. **5.** 534—37. 29/4. 1954. Speyer.) WINIKER. 7756

Heinz Schade, *Alginate als Verdickungsmittel und Vitamin C-Stabilisatoren bei Milcherzeugnissen.* (Vortrag.) Behandelt werden die Möglichkeiten der Verwendung von Alginaten als Zusätze zu Milcherzeugnissen u. die an sie zu stellenden Anforderungen. (Molkerei- u. Käserei-Ztg. **5.** 551—53. 29/4. 1954. Darmstadt.) WINIKER. 7756

W. Mohr, A. Wortmann und **K.-H. Peters,** *Vermeidung zu harter, bröckliger und nicht haltbarer Winterbutter.* (Vortrag.) Zusammenfassender Überblick über die Möglichkeiten zur Vermeidung von zu harter Konsistenz, Bröckligkeit u. Verderb bei Winterbutter. — 11 Literaturhinweise. (Molkerei- u. Käserei-Ztg. **5.** 547—51. 29/4. 1954. Kiel, Bundesversuchs- u. Forschungsanst. für Milchwirtsch., Physikal. Inst.) WINIKER. 7758

J. S. Kooy, *Stämme von Lactobacillus plantarum, die Antibiotica von Streptococcus lactis unwirksam machen.* Aus Käse u. Milch werden einige Stämme von Lactobacillus plantarum (I) isoliert, die die Antibiotica von Streptococcus lactis (II) unwirksam machen. Andere Stämme von I lassen die Antibiotica dagegen unverändert. In allen entnommenen Milchproben, sowie in 14 von 15 aus Rohmilch erzeugten Käsen sind Bakterien enthalten, die die Antibiotica von II unwirksam machen. I-Stämme werden durch 5 Min. (30 Sek.) langes Pasteurisieren auf 65° (70°) getötet. Die zerstörenden Einflüsse von I-Stämmen auf die Antibiotica von II können in kreidehaltiger Milch durch 100fache Impfung mit I-Stämmen, die die Antibiotica nicht angreifen, nicht wohl dagegen durch Impfung mit Lactobacillus casei verhindert werden. (Nederl. Melk- en Zuiveltijdschr. **6.** 323—30. Okt./Sez. 1952. Hoorn, Nederlands Inst. voor Zuivelonderzoek.) WESLY. 7760

J. S. Kooy und **J. W. Pette,** *Hemmung des Wachstums von lactatvergärenden Buttersäurebakterien durch Antibiotica von Milchsäurestreptokokken.* Unter 350 Stämmen aus Käse, Milch u. Fäkalien isolierter Milchsäurestreptokokken (I), die Milch in einigen Tagen zum Gerinnen bringen, befinden sich 11 Stämme, die Antibiotica (II) für andere I bilden. Die Hemmstoffe werden nachgewiesen, die in saurer Lsg. gegen 5 Min. dauerndes Erhitzen im Wasserbad beständig sind, durch Filtrieren von der koagulierenden Caseinmasse getrennt werden können u. in der Milch in so großer Konz. entstehen, daß sie als Zusatz von 20% Filtrat der II-Kulturen zu Lackmus auf das Wachstum von Teststämmen einen verzögernden Einfl. haben; dieser ist nach 18std. Brutzeit bei 30° noch feststellbar. Die II bildenden Stämme gehören zu der Art Streptococcus lactis. Lactatvergärende Buttersäurebakterien (III) werden in verschied. Maße durch Zusatz von 20% neutralisiertem Filtrat von Milchkulturen von II bildenden Stämmen in ihrem Wachstum gehemmt. Die Stärke der Hemmung hängt ab von der Art der III, der Konz. der II u. dem Impfungsprozentsatz. (Nederl. Melk- en Zuiveltijdschr. **6.** 302—16. Okt./Dez. 1952. Hoorn, Nederlands Inst. voor Zuivelonderzoek.) WESLY. 7760

J. S. Kooy und **J. W. Pette,** *Die Anwendung von Antibioticis abscheidenden Milchsäurestreptokokken als Säureträger bei der Bekämpfung der Buttersäuregärung in Käse.* Das Ansäuern mit einem Antibiotica bildenden Stamm von Streptococcus lactis von Käsemilch, die mit verschied. Stämmen von Clostridium tyrobutyricum geimpft sind, verhindert in den meisten Fällen die Buttersäuregärung in dem Käse. Jedenfalls nimmt in Käse, der aus pasteurisierter u. wahrscheinlich auch in solchem, der aus roher Milch erzeugt wird, die Anzahl lebensfähiger Buttersäurebakterien ab. Die Entw. eines Lactobacillus plantarum (I)-Stammes, der das Antibioticum vernichtet, kann nicht durch Impfung mit der hundertfachen Menge eines I-Stammes, der das Antibioticum unverändert läßt, verhindert werden. (Nederl. Melk- en Zuiveltijdschr. **6.** **317**—22. Okt./Dez. 1952. Hoorn, Nederlands Inst. voor Zuivelonderzoek.) WESLY. 7760

Fritz Moser, *Von Camembertfehlern.* Allg. Ausführungen. (Dtsch. Molkerei-Ztg. **74.** 1173—74. 20/8. 1953. Fürth.) KRUSEN. 7760

E. G. Hood, C. A. Gibson und **K. N. Smith,** *Fruchtiger Geschmack bei Cheddar-Käse.* Vff. konnten experimentell nachweisen, daß die gelegentlich auftretenden Qualitätsverschlechterungen von Cheddar-Käse durch Entw. von fruchtigem oder unreinem Geschmack durch Hefen u. Bakterien (Alcaligenes viscosus, Escherichia coli) hervorgerufen werden. Die Stärke des unerwünschten Geschmackes ist abhängig von der in der Käsereimilch vorhandenen Anzahl an Bakterien bzw. Hefen. (Sci. Agric. **32.** 638—44. Dez. 1952. Ottawa, Dep. of Agric., Exp. Farms Serv., Div. of Animal Husbandry.) KRUSEN. 7760

Philip P. Gray, *Pilzemzyme in der Bäckerei.* Vf. diskutiert die Möglichkeiten einer wissenschaftlich exakten Prüfung der Wrkg. von Pilzenzymen, wie Messung des Gärdruckes, Maltosewert u. Farinogramm. Demgegenüber ist aber immer noch der Backvers. die beste Bewertungsmeth. zur Best. des Einfl. von Pilzenzymen. (Wallerstein Lab. Commun. **16.** 215—29. Sept. 1953.) HAEVECKER. 7800

Ruth Bennett und **J. B. M. Coppock,** *Teigkonsistenz und Messung der Wasserabsorption mit dem Brabender-Farinographen und dem Simon-Wasserabsorptionsmesser.* Der BRABENDER-Farinograph ist von der Klebrigkeit der Teige abhängig. Dies führt zu irreführenden Leitwerten für die erforderliche Wassermenge, wenn salzfreie Teige oder unbehandelte Mehle verwendet werden. Der SIMON-Wasserabsorptionsmesser hingegen ist von der Teigklebrigkeit weitgehend unabhängig. (Trans. Amer. Assoc. Cereal Chemists **11.** 172—82. Juni 1953. Chorlewood, Herts., England, British Baking Ind. Res. Assoc.) HAEVECKER. 7800

R. B. Taylor, *Eine Untersuchung über Proteose–Pepton–Säure-Agar als Nährmedium zur Routineauszählung von Bacillus thermoacidurans (Berry) in Tomatensaft.* Vf. konnte nachweisen, daß die alleinige Verwendung von spezif. Nähragar (Thermoacidurans Agar; DIFCO LABOR.) nicht zur Isolierung von B. thermoacidurans (Berry) ausreicht. Es muß vielmehr zuerst auf den genannten Agar in Schrägkultur geimpft, 16—20 Std. bei 55° C inkubiert u. dann mkr. ausgewertet werden. (Food Res. **18.** 516—21. Sept./Okt. 1953. Ontario, Can., Res. Found., Dep. of Biochem.) KRUSEN. 7818

G. Schwarz und **J. Ludwig,** *Über Verfahren zur Unterscheidung von nativer und regenerierter Peroxydase beim Nachweis der Hocherhitzung von Milch.* Bericht über Erfahrungen mit *Guajaktinktur-Neu* (HAUPTNER, Solingen), *Hocherhitzungsreagens N3* (DRAEGERWERK, Lübeck) u. *Traventol* (RIEDEL-DE-HAËN, Seelze) beim Peroxydasenachweis. Es konnte erneut bestätigt werden, daß ordnungsgemäß hocherhitzte u. dann spontan gesäuerte Milch in keinem Falle mit einem der 3 Reagentien eine positive Peroxydase-Rk. liefert. (Molkerei- u. Käserei-Ztg. **5.** 537—39. 29/4. 1954. Hohenheim, Landw. Hochschule, Inst. für landw. Technologie.) WINIKER. 7856

Werner Stach, *Schnellbestimmung des wasserfreien Nichtfettes von Butter mit der Butterwasserwaage.* Der Rückstand der Wasserbest. wird in dem mit Ausguß versehenen Metallbecher 2—3mal mit je 30—40 ml Bzn. (p. 50—80°) zur Extraktion des Fettes behandelt. Der Rückstand wird zur Vertreibung von Benzinresten erhitzt u. das wasserfreie Nichtfett mit der Butterwasserwaage bestimmt. Genauigkeit $\pm 0,1\%$. Anschließend kann noch die NaCl-Best. vorgenommen werden. (Dtsch. Molkerei-Ztg. **74.** 1172—73. 20/8. 1953.) KRUSEN. 7858

Hoffmann's Stärkefabriken Akt.-Ges. (Erfinder: **Josef Busch** und **Hans Ritter**), Bad Salzuflen, *Präparate aus Waschlaugen der Stärkefabrikation.* Um aus den Waschlaugen trockene, nichthygroskop. Präpp. zu gewinnen, beläßt man ihnen durch unvollständiges Abschleudern der Feststoffe einen Teil, z. B. 1%, der Rohfasern u. dampft dann zur Trockne ein. Man kann auch dem aus den Waschlaugen gewonnenen Trockengut sofort nach dem Trocknen gemahlene Rohfasern, z. B. aus der Kartoffelstärkefabrikation, zusetzen. Man erhält lockere Prodd. von hohem Nährwert, die bei der Herst. von *Nährmitteln* verwendet werden können. (**D. P. [DDR] 2 051** Kl. 53k vom 10/9. 1943, ausg. 14/11. 1952 [Ausschließungspatent].) HEYNE. 7645

Eugen Kornis, Wien, Österreich, *Verfahren zur Eiweißgewinnung.* Die eiweißhaltigen pflanzlichen Rohmaterialien, wie Brot- u. Futtergetreidefrüchte, bzw. deren Verarbeitungs-, Neben- oder Abfallprodd. (z. B. Abwasser der Maisstärkeherst., Kartoffelfruchtwasser), werden mit verd. Alkalilsg. behandelt. Aus der alkal. Eiweißlsg. werden die Proteine als balliger, gut filtrierbarer Nd. durch unvermittelten, stoßartigen Zusatz der ganzen, zur Ausfällung erforderlichen Säuremenge (konz. HCl, HNO_3) in einem einzigen Guß abgeschieden. (**Oe. P. 174 528** vom 28/1. 1950, ausg. 10/4. 1953.) HEYNE. 7647

Drackett Co., Cincinnati, O., V. St. A., übert. von: **Wilmer C. Gangloff, Russell H. Hieronymus** und **James N. Lawrence,** V. St. A., *Behandlung von pflanzlichem Material zur Gewinnung von Proteinen.* Aus Mehl oder Flocken von Sojabohnen werden die Proteine mit einem wasserhaltigen, neutralen Lösungsm. extrahiert u. die Lsg. wird mit so viel Kalk behandelt, daß unerwünschte Begleitstoffe ausfallen. Aus der filtrierten Lsg. werden die Proteine mit Säure gefällt, abfiltriert u. mit einer Lsg. von $NaOH + H_2O_2$ vom p_H 11,0—11,5 bei erhöhter Temp. behandelt, um durch geringen Abbau die Löslichkeit zu verbessern u. die Viscosität zu erniedrigen. Schließlich werden die Proteine mit Säure abgeschieden. (**Can. P. 481 961** vom 21/4. 1943, ausg. 25/3. 1952. A. Prior. 3/6. 1942.) HEYNE. 7647

Else Kern geb. **Wöhrmann,** Deutschland, *Gewinnung von Hydrolyseprodukten des Albumins aus Weinhefen.* Heferückstände von der Weinbereitung, gegebenenfalls nach Gewinnung von A., Fettstoffen u. Weinstein daraus, werden im Autoklaven bei ca. 135° mit verd. HCl (p_H ca. 0,5) hydrolysiert. Das filtrierte Hydrolysat wird mit NaOH neutralisiert u. bis auf Sirupkonsistenz eingedampft. Das erhaltene Prod. ist bes. für pharmazeut. Zwecke u. als Zusatz zu Nahrungsmitteln geeignet. (**F. P. 1 003 038** vom 25/11. 1946, ausg. 13/3. 1952.) HEYNE. 7647

Aktieselskabet Dansk Gaerings-Industri (Erfinder: **Holger Jörgensen**), Kopenhagen, Dänemark, *Brotherstellung.* Zur Verbesserung des Gärverlaufes im Hefeteig wird diesem oder bereits dem Mehl in der Mühle ein *Maltase*-Präp. in trockener oder gelöster Form zugesetzt. (**Schwz. P. 290 873** vom 18/6. 1948, ausg. 17/8. 1953. Dän. P. 20/6. 1947.) KRANZ. 7675

Monsanto Chemical Co., St. Louis, Mo., übert. von: **Felix H. Wright jr.,** Dayton, O., V. St. A., *Herstellung von $Na_2H_2P_2O_7$,* das bes. als Bestandteil von *Backpulver* für Pfannkuchen geeignet ist. Eine NaH_2PO_4-Lsg., die 0,5—0,65(%) H_3PO_4 sowie 0,1—0,2 K_2O u. 0,025—0,075 Al_2O_3 enthält, die für die Eigg. des Endprod. wesentlich sind, wird zur Trockne gedampft. Das trockene Gemisch wird bis zur Bldg. von $Na_2H_2 \cdot P_2O_7$ calciniert bei 225—235°. Anschließend wird bei n. Druck bei 215—245° 1—4 Std. in einer Atmosphäre getempert, in der ein Wasserdampfpartialdruck von 230—760 mm Hg herrscht. Dem getemperten Salz verleiht man durch Zusatz von Na_3PO_4, $Na_4P_2O_7$, $CaCO_3$, $Ca(OH)_2$ oder $Ca_3(PO_4)_2$ ein p_H von 4,0—4,6, bes. 4,2. (**A. P. 2 630 372** vom 17/6. 1952, ausg. 3/3. 1953.) ZÜRN. 7675

Monsanto Chemical Co., St. Louis, Mo., übert. von: **Findley E. Hubbard** und **Felix H. Wright jr.,** Anniston, Ala., V. St. A., *Herstellung von $Na_2H_2P_2O_7$* (**I**), das bes. als Bestandteil von *Backpulver* für Pfannkuchen geeignet ist. Eine NaH_2PO_4-Lsg., die 0,1—0,2(%) K_2O u. 0,025—0,075 Al_2O_3 enthält, wird in <12 Sek. eingedampft. Der Trockenrückstand wird durch Erhitzen in einer Atmosphäre, in der ein Wasserdampfpartialdruck von 100—140 mm Hg herrscht, auf 225—235° in **I** übergeführt, das anschließend bei 225—235° 4—6 Std. getempert wird. Nach dem Tempern mischt man in einem geschlossenen Behälter mit 0,5—5% W., erhitzt 10—30 Min. auf 90—103°, trocknet u. mahlt. (**A. P. 2 636 808** vom 15/5. 1950, ausg. 28/4. 1953.) ZÜRN. 7675

Wolfgang Pfeifer und **Paul Klöckner**, Nürnberg, *Verhinderung der Mißfärbung bei Zubereitung von Kartoffeln, Obst oder Gemüsen.* Den Stoffen werden vor oder während ihrer Zubereitung sulfurierte oder chlorierte Derivv. des Toluols u. Bzl., bes. p-Toluolsulfochloramid-Na u. Benzolsulfonchloramid-Na oder -K, in Mengen von z. B. 0,025%, zugesetzt. (**D. B. P. 902 454** Kl. 53k vom 13/7. 1951, ausg. 21/1. 1954.) KRANZ. 7691

General Foods Corp., New York, N.Y. (Erfinder: **Aksel G. Olsen**, Hoboken, N. J.), V. St. A., *Pektinpräparat.* Pektin (I) wird in einer dasselbe nicht lösenden Fl. suspendiert, die ein pektinfällendes Metallion in einer solchen Menge enthält, daß lediglich auf der Oberfläche der einzelnen Pektinpartikel ein Überzug aus unlösl. Metallpektinat gebildet wird, worauf das überzogene I aus der Fl. ausgeschieden u. getrocknet wird. (**D. B. P. 902 110** Kl. 53k vom 24/4. 1940, ausg. 18/1. 1954. A. Prior. 2/5. 1939.) KRANZ. 7703

Hawaiian Pineapple Co. Ltd., Honolulu, Hawaii, übert. von: **Arvid M. Erickson**, San Jose, Calif., V. St. A., *Natürliches Süßungsmittel.* Bei der üblichen Verarbeitung von Obstfrüchten wird die Saccharose ganz oder teilweise durch einen fruchtzuckerhaltigen Sirup aus Früchten ersetzt, der durch Behandlung mit Erdalkalien u. H_3PO_4 weitgehend von Mineral- u. Aromastoffen befreit ist. (**A. P. 2 650 880** vom 4/6. 1949, ausg. 1/9. 1953.) KRANZ. 7713

Deutsche Hydrierwerke Akt.-Ges., Düsseldorf (Erfinder: **Erik Schirm**, Cubatao, Brasilien), *Aromatische o-Cyansulfohalogenide* erhält man durch Behandeln von o-substituierten Arylcarbonsäureamiden der nebenst. Formel (R = Rest, der bei der Oxydation mit Halogen u. W. abgespalten wird, wie =H, COR′, CSR′, COOR′, COSR′, R′ = KW-stoffrest) mit Halogen in Ggw. von W. u. eines beständigen organ. Lösungs- oder Verdünnungsmittels. — Diphenyldisulfid-o.o′-dicarbonsäureamid gibt in o-Dichlorbenzol bei 2 bis höchstens 10° mit Cl_2-Gas *o-Cyanbenzolsulfochlorid.* — Verwendung als Zwischenprod. zur Herst. von *Saccharin.* (**D. B. P. 860 051** Kl. 12o vom 27/1. 1944, ausg. 18/12. 1952.) KRAUSS. 7713

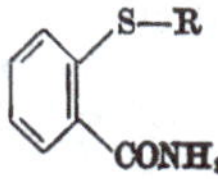

Arnold S. Wahl, Chicago, Ill., V. St. A., *Papayafruchtpulver mit hoher proteolytischer Wirksamkeit.* Papayafruchtpulpe wird nach Zugabe von Zucker u. Aromastoffen auf allmählich (mehrere Std.) bis 70° ansteigende Tempp. erhitzt. Der nach kurzem Aufkochen abgepreßte Saft wird konz. u. im Vakuum getrocknet. Das Trockenprod. wird nach Zugabe von 0,006—0,01% Papain mit ca. $^1/_3$ der Menge Milchpulver gemischt u. dient als *verdauungsförderndes* Mittel in Speisen. (**A. P. 2 650 165** vom 31/5. 1950, ausg. 25/8. 1953.) KRANZ. 7715

Max Specht, Hankensbüttel b. Gifhorn, *Haltbarmachen von Kaffee.* Gemahlener Röstkaffee wird nach dem Auskühlen einem Reifungsprozeß von ca. 8—10 Std. unterworfen, in CO_2-Atmosphäre gemahlen, in einem mit CO_2 gefüllten Vakuumapp. ca. 1 Std. belassen, einem hohen Vakuum u. erneut CO_2 bis zur Weiterverarbeitung ausgesetzt. (**D. B. P. 901 981** Kl. 53d vom 2/10. 1948, ausg. 18/1. 1954.) KRANZ. 7721

Michael Baczek, Grenchen, Schweiz, *Entnicotinisieren von Tabak.* Der Tabak wird so lange der Einw. von an ihm vorbeistreichender Luft mit 60—70° u. 70—95% relativer Feuchtigkeit ausgesetzt, bis der Nicotingeh. auf das gewünschte Maß herabgesunken ist. (**Schwz. P. 293 094** vom 25/7. 1951, ausg. 1/12. 1953.) KRANZ. 7735

Siemens-Schuckertwerke Akt.-Ges., Berlin und Erlangen (Erfinder: **Hellmuth Bayha**, Erlangen), *Erhitzen von Milch* u. anderen, bes. organ. Fll. in Flaschen oder ähnlichen enghalsigen Gefäßen. Man taucht in die in der Flasche befindlichen Fl. eine in einer für Wärmestrahlen (rote Strahlung) durchlässigen *Hülle* angeordnete *elektr. Entladungsstrecke* als Heizvorr. hinein. — Vorr., Zeichnung. (**D. B. P. 902 341** Kl. 53e vom 1/9. 1936, ausg. 21/1. 1954.) MAASS. 7757

Akt.-Ges. für Nestlé Produkte, Vevey, Schweiz (Erfinder: **Max Friedrich Gruber**, Stamford, Conn., V. St. A.), *Trocknen von Flüssigkeiten, besonders Milch,* unter Anwendung von Zerstäubung, bei welcher ein oder mehrere mit einem Heißluft- oder Gasstrahl zusammengeführte Flüssigkeitsstrahlen außerhalb einer Abscheidungskammer unter Trocknung verdampft u. atomisiert werden. Man entfernt möglichst die den eine Temp. von ca. 380—500° aufweisenden Heißstrahl umgebende, von diesem mitgerissene Außenluft vor ihrem Eintritt in die Abscheidungskammer, entfernt sodann die in diese etwa noch eintretenden Teile von Außenluft sogleich bei ihrem

Eintritt möglichst rasch aus dieser u. fördert das Ablagern des Trockengutes in der Abscheidungskammer durch Richtungsänderung des Heißstrahles um 180°. — Vorrichtung. (**D. B. P. 893 439** Kl. 53e vom 3/9. 1941, ausg. 15/10. 1953.) MAASS. 7757

Johannes Ludwig und **Felix Czerepak**, Deutschland, *Herstellung von Lactalbumin aus Molke* in feinpulveriger, haltbarer Trockenform. Aus der auf einen p_H-Wert von 4,5 eingestellten Molke wird das Lactalbumin durch Erhitzen auf ca. 95° ausgefällt u. durch Abpressen von einem Teil des Wassergeh. bis auf ca. 75—80% befreit, mittels Sieben granuliert u. im Luftstrom bei 45—65° auf 8—10% Restwassergeh. getrocknet u. gemahlen. Das Pulver dient hauptsächlich als Grundstoff für pharmazeut. u. diätet. Produkte. (**D. P. [DDR] 1 317** Kl. 53e vom 13/8. 1949, ausg. 22/6. 1952 [Ausschließungspatent].) HEYNE. 7757

Van M. Darsey, Detroit, Mich., übert. von: **David G. Ulrey**, St. Petersburg, Fla., V. St. A., *Entgiften von Tungmehl für Futterzwecke*. Die Preßrückstände der Ölgewinnung aus den Früchten des Tungbaumes (Aleurites fordii) werden in heizbaren Mischtrommeln nach Zugabe von NH_4OH oder einem aliphat. Amin, z. B. Methyl- oder Äthylamin, ca. 15—30 Min. unter Druck auf 200—250° F erhitzt. (**A. P. 2 641 542** vom 19/7. 1950, ausg. 9/6. 1953.) KRANZ. 7787

VEB Thüringisches Kunstfaserwerk „Wilhelm Pieck", Schwarza (Erfinder: **Friedrich Fleischmann**, Saalfeld, und **Karl Riederle**), *Gewinnung der Eiweißbestandteile aus Mikroorganismen*. Man zerstört zunächst die Zellstruktur der Mikroorganismen, z. B. Hefe, Pilzmycel, in bekannter Weise durch Vermahlen mit Sand, Zerkleinern der gefrorenen M. u. dergleichen. Die so vorbehandelten Mikroorganismen werden mit einer 5—10% ig., vorzugsweise 8% ig., Natronlauge, bei ca. 38—42° einige Std. extrahiert. Nach Abtrennen der festen Bestandteile wird der Extrakt mit einer Säure, z. B. HCl, neutralisiert, von den gebildeten Salzen befreit u. konz. oder in ein trockenes Pulver übergeführt. Das Prod. stellt ein hochwertiges *Kraftfutter* dar. Es kann auch zur menschlichen Ernährung u. für techn. Zwecke, z. B. als Kleb-, Appretur- u. Imprägnierungsmittel, verwendet werden. [**D. P. [DDR] 1 078** Kl. 6a vom 23/12. 1942, ausg. 14/8. 1953 [Wirtschaftspatent].) HEYNE. 7787

Marcel Jeanson, Frankreich, *Intensivierung der Mästung von Tieren*. Man setzt dem Futter Gemische von Alkalichloriden oder Alkali- u. Erdalkalichloriden oder von Hormonen mit diesen Chloriden zu. Ein solches Gemisch für eine sechswöchige Behandlung von Kälbern hat z. B. die Zus.: $^1/_{100}$ (g) Hypophysenvorderlappenhormon, $^1/_{100}$ Desoxycorticosteron, 60 NH_4Cl, 40 NaCl u. 10 KCl oder z. B. die Zus.: 100 (g) NH_4Cl, 40 NaCl, 10 $MgCl_2$ u. 10 KCl. (**F. P. 1 025 443** vom 4/10. 1950, ausg. 15/4. 1953.) OPPERMANN. 7787

Milan Bier, Willibald Diemair u. a. (Bearb.) Biochemische Grundlagen der Lebensmittelfrischhaltung. Berlin, Göttingen, Heidelberg: Springer-Verl. 1952. (XII + 519 S.) = Handbuch d. Kältetechnik. Bd. 9. DM 96,—.

XVII. Fette. Seifen. Wasch- u. Reinigungsmittel. Wachse. Bohnermassen usw.

Fred O. Barrett, J. D. Fitzpatrick und **G. Kadesch**, *Gleichzeitige Herstellung von Fettalkoholen und Natriumcyanat*. Bei der techn. Na-Red. von verschied. Ölen (*Cocosnuß-, Babassu-, Palmkern-, hydriertes Tall-, Sojabohnenöl, Glyceryltrioleat*) u. von *Methyl-* (*oleat, behenat, stearat, azelat, undecylenat*) *Methylisobutylcarbinyl* (*Cocosnußester, Stearat*) u. höheren Fettalkoholestern höherer aliphat. Säuren (*Stearylstearat, Laurytlaurat, Tallölalkoholester von Tallölfettsäuren, n-Octylester von Cocosnußfettsäuren*) wurden die gebildeten Alkoholate nicht wie üblich mit W., sondern in wasserfreiem Medium mit Harnstoff (**I**) zersetzt. Unter Entw. von NH_3 fiel *NaOCN* (**II**; Reinheit 93—97%; Ausbeute 95—98%) aus; das gegebenenfalls entstandene Glycerin konnte anschließend mit W. abgetrennt werden. Wegen der geringen Löslichkeit von $NaOCH_3$ ist bei der Red. der Methylester die Viscosität der Lsg. erhöht; das Methanol erschwert auch die Wiedergewinnung des Lösungsmittels. Bei Verwendung von Estern höherer Alkohole entstehen diese Nachteile nicht. Als Lösungsm. bei der Red. wurde Toluol oder (besser, da kürzere Reaktionszeit) Xylol verwendet. Statt **I** wurden auch Biuret ($\rightarrow$ 60% **II**) u. NH_4SCN ($\rightarrow$ NaSCN) angewandt. (Ind. Engng. Chem. **45**. 1114—16. Mai 1953. Cincinnati, O., Emery Industries, Inc.) J. ROTHE. 7880

Amanullah Khan, *Verwendung von Abfällen und Nebenprodukten pflanzlicher Öle und verwandter Industriezweige*. In einem zusammenfassenden Bericht macht Vf. Vorschläge für die Verwendung von Samenschalen, Stengeln, Ölkuchen, Abfallprodd. der Ölraffination (u. a. Gewinnung von Vitamin E), Seifen- u. Glycerinfabrikation. — 12 Literaturhinweise. (Indian Soap. J. **18**. 273—77. März 1953. Kanpur, Harcourt Butler Technol. Inst.) R. KÖNIG. 7894

Harry J. Deuel jr. und **Samuel M. Greenberg,** *Ein Vergleich der Beständigkeit von Vitamin A in Margarine und Butter auf Grund biologischer Versuche.* Mittels mikrobiol. Untersuchsverf. konnten Vff. in 8 Margarineproben höhere als deklarierte *Vitamin-A* (I)-Gehh. nachweisen, nämlich durchschnittlich 42,9 USP-Einheiten/g. Nach 2jähriger Lagerung bei -10^0 waren noch durchschnittlich 35,4 E/g vorhanden. Bei $+5^0$ konnten die Proben 52—60 Wochen lagern, ohne mehr als 25% ihres ursprünglichen I-Geh. zu verlieren, bei 18^0 waren es 17 u. bei 28^0 15 Wochen. In 4 Butterproben wurden durschschnittlich 55,5 E/g I gefunden, nach 2 Jahren bei -10^0 noch 44,2 u. nach 52—60 Wochen bei $+5^0$ 47,7 E/g. Im allg. ist I in Margarine besser beständig als in Butter. Für die Beständigkeit von I in Margarine war es gleichgültig, in welcher Form es zugesetzt wurde. (Food Res. **18.** 497—503. Sept./Okt. 1953. Los Angeles, Calif., Univ. of South California.) KRUSEN. 7900

Daniel Melnick, Frederick H. Luckmann und **Hans W. Vahlteich,** *Die Beständigkeit von vorgebildetem Vitamin A und Carotin in Margarine auf Grund physikalisch-chemischer Untersuchungen.* Unter Anwendung des $SbCl_3$-Testes konnten in Margarine nach 3monatiger Lagerung bei 45^0 F oder nach 1 Monat bei 75^0 F noch über 90% des ursprünglich vorhandenen *Vitamin A* bzw. *Carotin* nachgewiesen werden. Es wird allerdings darauf hingewiesen, daß der $SbCl_3$-Test auch das biol. inakt. Anhydrovitamin A erfaßt, so daß biol. Methoden niedrigere Werte liefern dürften. (Food Res. **18.** 504—10. Sept./Okt. 1953. Bayonne, N. J., Best Foods, Inc.) KRUSEN. 7900

J. P. Wolff, *p_H und Potential der Oxydoreduktion bei den Fetten.* Vortragsbericht. Es werden, unter Anwendung auf die wss. Lsgg. von Seifen, in den theoret. Zusammenhängen an Hand von Vorstellungen von BRÖNSTED dargestellt: Wasserstoffionkonz., p_H, Dissoziationsgleichgewichte u. Dissoziationskonstante, p_H der Seifenlsgg. u. ihre Neutralisationskurven (in rein wss., in alkoh.-wss. Lsg.), Hydrolyse, Redoxpotential. (Oléagineux **8.** 451—57. Juli 1953.) TÄUFEL. 7910

H. Manneck, *Schmierseife aus synthetischer Fettsäure.* Bericht über Verff. zur Schmierseifenherst. unter Verwendung von 15—25% Vorlauffettsäuren u. 85—75% Hauptlauffettsäuren. Ein Ansatz aus 40% Sojaölfettsäure, 30% Hauptlauffettsäure, 30% Vorlauffettsäure mit 5% K_2CO_3, KOH u. W. auf einer Ausbeute von 265% versotten, ergab eine transparent bleibende, konsistente, kältebeständige Seife. (Seifen-Oele-Fette-Wachse **79.** 99—101. 4/3. 1953. Witten.) BÖSS. 7910

Max Stein, *Permulgin in der Seifen- und Waschmittelindustrie. Permulgin,* ein hautfreundliches Seifenverbesserungsmittel enthält im wesentlichen ca. 10% Alkylsulfate, 25% Fettalkohole (mit den Fettsäuren verestert), 50—55% Fettsäuren, 10% W. u. 2% anorgan. Salze (Sulfate) u. kann zu 10—20% im Fettansatz mitverwendet werden. Um schädliche Kalkseifenbldg. zu unterbinden u. Synthetica u. Permulginseifen einander anzugleichen, ist die Mitverwendung von mindestens 4% polymeren Phosphaten zweckmäßig. (Seifen-Oele-Fette-Wachse **79.** 101—02. 4/3. 129—30. 18/3. 1953. Paderborn.) BÖSS. 7910

—, *Handreinigungsmittel.* Handreinigungsmittel in Form von Gelen, Pasten, Cremes oder Fll. sind auf Basis organ. Lösungsmittel mit einem Flammpunkt über 100^0 F aufgebaut. Derartige Lösungsmittel sind Kerosin, Schwerbenzin, chlorierte KW-stoffe, Glykolderivv. usw. Kompositionen, die Seife oder synthet. Waschgrundstoffe enthalten, lassen sich bes. leicht von den Händen abspülen. Die lösungsmittelhaltigen Handreinigungsmittel entfernen sehr gut Fett, Öl, Harz, Farbe usw. Es werden einige Zuss. von Handreinigungsmitteln bekanntgegeben. (Soap Sanit.Chemicals **29.** 87—89. Juni 1953.) GERD RICHTER. 7912

M. Rösch, *Gedanken zur Theorie der Waschwirkung von capillaraktiven Substanzen gegen Textilien.* An Hand theoret. Überlegungen wird der Vers. unternommen, die Bedeutung der elektr. Ladungsverhältnisse beim Waschvorgang einerseits sowie der Kolloidstruktur der Waschlsg. andererseits aufzuzeigen. (Textil-Prax. **8.** 879—82. Okt. 1953.) H. G. FRÖHLICH. 7912

E. G. Carter, *Lanolin.* Übersicht über Gewinnung u. Verwendung von Lanolin. (Textielwezen **8.** Nr. 12. 23—24. Dez. 1952. International Wool Secretariat.) WESLY. 7924

Émile André und **Marie Carbouères,** *Die Methoden zur Bestimmung der Lipide in den Ölfrüchten. Methode der Extraktion. Methode der Maceration. Methode der Wägung des entölten Rückstandes. Versuch zur Serienbestimmung.* Teilweise unter Berücksichtigung der geschichtlichen Entw. werden die in der Praxis benutzten Arbeitsweisen mit den erforderlichen Apparaten behandelt, wie man sie zur Best. des Ölgeh. von Ölfrüchten sowie von Preß- u. Extraktionskuchen heranzieht; es werden die in der

Überschrift genannten Verff. krit. erörtert u. aus den Betrachtungen Schlüsse zur Verbesserung der Meth. herangezogen. Im speziellen werden die Prozesse der Maceration (Fettbest. im Macerat) sowie der Best. des Gewichtsverlustes des Gutes durch die Entfettung erörtert; ersteres Verf. wird als recht zuverlässig hingestellt, hat aber den Nachteil, daß es zu Serienverss. nicht verwendbar ist; letzteres Verf. wird unter Hinweis auf die einzuhaltenden Vorsichtsmaßregeln als Arbeitsweise für prakt. Zwecke empfohlen. (Oléagineux **8.** 441—49. Juli 1953.) TÄUFEL. 7932

American Meat Institute Foundation und **A. W. Brickman, Victor Conquest, Frank J. Madden, Wrisley B. Oleson** und **Emery T. Filbey,** übert. von: **Henry R. Kraybill,** Chicago, Ill., und **Buell W. Beadle,** China Lake, Calif., V. St. A., *Stabilisieren fetter Öle und Fette,* gek. durch den Zusatz einer Mischung aus 10—20 Teilen eines tert.-butylierten Hydrochinonmonoalkyläthers, dessen Alkylrest 1—4 C-Atome hat, 2—5 Propylgallat u. 2—5 Citronensäure, Oxalsäure, Ascorbinsäure, Phosphorsäure, saurem Äthylphosphat oder Triäthylphosphat. (**A. P. 2 648 608** vom 12/10. 1951, ausg. 11/8. 1953.) LÜTTGEN. 7875

Ruhrchemie Akt.-Ges. (Erfinder: **Karl Büchner,** Duisburg, **Otto Roelen** und **Walter Schuff**), Oberhausen, *Gewinnung von Carbonsäure–Alkali-Verbindungen* (**I**) erfolgt durch alkal. Waschung von CO-Hydrierungsprodd. bzw. bestimmten Fraktionen derselben, wobei man ca. 10 % ig. Alkalilaugen verwendet u. diese, gegebenenfalls unter Zusatz von weiterem Alkali (**II**), so lange wiederholt zur Behandlung der sauren Syntheseprodd. verwendet, bis **II** fast völlig, z. B. bis auf ca. 1% freies **II**, neutralisiert ist, worauf laugenunlösl. Konzentrate von **I**, bes. durch Abkühlen, ausgeschieden werden. — Rohprodd. zur Herst. von *Alkaliseifen.* (**D. R. P. 763 983** Kl. 12o vom 17/1. 1943, ausg. 6/7. 1953.) MÜLLER-MEININGEN. 7911

Monsanto Chemical Co., übert. von: **Jay C. Harris,** Dayton, O., und **Milton Kosmin,** Los Angeles, Calif., V. St. A., *Reinigungsmittel,* bestehend aus dem Kondensationsprod. von 1 (Mol) Tallöl mit 3,4—34 C_2H_4O u. dem Kondensationsprod. von 1 aliphat. Mercaptan, bes. tert.-Dodecylmercaptan, mit 6,6—11,0 C_2H_4 im Verhältnis von 1,5:1 bis 9:1. (**A. P. 2 572 805** vom 17/10. 1947, ausg. 23/10. 1951.) LÜTTGEN. 7913

Cristal-Vit, Frankreich, *Reinigungsmittel* für Fensterscheiben, Spiegel, Holztäfelung u. metall. Oberflächen, bestehend aus 84 (Gewichtsteilen) A., 80 Aceton, 1,05 Amylacetat, mit dest. W. auf 1000 gebracht. Das Gemisch wird mit einem Teerfarbstoff, z. B. Methylenblau, schwach angefärbt. (**F. P. 1 020 178** vom 14/6. 1950, ausg. 3/2. 1953.) HEYNE. 7917

E. A. Westlin, Stockholm, Schweden, *Bleichen von gefärbten Esterwachsen.* Man behandelt Esterwachse, bes. aus Torf extrahierte Bitumina, in wss.-alkal. Dispersion bei 100—150° mit O_2 unter Druck, bes. bei 10—100 atü. Anschließend wird angesäuert u. gegebenenfalls mit Chromsäure fertig gebleicht. (**Schwed. P. 134 821** vom 16/2. 1951, ausg. 11/3. 1952.) JÜRGEN SCHMIDT. 7925

A. A. Sinowjew, Chemie der Fette. Moskau: Pischtschepromisdat. 1952. 14 Rbl. 50 Kop. [russ.]

XVIIIa. Holz. Cellulose. Zellstoff. Papier. Papierdruck. Celluloid. Linoleum.

Walter Liese und **Margarete Hartmann-Fahnenbrock,** *Elektronenmikroskopische Untersuchungen an verblautem Kiefernholz.* Künstlich mit *Scopularis phycomyces* u. natürlich verblautes Kiefernholz wurde im Elektronenmikroskop untersucht, um einen Einblick in das Wachstum des Bläuemycels in den Längstracheiden zu gewinnen. Für die elektronenmkr. Präparation wurde das Polymerisationsdruckverf. angewandt. Die Versuchsergebnisse werden an Hand von Abbildungen besprochen. Der Befund kann unter Umständen zur Erklärung der etwas verringerten Festigkeitseigg. stark verblauten Holzes beitragen. Da die Mittellamelle als festigkeitsübertragende Schicht bei der Belastung am stärksten belastet wird, müßte sich bei einem Mycelwachstum eine geringer Haftfestigkeit der miteinander verbundenen Zellen ergeben, was bes. deutlich als verminderte Bruch–Schlag-Arbeit in Erscheinung treten würde. (Holzforschung **7.** 97—101. 1953. Düsseldorf, Rhein.-Westfäl. Inst. für Übermikroskopie, u. Mannheim-Waldhof, Rütgerswerke Akt.-Ges., Holzschutzlabor.) P. ECKERT. 7952

R. Descartes de Garcia Paula, *Vorschläge für die rationelle Verwertung der Paranákiefer* (*Araucaria angustifolia* [*Bert.*]–*Araucaria brasiliensis Rich.*) Während der Hauptteil des Stammes, als Bauholz verwendet, das gesamte Holz auf Zellstoffprodd. verarbeitet werden kann, ist für die Astknorren die zweckmäßigste Verwendungsform die Kondensation ihrer Phenolharze (25—30%) mit CH_2O zu Kunststoffen, ihre direkte

Verwendung als künstlicher Schellack oder die Gewinnung von Teer u. Kohle durch ihre trockene Destillation. (Bol. do INT **1.** Nr. 2. 38—43. Jan. 1951.)
R. K. MÜLLER. 7952

M. Suzuki, *Eine Untersuchung über das Abweichen von Ausbeute und Ligningehalt der Holocellulose.* Mit $NaClO_2$ delignifiziertes Holz ergab höhere Ausbeuten an Holocellulose (**I**) als theoret., auf Grund des analyt. bestimmten Ligningeh. (**II**) möglich war. Bei einem **II** von 10—13% erreichte diese „scheinbare Mehrausbeute" an **I** ein Maximum von über 6% (bezogen auf Holz). Nahm **II** ab, so sank auch die „scheinbare Mehrausbeute". Das Lignin verliert durch die Behandlung mit $NaClO_2$ teilweise seine Kondensationsfähigkeit, löst sich in Säure u. entzieht sich somit der gravimetr. Bestimmung. An Hand von Methoxylbestimmungen läßt sich der Ligningeh. in **I** genauer erfassen u. die „scheinbare Mehrausbeute" sinkt ab. (Tappi **36.** Nr. 1. 84. 1953; referiert nach: Papier **7.** L 101. 5/11. 1953.) P. ECKERT. 7954

H. O. Teeple, *Betrachtungen über die allgemeinen Korrosionsprobleme in der Zellstoff- und Papierindustrie.* Eignung von rostfreien Stählen, Ni, hoch-Ni- oder Cu-haltige Legierungen. Am besten geeignet sind rostfreie Stähle mit Mo u. Nb oder mit wenig C. Für die Bleicherei werden *Hastalloy C* oder *Chlorimet 3* vorgeschlagen. Sie sind bes. beständig gegen Lochfraß. Für die Wiedergewinnung der Lsgg. kommen bes. *18/8 Stähle* u. *Monel* in Betracht. (Paper Mill News **74.** Nr. 27. 10—14. 7/7. 1951. International Nickel Co. Inc.) J. FISCHER. 7956

P. P. Lossew, *Herstellung von Kalanderwalzen aus mit Kautschuk verklebtem Asbestpapier.* Schilderung der Herst. von neuartigen Kalanderwalzen aus Asbest bei Drucken bis zu 350 atü für die Papierindustrie. Als Grundstoff für die Walzen dient Asbestpapier, das mit fl. Kautschuk unter Zusatz von 6% Latex u. geringen Mengen von S, Zn u. Stärke verklebt wird. Noch elast. werden die Walzen, wenn man das Asbestpapier unter Beigabe von Baumwollumpen herstellt. (Бумажная Промышленность [Papier-Ind.] **28.** Nr. 8. 18—19. Aug. 1953. Fabrik „Kommunar".) ULMANN. 7956

D. C. Gillespie, *Einige Bemerkungen über die Rekaustifizierung, wie sie gegenwärtig durchgeführt wird.* Vf. schildert einige neuere Entwicklungstendenzen, die sich auf Apparate u Verff. beziehen. Das Kalkbrennen ist nicht in die Betrachtungen einbezogen. Von älteren Verfahrenspraktiken werden besprochen: Das Kalklöschen (Korngröße des Kalkes; Löschtemp.; Entfernen von hartkörnigen Anteilen; Durchsatzkapazität; Ansetzen von Schlamm; Abnutzung der Verkleidung); Instandhaltung der Pumpen; Verkrusten der Leitungen. Von neueren Methoden werden empfohlen u. erörtert: Grünlaugenreinigung in einem Absitzer, aus dem der Schlamm unten abgezogen wird (Zeichnung); Zweistufenkalklöschverf. (Apparaturschema) u. Zweistufenkaustizierung (Apparaturschema). (Tappi **36.** Nr. 4. 147. 1953; referiert nach: Papier **7.** L 101. 5/11. 1953.) P. ECKERT. 7956

M. A. Schoening, L. W. Shemilt und **R. H. Wright,** *Die Oxydation von Schwarzlauge und die Absorption nichtkondensierbarer Kochergase.* Es wird eine Versuchsoxydationsanlage mit einer Durchsatzkapazität von 3% der im Betrieb anfallenden Menge an Schwarzlauge (ca. 81,5 t/Std.) u. eine ebenso bemessene Aufarbeitungsanlage für Kocherabgase beschrieben. Es wurden Kocherabgase, die zuvor durch einen Zentrifugalabscheider u. Kondensator zur Entfernung mitgerissner Schwebestoffe bzw. kondensierter Anteile geschickt worden waren, der zur Oxydation dienenden Luft beigemischt u. das nach der Oxydation in der Lauge enthaltene Na_2S u. Mercaptan bestimmt. Es ergab sich, daß die nichtkondensierbaren Kocherabgase, ohne daß die Oxydationswirksamkeit der Anlage vermindert wird u. ohne daß die Abluft Mercaptan enthält, der Luft zugemischt werden können, wenn die Anlage an sich gut arbeitet. Außer Beseitigung der Geruchsbelästigung bringt die Verfahrensweise S-Einsparungen. (Tappi **36.** Nr. 4. 176. 1953; referiert nach: Papier **7.** L 102. 5/11. 1953.)
P. ECKERT. 7960

M. S. Anderson und **G. S. McKnight jr.,** *Sulfatbildung beim Sulfitaufschluß.* Unterss. über die Bldg. von Sulfat in einer Calciumbisulfitfabrik, die ihre Kochsäure durch Einw. von SO_2 auf den Kaustifizierungsschlamm einer Kraftzellstoffabrik herstellt, ergaben, daß die S-Verluste bis zu 20 kg pro Tonne gebleichten Zellstoff betragen können. Bis 80% dieser Verluste-S werden der Bldg. von Sulfat zugeschrieben. Die Sulfatbldg. erfolgt hierbei hauptsächlich während der Kochung. 40% des Sulfats entstehen durch die katalyt. Einw. von koll. S, 60% durch die oxydierende Wrkg. des Luftsauerstoffes bei höheren Temperaturen. Der koll. S wird hauptäschlich durch die Einw. von SO_2 auf die sulfid. Verunreinigungen des Kalkschlammes gebildet, geringere Mengen stammen aus dem Röstofen oder entstehen durch Zers. im Kocher.

Neben den S-Verlusten verursacht das $CaSO_4$ Verkrustungen in den Laugenumwälzleitungen, bes. hinter dem Dampfeintritt. Es treten an dieser Stelle Überhitzungen auf, die die Abscheidung des $CaSO_4$ begünstigen. Wurde der Dampf vom Boden her direkt in den Kocher eingeleitet, traten in den Leitungen der Laugenumwälzung keine Verkrustungen mehr auf. Die Umstellung von $Ca(HSO_3)_2$ auf $NaHSO_3$ verringerte die Sulfatbldg. bis zu 68%. Durch den Zusatz von Na-Hexametaphosphat zur Kochung kann das $CaSO_4$ teilweise (komplex) in Lsg. gehalten werden. Eine Erhöhung des freien SO_2-Geh. der Kochsäure von 5 auf 8% (durch Einleiten von fl. SO_2) wirkt in der gleichen Richtung. Jedoch konnte durch die beiden letztgenannten Maßnahmen die Bldg. von Sulfat nicht unter Kontrolle gebracht werden. (Tappi **36.** Nr. **4.** 151. 1953; referiert nach: Papier **7.** L 101. 5/11. 1953.) P. ECKERT. 7962

Hans Sadler, Fritz Bellak und **Herbert Röder,** *Vergleichende Heizwertuntersuchungen von Sulfit- und Sulfatablaugen.* Es wurden in Autoklavenverss. die Ablaugen beim Sulfit -u. Sulfataufschluß von Fichtenholz jeweils quantitativ vom Zellstoff abgetrennt u. eingedickt u. es wurde von ihnen der Heizwert ermittelt. Sulfitablaugen enthalten mehr anorgan. Substanzen als Sulfatablaugen, ihr Heizwert ist bis zu 30% geringer als jener von Sulfatablaugen. Die Trockensubstanz der Ablaugenmenge jedoch ist bei stark herabgekochten Sulfatstoffen höher als bei Sulfitstoffen, da bei ihnen noch organ. Substanz in Lsg. gegangen ist. Es wird der Zusammenhang von Heizwert, Aschen- u. Wassergeh. der Ablauge gebracht. (Papier **7.** 416—24. 5/11. 1953. Wien, TH, Inst. für organ. chem. Technol., Abt. für Cellulosechemie u. Papierfabrikation.) P. ECKERT. 7962

Fred W. Boughton und **K. J. Mackenzie,** *Verwendung von Aluminiumchlorid bei mit Melamin behandelten Papieren.* Die Naßfestigkeit von mit Melamin–CH_2O-Harzen (**I**) imprägnierten Papieren läßt sich durch Ausfällen des **I** mit $AlCl_3 \cdot 6\,H_2O$ (**II**) statt Al-Sulfat weiter steigern oder die gleiche Wrkg. mit geringerem Zusatz **I** erreichen, wodurch die höheren Kosten des **II** mehr als ausgeglichen werden. (Wld. Paper Trade Rev. **140.** Nr. 24. 1813—24. 10/12. 1953. Rochester, N. Y., Eastman Kodak Co.) H. BECKER. 7978

J. J. Perot, *Die Verwendung von Asphaltemulsionen bei der Herstellung von Isolierpappenprodukten.* Es werden Herst. u. die Eigg. von mit Asphaltemulsionen allein u. zusammen mit Wachsemulsionen u. Harzleimen imprägnierten Pappen beschrieben. (Paper Mill News **76.** Nr. 49. 90—92. 5/12. 1953. Whippany N. J., Flintkote Co., Res. Labor.) H. BECKER. 7982

Robert D. Caine, *Wachspapiere.* Beschreibung der Herst. u. Verwendung von verschied. Arten Wachspapier sowie der dazu benutzten Wachse u. Paraffine. (Paper Trade J. **137.** Nr. 20. 197—200. 13/11. 1953. Kalamazoo, Mich., Vegetable Parchment Co.) H. BECKER. 7986

R. Tuinzing, *Viscoseschwämme.* An Hand der Patentliteratur (55 Zitate) wird die Technologie der Viscoseschwämme besprochen. (Chem. pharmac. Techniek **9.** 97—99. 1/12. 1953.) FREYTAG. 8000

N. Nordqvist, *Einige Gesichtspunkte für die mikroskopische Holzschliffbestimmung in Zeitungsdruckpapier und dergleichen.* An Stelle der von OSKARSSON empfohlenen mkr. Bestimmungsmeth. durch Auszählen der angefärbten Sulfitzellstoff (**I**)- bzw. Schliff (**II**)-Fasern nach TAPPI 401 m-42 u. Umrechnung mittels Gewichtsfaktor empfiehlt Vf. die mit BACKMAN (Suomen Paperi- ja Puutavaralehti [Finn. Paper Timber J.] **1934.** 302) beschriebene Meth. der Faserdichtenmessung. Hierbei werden die gefärbten **I**- bzw. **II**-Fasern der Länge nach addiert u. an Hand des Fasergewichtes von ca. 0,163 mg/m Länge wird daraus der %-Geh. an **I** u. **II** berechnet. — 3 Mikrophotos. (Svensk Papperstidn. **56.** 225—28. 31/3. 1953. Skönsmon, Svenka Cellulosa AB, Forskningslabor.) BORCHERS. 8004

Friedrich Strache, *Ein Verfahren zur quantitativen Bestimmung von fluorhaltigen Schutzmitteln im Holz.* Ein Bohrkern von ca. 5 mm Durchmesser oder eine sonstige Holzprobe im Gewicht von ca. 0,1 g wird oxydativ durch Na_2O_2 mit Äthylenglykolzündung aufgeschlossen u. der F-Geh. nach Dest. mit H_2SO_4 oder $HClO_4$ durch Titration mit Th-Nitrat bestimmt, wobei ein Zusatz von Methylenblau zum Alizarinindicator einen deutlichen Umschlagspunkt ergibt. Die genauesten Ergebnisse werden im Bereich von 1 mg F erhalten. Innerhalb eines Bereiches von 0,2—5 mg F erscheint die H_2SO_4 bei einem durchschnittlichen Fehler von $\pm 3\%$ zur Dest. ebenso geeignet wie die $HClO_4$. Die Best. geringer Mengen bis ca. 0,01 mg F gelingt nur mit $HClO_4$ mit einem durchschnittlichen Fehler von $\pm 8\%$. — 23 Literaturzitate. (Holzforschung **7.** 111—16. 1953. Berlin-Dahlem, Materialprüfungsamt, Abt. Holzschutz.) P. ECKERT. 8004

Fritz Neumann, *Basentitration in Sulfitkochsäure und Sulfitablauge mit Komplexon.* Störung der Titration von Ca (+ Mg) in Sulfitkochsäure u. Sulfitablauge mit Komplexon u. Eriochromschwarz oder Mischindicator beruht auf Spuren von Schwermetallen, die sich aber mit etwas KCN unschädlich machen lassen. (Papier **7.** 425—26. 5/11. 1953. Mannheim-Waldhof, Zellstoffabrik Waldhof, Forschungslabor.) P. ECKERT. 8006

Giuseppe Garetto und **A. Casarico,** *Bestimmung der in den gemischten Celluloseestern gebundenen Säuren.* Die Meth. gründet sich auf die Best. der gebundenen Gesamtsäure u. des Gewichts der aus den Estern durch Verseifung regenerierten Cellulose. 2,5 ± 1 g gemischter Ester werden mit 100 cm^3 n/2 NaOH 48 Std. im verschlossenen Kolben gerührt, 55 cm^3 H_2SO_4 hinzugegeben u. 30—60 Min. gerührt, alsdann Titration mit n/2NaOH. — Gute Versuchsergebnisse. (Ann. Chimica **41.** 74—76. Jan. 1951. Pallanza, Soc. Rhodiaceta Italiana, Labor. ricerche.) E. FÖRSTER. 8008

R. Péteri, *Die Anwendung der p_H- und R_H-Messung in der Papierindustrie.* Ausführliche Übersicht. (Papeterie **74.** April. Suppl. Assoc. Techn. Ind. Papetière **6.** Bull. Nr. 1. 22—27. März 1952.) ROSSOW. 8010

Karl Hamann und **Jakob Willems,** Deutschland, *Bekämpfung der Zersetzung von morschem Laubbaumholz.* Das Holz wird mit einer wss. Lsg. eines Reduktionsmittels, z. B. Alkalisulfit, Alkalithiosulfat, CH_2O oder CH_2O-Sulfoxylat, der noch fungicide Stoffe, wie NaF, Na-Arseniat, $HgCl_2$, Dinitrophenolnatrium oder Pentachlorphenolnatrium zugesetzt sein können, behandelt. (**F. P. 1 017 989** vom 7/3. 1950, ausg. 24/12. 1952. D. Prior. 31/12. 1949.) WITTHOLZ. 7953

Ontario Paper Co. Ltd., übert. von: **Harry B. Marshall** und **Charles A. Sankey,** Township of Thorold, Ontario, Can., *Vanillin aus Sulfitablauge.* Sulfitablauge wird mit nicht weniger als 75 g NaOH pro Liter Ablauge versetzt u. die Mischung über 170°, aber unter 200°, erhitzt, zweckmäßig unter Druck, u. ein O_2-haltiges Gas in fein verteilter Form durch die M. gepumpt u. das unverbrauchte Gas abgezogen. Das Einleiten u. Abziehen des Gases erfolgt in dem Maße, daß der Partialdruck des O_2 in der Reaktionszone weniger als 20 lbs./sq.in. beträgt. Bei steigender Reaktionstemp. wird der Druck geringer, darf aber bei 175—200° 10 lbs/sq.in. nicht unterschreiten. Reaktionszeit 4 Stunden. (**Can. P. 482 191** vom 6/10. 1949, ausg. 1/4. 1952.) WITTHOLZ. 7967

Ernest Segessemann, Woodridge, N. J., und **Nicholas Molnar,** New York, N. Y., V. St. A., *Verbessern von Tallöl.* Verseiftes Tallöl wird mit NaOH oder KOH 4 Std. auf 230—300° erhitzt, mit Mineralsäure gespalten u. destilliert. Man erhält gesätt. Fettsäuren u. stabilisierte Harzsäuren. (**E. P. 695 702** vom 29/6. 1949, ausg. 29/8. 1953.) LÜTTGEN. 7967

Eastman Kodak Co., Rochester, N. Y., übert. von: **Lester W. A. Meyer** und **William M. Gearhart,** Kingsport, Tenn., V. St. A., *Celluloseacetatmassen.* Als Stabilisierungs- u. die Verbrennung nicht unterstützendes Mittel wird ein Gemisch von Trimonochloräthylphosphat u. Pb-Maleat verwendet (17—50:3). (**A. P. 2 618 568** vom 16/9. 1949, ausg. 18/11. 1952.) SALZMANN. 7971

Dow Chemical Co., übert. von: **Lloyd H. Silvernail,** Midland, Mich., V. St. A., *Plastische Masse,* bestehend aus einem wasserlösl. *Celluloseäther, Propylenglykol* u. *Glycerin* in veränderlichen Mengen (z. B. 52,5:35:12,5). Herst. von Verpackungsfolien, Kapseln u. Fäden. (**A. P. 2 602 755** vom 2/1. 1951, ausg. 8/7. 1952.) SALZMANN. 7971

American Cyanamid Co., New York, N. Y., V. St. A., *Herstellung von Celluloseerzeugnissen mit verbesserter Naßfestigkeit.* Die Behandlung einer wss. Suspension der Fasern mit einer koll. Lsg. von kation. Melaminaldehydharz, bes. Melaminformaldehydharz nach Oe. P. 167 122 erfolgt bei einem solchen Geh. an lösl. Sulfaten, daß die Sulfationenkonz. 40—150 Gewichtsteile per Million Gewichtsteile Suspensionswasser beträgt, bzw. auf diesen Geh. eingeregelt wird. Der Suspension wird eine Menge der koll. Lsg. von kation. Melaminharz zugesetzt, die 0,5—10% Harz, bezogen auf das Fasertrockengewicht, enthält. Die Behandlung erfolgt bei einer Stoffdichte von 0,1 bis ca. 10%. (**Oe. P. 176 113** vom 18/6. 1948, ausg. 25/9. 1953. **Zusatz zu Oe. P. 167 122; C. 1951. I. 1545.**) GLAFEY. 7979

General Aniline & Film Corp., New York, N. Y., übert. von: **Raymond L. Mayhew,** Phillipsburg, und **James M. Cross,** Belvidere, N. J., V. St. A., *Schaumbekämpfungsmittel für die Papiererzeugung.* Es besteht hauptsächlich aus gleichen Teilen eines Alkydharzes u. einer teilweise verseiften höheren Fettsäure, bes. Palmitin- oder Stearinsäure. Zweckmäßig wird eine Emulsion aus 25 (Teilen) Alkydharz, 40—50 W. u. einer zur Emulsionsbldg. genügenden Menge teilweise verseifter Fettsäure verwendet u. zwar so, daß auf 100 Zellstoff höchstens 0,1 Harz treffen. (**A. P. 2 645 617** vom 6/11. 1948, ausg. 14/7. 1953.) G. VOGEL. 7979

Badische Anilin- & Soda-Fabrik Akt.-Ges., Ludwigshafen/Rh. (Erfinder: **Friedrich Hölscher,** Otterstadt), *Herstellung von Bahnen und anderen Formkörpern aus Faserstoffen und plastischen Massen von Polymerisaten,* bei denen man wss. Dispersionen säureamidgruppenhaltiger Polymere verwendet. Man benutzt Dispersionen von Polymeren, die geringe Mengen von wasserlösl. polymeren Carbonsäureamiden enthalten, z. B. solche, die durch Verseifen von Mischpolymerisaten aus Acryl- oder Methacrylnitril u. anderen ungesätt. Verbb. mittels NH_3 erhalten werden. — Z. B. *imprägnierte Papiervliese.* (**D. B. P. 885 835** Kl. 81 vom 2/10. 1948, ausg. 10/11. 1953. **Zusatz zu D. B. P. 878 935; C. 1954. 1393.**) v. SCHILLER. 7987

Calgon, Inc., Pa., übert. von: **Ralph N. Thompson,** Mount Lebanon Township, Allegheny County, Pa., V. St. A., *Wasserfester Überzug auf Papier.* Es wird eine wss. schlammige M. aus ca. 100 (Teilen) Tonerde, 20 Stärke, 4 Harnstoff–CH_2O-Harz, 0,6 NH_4PO_3 (**I**) u. so viel W. verwendet, daß **I** ca. 0,05—0,5% des Schlammes beträgt. **I** bewirkt die Bldg. eines Mischpolymerisates aus dem Harz u. der Stärke u. hat vor anderen Phosphaten den Vorteil, daß es die Viscosität des Schlammes nicht wesentlich erhöht. (**A. P. 2 652 374** vom 31/1. 1951, ausg. 15/9. 1953.) G. VOGEL. 7987

Boris Carnaut, Frankreich, *Benetzen von lithographischen Klischees.* Man verwendet als Netzmittel eine Fl., bestehend aus 80 cm^3 W., 10 cm^3 Glycerin u. 10 g Na_2SO_4. (**F. P. 1 020 124** vom 13/6. 1950, ausg. 2/2. 1953.) OPPERMANN. 7989

Imperial Chemical Industries Ltd., England (Erfinder: **Harry Crofts** und **Leslie Richard Rogers**), *Schnelltrocknende Druckfarben.* Sie bestehen aus einem ölmodifizierten Alkydharz (z. B. „Paralac 11"), einem Kondensationsprod. von Phenol–CH_2O-Harz u. einem mehrwertigen Alkohol (z. B. „Bedesol 68", „Albertol 111 L"), einem hochsd. organ. Lösungsm. u. wahlweise aus Pigmenten, anderen Harzen, Sikkativen oder anderen zur Herst. von Druckfarben gebräuchlichen Substanzen. — Eine solche Druckfarbe hat z. B. die Zus.: 24 (Teile) „Paralac 11", 6 „Bedesol 68", 1 Polythen („Winnothen 1—10"), 12 raffiniertes Leinöl, 23 aliphat. KW-stoffraktion (Kp. 260 bis 290°), 1 aromat. Petroleumdestillat (Kp. 270—290°), 24,5 Preußischblau, 4,9 Cu-Phthalocyanin u. 3,6 $Al(OH)_3$. Diese Druckfarbe trocknet in ca. 1 Minute. — Weitere 5 Beispiele. (**F. P. 1 031 046** vom 16/1. 1951, ausg. 18/6. 1953. E. Prior. 16/1. 1950.) OPPERMANN. 7989

A. B. I. (Azienda Brevetti Industriali), Italien, *Herstellung von Faserplatten, Pappen usw.* Man zerschneidet Äste, Blätter, Stengel, Fruchtkolben, Stämme von Palmen, z. B. Ölpalme, Cocosnußpalme, oder anderen Bäumen u./oder einjährigen Pflanzen in Stücke von höchstens 100 mm Länge u. zerfasert diese durch Quellen in W. bei höchstens 95° u. mechan. Bearbeitung. Die erhaltene M. preßt man z. B. zu Faserplatten. (**F. P. 1 025 041** vom 21/8. 1950, ausg. 9/4. 1953. It. Prior. 29/5. 1950.) OPPERMANN. 7993

XVIII b. Textilfasern.

J. H. Nill, *Metallisieren, ein Erhaltungsschutz.* Kurze Hinweise mit Diskussion über die Vorteile sowie die Kosten einer Metallisierung von Walzen, Maschinenteilen usw. als vorbeugender Schutz zur Erhöhung der Haltbarkeit des Maschinenparkes in den verschiedenartigen Textilfabriken. (Textile Bull. **79.** Nr. 11. 107—10. Nov. 1953. Metallizing Engineering Co., Inc.) H. G. FRÖHLICH. 8024

A. Pradon, *Die synthetischen Harze in der Textilveredlung.* Übersicht über Verwendung von Vinylharzen u. *Lyofix CH* (Appreturbad). (Textielwezen **9.** Nr. 12. 33—38. Dez. 1953. St. Fons, S. A. Ciba.) WESLY. 8032

Bernhard Hahn, *Deckenausrüstungen.* In einer gedrängten Abhandlung bespricht Vf. ausführlich das Problem der Deckenausrüstungen. In diesem Zusammenhang werden einfache, naturfarbige Decken, bessere, stückfarbige Decken sowie hochwertige wollfarbige Decken behandelt. (Textil-Praxis **8.** 985—86. Nov. 1953.) H. G. FRÖHLICH. 8032

H. Baier, *Fortschritte auf dem Bleichereigebiet unter besonderer Berücksichtigung der Chloritbleiche.* Die Chloritbleiche in ihrer Anwendung auf Reyon, Zellwolle, Leinen, Bastfasern u. Baumwolle wird besprochen. Vgll. der Chloritbleiche, der Chloritbrüh- u. der Bouchchlorverff. miteinander hinsichtlich Bleicheffekt u. Faserschonung (DP. u. Festigkeitsmessungen) zeigen die Überlegenheit der Chloritbleiche. Ferner werden die hypochloritaktivierte Chloritbleiche u. die Kontinue-Peroxydbleiche diskutiert. (Textil-Prax. **8.** 1070—77. Dez. 1953.) A. v. KÖNIG. 8032

Kurt Quehl, *Eine neuzeitliche, waschechte Einbadappretur. Unbrennbar. Wasserdicht. Verderbsicher. Testverfahren.* Die bisher üblichen Verff., um Stoffe unbrennbar bzw. wasserdicht bzw. -abstoßend zu machen, werden besprochen. (Textielwezen **9.** Nr. 9. 97—99. Sept. 1953.) WESLY. 8036

A. Sippel, *Die Bedeutung des Polymerisationsgrades bei Textilfasern.* Vf. beschäftigt sich mit der Frage inwieweit es möglich ist auf Grund des Polymerisationsgrades Aussagen über die technolog. Eigg. von Textilfasern, bes. über die Reißfestigkeit zu machen. Er gelangt zu dem Ergebnis, daß nur unter ganz bestimmten Bedingungen aus der Höhe des Polymerisationsgrades gewisse Schlüsse auf textilmechan. Eigg. zulässig sind. (Reyon, Zellwolle andere Chemiefasern **31.** 628—29. Nov. 1953.) P. ECKERT. 8040

Otto De Riz, *Beziehung zwischen Glanz, Weißgehalt und Oberflächenbeschaffenheit von Textilien.* Der Zusammenhang zwischen Glanzwert u. Weißgeh. an Faserstoffen einerseits sowie Glanzwert u. Oberflächenbeschaffenheit textiler Flächengebilde andererseits wird experimentell nachgewiesen u. auch nach seiner Größenordnung ziffernmäßig erfaßt. (Faserforsch. u. Textiltechn. **4.** 472—76. Nov. 1953. Schwarza, Inst. für Technol. der Chemiefasern.) P. ECKERT. 8040

A. Sippel, *Die Einflüsse von elektrostatischer (witterungsbedingter) Aufladung auf Fertigung und Verarbeitung von Textilfasern.* Die elektrostat. Aufladung der Fasern hängt ab von ihrem Wasseraufnahmevermögen u. der relativen Feuchtigkeit der Luft. Der Ladungssinn wird im wesentlichen durch den chem. Grundstoff der Fasern bestimmt. Makromoll. mit durchlaufender C-Kette, z. B. Polyvinylfasern, besitzen große Neigung, Elektronen aufzunehmen. Cellulosefasern haben geringere bis mittlere Aufladungsneigung. Sie neigen dazu, Elektronen abzugeben, doch schwankt auch häufig der Ladungssinn. Fasern mit 1—2 C=O-Gruppen im Grundmol. in der Kette (Eiweiß-, Polyamid- u. Polyesterfasern) haben eine große Neigung zur Abgabe von Elektronen, also zur positiven Aufladung. Diese Reihenfolge der elektr. Aufladung ist gleich der der Lichtbeständigkeit der Fasern. Ein lockerer Zusammenhang zwischen der Anzahl der Fehler bei der Verarbeitung der Fasern u. dem Ionengeh. der Luft in konditionierten Räumen wurde beobachtet. Bei hohem Ionengeh. der Luft sind die Fehlerzahlen gering. Angenommen wird, daß das Wetter den Ionengeh. der Luft auch in konditionierten Räumen beeinflußt. (Textil-Prax. **8.** 1030—33. Dez. 1953.) A. v. KÖNIG. 8040

W. A. Bell, *Das Festhalten organischer Flüssigkeiten durch Jute.* Die Inklusion organ. Fll. kann analyt. Unterss. an Fasern wie Jute empfindlich stören. *Tossa*-Rohjute (**I**) wurde mit verschied. Lösungsmitteln (PAe., Methanol, CS_2, CCl_4, Aceton, A., Toluol, Bzl., Dichloräthan, Trichloräthylen, Chl., Ae.) soxhletiert, an der Luft u. hierauf bei 110° bis 48 Std. getrocknet u. der Gewichtsverlust als scheinbarer Feuchtigkeitsgeh. ausgedrückt. Die Differenz dieser Werte u. der Daten an nicht extrahierten **I**-Proben ist ein Maß für die Menge inkludierter Lösungsmittel. PAe. (40 bis 60°) wird am wenigsten festgehalten u. ist daher zur Extraktion von Ölen vor der Feuchtebest. am besten geeignet. Die Theorien von STAUDINGER über die Inklusion von Lösungsmitteln (Einschließen der Moll., wenn die Feuchtigkeit aus bestimmten Voll. herausdiffundiert) werden bestätigt. Bei lufttrockener Rohbaumwolle wurden bei analogen Verss. mit denselben Lösungsmitteln nur geringe Inklusionswerte (maximal 0,2%) nach 48 std. Trocknung bei 110° erhalten. (J. Textile Inst., Trans. **43.** T 595—97. Dez. 1952. Dundee, Kingsway West, Brit. Jute Trade Res. Assoc.) ZAHN. 8052

L. R. G. Treloar, *Die Absorption von Wasser durch Cellulose und ihre Abhängigkeit von der angelegten Zugspannung.* Analog der in einer vorangehenden Mitt. (C. **1953.** 3661) beschriebenen Unters. an Pferdehaaren wurde das Verh. von Cellulosefäden (Viscose) bei Dehnung u. variablem Feuchtigkeitsgeh. verfolgt, bes. um die Abhängigkeit des Wassergeh. der Cellulose im Gleichgewicht in Abhängigkeit von der Zugspannung zu prüfen. Sowohl an isotropen als auch orientierten Fäden konnte eine reversible Zunahme des Wassergeh. mit der Zugspannung beobachtet werden, wobei dieser Effekt in Richtung der von der thermodynam. Theorie des Vf. geforderten Änderung lag u. die richtige Größenordnung zeigte. Eine genaue quantitative Prüfung der Theorie ist wegen des unvollkommen elast. Verh. der Viscosefäden nicht möglich. Ferner werden Verss. über die Längenänderungen in Abhängigkeit von der relativen Feuchtigkeit sowie die Dampfdruckisothermen für isotrope u. orientierte Cellulose mitgeteilt. Dabei ergibt sich, daß die longitudinale Quellung für isotrope Viscosefasern aus dem Wassergeh. unter Benutzung der von HERMANS angegebenen Dichtewerte genau berechnet werden kann; diese Berechnung ergibt zugleich eine brauchbare Kontrolle für die Zahlenwerte von HERMANS. Schließlich wird ein Wert für die Wasserabsorption durch isotrope Cellulose in Berührung mit fl. W. (zum Unterschied von Wasserdampf) abgeleitet. (Trans. Faraday Soc. **49.** 816—23. Juli 1953. London, Royal Inst.) HENTSCHEL. 8074

Alexander Gordijenko, *Fraktionierung der synthetischen Spinnstoffe.* Besprochen werden die verschied. Methoden der Fraktionierung. In diesem Zusammenhang wird auf die Perlonfraktionierung näher eingegangen u. ein tabellar. Überblick über die höchsten u. niedrigsten beobachteten Polymerisationsgrade der Fraktionen bei verschied. Fraktionierungsmethoden gegeben. Anschließend findet sich eine graph. Darst. der Fraktionierungsergebnisse. Weiter wird über Verss. hinsichtlich der Fraktionierung von Orlon u. Terylene berichtet. Abschließend äußert sich Vf. über Verss. zur weiteren Charakterisierung der Fraktionen. — 23 Schrifttumsnachweise. (Faserforsch. u. Textiltechn. **4.** 499—507. Dez. 1953. Teltow-Seehof, Dtsch. Akad. der Wiss., Inst. für Faserforsch.) P. ECKERT. 8080

Walter Wegener, *Spannung eines Perlongarnes in Abhängigkeit von Zeit und Dehnung.* Über die Versuchsergebnisse auf stat. Dauerstand nach dem Prinzip der konstanten Dehnung beanspruchter Chemiefasern (Viscosereyon, Kupferseide u. Acetat) wurde bereits berichtet. Im Anschluß hieran werden in der vorliegenden Arbeit gleichartige Unterss. an einem Perlongarn beschrieben. Ebenso wie in den früheren Abhandlungen konnte auch hier die Spannung p in Abhängigkeit von der Zeit t durch Hyperbeln höheren Grades von der Form $p = C \cdot (t + a)^{-n}$ angenähert ausgedrückt werden. Hierin bedeuten p u. t Veränderliche, C, a u. n für ein u. dieselbe Dehnung u. bei gleichen Versuchsbedingungen für jedes Material charakterist. konstante Größen. Ein Vgl. der hier erzielten Versuchsergebnisse an dem Perlongarn mit den bereits veröffentlichten der Viscosereyon-, Kupferseide- u. Acetatgarne bestätigt die bekannte Tatsache, daß Perlon bzgl. seiner elast. Eigg. die anderen Chemiefasern bei weitem übertrifft. (Reyon, Zellwolle andere Chemiefasern **31.** 625—28. Nov. 1953.) P. ECKERT. 8080

—, *Dynel, eine synthetische Faser.* Übersicht über Herst., Eigg. u. Verwendung. Textielwezen **9.** Nr. 12. 40. Dez. 1953.) WESLY. 8080

Tosio Abe, *Borosilicatgläser.* Vf. untersucht eine Anzahl anomaler Eigg. von Borosilicatgläsern (**I**). Glasfäden aus **I** bestimmter Zus. von 0,5 mm Durchmesser zeigen unter gleichmäßiger Belastung ein Absinken der Viscosität mit der Zeit, das bei Fäden aus Gläsern anderer Zus. nicht zu beobachten ist. Ein Diagramm der Zuss. stellt diese Abhängigkeit dar. Ähnliche Anomalien zeigen sich bei Berücksichtigung der voraufgegangenen Wärmebehandlung des Glases (Erhitzung der Versuchsfäden auf Tempp. von 100° bis zur Deformationstemp.). Da Vf. auf Grund dieser Verss. die Änderung des Ausdehnungskoeff. auf die verschied. Zus. zurückführt, berichtet er weiter über Verss. mit **I** verschied. Zusammensetzung. Er nimmt an, daß die Konst. aus einem BO_4-Tetraeder, umgeben von 4 BO_3-Dreiecken, besteht. Er gibt dafür die Erklärung, daß BO_4-Tetraeder nicht aneinander grenzen können, u. daß jedes BO_3-Dreieck an nicht mehr als ein BO_4-Tetraeder gebunden sein kann infolge der Eig. des Kations, das die negative Elektronenladung der BO_4-Tetraeder neutralisiert u. diese daran hindert, sich einander zu nähern. (J. Amer. ceram. Soc. **35.** 284—99. 1/11. 1952. Kavasaki-shi, Japan, Tokyo Shibaura Elektric Comp., Res. Labor.) KÜHNERT. 8082

F. Dillmann, *Über die richtige Wahl der Beleuchtungsart bei der Mikroskopie im durchfallenden Licht.* Prakt. Hinweise unter Anführung von Abbildungen u. Mikroaufnahmen von Fasern. (Reyon, Zellwolle andere Chemiefasern **31.** 678—82. Dez. 1953.) P. ECKERT. 8096

Hanna Klenk, *Die Unterscheidungsmerkmale der gebräuchlichsten Bastfasern bei der mikroskopischen Untersuchung.* An Hand von 23 Mikrophotos beschreibt Vf. morpholog. interessante Daten u. Merkmale von Flachs, Hanf, Jute, Ramie, Sisal, Manilahanf, Cocosfasern sowie einiger seltener Bastfasern, die gleichzeitig zur mkr. Unterscheidung verwendet werden können. (Textil-Prax. **8.** 927—31. Nov. 1953.) H. G. FRÖHLICH. 8096

W. Meskat und **O. Rosenberg,** *Dynamische Prüfung von Textilfasern, -fäden und Monofilen.* (Vgl. C. **1954.** 1627.) Es wurde die Abhängigkeit der dynam. Größen von der Wechsellast u. vom Titer untersucht u. mehrere WÖHLER-Kurven wurden aufgenommen. Ferner wurden Unterss. über die Abhängigkeit der dynam. Größen von der Vorspannlast u. von der Vordehnung angestellt. In weiterem Verfolg der Ausführungen berichten Vff. über die große Zahl der Einflußfaktoren auf die Abhängigkeit der dynam. Größen von der period. Dehnung (Amplitude). Anschließend werden noch Verss. erörtert, die sich mit der Abhängigkeit der dynam. Größen von der Temp.

u. der Feuchtigkeit beschäftigen. Zum Abschluß werden dynam. Vergleichunterss. an vollsynthet. Borsten verschied. Provenienz gebracht. — 18 Kurven u. Abbildungen, 25 Schrifttumsnachweise. (Reyon, Zellwolle andere Chemiefasern **31**. 617—25. Nov. 1953. Dormagen, Farbenfabriken Bayer, Physikal. Labor.) P. ECKERT. 8096

American Cyanamid Co., New York, N. Y., übert. von: **Mario Scalera**, Somerville, und **Dale R. Eberhart**, Bound Brook, N. J., V. St. A., *Sulfonierte 3.7-Diaminodibenzothiophensulfone* der allg. Formel **I** (R u. R′ = Alkyl, Aryl, X_1, X_2, X_3, X_4, X_5, X_6 = H, Alkyl, Alkoxy, Halogen, Sulfonsäure u. wenigstens R oder R′ = SO_3H, wenn eines der X keine Sulfonsäure ist) erhält man durch Acylierung einer 3.7-Diaminodibenzothiophensulfonsulfonsäure in bekannter Weise oder man acyliert 3.7-Diaminodibenzothiophensulfon u. sulfoniert anschließend. — 3.7-Diaminodibenzothiophen-5.5′-dioxyd-2.8-di-Na-sulfonat wird mit p-Anisoylchlorid in Ggw. von Pyridin bei 150—160° bzw. mit p-Toluylchlorid, o-Äthoxybenzoylchlorid, 2.4-Dimethoxy- oder Diäthoxybenzoylchlorid, o-Phenylbenzoylchlorid, o-Carbomethoxybenzoylchlorid, Phenoxyacetylchlorid, p-Cyanbenzoylchlorid, Crotonylchlorid, p-Phenylsulfonylbenzoylchlorid, p-Methylsulfonylbenzoylchlorid, Thiophen-2-carbonsäurechlorid, 2-Naphthoylchlorid, Cinnamoylchlorid, Phthalsäureanhydrid acyliert. — 3.7-Diaminodibenzothiophen-5.5′-dioxyd mit p-Anisoylchlorid oder Phenylisocyanat (u. anschließende Sulfonierung mit $ClSO_3H$). — 3.3′-Dichlorbenzidinsulfat + 35% ig. Oleum + Dichlordiaminodibenzothiophendioxyd + Anisoylchlorid. — *Opt. Bleichmittel*. (Vgl. A. P. 2 573 652; C. **1953**. 2217.) (**A. PP. 2 563 493** vom 15/6. 1950 u. **2 563 795** vom 20/8. 1948, beide ausg. 7/8. 1951.) KRAUSS. 8027

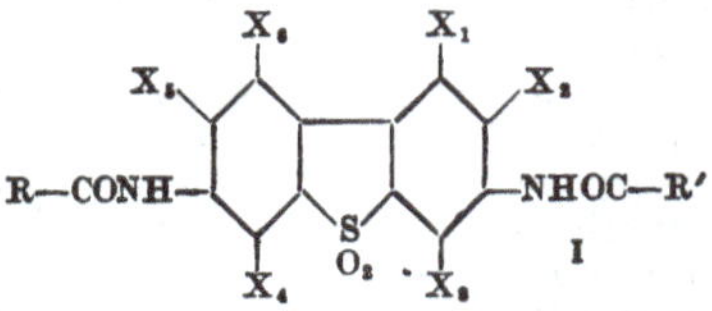
I

Farbenfabriken Bayer Akt.-Ges., Deutschland, *Verbesserung der Widerstandsfähigkeit von Textilien*. Zur Verhinderung eines vorzeitigen Verschleißens von häufig gewaschenen Textilien infolge Ca- u. Mg-Salzablagerungen behandelt man sie nach dem Waschen mit einem Bade, das ein weichmachendes Mittel oder ein Gemisch solcher Mittel enthält, z. B. Oleylsarcosid, Stearylbiguanidhydrochlorid, Polyglycerinfestsäureester, schwach sulfonierten Talg. (**F. P. 1030923** vom 12/1. 1951, ausg. 18/6. 1953. D. Priorr. 13/1. u. 17/1. 1950.) OPPERMANN. 8029

Ciba Akt.-Ges., Basel (Erfinder: **Charles Gränacher**, Riehen, und **Richard Sallmann**, Gelterkinden), Schweiz, *Amidartige Kondensationsverbindungen* erhält man aus N-Halogenmethylabkömmlingen von aliphat., mindestens 8 C-Atome enthaltenden Carbonsäureamiden oder Urethanen u. aromat. Verbb., die mindestens ein reaktionsfähiges, am aromat. Kern haftendes H-Atom enthalten. Wasserlöslichmachende Gruppen werden gegebenenfalls nach der Kondensation eingeführt oder sind schon in den Ausgangsmaterialien enthalten. — Es werden z. B. 49 (Teile) der Kondensationsverb. aus Stearinsäureamid (**I**) u. α.α′-Dichlordimethyläther (**II**) in 140 Raumteilen Eisessig zu einer Lsg. von 22 Phenol (**III**) in 200 Raumteilen Eisessig gegeben. Man läßt 16 Std. bei Raumtemp. stehen, erwärmt 2 Std. auf 50—60°, dampft den Eisessig im Vakuum ab u. wäscht den Rückstand mit Wasser. Die äther. Lsg. des Rückstandes wird getrocknet u. der Ae. verdampft. — Ähnliche Kondensationsprodd. wurden erhalten aus: N-Chlormethyl-N-methylstearinsäureamid u. **III**; **I**, **II** u. Resorcin; **I**, **II** u. Anisol; Amide hydrierter Tranfettsäuren, **II** u. Dimethylanilin; Octadecylurethan, **II** u. **III**. — *Textilhilfsmittel*, Netz-, Reinigungs- u. Schaummittel. (**D. B. P. 889 157** Kl. 12q vom 14/2. 1941, ausg. 7/9. 1953. Schwz. Priorr. 20/3. 1940 u. 31/1. 1941.) SIEVERS. 8029

E. I. du Pont de Nemours & Co., V. St. A. (Erfinder: **Edward Peter Czerwin** und **Lynden Daniel Martin**), *Herstellung von Appreturen*. Man dispergiert in W. lösl. Polyvinylalkohol u. H_3BO_3 in einer organ. Fl., in der beide Substanzen unlösl. sind, z. B. Aceton, u. versetzt die gebildete Dispersion mit Wasser. Das sich abscheidende Reaktionsprod. trocknet man bei niedriger Temperatur. Es enthält bis zu 40% H_3BO_3 u. gibt mit W. klare Lsgg., die als Appretur für Textilien verwendet werden. (**F. P. 1 023 530** vom 17/8. 1950, ausg. 19/3. 1953. A. Priorr. 14/10. u. 5/12. 1949.) OPPERMANN. 8033

Établissements Agache (Soc. An. de Perenchies), Frankreich, *Appretieren von Garnen und Geweben zur Erhöhung ihrer Widerstandsfähigkeit*. Man imprägniert sie mit einer metallorgan. Al-Verb., vorzugsweise Äthylaluminat, u. zers. dieses mit W. oder einem anderen geeigneten Reagens. (**F. P. 1 032 842** vom 19/2. 1951, ausg. 6/7. 1953.) OPPERMANN. 8033

Hans G. Figdor, Philadelphia, Pa., V. St. A., *Wasserabweisende Ausrüstung von Geweben.* Der Ansatz enthält 10—30 (%) Wachs, 0,8—7,5 Aminseife einer gesätt. Fettsäure mit mindestens 12 C-Atomen, 8—30 der wss. Lsg. eines Metallsalzes einer organ. Säure, 0,25—3 anion. Netzmittel u. Ergänzung zu 100 Wasser. — 20 (Teile) Paraffinwachs (F. 52—55°), 3 Stearinsäure u. 1,5 Triäthanolamin werden in 55 W. emulgiert u. mit einer (24%ig.) Al-Acetat-Lsg. vermischt. Zu 100 erhaltene Paste setzt man 1 Monolaurinsäureester eines Polyäthylenglykols (Mol.-Gew. 600), wodurch die Paste dünnflüssig u. lagerfähig wird. — Dem Prod. können weitere Zusätze, wie ein emulgiertes Styrol-Butadien-Mischpolymerisat, zugemischt werden. (**A. P. 2 635 055** vom 8/7. 1948, ausg. 14/4. 1953.) MÖLLERING. 8037

Thür. Kunstfaserwerk „Wilhelm Pieck" Schwarza VEB (Erfinder: **Paul Kümmel,** Rudolstadt/Thür.), *Verbesserung der Eigenschaften von Textilien* auf Basis Cellulose oder linearer Hochpolymerer. Man quillt oder löst die Gebilde aus diesen Stoffen oberflächlich stark an, verdrängt die Quell- oder Lösungsmittel durch nichtquellende, aber mit ihnen mischbare Stoffe u. entfernt letztere schließlich. Die Quell- u. Lösungsmittel können noch film- oder fadenbildende Stoffe enthalten; die Behandlung kann vor oder nach dem Recken der Gebilde erfolgen. Man erhält matte bis rauhe, gut haftende Oberflächen. — Ein Kunstfädenstrang aus Polyhexamethylenadipamid (I) wird 1 Min. mit einer sd. Lsg. von 35 cm^3 HCO_2H, handelsübliche Konz. in 65 cm^3 W., behandelt, verstreckt u. in sd. W. eingetragen. — Ein Zellwollstrang wird durch eine heiße Lsg. von 3 g I in 80 g Glykolsäure u. 10 g W. geführt u. mit Methanoldampf unter Spannung nachbehandelt. (**D. P. [DDR] 1 944** Kl. 8k vom 7/3. 1942, ausg. 9/10. 1952 [Wirtschaftspatent].) PANKOW. 8039

E. I. du Pont de Nemours & Co., Wilmington, Del. (Erfinder: **Donald James Campbell** und **Francis Le Roy Fennel,** Niagara Falls, N. Y.), V. St. A., *Beuchen und Bleichen von Baumwolle.* Fortlaufende Textilbahnen werden mit einer ca. 1—6% NaOH u. gegebenenfalls eine Perverb. enthaltenden wss. Lsg. getränkt, mit Dampf rasch auf ca. 100° erhitzt u. dann bei ca. 50—94° ca. 1—2, bes. 1—1½ Std. gestapelt. — Vorrichtungen. (**D. B. P. 898 438** Kl. 8i vom 19/3. 1940, ausg. 30/11. 1953. A. Prior. 29/3. 1939.) OVERBECK. 8045

Erik Birger Eriksson, Norrköping, Schweden, *Mottenfeste Wolle* erhält man dadurch, daß das Gut erst mit einer wss. Alkalilsg. entsäuert u. neutralisiert, dann mit W. gewaschen u. mit einer Si-F-Verb., bes. mit einer wss. 3%ig. Ammonium-Silicium-Fluorid-Lsg., behandelt wird. Nach 4maliger Wäsche ist der Fe-Geh. von 0,45 auf 0,22% im Gut zurückgegangen. Die Behandlung kann mit der Färbung zusammen erfolgen. Durch Nachseifen wird das Fluor besser fixiert. (**D. B. P. 896 937** Kl. 8k vom 30/8. 1951, ausg. 16/11. 1953. Schwed. Priorr. 1/9. 1950 u. 15/5. 1951.) MÖLLERING. 8061

Zschimmer & Schwarz vorm. Chemnitz, Brilon (Erfinder: **Richard Huttenlocher,** Braubach/Rh., und **Walter Brennecke,** Wuppertal), *Künstliche Gebilde aus Viscose.* Man verarbeitet eine Viscose, die Salze synthet. Sulfinsäuren, bes. solche hergestellt nach D. R. P. 764 807, C. **1952.** 7599, z. B. Mineralölsulfinat, enthält. (**D. B. P. 898 656** Kl. 29b vom 15/5. 1943, ausg. 3/12. 1953.) SALZMANN. 8075

Phrix-Werke Akt.-Ges., Hamburg (Erfinder: **Herbert Bader,** Hirschberg, und **Josef König,** Krefeld), *Fäden, Fasern, Filme und dergleichen aus Viscose* mit verringerter Quellbarkeit in W. sowie verminderter Alkalilöslichkeit erhält man aus Viscose, die CH_2O-Reaktionsprodd. enthält, die CH_2O nicht zurückbilden, sondern erst beim Verspinnen wieder abspalten; in Betracht kommen Acetale u. Verbb. von Aldehyden mit Bisulfit, Hydrazin, Semicarbazid, Hydrosulfit („Rongalit") u. Sulfit. (**D. B. P. 898 655** Kl. 29b vom 1/7. 1941, ausg. 3/12. 1953.) SALZMANN. 8075

Zschimmer & Schwarz vorm. Chemnitz, Brilon (Erfinder: **Maximilian Hussong,** Oberlahnstein/Rh.), *Verbesserung der Verspinnbarkeit von Fasern aus regenerierter Cellulose* durch Behandlung mit wss. Lsgg. hochmol. kationakt. Verbb., die hochmol. gesätt., ungesätt. oder chlorierte KW-stoffe in emulgierter Form enthalten, z. B. Mineralöle, Paraffine, Chlorparaffine, höhermol. Alkylhalogenide (Cetylchlorid) oder Olefine. (**D. B. P. 900 127** Kl. 29b vom 20/2. 1942, ausg. 21/12. 1953.) SALZMANN. 8075

Bozel Maletra (Soc. Industrielle de Produits Chimiques), Soc. An., Frankreich (Erfinder: **Lehman** und **Lintner**), *Herstellung von knitterfesten Textilien.* Man imprägniert Gewebe auf Cellulosebasis (z. B. Viscosecrêpe Georgette) oder aus Polypeptiden mit Polycarbonsäurepolyestern (I), z. B. Adipinsäureglycerinestern, oder einem Polyurethan (II) von niedrigem bis mittlerem Mol.-Gew. u. einer Verb., die fähig ist, zwischen den freien OH-Gruppen der Ester oder Urethane u. den akt. Gruppen (OH, NH) der Fasern Brücken zu bilden (z. B. CH_2O, Glyoxal, Verbb. mit mindestens zwei Methylolgruppen). Oder man imprägniert mit einem Reaktionsprod. von **I** oder **II** u. den brückenbildenden Verbb. (**III**) oder einem Gemisch von **I** bzw. **II** oder **III** u. dem Reaktionsprodukt. Dann erhitzt man die Gewebe auf 100—160°. (**F. P. 1 021 767** vom 11/7. 1950, ausg. 24/2. 1953.) Oppermann. 8075

Imperial Chemical Industries Ltd., London (Erfinder: **John Pringle Dickson**, Saltcoats, und **William Sever**, Troon), England, *Künstliche Fäden aus Erdnußglobulin.* Man verspinnt eine gereifte alkal. Erdnußglobulinlsg., die aus einem bei p_H 4,4—5,5 gefällten Globulin unter Verwendung von NaOH hergestellt worden ist, deren Konz. so hoch ist, daß die Lsg. unmittelbar nach dem Lösen einen p_H-Wert von mindestens 12,5 aufweist, eine wesentliche Verringerung der Viscosität beim Stehen der Lsg. jedoch nicht eintritt. — Beispiel: 2,5 (kg) Globulin (Feuchtigkeitsgeh. 5%) werden in 7,323 W. u. 2,55 1nNaOH gelöst u. in ein Bad, bestehend aus 15 (Teilen) Na_2SO_4, 84,5 W. u. 0,5 konz. H_2SO_4, gesponnen. (**D. B. P. 898 947** Kl. 29b vom 12/12. 1940, ausg. 7/12. 1953. E. Prior. 2/1. 1940.) Salzmann. 8079

Courtaulds Ltd. (Erfinder: **Clement Henry Bamford** und **William Edward Hanby**), London, England, *Fäden aus synthetischen Polypeptiden* (**I**). Eine Lsg. eines **I** in dem Gemisch eines 1-wertigen Phenols, z. B. Kresol, einer niedrigen aliphat. Carbonsäure (HCOOH) u. einer halogensubstituierten niedrigen aliphat. Säure, z. B. Di- oder Trichloressigsäure, sowie etwas W. wird trocken oder naß in ein Bad versponnen, das eine oder mehrere OH-Gruppen-haltige Verbb., vorzugsweise W., CH_3OH, A. oder deren Mischung, aufweist. (**D. B. P. 900 125** Kl. 29b vom 20/5. 1950, ausg. 21/12. 1953. E. Prior. 20/5. 1949.) Salzmann. 8081

Chavannes Synthetic Fibres, Inc., Del., übert. von: **Marc A. Chavannes**, New York, N. Y., und **John C. Elliott**, Madison, Wis., V. St. A., *Feine Fasern aus Polyvinylidenchlorid, Polyvinylchlorid, ihren Mischpolymerisaten oder Polyäthylen.* Eine orientierte Faser aus den Polymerisaten wird durch Erhitzen auf 150—245° während 0,5 bis 30 Sek. zum Schrumpfen gebracht, dann in der Wärme um das ½—1½fache gestreckt u. nochmals zwischen 38 u. 80° um das 10—15fache gedehnt, so daß die Längenzunahme in der Min. 0,915—7,62 m beträgt. Als Erhitzungsmedium dient Öl. — Zeichnung. (**A. P. 2 596 128** vom 17/10. 1949, ausg. 13/5. 1952.) Salzmann. 8081

Industrial Rayon Corp., Cleveland, O., V. St. A., *Fäden, Fasern und Folien.* Ein Mischpolymerisat aus 78—82 (%) Acrylnitril, 3—7 Polyvinylidenchlorid u. 15 Polyvinylchlorid wird in Nitromethan gelöst u. in Toluol, Bzl., Xylol oder aromat. Naphtha versponnen. (**Schwz. P. 291 210** vom 11/5. 1950, ausg. 1/9. 1953.) Salzmann. 8081

Imperial Chemical Industries Ltd., London, England, *Fäden und Filme aus Terephthalsäureestern* eines Glykols der Formel $HO(CH_2)_nOH$, worin n eine ganze Zahl von 1—10 bedeutet. Polyäthylenterephthalsäureester vom F. 240° werden im Schmelzfluß versponnen u. die Fäden bei über 60° gestreckt. Filme können auf geheizten Walzen (190°) sowohl in der Längs- wie in der Querrichtung gestreckt werden. (**Schwz. P. 291 206** vom 22/5. 1947, ausg. 1/9. 1953. E. Prior. 22/5. 1946.) Salzmann. 8081

James Hardie & Coy. Pty. Ltd., Sydney, New South Wales, Australien, *Herstellung von Glasfäden.* Man läßt das Glas im fl. Zustand als Säule nach oben steigen u. zieht aus dieser Säule am oberen Ende mit Hilfe eines starken Gebläses feine Fäden ab, die dann zum Erkalten u. Erstarren gebracht werden. (**Dän. P. 74 461** vom 16/2. 1949, ausg. 21/7. 1952. Aust. Prior. 20/2. 1948.) Jürgen Schmidt. 8083

Soc. An. des Manufactures des Glaces et Produits Chimiques de Saint-Gobain, Chauny & Cirey, Frankreich, *Thermische Vorbehandlung von Fasern, Fäden und Geweben aus Glas oder ähnlichen Stoffen.* Vor der chem. Behandlung zur Erhöhung der Geschmeidigkeit u. Anfärbbarkeit der Fasern usw. werden diese einer Wärmebehandlung unterworfen, indem man sie auf eine Temp. erhitzt, die oberhalb der Temp. liegt, bei der ein Nachlassen der Spannungen innerhalb der Fasern erfolgt. Nach der Erhitzung wird das Material durch Abschrecken plötzlich abgekühlt, z. B. mittels einer Fl. oder eines Gases. Bei Fasern, Fäden oder Geweben aus Glas z. B. erhitzt man 5—10 Min. auf 450—550° in einem Ofen u. kühlt einige cm hinter der Austrittsöffnung des Ofens unmittelbar ab. (**F. P. 1 035 402** vom 14/4. 1951, ausg. 24/8. 1953.) Heyne. 8083

XIX. Brennstoffe. Erdöl. Mineralöle.

Miloš Kůs, *Die Odorisierung des Gases.* Zweck der Odorisierung, Odorantien, Normen, Einrichtung, Erfahrungen u. Kontrolle, Odorisierung von Naturgas. — 7 Apparaturskizzen u. Tabellen. (Paliva **32.** 140—44. Juni 1952. Brünn [Brno] Energetický ústav.) Rotter. 8156

—, *Forschung in der Gasindustrie.* Ausführlicher Bericht mit Ergebnissen über Themen, die auf der engl. Gastagung behandelt wurden: restlose Vergasung engl. Kohlen in einer LURGI-Anlage unter Druck; Gasreinigung durch Kälte u. organ. Lösungsmittel zur Entfernung von CO_2, H_2S, Gumbildnern u. organ. S-Verbb.; physiko-chem. Vorgänge in feuerfesten Ofenbaustoffen; Wirbelschichtvergasung u. -hydrierung; Windwirkg. auf Gasbehälter; Gasverwendung. (Coke and Gas **16.** 11—18. Jan. 1954.) SCHUSTER. 8156

Wolfram Ohme, *Auswaschung und Gewinnung von Kohlenoxyd aus kohlenoxydhaltigen Gasen.* Planmäßige Verss. über das Absorptionsvermögen salzsaurer u. neutraler CuCl-Lsg. für CO ohne Druckanwendung ergaben 95% Auswaschung bei einem optimalen Mengenverhältnis Wasch-Fl. zu Gasdurchsatz von 20—25% u. 7 cm/sec optimaler Gasgeschwindigkeit. CO von 95% Reinheit ist durch entgegenströmenden Dampf bei 100° bis über 90% auszutreiben. Technische Anwendung erscheint möglich. (Gas- u. Wasserfach, Ausg. Gas. **94.** 645—47. 1/11. 1953. Dortmund, Hoesch Bergwerks A.G., Hauptlaboratorium.) F. HEINRICH. 8164

—, *Reinigung von Kohlenteer.* Zur Abscheidung fester Teilchen aus Koksofenteer wird in den Beckton Gaswerken ein Eisendrahtsiebfilter von RUSSELL benutzt, mit dem ca. 1% des Teers als Schlamm abgeschieden wurde. Der Schlamm bestand zu 20% aus den festen Verunreinigungen des Teers. Weitere Verss. sollen zur Verringerung des Wassergeh. führen, indem der gefilterte Teer zentrifugiert wird. Ein großer Teil des Teerwassers wird durch die festen, feinen Teilchen im Teer als Emulsion zurückgehalten, die sich sonst schwer zerstören läßt. (Coke and Gas **16.** 34. Jan. 1954.) F. SCHUSTER. 8176

A. Bylicki, *Steinkohlenteer als Ausgangsmaterial für basische organische Verbindungen.* Übersicht über die in den Destillationsprodd. der Steinkohle vorkommenden Basen (Anilin-, Pyrrol-, Pyridinhomologe), die Möglichkeiten ihrer Gewinnung aus Kokereigas, Ammoniakwasser u. Teer u. ihre Bedeutung für die chem. Industrie. (Przemysł chem. **9 (32).** 351—56. Juli 1953. Warszawa, Inst. Chem. ogóln.) R. K. MÜLLER. 8176

J. Werle, *Gewinnung von Pseudocumol aus Steinkohlenteer.* Aus Solventnaphtha wird die Fraktion Kp. 166—172° herausdestilliert. Bei Behandlung mit H_2SO_4 wird daraus nur Pseudocumol (**I**) sulfoniert. Das aus W. krist. Sulfo-**I** wird hydrolysiert u. das so erhaltene techn. **I**, mit oder ohne Zwischenschaltung einer weiteren Sulfonierungsstufe, durch Dest. gereinigt (Kp. 168,9°). Es wird gezeigt, daß die Ggw. von **I** schon im Absorptionsspektr. der Ausgangsfraktion zu erkennen ist. (Przemysł chem. **9 (32).** 347—50. Juli 1953. Warszawa, Inst. Chem. ogóln.) R. K. MÜLLER. 8176

W. Świętosławski, A. Bylicki und **D. Rostafińska,** *Chinolinbasen aus polnischem Steinkohlenteer.* Das untersuchte Waschöl (Fraktion Kp. 230—270° aus Steinkohlenteer) enthält 7,8% Chinolinbasen, u. zwar zu 60% Chinolin u. Isochinolin, daneben Methylderivv., in der Hauptsache 2- u. 8-Methylchinolin. (Przemysł chem. **9 (32).** 367. Juli 1953. Warszawa, Inst. Chem. ogóln., Zakł. fizykochem.) R. K. MÜLLER. 8176

Z. Lisicki, *Untersuchung von Carbolöl als polyazeotropes Gemisch.* Carbolöl (**I**) kann als natürliches polyazeotropes Gemisch aufgefaßt werden, das neben Phenol als Hauptbestandteil Naphthalin u. die homologen Reihen der Phenole, N-Basen u. Alkylbenzole enthält. In mehreren Siedekurven wird die Dest. des rohen **I**, des **I** aus einer kontinuierlich arbeitenden Destillationsanlage, des von Basen, von Säuren u. von beiden befreiten **I**, jeweils unter Angabe des Geh. an Naphthalin, sauren, bas. u. neutralen Bestandteilen erläutert. (Przemysł. chem. **9 (32).** 342—45. Juli 1953. Inst. Chem. ogóln.) R. K. MÜLLER. 8176

M. Louis, *Beitrag zur Untersuchung der Ölanzeichen.* Diskussion verschied. Nomenklatursysteme für in geolog. Formationen vorkommende organ. Substanzen u. Definition der heute gebräuchlichen Begriffe. Angaben über einfache Verff. zur Unterscheidung von Bitumen u. Pyrobitumen u. ihrer Untergruppen durch Behandeln mit Lösungsmitteln. Diskussion der Bedeutung der Ergebnisse solcher Analysen für die Erdölsuche. (Rev. Inst. franç. Pétrole Ann. Combustibles liquides **6.** 20—31. Jan. 1951.) SYDOW. 8188

Christoph Schmid, *Das Dampf-Flüssigkeits-Gleichgewicht und seine Anwendung in der Erdölpraxis.* Vf. bespricht zunächst ausführlich das Dampf-Flüssigkeits-Phasengleichgewicht in Abhängigkeit von Temp. u. Druck, berechnet dann mittels der Gleichgewichtsverhältnisse für die Einzelkomponenten die Differential- u. Gleichgewichts-(flash-)Verdampfungen sowohl für Zwei- als auch für Vielstoffgemische u. zeigt, daß es möglich ist, bei Druckverminderung durch Hintereinanderschaltung von Gleichgewichtsverdampfungen eine Differentialverdampfung zu erzielen. An dem Beispiel eines dreistufigen Gas/Öl-Separators wird die Entgasung eines eruptiv geförderten Öles veranschaulicht. (Erdöl u. Kohle **5**. 477—83. Aug. 1952. Hannover, Inst. f. Erdölforschung.) GEISELER. 8192

Fernando Affonso Baster Pilar, *Flüchtigkeit der Benzine. Sinn und Bedeutung der ASTM-Destillationskurven.* Überblick. (Bol. do INT **1**. Nr. 1. 28—32. Sept. 1950.) R. K. MÜLLER. 8200

D. Rostafińska, *Entaromatisierung von Benzin durch azeotrope Destillation mit Pyridinbasen.* Ausgehend von der Klassifikation der Azeotropen u. Zeotropen nach ŚWIĘTOSŁAWSKI werden die Möglichkeiten der Entaromatisierung von Benzinen mittels Pyridinbasen erörtert. Bei der Dest. einer Benzinfraktion Kp. 130—142° mit β-Picolin u. einer Fraktion Kp. 142—165° mit einem Gemisch von Picolinbasen bilden sich bin. azeotrope Gemische der Basen mit nichtaromat. KW-stoffen, während die aromat. KW-stoffe zurückbleiben. (Przemysł chem. **9** (**32**). 361—66. Juli 1953. Warszawa, Inst. Chem. ogóln. u. Univ.) R. K. MÜLLER. 8200

Max Pfender, *Ein einfaches Verfahren zur Prüfung von Schmiermitteln bei Grenzreibung.* Bei bildsamen Formgebungsverff. (Gleitung unter hoher Pressung u. geringer Gleitgeschwindigkeit) besteht ausgesprochene Grenzreibung. Zur Best. der Schmierstoffe für diese Art der Reibung wird ein auf dem normalen Stauchvers. zwischen zwei ebenen u. parallelen Preßflächen beruhendes Prüfverf. entwickelt, das auf der vom Schmierstoff abhängigen Beeinflussung der Breitung bzw. Höhenabnahme der Stauchprobe beruht. Versuchsergebnisse an Blei mit verschied. wss. Seifenlsg. u. einigen Ölen werden mitgeteilt, ebenso die Abhängigkeit der Reibzahlen von der Konz. der Seifenlösungen. Wenn in der Reibungsminderung das wesentliche Merkmal eines Schmierstoffes gesehen wird, so können die mit diesem Verf. erhaltenen Ergebnisse als hinreichend zur Charakterisierung der Schmierstoffe unter den genannten Bedingungen der Grenzreibung angesehen werden. (Erdöl u. Kohle **5**. 342—48. Juni 1952. Materialprüfungsamt Dahlem.) K. L. WOLF. 8220

Henri Guérin und **Lucien Hosti,** *Veränderlichkeit der Reaktionsfähigkeit von Koksen gegen CO_2 während des Verlaufs der Untersuchung.* Eine bestimmte Menge CO_2 wird während einer bestimmten Zeit durch ein mit dem zu untersuchenden, auf 1250° erhitzten u. vorentgasten Koks gefülltes Rohr geleitet, u. zwar in der Weise, daß das CO_2 aus einem unter einem bestimmten Druck stehenden Vorratsgefäß durch das evakuierte Reaktionsrohr in ein ebenfalls evakuiertes zweites Vorratsgefäß strömt. Die Reaktionsfähigkeit steigt anfangs an bis zu einer Gewichtsabnahme des Kokses von 5%, bleibt kurze Zeit konstant u. nimmt dann mit steigendem Koksverbrauch langsam ab. Jedoch ist der Kurvenverlauf bei einzelnen Koksen verschieden. Die Reaktionsfähigkeit gegen CO_2 kann zu einer Charakteristik von Koksen benutzt werden. (C. R. hebd. Séances Acad. Sci. **235**. 1400—02. 1/12. 1952.) PAETZOLD. 8246

B. Alpern, *Die petrographische Analyse von Kohlen und ihre Beziehung zur Verkokbarkeit.* Klassifikation u. Nomenklatur; Aufbereitung u. Analysenmethoden von Kohlen u. Koksen; petrograph. Zus. verschied. lothring. Kohlen u. Kokse. Eine gute Kokskohle enthält als Basis Vitrinit, als Flußmittel Exinit u. als Magerungsmittel Inertit. — Literaturzusammenstellung. (Rev. Ind. minérale **34**. 359—68. Mai 1953. Verneuil (Oise), Centre d'Études et Recherches des Charbonnages de France.) PAETZOLD. 8246

G. W. Cherry und **E. Haden,** *Bestimmung von Wasser im Teernebel im Gasauslaß bei Entteerern.* Die Bemerkung von REID (Chem. and Ind. **1952**. 857) zu der Arbeit der Vff. (C. **1953**. 5280), daß die Titration wegen Außerachtlassens überdestillierten W. falsch ist, wird zurückgewiesen. Die Titrationen werden wiederholt, bis kein W. mehr überdestilliert. Auch der Geh. des fließenden W. an $(NH_4)_2CO_3$ wird berücksichtigt. (Chem. and Ind. **1952**. 858. 30/8. Birmingham.) MIETHING. 8248

Eugéne Justin Drouilly, Frankreich, *Verbesserung der Ammoniakverbrennung im Motor.* Im Zylinder eines Verbrennungsmotors wird NH_3-Luftgemisch auf 500° erhitzt, wobei der NH_3 in N_2 u. H_2 zerfällt. Die Temp. wird erzeugt durch Vorwärmen des NH_3 oder der Luft oder des NH_3-Luftgemisches vor Eintritt in den Zylinder bzw. im Zylinder oder durch eine entsprechende Kompression. Der NH_3-Zerfall kann auch durch Zugabe eines der folgenden Kraftstoffe erleichtert werden: KW-stoffe, CO, Alkohole, Äther, Ketone, Leuchtgas, Hochofengas, Kokereigas, Armgas, Wassergas. (**F. P. 983 443** vom 23/8. 1943, ausg. 22/6. 1951.) OPPERMANN. 8129

Directie van de Staatsmijnen in Limburg, Heerlen, Holland, *Verbesserung der plastischen Eigenschaften von Kohle.* Man erhitzt die Kohle auf ca. 250°, aber immer unterhalb des Erweichungspunktes der Kohle, setzt dann 2—20 Gew.-%, vorzugsweise 3—8, einer H_2-abgebenden Substanz zu, deren Kp. 420° nicht übersteigt. Solche Stoffe sind z. B. hydroaromat. Verbb., wie 9.10-Dihydroanthracen oder Chrysen bzw. Hydrochrysen. Zur H_2-Übertragung können noch Katalysatoren, wie Se, zugefügt werden. Die so versetzte Kohle wird dann erhitzt, bis die gewünschte Verbesserung erreicht ist. Die so behandelte Kohle kann halb- oder vollverkokt werden, oder sie wird als Bindemittel bei der Herst. von Briketts benutzt. (**E. P. 693 787** vom 14/3. 1951, ausg. 8/7. 1953. Holl. Prior. 14/3. 1950.) W. HAUSWALD. 8135

Lurgi Gesellschaft für Wärmetechnik m. b. H., Frankfurt/M., *Veredelung von Steinkohlen,* die beim Erhitzen zum Blähen oder Treiben neigen. Die Kohle wird in einem ununterbrochenen Arbeitsgang zunächst im Gleichstrom mit heißen Feuergasen einer pneumat. Trocknung bzw. Mahltrocknung unterworfen, dann auf höhere Temp. erhitzt u. ständig aus dem Gasstrom abgeschieden. Hierauf wird die abgeschiedene Kohle mit Abgasen der Trocknung behandelt u. schließlich in der Wärme bei Drücken von 750 bis 1500 kg/cm² zu Briketts verpreßt, die höchstens einen Wassergeh. von 1—2% aufweisen. Die Briketts zeigen eine hohe Standfestigkeit bei der Verbrennung. (**D. B. P. 899 642** Kl. 10b vom 26/2. 1944, ausg. 14/12. 1953.) W. HAUSWALD. 8137

Antoine Vloebergs, Antwerpen, Belgien, *Brennstoffbriketts.* Zur Herst. derselben dient als Bindemittel ein harziges Destillat, wie es durch Dest. des bei der Dest. von Rohcelluloseablauge anfallenden Rückstandes gewonnen wird. Die mit diesem Bindemittel hergestellten Briketts besitzen eine sehr gute mechan. Festigkeit u. gute Feuer- u. Wasserbeständigkeit. (**E. P. 693 551** vom 15/1. 1948, ausg. 1/7. 1953. Belg. Prior. 17/12. 1947.) W. HAUSWALD. 8137

Egon Flöd und **Walter Gollmer,** Deutschland, *Brikettfabrikation.* Teer u. Pech werden, heiß mit feiner Kohle gemischt, geringe Mengen leicht sd. Stoffe zugesetzt u. mit Luft oder einem inerten Gas zu einer schaumigen Emulsion verarbeitet. (**F. P. 1 026 708** vom 30/10. 1950, ausg. 4/2. 1953. D. Prior. 7/2. 1950.) HOLM. 8137

Julius Pintsch K.-G., Berlin, *Schwelen von bituminösem Gut* mit vorangehender Trocknung des Gutes u. anschließender Wärmebehandlung der Schwelgase u. -dämpfe. Das Gut wird vor der Einführung in die eigentliche Schwelzone möglichst hoch vorgetrocknet u. vorgewärmt. Die aus der Schwelzone mit entsprechend hoher Temp. (ca. 400°) abgezogenen Gase u. Dämpfe führt man dem Wärmebehandlungsraum zu, der zusätzlich beheizt werden kann u. der einen großflächigen Katalysator, z. B. Eisenerze, bes. Minette, enthält. (**D. R. P. 752 405** Kl. 10a vom 7/11. 1940, ausg. 23/11. 1953.) W. HAUSWALD. 8141

Badische Anilin- & Soda-Fabrik Akt.-Ges., Ludwigshafen/Rh. (Erfinder: **Hans Bähr,** Herne-Sodingen), *Verfahren nach D.B.P. 867 088 zur Verarbeitung von Rückständen der Druckhydrierung von Kohlen, Teeren und Mineralölen oder von Druckextraktionsprodukten von Kohlen.* Die Rückstände der Druckhydrierung oder die Druckextrakte werden erst im Gemisch mit den festen kohlenstoffhaltigen, wie nicht oder schlecht backender Kohle oder Koks, oder festen anorgan. Stoffen, wie Kieselgur oder Erzklein, auf einen Erweichungspunkt zwischen 45 u. 150° gebracht. Das Gemisch wird dann, gegebenenfalls nach Herst. von Preßlingen, verschwelt, verkokt oder verfeuert. (**D. B. P. 902 488** Kl. 10a vom 29/2. 1942, ausg. 25/1. 1954. **Zusatz zu D. B. P. 867 088; C. 1953. 8259.**) W. HAUSWALD. 8143

Badische Anilin-& Soda-Fabrik Akt.-Ges., Ludwigshafen/Rh., *Stadtgas aus Methan und anderen gasförmigen Kohlenwasserstoffen.* Die Stoffe werden mit Wasserdampf gemischt über einem Katalysator mit 5—30% Ni durch Erhitzen in keram. weiten Retorten bei Drucken von 10—15 cm Wassersäule zersetzt. (**F. P. 1 030 319** vom 29/12. 1950, ausg. 11/3. 1953. D. Prior. 4/10. 1950.) HOLM. 8157

Joseph Thompson Brown, England, *Reinigung von Gasen.* Man wäscht das Gas zur Entfernung des H_2S mehrmals mit einer Suspension von Eisenhydroxyd oder Eisencarbonaten in einer wss. alkal. Lösung. — Vorrichtung. (**F. P. 1 028 029** vom 13/9. 1950, ausg. 19/5. 1953. E. Priorr. 13/9. 1949 u. 7/9. 1950.) OPPERMANN. 8173

Humphreys & Glasgow Ltd. und **W. C. Holmes & Co.,** übert. von: **Walter Frederick Thorne,** England, *Trockene Entschwefelung von Gasen.* Das Gas durchstreicht von unten ein Eisenoxydbett, in dem senkrechte Heiz- u. kühlbare Platten, Rohre, Fäden oder Ketten zwecks lokaler Widerstandsreibung aufgehängt sind. — Zeichnung. (**F. P. 1 027 364** vom 24/4. 1950, ausg. 18/2. 1953. E. Priorr. 25/4. 1949 u. 28/3. 1950.) HOLM. 8173

F. J. Collin Akt.-Ges., Deutschland, *Entfernung von NH_3 und H_2S aus kohlensäurehaltigen Gasen, insbesondere aus Gasen der Kohlendestillation.* Man wäscht das Gas mit frischem W. u./oder mit einem Kondensationsprod. des Gases. — Vorrichtung. (**F. P. 1 028 461** vom 27/11. 1950, ausg. 22/5. 1953.) OPPERMANN. 8173

Schistes, Carburants et Lubrifiants, Frankreich (Erfinder: **René Petit**), *Destillation von Ölschiefern,* dad. gek., daß der Schiefer mit Schieferöl (I) vermischt dest. wird, wobei

es möglich ist, je nach dem Siedebereich des I, die Bldg. von *Bzn.* oder *Schmieröl* oder von beiden zu begünstigen. (**F. P. 982 484** vom 30/6. 1943, ausg. 11/6. 1951.)
OPPERMANN. 8181

Standard Oil Co., Chicago, Ill., übert. von: **Vanderveer Voorbees,** Los Altos, Calif., V. St. A., *Erhöhung der Produktivität bei Öl- und Gasbohrungen.* Man pumpt in das Bohrloch unter einem hohen Druck von ca. 1000–15000 lbs./sq. in. einen Ölschlamm mit feinverteilten, wasserunlösl. u. wasserlösl. festen Stoffen, wie Salze (Na_2SO_4, $NaHCO_3$), mit einer Maschengröße von ca. 150–400 in einer Menge von 1–10 pds./gallon ein, so daß mindestens ein Teil der fl. Suspension in die Formationen der durch den hohen Druck der eingeführten fl. Suspension gebildeten Risse eintritt. Durch Inlösunggehen der lösl. festen Stoffe der Suspension innerhalb der Risse wird dann die Viscosität der Fl. verringert u. diese aus den Rissen entfernt, wodurch sich Kanäle von hoher Durchlässigkeit bilden, die von der Formation bis zum Bohrloch reichen u. somit die Produktion erhöhen. Das für die Schlammbldg. benötigte Öl soll eine Viscosität von nicht mehr als ca. 150 Centipoises besitzen. (**A. P. 2 645 291** vom 29/10. 1948, ausg. 14/7. 1953.) W. HAUSWALD. 8191

Badische Anilin- & Soda-Fabrik Akt.-Ges., Ludwigshafen/Rh. (Erfinder: **Hans Engel** und **Otto Göhre,** Heidelberg), *Entparaffinierung von Ölen* durch Verdünnen mit Lösungsmitteln oder Lösungsgemischen u. Abkühlen u. Nachbehandlung des abgetrennten Paraffingatsches mit anderen Lösungsmitteln, ohne ihn vom ersten Lösungsm. zu befreien (1. Stufe fl. Propan, 2. Stufe Halogen-KW-stoffe). (**D. B. P. 901 096** Kl. 23b vom 31/5. 1944, ausg. 7/1. 1954.) UNGER. 8195

Universal Oil Products Co., Des Plaines, Ill. (Erfinder: **Robert Pyzel,** New York, N. Y.), V. St. A., *Reinigung von niedrigsiedenden, olefinhaltigen Kohlenwasserstoffgemischen* durch Waschen mit W. (**I**) u. wss. Alkali (**II**) in mindestens 2 Arbeitsstufen. Aus dem Behandlungsgut werden die C_4- u. C_3-KW-stoffe durch Absorption in einem C_4H_{10}-freien KW-stoffdestillat gelöst, gegebenenfalls mit nichtstabilisiertem Bzn. vermischt, die sauren Verunreinigungen in einer 1. Stufe durch Waschen mit **II** u. die bas. Verunreinigungen in einer 2. Stufe durch Waschen mit **I** (gegebenenfalls angesäuert) aus der Öllsg. oder den daraus freigesetzten u. verflüssigten Olefin–KW-stoffen entfernt. — Zeichnung. (**D. B. P. 904 679** Kl. 23b vom 23/5. 1939, ausg. 22/2. 1954. A. Prior. 31/5. 1938.) UNGER. 8195

Pure Oil Co., Chicago, Ill., V. St. A., *Reinigung von Kohlenwasserstoffölen.* Die Entfernung der S-haltigen Verbb. (Mercaptane) erfolgt mit Alkalilauge, die in Ggw. von 0,01–2% einer Hartholzteerfraktion mit freien O_2-haltigen Gasen regeneriert wird. (**E. P. 687 841** vom 11/6. 1947, ausg. 25/2. 1953. A. Prior. 1/12. 1941.)
KRAUSS. 8195

Air Reduction Co., Inc., New York, N. Y., übert. von: **Charles O. Hoover,** Houston, Tex., V. St. A., *Neutralisation saurer Bestandteile im Erdöl* durch Verdampfen der säurehaltigen Erdöldestillate u. Behandeln der Dämpfe mit einer Alkaliseife einer organ. Säure. Nach Neutralisation der anorgan. sauren Bestandteile (HCl, H_2SO_4) werden die Dämpfe kondensiert. Man kann die Dämpfe mit einer Öllsg. der Alkaliseife in innige Berührung bringen. — Zeichnung. (**A. P. 2 658 027** vom 3/12. 1951, ausg. 3/11. 1953.)
UNGER. 8195

Standard Oil Development Co., V. St. A. (Erfinder: **Walter F. Rollman, William G. Reed jr.**), *Entschwefelung von Petroleumkoks.* Zur Herst. eines in der Metallurgie sowie als Elektrodenkoks verwendbaren Petroleumkokses erhitzt man diesen durch Verbrennen eines Gemisches von brennbarem Gas u. Luft auf eine Temp. von 1370 bis 1760° so lange, bis sein S-Geh. nur noch 1,5% beträgt. Man kann unter Anwendung obigen Verf. die Destillationsrückstände von Rohölen verkoken, wobei man neben Petroleumkoks Gase (Butan, Äthylen) u. Benzinfraktionen gewinnt. — 3 Beispiele. Vorrichtung. (**F. P. 1 025 078** vom 1/9. 1950, ausg. 10/4. 1953. A. Prior. 17/9. 1949.)
OPPERMANN. 8195

Standard Oil Development Co., übert. von: **Ralph Burgess Mason,** Baton Rouge, La., V. St. A., *Entschwefelung von schweren Erdölen* u. Rückständen durch Umwandlung in niedrigersiedende KW-stoffe mit einem größeren Anteil Gasöl u. einem geringeren Anteil Bzn., wobei gleichzeitig die Hauptmenge des S durch Behandlung mit H_2 in einer Hydrierzone in Ggw. eines Katalysators, bestehend aus einem BF_3-Additionsprod., entfernt wird, das die Formel BX_3Y hat, worin X ein Halogen u. Y O_2-haltiges Material (W., A., Ae.) bedeuten. Verhältnis von BX_3:Y wie 0,5:1 bis 2:1. Arbeitsbedingungen u. Durchsatz sollen eine wesentliche Spaltung der Prodd. vom Benzinsiedebereich vermeiden. p = 500–5000 lbs./sq.in. g., t = 300–900° F, 0,25–4 v/v/h.

Katalysator: $2BF_3 \cdot 1H_2O$. — Zeichnung. (**A. P. 2 657 175** vom 16/11. 1950, ausg. 27/10. 1953.) Unger. 8195

Petrocarbon Ltd., London, England, *Umwandlung von flüssigen Kohlenwasserstoffen in olefinische Gase und aromatische Kohlenwasserstoffe.* Vorwiegend nichtaromat. KW-stoffe mit Kp. 50—400° werden verdampft u. mit Wasserdampf oder einem anderen, unter den Reaktionsbedingungen oxydierendem Gas bei 600—850° u. 1—10 at mit einer Geschwindigkeit von 0,05—2 Liter fl. KW-stoffe je Reaktions-Vol. u. Std. in olefin. Gase u. Aromaten umgewandelt. Hierbei arbeitet man in einem Behälter, der im 1. Teil, der vorwiegend der Spaltung dient, mit feuerfesten Stoffen, bes. Hartporzellan, gefüllt ist, während in der 2. Stufe keine Füllstoffe angewendet werden. Die Oxydationsmittel, Wasserdampf oder CO_2 werden in Mengen von 0,1—2 Gew.-%, bezogen auf KW-stoffe, angewendet. — Zeichnung. (**N. P. 79 250** vom 12/7. 1950, ausg. 29/10. 1951. E. Prior. 26/7. 1949.) Jürgen Schmidt. 8197

Houdry Process Corp., Wilmington, Del., übert. von: **Reuben T. Savage,** Ridley Park, Pa., V. St. A., *Spalten, Reformieren, Dehydrieren schwerflüchtiger Kohlenwasserstoffgemische,* wie Destillationsrückstände, schwere Erdölfraktionen u. dgl., erfolgt, indem man die fl., vorgewärmten Ausgangsstoffe in einen ringförmig herabrieselnden dichten, freifallenden Katalysatorstrom versprüht. Die Wandstärke des Ringes ist derart bemessen, daß keine fl. Teilchen diesen durchdringen können. Der hofartige Katalysatorfluß ist im Reaktionsraum zentr. angeordnet u. wird an seiner äußeren Wandfläche von auf Reaktionstemp. erhitzten leichteren KW-stoffen umspült. Teilweise umgesetzte sowie unveränderte Ausgangsstoffe fallen mit dem Katalysator abwärts in ein Katalysatorbett, setzen sich weiter zu leichter sd. Stoffen um u. werden im unteren Teil des Bettes abgezogen. Der Katalysator gelangt nach Regenerierung wieder in den Kreislauf. — Zeichnungen. (**A. P. 2 548 912** vom 6/8. 1947, ausg. 17/4. 1951. **E. P. 658 283** vom 23/7. 1948, ausg. 3/10. 1951. A. Prior. 6/8. 1947.) G. König. 8197

M. W. Kellogg Co., Jersey City, N. J., übert. von: **Henry P. Wickham,** Glen Head' N. Y., und **Joseph W. Moorman,** Alpine, N. J., V. St. A., *Katalytische Umwandlung von hochsiedenden Kohlenwasserstoffen in niedrigsiedende.* Den Öldämpfen wird staubförmiger Katalysator vor dem Reaktionsgefäß zugesetzt. Aus dem unteren Teil des Reaktionsgefäßes wird kontinuierlich Katalysator abgezogen u. mittels Wasserdampf der Regenerationsvorr. zugeführt Von den aus dem oberen Teil des Reaktionsgefäßes austretenden Dämpfen mitgerissener Katalysator wird in Zyklonen abgeschieden u. zurückgeführt. (**A. P. 2 562 225** vom 31/7. 1941, ausg. 31/7. 1951.) v. Huhn. 8197

Badische Anilin- & Soda-Fabrik Akt.-Ges., Ludwigshafen/Rh. (Erfinder: **Fritz Stöwener** † und **Friedrich Becke,** Bad Dürkheim), *Spaltung von Kohlenwasserstoffölen oder Druckhydrierung von Kohlen, Teeren oder Mineralölen* mit akt. Kieselsäure (**I**) oder Silicaten (**II**) als Katalysatoren oder Trägern, die engporig sind u. bei denen das gesamte akt. Porenvol. mindestens zu 30% aus Poren unter 2 $\mu\mu$ besteht. Man verwendet dazu akt. **I** oder **II,** die nach dem Erhitzen auf 200—800° einen p_H von 2,5—5, zweckmäßig 3—4, haben, z. B. poröse M. aus Kieselsäure u. Tonerde (**III**) mit einem Geh. an III von 1—5%, vorzugsweise 2—4%. (**D. B. P. 904 678** Kl. 23b vom 25/1. 1939, ausg. 22/2. 1954. **Zusatz zu D. R. P. 764 247.**) Unger. 8197

Gustav Goll, Buenos Aires, *Spaltung von Mineralölen sowie deren Rückständen und Teeren* in fl. Phase unter Verwendung von Katalysatoren in Form von Stäben oder Röhrchen, welche durch elektr. Widerstandserhitzung auf die für den jeweils zu spaltenden Rohstoff geeignete Temp. erhitzt werden. Als Katalysatormaterial ist Kobalt genannt. (**Oe. P. 175 003** vom 20/8. 1946, ausg. 26/10. 1953.) M. F. Müller. 8197

N. V. de Bataafsche Petroleum Mij., Den Haag, Holland, *Katalytische Entschwefelung von Kohlenwasserstoffen.* Alkenhaltige KW-stoffe werden mit H_2 oder H_2-abgebenden Stoffen in Ggw. bestimmter Katalysatoren behandelt. Die Katalysatoren bestehen aus Al-Oxyd oder Bauxit als Trägern, die mit einem Oxyd oder Sulfid von Fe, Co oder Ni und einem Oxyd oder Sulfid von Cr, Mo oder W imprägniert sind. Das Atomverhältnis der Metalle der erstgenannten Gruppe zu denen der zweiten liegt zwischen 1:20 u. 18:20. Dem Katalysator wird außerdem eine geringe Menge eines Alkalisalzes zugesetzt, z. B. ein K-Salz. Das Verhältnis des K-Salzes zu den Metallen der 2. Gruppe liegt zwischen 0,5:20 u. 5:20. Der Katalysator wird in Ggw. von freiem O_2 zwischen 700 u. 800° calciniert. Die Wärmebehandlung des Katalysators kann 2—40 Std. dauern. (**E. P. 676 944** vom 26/2. 1951, ausg. 6/8. 1952. Holl. Prior. 27/2. 1950. **Zusatz zu E. P. 657 400; C. 1953. 5409.**) Unger. 8197

Gulf Research & Development Co., Pittsburgh, übert. von: **William A. Pardee,** Fox Chapel, Pa., V. St. A., *Reaktivierung eines Si—Al-Spaltkatalysators.* Dieser wird mit einem bei der Zers. Si abgebenden Stoff (Alkylsilicat, Silicon oder Alkalimetallsilicat) imprägniert. Die Zers. erfolgt durch Erhitzen oder Zusatz eines hydrolysierenden Mittels. (**A. P. 2 579 123** vom 22/9. 1948, ausg. 18/12. 1951.) v. HUHN. 8197

Badische Anilin- & Soda-Fabrik Akt.-Ges., Ludwigshafen/Rh., *Herstellung hochporöser Kieselsäure und Aluminiumoxyd oder Magnesiumoxyd oder beide enthaltender Massen.* Fein vermahlenes auf 10—50% Wassergeh. getrocknetes Kieselgel wird mit dem getrockneten u. gemahlenen Al- u./oder Mg-Hydroxyd, gegebenenfalls unter Zusatz von W., innig vermischt, ohne daß in Abänderung des Verf. der D. B. PP. 855 243 u. 874 763 C. **1954.** 1798 das Hydroxyd bzw. die Hydroxyde vorher einer Peptisation mit Säure unterworfen werden. Die in Kegel-, Würfelform oder dgl. erhaltenen Formlinge können bei höherer Temp. (450—500°) ohne Rißbldg. getrocknet werden, sind von hoher Festigkeit, hoher katalyt. Wirksamkeit u. dienen bes. als *Katalysatoren* zur *Spaltung von KW-stoffölen* in der Dampfphase. (**D. B. P. 884 494** Kl. 12g vom 17/10. 1943, ausg. 27/7. 1953. **Zusatz zu D. B. P. 855 243; C. 1953. 4424.**) MATTHAES. 8197

Gulf Research & Development Co., Pittsburgh, Pa., übert. von: **Benjamin R. Warren,** Chicago, Ill., und **William A. Pardee,** Pittsburgh, Pa., V. St. A., *Regenerierung von SiO_2–Al_2O_3-Katalysatoren,* z. B. für die Spaltung von KW-stoffen. Der zum größten Teil SiO_2 enthaltende verbrauchte Katalysator, der durch Kalzinierung eines SiO_2–Al_2O_3-Hydrogels erhalten wurde, wird, zweckmäßig nach Einw. eines Vakuums von ca. 8 mm Hg während 20 Min., mit einer 13% Borsäurelsg. ca. 10 Min. behandelt, so: daß danach 157,7 Gew.-Teile Borsäure adsorbiert waren. Hierauf wird er längere Zeit (19 Std.) bei 260° F getrocknet u. dann auf 1000° F (6 Std.) erhitzt. Der fertige Katalysator enthält höchstens 12 Gew.-% (4—8 Gew.-%) B_2O_3. (**A. P. 2 579 133** vom 2/12. 1948, ausg. 18/12. 1951.) STEIL. 8197

Standard Oil Development Co. (Erfinder: **Reginald K. Stratford und Bruce H. MacKenzie**), *Regenerieren von Crackkatalysatoren,* welche in Pulverform mit dem KW-stofföl gemischt zur Spaltung verwendet werden. Das gecrackte Gemisch wird in einer Fraktionierzone getrennt, wo die leichteren Teile abdest. werden. Die schweren Anteile werden mit dem Katalysator im unteren Teil der Fraktionierzone abgelassen u. der Katalysator daraus abgetrennt u. getrocknet. Dabei wird ein sauerstoffhaltiges Gas hindurchgeleitet, welches die restlichen KW-stoffanteile fortführt. Der getrocknete Katalysator gelangt dann in die Regenerierzone. — Zeile. (**F. P. 1 016 954** vom 25/2. 1950, ausg. 27/11. 1952. A. Prior. 12/3. 1949.) M. F. MÜLLER. 8197

Standard Oil Development Co., übert. von: **William E. Lifson,** Elizabeth, und **William E. Morris,** Roselle, N. J., V. St. A., *Flugmotorenbrennstoff* mit einer Octanzahl >100, bestehend aus Bzn. mit Zusatz von 0,5—1 % SO_2-Extrakt von Kerosin, das zu 50% zwischen 400 u. 575° F sd. u. einen Kauri–Butanol-Wert >70 hat. (**A. P. 2 629 685** vom 29/10. 1949, ausg. 24/2. 1953.) DERSIN. 8205

E. I. du Pont de Nemours & Co., übert. von: **Nelson Whitman,** Wilmington, Del., V. St. A., *Tetraäthylblei.* Man setzt C_2H_5Cl mit der Legierung NaPb bei 80—120° u. 107—255 lbs./sq. in. in Ggw. von 0,1—0,4 (Gew.-%) Aceton u. 0,01—0,03 Acetylen um. (**A. P. 2 657 225** vom 14/2. 1952, ausg. 27/10. 1953.) BRÖSAMLE. 8209

Texas Co., New York, N. Y., übert. von: **George B. Arnold,** Glenham, und **James K. Truitt** und **Howard V. Hess,** Beacon, N. Y., V. St. A., *Gasöl* bzw. *Turbinenöl* kann man von wachsartigen KW-stoffen befreien, wenn man sie mit einer wss. Harnstoffaufschlämmung behandelt u. filtriert. Es bilden sich Harnstoff-Komplexverbindungen. (**A. P. 2 658 887** vom 11/2. 1950, ausg. 10/11. 1953.) BRÖSAMLE. 8213

Standard Oil Development Co., übert. von: **Thomas Charles Gordon Thorpe,** Hampton, Hill, und **Edwin Mathieson Dodds,** Wantage, England, *Motortreibmittel aus vanadinhaltigen Kohlenwasserstoffen.* Zur Verhinderung der Abscheidung von V-Oxyden im Motor setzt man den KW-stoffen geringe Mengen Halogenverbb., wie CCl_4, $C_2H_2Cl_2$, Trichloräthylen oder C_2Cl_6 zu. (**A. P. 2 631 929** vom 6/12. 1949, ausg. 17/3. 1953. E. Prior. 21/10. 1948.) DERSIN. 8217

Badische Anilin- & Soda-Fabrik Akt.-Ges., Ludwigshafen/Rh. (Erfinder: **Lisa Rössig,** Krefeld-Uerdingen, und **Hermann Zorn,** Chur, Schweiz), *Esterartige Kondensationsprodukte,* die sich als *Bohr- u. Schneideöle* eignen, entstehen durch Rk. von aliphat. Sulfonsäurehalogeniden mit Glykokollestern. — *Pentadecansulfamidoessigsäureisononylester.* Aus Pentadecansulfonsäurechlorid u. dem Ester aus Glykokoll mit einem Gemisch von aus CO, H_2 u. Diisobutylen erhaltenen Alkoholen. (**D. B. P. 902 381** Kl. 12q vom 27/2. 1944, ausg. 21/1. 1954.) LANGER. 8221

Standard Oil Development Co., Elizabeth, N. J., V. St. A., *Oxydationsschutzmittel für Motortreibmittel und Schmieröle.* Man stellt Reaktionsprodd. von Arylsulfonylhalogeniden, z. B. Benzolsulfochlorid, durch Vermischen mit Azinen, z. B. Chinolin oder Pyridin oder ihren Alkylderivv., wie 2.6-Lutidin oder 8-Oxychinolin, her u. erhält z. B. Benzolsulfonylpyridiniumchlorid. Diese Verbb. werden noch mit Alkalialkoholaten, z. B. von Cocosfettalkoholen, oder Alkalimercaptiden, z. B. dem Na-Salz des Octadecylmercaptans, umgesetzt, wobei Cl abgespalten u. durch den Alkohol- oder Thioalkoholrest ersetzt wird. Zusatzmenge: ca. 0,2%. (**E. P. 684 560** vom 16/8. 1949, ausg. 17/12. 1952.) DERSIN. 8221

Standard Oil Development Co., Elizabeth, N. J., V. St. A., *Korrosionsschutzmittel für Schmieröle.* Man setzt Mineral- oder synthet. Schmierölen 0,01—10% eines Mischesters der CO_2 mit 1wertigen gesätt. oder ungesätt. aliphat. oder Cycloalkylalkoholen mit 1—30 C-Atomen, z. B. Allylalkohol, u. mit einem Polyoxyalkohol, z. B. Pentaerythrit, Sorbit oder Tetramethylcyclohexanol, der partiell noch mit aliphat. oder cycloaliphat. Carbonsäuren mit 1—30 C-Atomen verestert sein kann, zu. Man verwendet z. B. einen Mischester von Pentaerythritomonooleat mit Monoallylcarbonat. (**E. P. 690 421** vom 20/2. 1950, ausg. 22/4. 1953.) DERSIN. 8221

Standard Oil Development Co., Elizabeth, N. J., V. St. A., *Antischaummittel für Mineralschmieröle,* die schaumfördernde Zusätze, z. B. Metallphenolate, Phenolsulfide oder Phosphorsäureester als „detergents" enthalten, bestehen aus Polyaminoalkylsilanen der allg. Formel: $[—Si(R)(R)—N(R_1)—]_x$, in der R eine niedere Alkylgruppe mit 1—4 C-Atomen, R_1 H oder einen Alkyl- oder Arylrest u. x eine so große Zahl bedeutet, daß das Mol.-Gew. des Polymeren wenigstens 300 beträgt. Man verwendet z. B. das Reaktionsprod. von $(CH_3)_2SiCl_2$ mit NH_3 oder einem prim. Amin, wie Hexadecylamin, 1.4-Diaminoheptan, Anilin, Cyclooctylamin, Histamin oder Aminopyridin. Zusatz: 0,0001—0,01%. (**E. P. 690 807** vom 21/6. 1950, ausg. 29/4. 1953.) DERSIN. 8221

Standard Oil Development Co., Elizabeth, N. J., V. St. A., *Emulgierbares Schmieröl,* das bes. für Schiffsmaschinen bestimmt ist. Es besteht aus Mineralschmieröl, dem 0,2—3 (%) öllösl. Ca-Mahoganysulfonat mit einem Mol.-Gew. >350 u. 0,7—8 Wollfett, geblasenes Rapsöl, Degras oder ein synthet. Fettsäureester eines ein- oder mehrwertigen Alkohols, z. B. Pentaerythritmonooleat, zugesetzt sind. (**E. P. 691 904** vom 16/2. 1949, ausg. 27/5. 1953.) DERSIN. 8221

Standard Oil Development Co., New York, N. Y., V. St. A. (Erfinder: **A. J. Morway, D. W. Young** und **J. J. Kolfenbach**), *Herstellung von Schmierfetten.* Man setzt den Schmierfetten aus Ölen mit Metallseifen höherer Fettsäuren Metallsalze von heterocycl. Carbonsäuren mit niedrigem Mol.-Gew., bes. *Li-* oder *Na-* oder *Erdalkalisalze* von *Furancarbonsäure* oder *Thiophen-α-carbonsäure,* zu. Man kann die gewünschten Verbb. in dem Mineralöl selbst erzeugen, indem man ein Fett im Öl unter Zusatz von Alkali u. Furfurylaldehyd (I) verseift. I geht dann nach CANNIZZARO in das Alkalisalz der Furancarbonsäure über. Die Schmierfette weisen hohe Oxydationsbeständigkeit u. hohe Tropfpunkte (>200°) auf. (**Schwed. P. 133 034** vom 27/10. 1949, ausg. 25/9. 1951. A. Priorr. 30/10. u. 17/11. 1948.) JÜRGEN SCHMIDT. 8223

Badische Anilin- & Soda-Fabrik Akt.-Ges., Ludwigshafen/Rh. (Erfinder: **Herbert Petrovicki,** Heidelberg), *Herstellung von Schmierfetten* aus KW-stoffölen unter Zusatz seifenbildender u. nichtseifenbildender organ. Säuren mit verseifend wirkenden Verbb. der Alkali- oder Erdalkalimetalle, die so ausgewählt werden, daß mindestens ein Teil der Säuren ein in W. schwer- oder unlösl. Salz bildet. Dieser Teil soll zuerst zugesetzt werden. Aus der durch Verseifung entstandenen M. wird das W. bei Tempp., die unter dem Tropfpunkt der M. liegen, verdampft. — Man versetzt z. B. eine Lsg. von 10 (Teilen) C_{14}–C_{18}-Fettsäuren der Paraffinoxydation in 86 Mineralöl mit 1,5 Benzoesäure, dann mit 0,68 $Ca(OH)_2$ in 1,7 W. u. 4,15 36%ig. NaOH-Lsg. u. rührt 6 Std. bei 70—95°. Danach ist der Tropfpunkt auf 170° gestiegen. Durch weiteres 2std. Erhitzen bis 120° wird die M. wasserfrei. (**D. B. P. 887 096** Kl. 23c vom 19/9. 1944, ausg. 20/8. 1953.) DERSIN. 8223

Rheinpreußen Akt.-Ges. für Bergbau und Chemie, Homberg (Erfinder: **Herbert Kölbel,** Homberg, und **Dietrich Ullmann,** Moers), *Hochdruckschmierstoffe* nach D. B. P. 898 343, bestehend aus Chlorparaffin u. anorgan. Metalloxyden oder -salzen, z. B. Carbonaten u. Sulfaten, an Stelle der fettsauren Salze. Beispiel: 100 (g) Chlorparaffin mit ca. 13% Cl-Geh. werden mit 15 $CaCO_3$ gut vermischt. Tab. der Prüfergebnisse. (**D. B. P. 904 232** Kl. 23c vom 24/2. 1944, ausg. 15/2. 1954. **Zusatz zu D. B. P. 898 343; C. 1954. 2313.**) DREWS. 8223

Kurt Krafft, Witten/Ruhr, *Gewinnung von Montanwachs aus grubenfeuchten, bitumenhaltigen Substanzen,* wie Kohle, Torf, Schiefer, Sapropelen usw., dad. gek., daß als Extraktionsmittel eine Emulsion von nicht wasserlösl. Lösungsmitteln, wie Bzl., u. seine Homologen, ferner Ester, Ketone, KW-stoffe, Chlor-KW-stoffe, in W. angewandt wird, wobei die Konz. des Lösungsm. in der Emulsion zwischen 10 u. 75%

liegt. Gegebenenfalls werden der Emulsion noch wasserlösl. oder teilweise wasserlösl. O-haltige Lösungsmittel, wie Alkohole, Ketone oder Äther, beigemischt, u. zwar in Mengen, welche 5—50% des organ. Anteils der Emulsion betragen. Die Netzwrkg. des Lösungsm. wird durch Zusatz eines oberflächenakt. Mittels vom Typ der sulfonierten aliphat. oder aromat. KW-stoffe (Nekale) gesteigert. — Mitteldeutsche bitumenhaltige Braunkohle wird mit einer Emulsion von 20 (%) Bzl., 5 A. u. 0,5 Na-Alkylnaphthalinsulfonat in W. extrahiert. (**D. P. [DDR] 1688** Kl. 23b u. 12r vom 4/2. 1951, ausg. 18/12. 1952 [Wirtschaftspatent].) M. F. MÜLLER. 8227

Lucien Heizmann, Häsingen, Elsaß, Frankreich, *Säurebeständiger Fußbodenbelag.* Man erhitzt z. B. 28 (%) Asphalt u. 5 Teer miteinander auf mindestens 220° u. vermengt die erhaltene fl. M. mit 2 Weißkalk, 30 Glasabfällen, 22 Quarzsand u. 13 NaCl. (**Schwz. P. 278 865** vom 15/5. 1951, ausg. 1/2. 1952.) OPPERMANN. 8229

Les Plastiques Gehel, Seine, Frankreich, *Bitumenemulsion für den Straßenbau,* die aus 60—80 (%) Mexphalt oder Spramex, 5—15 Rohbenzol (Fraktion zwischen 140 u. 170°), 0,3—1 Karbolsäure, 0,5—1 bas. Bleiacetat, 1—2 Mischung aus Tallöl u. Kalkmilch u. 5—15 W. hergestellt wird. Nach dem Schmelzen des Bitumens rührt man mit der Carbolsäure vermischtes Rohbenzol, darauf die Mischung aus Tallöl u. Kalkmilch ein. Man läßt auf 90—95° abkühlen u. mischt das W. ein. (**F. P. 1 030 284** vom 29/12. 1950, ausg. 11/6. 1953.) BEWERSDORF. 8231

Alfred Martin Stahmer, Erdölvorkommen der Welt. Heidelberg u. Mainz: Hüthig u. Dreyer. 1952. (65 S.) — ABC des Erdöls. Bd. 1. — Die Shell Bücherei. DM 4,80.

XXIV. Photographie.

B. P. Bourne und **E. E. Loening,** *Die Adsorption von Hydroxylionen an Silberbromid und die daraus sich ergebenden photographischen Folgerungen.* Vff. bestimmen die Adsorption von Hydroxylionen an *AgBr* bei verschied. p_H. Das für die Verss. benötigte AgBr wird unter Einhaltung peinlicher Sauberkeit (Leitfähigkeitswasser nach Durchlauf einer Mischbettsäule aus *Amberlite* IRA 400 u. IR 120) unter Verwendung von N_2 bei p_H 3,0 mit p_{AG} 4,0 gefällt. Die Adsorption wird durch potentiometr. Titration mit n/250 NaOH im p_H-Bereich von 4,0—9,5 bestimmt. — Es zeigt sich, daß der Adsorptionsgrad mit steigendem p_H ansteigt. Bei p_H 9,5 kommt ein Hydroxylion auf fünf Ionen der Kornoberfläche. Es wird angenommen, daß die auf der Kornoberfläche adsorbierten Hydroxylionen entweder eine Verb. eingehen oder einen Adsorptionskomplex bilden. Die für die Entstehung des latenten Bildes sich ergebenden Folgerungen werden abschließend diskutiert. (Photographic J., Sect. B **1.** 159—62. Sept./Okt. 1953. Harrow, Middlessex, Kodak Ltd., Res. Labor.) W. GÜNTHER. 8594

T. D. Smith, *Der Umgebungseffekt bei der Alterung photographischer Filme.* Im Verlauf einer längeren Lagerung verlieren photograph. Filme an Empfindlichkeit u. Klarheit. Die mangelnde Lagerhaltbarkeit wird verursacht durch die Einw. der Unterlage, durch das Packmaterial, durch Gase u. Dämpfe aus der Atmosphäre u. durch kosm. Strahlung. Vf. stellt Unterss. an über den Einfl. von O_2, N_2 im Vgl. zu *Luft* auf Empfindlichkeitsrückgang u. Schleieranstieg bei der Lagerung von photograph. Material unter verschied. klimat. Bedingungen. Zur Unters, kamen 11 *Bromjodsilber*emulsionen mit einem Geh. von 92,8—99,4 Mol.-% AgBr u. eine *Chlorbromsilber*emulsion mit 75 Mol.-% AgBr. Von den Bromjodsilberemulsionen waren vier mit S nachgereift, drei mit Au, drei nach einer kombinierten Meth. mit Hilfe von S u. Reduktionsmittel u. eine mit einem Reduktionsmittel. Die Chlorbromemulsion wurde mit S sensibilisiert. Die Filme wurden eine Woche bei 50°, 30 Tage bei 38° u. 11 Monate bei 21° in Exsiccatoren gelagert. Die zur Einstellung der relativen Feuchtigkeit gesätt. Salzlsgg. enthielten: $CaCl_2$ für eine relativ. Feuchtigkeit von 31% (bei 21°), *NaBr* für eine solche von 59% u. $(NH_4)_2SO_4$ für 80%. Vergleichsweise wurde in O_2, N_2, Luft u. im Vakuum von 0,5—1,0 mm Hg gealtert. — Es wurden folgende Feststellungen gemacht: Lagerung der Filme in einer O_2-Atmosphäre bewirkt einen größeren Empfindlichkeitsverlust, verbunden mit einem geringeren Schleieranstieg als Lagerung in N_2. Bei der Lagerung in Luft verhalten sich die Filme wie bei Lagerung in O_2. Der Einfl. der relativ. Feuchtigkeit wirkt sich auf den Film so aus, daß die Empfindlichkeit mit Erhöhung der Feuchtigkeit absinkt, während bei geringer Feuchtigkeit der höchste Schleier beobachtet wird. Der Schleier geht zwischen 20 u. 25% relativ. Luftfeuchtigkeit durch ein Minimum u. steigt dann mit weiterer Erhöhung der Feuchtigkeit wieder an. Werden die Filme unter vermindertem Druck gelagert, so wird eine Empfindlichkeitszunahme beobachtet, die mit einer beträchtlichen Schleierzunahme verbunden ist. Es wird festgestellt, daß der Lagerschleier bevorzugt auf der Oberfläche des Halogensilberkornes lokalisiert ist. Es entsteht jedoch auch im Innern des Kornes ein Schleier. Dieser wird einem thermischen HERSCHEL-Effekt zugeschrieben. Der Innenkornschleier wird von O_2 nicht beeinflußt. Aus den Versuchsresultaten wird geschlossen, daß die Ggw. von O_2 bei der Filmlagerung eine wichtige Rolle spielt. O_2 reagiert mit den fähigen Stellen auf dem Halogensilberkorn: $2\,Ag^0 + {}^1/_2\,O_2 + H_2O \rightarrow 2\,Ag^+ + 2\,OH^-$, wobei unter Ag^0 Reifzentren oder Schleierkeime zu verstehen sind. Diese Darst. als Oxydationsvorgang befindet sich in Übereinstimmung mit der Annahme von ALBOUY u. FARAGGI, die das Verschwinden des latenten Bildes in gleicher Weise formulierten. — 20 Literaturangaben. (Photographic J., Sect. B **1.** 138—44. Sept./Okt. 1953. E. I. du Pont de Nemours & Co., Inc., Photo Products Dep.) W. GÜNTHER. 8598

T. H. James und **W. Vanselow,** *Das relative Reaktionsverhältnis bei der Adsorption von Thioharnstoffderivaten auf Silberbromid als Einschicht.* Vff. stellen Unterss. über die Reaktionskinetik zwischen *AgBr* u. *Thioharnstoff* u. seinen Derivv. an. Thioharnstoff wird an AgBr als Einschicht adsorbiert. Diese verhindert die Adsorption gewisser Farbstoffe, z. B. *Phenosafranin* oder *3.3'-Diäthyloxocarbocyanin.* Wird mit Thioharnstofflsg. behandeltes AgBr in eine gepufferte Farbstofflsg. eingebracht, so kann aus dem Verbrauch an Farbstoff in der Lsg. auf den Adsorptionsvorgang geschlossen werden. Es werden die Adsorptionsisothermen (mikromol. adsorbierter Thioharnstoff pro Gramm Ag aufgetragen gegen die Restkonz. an Thioharnstoff in der Lsg.) u. die Reaktionsverhältnisse von folgenden Verbb. untersucht: *Thioharnstoff, Methyl-, 1.1-Dimethyl-, 1.1.3-Trimethyl-, 1.1.3.3-Tetramethyl-, Allyl-, Acetyl-, Phenyl-, 1.3-Diäthyl-, 1.3-Di-n-butyl-, 1-Äthanol-3-allyl-* u. *1-Äthanol-3-phenylthioharnstoff.* Mit Ausnahme des 1.3-Dibutylthioharnstoffs werden sämtliche Thioharnstoffe in einer Molekülschicht auf dem AgBr-Korn adsorbiert. Elektronendonatorgruppen, z. B. Methyl oder Äthyl, verringern das Adsorptionsvermögen des Thioharnstoffs, Elektronenacceptorgruppen, z. B. Äthanol, Acetyl, Phenyl, Allyl, erhöhen es, Tetramethylthioharnstoff verhält sich inert. *Ag_2S,* das sich bei der Rk. zwischen AgBr u. Thioharnstoff bzw. seinen Derivv. bildet, katalysiert die Adsorption. — Kurven u. Tabellen vgl. Original. (Photographic J., Sect. B **1.** 133—37. Sept./Okt. 1953. Eastman Kodak Co., Res. Labor.)
W. GÜNTHER. 8600

Henri Chateau und **Jacques Pouradier,** *Beitrag zur Untersuchung der Fällung von Halogensilbermischungen.* Die charakterist. Eigg. von photograph. Emulsionen hängen von den Fällbedingungen ab, unter denen die Bldg. des Halogensilbers erfolgt. Im allg. läßt man bei der Herst. photograph. Materialien die $AgNO_3$-Lsg. in eine Salzmischung, z. B. NaCl/KBr oder KBr/KJ, einfließen. Nach dem Löslichkeitsprod. wäre zu erwarten, daß hierbei das Ag-Salz mit der geringsten Löslichkeit zuerst ausfällt. Das ist jedoch nicht der Fall, sondern es ist eine Mischkristallbldg. nachzuweisen. Vff. stellen sich die Aufgabe, die Struktur dieser Mischkristalle aufzuklären, da sie für den weiteren Verlauf des Emulsionierungsprozesses von grundlegender Bedeutung sind. Untersucht werden Mischungen aus Chlorbrom- u. von Bromjodsilber. Äquivalente Mengen einer titrierten $AgNO_3$-Lsg. werden zu einer Mischung der beiden Alkalihalogenide zugegeben u. Fällung u. Mutterlauge analysiert. Nach Red. des Halogensilbers mit Zn-Staub in saurem Medium wird das Halogenid potentiometr. bestimmt. Röntgenbeugungsaufnahmen bestätigen das Vorliegen von Mischkristallen. Dabei zeigt Chlorbromsilber die gleiche Struktur wie die Mischkristalle, die WILSEY (J. Franklin Inst. **200.** [1925.] 739) durch Zusammenschm. der beiden Komponenten erhielt. Bei den Jodbromsilbermischkristallen hängt die Struktur von den Herstellungsbedingungen ab: der Gitterabstand in AgJ-Kristallen verringert sich durch den Einbau von AgBr schneller bei gefällten Mischkristallen ($5 \cdot 10^{-3}$ Å pro 1% AgBr) als bei geschmolzenen ($1{,}7 \cdot 10^{-3}$ Å). Unter gewissen Bedingungen lassen sich Mischkristalle mit relativ hohem AgCl-Geh. erhalten, da Brom- u. Chlorsilber im gleichen Syst. kristallisieren. Die Mischkristallbldg. von Bromjodsilber wird dadurch gestört, daß AgJ im hexagonalen u. AgBr im kub. Syst. kristallisiert. Abschließend wird darüber diskutiert, ob die in der ersten Phase der Fällung entstehenden hexagonalen Kristallisationskeime sich möglicherweise zu kub. Kristallen umbilden u. ob auf diese Weise Störstellen im Kristallgitter entstehen können. (Sci. Ind. photogr. [2] **25.** 3—10. Jan. 1954. Kodak-Pathé, Labor. de Recherches.) W. GÜNTHER. 8600

K. R. Dixit, *Die Behandlung von Kernemulsionen mit einer Schichtdicke von 400 µ.* Zur Entw. von dicken Kernemulsionsschichten zieht Vf. dem Entwickler nach HERZ mit *Diaminophenolchlorhydrat* als Entwicklungssubstanz einen schwach alkal. *Metol*-Entwickler folgender Zus. vor: Lsg. A: 3 g Metol, 12,5 g Na_2SO_3 wasserfrei, 1000 cm^3 W.; Lsg. B: 40 g Borax, 1000 cm^3 W.; kurz vor Gebrauch sind gleiche Mengen der Lsgg. A u. B zu mischen. Im einzelnen wird wie folgt verfahren. Die im Kühlschrank aufbewahrten Platten werden zunächst 24—36 Std. auf 25° u. 3 Std. auf 15° gehalten, dann werden sie 120—150 Min. in Entwicklerlsg. von 5° eingeweicht, wieder herausgenommen u. 15 Min. lang auf 18—19° temperiert. Die eigentliche Entwicklung erfolgt bei 19° in einer Zeit von 60 Minuten. Als Unterbrecherbad (60—75 Min. bei 19°) dient 0,5%ig. Eisessiglösung. Fixiert wird 25—27 Std. zuerst in einem Härtefixierbad, anschließend 25—27 Std. in einem nicht härtenden Fixierbad. Dieses wird zweimal erneuert u. die Platten darin 36 bzw. 40 Std. belassen. Während des Fixierens soll die Temp. von 15 auf 20° steigen. Schließlich wird 60 bis 72 Std. in fließendem W. bei 18° gewaschen u. 3—5 Tage getrocknet. (Sci. Ind. photogr. [2] **25.** 1—3. Jan. 1954. Bombay, Inst. of Sci.) W. GÜNTHER. 8618

Kodak-Pathé, Frankreich (Erfinder: **John Morley James**), *Beseitigung des gelben Farbtons bei photographischem Papier.* Man versieht das Papier oder die lichtempfindliche Schicht oder eine aus in Gelatine fein verteiltem $BaSO_4$ bestehende Zwischenschicht mit einer im UV blau bis violett fluorescierenden Substanz, z. B. einer Dibenzoylaminostilbensulfonsäure oder einem in W. lösl. Salz einer solchen Säure oder inem α.β-Di-[benzimidazolyl-(2)]-äthylen. (**F. P. 1026863** vom 15/9. 1950, ausg. 5/5. 1953. E. Prior. 16/9. 1949.) OPPERMANN. 8603

Ilford Ltd., übert. von: **John David Kendall** und **John Raymond Majer,** Ilford, England, *Cyaninfarbstoffe.* Durch Rk. eines Carbocyanins mit einem Trithioorthoformiat $H—C{\equiv}(SR)_3$ (R = Alkyl, Aralkyl) u. einer Verb. der allg. Formel **I** entstehen unter Abspaltung von RSH trimoleare Cyaninfarbstoffe der allg. Formel **II.** Hierin bedeuten D_1, D_2, D_3 Restatome von 5- oder 6-gliedrigen Heteroringen; R_1, R_4, R_5 Alkyl, Aralkyl; R_2, R_3, R_6 H, Alkyl, Aralkyl; n, m 0 oder 1; X, Y Säurereste. — Man erhitzt z. B. 2 (Teile) 1.1′-Diäthylthiocarbocyaninjodid (**III**), 1,2 2-Methylbenzthiazolmethojodid, 0,8 Triäthyltrithioorthoformiat u. 110 Essigsäureanhydrid 1 Std. zum Sieden. Grüne Kristalle, F. 200°, sensibilisiert bis 6300 Å, Maximum bei 6100 Å. Ähnliche Farbstoffe analog aus: **III** u. 6-Methylchinaldinmethojodid, F. 221°; **III** u. 2-Methylbenzoxazoläthojodid (**IV**), F. 222°; 1.1′-Diäthyl-4.4′-dimethyloxacarbocyaninjodid u. β-Naphthochinaldinäthojodid, F. 236°; 1.1′-Diäthyloxycarbocyaninjodid u. 2-Methyl-β-naphthoxazoläthojodid, F. 199°; 1.1′-Diäthyl-3.4.3′.4′-dibenzthiocarbocyaninjodid u. 2-Methyl-4.5-methylendioxybenzthiazoläthojodid, F. 227°; 1.1′-Diäthylselenocarbocyaninjodid u. Chinaldinäthojodid, F. 218°; **III** u. 2-Methyl-N-äthylbenzimidazoläthojodid, F. 170°; **III** u. 2.3.3′.6-Tetramethylindoleninmethojodid, F. 170°; Indocarbocyanin u. 2-Methyl-5-chlorbenzthiazoläthojodid, F. 236°; 1-Methyl-1′-äthyl-5′-äthoxyindoxacarbocyaninjodid u. 2.5-Dimethylbenzoxazoläthojodid, F. 127°; **III** u. 2.3.3′-Trimethylindoleninmethojodid (**V**), F. 178°; 1.1′-Diäthylthiocarbocyanin-p-toluolsulfonat u. 2-Methylbenzselenazol-p-toluolsulfonat, umgesetzt mit KJ, F. 225°; **III** u. 2-Methylbenzthiazolbenzylbromid, F. 238°; 1.6′-Dimethyl-1′-äthylthiocarbocyaninjodid u. 2-Methylbenzoxazolmethojodid, F. 237°; 3.3′-Diäthyl-6.6′-dimethoxyoxacarbocyaninjodid u. 2.4-Dimethylchinolinmethojodid, F. 193°; 1.3.3′-Trimethyl-3′-äthyl-6-äthoxyindoxacarbocyaninjodid u. 2-Methyl-5-äthoxybenzthiazoläthojodid, F. 190°; 3.3′-Dimethyloxathiocarbocyaninjodid u. **V**, F. 145°; 3.3′-Diäthylthiocarbocyaninjodid u. 2.6-Dimethylbenzthiazoläthojodid, F. 248°; 3.3′-Diäthylthiaoxacarbocyaninjodid (**VI**) u. 2-Methylbenzthiazoläthojodid (**VII**), F. 235°; 1.3.3.3′-Tetramethylindothiacarbocyaninjodid u. 2-Methylbenzoxazolmethojodid, F. 180°; **VI** u. **IV** oder 3.3′-Diäthyloxacarbocyaninjodid u. **VII**, F. 140°. (**A. P. 2596776** vom 27/2. 1947, ausg. 13/5. 1952. E. Prior. 1/3. 1946.) HOPPE. 8605

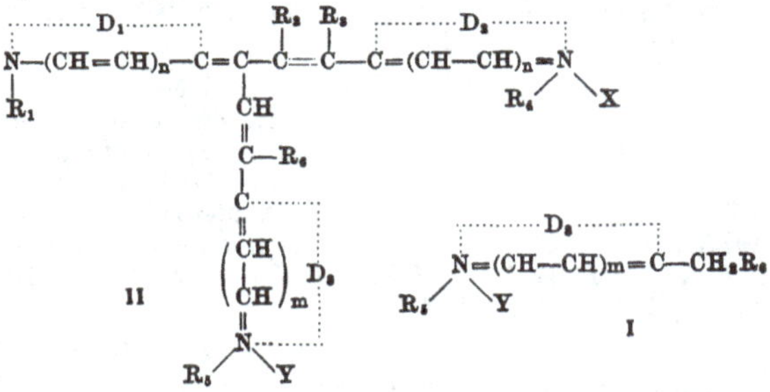
II I

Eigentum des Volkes, Deutschland, *Darstellung von 1.3-substituierten Thiohydantoinen.* Substituierte Senföle werden mit N-monosubstituierten Aminoessigsäureamiden bzw. deren Verbb. mit Säuren zunächst in neutralem oder alkal. Medium kondensiert. Darauf wird das Reaktionsgemisch angesäuert, ohne daß eine Isolierung der Kondensationsprodd. notwendig ist; dabei wird gleichzeitig die Verseifung der Säureamidgruppe zur freien Säure u. der Ringschluß zum gewünschten Hydantoin erreicht. — 138 g eines Essigsäureamids der Formel $CH_3 \cdot CH_2 \cdot NH(HCl) \cdot CH_2 \cdot CO \cdot NH$

800 cm^3 Methanol u. 75 g Methylsenföl werden nach Zusatz einer Lsg. von 62 g KOH in 400 W. 2—3 Std. unter Rückfluß gekocht. Nach dem Erkalten werden 170 cm^3 konz. HCl zugegeben u. 2—3 Std. unter Rückfluß gekocht. Es entsteht das Hydantoin **I**,

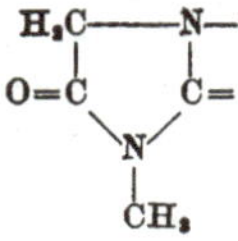
I

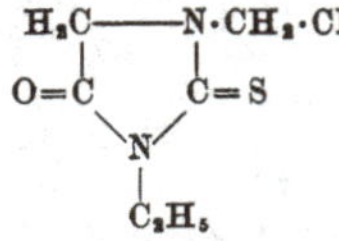
II

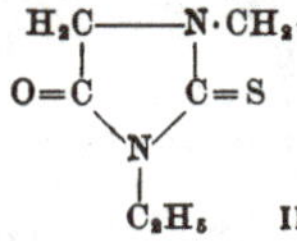
III

$Kp._{6-7}$ 151—153°. — Ebenso entsteht aus $CH_3 \cdot CH_2 \cdot CH_2 \cdot CH_2 \cdot NH(HCl) \cdot CH_2 \cdot CO \cdot NH_2$ die Verb. **II**, $Kp._4$ 155—157°. Das Amid $C_6H_5 \cdot CH_2 \cdot NH(HCl) \cdot CH_2 \cdot CO \cdot NH_2$ liefert das Thiohydantoin **III**, F. 82°. — Zwischenprodd. bei der Synth. von Farbstoffen, bes. von *Sensibilisierungsfarbstoffen*, z. B. den sogenannten *Merocyaninen*. (**D. P.** [**DDR**] **1 308** Kl. 12p vom 4/2. 1943, ausg. 4/7. 1953 [Wirtschaftspatent].) M. F. MÜLLER. 8605

Gevaert Photoproducten N. V., Belgien, *Desensibilisierung von lichtempfindlichen Halogensilberemulsionen.* Man behandelt sie mit einer Verb., die in ihrem Mol. die Gruppe X—S—S—X(S)—Y enthält, wobei X u. Y C- u./oder N-Atome sind, die gegebenenfalls durch eine substituierte oder nichtsubstituierte KW-stoff- oder heterocycl. Gruppe substituiert sind. Diese Atome vervollständigen gegebenenfalls einen heterocycl. Ring. Man löst z. B. 50 mg der Verb. von nebenst. Formel in einem Gemisch aus 500 cm^3 A. u. 500 cm^3 W. auf, badet darin den belichteten panchromat. Film 2 Min. u. entwickelt ihn sogleich bei hellgrünem Licht. (**F. P. 1 021 725** vom 10/7. 1950, ausg. 23/2. 1953.) OPPERMANN. 8607

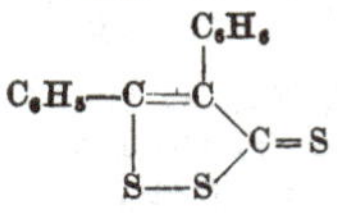

Ilford Ltd. (Erfinder: **John David Kendall**), Ilford, Essex, England, *Stabilisatoren für Halogensilberemulsionen.* Der Halogensilber- oder einer ihr benachbarten Schicht wird ein 4-Ketotetrahydropyrimidin (**I**) in Mengen von 2—200 cm^3 einer wss. Lsg. 1:200 auf je 10 g Ag-Salz zugesetzt. Geeignet sind z. B.: **2-Thio-3-phenyl-I, 2-Thio-3-äthyl-6-methyl-I, 2-Thio-3-allyl-6-methyl-I, 2-Thio-3.5.6-trimethyl-I, 2-Thio-5-benzyl-3.6-dimethyl-I,** 2-Thio-3-methyl-I-6-essigsäureäthylester u. **2-Methylthio-3.6-dimethyl-I.** (**D. R. P. 765 944** Kl. 57b vom 20/12. 1938, ausg. 23/2. 1953. E. Priorr. 22/12. 1937 u. 1/12. 1938.) KALIX. 8611

Eastman Kodak Co., übert. von: **Harold D. Russell** und **Grant M. Haist,** Rochester, N. Y., V. St. A., *Konservierung von hydrazinhaltigen Entwicklern.* Entwicklerlsgg., die 0,5—10 g Hydrazin (**I**) im Liter enthalten, werden zur Verhinderung der Oxydation mit einem Zusatz von 5—50, vorzugsweise 5—15 g *Diglykolsäure* (**II**) (oder Salzen davon) versehen. Der Zusatz von **II** ist in gleicher Weise bei allen als photograph. Entwickler verwendeten **I**-Derivv. wirksam, ferner bes. stark, wenn Alkaliorthophosphate als Entwickleralkali verwendet werden, ebenso in Pulvergemischen zur Herst. von Entwicklerlösungen. Der Zusatz von **II** verhindert ferner bei Entwicklerlsgg. beliebiger Zus. die Bldg. von Kalk-Ndd. bei Verwendung von hartem Wasser. Die Wrkg. eines etwa schon vorhandenen Zusatzes von Alkalipolyphosphaten (**III**) für den gleichen Zweck wird durch die Anwendung von **II** verstärkt, da die Ca-Komplexsalze von **II** stabiler sind als die von **III**. (**A. PP. 2 625 475** u. **2 625 476** vom 28/3. 1951, ausg. 13/1. 1953.) KALIX. 8619

Technicolor Motion Picture Corp., Hollywood, übert. von: **John M. Andreas,** Pasadena, Calif., V. St. A., *Farbstoffe für den Absaugedruck.* Als Gelbkomponente werden Disazofarbstoffe verwendet, die durch Kupplung von 1 (Mol) tetrazotiertem 4.4'-Diaminostilben (oder deren 2.2'-Disulfonsäure) mit 2 Acetessigsäureanilid hergestellt worden sind. Hiervon werden 3 g in 1 Liter gelöst u. die Lsg. auf p_H 3,5 eingestellt. (**A. P. 2 583 076** vom 23/8. 1946, ausg. 22/1. 1952.) KALIX. 8625

Kodak-Pathé, Frankreich (Erfinder: **Richard V. Young** und **Arnold Weissberger**), *Chromogene Kuppler,* die mit den Oxydationsprodd. der prim. aminoaromat. Entwickler einen Chinonimin- oder Azomethinfarbstoff bilden. Solche Verbb. sind z. B. 2'-Oxy-4-mercaptodiphenyl, 1-Oxy-6-mercaptonaphthalin, 1-Mercapto-5-cyanacetylnaphthalin, 1-Mercapto-6-oxyanthracen, 4.6-Dichlor-5-methyl-2-(3'-mercaptobenzoylamino)-phenol, p-Benzoylacetaminothiophenol, 2-[p-(ω-Benzoylacetamino)-benzolsulfamido]-4-chlorthiophenol. — Herstellungsbeispiele. (**F. P. 1 004 900** vom 12/1. 1949, ausg. 3/4. 1952. A. Prior. 13/1. 1948.) OPPERMANN. 8631

Farbenfabriken Bayer, Leverkusen, *Farbkuppler für Purpur* bilden die Reaktionsprodd. aus Acetonitril (**I**) u. Aminoisophthalsäureestern (**II**) oder deren Substitutionsprodd. in alkal. Lösung. Sie besitzen scharf begrenzte Absorptionsbereiche, die nicht unter 520 mμ heruntergehen, u. können dem Entwickler oder, nach Einführung diffusionsfest machender Reste, der Halogensilberemulsion zugesetzt werden. — Beispiele sind u. a. die Reaktionsprodd. von 2 Mol **I** mit 1 Mol Acetyl-**II**, Stearoyl-**II**, Aminobenzoyl-**II** oder Aminobenzoyldodecyl-**II**. (**D. B. P. 871 555** Kl. 57b vom 30/6. 1943, ausg. 23/3. 1953.) · KALIX. 8631

Agfa, Akt.-Ges. für Photofabrikation, Leverkusen, *Farbkorrektur von Mehrfarbenbildern.* Das nach der Erstentw. in einer oder mehreren Teilschichten verbleibende Rest-Halogensilber wird zur Herst. einer Farbkorrekturmaske verwendet. Hierzu wird es zunächst in eine schwerer lösl. (in $Na_2S_2O_3$ unlösl.) Ag-Verb. verwandelt, u. zwar durch Einw. einer wss. Lsg. von organ. Mercapto- oder Thioverbb., wie p-Nitrophenylsulfurethan, 4-Äthyl-3-mercapto-1.2.4-triazol, 4-Allyl-3-mercaptotriazol, Phenylmercaptotetrazol, 3-Phenyl-5-mercaptothiobiazolin, 5.5-Dimethyl-2.4-dithiohydantoin, 5-Spirocyclohexyl-2.4-dithiohydantoin. Die Erzeugung des Maskenbildes kann dann nach einem der üblichen Verf. (Red., Tonung, Sulfidierung, Belichtung + Wiederentw. usw.) erfolgen. (**D. B. P. 898 709** Kl. 57b vom 21/1. 1944, ausg. 3/12. 1953.) KALIX. 8631

Agfa, Akt.-Ges. für Photofabrikation, Leverkusen (Erfinder: **Edith Weyda,** Köln, und **Erwin Trabert,** Leverkusen), *Verhinderung der Bildung von Farbschleiern bei der farbigen Entwicklung.* Die nach dem Verf. des Hauptpatents anzuwendenden Mittel zur Verhütung von Farbschleiern (z. B. Hydroxylamin u. seine Derivv.) werden den Emulsions-, Filter- oder sonstigen Hilfsschichten des lichtempfindlichen Materials zugesetzt. (**D. B. P. 894 810** Kl. 57b vom 12/7. 1939, ausg. 29/10. 1953. **Zusatz zu D. R. P. 743 262; C. 1944. I. 1458.**) KALIX. 8631

Kodak-Pathé, Frankreich, *Schutz der photographischen Mehrfarbenbilder vor ultravioletten Strahlen.* Man verleibt der Scheitelschicht des mehrschichtigen photograph. Materials nach Entw., Fixierung u. Waschen ein Sulfoderiv. einer Verb. von der allg. Formel Y—NH—R—X—R—NH—Y ein. Hierbei bedeuten X das Radikal —CH = CH— oder eine einfache Bindung, R ein monocycl. Radikal u. Y ein Benzoyl- oder symm.-Triazinylradikal. Solche Verbb., die das UV von 300—400 mμ absorbieren, sind z. B. disalicylbenzididsulfonsaures Na, disalicyltolididdisulfonsaures Na, 4.4′-di-(3″.5″-dioxy-symm.-triazinylamino)-stilben-2.2′-disulfonsaures Na. (**F. P. 1 028 768** vom 4/5. 1950, ausg. 27/5. 1953.) OPPERMANN. 8631

Imperial Chemical Industries Ltd., London (Erfinder: **Karl Otto Ganguin** und **Eric MacDonald,** Blackley bei Manchester), England, *Ausbleichung von Filterschichten in farbig entwickelten Bildern.* Schichten, die diffusionsfeste Styrylfarbstoffe enthalten, werden irreversibel durch Lsgg. von Amidoverbb. ausgebleicht, ohne daß dadurch die Bildfarbstoffe angegriffen werden. Bes. geeignet sind: Alkyl- u. Aralkylamine, Hydrazin, Alkyl- u. Aralkylhydrazine, Alkylendiamine u. Hydroxylamin. Die Verbb. werden in 5—10%ig. wss. Lsg. nach der chromogenen Entw. angewandt oder dem Fixierbad zugesetzt. (**D. B. P. 879 360** Kl. 57b vom 14/6. 1951, ausg. 11/6. 1953. E. Prior. 15/6. 1950.) KALIX. 8631

Imperial Chemical Industries Ltd., England (Erfinder: **Karl Otto Ganguin, Norman Hulton Haddock** und **Eric MacDonald**), *Herstellung von negativen Duplikaten, besonders von kinematographischen Farbaufnahmen,* wobei die Farben nicht alle ident. oder komplementär zu denen des Originals sind. Das Duplikat besteht aus einem transparenten Film mit drei verschied. Schichten für ein Cyan-, ein Magenta- u. ein Gelbbild, wobei die Magentabildschicht ein gelbes Styrylmaskierungsbild u. eine chromogene Magentaverb. enthält, deren Mol.-Struktur eine akt. Methylengruppe aufweist. Nach der chromogenen Entw. wird die Mehrfarbenschicht zwecks Bldg. des gelben Maskierungsbildes mit einem aromat. Aldehyd der Benzol- oder Naphthalinreihe behandelt, der mindestens eine auxochrome Gruppe besitzt, oder mit einem Deriv. dieses Aldehyds. (**F. P. 1 019 195** vom 23/2. 1950, ausg. 19/1. 1953. E. Prior. 23/2. 1949.) OPPERMANN. 8641

Kalle & Co., Akt.-Ges. (Erfinder: **Maximilian Paul Schmidt** und **August Rebenstock**), Wiesbaden, *Lichtempfindliches Material zur Herstellung von Flachdruckformen.* Ein wasserbeständiger Film, z. B. aus Nitrocellulose, Celluloseacetat oder Polyvinylester, wird oberflächlich verseift u. die verseifte Schicht mit solchen höhermol. Diazoverbb. (**I**) sensibilisiert, deren Lichtzersetzungsprodd. gerbend wirken. Nach der Belichtung werden die unzers. **I** ausgewaschen u. die Schicht mit Fettfarbe eingewalzt, die nur von den gehärteten Stellen angenommen wird, während die unbelichteten für W. gut aufnahmefähig bleiben. (**D. B. P. 876 951** Kl. 57d vom 3/9. 1942, ausg. 18/5. 1953.) KALIX. 8645

Kodak-Pathé, Frankreich, *Photosensible Schichten für Platten für photomechanische Reproduktion.* Man bedeckt die aus Metall (z. B. Zn, Cu, Al) oder Celluloseestern (Cellulosetriacetat) bestehenden Platten mit einer Schicht, die einen Zimtsäure- oder einen Furylacrylsäureester eines OH-Gruppen besitzenden Polymeren (Polyvinylalkohol, Cellulose) enthält. Eine Komposition zur Herst. einer solchen Schicht hat z. B. die Zus.: 5 g Polyvinylcinnamat, 0,25 g Carbinolbase des Kristallvioletts, 40 cm^3 Xylol, 40 cm^3 Toluol, 10 cm^3 n-Butylalkohol u. 10 cm^3 Isopropylalkohol. Eine derartig vorbereitete Zn-Platte, z. B. für Autotypie, ätzt man nach dem Belichten 4 Min. mit einer ein Netzmittel enthaltenden 15 % ig. HNO_3-Lsg. u. entfernt danach die unbelichteten Stellen der Schicht unter Verwendung von Bzl. oder Aceton. (**F. P. 1 004 922** vom 28/10. 1949, ausg. 4/4. 1952.) OPPERMANN. 8645

Minna Meyer, Hanau/M., *Herstellung von Photosiebdruckschablonen.* Seidengaze, Bronze- oder Cr–Ni-Gewebe wird mit einer Gelatinemasse übergossen; nach dem Trocknen wird auf diese Vorschicht Gelatinelsg. mit einem Pinsel ein oder mehrmals aufgebracht, unter individueller Anpassung an die gegebenen Erfordernisse. Dann wird die Schicht sensibilisiert, in W. von ca. 40° entwickelt, getrocknet u. beidseitig mit einem Weichmacher eingerieben. (**D. B. P. 896 456** Kl. 57d vom 15/2. 1951, ausg. 12/11. 1953.) LAASS. 8645

Karl Schenk und **Friedrich Wolf** (Erfinder: **Karl Schenk**), München, *Abschwächung der Lichthofbildung beim Kopieren von sehr kleinen Bildelementen.* Beim Kopieren von Vorlagen, auf denen die Zwischenräume zwischen den Bildelementen viel kleiner sind als die Dicke der verwendeten Kopierschicht, z. B. beim Kopieren von Rastern u. Lichtrichtfiltern auf Halogensilber-Gelatine-Schichten, werden die durch die Kopierbelichtung entstehenden Lichthöfe durch abbauende Belichtung geschwächt oder gelöscht, z. B. durch Kopieren eines Rasters, der um die Rasterteilung gegenüber dem ersten versetzt ist, von der anderen Schichtseite her. — Abbildungen. (**D. B. P. 900 779** Kl. 57b vom 25/12. 1941, ausg. 4/1. 1954.) KALIX. 8645

Kalle & Co. Akt.-Ges. (Erfinder: **Gottlieb v. Poser, Maximilian Paul Schmidt, Georg Werner** und **Oskar Süs**), Wiesbaden, *Diazotypieschichten.* Als Diazokomponenten werden o-Aminodiazoverbb. verwendet, die in m-Stellung zu N_2 u. in p-Stellung zu NH_2 eine Alkyl-, Aryl-, Aralkyl-, Alkoxy-, Aryloxy-, Aralkoxy-, Alkylmercapto-, Arylmercapto-, Aralkylmercapto- oder Acylaminogruppen oder ein Halogen tragen; diese Substituenten können außerdem auch in p-Stellung zu N_2 vorhanden sein. Geeignet sind z. B. folgende Benzoldiazoniumchloride (I): 4-Dimethylamino-1-benzoylamino-3-I, 3-Methyl-6-dimethylamino-1-I, 4.5-Dimethyl-1-dimethylamino-2-I, 1-Methyl-4-dimethylamino-6-benzoylamino-3-I u. 5.6.7.8-Tetrahydro-3-dimethylamino-2-naphthalindiazoniumchlorid. Die Verbb. sind sehr empfindlich gegenüber Glühlampenlicht. (**D. B. P. 881 754** Kl. 57b vom 20/2. 1942, ausg. 2/7. 1953.) KALIX. 8647

General Aniline & Film Corp., New York, N. Y. (Erfinder: **G. Wesley Pedlow jr.,** Easton, und **Fred W. Neumann,** Nazareth, Pa.), V. St. A., *Diazotypieverfahren.* Als Azokomponente für ein Ein- oder Zweischichtmaterial zur Herst. von Zwischenkopien wird *2.2'.4.4'-Tetraoxybiphenyl* verwendet. Mit p-Phenylendiaminen als Diazokomponenten erhält man tiefbraune Kopien. (**D. B. P. 905 452** Kl. 57b vom 1/12. 1948, ausg. 1/3. 1954. A. Prior. 17/12. 1947.) KALIX. 8647

Eastman Kodak Co., übert. von: **James S. Gerhardt,** Rochester, N. Y., V. St. A., *Klebband.* Man klebt Papierfolien oder -bänder mit einem Klebstoff zusammen, der aus 7—11 (Teilen) Kautschuk, 3,5—5,5 Kolophonium, 5—8 Pech u. 4—6 ZnO besteht, u. versieht die eine Seite des zusammengeklebten Papiers mit dem gleichen Klebstoff u. die andere Seite mit einem undurchlässigen Film, z. B. aus Cellulosederivaten. Das Klebband ist bes. für *photograph.* Zwecke geeignet. — Zeichnung. **A. P. 2 652 351** vom 2/9. 1949, ausg. 15/9. 1953.) LÜTTGEN. 8655

Herausgeber u. verantwortlich für den Inhalt: Prof. Dr. Maximilian Pflücke, Berlin NW 7, Schiffbauerdamm 19, Fernsprecher: 42 55 71. Redaktion: Chefredakteure Dr. Eugen Klever und Prof. Dr. Maximilian Pflücke. Verlag: Akademie-Verlag GmbH, Berlin W 8, Mohrenstraße 39 (Fernsprecher 20 03 86, Postscheckkonto Berlin 35021), u. Verlag Chemie, GmbH, Weinheim/Bergstraße (Postscheckkonto Frankfurt/M. 145314 u. Berlin [West] 7430, Fernsprecher: Weinheim 2017). Bestell- u. Verlags-Nr. dieses Heftes: 1007/125/25. Das Chemische Zentralblatt erscheint wöchentlich.
Satz u. Druck: VEB Leipziger Druckhaus, Leipzig, III/18/203. VI. 54.
Veröffentlicht unter der Lizenznummer 1212 des Amtes für Literatur und Verlagswesen der Deutschen Demokratischen Republik.
Printed in Germany.

Die Aufgabe von Anzeigen kann sowohl beim Akademie-Verlag, Berlin, als auch beim Verlag Chemie, GmbH, Weinheim/Bergstraße, erfolgen

FSC
www.fsc.org
MIX
Papier | Fördert gute Waldnutzung
FSC® C083411

Kolibri 360 GmbH
Ferdinand-Jühlke-Straße 7
99095 Erfurt, Deutschland
produktsicherheit@kolibri360.de